LEBENSMITTELTECHNOLOGIE

EINFÜHRUNG IN DIE VERFAHRENSTECHNIK DER LEBENSMITTELVERARBEITUNG

VON

DR.-ING. HABIL. **RUDOLF HEISS**

DOZENT · DIREKTOR DES INSTITUTS FÜR LEBENSMITTELTECHNOLOGIE, MÜNCHEN

MIT 223 TEXTABBILDUNGEN

MÜNCHEN

VERLAG VON J. F. BERGMANN

1950

ISBN 978-3-642-49380-5 ISBN 978-3-642-49658-5 (eBook)
DOI 10.1007/978-3-642-49658-5

Softcover reprint of the hardcover 1st edition 1950

Vorwort.

Der vorstehende Abriß ist aus dem Material entstanden, welches aus folgenden Anlässen gesammelt wurde:

1. Rasche Wiederherstellung zerstörter Lebensmittelbetriebe.
2. Orientierung über den Energieverbrauch, um bei Kohlen- und Strommangel Einsparungen am falschen Platz zu vermeiden.
3. Orientierung über den Nährwert, die Menge und die Verbesserung der Verwertung entstehender Abfälle.
4. Klärung, ob und inwieweit die Praxis der Lebensmittelindustrie den Ergebnissen der Grundlagenforschung — sowie aus Gründen der Wettbewerbsfähigkeit — der Entwicklung im Ausland nachhinkt.
5. Übertragung der Erfahrungen und verfahrenstechnischen Lösungen bei der Gewinnung verschiedenartiger Lebensmittel als Ausgangspunkt für verbesserte Arbeitsverfahren.

Es war naheliegend, zur Bearbeitung solcher Fragen zunächst auf die bestehende Fachliteratur zurückzugreifen. Es ergab sich aber, daß das Schrifttum des Gesamtgebietes der Lebensmittelverarbeitung sehr weit zerstreut und in seinem Aufbau uneinheitlich ist; manche Gebiete, wie z. B. die Spiritusherstellung, die Brauerei und Mälzerei, überhaupt das landwirtschaftliche Gewerbe, außerdem die Getreideverarbeitung, die Schokoladenfabrikation, die Ölindustrie, verfügen über ausgezeichnete Standardwerke, während es über viele andere Gebiete in Deutschland kaum veraltete Darstellungen gibt und nach wie vor die Erfahrung des Werkmeisters ausschlaggebend ist, so daß das erforderliche Material erst mühsam zusammengetragen werden mußte. Bei führenden Sammelwerken, wie z. B. beim „Handbuch der Lebensmittelchemie“, steht verständlicherweise nicht der Herstellungsgang, sondern die Art der Prüfung der Lebensmittel im Vordergrund. Ganz allgemein ist mit wenigen Ausnahmen die geringe Beteiligung des Ingenieurs am lebensmitteltechnischen Schrifttum auffallend. Die Aufgabe des Ingenieurs im Lebensmittelbetrieb ist aber nicht einseitig die Energieversorgung und die Bearbeitung von Transportfragen. Eine kritische Überprüfung ergibt, daß bei vielen Gebieten der Lebensmittelindustrie die Veränderung des Zustandes, also physikalische Vorgänge, wie Zerkleinern, Klassieren, Filtern, Schleudern, Pressen, Mischen, Eindampfen, Extrahieren, Trocknen, Rösten, Kühlen, Kristallisieren, Schmelzen u. dgl., die eigentliche Bearbeitung vorstellen. In vielen anderen Gebieten ist die Veränderung des Zustandes nicht weniger wichtig als die Veränderung des Stoffes, so daß eine Bearbeitung ausschließlich oder vorwiegend vom chemischen Blickpunkt die Gefahr der Einseitigkeit in sich schließt. Sie ist für ein derartiges Grenzgebiet, wie es die Lebensmittelverarbeitung darstellt, nur dann behoben, wenn in analoger Weise wie in der chemischen Industrie Seite an Seite mit dem Lebensmittelchemiker und dem Lebensmittelmikrobiologen der Lebensmittelingenieur [1]) und möglichst auch der Physikochemiker und der Ernährungsphysiologe planmäßiger als bisher in die technologische Entwicklung eintritt. Die Fruchtbarkeit einer solchen Zusammenarbeit hat sich auf dem Neuland der Lebens-

---

[1]) Kuprianoff, J.: „Ausbildung von Lebensmittelingenieuren, Z. Kältetechnik **2**, 34 (1950).

mittelfrischhaltung durch Kälte und durch Trocknen, auf dem Gebiet der Lebensmittelverpackung, sowie auf manchen anderen Grenzgebieten, wie z. B. dem Brauereiwesen und der Milchverarbeitung, bewährt. Sie sollte die gesamte Technik der Lebensmittelverarbeitung durchsetzen, um zu vermeiden, daß die in einem Industriezweig erzielten technologischen Fortschritte und Erkenntnisse bei anderen, aber ähnlichen Industriezweigen unbekannt bleiben und um anstelle zufälliger Verbesserungen eine planmäßige Entwicklung durch den Verfahrensingenieur zu setzen. Eine Synthese setzt eine bessere Verständigung und die Erkenntnis der Wichtigkeit der gleichberechtigten Mitarbeit aller Partner und der von ihnen vertretenen Disziplinen voraus. Der Lebensmittelchemiker neigt dazu, nicht nur das Gebiet der chemischen Technologie, sondern das Gesamtgebiet als seine Domäne zu betrachten und die Tätigkeit des Ingenieurs in der Planung, Aufstellung und Überwachung maschineller Anlagen beendet zu sehen. Beide, sowohl der Chemiker wie auch der Ingenieur, sind häufig so eng spezialisiert, daß die Gefahr der „Betriebsblindheit" naheliegt, dabei überblickt der Ingenieur im allgemeinen viel zu wenig die spezifischen Anforderungen, Eigenschaften und Veränderungen der Lebensmittel. Dies gilt im besonderen auch für den Verfahrensingenieur für die chemische Industrie, so daß er seine Erfahrungen noch kaum der Lebensmittelindustrie zur Verfügung stellen konnte. Wenn auch erfahrungsgemäß der Chemiker für die „andere Seite" ein größeres Verständnis mitbringt, so vermag er doch die großtechnischen apparativen Möglichkeiten sowie den physikalischen Teil der Probleme nicht im gleichen Maße wie der Ingenieur zu übersehen. Die Folge einer einseitigen Bearbeitung des Gebietes ist eine Stagnation in der Entwicklung, wie sie sich da und dort schon andeutet, wo der verfahrenstechnische Prozeß nicht auf einer genauen Kenntnis der Eigenschaften des zu verarbeitenden Lebensmittels aufbaut und im rein Rezepturmäßigen verflacht. Chemie-Ingenieure, wie der verstorbene Zuckerfachmann H. Claassen oder wie Prof. W. V. Cruess von der University of California, die in allen ihren Entwicklungen auf ihrem Spezialgebiet eine glückliche Synthese zwischen Ingenieurwesen und Chemie bilden, sind leider in Deutschland noch selten; es sollte jedenfalls zu denken geben, daß in den Vereinigten Staaten durch Begriffe, wie „chemical engineering" wie auch „biological engineering", Ingenieure mit einer verbreiteten Grundausbildung längst umfassend in die Lebensmitteltechnik Eingang gefunden haben.

Die rasche Entwicklung der Lebensmittelindustrie in den Vereinigten Staaten von Amerika ist nicht so sehr ausschließlich durch den großen Reichtum des Landes bestimmt als durch die allgemeine Aufgeschlossenheit dem technisch-wissenschaftlichen Fortschritt gegenüber. Die vorliegende Schrift möchte sich auf den Versuch beschränken, dem Ingenieur und dem technischen Physiker einen Überblick über seine Einsatzmöglichkeiten und die wesentlichen Punkte der Lebensmittelverarbeitung zu geben. Die einleitenden Kapitel geben eine kurze Zusammenfassung der verfahrenstechnischen Grundlagen, welche genauer in den Standardwerken wie A. Eucken und H. Jakob, der Chemie-Ingenieur; E. Berl, Chemische Ingenieur-Technik; J. H. Perry, Chemical Engineers Handbook; W. L. Badger and W. L. McCabe, Elements of Chemical Engineering nachstudiert werden können. Der Behandlung der einzelnen Lebensmittel wurden Betriebsschemen zugrundegelegt und wo möglich andersartige verfahrenstechnische Lösungen des Auslandes angeführt. Eine kurze Schilderung und Begründung des Verarbeitungsganges will auch hierbei nicht das Studium der einschlägigen Fachliteratur ersetzen. Bei der Unterteilung des Stoffes mußten gewisse Willkürlichkeiten in Kauf genommen werden, weil bei der Herstellung eines Lebensmittels im allgemeinen mehrere verschiedenartige Arbeitsgänge hintereinandergeschaltet sind und oft schwer zu entscheiden ist, welcher dabei dominierend ist. Trotzdem erschien eine gewisse Gruppierung zur Auffindung von Querverbindungen nützlich.

Trennvorgänge (Sieben, Sichten, Klassieren) und Verfahren, bei welchen sich die Stoffdichte verändert (Zerkleinern) sind Vorgänge *innerhalb einer Phase.* Veränderungen innerhalb einer Phase sind auch in dem Abschnitt ,,Mischen" ausschlaggebend; daneben spielt bei der Margarineherstellung die *Umwandlung* von der *flüssigen in die feste Phase* eine wichtige Rolle. Bei der Herstellung von Schokolade sind Kristallisations-, Zerkleinerungs- und Mischvorgänge die wesentlichen Vorgänge, bei der Teigwarenherstellung neben dem Mischen und Formen das Trocknen. Um *Trennung der flüssigen von der festen Phase* handelt es sich bei der Herstellung von Stärke, bei der Ölgewinnung und bei der Herstellung von Süßmost. Daneben spielt bei der Stärkeherstellung noch das Trocknen eine Rolle. Die Trennung der flüssigen von der festen Phase wird nicht nur durch Lösen erreicht, sondern auch durch Filtrieren bzw. Schleudern (Pektin, Gelatine, Stärke), zusätzlich erfolgt Eindampfen, bzw. Trocknen. Beim Buttern ist die Phasentrennung und die Phasenumwandlung flüssig — fest mit einer teilweisen Entemulgierung verbunden. Den Trocknungs- und Verdampfungsvorgängen liegt *die Bildung der gasförmigen aus der flüssigen Phase* und anschließende Phasentrennung zugrunde. Bei der Herstellung von Kaffee-Ersatz sind damit chemische Einwirkungen, Zerkleinerungs-, Trenn- und Mischvorgänge verbunden, bei der Herstellung von Dauerbackwaren Mischvorgänge. Das Sterilisieren ist ein Erwärmungsprozeß innerhalb einer Phase; beim Gefrieren erfolgt ein weitgehender Übergang der flüssigen in die feste Phase. Bei Gemüse, Obst und Fleischwaren, sind außerdem Zerkleinerungsvorgänge, bei der Herstellung von Zuckerwaren Lösungsvorgänge, bei der Speiseeisherstellung Emulgiervorgänge wesentlich. Die Gewinnung von Zucker umfaßt die Trennung der flüssigen von der festen Phase durch Diffusion (Rübenzucker) bzw. durch Fällen (Milchzucker) und schließlich durch Filtrieren und Zentrifugieren, außerdem den *völligen Übergang von einer Phase in die andere* (Verdampfen, Kristallisieren), so daß die sachgemäße Einordnung dieses Abschnittes Schwierigkeiten bereitet. Das Ausschmelzen von Fetten ist ein Entemulgierprozeß, verbunden mit einer Phasentrennung und nachfolgender Umwandlung der flüssigen in die feste Phase. Der Schmelzkäsegewinnung liegen Veränderungen innerhalb einer Phase (Emulgieren) und der Übergang von einer Phase in eine andere (Schmelzen, Erstarren) zugrunde. Den wichtigsten, in der Lebensmittelindustrie üblichen, hydrolytischen Spaltungen ist gemeinsam, daß die Säure nur Katalysator ist. Bei der Gewinnung von Suppenwürze und Stärkesirup werden Phasentrennungen (Filtern) und Phasenumwandlungen (Verdampfen, bei Stärkesirup: Kristallisieren) vorgenommen, letzteres auch bei Kunsthonig. Bei den biologischen Verarbeitungsprozessen besteht bezüglich des dominierenden Verfahrens kein Zweifel, die Begleitprozesse sind aber stark abweichend. In vielen Fällen läßt sich nicht angeben, weshalb ein Arbeitsgang gerade so und nicht anders oder dem Verarbeitungsgang ähnlicher Lebensmittel entsprechend durchgeführt wird. Dies hängt damit zusammen, daß vielfach die wissenschaftlichen Grundlagen der lebensmitteltechnologischen Prozesse noch nicht gründlich erforscht sind. Daraus folgt zwangsläufig, wie dringend nicht nur die Aufnahme wesentlich umfassenderer Forschungen durch die verschiedenen Zweige der Lebensmittel- und Maschinenindustrie, sondern auch durch Hochschulinstitute ist, welche bisher die Anwendung der Grundlagenforschung auf dieses zukunftsreiche Gebiet vernachlässigten, während sich im Ausland die Einsicht der Notwendigkeit des Ersatzes empirischer Arbeitsverfahren durch ein gesichertes wissenschaftliches Fundament in der Lebensmittelindustrie schon viel stärker durchgesetzt hat.

Bei der Bearbeitung eines so umfassenden Stoffes wie des vorliegenden entstand die Frage, ob es nicht am zweckmäßigsten sei, die einzelnen Abschnitte durch erfahrene Praktiker bearbeiten zu lassen. Da bei einer solchen Aufsplitterung des Stoffes allzu leicht die Einheitlichkeit in der Auffassung Schaden leidet, und weil viele Verarbeitungsverfahren in den einzelnen Fabriken verschiedenartig gehandhabt werden, wurde der Weg einer zentralen Bearbeitung versucht und in Zweifelsfällen der Rat erfahrener Betriebsleiter eingeholt. Wenn es auch im einzelnen nicht möglich ist, alle Personen und Firmen, welche Material zur Verfügung gestellt haben, aufzuführen, so sei doch folgenden Personen für ihre Mithilfe besonders gedankt: Dr. Bartusch, München; Dr. Cleve, Braunschweig; Herrn Donath, Stockheim; Direktor Dersiph, Groß-Gerau; Dr. Fritz, † Weihenstephan; Dipl.-Ing. Görling, München; Dir. Hanel, Mannheim; Prof. Dr. Heyns, Hamburg; Prof. Dr. Kieferle, Weihenstephan; Dr. Lochmüller, Wallerstein; Prof. Dr. Lüers, Rottach; Obering. Plaschke, Haarburg; Herrn Pohl, Lüneburg; Prof. Dr. Reiff, Mannheim; Dr. Rieger, Nürnberg; Dr. Saumweber, München; Frl. Dr. Schachinger, München; Dr. Schiller, Heilbronn; Dr. Schinle, Göppingen; Direktor Spieß, Reichenhall; Dr. Wegener, Hamburg; Dr. Wiedemann, Wangen; Dr. Weiß, Hamburg; Dr. Wolff, Berlin. Für die Durchführung der Korrekturen bin ich Frl. Dr. Goernhardt, Frau Dr. Raeithel, Herrn Dipl.-Ing. Righi und Herrn Dipl.-Ing. Görling zu besonderem Dank verpflichtet.

Im Rahmen des natürlichen Verlaufes der Kette von der Produktion bis zum Verzehr: Erzeugung, Verarbeitung, Lagerung, Transport und Ernährung, bildet der vorliegende Abriß auch insofern eine Ergänzung zu der Schrift: „Anleitung zur Lagerung von Lebensmitteln“[1]), als die Haltbarkeit eines Lebensmittels vom Verarbeitungsprozeß weitgehend beeinflußt wird; er verfolgt ebenso wie sie das Ziel, in groben Zügen zu ordnen, das Verständnis für Zusammenhänge zu wecken und über die Entwicklungsrichtungen im In- und Ausland zu orientieren.

R. Heiss.

München, im April 1950.

---

[1]) Heiss R.: Anleitung zur Lagerung von Lebensmitteln, 2. Aufl. Berlin: Springer 1946.

Inhaltsverzeichnis.

I. Verfahrenstechnische Grundprozesse in der Lebensmittelindustrie.

A. Änderung der Stoffdichte.

1. Zerkleinerungsmaschinen.

In der Lebensmittelindustrie kommt weniger die Zerkleinerung großer Stücke als die zu feinstem Mehl vor. Der Energieaufwand richtet sich einerseits nach der Härte bzw. Spaltbarkeit, dem Gefüge und der Dichte der zu zerkleinernden Stoffe, andererseits nach dem Grad der Zerkleinerung. Eine allgemein anwendbare Gesetzmäßigkeit über Energieaufwand und Zerkleinerungsgrad gibt es noch nicht, doch ist es als allgemein gültiger Grundsatz anzusehen, daß die Zerkleinerungsarbeit mit zunehmender Zerkleinerung entsprechend der zunehmenden Oberflächenvergrößerung außerordentlich wächst. Im allgemeinen wünscht man bei der Zerkleinerung ein möglichst gleichmäßiges Korn zu erreichen, was am vollkommensten durch mehrstufige Zerkleinerung mit dazwischengeschalteter Absichtung des gewünschten Kornes gelingt, während die Ungleichmäßigkeit bei einstufiger Zerkleinerung mit hohem Zerkleinerungsgrad (z. B. Hammermühle) höher wird. Der größte Anteil an allerfeinstem Mahlgut wird erzielt, wenn das Gut bis zu seiner Fertigmahlung in der Maschine verbleibt (z. B. Rohrmühle), nicht aber, wenn das Mahlgut sofort nach erfolgter Zerkleinerung die Maschine verläßt und über den Sichter laufend ausgeschieden wird (z. B. Walzenstuhl). Der Energieaufwand ist jedoch am geringsten, wenn die Partikel, die die erwünschte Kleinheit erreicht haben, sofort die Maschine verlassen. Der Anteil x an Teilchen y variiert für verschiedene Zerkleinerungsarten nach einem Exponentialgesetz $x = f\, y^k$. Die Feuchtigkeit des Aufgabegutes ist entscheidend; eine Feinmahlung erfordert häufig eine vorherige Trocknung des Aufgabegutes. Für feuchtes Gut kann aber hierfür auch eine Naßmahlung als Dickschlamm bei geringerem Energieaufwand in Betracht kommen (z. B. Conchen in der Schokoladenindustrie). Die Zerkleinerung erfolgt durch das Zusammenspiel verschiedener Kräfte: Stoß, Druck, Abscherungs- und Torsionskräfte, je nachdem, ob es sich um eine Hartzerkleinerung oder um eine Zerkleinerung sich plastisch verformender Stoffe handelt. Die Entwicklung geht dahin, die Drehzahlen der Maschinen herabzusetzen und die Zerkleinerung mehr durch Reibung als durch Stoß herbeizuführen. Das wichtigste Anwendungsgebiet der Weichmüllerei ist die Getreidevermahlung.

In groben Zügen unterscheidet man zur Durchführung der Arbeitsverfahren Vorbrechmaschinen, gegebenenfalls ergänzt durch Nachbrechmaschinen, Schrotmühlen und Mahlmaschinen. In der Lebensmittelindustrie sind insbesondere die beiden letztangeführten Kategorien von Bedeutung (Hammermühlen, Schlagkreuz-Schlagnasenmühlen, Scheibenmühlen, Kollergänge und Mahlgänge).

Schroter. Bei den Schlag- und Schleudermühlen wird die Feinheit der Erzeugnisse durch die Umfangsgeschwindigkeit (Schleuder- und Schlagstiftmühlen), durch die Weite der Sieböffnungen (Hammermühle, Schlagnasenmühle) bzw. durch die Geschwindigkeit des absaugenden Luftstroms geregelt.

Schlagkreuzmühle (Desaggregator): Die Zerkleinerungsvorrichtung besteht hierbei aus 4—6 Armen, welche das Gut durch einen am Umfang der Mühle aus dicht aneinanderliegenden Stäbchen gebildeten Rost treiben. Sie kommt für mittelharte, zähe, fasrige, auch für etwas feuchte bis schlammartige, sowie für etwas fetthaltige Stoffe in Betracht (Abb. 1). Bei den *Hammermühlen* ist das feste Schlagkreuz über die ganze Mühlenbreite durch eine größere Anzahl beweglich mit der Achse verbundener Hämmer ersetzt, die sich durch die Fliehkraft radial einstellen (Abb. 2). Sie dienen ebenfalls als Vorbrechmaschinen für mittelharte Stoffe (Getreide, Haferschalen), insbesondere bei sperrigen, leichten Gütern, sowie zum Vermahlen zähfasriger Stoffe.

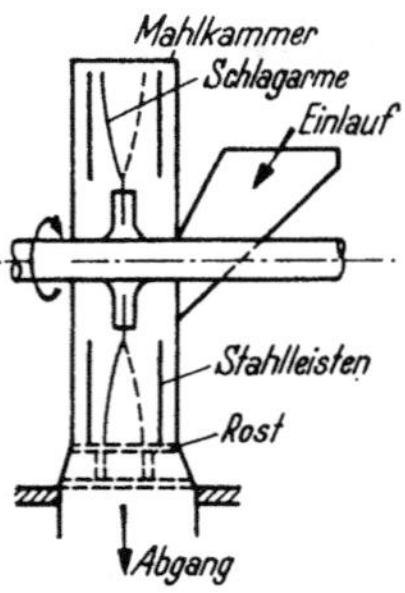

Abb. 1. Schlagkreuzmühle.

Bei der *Schlagnasenmühle* wird die Zerkleinerung durch eine Anzahl rasch umlaufender Schlagnasen bewirkt, die gegen feststehende, in konzentrischen Ringen an der Gehäusewand angeordneten Knaggen arbeiten. Bei Anordnung

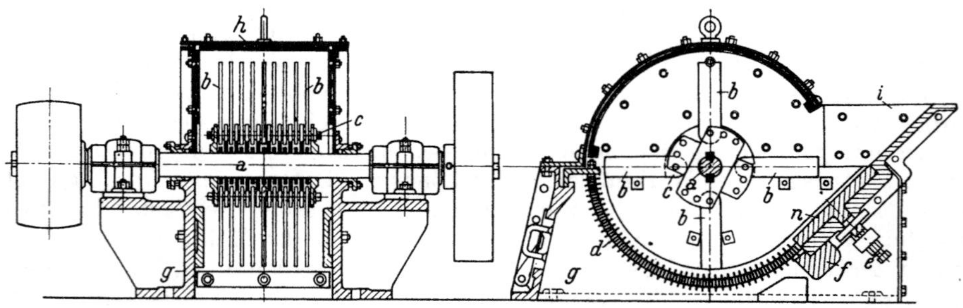

Abb. 2. Hammermühle.

a = Welle, *b* = Arme, *c* = Bolzen, *d* = Rost, *e* = Nachstellschraube, *f* = Bruchsteg, *g*/*h* = Gehäuse, *i* = Einlauf, *n* = Amboßplatte

mehrerer konzentrischer Ringe kann man eine stufenweise Vermahlung erreichen, wenn man die Schlitze zwischen den Knaggen zunehmend enger wählt. Der Mahlraum wird durch kreisförmige Siebbleche begrenzt, ein Räumer treibt das Gut durch die Sieböffnungen. Diese Mühlen sind wegen der sich der Schlagwirkung überlagernden, scherenartigen Wirkung besonders für die Zerkleinerung weicher bis mittelharter (auch gering öl- und wasserhaltiger Stoffe), sowie zum Feinmahlen zäher, fasriger Stoffe geeignet. Je nach der Größe der eingelegten Sieböffnung eignet sich dieser Mühlentyp zum Feinmahlen wie auch zum Schroten griffiger, schwerer Güter.

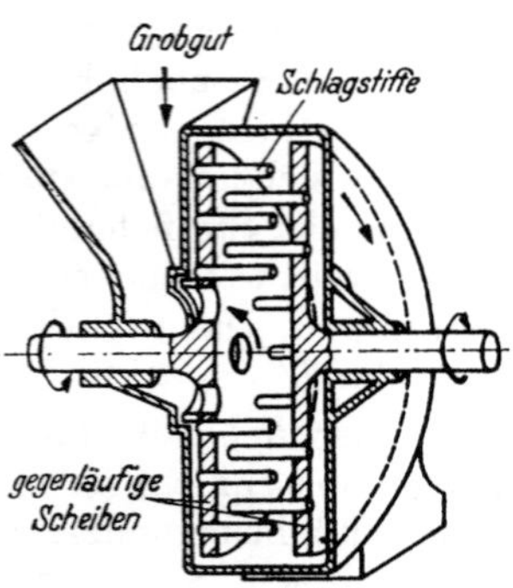

Abb. 3. Desintegrator.

Bei den *Schleudermühlen* (Desintegrator) greifen zwei sich in entgegengesetzter Richtung drehende, aus konzentrischen Stabreihen gebildete Schleudertrommeln ineinander (Abb. 3). Auf Schleudermühlen lassen sich weichere Stoffe zerkleinern (z. B. Ölkuchen).

Der *Dismembrator* (Schlagstiftmühle) ist ebenfalls eine Schleudermühle, er dreht sich aber nur um eine Stiftscheibe, während die anderen konzentrischen Stiftreihen am Verschlußdeckel feststehen. Die Schlagstifte sind stärker und kürzer als bei der Schleudermühle, es kann hierbei eine feinere Mahlung erzielt werden. Ein Ringsieb mit Schlitzen oder Lochungen hält noch nicht genügend fein gemahlenes Gut zurück. Die Schlagstiftmühle dient zum Vermahlen von trockenen, weichen bis halbharten Rohstoffen (Ölkuchen, Nüsse, Körner aller Art, Kaffee).

Bei nicht völlig trockenem Mahlgut verstopfen sich die Siebe der Schlagmühlen (Hammermühle, Schlagnasenmühle), so daß es erforderlich ist, das Fertigprodukt abzusaugen.

Brechschnecken: Dabei wird die abscherende Wirkung einer rasch umlaufenden Schnecke in einem Gehäuse ausgenützt, welches oben offensteht und unten durch einen Rost abgeschlossen ist. (Abb. 4). Verwendung finden sie beim Schroten nichtschmierender, mittelharter Stoffe. Die Korngröße richtet sich nach der Spaltweite des Rostes. Bei den *Exzelsiormühlen* erfolgt die Zerkleinerung zwischen zwei mit feinen Zähnen versetzten Hartgußscheiben, von welchen sich die eine dreht. Sie dienen zum Schroten und Vermahlen weicher und mittelharter Stoffe (Zucker, Stärke, Ölkuchen).

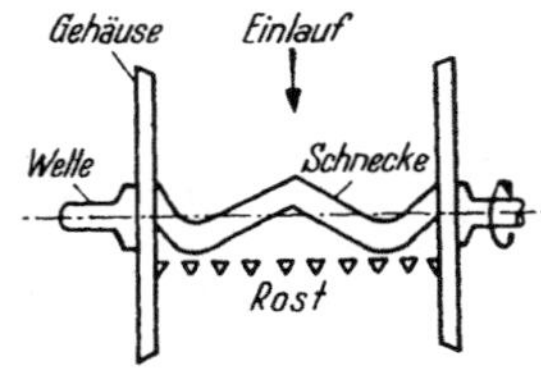

Abb. 4. Brechschnecke.

Kollergänge: Sie dienen trocken zum Nachbrechen und Fertigmahlen, naß zum Feinmahlen. Schwere Walzen rollen auf einer waagrechten oder leicht konischen Bodenplatte. Der Antrieb erfolgt über die Königswelle. Die Läufer sind beweglich gelagert. Das Feingut fällt durch Siebroste, die konzentrisch zur Kollerbahn angeordnet sind, während die Siebrückstände mittels entsprechend gespornter Scharrwerke wieder unter den Koller gebracht werden. Eine andere Ausführungsform besteht darin, daß der Teller angetrieben wird und der Koller auf einer feststehenden Achse angeordnet ist (Melangeur). Die Kollergänge mischen gut, da die Umfangsgeschwindigkeit der äußeren Läuferkante größer ist als innen und sind für zähes Gut besonders geeignet, da sie nicht nur zerdrücken, sondern auch zerreiben. Die Mahlfeinheit ist eine Funktion des Läufergewichts, der Zeitdauer und der Siebfeinheit. Häufig verwendet man Läufersteine aus Marmor, Granit oder Quarz. (Abb. 5.)

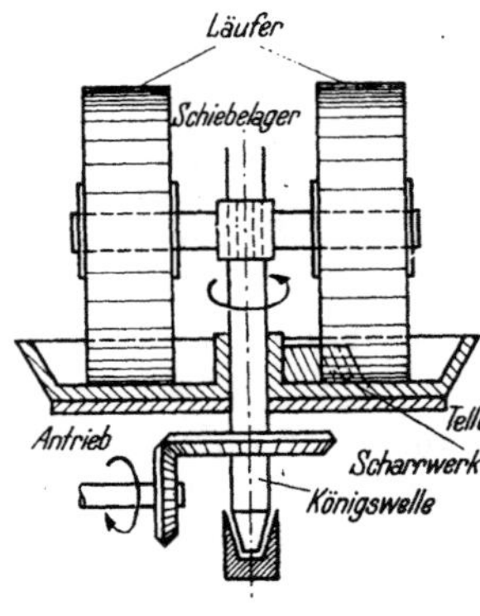

Abb. 5. Kollergang.

Walzwerke: Sie dienen zum Vorbrechen und Auswalzen der Ölsaat und zum Brechen und Schroten von Preß- und Extraktionsrückständen. Je zwei Walzen bilden eine Mahlpassage. Dem Verwendungszweck entsprechend können alle vier Walzen als Riffelwalzen oder aber die zwei oberen Walzen als Riffel- und die unteren Walzen als Glattwalzen verwendet werden. Der Antrieb erfolgt bei jedem Walzenpaar durch direkten Antrieb. Bei den Fünfwalzenstühlen (Ölindustrie, Schokoladenindustrie) erfolgt der Antrieb von der untersten Walze aus; von ihr wird die dritte und fünfte Walze durch Riemen angetrieben. Durch den Eigendruck der Walzen nimmt der Preßdruck nach unten zu. Die Stühle arbeiten bei Ölsaaten nicht mit Differentialgeschwindigkeit, es tritt also nur Zerquetschen ein; bei Schokoladenmasse, bei der ein Zerreiben erforderlich ist, drehen sich die Walzen gleichsinnig mit steigender

Geschwindigkeit. Die Walzen sind wassergekühlt. Die Größe des Einzugswinkels (2α) ist abhängig vom Reibungskoeffizienten μ; $\operatorname{tg} \alpha < \mu$. Zähe, harte Stoffe erfordern einen größeren Einzugswinkel als Körper mit glatter Oberfläche.

Zur Vermeidung von Staubexplosionen in Schlag- und Schleudermühlen empfiehlt es sich, durch Einführung von inerten Gasen Sauerstoffkonzentrationen unter 10 % zu erreichen. Jedenfalls sollen alle Teile elektrisch leitend verbunden werden, damit sie sich nicht gegeneinander aufladen können.

Feinmühlen. *Mahlgang:* Der Mahlgang besteht aus zwei horizontal übereinandergelagerten Mahlsteinen, von denen der eine Stein feststeht, während der andere durch eine Spindel gedreht wird. Um die Mahlgänge mehr oder minder scharf aufeinander arbeiten zu lassen, kann das Spurlager gehoben oder gesenkt werden. Die Zerkleinerung des Gutes erfolgt durch die Sprengschärfe bzw. durch die Mahlgangrauhigkeit. Mit zunehmendem Kreuzungswinkel der Furchen des Läufersteins und des feststehenden Steins nimmt die Scherkraft ab, während die Kraft zum Auswerfen zunimmt. (Abb. 6a u. 6b.) Man unterscheidet Ober- und Unterläuferschälgänge, je nachdem ob der obere oder der untere Stein angetrieben wird. In der Weichmüllerei sind Oberläufer üblich, bei welchen das Gewicht des Obersteins auf das Gut wirkt, dagegen fällt beim Unterläufer das Gut auf den rasch umlaufenden Bodenstein und wird somit schnell nach außen befördert. Unterläuferschälgänge dienen vorwiegend zur Enthülsung vorgereinigter Körner (Reis, Hafer, Buchweizen). Die Kühlung des Mahlguts erfolgt durch Luftfurchen vom Steinauge des Läufers zum Steinumfang und Auslauf. Durch die rasche Drehung des Läufers wird die in den sich in einem Winkel überschneidenden Furchen des Läufers sowie des Bodensteins vorhandene Luft schräg nach außen über die Schneidkante weg in die Mahlbahn gepreßt, wodurch sie auch auf die Mahlgutförderung einwirkt. In der Steinmitte erfolgt Vorbrechen und Zerlegen des Korns, in der Mahlzone das Feinmahlen.

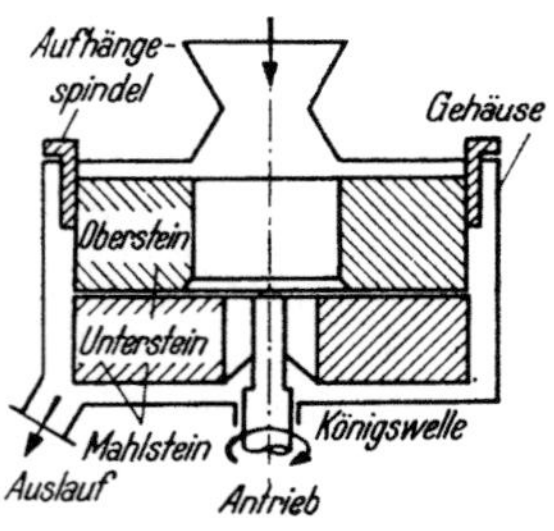

Abb. 6a. Mahlgang, Unterläufer.

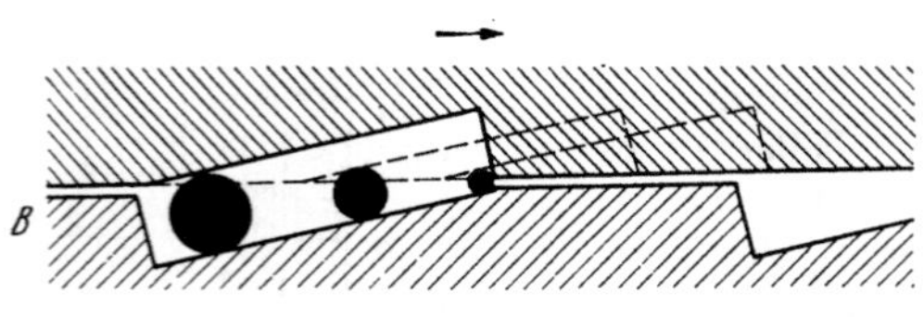

Abb. 6b. Querschnitt einer Mühlenfurche (Hausschlag).

Mahlgänge werden auch zum Naßmahlen verwendet.

Walzenstühle: Walzenstühle arbeiten als Schrotstühle mit Riffelwalzen, als Auflösestühle mit Riffelwalzen und teilweise Glattwalzen, als Mahlstühle mit (sich selbst schärfenden) Porzellanwalzen oder Glattwalzen und als Ausmahlstühle mit Feinriffelwalzen. Im allgemeinen ist die mit größerer Umfangsgeschwindigkeit rotierende Walze fest eingebaut und unten, die langsame Walze beweglich und oben (geringere Lagerdrücke der beweglichen Walze). Die langsame Walze hält das Mahlgut fest, die schnelle Walze arbeitet den Mehlkörper aus. Im Gegensatz zum Mahlgang arbeitet der Walzenstuhl mit hohem Druck und geringer Reibung. Bei zähem Weizen arbeitet eine scharfe Walze gegen eine zweite scharfe Walze, für sehr gut pulverisierbaren Weizen arbeitet eine stumpfe schnelle Walze gegen eine scharfe oder stumpfe langsame Walze.

Zerkleinerung weicher Materialien.

In der Lebensmittelindustrie spielt die Zerkleinerung weicher Materialien wie Gemüse, Fleisch, Obst u. dgl. eine außerordentlich große Rolle. Hierfür sind Maschinen mit abweichender Bauart erforderlich.

Schnitzelmaschinen. Die vorwiegend für Kartoffeln, Karotten u. dgl. eingesetzte Maschine (Abb. 7) arbeitet in der Weise, daß die Knollenfrüchte in einen Einwurftrichter (a) eingefüllt werden, in welchem ein Schleuderrad mit vier Flügeln (c) rotiert. An der tiefsten Stelle ist ein waagrecht liegendes Messer (e) angeordnet, welches die Knollen in *Scheiben* schneidet. Diese Scheiben gelangen durch den Auslauf (f) in einen sich allmählich verengenden Spiralraum (g), in welchem ein mit radial greifenden, dünnen, keilförmigen Messern versehener Messerkranz (k) rotiert. Das Gut wird in die radial nach außen führenden Kanäle (m) des Messerkranzes hineingedrängt und dabei durch die messerartigen Trennwände der Kanäle (m) in *Streifen* unterteilt. Die aus dem Messerkranz (k) austretenden Streifen werden durch feststehende, tangential mit der Schneide der Drehrichtung entgegengerichtete Messer (o) weiter in *Würfel* geschnitten.

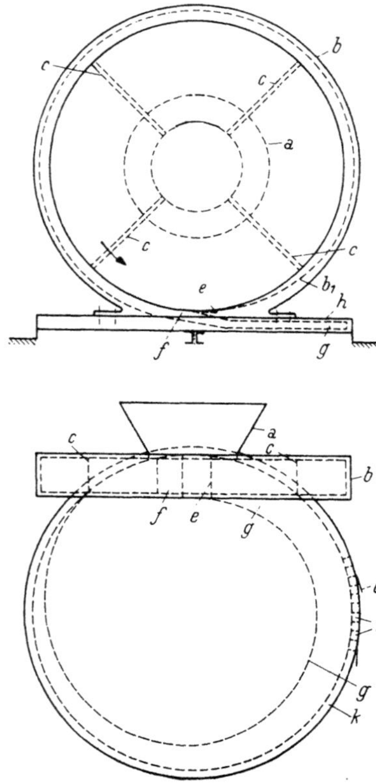

Abb. 7. Schnitzelmaschine (Herboth).

Eine andere Ausführungsform eines *Streifenschneiders* besteht darin, daß die Schnitzel durch eine rasch rotierende Messerwalze in Streifen geschnitten werden, die durch einen Kamm gesäubert wird. Mit Hilfe einer solchen Messerwalze erfolgt z. B. das *Schneiden* von *Bohnen*. Durch ein Schüttelsieb werden die Bohnen der Messerwalze in der Längsrichtung zugeführt. Bei Schrägschnitt muß man vor die Messerwalze Schnellzuführungswalzen einsetzen, die die Bohnen der Messerwalze schräg zuführen.

Speckschneider (Abb. 8) arbeiten in der Weise, daß das Gut durch einen Vorschubkolben in einen Messerkasten gedrückt wird. Durch ein oberes Messergatter, in welchem die Messer eine hin und her gehende Bewegung in horizontaler Richtung ausführen, wird das Gut in Platten, durch ein unteres Gatter, in welchem die Messer eine oszillierende, vertikale Bewegung ausführen, in quadratische Streifen geschnitten. Ein rotierendes, kreisförmiges Abtrennmesser schneidet schließlich die Streifen in Würfel. Die Größe der Würfel hängt von der Geschwindigkeit des Kolbenvorschubs und vom Abstand der Gattermesser ab. Es gibt auch Speckschneider für rohen Speck, wobei anstelle der Gatter Messersätze aus rotierenden, sich gegenläufig bewegenden Scheiben dienen; ein Messersatz läuft horizontal, der andere vertikal. Die Streifen werden durch Abschneidmesser in Würfel geschnitten. *Kohl* wird durch das eigene Gewicht auf eine Messerscheibe (7—11 Messer) aufgedrückt, welche mit etwa 150 U/min rotiert.

Segmentschneidemaschinen für halbierte Pfirsiche, Birnen u. dgl. bestehen aus einem Vibrationssieb, welches bewirkt, daß die Schnittstelle nach unten zu liegen

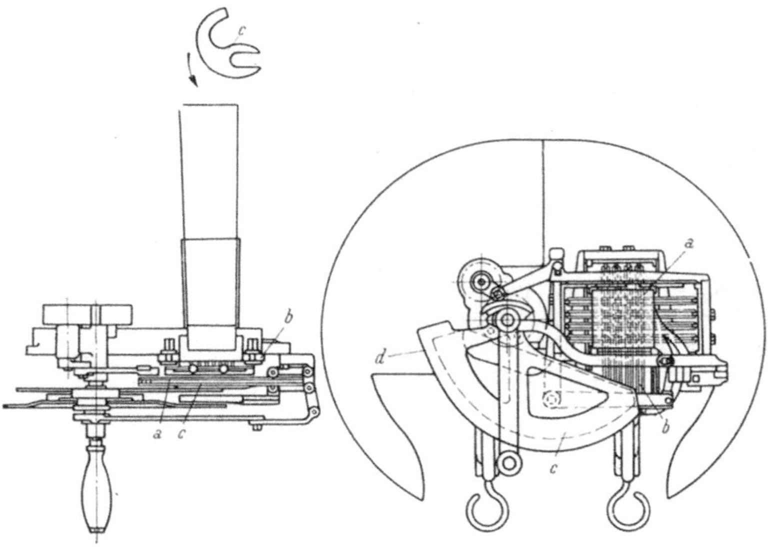

Abb. 8. Kastenspeckschneider für Handbetrieb (rd. 1/10 nat. Gr.).
Messer in *a* laufen horizontal, in *b* vertikal. Hierdurch Streifen, die durch Abschneidemesser in Würfel geschnitten werden. Schneidgut durch die Messer in die Maschine hineingezogen. Antrieb der Messersätze durch Schneckengetriebe von der Hauptwelle aus, auf der auch die Abschneidemesser angeordnet sind. Abschneidemesser verdeckt durch Tür (vgl. Hütte IV).

Abb. 9. Segmentschneidemaschine für Pfirsiche.

kommt; die Hälften laufen auf einem Transportband, von oben greifen rotierende Messer ein, welche in verschiedenen Neigungswinkeln angestellt sind. (Abb. 9.)

Es besteht eine gewisse Ähnlichkeit zwischen der Bohnenabköpfmaschine und dem *Trommelgrützeschneider* wie er zur Herstellung von Hafer-, Mais-, Gerstengrütze u. dgl. verwendet wird. Dieser besteht aus einer perforierten Trommel aus Stahlguß, deren untere Hälfte mit einem feststehenden Messerrahmen umgeben ist. Die Körner werden der mit etwa 38 U/min. rotierenden Trommel zugeführt, fallen in der Längsrichtung durch die Trommellöcher und werden von umgebenden Messern in

Würfelform geschnitten. Eine Stachelwalze, welche mit der Trommel rotiert, hält die sich zusetzenden Löcher der Trommel mittels ihrer Stifte offen (vgl. Abb. 96).

Eine *Zerteilung in grobe Stücke* findet bei Butter, Brot, Käse und bei Teigen statt. Der ausgepreßte Butterstrang wird mittels einer Anzahl von dünnen Drähten zerschnitten, welche in einem Metallrahmen auf- und abgehen; Brot, Fleisch, Käse wird durch einen Satz rotierender oder vibrierender Messer, gegen welche das Gut gepreßt wird, in Scheiben geschnitten. In den Teilmaschinen für Kleingebäck wird der Teig zunächst durch mehrmaliges Anheben eines Zylinderbodens gegen den Deckel gleichmäßig verteilt. Mittels eines zweiten Hebels läßt sich der Schüsselboden in 30 oder 50 gleiche Fächer teilen, in die der Teig hineingepreßt wird.

Eine weitergehende Zerkleinerung erfolgt bei Fleisch durch Behandlung im Wolf bzw. im Kutter, bei Obst durch Passieren.

Feinzerkleinerung. Der *Wolf* besteht aus einem Gehäuse, in welchem eine Transportschnecke mit möglichst glatter Oberfläche rotiert. Das Gehäuse ist mit Zügen versehen, die entgegengesetzt zu den Windungen der sich verengenden Schnecke verlaufen. Am Auslauf der Schnecke ist ein rotierendes Messer angebracht, welches vor einer Lochscheibe sitzt. Das Gut wird hierbei vorwiegend angequetscht, was bei Schmelzkäse keine Rolle spielt, aber für die Fleischfaser nicht immer günstig ist.

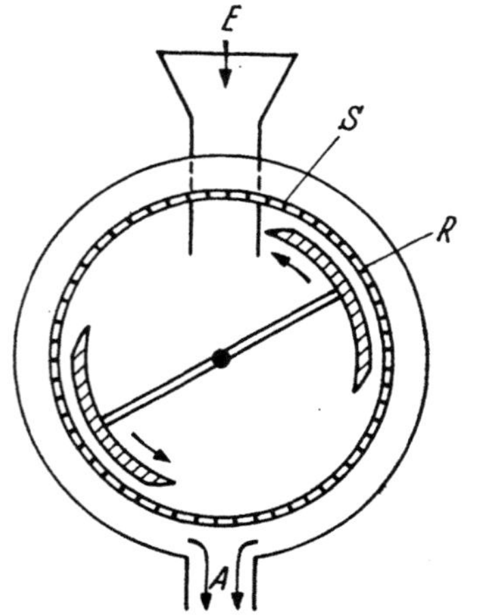

Abb. 10. Schematischer Querschnitt durch eine Passiermaschine.
S = Feststehendes Zylindersieb. R = Rührflügel. E = Einwurf. A = Austritt der passierten Masse.

Für die Herstellung von *Fruchtsäften* wird anstelle des rotierenden Messers und der Lochscheibe eine feste Scheibe mit einer regelbaren Auslaßöffnung für die Rückstände eingesetzt, der Saftdurchtritt erfolgt durch ein um die Schnecke, deren Innendurchmesser gegen das Ende zwecks Druckerhöhung zunimmt, gelegtes Rundsieb (ca. 400 U/min.).

Die *Passiermaschine* für Steinobst (Abb. 10) besitzt anstelle der Schnecke spiralförmige Schläger mit einer Umdrehungszahl von 300—700 U/min. Die Schläger sind im Sieb leicht exzentrisch angeordnet, am tiefsten Punkt ist der Abstand am geringsten. Das gewaschene Obst wird vor dem Passieren weichgekocht. Schalen, Stiele, Kerne u. dgl. werden nicht durch das Sieb getrieben. Die Lochdurchmesser betragen 1,5 mm (Tomatenpulp), 3,1 mm (Pflaumen) und 1,1 mm (Gelees) in der ersten Stufe. Alle Teile bestehen aus rostfreiem Stahl.

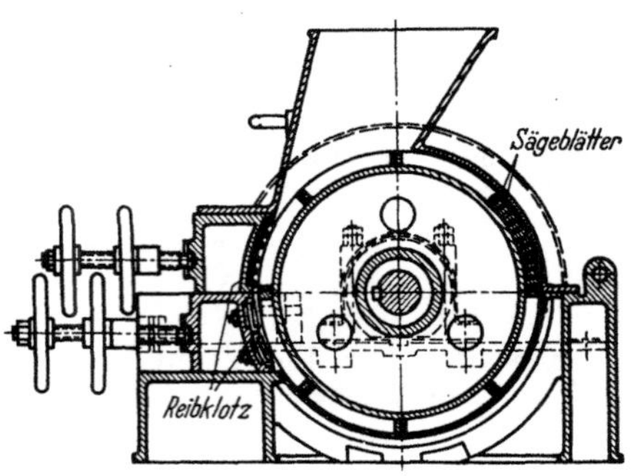

Abb. 11. Kartoffelreibe.

Wird bei ungekochtem Obst oder Gemüse eine Feinzerkleinerung angestrebt, dann verwendet man im allgemeinen *Sägeblattreiben* (Abb. 11). Das Trommelrad, das mit etwa 1200—1400 U/min. rotiert, ist mit auswechselbaren Sägeblättern besetzt. Das schon weitgehend zerkleinerte Gut (z. B. Kartoffeln) wird gegen einen Reibklotz gedrückt.

Bei der Herstellung von Brühwürsten verwendet man den *Kutter* (Abb. 12). Er besteht aus einer horizontalen Schale, deren Zentrum hochgezogen ist und welche

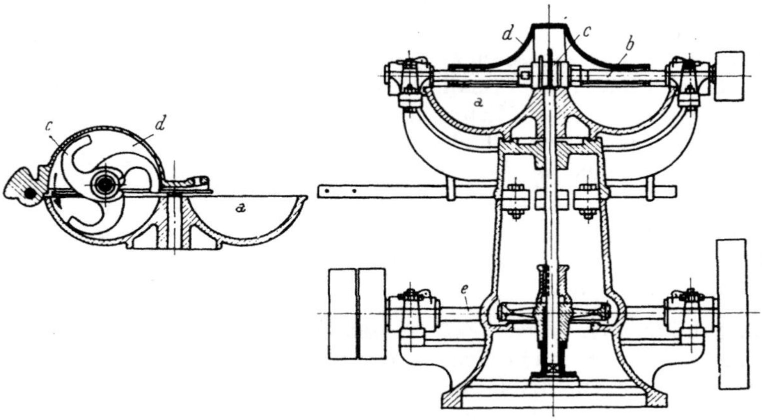

Abb. 12. Kutter.
a = Schüssel *b* = Messerwelle *c* = Messer *d* = Schutzhaube
e = Antriebswelle für die Schüssel durch Schneckengetriebe

mit 4—10 U/min um eine senkrechte Achse rotiert. In der kreisförmigen Rinne rotiert ein Messersystem mit 1200—1500 U/min. in vertikaler Richtung. Die Entleerung kann durch eine Art von Pflugschaufel erfolgen. Im Kutterprozeß soll das Fleisch zerkleinert und verschiedene Sorten gemischt werden. Die mittlere Schnittstärke soll 3 mm betragen.

Zur Zerkleinerung von *Trestern* verwendet man eine Abart von Schlagstiftmühlen, die z. B. gemäß Abb. 13 aus einer Schleuderscheibe a) mit Mitnehmer d) und Stiften e) bestehen, welche zur Zerkleinerung der Tresterkuchen dienen.

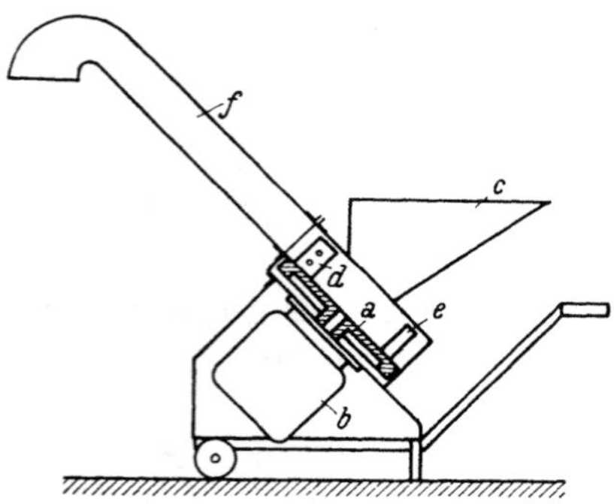

Abb. 13.
Zerkleinerungsvorrichtung für Obsttrester.
a = Schleuderscheibe *d* = Mitnehmer
b = Elektromotor *e* = Stifte
c = Trichter *f* = Förderrohr

Literatur.

Blanc-Eckardt: Technologie der Brecher, Mühlen und Siebvorrichtungen, Berlin 1928.
Der Chemie-Ingenieur I, 2. Teil, Zerkleinerung fester Materialien von C. Naske, 1933.

2. Pressen.

In der Lebensmittelindustrie werden Pressen vorwiegend zur Ölgewinnung und auch bei der Kakaogewinnung, weiterhin beim Keltern und in der Süßmostindustrie angewandt. Strangpressen werden in der Bonbon-, in der Teigwarenindustrie und in der Feinbäckerei, bei der Verpackung von Margarine, Butter, Preßhefe und Schmelzkäse verwendet. Der spezifische Preßdruck unmittelbar unter dem Kolben p_A bei hydraulischen Pressen wird dadurch ermittelt, daß man den Flüssigkeitsdruck im Preßzylinder p_B mit dem Verhältnis des Kolben- zum Preßraumquerschnitt multipliziert.

$$p_A = \frac{F_A}{F_B} \cdot p_B$$

Beim Trennen flüssiger und fester Teile durch Pressen lassen sich folgende Phasen unterscheiden.:

a) Das Luftvolumen wird verringert.

b) Die festen Teilchen gleiten zunächst aneinander vorbei; insoweit der wirksame Druck die Kapillarkraft übersteigt, wird Flüssigkeit nach außen gedrückt.

c) Hervorgerufen durch den wirksamen Druck (p_w), der durch den Differenzwert zwischen dem Preßdruck und der Reibung an den Seiherwänden gegeben ist, wird Flüssigkeit abgepreßt, wodurch Druckentlastung eintritt, bis man durch Drucksteigerung das Volumen weiter vermindert. Das hydrodynamische Druckgefälle ist in der größten Entfernung vom Abfluß am höchsten; außerdem infolge der Fähigkeit des Preßgutes, den in der Längsrichtung wirksamen Druck auf die Seiherwände zu übertragen, unmittelbar unter dem Preßkolben am größten. Der Druckverlust ist um so kleiner, je geringer das Verhältnis $\frac{L}{D}$ ist und wird deshalb bei Pressen mit schwebendem Seiher besonders günstig. Bei offenen Pressen tritt dieser Druckverlust nicht auf, doch zeigt sich hier in besonderem Maße die Erscheinung, daß am Kuchenrand ein bedeutend niedrigerer Druck herrscht als in der Mitte, weshalb das Abpressen in der Mitte vollständiger ist. Dazu kommt noch, daß bei der Druckentlastung ein Teil der Flüssigkeit von den Randpartien aufgesaugt wird.

Die Geschwindigkeit des Abfließens bei laminarer Strömung ist durch das Hagen-Poiseuillsche Gesetz gegeben; die stündliche Abflußmenge beträgt

$$Q_h = \frac{28{,}125 \cdot \pi}{\eta} \cdot \frac{p_w}{l} \cdot d^4,$$

ist also stark vom Kapillardurchmesser d abhängig. Bei steigendem Druck besteht die Möglichkeit, daß sich die Abflußwege verengen. Der Zusammenhang zwischen dem Preßdruck und dem spezifischen Volumen $\triangle v$ ergibt sich aus der Beziehung

$$\log p_A = a + \frac{b}{\triangle v}$$

Außer vom mittleren Kapillardurchmesser und vom Preßdruck p_w hängt die Dauer des Preßvorganges von der Länge der Abflußwege l und von der dynamischen Zähigkeit der Flüssigkeit η ab. Um die Preßwege kurz zu halten, dienen bei Kasten- und Seiherpressen die sogenannten Preßdeckel, welche aus Material mit wesentlich weiteren Kapillarräumen als das Preßgut bestehen. Bei den offenen und halboffenen Pressen versehen die Seihertücher diese Aufgabe, auch die Beimengung nicht ölaufsaugender Schalen (Baumwollschalen) dient beim Ölpressen diesem Zweck. Infolge der Abhängigkeit der Zähigkeit von der Temperatur empfiehlt es sich, das Pressen bei den höchstzulässigen Temperaturen vorzunehmen. Die Erwärmung ist besonders wichtig, wenn durch die Temperaturerhöhung, wie bei Ölsaaten, gleichzeitig eine Koagulation des Eiweißes und eine Ausfällung der Schleimstoffe (Entemulgierung) erreicht wird. Die Geschwindigkeit der Drucksteigerung ist insofern von Einfluß, als sich bei hoher Geschwindigkeit leicht Nester bilden, deren Abfluß gehemmt ist. Außerdem wird die Gefahr, daß kleine Teilchen, Schleim u. dgl. mitgerissen werden und die Poren verstopfen, erhöht. Deshalb wird auch das Zerquetschen des Preßgutes einer Feinvermahlung vorgezogen. Bei offenen Pressen führt eine rasche Drucksteigerung zum Zerreißen der Tücher, da das noch „flüssige" Preßgut Drücke rascher überträgt.

Zur Verwendung kommen Keltern für Trauben, Etagenpressen für Früchte und manche Ölsaaten, absatzweise Seiherpressen und kontinuierliche Seiherpressen (Schneckenpressen) für Ölsaaten. Bei den Ölsaaten unterscheidet man zwischen solchen, die bei hohem Druck selbst leitend bleiben wie Palmkerne und Kopra und solchen, die sich unter hohem Druck verschließen wie Raps, Lein, Hanf. Erstere preßt man vorteilhafterweise in Seiherpressen, letztere in Etagenpressen. Die bei den Etagenpressen zur Anwendung kommenden Preßtücher wirken als Filter. Die Trogpresse dient fast ausschließlich als Kakaopresse (vgl. S. 117). Bei den Schneckenpressen unterscheidet man Pressen, bei welchen die Ganghöhe auf der Austrittsseite geringer als auf der Eintrittsseite ist, oder aber die Steigung zunimmt. Durch Veränderung des Austrittsspaltes mit Hilfe eines verschiebbaren, düsenförmigen Rings läßt sich der Druck im Preßraum regeln. Der Zulauf des Preßguts erfolgt durch eine Einlaufschnecke. Durch Messer, die in den Ringraum zwischen Seiher und Schneckenwelle hineinragen, wird der Preßkuchen an einer drehenden Bewegung gehindert. Ein Mitdrehen des Inhalts ist um so eher zu befürchten, je schneller die Querschnittsveränderung stattfindet. Ein Zusammendrücken der Masse kann nur so lange stattfinden, als der gegen die Schneckengänge ausgeübte Widerstand in Bezug auf die Achse ein kleineres Moment hat als der Reibungswiderstand, der sich am Gehäuseumfang einem Mitdrehen der Masse entgegensetzt. Deshalb muß die Schnecke glatt, das Gehäuse so ausgeführt sein, daß sich ein möglichst großes Reibungsmoment ergibt, weswegen man die Schlitze achsial ausführt. Für das Abpressen in Schneckenpressen sind vor allem Produkte geeignet, die ein Gleiten zulassen, also keine rauhe, trockene Oberflächenbeschaffenheit aufweisen.

Bei den Schnecken s t r a n g pressen für plastische Massen, welche in zunehmendem Maße die Kolbenpressen verdrängen, wird das Material am hinteren Ende der Schnecke zugeführt und unter gleichzeitiger Verdichtung nach dem Mundstück der Presse gefördert. Die Schnecke hat den zum Auspressen erforderlichen Druck zu überwinden. Jeder Reibungszahl einer zu verarbeitenden Masse entspricht ein ganz bestimmter Steigungswinkel der Schnecke. Je kleiner die Reibungszahl ist, desto größer der Wirkungsgrad und desto kleiner die erforderliche Kraft, desto größer aber auch der erforderliche Steigungswinkel. Deswegen werden Schnecken hartverchromt und feinstgeschliffen. Bei Reibungszahlen von 0,0—1,0 liegen die Steigungswinkel zwischen 45° und 22° 30′. Je nach Bedarf werden die Schnecken mit einer Heiz- und Kühlvorrichtung versehen, dies gilt insbesondere auch für das Mundstück, in welchem die Fließvorgänge eine erhebliche, gegenseitige Verschiebung der Masseteilchen bedingen. Falls das Mundstück unzweckmäßig ausgebildet ist, führen die auftretenden Widerstände unter Umständen zu einem derart hohen Druckanstieg, daß sich die Masse ohne Eigenbewegung mit der Schnecke dreht und nicht ausgetragen wird. Zur Verringerung der inneren Reibung im Bereich des Mundstücks führt gegebenenfalls dessen Beheizung. Jenseits des Intervalls niedriger Drücke liegt der Anwendungsbereich der hydraulisch betätigten Kolbenpressen, mit denen jeder Auspreßdruck überwunden werden kann.

B. Mischvorgänge.

1. Mischen.

Mischen von Flüssigkeiten, Mischung von Flüssigkeiten und festen Stoffen. Der Lösungsvorgang besteht anscheinend darin, daß die Moleküle um so leichter ineinander diffundieren, je gleichförmiger ihr Schwingungsrhythmus ist. $\left(\nu = \sqrt{\frac{2 \cdot \sigma}{\mathrm{m}}}\right)$, wobei ν Frequenz, σ Oberflächenspannung, m Molekulargewicht ist.

Für die Geschwindigkeit der Mischung zweier ineinander löslicher Flüssigkeiten ist deren spezifisches Gewicht, deren Oberflächenspannung, deren Diffusionsgeschwindigkeit und deren Zähigkeit maßgebend. Hat der spezifisch schwerere Stoff die größere Oberflächenspannung, so geht die Vermischung besonders langsam vor sich, hat der spezifisch schwerere Stoff die geringere Oberflächenspannung, so findet ein Strömungswechsel statt, auf welchen die Zähigkeit bremsend wirkt. Die kapillaren Strömungsfäden entstehen als Resultierende aus horizontaler Substanzverteilung durch molekulare Adhäsion und vertikalem Lösungsbestreben durch Diffusion und Lösung.

Im Großen ist die Vereinigung zweier Flüssigkeiten nur bei aufgezwungener, turbulenter Strömung möglich. Es muß sowohl ein radialer wie auch ein achsialer Fluß erreicht werden. Die Viskosität ist entscheidend. Für Flüssigkeiten dienen Rührarme, Propellerrührwerke, Turbinen, Kegel. Auch Kreiselpumpen haben eine gute Mischwirkung, man kann auch Luft einblasen, die beim Aufsteigen die Flüssigkeit durchwirbelt (Mammutrührwerke). Zur Erzielung eines Zwangsumlaufs verwendet man in den Rührwerkgefäßen Leitbleche. Zur Wirbelbildung dienen Stoßleisten (Strombrecher), bei abnehmender Rührzeit steigt hierdurch der Kraftbedarf. Die Stoßleisten werden im Abstand von 90^0 an der Wand angebracht, ihre Breite beträgt $^1/_{10}$ bis $^1/_{12}$ des Behälterdurchmessers. Ein gleichmäßiges Durchrühren des Gefäßinhaltes wird erreicht, wenn man Planetengetriebe verwendet, bei welchen die Rührstäbe Zycloiden beschreiben oder man baut Rührwerke mit mehreren parallelen Wellen ein. Bei den Turborührern wird das Rührwerk durch ein schnellaufendes Kreiselrad oder durch einen Propeller von kleinem Durchmesser ersetzt. Der Kraftbedarf ist etwa der dritten Potenz der Drehzahl proportional und etwa der fünften Potenz des Rührerdurchmessers. Grob gesehen kann man jeden Mischer für 70—80% aller Mischfälle anwenden, allerdings nicht mit optimalen Betriebskosten. Paddelmischer (tangentialer Fluß) ergeben keine einheitliche Verteilung des Materials, sie eignen sich nur für Flüssigkeiten von mittelmäßiger Konsistenz, haben aber bei langsamer Mischwirkung den Vorteil geringer Anschaffungs- und Betriebskosten. In der Ausführung als gegenläufige Paddelmischer werden sie z. B. beim Gefrieren von Eiscreme verwendet. Der wirtschaftlichste Rührer dürfte der Propeller sein; er eignet sich insbesondere zum Mischen von weniger viskosen Flüssigkeiten bis 2000 c Poise in kleinen bis sehr großen Tanks und für Schlämme bis 10% Trockensubstanz (Abb. 14). Er arbeitet mit Drehzahlen bis zu 100/min. Gute Anpassungsmöglichkeit und volle Beherrschung

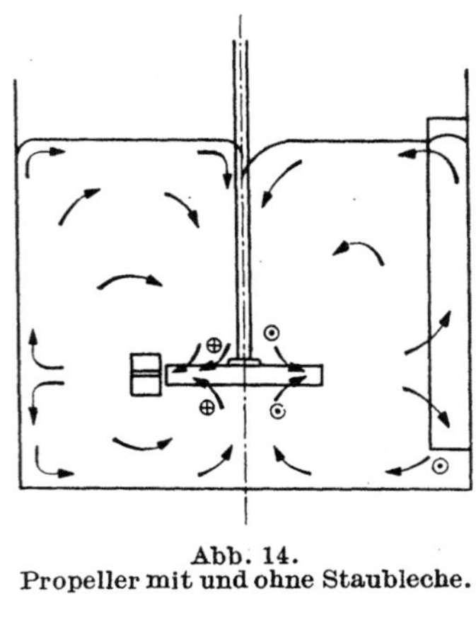

Abb. 14.
Propeller mit und ohne Staubleche.

des Mischvorgangs werden durch stufenlose Drehzahlregelung des Einzelantriebs erreicht. Im Zusammenhang mit Strombrechern erzielt er einen guten achsialen Fluß. Häufig wird er exzentrisch angewendet. Einsatzzylinder dienen der Erzielung eines geregelten Umlaufs. Eine besonders intensive Mischung ergibt sich durch den Anprall der Hauptströmung an die Seiten- oder Bodenwand, wobei unregelmäßig verlaufende Nebenströmungen erzeugt werden. Runde Behälter ergeben einen besseren Wirkungsgrad als eckige. Nach außen gewölbte Böden sind besser als flache. Das Verhältnis Durchmesser zur Füllhöhe sei zweckmäßig unter 1:0,75 und ohne Verwendung besonderer Hilfsmittel nicht über 1:5. Einbauten in Behältern, wie Kühlschlangen, bedingen einen wesentlich höheren Kraftaufwand. Für höhere Viskositäten und für Flüssigkeiten bis zu 60% Trockensubstanz, für schnelles Vermischen von dünnflüssigen

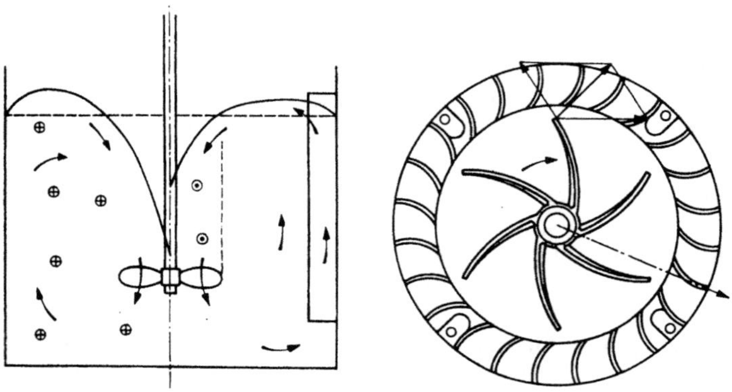

Abb. 15. Turbinenrührer mit rückwärts gekrümmten Blättern (linke Hälfte) bzw. mit Staublechen (rechte Seite).

Materialien, sowie für unregelmäßig geformte Behälter kommt eine Turbine (radialer Fluß) mit rückwärtsgekrümmten Schaufeln mit feststehendem Ring oder gegebenenfalls mit Staublechen in Betracht (Abb. 15). Sie kann für den ganzen Konsistenzbereich und für alle Tankgrößen eingesetzt werden. Zum Lösen ist sie ebenfalls ausgezeichnet geeignet. Der Kraftbedarf ist im allgemeinen geringer als beim Propeller. Mit zunehmender Viskosität verringert sich die Flüssigkeitshöhe, die mit einem Flügelrad durchmischt werden kann. Der Kegelmischer ist insbesondere für das Verschlämmen fasriger Materialien geeignet bis 10% Feststoffe (Turbine 5%). Das Verhältnis des Tankdurchmessers zum Laufraddurchmesser liegt für einfache Mischvorgänge bei 4: 1, bei hoher Viskosität bei 2: 1. Für Fette, Mandeln usw. dient ein Rührwerk in Form eines Pferdehufes.

Mischen fester Körper. Bei der Konstruktion derartiger Maschinen versucht man die Zahl aufeinanderfolgender Berührungswechsel und die Weglängen möglichst groß zu halten. Unterschiede in der Gleichfälligkeit wirken sich dabei ungünstig aus: Die größeren Körner legen immer weitere Wege zurück als die kleinen. Zum Ausgleich muß Material vom Boden zur Oberfläche gehoben werden. Auch ein Absieben vor dem Vermischen kann deshalb zweckmäßig sein. Der Mischeffekt nimmt abhängig von der Zeit sehr rasch zu und nähert sich dann asymptotisch einem Grenzwert, so daß eine allzu lange Mischdauer nur kraftvergeudend wirkt. Die übliche Ausführung bei bereits ausreichend zerkleinerten Stoffen ist der Fallmischer, in Form eines Trommelmischers mit Rührflügeln, eines Sturzgefäßes, einer Doppelkegeltrommel mit und ohne Schaufeln (Abb. 16), eines Trogmischers u. dgl. (Abb. 17). Die Mischwirkung ist bei einem bestimmten Füllungsgrad bei gegebener Drehzahl optimal. Für die Vermischung von Pulvern werden auch übereinanderliegende Vibrationssiebe eingesetzt. Ein Schnelläufer, der nicht nur zum Vermischen trockener Mehle, sondern auch zur Mischung mit Flüssigkeiten geeignet ist, ist der Petzhold-Kreiselmischer (Abb. 18). Im Mühlenbetrieb werden häufig vertikale Mischschnecken eingesetzt (Abb. 19). Der Reibungswinkel zwischen dem Füllgut der Schnecke und dem dasselbe umgebenden Mehlmantel muß größer sein als der Reibungswinkel zwischen Füllgut und Schneckenblech, damit die Schnecke die Füllung fördert und nicht im Mehl „watet“. Das Schneckenblech soll deshalb aus einem Material mit einem kleinen Reibungswinkel hergestellt werden. Trommelmischer vermischen nur feines Material, das aber auch feucht sein darf. Unterschiede im hygroskopischen Verhalten und im Feuchtigkeitsgehalt beeinflussen den Mischvorgang. Der Trogmischer wird vielfach zum Mischen von Mehlen, Backpulver u. dgl. eingesetzt. Er enthält mehrere Paddel und gegenläufige, schmale Schneckensegmente. Man kann ihn auch zum Mischen dünner Pasten einsetzen. Die Mischzeit ist im allgemeinen länger als beim Kegelmischer. Der Doppelkegelmischer ist die zweckmäßigste Form zum Mischen von Feststoffen; die Mischdauer beträgt höchstens 15 min, der Kraftbedarf ist gering, die Entleerung rasch und vollständig. Da hierbei die Partikel keinen parallelen Weg nehmen, ergibt sich eine große Verschiedenheit in den Geschwindigkeiten verschiedener Teilchen und damit eine gute Mischwirkung. Eine Sonderausführung ist der Dragierkessel (vgl. S. 206).

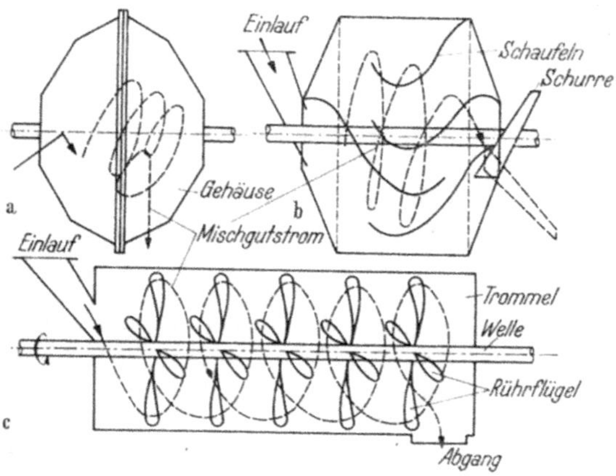

Abb. 16. Trommelmischer.

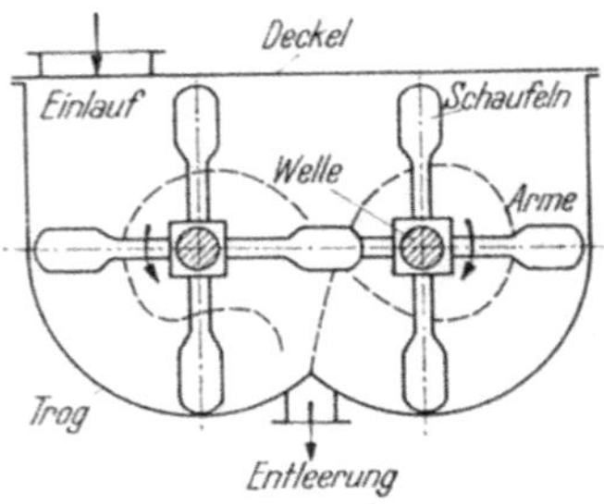

Abb. 17. Doppeltrogmischer.

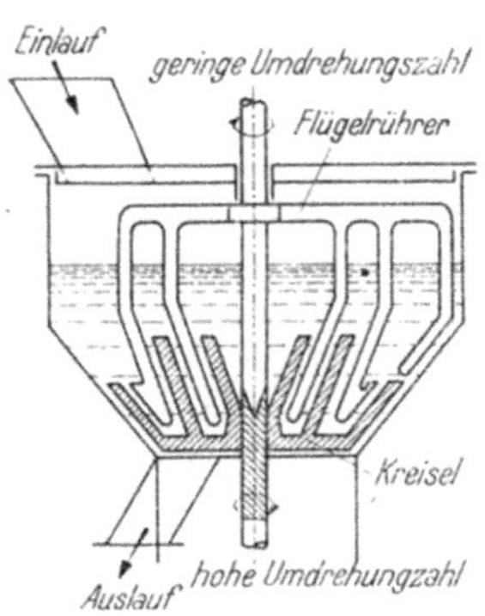

Abb. 18. Kreiselmischer.

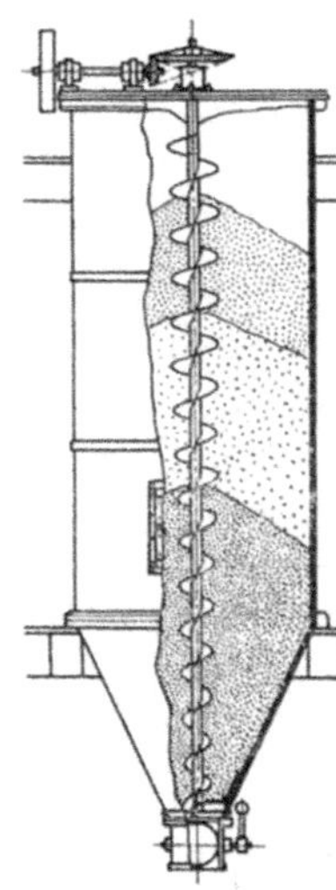

Abb. 19. Vertikale Mischschnecke.

2. Kneten.

Für das Zusammenkneten fester und flüssiger Stoffe ist die Benetzbarkeit der festen Teilchen und die Zähigkeit der Flüssigkeit von großem Einfluß. Der Viskositätsbereich umfaßt 200 000 bis mehrere Millionen c Poise.

Wesentlich für einen guten Knetvorgang ist die Erzielung einer möglichst großen Relativverschiebung im Gut, d. h. eine Umlagerung auf einem möglichst langen Weg. Notwendig ist Transportieren, Kneten, Reißen, Dehnen, Überschlagen, weil auf andere Weise ein Zwischenschieben der einen Teilchen zwischen die anderen nicht möglich ist. Die Durchführung erfolgt in Form eines Knetarmes, der in einen kleinen Greifer ausmündet und dessen Bewegung der menschlichen Hand weitgehend nachgebildet ist, wobei der Rührtrog rotiert (Bäckerei). Beim Schraubenkneter bewegen sich zwei schraubenförmig geformte Knetarme gegenläufig mit verschiedener Geschwindigkeit, wodurch erreicht wird, daß sich die Stellung der Knetwerkzeuge zueinander stetig verändert. Zwecks leichter Entleerung wird der Trog kippbar gemacht (Abb. 20). Pulverförmige Stoffe wie Kakaomasse werden in Walzwerken geknetet, deren Walzen mit verschiedener Geschwindigkeit angetrieben werden. Vielfach sind Misch- und Knetmaschinen mit Heiz- oder Kühlmänteln versehen.

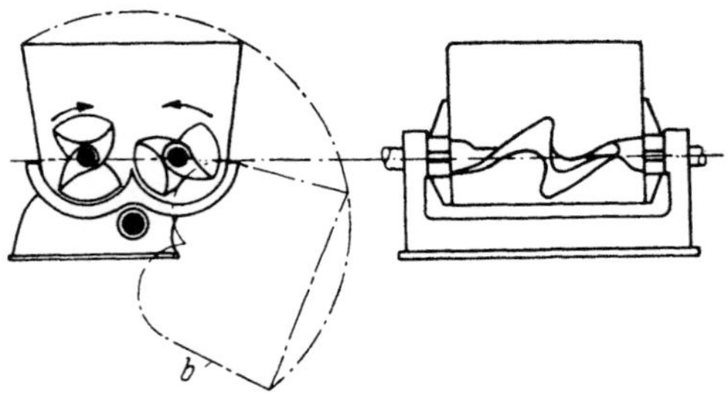

Abb. 20. Doppelschraubenkneter (Werner & Pfleiderer).

Literatur.

LYONS, E. J.: Chem. Engng. Progr. **44**, 341 (1948).
HOOKER, T. H.: Chem. Engng. Progress **44**, 833 (1948).
VALENTINE, K. S. and G. Mc.LEAN: Chemical Engineers Handbook, New York 1941.

3. Emulsion.

Unter einer Emulsion versteht man die disperse Verteilung zweier nicht oder kaum mischbarer Flüssigkeiten. Je nachdem, ob Wasser als äußere und Öl als disperse Phase vorliegt, oder ob die umgekehrten Verhältnisse gegeben sind, unterscheidet man zwischen O/W- und W/O-Emulsionen.

Zur Identifizierung der Emulsionstype benutzt man entweder die Verdünnungsprobe oder die Anfärbemethode. Bei Zusatz eines öllöslichen und eines wasserlöslichen Farbstoffes wird derjenige von der Emulsion am schnellsten aufgenommen, der in der äußeren Phase löslich ist. Bringt man eine Emulsion, deren äußere Phase aus Öl besteht (z. B. Butter), auf Papier, so erzeugt sie im Gegensatz zum O/W-Typ (z. B. Milch und Sahne) einen Fettfleck.

Bei der Herstellung der Emulsionen, die durch intensives Mischen, Rühren oder Schlagen der Komponenten erfolgt, wird die Grenzfläche des Systems um ein Vielfaches vergrößert. Zur Erleichterung dieser Arbeit bzw. um die Emulgierung überhaupt durchführbar zu machen, muß man für eine kleine Grenzflächenspannung sorgen. Man erreicht dies durch einen kleinen Zusatz kapillaraktiver Stoffe, die sich gemäß der Gibbsschen Gleichung an der Grenzfläche anreichern und die dann die gebildeten dispersen Kügelchen als dünne Filme umschließen. Nach den Langmuir-Harkinsschen Vorstellungen sind die Emulgator-Filme so aufgebaut, daß die hydrophilen Gruppen der Emulgatoren dem Wasser und die hydrophoben Reste dem Öl zugekehrt sind. Lecithin hat z. B. mit seinem Fettsäurerest fettähnlichen (lipophilen) Charakter, mit seinem Phosphorsäurerest hydrophile Eigenschaften. Geeignete Emulgatoren bilden auf diese Weise hauchdünne zähe Häute, die ein Zusammenfließen der Tröpfchen mechanisch oder als Folge elektrischer Abstoßung verhindern. Da die Filme stark solvatisiert sind, entfaltet der Emulgator überdies eine ausgesprochene Schutzwirkung gegenüber flockende Elektrolyte. Chemisch betrachtet handelt es sich bei den Emulgatoren um bipolare Moleküle, deren eines Ende einen hydrophoben Kohlenwasserstoffrest trägt und dessen anderes Ende durch hydrophile Gruppen besetzt ist (z. B. COOH, SO_3H, OH, NH_3, usw.). Hinsichtlich ihrer Wirksamkeit sind die Emulgatoren sehr unterschiedlich, wobei natürlich ebenfalls die Natur der zur Emulgierung gelangenden Rohstoffe, wie auch die jeweiligen Arbeitsbedingungen eine wesentliche Rolle spielen. Welcher Emulsionstyp gebildet wird, hängt sehr von dem Benetzungs- bzw. den Löslichkeitsverhältnissen des Emulgators ab. Als Faustregel gilt, daß diejenige Komponente, in der der Emulgator am stärksten löslich ist, die äußere Phase bildet.

Zusammenfassend sei gesagt: die Emulgatoren erfüllen einen doppelten Zweck, einmal fördern sie die *Zerteilung* und nach erfolgter Dispergierung begünstigen sie die Aufrechterhaltung der *Verteilung*, d. h. sie erhöhen zugleich die Stabilität der mit ihrer Hilfe erzeugten Emulsion.

Von den in der Lebensmittelindustrie zur Anwendung gelangenden Emulgatoren verlangt man neben einem genügenden Emulgiervermögen natürlich noch gesundheitliche Unbedenklichkeit. Zur Erzeugung der O/W-Type benutzt man vor allem:

Eier-Eiweiß,	Gelatine,
Albumin,	Agar-Agar,
Lecithin,	Zucker,
Dextrin,	Stärke usw.

Besonders wirksam sind moderne Emulgatoren, wie z. B. Ester höherer Fettsäuren mit mehrwertigen Alkoholen (Mono- oder Diglyceride, Tegin, usw.) oder Lanettewachse (höhere Fettalkohole und Fettalkoholsulfonate).

Emulsionen vom Typ W/O erzielt man mit Cholesterin, Spermaceti, oxydiertem Paraffin und Palsgaard-Emulsionsöl (polymerisiertes und oxydiertes Sojaöl). Öl-in Wasser-Emulsionen sind meist beständiger und gegen Temperatureinflüsse unempfindlicher als W/O-Emulsionen.

Sehr dünne Emulsionen (etwa 1%) lassen sich notfalls auch ohne besonderen Emulgatorzusatz in genügender Stabilität herstellen.

Die Aufrahm- bzw. Sedimentationsgeschwindigkeit V einer Emulsion ergibt sich aus dem Gesetz von Stokes:

$$V = \frac{2}{9} \cdot \frac{r^2 \triangle \varrho}{\eta} . 981 \text{ [cm/sec]}$$

Der Kehrwert $\frac{1}{V}$, der ein Maß für die Verteilungsstabilität darstellt, wird vergrößert, wenn

1. die Viskosität η des Mediums steigt,
2. der Dichteunterschied $\triangle \varrho$ zwischen Dispersionsmedium und disperser Phase niedrig gehalten und
3. der Tröpfchenradius r verkleinert wird.

Als Dickungsmittel oder Stabilisatoren, die — in geringer Menge zugesetzt — die Viskosität des Wassers beträchtlich steigern, werden ausgesprochen hydrophile Kolloide verwendet (z. B. Gelatine, Gummiarabikum, Traganth, Agar-Agar, irisches Moos, Pektin, Johannisbrotkernmehl, Quittensamenschleim usw.).

Eine Angleichung der spezifischen Gewichte läßt sich gegebenenfalls durch Verwendung von Ölgemischen bzw. durch Auflösung fester Stoffe im dispergierenden Wasser erreichen.

Einen besonders großen Einfluß auf die Stabilität hat die Tropfengröße. Normalerweise sind die durch Rühren, Schütteln oder Schlagen erzeugten Emulsionen polydispers. Die Teilchengrößen schwanken gewöhnlich zwischen 1 μ und 50 μ. In einem feinteiligen, monodispersen System wird eine Koagulation vorzugsweise durch ungerichtete, allseitige Stöße der Partikel untereinander hervorgerufen (perikinetische Koagulation). In polydispersen Systemen dagegen reißen die rasch sedimentierenden größeren Teilchen auf ihrem Fallweg kleine Teilchen an sich und treten mit diesen zu größeren Aggregaten zusammen (orthokinetische Koagulation). Die wenigen groben Teilchen wirken also als Koagulationskerne. Auf diese Weise werden nicht nur die größeren Teilchen, sondern noch beträchtliche Mengen von an sich stabilen, kleinen Partikeln abgeschieden. Ein polydisperses System ist also stets wesentlich instabiler als ein monodisperses. Man erstrebt deshalb die Überführung einer polydispersen Emulsion in eine möglichst monodisperse, bei gleichzeitiger Herabsetzung der durchschnittlichen Teilchengröße. In einem besonderen Arbeitsgang, der sogenannten Homogenisierung, den man auf die eigentliche Emulgierung folgen läßt, wird die Emulsion durch enge Spalte gepreßt, wobei die gröberen Teilchen in kleine Tröpfchen zerquetscht werden, deren maximale Größe durch den verstellbaren Spalt gegeben ist. Milch wird z. B. auf 0,15—0,25 μ homogenisiert. Für viele praktische Zwecke genügen jedoch 5 μ.

Die Konsistenz der Emulsionen kann sowohl einen dünnflüssigen wie auch salbigen oder Gelcharakter besitzen. Verantwortlich hierfür sind sowohl die Viskositäten der einzelnen Phasen wie auch deren Mischungsverhältnis.

Die gemessene Aufrahmgeschwindigkeit weicht nicht selten erheblich von dem nach der Stokeschen Formel berechneten Wert ab, was in vielen Fällen auf eine Aggregation der Primärteilchen zurückgeführt werden muß. Überdies ist oft unklar, welche Viskositätswerte und welche Dichte in Rechnung zu setzen ist. (Volumenviskosität oder Grenzflächenviskosität bzw. Berücksichtigung des Gewichtes der mitzuschleppenden Emulgatorhülle.) Besonders bei *Feinschäumen*, die man als Emulsionen, deren disperse Phase aus einem Gas besteht, auffassen kann, werden die unter dem Grenzflächendruck stehenden Gasbläschen einen erheblichen Dichtezuwachs erfahren.

Da bei den Schäumen eine Adsorption von kolloidalen Stoffen an der Grenzfläche Luft-Flüssigkeit stattfindet, wird die Grenzflächenspannung des Wassers verringert, wie z. B. durch Eiweiß beim Schlagen von Hühnereiweiß bzw. Milch (Calciumcaseinat-Lactalbumin) und Rahm (Butterbereitung). Der Eieralbumin wird infolge der Oberflächenenergie denaturiert. Reine Flüssigkeiten schäumen fast überhaupt nicht, kolloidale Lösungen schäumen dagegen häufig sehr stark. Voraussetzung ist eine gewisse Viskosität und eine geringe Grenzflächenspannung zwischen Luft und Flüssigkeit. Wie das Beispiel der flüssigen Luft oder von Äther zeigt, führt ein kleiner

Wert der Oberflächenspannung noch zu keiner Schaumfähigkeit. Je feinblasiger der Schaum ist, desto größer ist seine Stabilität. Die Schaumstabilität scheint durch Entfernung hochmolekularer Verunreinigungen herabgesetzt zu werden.

Nicht nur die *Emulsionserzeugung*, sondern auch ebensosehr die *Emulsionszerstörung* genießt ein großes technisches Interesse.

Es stehen hierfür mehrere Wege offen:

1. Bei der mechanischen Emulsionszerstörung ersetzt man die Schwerkraft der Erde durch ein stärkeres künstliches Gravitationsfeld. Für die Zentrifugal-Entrahmung gilt deshalb sinngemäß die Stokessche Formel, wobei man lediglich statt der Erdbeschleunigung den Ausdruck

$$\left(\frac{2\pi}{60}^{2}\right) R \cdot n^{2}$$

einführt. Die Gleichung lautet dann:

$$V = \frac{2}{9} \frac{r^2 \triangle \varrho}{\eta} \cdot \left(\frac{2\pi}{60}\right)^2 R \cdot n^2 \text{ [cm/sec]}$$

Dabei bedeuten:

R = Abstand der Teilchen von der Zentrifugalachse,

n = Umdrehungen/min.

2. Zerstörung durch Verdrängungsadsorption.
Gemäß dem Prinzip „Der Stärkere siegt" wird der Emulgator einer Emulsion durch eine stärker kapillaraktive Substanz aus den Grenzflächen verdrängt. Sofern nun diese zugesetzte Substanz nicht gleichfalls in der Lage ist, stabile Häutchen zu bilden (z. B. bei geringer Molkohäsion), kann der disperse Zustand nicht mehr aufrechterhalten werden. Die Emulsion „bricht". (Beispiel: Zerstörung eines Seifenschaumes durch Ätherdämpfe.)
3. Zerstörung durch chemische Reaktionen oder durch Wärmedenaturierung der Emulgatorhüllen (z. B. bei Proteinen).
4. Flockung durch entgegengesetzt geladene Kolloide oder Elektrolyte evtl. in Verbindung mit einer Wärmedenaturierung.
5. Die Entmischung durch ein äußeres elektrisches Feld.

Bei der Butterbereitung schlägt man Luft in den Rahm und schafft auf diese Weise neue Grenzflächen (Schaumbildung). Dadurch vermindert sich die Emulgatormenge, die für die Stabilisierung der Fettkügelchen zur Verfügung steht und gestattet deren Aggregierung. Als kolloidchemischer Vorgang ist der Butterungsprozeß sehr komplexer Natur und deshalb durch verschiedene Theorien gedeutet worden. Die einflußreichsten Faktoren sind dabei: Temperatur, Fettgehalt, Größe der Fettkügelchen, Viskosität, Säuregehalt und Alter des Rahms sowie Intensität der Rührbewegung.

Als Maschinen zur *Erzeugung* von Emulsionen dienen entweder Rührwerke mit eingebauten Wellenbrechern oder Knetmaschinen. Gelegentlich führen die Flügel neben dem Umlauf noch eine schlagende Bewegung aus. Die Zerkleinerung kann ferner durch Zentrifugalkräfte, Düsen oder Zahnradpumpen erfolgen. In letzter Zeit wurden auch Ultraschallwellen vorgeschlagen (z. B. Emulgieren aromatischer Öle in kohlensauren Getränken).

Vergleichmäßigung der Teilchen durch Homogenisieren wird bei Rahmeis, Mayonnaise, Kondensmilch, Eierverarbeitung angewandt. Die Hochdruck-Homogenisiermaschinen pressen die Emulsion mit 100—150 atü durch Ringspalte (Homogenisierkegel in eingeschliffenem Sitz). Zertrümmerung durch Austritt aus Düsen ist bei weitem nicht so wirkungsvoll wie ein Zerreiben zwischen geschliffenen Flächen. Man versucht dabei, die Wege möglichst zu verlängern, eine Richtungsänderung aufzuzwingen und die Ringspalte in ihrer Größe unabhängig voneinander verstellbar zu machen (Abb. 21). Je gleichmäßiger der Druck auf sämtliche Teilchen ausgeübt wird, um so gleichmäßiger wird die Tröpfchengröße der inneren Phase werden. Der zum Hindurchpressen durch den engen Spalt erforderliche Druck kann entweder durch einen Kompressor oder durch Zentrifugalkraft erzeugt werden. Hierbei wird die Flüssigkeit aus einem zweiteiligen Rotor durch Zentrifugalkraft ausgeschleudert und durch einen Spalt gedrückt, der zwischen dem Rotor und dem umliegenden Stator verstellbar angeordnet ist. Bei den Niederdruck-Homogenisiermaschinen (Drücke von 20—25 atü) wird lediglich eine intensive Wirbelbildung zur Homogenisierung benützt. Die günstigsten Arbeitsbedingungen (Homogenisierdruck und -dauer, Temperatur usw.) müssen jeweils empirisch ermittelt werden. W/O-Emulsionen sind stark druckempfindlich und deshalb vorsichtig zu behandeln.

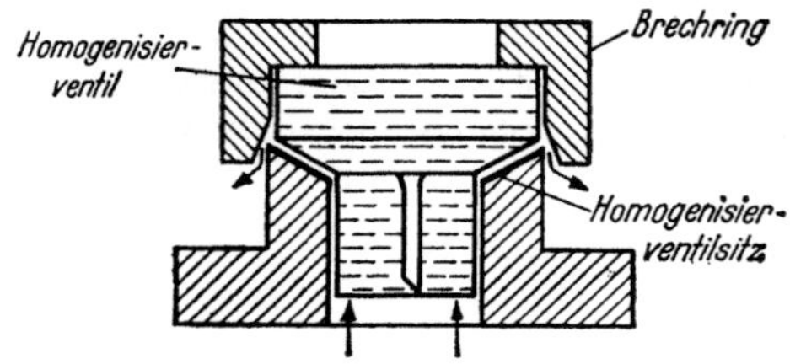

Abb. 21. Schema der Wirkungsweise eines Homogenisierkopfes.

Das Homogenisieren ist ein kostspieliges Verfahren, da die teuren Apparate einem starken Verschleiß unterliegen und einen hohen Kraftbedarf besitzen.

Beispiele:

Die bekannteste natürliche Emulsion ist die durch Eiweißstoffe stabilisierte Milch. Margarine (W/O) unterscheidet sich von der Butter dadurch, daß ihr Fettgehalt nicht nur der Milch entstammt (Zusätze pflanzlicher Öle beim „Kirnen").

Weitere Beispiele sind Käse, Rahm, Rahmeis, Salattunke und Mayonnaise. Letztere besteht im wesentlichen aus Eidotter, Öl und Essig, wobei Eigelb-Proteine als Stabilisatoren wirken. Beim Raffinieren der Speiseöle spielen gleichfalls Emulgierverfahren eine große Rolle. Desgleichen zählt auch Schokolade zu den Emulsionen. Um Fett einzusparen, werden heute die Trennmittel des Bäckereigewerbes in emulgierter Form zur Anwendung gebracht.

Literatur.

LANGE, O.: Technik der Emulsionen, Berlin: Springer 1929.

EUCKEN, A.: in „Der Chemie-Ingenieur", Band I, 4. Teil, § 13 mit § 17, Leipzig: 1933.

CLAYTON, W.: Theory of Emulsions and their Technical Treatment, Balckiston, Philadelphia.

WILLOWS, R. S. and E. HATSCHEK: Surface Tension and Surface Energy. London: Churchill 1923.

C. Stofftrennung.

1. Mechanisch.

a) Auslaugen (Extrahieren).

Das Auslaugen von festem, organischem — meist pflanzlichem — Material durch flüchtige Lösungsmittel nennt man Extrahieren. Erfolgt die Extraktion mit heißen Flüssigkeiten, so spricht man von *Digestion*, bei kalten Flüssigkeiten von *Maceration*, werden keine Rührwerke eingesetzt (z. B. Zuckerrüben) von ***Diffusion***. Wenn das Lösungsmittel umgewälzt wird und das Extraktionsgut ruht, spricht man von *Percolation*.

In der Lebensmittelindustrie finden Auslaugevorgänge bei der Gewinnung von Ölen, von Pektin, bei der Zuckergewinnung, bei der Gelatinegewinnung, bei der Holzverzuckerung und bei der Bierbereitung statt. Bei manchen Vorgängen spielen Auswaschvorgänge maßgebend mit, z. B. beim Waschen des Butterkornes und bei allen Blanchier- und Kochvorgängen, an denen die Lebensmittelindustrie so reich ist. In allen Fällen werden mit Hilfe flüssiger Extraktionsmittel lösliche Stoffe herausgelöst. Im allgemeinen ist das Gut in der Lebensmittelindustrie nicht feinkörnig. Die in der Zeiteinheit fortbewegte Stoffmenge ist nach dem Fickschen Gesetz proportional dem Konzentrationsgefälle, der Stoffoberfläche und der Diffusionszahl. Die den Vorgang beherrschende Diffusion findet um so leichter statt, je kürzer der Diffusionsweg ist. Weil sich bei pulverförmigem Gut die Apparate verstopfen, muß man versuchen, die Oberfläche im Vergleich zum Inhalt möglichst groß zu halten um gleichzeitig eine Nesterbildung zu vermeiden, wofür eine Schnitzel- bzw. Spanform am günstigsten ist. Die Stückchen müssen möglichst gleich groß sein. Die Benetzungsvorgänge werden durch die Oberflächenstruktur und den Wassergehalt maßgebend beeinflußt. Der Zerkleinerungsgrad wird außer durch die Grenzflächenspannung durch die Dichte und durch die Zähigkeit des Extraktionsmittels bestimmt. Die Lösungsfähigkeit steigt im allgemeinen mit der Temperatur, doch steigt damit auch das Lösungsvermögen für Verunreinigungen, so daß bestimmte Temperaturen nicht überschritten werden dürfen. Die Richtung der Strömung im Auslaugeapparat richtet sich nach dem spezifischen Gewicht des reinen Extraktionsmittels im Vergleich zu dem des beladenen Extraktionsmittels. Beim Füllen des Apparats läßt man zur Verdrängung der Luft das Extraktionsmittel von unten nach oben strömen.

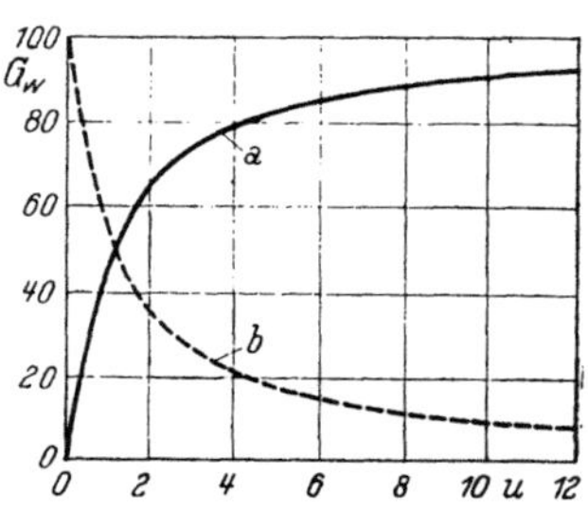

Abb. 22. Abhängigkeit des Verhältnisses: Rauminhalt des Extraktionsmittels / Rauminhalt des Rückstandes *u* von der im ablaufenden Extraktionsmittel gelösten Stoffmenge je Rohstoff (Kurve *a*), bzw. von dem im Rückstand vorhandenen Extrakt je Rohstoff (Kurve *b*).

Eine vollständige Auslaugung wäre nur möglich, wenn das Verhältnis Extraktionsmittelmenge zum auszulaugenden Gut unendlich groß ist. Mit einer bestimmten Lösungsmittelmenge wird auch bei einer unendlichen Zahl von Stufen nur ein bestimmter Endwert erreicht. Die Zusammenhänge sind für den theoretischen Fall des vollkommenen Konzentrationsausgleichs aus Abb. 22 ersichtlich; man ersieht, daß es wenig Zweck hat, das Verhältnis der Extraktionsmittelmenge im Vergleich zum Trägerstoff allzu groß zu wählen, da dann die extrahierbare Menge nur noch langsam zu- und die Verarmung des zu extrahierenden Stoffes nur noch langsam abnimmt. Hohe Lösungsmittelmengen haben zur Folge, daß viel Wärme zu deren Aufarbeitung erforderlich ist. Zweckmäßiger ist es daher, unter Abzug der angereicherten Lösung, die Auslaugung schrittweise vorzunehmen. Mit einer unendlichen Stufenzahl würde sich, wenn in jeder Stufe Beharrungszustand erreicht würde, theoretisch ein restloser Konzentrationsausgleich ergeben, wenn man die Konzentrationsunterschiede im Gut außer acht läßt. Die praktische Durchführung der Extraktion erfolgt in der Weise, daß das Extraktionsmittel durch mehrere hintereinandergeschaltete Extraktionsgefäße im Gegenstrom durchgepumpt wird und die Leitungen für die Lösungen in bestimmten Zeitabständen nach folgendem Schema umgeschaltet werden:

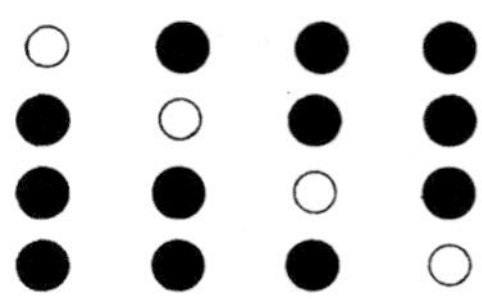

Der Prozeß wird dadurch verlängert, daß außer der Einwirkungszeit für jedes Gefäß zum Füllen und Entleeren, zum Ausdämpfen des Gutes, eine bestimmte Zeit erforderlich ist. Eine zweite Möglichkeit besteht darin, daß der Transport des Guts mittels Becherwerken, Schnecken, Förderbändern o. dgl. kontinuierlich erfolgt. Manche dieser Transportmittel bewirken eine Zerreibung des Guts, wodurch die Trennung der Extraktlösung von den Rückständen erschwert wird. In Abb. 23 ist ein Einzelapparat dargestellt, bestehend aus Extrakteur, Destillierblase, wo die Lösungsmittel durch Heizdampf abdestilliert werden, und Kondensator, wo die abziehenden Dämpfe kondensiert werden. Das Kondensat gelangt über einen Wasserabscheider zum Lösungsmittelbehälter zurück. Das Lösungsmittel strömt aus dem Lösungsmittelbehälter auf den oberen Siebboden, durchfließt das Material und verläßt ihn an der tiefsten Stelle. Zwischen Extrakteur und Destillierapparat wird im allgemeinen ein Filter eingeschaltet. Die letzten Extraktionsmittelreste können aus dem Extraktionsgut durch Einblasen von Wasserdampf entfernt werden, sofern das Extraktionsmittel leichter siedend ist, wie z. B. bei der Ölextraktion. Schwer extrahierbare Stoffe (z. B. Fischabfälle) werden in rotierenden, beheizbaren Trommeln verarbeitet.

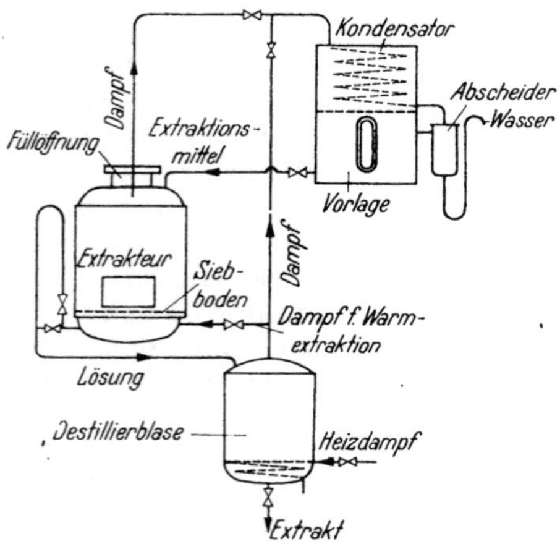

Abb. 23.
Absatzweise arbeitender Extraktionsapparat.

Literatur.

BERL, E.: Chemische Ingenieur-Technik, Bd. III, S. 162 Berlin: Springer 1935.

b) Abtrennung fester Stoffe unter Ausnützung der Schwerkraft.

Stromklassierung. Wenn ein fallender Körper (z. B. Kugel oder senkrecht zu seiner Ebene bewegtes Plättchen) seine maximale Fallgeschwindigkeit erreicht hat, dann ist dessen Widerstand (Staudruck und Reibungswiderstand) gleich der Differenz zwischen Gewicht und Auftrieb. Der Widerstandsbeiwert ist abhängig von der Reynoldschen Zahl[1]). Dementsprechend errechnet sich die Fallgeschwindigkeit (v) eines kugeligen Körpers mit dem Durchmesser (d) und dem spezifischen Gewicht (γ) im umgebenden Medium nach der Formel von Stokes, wonach $v = k \cdot d^2$ ist im Intervall der Reynoldschen Zahlen Re = 0 bis 0,5, nach der Formel von Allen, wonach $v = k \cdot d$ ist, im Intervall Re bis 300 und nach der Formel von Newton, wonach $v = k \cdot \sqrt{d}$ im Intervall von etwa Re = 1000 bis 150 000 ist. *Schiller* und *Neumann* legten für den Bereich von Reynoldschen Zahlen bis herauf zu Re ≈ 800 die Gleichung fest: $c_w = \frac{24}{Re}(1 + 0{,}15 \cdot Re^{0{,}687})$, wobei c_w die Widerstandszahl bedeutet. Eine Trennung nach der Korngröße ist nur möglich, wenn alle Teilchen das gleiche spezifische Gewicht besitzen; die Teilchen werden um so schneller zu Boden fallen, je größer sie sind. Bei gleicher Korngröße und Kornform kann eine Trennung nach dem spezifischen Gewicht erfolgen. Sind spezifisches Gewicht *und* Korngröße verschieden, dann erhält man bei einer Trennung nach der Fallgeschwindigkeit „gleichfällige" Körper, die z. B. innerhalb des Gültigkeitsbereichs der Newtonschen Formel dadurch charakterisiert sind, daß $\frac{d_1}{d_2} = \frac{\gamma_{m_2} - \gamma_w}{\gamma_{m_1} - \gamma_w}$ ist (γ_m = spezifisches Gewicht der festen Teilchen, γ_w des Mediums, in welchem das Absinken erfolgt). Im Gültigkeitsbereich der Stokeschen Formel verhalten sich dementsprechend die Durchmesser gleichfälliger Teilchen wie die Wurzel aus dem Verhältnis der Differenzen der spezifischen Gewichte. Dabei kommen kleine Körper mit hohem spezifischem Gewicht mit großen Körpern mit kleinem spezifischem Gewicht zusammen. Hierdurch bestimmen sich die Korngrößen, die höchstens gleichzeitig aufgegeben werden dürfen. Das Verhältnis der aufeinanderfolgenden Siebweiten muß kleiner sein als der „Gleichfälligkeitskoeffizient" $\frac{d_1}{d_2}$. Dies ist bei großen Teilchen leichter zu erreichen als bei kleinen. Da beim Fall in Luft deren spezifisches Gewicht gegenüber dem des festen Körpers vernachlässigt werden kann, ist der Gleichfälligkeitskoeffizient und damit der zulässige Unterschied in der Korngröße kleiner als beim Fall in Wasser. Außerdem ist der Widerstand eines Körpers bei der Bewegung in Luft wesentlich kleiner als bei der Bewegung in Wasser. Dies bedeutet, daß beim Trennen in Luft eine wesentlich engere Vorklassierung nötig ist als bei der Trennung in Wasser.

Das Verfahren der Schwerkrafttrennung hat in der Lebensmittelindustrie Bedeutung in der gesamten Mühlenindustrie und in der Stärkeindustrie. Je nachdem, ob man die Schwerkrafttrennung mittels Wasser oder mittels Luft vornimmt, unterscheidet man nasse und trockene Verfahren. Beim Abschlämmen will man meist den festen Stoff nicht gewinnen, sondern die Flüssigkeit weiterverwenden, während man beim Dekantieren den festen Stoff weiterverwertet.

Beim *nassen Verfahren* kann man entweder die Trennung durch strömendes Wasser auf schwach geneigter Unterlage (Fluten) oder aber im aufwärts gerichteten Wasserstrom vornehmen. Beim Fluten wird das Gut mit Wasser vermengt auf die Rinne aufgegeben, welche in der Fließrichtung schwach geneigt ist. Die Fließgeschwindigkeit des Wassers wird so eingestellt, daß die spezifisch schwereren Teile auf der Rinne verbleiben, während die spezifisch leichteren Teile ausgespült werden. Wenn sich genug schwere Teilchen abgesetzt haben, wird der Zufluß unterbrochen und das Gut mit frischem Wasser abgespült.

[1]) Kennzahl, welche das Verhältnis der Trägheitskräfte zu den Zähigkeitskräften charakterisiert.

Unter Annahme der Gültigkeit des Newtonschen Ansatzes würden bei den Reibungskoeffizienten μ_1 und μ_2 der beiden Körper und einem Neigungswinkel α der Rinne die Körner nicht mehr getrennt werden können, wenn gilt:

$$d_1 \cdot (\gamma_{m_1} - 1)\ (\mu_1 - \operatorname{tg}\alpha) = d_2\ (\gamma_{m_2} - 1)\ (\mu_2 - \operatorname{tg}\alpha)\,.$$

Die Trennung der im spezifischen Gewicht abweichenden Teilchen wird durch die größere Reibung der spezifisch schwereren Teilchen an der Wandung unterstützt.

Bei den Unterwasserstromapparaten trennt ein aufwärts gerichteter Wasserstrom mit der Geschwindigkeit v das gleichmäßig aufgegebene Gut in zwei Sorten: Die Körper mit höherer Fallgeschwindigkeit als v fallen zu Boden, die mit niedrigerer Fallgeschwindigkeit gelangen in den Überlauf. Bei kleinen Reynoldschen Zahlen wie sie für den Fall von Stärkekörnern in Wasser in Betracht kommen, ergibt sich die Fallgeschwindigkeit nach der Formel von Stokes in Wasser von 15° zu $v = 4760 \cdot d^2 (\gamma_m - 1)$. Die üblichen Größen von Stärkekörnern würden damit bei Wassergeschwindigkeiten zwischen 0,4 und $0{,}19 \cdot 10^{-3} \frac{cm}{s}$ in Schwebe gehalten werden.

Ein weiterer Stromklassierer ist der Spitzkasten, welcher mit horizontalem Wasserstrom arbeitet: Die hintereinandergeschalteten Spitzkästen haben eine größere Tiefe und Weite, wodurch sich zuerst die groben Teilchen (Steinfang) und in zunehmendem Maße feine Teilchen absondern. Für die Trennung von Teilchen unter 0,15 mm lassen sich Schüsselklassierer verwenden, wobei sich die gröberen Teilchen beim Ausbreiten der Trübe auf dem Schüsselboden absetzen und durch eine Krählvorrichtung zur Mitte und zum Austrag befördert werden. Die zum Klassieren erforderliche Fläche f je Tonne Trockensubstanz in 24 Stunden ist durch die Beziehung gegeben:

$$f = \frac{k \cdot (\xi_E - \xi_A)}{v_E \cdot \gamma_w}\,,$$

wobei ξ das Verhältnis von Flüssigkeit zu Trockensubstanz am Einlaß E bzw. am Auslaß A, v die Sedimentiergeschwindigkeit bei der Konzentration E und γ_w das spezifische Gewicht der Flüssigkeit ist. Maßgebend ist die Sedimentiergeschwindigkeit der sich am langsamsten setzenden Teilchen. Das auszuwaschende und einzudickende Gut läuft zweckmäßigerweise mit dem Waschwasser im Gegenstrom.

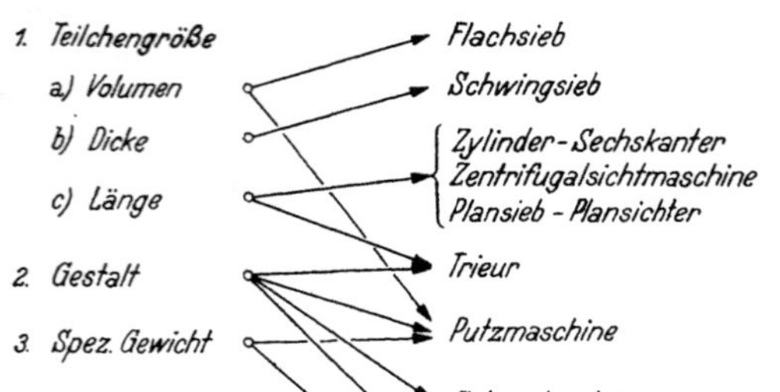

Abb. 24. Zur Trennung fester Stoffe auf trockenem Wege benutzte Eigenschaften und Maschinen (n. Cleve).

Für die Trennung des Getreidekorns von der Spreu und bei den Getreide-Grieß- und Dunstputzmaschinen kommt nur eine *trockene Verarbeitung* in Betracht. (Abb. 24.) Bewegte Luft ist je nach ihrer Strömungsgeschwindigkeit imstande, feine oder schwere Teile zu tragen und zwar sind die Teile um so feiner, je schwächer die Strömung ist. Außer der Schwerkraft wird auch die Massenträgheit zur Trennung ausgenützt. Durch das Beharrungsvermögen behalten die schweren Teile ihre ursprüngliche Richtung bei, während das Mehl der Strömung folgt. Wesentlich ist die Erzielung einer möglichst gleichmäßigen Luftgeschwindigkeit im Apparat, die Aufgabe des Gutes in gleichmäßig feinem Strom und eine weitgehende Vorklassierung, damit die Unterschiede im spezifischen Gewicht voll zur Geltung kommen. Bei den Aspirateuren wird das Getreide während des Herabrieselns in einem vertikalen Kanal im Gegenstrom einem Luftstrom ausgesetzt. Beim Ansaugen durch den Ventilator macht der Luftstrom eine Richtungsänderung und passiert einen weiten Raum, in welchem sich die Geschwindigkeit vermindert, wodurch die schwereren Schalenteile zurückfallen, während der feine Staub abgezogen wird. Bei den *Putzkästen* (Abb. 25) fallen Körner und Hülsen durch mehrere Kaskaden in einem über die Breite der Maschine reichenden, schleierartigen Strom. Die Luft wird mittels eines Ventilators senkrecht durch die Kaskaden gesaugt, wobei die Hülsen mitgenommen werden. Die Absetzgeschwindigkeit ergibt sich nach Newton zu $v = k \sqrt{\frac{d \cdot \gamma_m}{\gamma_L}}$. Die Wirkung eines Putzkastens ist um so besser, je gröber die Teilchen und je größer die Abweichung im spezifischen Gewicht ist. Wesentlich ist eine gute Vorklassierung des Materials, damit nur Teile möglichst einheitlicher Größe dem Luftstrom ausgesetzt werden und daß der Luftstrom möglichst gleichmäßig ist.

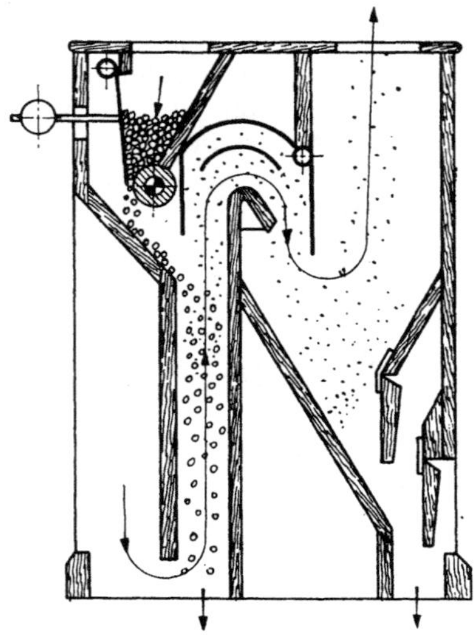

Abb. 25.
Schema eines Putzkastens (mit Zentralaspiration).

Die *Grießputzmaschine* (Abb. 26) besteht aus vier Abteilungen, unter welchen mit etwa 500 U/min ein leicht geneigtes Sieb schwingt. Die Luft wird senkrecht durch das Sieb geführt, wodurch eine Auflockerung des Materials erreicht wird und die Kleieteilchen hochgerissen werden. Die Luftgeschwindigkeit muß unter 1 m/sec liegen, weil hierbei schon der Grieß mitgerissen würde. Durch das Sieb fällt der Grieß gemischt mit Keimteilchen. Den Überschlag bilden Grießstücke, an welchen noch Kleiebestandteile haften (sogenannte Kappen). Leichtere Mehl- und Kleieteilchen werden durch den Luftstrom abgeführt. Die Siebe werden durch Bürsten freigehalten. Ein gleichmäßiger Luftstrom über der Siebfläche ist trotz der abnehmenden Schichthöhe auf dem Sieb wichtig. Im Gebrauch sind Saugwind- und kombinierte Saug- und Druckwind-Putzmaschinen. Aus der Erzaufbereitung ist bekannt, daß ein pulsierender Luftstrom eine besonders rasche Trennung erreichen läßt. Mit sinkender Teilchengröße muß man folgende Verfahren zur Anwendung bringen: Setzkammern, Zentrifugalseparatoren, Stoffilter, Elektrofilter.

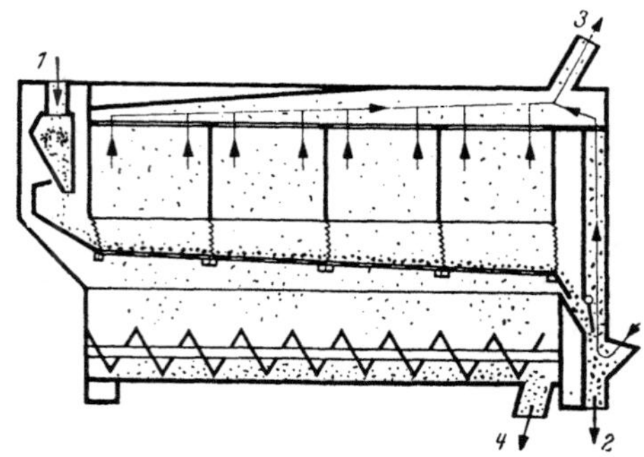

Abb. 26. Grießputzmaschine.
1 = Einlauf
2 = Übergang („Koppen"), alles was durch die 4 Siebe nicht durchfällt, grober Grieß
3 = Aspirationsluft mit Flugkleie
4 = Auslauf des gereinigten Grießes

Eine Ausführungsform des Zentrifugalseparators ist der *Zyklon* (Abb. 27), bei welchem die staubhaltige Luft tangential mit einer Geschwindigkeit von 10 m/sec in einen, unten sich verengenden Behälter eintritt. Infolge der Fliehkraft wird der Staub an die Außenwand geschleudert, an der er nach unten rieselt und abgesackt werden kann. Die vom Staub befreite Luft wird zentral abgeführt. Die Abscheidung hängt wesentlich von der Geschwindigkeit der eintretenden Luft ab; bei zu hohen Geschwindigkeiten wird die Wirbelbildung so stark, daß der Entstaubungsgrad abnimmt. Der Wirkungsgrad hängt außerdem von der Staubmenge und von der relativen Feuchtigkeit ab. Zyklone sind insbesondere für groben Staub geeignet, während feines Korn sich damit nur schlecht ausscheiden läßt. Durch Mehrfachentstauben wird der Abscheidegrad bei geringerem Zugverlust erhöht. Zyklone werden ebenso wie Luftfilter im Zusammenhang mit Zerkleinerungsmaschinen verwendet. Die Senkgeschwindigkeit kann um so kleiner sein, je höher die Tangentialgeschwindigkeit und je kleiner der Durchmesser des Gesamtaustrittsrohres ist. Es empfiehlt sich deshalb, anstelle eines großen Zyklons mehrere kleinere, parallelgeschaltete Zyklone zu verwenden.

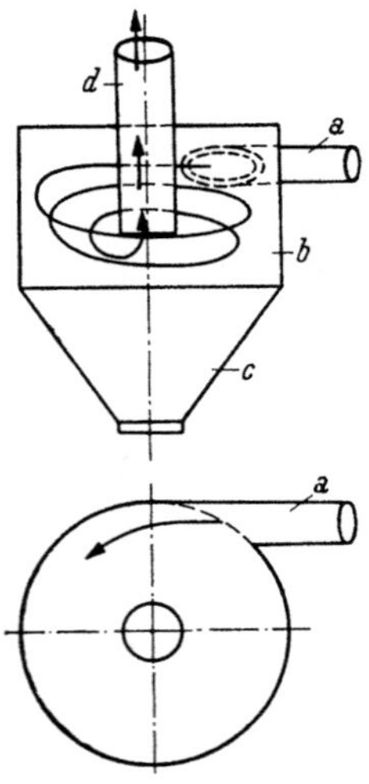

Abb. 27. Zyklon.
a = Tangentialer Einlauf
b = Zylindrischer Behälter
c = Trichter
d = Austritt der vom Staub befreiten Luft

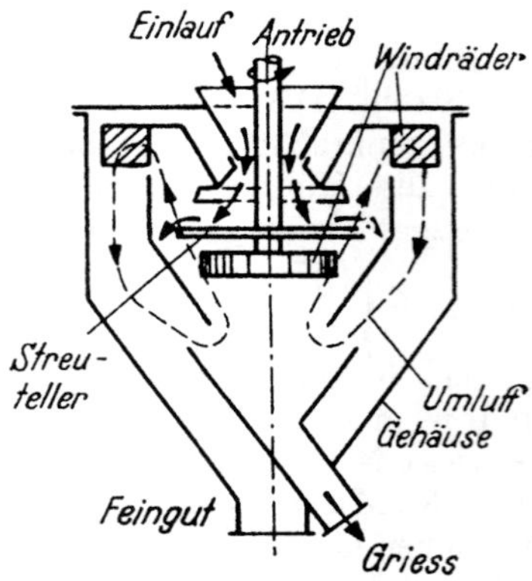

Abb 28. Windsichter.

In Zentrifugalsichtern ist die Trennkraft proportional der Wurzel aus der Gasgeschwindigkeit und indirekt proportional dem Radius des Strömungsquerschnittes.

Wirkungsvoller als der Zyklon ist deshalb — falls das Gut keine nasse Klassierung verträgt — der *Windsichter* (Abb. 28), bei welchem die Zuführung des Gutes im Zentrum eines Ventilators erfolgt, der zusammen mit einem Steinteller rotiert, welcher das Gut gegen einen Auswurfring schleudert. Die groben Bestandteile fallen in den Grießtrichter, während die feinen Bestandteile vom Luftstrom mitgeführt und infolge der Verringerung der Luftgeschwindigkeit im äußeren Separatorraum absinken.

Klären. Die Abtrennung der Feststoffe von Flüssigkeiten in Ruhe erfolgt durch Klären. Gemäß dem Gesetz von Stokes gilt $v = \frac{k \cdot d^2 (\gamma_m - \gamma_w)}{\eta}$, wonach die Absetzgeschwindigkeit indirekt proportional der Zähigkeit η und direkt proportional dem Quadrat des Teilchendurchmessers ist, d. h. die Trennschärfe ist größer als im Gebiet höherer Reynoldscher Zahlen. Die Absetzgeschwindigkeit wird erhöht, wenn man die Zähigkeit verringert, wie es z. B. bei Fruchtsäften mittels pektinabbauenden Enzympräparaten geschieht. In der entgegengesetzten Richtung wirken die Dickungsmittel wie Gelatine, Quittensamenschleim, Johannisbrotkernmehl, Gummiarabicum, irisches Moos (vgl. S. 16). Eine andere Möglichkeit, die Klärung zu beschleunigen, besteht im Zusatz von Klärungsmitteln, welche bei der Fällung die suspendierten Teilchen mitreißen. Mechanische Schönungsmittel sind Eialbumin, Casein, spanische Erde, Bentonite, Hausenblase, Gelatine. Sie finden bei Wein und Essig und zum Teil auch bei Fruchtsäften Anwendung. Einige dieser Schönungsmittel, wie Casein, Gelatine, wirken gleichzeitig etwas bleichend.

Das Dekantieren findet unter dem Einfluß der Schwerkraft in Klärbehältern statt. Die klare Flüssigkeit läuft über oder wird abgehebert (Stärkefabrikation). Eine spezielle Ausführungsform ist der Dorr-Eindicker; hierbei rotieren vier Rührarme mit schräggestellten Kratzern langsam in einem Klärbehälter. Die klare Flüssigkeit fließt oben über, der eingedickte, zur Bodenmitte geführte Schlamm wird durch eine Membranpumpe abgezogen. Der Dorr-Eindicker arbeitet kontinuierlich, der Durchfluß ist horizontal, bei aufsteigender Wasserbewegung.

Andere Verfahren zur Klassierung nach Korngröße u. dgl.

Sieben. Beim Sieben schwankt die Korngröße der einzelnen Körner einer Klasse zwischen den Spaltweiten der aufeinanderfolgenden Siebe. Die Trennung erfolgt in Unterkorn und Überkorn. Um „Abschwemmen“ handelt es sich, wenn man die leichteren Teile über dem Sieb abstößt, während die schwereren Teile durchfallen. Im allgemeinen arbeiten sich aber die feinen Teilchen durch die Zwischenräume nach unten, selbst wenn sie spezifisch etwas leichter sind. Siebe mit länglichen Löchern sichten nach der Dicke der kleinsten Achse, Siebe mit kreisförmigen Löchern nach der Dicke der mittleren Achse. Bei schwingenden Sieben kann man erreichen, daß sich bei bestimmten Geschwindigkeiten die Teilchen aufrichten und Teilchen, deren Dicke geringer ist als die Länge, durchfallen. Die Siebbespannungen bestehen in der Lebensmittelindustrie meist aus Drahtgewebe oder aus Seidengaze, die so sorgfältig hergestellt werden, daß die Maschenweite gleich ist. Den Zusammenhang zwischen Bezeichnung und Maschenweite vermitteln Bespannungstafeln [1]). Die freie Siebfläche beträgt bei Websieben 30—70% der Gesamtfläche; die anteilmäßige freie Öffnung beträgt $\frac{l^2}{(l-d)^2}$, wenn d die Gewebestärke und l der lichte Maschenabstand ist. Je größer der freie Querschnitt im Vergleich zur Gesamtfläche, um so mehr leistet das Sieb, um so geringer wird aber auch seine Lebensdauer sein. Siebe mit rechteckigen Öffnungen verstopfen sich weniger leicht als Siebe mit quadratischen Öffnungen, da bei letzteren die Möglichkeit größer ist, daß das Gut vier Seiten der Öffnung berührt. Der Siebgütegrad ist hoch, wenn infolge Fehlerfreiheit der Siebe kein Überkorn durchfällt: $\eta = \frac{100\,(a-b)}{a\,(100-b)}$, wenn a den Prozentgehalt des Unterkorns im Aufgabegut und b den Prozentgehalt des groben Produkts beim Sieben vorstellt. Schaltet man die Siebe mit zunehmender Maschenweite hintereinander, dann wird das Oberkorn, wenn man sie mit abnehmender Maschenweite untereinander verlegt, dann wird das Unterkorn abgetrennt (Abb. 29). Der Siebwirkungsgrad wird von der Geschwindigkeit der Materialzufuhr beeinflußt. Durch feuchtes Material wird er stark verringert. Ungünstig wirkt auch, wenn ein großer Anteil der Teilchen annähernd die Größe des freien Siebquerschnitts hat.

Zur Vermeidung einer Verstopfung der Sieblöcher muß das Sieb oder der Stoff in Bewegung gehalten werden. Die Schüttelsiebe führen eine horizontale Vor- und

---

[1]) HALTMEIER: Tafeln und Tabellen über Nummern und lichte Maschenweiten der Siebbespannungen, 2. Aufl., Leipzig: Schäfer.
HOPF, L.: Taschenbuch für Müllerei und Mühlenbau, Leipzig: M. Schäfer 1938.

Rückwärtsbewegung durch, die Plansiebe eine Kreisbewegung, die Trommelsiebe eine rotierende Bewegung und die Vibrationssiebe eine auf- und abschwingende Bewegung. Die Siebwirkung steigt in bestimmten Grenzen mit der Hubzahl, da damit die Häufigkeit der Berührung des Teilchens mit den Öffnungen zunimmt. Die untere Grenze der Siebklassierung liegt bei 0,1—1 mm; noch feineres Gut muß durch Schlämmen oder Windsichten getrennt werden. Für feineres Material scheidet das in seiner Längsrichtung schwingende Plansieb aus, da es nur bei großer Lochung eine ausreichende Leistung hat.

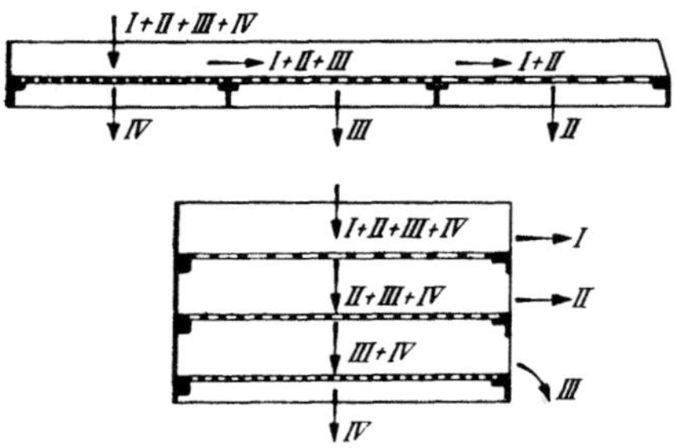

Abb. 29. Plan- und Stufensieb zur Trennung in vier Klassen.

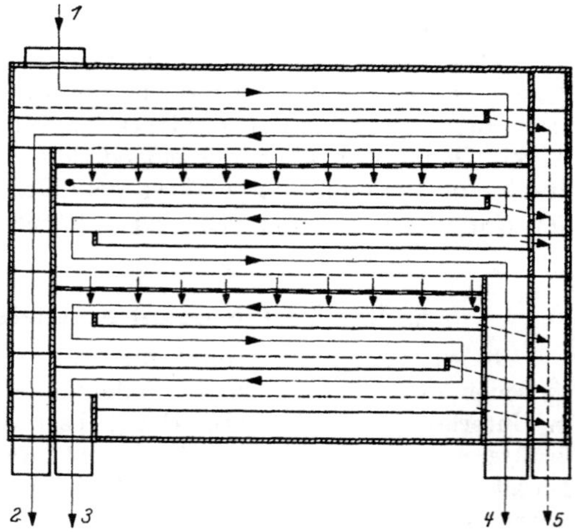

Abb. 30. Arbeitsschema eines Plansichters.
1 = Einlauf
2 = Auslauf des Übergangs
3 = Auslauf des Dunstes
4 = Auslauf des Grießes
5 = Auslauf des Mehles

Bei den einfachsten Ausführungen bewegt ein Exzentertrieb das Sieb (Abräder), dessen Neigung verstellbar ist und dessen Bewegung dadurch weitgehend den Eigenschaften des Guts angepaßt werden kann. Die Handsichtung ergibt die beste Schichtung des Mahlguts: feine Teile unten, grobe Teile „schwimmen" oben, ohne zu zersplittern. Die Sichtfläche muß so bemessen sein, daß die gröberen, spezifisch leichteren Schalenteile nicht auf die Sichterseide kommen. Die Teilchen schichten sich parallel zur Oberfläche. Die Handsichtung wird durch die *Plansichtung* (Abb. 30) nachgebildet. Die Plansichter bestehen aus zwei Systemen von 8—12 Siebbespannungen verschiedener Maschenweite, die durch je einen Hauptrahmen verbunden sind, der an Stäben aus Meerrohr oder an Stützpendeln hängt. Durch eine Schwungscheibe erlangt das System eine oszillierende Bewegung in der Siebebene. Plansichter dienen als Schrotsichter, Sortierer, bzw. zur Absichtung von Grieß, Dunst und Mehl. Plansiebe sortieren nach der Länge. Der Plansichter hat sich in der Müllerei insbesondere für feines Mahlgut weitgehend durchgesetzt und wegen seines geringen Platzbedarfs, seines erschütterungsfreien Laufs und der schonenden Behandlung des Guts und der Bespannung andere Sichtmaschinen ziemlich verdrängt. Da in ihm verschiedene Sichtvorgänge gleichzeitig durchgeführt werden können, lassen sich Nebenapparate einsparen. Die *Vibrationsschwingsiebe* arbeiten ohne zwangsläufig hin- und hergehende Massen bei Resonanz: die lebendige Kraft wird durch elastische Puffer aufgenommen und als potentielle Energie zurückgewonnen. Kreisschwingungen wälzen das Siebgut dauernd um und wälzen es vorwärts. Sie haben eine hohe Leistung und guten Wirkungsgrad, die Verstopfungsgefahr ist gering. Schwingsiebe eignen sich auch zum Absieben nasser Materialien (ablaufendes Öl von den Pressen, Entfernung von Gewebe aus Zitrussäften); die Wanderung des Aufschüttguts geht selbsttätig unter dem Einfluß der Schwerkraft vor sich. *Sortiertrommeln* und Zylindersiebe (Sechskanter) nützen nur etwa $^1/_6$ der Bespannungsfläche aus (Abb. 31). Die Teilchen rollen auf der Mantelfläche ab, ohne daß sie sich schichten und ausrichten, so daß die Sichtwirkung eine sehr intensive ist. Die Anschaffungskosten sind gering. Auf den Siebmantel der Sortierzylinder rollt eine Walzenbürste zur Reinhaltung der Mantelschlitze. Sie dienen zur Trennung nach Korngröße und zur Vorreinigung, haben aber ihren Hauptanwendungsbereich bei mittleren Korngrößen; bei geringer Teilchengröße ist die Leistung gering. Gegen ungleichmäßige Speisung sind sie, ebenso wie Zentrifugalsichter, weniger empfindlich als Plansichter. Ebenso wie Flachsiebe sind sie auch zum Sortieren von Kartoffeln und Erbsen geeignet. Die Zentrifugalkraft begrenzt die zulässige Umfangsgeschwindigkeit $\left(n_{max} = \frac{60}{\pi \cdot d}\sqrt{\frac{g}{2}}\right)$. Da kleine Korngrößen nur schwer durch die Siebmaschen fallen, läßt man innen ein Schläger- oder Flügelwerk mit etwa 250 U/min rotieren, welches das durch die hohle Trommelwelle einlaufende Sichtgut gegen die Sichttrommel wirft und dieses gleichzeitig in spiralförmiger Bahn gegen den Auslauf fördert und eine gegen die Siebfläche gerichtete Luftströmung erzeugt (Zentrifugalsichtmaschinen). Die scharfe Sichtung wird durch eine Beschleunigung der Abnützung des Gewebes erkauft, wenn man sich nicht auf ganz mildes Material beschränkt.

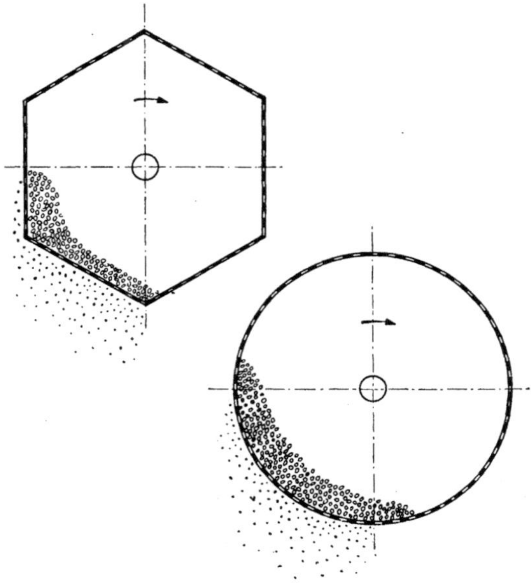

Abb. 31. Arbeitsschema von Sechskanter und Zyklon.

Der Durchsatz je Flächen- und Zeiteinheit ist am kleinsten bei Sechskantern und Zylindern, am größten bei Plansichtern.

Trieur (Abb. 32). Siebe können fremde Körper gleicher Größe nicht entfernen. Hierzu ist eine Sortierung nach der Länge erforderlich. Der Trieur besteht aus einem rotierenden Blechzylinder mit schwacher Neigung, dessen Wandungen geschlitzt, gefräst oder gedrückt sind, je nach den Körnern, die man entfernen will, und zwar ändern sich die Abmessungen der Öffnungen über die Zylinderlänge. Zum Auslesen von Unkrautsamen (Raden, Wicken) werden die Vertiefungen so gewählt, daß runde Körner von einem größeren Teil der Umdrehungen mitgenommen werden als lange Körner und dadurch später abfallen, worauf erstere in eine Mulde im Innern des Zylinders fallen und durch eine Schnecke abgeführt werden können. Da das Gut im Trieur nierenartig umge-

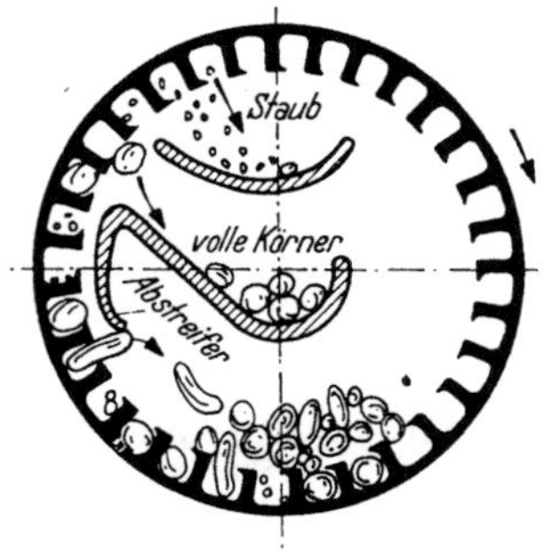

Abb. 32. Trieur (Lochsichter).

wälzt wird, hat man die Auslesewirkung durch Vorrichtungen zur Zerstörung der „Niere" erhöht; ein anderer Weg, zu Hochleistungsapparaten mit geringem Raumbedarf zu gelangen, besteht darin, nicht mit Mantelflächen, sondern mit Auslesescheiben zu arbeiten (Carter trieur), wobei die Raden und Wicken in entsprechender Höhe in kleine Kanäle fallen.

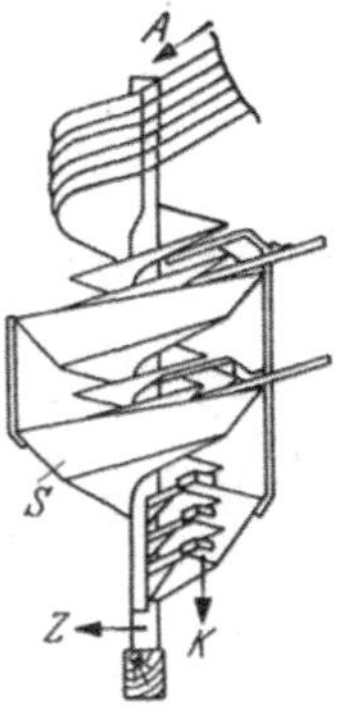

Abb. 33. Wendelscheider.
A = Aufgabe
S = Schraubenförmige Rinne
K, Z = Auslauf

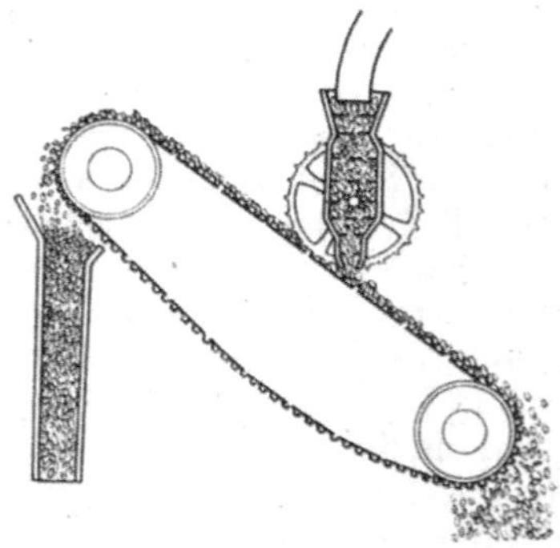

Ausleser. Zum Nachlesen der aus verschiedenen Trieuren ausgehobenen Unkrautsämereien dient der Spiraltrieur (Abb. 33), wobei das Ausleseprinzip darin besteht, daß die runden Raden und Wicken infolge ihrer höheren Zentrifugalkraft über die inneren Spiralen nach außen herausspringen, während die sperrigen Teile (Hafer, Halbkörner u. dgl.) in den inneren Spiralen verbleiben. Maßgebend ist also der Unterschied im Reibungskoeffizienten. Körper mit kleinen Reibungskoeffizienten erreichen eine höhere Endgeschwindigkeit. Da ihre Leistung gering ist, werden sie nur zum Nachlesen verwendet.

Sie leiten zu den *Auslesebändern* (Abb. 34) über, die ebenfalls eine Trennung nach der Rollfähigkeit ausführen. Auf ihnen werden z. B. die rasch rollenden, runden Erbsen von den langsamer rollenden, beschädigten und angefressenen, sowie von Bohnen getrennt, wobei Steine — überhaupt alle eckigen Beimengungen, Stengelteile u. dgl. — auf dem oberen Teil des in zwei Ebenen geneigten, endlosen Gummibands verbleiben und mit der Bewegungsrichtung des Bandes in den Überlauf gehen.

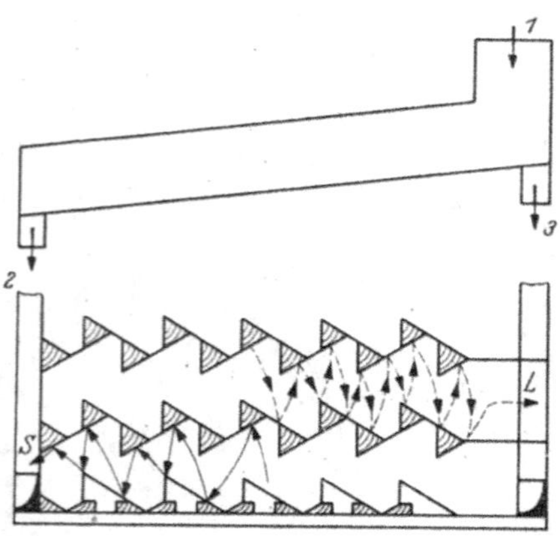

Abb. 35. Arbeitsweise eines Tischauslesers.
1 = Einlauf
2 = Auslauf schwere Teilchen
3 = Auslauf leichte Teilchen

Paddy: Völlig gleich großes Gut gleicher Form läßt sich weder durch Trieure noch durch Siebe, noch durch Auslesebänder trennen. Man geht hier von der Erkenntnis aus, daß zwischen dem spezifischen Gewicht und der Rückprallhöhe eines Körpers eine Abhängigkeit besteht. Der Paddyausleser ist so gebaut, daß nach dem Einlauf durch einen Knick in der Tischneigung ein Aufstauen des Guts erfolgt und hierdurch infolge der quergerichteten Schüttelbewegung des Tisches schon eine grobe Entmischung in der Weise erfolgt, daß die oberste Schicht hauptsächlich aus großen, spezifisch leichten und die untere Schicht aus verhältnismäßig kleinen, spezifisch schweren Körpern besteht. Die eigentliche Auslesekammer ist mit dreieckigen Körpern besetzt (Abb. 35). Prallt ein Teilchen gegen eine solche Fläche, so ergibt sich eine Kraftkomponente, welche dieses entgegen der Kammerneigung zum oberen Auslauf zu bringen sucht. Der Transport der schweren Teilchen, welche einen gerundeten Wurfbogen ausführen, zum unteren Auslauf bewirkt hingegen die Schwerkraft infolge der Kammerneigung, unterstützt durch die Schüttelbewegung. Die Verstellung der Tischneigung ist von großem Einfluß auf die Schärfe der Auslese, außerdem die Prallwinkelanordnung, der Abstand von Prallwand zu Prallwand, der Reibungskoeffizient des Kammerbodens und die minutliche Hubzahl des Tisches, die zwischen 90 und 112 stufenlos regelbar sein muß. Planausleser dienen zur Trennung geschälter Körner von ungeschälten Körnern (Reis, Hafer, Hirse), zum Ausscheiden von Steinen und Erdklümpchen und von Knoblauch, Mutterkorn und Knotenhederich aus Roggen und Weizen, zur Trennung von Gerste oder Hafer aus Weizen oder Roggen, zur Abtrennung von keimfähigem Schwergut, von keimschwachem Leichtgut, zur Trennung von ungekeimt gebliebenen „Ausbleibern“ aus dem Darrmalz, zur Ausscheidung sogenannter Käfererbsen aus gesunden Erbsen u. dgl.

Literatur.

MODEL und NASKE: Eucken-Jacob, I, 2, Kap. 10, 1933.
PERRY, J. H.: Chemical Engineers Handbook, New York 1941.

c) Zentrifugieren.

Die Zentrifugen dienen in der Lebensmittelindustrie sowohl zum Brechen von Emulsionen (z. B. Milch) wie auch von Suspensionen und zum Trockenschleudern von Kristallbrei. In baulicher Beziehung unterscheidet man im wesentlichen die

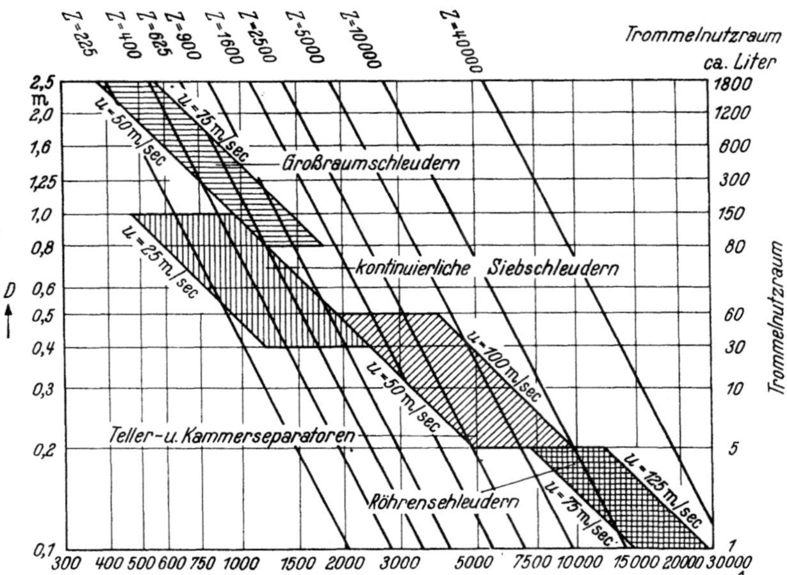

Abb. 36. Arbeitsbereich verschiedener Zentrifugentypen (nach Hülsen).
n = Umdrehungen/min D = Durchmesser (m) U = Umfangsgeschwindigkeit (m/s)
Z = Verhältnis der Zentrifugalbeschleunigung zur Erdbeschleunigung

Gruppe der *sieblosen Schleuder* (Vollmantelschleuder, Separator) und die der *Sieb-* oder *Filterschleuder* (meist Großraumschleudern). Arbeitsbereiche vgl. Abb. 36.

Für die Trennwirkung in einer Zentrifuge mit dem Durchmesser R und der Drehzahl n (1/sec) ist die Radialbeschleunigung br maßgebend

$$br = 4\pi^2 \cdot n^2 \cdot R\left(\frac{m}{s^2}\right),$$

während die Festigkeit der Zentrifugiertrommel durch die zulässige Umfangsgeschwindigkeit $\left(\text{ca. } 60\,\frac{m}{s}\right)$ durch die Festigkeit des Trommelwerkstoffes begrenzt ist. Die Umfangsgeschwindigkeit ändert sich nicht, wenn man R auf die Hälfte verringert und n verdoppelt, dagegen vergrößert sich br mit n quadratisch. Die Überlegung führt zu den Ultra-Zentrifugen mit geringem Radius.

Für die Trennung von *Emulsionen* in sieblosen Schleudern gilt nach Bloch die Beziehung:

$$\text{Trenngeschwindigkeit } w = \frac{200}{\eta} \cdot \frac{\gamma_k - \gamma_f}{\gamma_f} \cdot b_r \cdot d^2,$$

wobei d eine Körperabmessung des sinkenden Teilchens ist. Die Trenngeschwindigkeit steigt daher mit sinkender Zähigkeit η, mit wachsendem Unterschied des spezifischen Gewichts γ der zu trennenden Komponenten und besonders stark mit dem Teilchendurchmesser. Die Lage der Trennschicht der beiden Flüssigkeiten zu den Auslauföffnungen ist durch das Verhältnis der spezifischen Gewichte der beiden trennenden Komponenten gegeben. Je nach dem Schleudergut liegen daher die Auswurfdüsen bei einem verschieden großen Trommeldurchmesser, in Sonderfällen ganz außen im Trommelmantel.

Die Verschiedenheiten in der Temperaturabhängigkeit der Volumenausdehnung kann zur Folge haben, daß die Verschiedenheit in den spezifischen Gewichten in einem bestimmten Temperaturbereich am größten ist. Da der Temperaturkoeffizient der Viskosität groß ist, kann man außerdem durch Temperaturerhöhung eine schnellere Trennwirkung erzielen, allerdings unter Umständen auf Kosten der sauberen Abtrennung kleinster kolloidaler Teilchen. Das Erwärmen erleichtert aber im allgemeinen das „Brechen von Emulsionen".

Für die Trennung in *Siebschleudern* ist die kapillare Steighöhe h für die Endfeuchtigkeit des Rückstandes maßgebend.

$$h = \frac{2 \cdot \sigma}{\gamma \cdot r \cdot b_r}$$

Außer der Radialbeschleunigung br ist hierin der Porenradius r bzw. die Kapillarverteilungskurve manchmal in gewissen Grenzen beeinflußbar, die Grenzflächenspannung dagegen im allgemeinen nicht. Bei hohen Beschleunigungen steigt der Siebdruck an, womit eine Kompression und damit eine Verringerung der Kapillarvolumina verbunden sein kann. Je gröber die Körnung ist, desto besser ist die Trennwirkung; bei schleimigen Substanzen ist sie schlecht.

Sieblose Schleuder. Der Arbeitsgang ist hierbei lediglich eine Beschleunigung des natürlichen Absetzvorgangs als Folge des Dichteunterschieds. In einer hochtourigen Ultrazentrifuge, wie sie zur Gewinnung von Blutplasma verwendet wird, ist eine 10 000—100 000 mal höhere Beschleunigung erreichbar als der Erdbeschleunigung entspricht.

Die Durchsatzgeschwindigkeit ist proportional dem gesamten, von den Teilchen zu durchwandernden Weg und indirekt proportional dem Absetzweg. Deshalb wird bei den Tellerschleudern (Abb. 37), die vorwiegend zur Trennung von Emulsionen (Rahmabtrennung aus Milch, Abtrennung von Wasser aus Premier Jus bzw. Butterschmalz, Lebertran u. dgl.) verwendet werden, der Flüssigkeitsstrom weitgehend

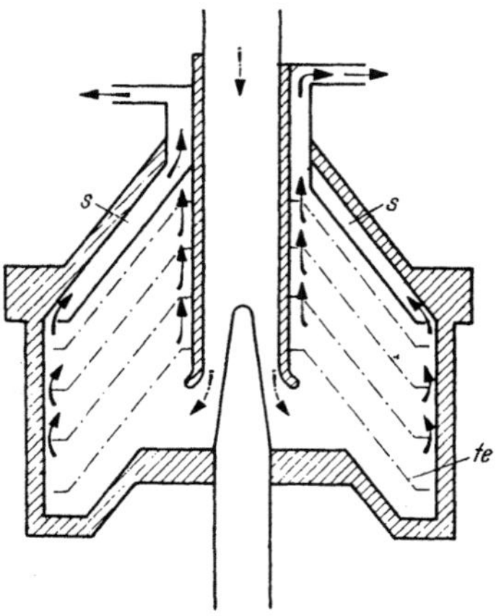

Abb. 37. Schematische Darstellung der Entrahmung durch Zentrifugalkraft. Die Pfeile am Innenzylinder deuten den Weg des Rahmes an. Die Pfeile an der Außenwandung deuten den Weg der Magermilch an. Die punktierten Pfeile deuten den Weg der Milch an.
te = Trommeleinsätze, von denen zahlreiche in Abständen von höchstens 3 mm übereinander geschichtet sind.
s = Scheidewand zwischen Rahm und Magermilch.

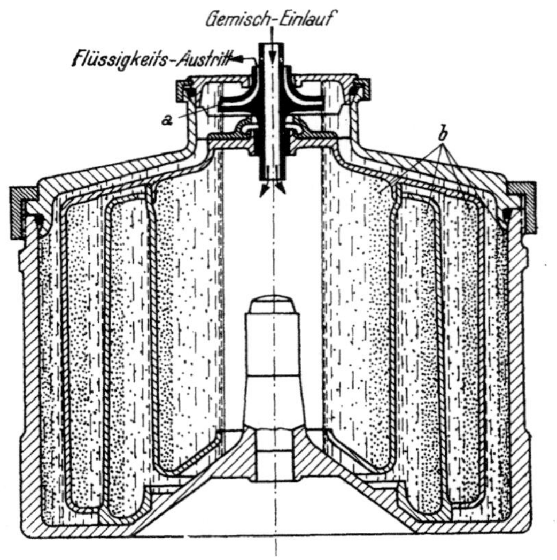

Abb. 38. Trommel eines Kammerseparators.
a = Entfernung der geklärten Flüssigkeit durch ein Schälrad
b = Schlammräume, die von Zeit zu Zeit entleert werden müssen (Ramesohl & Schmidt)

aufgeteilt und hierdurch die Absinkwege auf Bruchteile von mm verkürzt, sowie Wirbelbildung vermieden. Je nachdem, ob Suspensionen zerlegt oder Emulsionen getrennt werden sollen, erfolgt die Beaufschlagung der Teller von außen oder durch kommunizierende Bohrungen in der Tellerfläche, so daß die Flüssigkeit in jedem Fall die Tellerzwischenräume vor dem Verlassen der Trommel passieren muß. Die konische Form der Teller ermöglicht einen automatischen Austrag. Tellerschleudern sind wenig geeignet, wenn sich der Anteil einer Komponente oder die Durchsatzmenge während des Laufes ändert.

Suspensionen, deren Feststoffe einen dichten, zusammenbackenden Niederschlag bilden, bedingen von Zeit zu Zeit eine Öffnung der Trommel, während bei spezifisch leichten Stoffen eine stetige Abführung als Schlamm möglich ist. Man verwendet im ersten Fall Separatoren mit 4—6 ringförmigen Kammern (Abb. 38), die vom Gemisch nacheinander durchströmt werden. Im innersten Ringraum setzen sich die größten, im äußersten die kleinsten Teilchen ab, während die Flüssigkeit durch ein feststehendes Schälrad entfernt wird. Ihr Anwendungsbereich sind Trüben bis 1% Feststoffgehalt (Vorklären von Süßmosten, Klärseparatoren für Wein, Bier, Trübwürze, Melasse in der Preßhefefabrikation); sie stehen mit Druckfiltern im Wettbewerb. Ist der Feststoff ein fließender Schlamm und ergibt er keinen festen Kuchen, so werden bis zu einem Feststoffgehalt von 10% Tellerseparatoren mit selbsttätigem Schlammaustrag eingesetzt. Zu diesem Zweck muß eine Tellertrommel mit Auswurfdüsen für das Konzentrat benutzt werden. Bei den eigentlichen Stärkeseparatoren passieren die Stärkekörner kurz vor dem Einlauf in die Stärkeauslaufröhrchen einen sich ständig erneuernden Frischwasserring.

Für größere Volumina, insbesondere für schleimhaltige Stoffe, werden Vollmantelschleudern verwendet, in welchen sich die Stoffe unter Wirkung der Schleuderkraft in verschiedenen konzentrischen Schichten ablagern (Abb. 39). Sie werden unter anderem in der Stärkeindustrie neben den Trennschleudern (kontinuierliche Eindicker) angewandt. Bei der Schälschleuder steigt die spezifisch schwerere, mit Schlamm vermischte Flüssigkeit an der Wand empor, tritt durch den etwa 4 mm breiten Ringspalt und wird durch ein Schälrohr abgeführt, während die geklärte, leichte Flüssigkeit durch ein Schälrohr auf der Innenseite des Verteilungsringes entfernt werden kann.

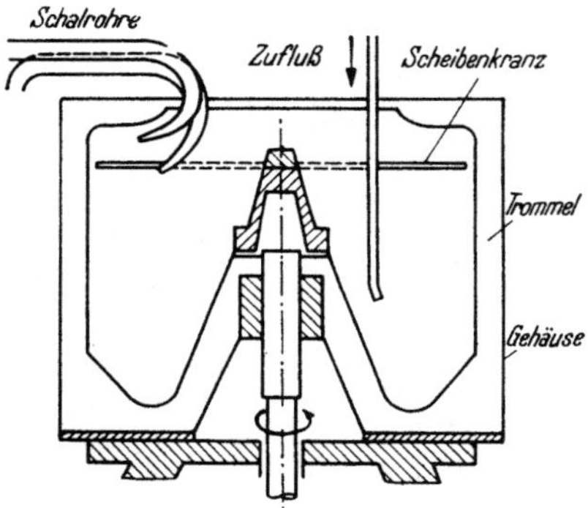

Abb. 39. Vollwand-Schälzentrifuge.

Sieb- oder Filterschleuder. Bei Feststoffmengen über 5% und großen Suspensionsmengen sind Großraumschleudern in Betracht zu ziehen. Die Begrenzung nach oben ist hierbei dadurch gegeben, daß bei Feststoffgehalten über 30% das Gemisch nicht mehr so flüssig zu sein pflegt, daß eine gleichmäßige Verteilung auf dem Trommelmantel gewährleistet ist.

Die einfachste Ausführungsform ist die Schleuder mit vertikaler Achse und oben offener Trommel, die im Stillstand von Hand nach oben entleert wird. In der Zuckerindustrie wird der Kuchen wiederholt mit Wasser bzw. mit Dampf abgedeckt. Die Ausführung kann auch in der Form vorgenommen werden, daß der Zucker unten herausrutscht. Bei der vollkontinuierlichen Schubschleuder läuft ein Schubboden hin und her, wodurch der Kuchen bei gleichzeitiger Waschung herausgeschoben wird. (Abb. 40.) Sie eignet sich wegen der kurzen Verweilzeit nur für gut filtrierbares, grobkörniges Gut (z. B. Entwässerung von Kochsalzkristallen).

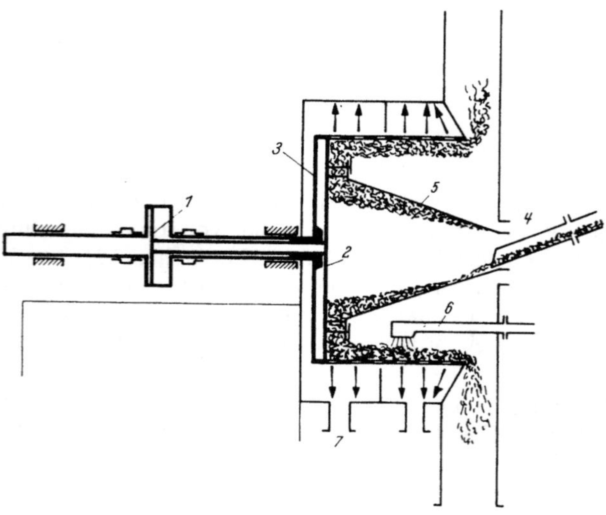

Abb. 40. Schubschleuder.

1 = Ölgesteuerter Kolben
2 = Schubboden
3 = Siebtrommel
4 = Einlaufrohr
5 = Einlauftrichter
6 = Waschflüssigkeit
7 = Ablauf

Wenn eine Kornzertrümmerung unbedingt vermieden werden muß, wird der Kuchen während des Laufens durch einen Schällöffel oder durch ein Schälmesser herausgetrennt. Das Messer wird bei kleineren Zentrifugen mechanisch betätigt, bei größeren Zentrifugen hydraulisch oder elektrisch gesteuert. Das ausgeschnittene Gut fällt auf eine Rutsche. Soweit in der Stärkeindustrie die Filtration nicht durch Drehzellenfilter erfolgt, werden in zunehmendem Maße horizontale Hochleistungsschleudern verwendet, bei welchen das Lager im Schwerpunkt der Trommel angebracht ist. (Abb. 41.)

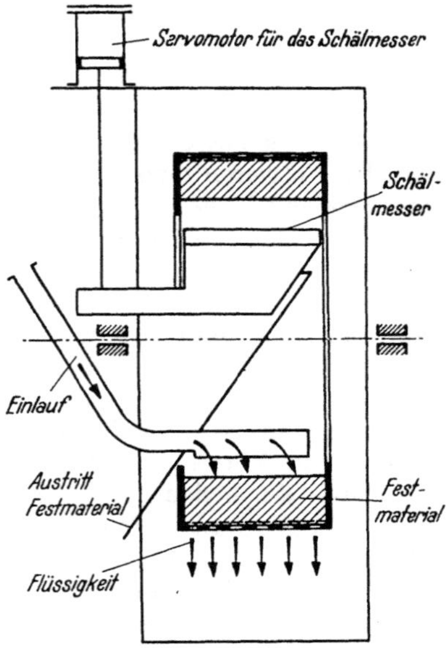

Abb. 41. Schema einer Siebschleuder.

Literatur.

HÜLSEN, H. H.: Verfahrenstechnik, ZVDI-Beiheft 6, 1 87 (1939).
TIEDEMANN, H.: Chem. Fabrik, 44 (1934).
BÖYNG, A.: Die Stärke 1, 16 (1949).
WILSMANN, W.: Der Trennvorgang in der Schleudertrommel, Nürnberg 1948.

d) Filtrieren.

Das Filtrieren wird in der Lebensmittelindustrie weitgehend angewandt, z. B. bei der Gelatineherstellung, der Hefeerzeugung, bei der Klärung von Wein, Bier, Süßmost, Essig, bei der Zuckergewinnung, der Maisstärkeherstellung, bei der Erzeugung von Bonbonglucose, bei der Reinigung von Ölen und von Suppenwürzen.

Nicht selten ist wahlweise Zentrifugieren wie auch Filtrieren möglich. Die Trennlinie zwischen den beiden Verfahren ist nur dann scharf, wenn zwei Flüssigkeiten die gleiche Dichte besitzen, weil dann ein Separieren durch Schleudern nicht möglich ist. Im allgemeinen bevorzugt man Filtrieren, wenn die Schlammenge sehr groß ist. Vorwiegend handelt es sich in der Lebensmittelindustrie um *Klär*filtration, d. h., daß aus einer Suspension die Trübstoffe zu entfernen sind, aber auch die *Trenn*filtration kommt vor, wobei der Niederschlag gewonnen werden soll (z. B. Preßhefegewinnung, Maisstärkefabrikation).

Die Filtration wird ausgeführt, indem man die verunreinigte Flüssigkeit zur Durchdringung einer porösen Masse zwingt, welche die Schwebeteilchen zurückhält. Oberflächenfilter bestehen aus porösen Massen oder aus geschichteten körnigen Teilen, Tiefenfilter aus einer dickeren Schicht fasrig-körniger Massen. Poröse Filtersteine nach Art der Glasfritten werden bei der Pektinherstellung verwendet. Der zum Filtrieren erforderliche Druckunterschied kann auf verschiedene Weise erzeugt werden. Entweder nützt man hierzu nur die geodätische Flüssigkeitshöhe aus (Seihen) oder man legt an der Unterseite des Mediums Vakuum an (Nutschen) oder man filtert unter Druck, wobei dieser entweder durch eine Pumpe erzeugt wird (Druckfilter) oder durch Zentrifugalkraft (Filterzentrifuge), wobei allerdings der hydrostatische Druck im wesentlichen nur während des Füllvorgangs wirkt.

Für die Filtrationsgeschwindigkeit v ist das Hagen-Poiseuillesche Gesetz maßgebend, wonach

$$v = \frac{1}{32 \cdot \eta} \frac{\triangle Pz}{l} \cdot d^2$$

ist.

Hierbei ist d der mittlere äquivalente Porendurchmesser. Die darin enthaltenen Größen sind für die Wahl des Filtrierverfahrens unter Umständen entscheidender als der reine Feststoffanteil. Kleine Änderungen in der Teilchengröße können den spezifischen Filterwiderstand stark beeinflussen. Filtergleichungen vgl. CARMAN, Trans. Inst. Chem. Engrs. (London) 16, 174 (1938). Zu dem infolge der dynamischen Zähigkeit η bzw. Flüssigkeitsreibung eintretenden Druckabfall $\triangle$ Pz kommt mit wachsender Geschwindigkeit ein zunehmender dynamischer Druckanteil Pd, der zur Beschleunigung der Flüssigkeitsmasse erforderlich ist. Wegen des Einflusses der Zähigkeit erfolgt das Filtrieren meist bei erhöhter Temperatur. Auch die Erhöhung des Filterdrucks steigert insbesondere bei körnigen Schwebestoffen die Filtriergeschwindigkeit. Für nicht kompressible Filterkuchen (Kristalle) ist die Filtrationsgeschwindigkeit proportional der Fläche und dem Druck und indirekt proportional der Zähigkeit der Flüssigkeit, dem Gewicht des trockenen Kuchens und dem spezifischen Kuchenwiderstand. Für sehr kompressible Kuchen ist die Filtriergeschwindigkeit dagegen vom Druck unabhängig. Bei schleimigen Rückständen hat der Filterdruck nur wenig Einfluß auf die Filtrationsgeschwindigkeit. Außer bei den fast inkompressiblen Kuchen ist es günstig, beim Beginn des Filtrierens einen niedrigen Druck anzuwenden. Bei körnigem Filtermaterial tritt außer dem hydrodynamischen Vorgang die Adsorption durch die bedeutende Größe der gesamten flüssigkeitsberührten Oberfläche stark in Erscheinung. Weiterhin ist für den Filtrationsverlauf die von der Volumenkonzentration des Schlammes abhängige Bildungsgeschwindigkeit des Kuchens entscheidend. Die Filtrationsgeschwindigkeit ist indirekt proportional dem Verhältnis von Feststoffen zu Filtrat, während die Kuchenbildung diesem proportional ist. Wenn eine Aufschwemmung vor dem Filtrieren eingedickt wird, steigt die erforderliche Filtrierzeit proportional zur Abnahme des Verhältnisses Flüssigkeit zu Feststoff. Durch gallertartige Beimengungen kann die Filtration gehemmt werden. Durch Zusatz von Filterhilfsstoffen, welche die schleimigen, kolloidalen, suspendierten Teilchen aufsaugen oder durch Adhäsion an sich binden, wie z. B. Asbestfasern, Aktivkohle, Zellstoff, Magnesia, Tonerdehydrat u. dgl. läßt sich die bei schwerfiltrierbaren Schlämmen schnell auftretende Porenverstopfung (z. B. bei Zuckersäften, Gelatine) verzögern. Bei pflanzlichen Ölen mit ihren weichen, klebrigen, schleimigen Schwebestoffen versagen sie aber meist. Sie sind bei stark kompressiblen Filterkuchen besonders wirkungsvoll, weil sie hierbei die Anwendung höherer Filterdrücke ermöglichen. Die Dosierung muß aber dem zu filtrierenden Stoff angepaßt werden. In den Fällen, in denen der Rückstand weiterverwertet wird, können sie natürlich nicht angewandt werden, sondern nur bei der Klärfiltration. Wesentlich für die Beurteilung eines Filters ist die Angabe derjenigen Filtriergeschwindigkeit, bei der die spezifische Durchlässigkeit einen bestimmten Bruchteil der spezifischen Grenzdurchlässigkeit (Durchlässigkeit bei sehr kleinen Geschwindigkeiten) erreicht. Für die günstigste Filtrierzeit und damit Kuchendicke sind die spezifischen Filtrationskosten (Kapitaldienst, Reparaturkosten, Lohnkosten u. dgl.) maßgebend. Da die Filter im allgemeinen erhebliche Mengen Filtrat enthalten, müssen sie ausgewaschen werden. Das zurückgehaltene Eigengewicht an Flüssigkeit ist um so größer, je feinporiger der Kuchen ist. Oberflächenspannung und Kapillarität bedingen die Restfeuchtigkeit.

Periodische Filter. Beim Seihen wird zwischen einen Rahmen ein Tuch gespannt. Das Verfahren ist nur beschränkt anwendbar, da die Schichthöhe des zu filtrierenden Schlammes nicht beliebig hoch gewählt werden kann. *Saugnutschen,* welche vorzugsweise für große Rückstandsmengen bei kleiner Produktion gewählt werden, werden in der Lebensmittelindustrie kaum angewandt. Vorwiegend werden *Filterpressen* verwendet, deren natürliches Anwendungsgebiet die Bewältigung relativ großer Flüssigkeitsmengen mit nicht zu hohem Anteil an Feststoffen ist. Die Abgrenzung gegenüber dem Vakuumfilter ergibt sich dadurch, daß bei zu hoher Viskosität der flüssigen Phase und notwendigen starken Filterkuchen der mittels Vakuumfilter erreichbare

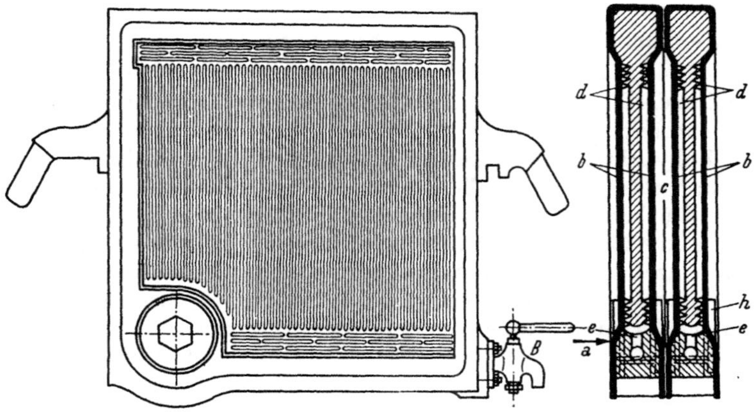

Abb. 42. Prinzip der Kammerpressen.

a = Flüssigkeitseintritt
b = Filtertuch
c = Raum, in welchem sich die Filterkuchen ansammeln
d = Filtrat
e = Sammelkanal für das Filtrat
h = Eintritt der zu filtrierenden Flüssigkeit zwischen 2 Verschraubungen in der Kammer c

Druckunterschied nicht ausreicht. Filterpressen bestehen aus einem feststehenden Kopfteil und aus Platten, die an eisernen Trägern nebeneinander aufgehängt und mit Filtertüchern überzogen sind.

Bei den Kammerpressen wird der Hohlraum, in welchem sich der Filterkuchen sammelt, durch Riffelung benachbarter Platten gebildet. (Abb. 42.) Die Flüssigkeit strömt durch ein zentrales Zuführungsrohr direkt in diesen Innenraum. Das Filtertuch wird um die Platten gelegt; zwischen Filtertuch und Grund der Rippen rinnt die Flüssigkeit durch eine Sammelrinne ab. Nach beendigter Filtration wird Waschwasser durch die Zuführungskanäle in den oberen Randleisten jeder ungeradzahligen Platte geleitet. Bei der Rahmenpresse (Abb. 43) ist zwischen je zwei Filterplatten ein Hohlraum angebracht, in dem sich der Preßkuchen ablagert; die Filtertücher werden ebenfalls um die Platte gelegt. Kammerpressen halten nach außen besser dicht als Rahmenpressen, dagegen nimmt bei ersteren das Überziehen mit Tüchern viel Zeit in Anspruch. Rahmenfilterpressen verwendet man bei leicht filtrierbarem Material, welches feste Filterkuchen bildet; Kammerpressen für leicht abfallendes, schwer filtrierbares Gut (eigentliche Klärfiltration). Am häufigsten werden Baumwolltücher verwendet.

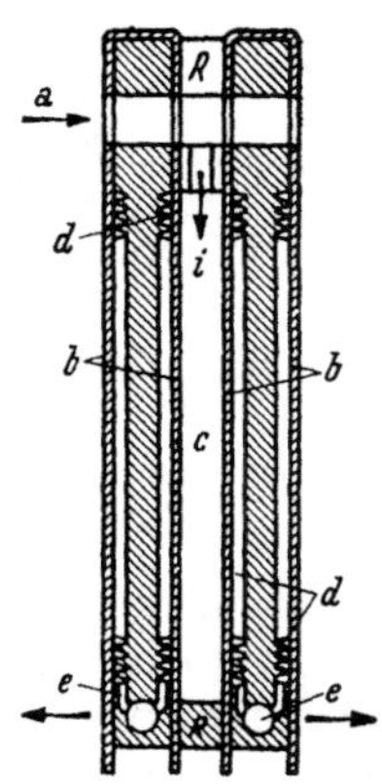

Abb. 43. Prinzip der Rahmenfilterpresse.

R = Rahmen
a = Einlaufkanal
b = Filtertücher
c = Hohlraum für Filterkuchen
d = Filtrat
e = Ablaufkanäle

Kuchen aus sehr feinen und klebrigen Feststoffen lockert man durch feingespaltene Asbestfasern u. dgl. Zum Teil bildet man zunächst durch Aufgeben einer Hilfsmittelsuspension auf dem Stützgewebe eine Filterhilfsschicht und gibt dann erst die Suspension auf (Anschwemmfilter). Wenn die Filterschicht schwer durchlässig geworden ist, wird sie abgezogen.

Für geringe Schlammkonzentrationen, die fein verteilt sind, werden Beutelfilter verwendet, welche von außen nach innen durchströmt werden. Man verwendet sie z. B. bei der Entfärbung von Raffinadeklären. Asbestfilter mit langen Fasern dienen zur Klärfiltration, mit kurzen Fasern zur Kaltsterilisation.

Kontinuierliche Filter. Die Überleitung bilden die *halbautomatischen Druckfilter.* Durch Einschluß der Filterrahmen in ein druckfestes Gehäuse vermeidet man die bei der gewöhnlichen Filterpresse notwendige Abdichtung zwischen den einzelnen Rahmenrändern (Kelly-Filter, Sweetland-Filter). Sie eignen sich für körnige, poröse Kuchen, welche in großer Menge anfallen und mit geringer Wassermenge ausgewaschen werden sollen (Stärkezucker). Die zu verarbeitenden Mengen müssen groß sein, um die erheblichen Anschaffungskosten zu amortisieren. Das Sweetlandfilter ist so gebaut, daß die einzelnen runden Filterrahmen, die mit Baumwolltuch oder Metallgewebe überzogen werden, in den oberen Gußteil des Filterkörpers parallel eingehängt werden, während der untere Halbzylinder zwecks Reinigung frei mit Scharnieren ausschwingen kann. Dadurch, daß sich die gegenüberliegenden Kuchen nicht berühren, ist ein mechanischer Austrag ohne Handarbeit mittels Druckluft möglich, außerdem läßt sich die in dem (im Gegensatz zur Filterpresse) nicht komprimierten Filterkuchen befindliche Lösung mit wenig Waschwasser verdrängen.

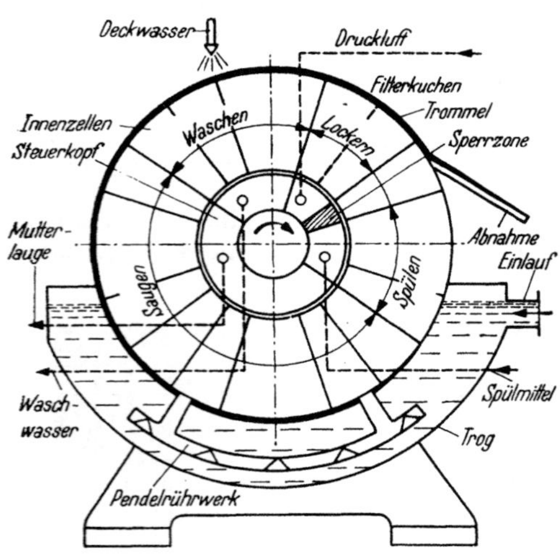

Abb. 44. Wolfsches Trommelzellenfilter.

Für konzentrierte Trüben, deren Rückstände einen zusammenhängenden Kuchen bilden, kommen *kontinuierliche Saugzellenfilter* (Trommelzellenaußen- und -innenfilter, Scheibenfilter) zur Anwendung (Abb. 44). Wesentlich ist, daß der Filterkuchen genügend stark ist. Sind die Feststoffe sehr fein und ist die Flüssigkeit sehr zäh, so kann sich nicht genügend Kuchen ansammeln, ehe durch seinen Widerstand die Filtration wegen des begrenzten erreichbaren Druckunterschieds zum Stillstand kommt. In dem hierdurch gezogenen Rahmen wird das Saugzellenfilter in der Lebensmittelindustrie für große Leistungen verwendet, wenn keine unbedingte Blankfiltration erwartet wird (Erstfiltration in der Würzeindustrie, Abmaischen in der Brauindustrie, Erzeugung von Maisstärke, Reisstärke, aufgeschlossene Kartoffelstärke). Gegenüber den Filterpressen haben sie den Vorteil, daß die Arbeitslöhne für das Auspacken entfallen, der Verschleiß der Filtertücher gering und die Filterleistung je qm und Stunde höher ist. Trommelfilter eignen sich für zusammenhaltende, feine Trüben, Drehinnenfilter für gröbere, schwerere Aufschwemmungen, wie Salze. Dies gilt auch für Planfilter und für Zweitrommel-Saugfilter, während Scheibenfilter für Trüben mit feinkörnigen und spezifisch leichten Feststoffen geeignet sind[1]).

[1]) Vgl. G. NETZEL: 74. Hauptversammlung des VDI. 1936.

Man läßt bei den Außenzellenfiltern die mit einem Filtertuch bespannte, langsam rotierende Walze etwa ein Drittel ihres Umfangs in die Mutterlauge eintauchen und erzeugt dabei mit Hilfe eines feststehenden Steuerkopfes einen Unterdruck, wodurch der Filterkuchen mitgenommen wird. Bei der weiteren Drehung wird ein großer Teil der anhaftenden Mutterlauge abgesaugt. Der Filterkuchen kann mit Waschflüssigkeit behandelt werden, die mit Hilfe des Steuerkopfes getrennt aufgefangen werden kann. Der Kuchen wird durch Druckluft getrocknet. Die Abnahme erfolgt durch ein Schabemesser oder besser durch Abnahmewalzen. (Abb. 45.) Zur Reinigung der Filterfläche vor dem Wiedereintauchen findet eine Rückspülung mit Dampf und Wasser statt. Einige Bauarten solcher Zellenfilter arbeiten mit einem Abnahmeband. Die Schnüre laufen über eine Umlenkstelle, wo der Kuchen abfällt. Der vom Filter abgehobene Kuchen kann über eine Trockenwalze geführt werden. Die Schnurabnahme hat sich insbesondere für Filtergüter feinerer und mittlerer Körnung bewährt, die einen zusammenhängenden Filterkuchen bilden; sie gestattet die Abnahme der Kuchen bis 1 mm Dicke. Zum Zudrücken von im Filterkuchen sich bildender Risse verwendet man dabei ein Waschband. Hierdurch ist der Waschwasserbedarf besonders gering. Möglich ist eine Trennung in eine Niedervakuumzone, in welcher ein lockerer Kuchen erzeugt wird und in eine Zone mit höherem Vakuum, in welcher der fertige Kuchen entwässert wird. Auch die Waschlauge kann in eine konzentriertere und in eine dünne Fraktion aufgeteilt werden. Kraftbedarf und Anschaffungskosten sind erheblich geringer als bei Großschleudern. Häufig steht das Sweetland- bzw. Kellyfilter in Wettbewerb, doch ist als Vorzug des Drehfilters die kontinuierliche Arbeitsweise anzusehen.

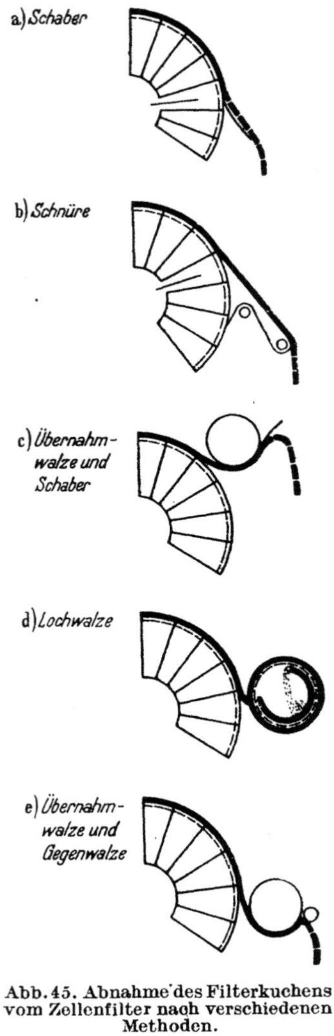

Abb. 45. Abnahme des Filterkuchens vom Zellenfilter nach verschiedenen Methoden.

Einen genauen kalkulatorischen Vergleich der Gesamtkosten bei ein und demselben Gut zwischen den verschiedenen Trennungsmöglichkeiten kann man nur Verbindung mit einer bestehenden oder zu planenden in Gesamtanlage einer Fabrik treffen, da sich ja Mehrkosten oder Ersparnisse nicht nur durch Anschaffungskosten und Betriebskosten der Filterapparatur erfassen lassen. Man muß auch evtl. Mehrkosten bei der Verdampfung von Filtrat, das durch verschiedene Waschwassermengen bei den verschiedenen Verfahren unterschiedlich verdünnt ist, berücksichtigen und evtl. auch mehr oder weniger Kosten an Löhnen für vorzuschaltende kontinuierliche oder diskontinuierliche Arbeitsgänge einsetzen, die wiederum von der Filterapparatur abhängig sein können usw.

Filterzentrifugen werden in erster Linie für sehr feinkörniges, aber noch filtrierfähiges Gut verwendet, oder wo es auf einen besonders niedrigen Endfeuchtigkeitsgehalt ankommt oder wo sich kein zusammenhängender Kuchen bildet, der für die Verwendung von Saugzellenfilter Voraussetzung ist.

Luftfilter (Abb. 46) werden in der Lebensmittelindustrie in Form von Schlauchfiltern und zwar als Druck- oder als Saugfilter angewandt. Sie entstauben vollständiger als Zyklone, bedingen aber höhere Anschaffungs- und Unterhaltskosten und einen höheren Druckverlust.

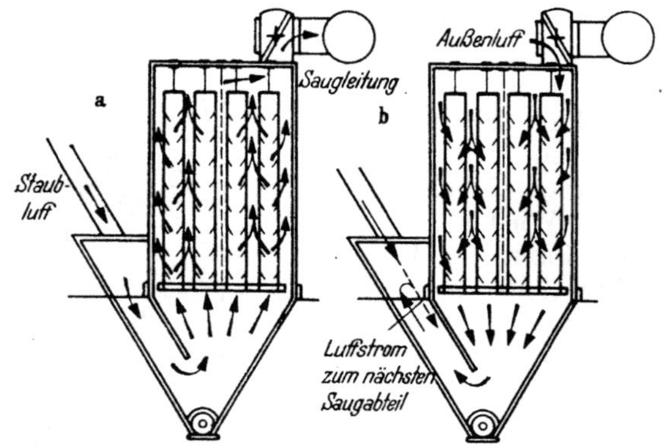

Abb. 46. Saugschlauchfilter während des Arbeits- und Spülvorgangs.

Druckschlauchfilter werden bei Reinigungsmaschinen mit eigenem Ventilator angewandt. Das Saugschlauchfilter erlaubt eine Zentralaspiration aller Reinigungsmaschinen, Aspirateure, Schnecken u. dgl. Der Ventilator ist mit seiner Saugleitung an das Filter angeschlosssn; er saugt im Gehäuse des Filters *außerhalb* der Schläuche auf Unterdruck, wodurch die Luft vom Innern der Schläuche nachströmt. In bestimmten Zeitintervallen erfolgt eine mechanische Abklopfung durch ein Schlauchbrett oder durch Anheben und plötzliches Fallenlassen des Schlauchbrettes, wobei sich die Saugleitung des betreffenden Abteils schließt. Gleichzeitig wird dieses Abteil im entgegengesetzten Sinne von außen nach innen durchgespült. Es wird davon abgeraten, beim Reinigen des Schlauches großen Wert auf möglichst weitgehende Entfernung des Staubes zu legen. Die Länge des Schlauches soll nicht größer sein als der 30 fache Durchmesser.

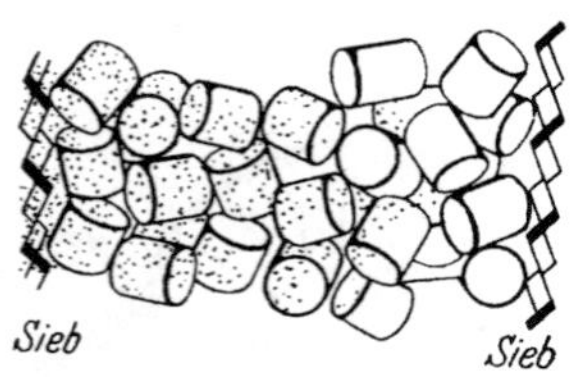

Abb. 47. Viscinfilter der Deutschen Luftfilterbaugesellschaft.

Entstaubungsfilter. Hierbei strömt die staubhaltige Luft in stetem Richtungswechsel durch Füllkörper, vorzugsweise Raschigringe, die mit einer staubbindenden Netzflüssigkeit (Öl u. dgl.) benetzt sind. Die Filter werden als Zellenfilter und als Umlauffilter gebaut. Bei den Zellenfiltern müssen die Filter von Zeit zu Zeit ausgewechselt werden, die Umlauffilter reinigen sich kontinuierlich von selbst. Beispiel für ein Zellenfilter ist das Viscinfilter der Deutschen Luftfilterbaugesellschaft (Abb. 47). Beim kontinuierlich arbeitenden Filter nach Richter bewegen sich die Filter nach Art eines Paternosters über Scheiben. Sie tauchen unten in ein Ölbad ein und werden gereinigt. Senkrecht zur Bewegungsrichtung strömt die Luft und wird durch schräggestellte Bleche von unten nach oben durch die einzelnen Filter geführt.

2. Thermisch.

a) Eindampfen.

Eindampfapparate, welche das Ziel verfolgen, das Lösungsmittel zu verdampfen, um eine eingedickte Lösung zu erreichen, bilden neben den Zerkleinerungsapparaten die am häufigsten in der Lebensmittelindustrie anzutreffenden Apparate. Bei folgenden Lebensmitteln werden sie angewandt: Fruchtsäfte, Milch, Tomatensaft, Pektin, Gelatine, Stärkesirup, Hefeextrakt, Suppenwürzen, Malzextrakt, Zucker, Kochsalz, Milchzucker, Marmelade und Bier.

Durch die Auflösung einer Substanz in einer Flüssigkeit bei gleichbleibender Temperatur wird der Dampfdruck der letzteren kleiner, weil die Moleküle des gelösten Stoffes solche des Lösungsmittels anziehen. Bei verdünnten Lösungen ist bei gegebenem Druck die Erhöhung der Siedetemperatur proportional der molaren Konzentration. In dem Maße, in dem sich die Konzentration der Flüssigkeit durch Anreicherung erhöht, steigt die Siedetemperatur an. Die Kenntnis der Abhängigkeit des Dampfdruckes bzw. der Siedetemperatur von der Konzentration der Lösung ist bei einem Eindampfvorgang erforderlich. Der Druck an einem Punkt unterhalb der Oberfläche ist um den hydrostatischen Druck höher als der des Brüdenraumes, dementsprechend ist z. B. bei einem Druck von 0,2 ata ($t = 59{,}7^0$), in 1 m Tiefe der Druck 0,3 ata ($t = 68{,}7^0$). Bei gegebener Heizmitteltemperatur wird die Temperaturdifferenz zwischen Heizmittel und Lösung mit wachsender Konzentration und in Richtung des Temperaturgefälles von oben nach unten verringert.

In demselben Sinne schädlich für den Wärmeaustausch wirkt eine Temperaturerniedrigung des Heizmittels. Der Dampfdruck bestimmt die Kondensationstemperatur und die Höhe der notwendigen Heizmitteltemperatur. Sinkt die Sättigungstemperatur auf die Temperatur der Heizwand, so kann aus dem Dampfgemisch kein Dampf mehr kondensieren. Man müßte dann erhebliche Mengen Dampf mit den Gasen abziehen, um die Verdampferanlage auf voller Leistung zu halten. Abgesehen von diesem Extremfall liegt bei Kondensation von lufthaltigem Dampf an der Heizfläche stets eine dünne Schicht eines luftreicheren Dampfes an. Dementprechend sinkt die Wärmeübergangszahl. Schon bei geringen Beimengungen von Inertgasen fallen die Wärmeübergangszahlen von den hohen Werten reiner Wasserdampfkondensation stark ab. Man versucht, den Luftgehalt durch Vorentlüftung der einzudickenden Lösung und durch Schaffung dichter Verbindungen niedrig zu halten. Ein weiterer Gefällsverlust kann durch Inkrustierung von Lösungsbestandteilen entstehen (Pfannenstein bei Steinsalzlösungen, Kesselstein). Der Einfluß solcher Schichten ist bei gutem Wärmeübergang erheblich. Polierte bzw. lackierte Oberflächen neigen weniger zum Ansetzen von Schmutzschichten und Niederschlägen als rauhe Oberflächen.

Die zum Eindampfen erforderliche Wärme setzt sich aus folgenden Anteilen zusammen: der Wärmemenge zum Aufwärmen der Lösung, der Verdampfungswärme des Lösungsmittels, der eventuellen Überhitzungswärme der Brüden, einer eventuellen Überwindung einer chemischen Verbindung (Hydrationswärme), dem Wärmeanteil zur Erhöhung der Konzentration (negative Verdünnungswärme) und der bei einer eventuellen Kristallisation frei werdenden Kristallisationswärme. Hierzu kommen Verluste durch Strahlung und Konvektion, die bei isolierten Verdampfern 75 bis 200 kcal/m^2 betragen. Bei Atmosphärendruck arbeitende Verdampfer (Abdampfschalen, Pfannen) spielen wegen des Verhältnisses: Kapitaldienst/Heizmittelkosten in der Lebensmittelindustrie nur da eine Rolle, wo der auszutreibende Wasseranteil gering ist; Beispiel: Marmeladekochung. Der Heizdampf wird meist in Doppelwänden zugeführt oder durch Heizschlangen geleitet. Für zähe Flüssigkeiten und geformtes Gut (z. B. Mandelröstung) werden Rührwerke verwendet. Die Beheizung findet entweder durch Kesseldampf oder zur Verbesserung der Wirtschaftlichkeit durch Abdampf von Kraftmaschinen statt.

Vakuumverdampfer. Das dabei verfolgte Ziel ist die Schonung des Gutes. Gleichzeitig wird die Verdampferleistung hinaufgesetzt. Bei der Vakuumeindampfung ist der Siededruck und damit die Temperatur der siedenden Lösung durch die Temperatur des Kühlwassers im Kondensator bestimmt. Das Eindampfen kann entweder absatzweise oder kontinuierlich vorgenommen werden; im zweiten Fall wird stets so viel dünne Lösung nachgefüllt, daß die durch Verdampfung und Abfluß der konzentrierten Lösung entnommene Menge ergänzt wird. Beim absatzweisen Betrieb erreicht die Heizflächenleistung einen mittleren Wert und ist stets höher als beim kontinuierlichen Betrieb, dagegen kommen beim letzteren die Zeiten zum Füllen und Entleeren in Fortfall. Die sich entwickelnden Dämpfe, die Brüden, werden abgezogen und im allgemeinen in einem Einspritzkondensator durch Wasser kondensiert. Beim barometrischen Kondensator läuft infolge seiner Höhe das Wasser durch ein barometrisches Fallrohr ab, das Vakuum wird durch eine Trockenluftpumpe erzeugt.

Die Wirtschaftlichkeit des Betriebes wird verbessert, wenn man den Eindampfvorgang auf mehrere Stufen verteilt und die Brüden des ersten Verdampfers als Heizmedium für die nächste Stufe verwendet werden. Da die Lösung des zweiten Verdampfers einen höheren Siedepunkt hat als die Kondensationstemperatur der ersten Stufe, muß der Druck der siedenden Lösung in der 2. Stufe erniedrigt werden, damit ein ausreichendes Temperaturgefälle herrscht und die Brüden der höheren Stufe zur Beheizung der nachfolgenden tieferen Stufe dienen können. Der Heizdampf dient nur zur Beheizung der ersten Stufe (Abb. 48). Deshalb ist der Wärmeverbrauch eines n-stufigen Verdampfers theoretisch nur $1/n$ von dem eines Einkörperverdampfers gleicher Leistung. Im praktischen Betrieb verringert sich der spezifische Dampfverbrauch des Einfachverdampfers von 1,1—1,2 kg/kg, beim Zweifachverdampfer nur auf etwa 0,55—0,70 kg, beim Dreifachverdampfer auf 0,40—0,55 kg/kg. Dabei steigt der Heizflächenbedarf mehr als n-fach. Wegen der damit verbundenen Erhöhung der Apparatekosten bei abnehmender Senkung der Heizmittelkosten werden Vier- und Fünffachverdampfer nur verhältnismäßig selten angewandt. Außerdem steigt mit zunehmender Stufenzahl der Kapitaldienst. Vakuumverdampfer haben wohl einen geringeren Dampfverbrauch als offene Kessel; die dadurch erzielte Einsparung von Betriebskosten wird aber durch den Kühlwasserverbrauch teilweise aufgewogen. Das günstigste Vakuum hängt von der Art der Flüssigkeit, der Verdampfertype und den zur Erzeugung des Vakuums erforderlichen Kosten ab. Das wirtschaftliche Minimum der Gesamtkosten abhängig von der Stufenzahl muß von Fall zu Fall errechnet werden. Das Betriebskostenminimum ist relativ flach und liegt bei steigender Temperaturdifferenz bei höherer Stufenzahl. In der ersten Stufe kann das Temperaturgefälle niedrig sein (dünne Lösung, hohe Temperatur, großer Umlauf), die letzte Stufe muß das größte Gefälle erhalten (konzentrierte Lösung, niedrige Temperatur, geringe Dampfentwicklung, geringer Umlauf), wenn in den einzelnen Verdampfern annähernd gleiche Wärmemengen bei gleichen Heizflächen umgesetzt werden sollen. Dabei gehen bei Unterdruckverdampferanlagen die Brüden des letzten Verdampfers zur Kondensation, wodurch sie wärmewirtschaftlich verlorengehen. Aus diesem Grund zeigt sich in der Zuckerindustrie die Tendenz, zu Überdruckverdampferanlagen überzugehen. Inwieweit dies verallgemeinert werden kann, hängt von der Temperaturempfindlichkeit des einzudickenden Gutes in den verschiedenen Einengungsstufen ab und vom Druck des zur Verfügung stehenden Damp-

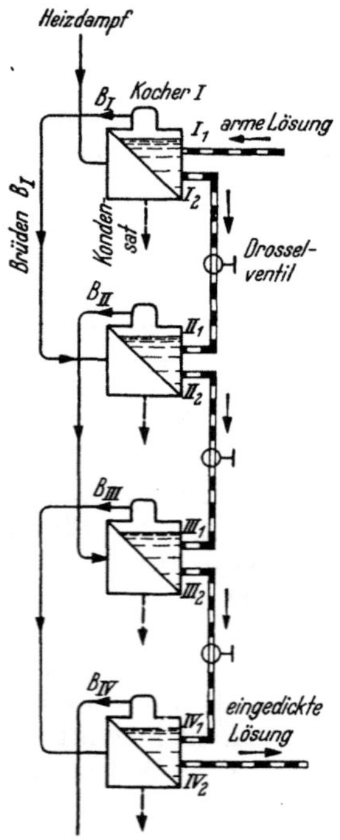

Abb. 48. Vierfachverdampfer (schematisch).

fes. Je nach den Erfordernissen betreibt man mehrstufige Verdampferanlagen im Gleich-Gegen-Parallel- oder Mischstrom. Lösungen, die mit zunehmender Konzentration empfindlicher werden, müssen im Gleichstrom (Lösung wandert in Richtung abnehmenden Druckes) verarbeitet werden (Abb. 48). Einzelheiten bezüglich Dampfverbrauch vgl. Spezialliteratur [1]). Bei Parallelstrom empfiehlt sich die Vorschaltung eines Wärmeaustauschers zur Erhitzung der Lösung, da die Verdampferheizfläche teurer ist als die Wärmeaustauschfläche.

Man kann die entstehenden Brüden auch im gleichen Verdampfer wieder verwenden, wenn man die Brüden durch Druckerhöhung auf eine höhere Temperatur bringt. Die Druckerhöhung erfolgt mechanisch oder mittels Dampfstrahlgebläse. Dieser Weg ist in Betracht zu ziehen, wenn Brüdendampf ungenützt abzieht, ausgesprochener Dampfmangel herrscht, der Temperaturunterschied zwischen Heizmittel und Lösung gering ist und billige Kraft zur Verfügung steht. Im Vakuumgebiet findet Brüdenverdichtung kaum Anwendung; mit steigender Siedepunkterhöhung der einzudampfenden Lösung nimmt die Wirtschaftlichkeit der Brüdenverdichtung ab. Sie bleibt fast immer hinter derjenigen der zweistufigen Verdampfung zurück. Vorteile hat das Verfahren bei sehr temperaturempfindlichen Säften, welche eine mehrstufige Verdampfung nicht zulassen.

Der Verwendungsbereich verschiedener Bauarten ist in nachfolgender Tabelle dargestellt:

Tabelle 1. Gegenüberstellung von Heizflächenbauart und Zustand des Gutes (nach Holland-Merten).

Bauart der Heizfläche	Endzustand des Gutes bei Arbeitstemperatur				
	dünnflüssig	mittelflüssig	dickflüssig	zähflüssig	pastös
Heizrohre lang und eng	+	—	—	—	—
Heizrohre kurz und weit	+	+	—	—	—
Schlangen	+	+	0	—	—
Heizkerzen innen geheizt	+	+	0	—	—
Ringheizkörper	+	+	+	0	—
doppelwandig	+	+	+	0	0
Heizwalze	+	+	+	+	+
Rührwirkung	nicht erforderlich		Zwangsumlauf	Rührer nahe Heizfläche	Knetwerke

— nicht verwendbar + verwendbar 0 verwendbar mit Rührer

Der Wärmedurchgang hängt von der Form der Heizflächen, der Strömungsgeschwindigkeit, der Zähigkeit und der Oberflächenspannung (Schaumbildung) sowie von der Verkrustungsgefahr ab. Da der Hauptwärmewiderstand auf der Lösungsseite liegt, besteht das Hauptmittel zur Übertragung einer möglichst hohen Heizleistung

[1]) Webre: Chem. Metall. Engng. **27**, 1073 (1922).

bei gegebenem Temperaturgefälle darin, für eine möglichst hohe Geschwindigkeit der Lösung, an welche die Wärme übertragen wird, zu sorgen. Bei der z. Zt. wichtigsten Verdampferbauart ist die treibende Kraft des Umlaufes der Auftrieb, den das leichtere Dampf-Lösungsgemisch gegenüber der reinen Lösung erfährt. Bei Vakuumverdampfern können sich infolge der großen Beschleunigung der emporsteigenden Lösungsteile die Dampfblasen erst in geringer Höhe unter dem Flüssigkeitsspiegel bilden. Deshalb, und wegen der höheren Zähigkeit bei niedrigeren Temperaturen, wird die Zirkulation geringer als beim Druckverdampfer, der Heizflächenbedarf höher und die Schaumbildung begünstigt. Aus Zirkulationsgründen muß die Dampfbildung unbedingt im Rohr stattfinden, nicht oberhalb der Siederohre. Die geförderten Lösungsmengen steigen zunächst sehr stark mit den erzeugtenDampfmengen an, um bei einer weiteren Erhöhung wieder stark abzufallen. Auch bei hoher Luftleere wird trotz des größeren Dampfvolumens weniger Flüssigkeit gefördert als bei Atmosphärendruck. Infolge der Dampfbildung ergibt sich ein höherer Saftstand als er in Wirklichkeit herrscht; der Unterschied zwischen scheinbarem u. wirklichem Flüssigkeitsstand soll möglichst groß sein. Diese Art der Zirkulation wird im Robertverdampfer (Abb. 49) angewandt. Um einen möglichst geregelten Lösungsmittel-Kreislauf zu erzielen, wird in der Mitte der Heizkammer ein weites Fallrohr angeordnet. Eine Einengung ohne örtliche Überhitzung ist bis etwa 50—55% T.S. möglich. Der Robertverdampfer eignet sich auch als Kristallkocher, sowie für Lösungen mit negativem Temperaturgradienten, wobei es auf hohe Geschwindigkeit in den Rohren ankommt. Der Nachteil aller Verdampferbauarten ohne zwangsläufigen Saftumlauf besteht darin, daß bei Heizrohren größerer Länge oder bei niedrigem Saftstand der Anteil des Saftes im Dampfsaftgemisch auf den oberen Rohrstrecken zu klein wird und diese daher ungenügend benetzt werden und ferner, daß die Eintrittsgeschwindigkeit des Saftes in die Rohre viel zu gering ist. Der erste Übelstand kann durch Zuführung größerer Mengen Saft, der zweite durch Einführung eines Dampfsaftgemisches in den unteren Teil der Heizrohre behoben werden (Verbundverdampfer). Bei sehr zähen Lösungen, also z. B. in der letzten Eindickungsphase von Malzextrakt, reichen der Auftrieb der erwärmten Flüssigkeit und die Bildungsgeschwindigkeit von Dampfblasen nicht aus, um eine ausreichende Zirkulation herbeizuführen. Man muß dann Verdampfer mit Zwangsumlauf verwenden, auch damit örtliche Überhitzungen vermieden werden, die für die Güte der einzudickenden Erzeugnisse nachteilig sind und zu Verkrustun-

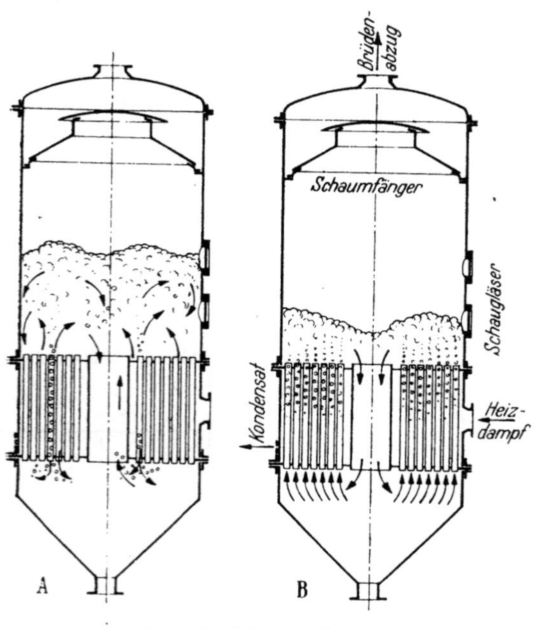

Abb. 49. Robertverdampfer.
A = Ungeordnete Zirkulation im zu hoch gefüllten Verdampfer
B = Zirkulation im Verdampfer bei optimaler Spiegelhöhe

gen führen. Hiermit läßt sich 75—80% T. S. erreichen. Sind die Extrakte besonders temperaturempfindlich, so muß auf Kosten der Eindickungszeit Vakuumdampf als Heizdampf verwendet werden. Bei Verdampfern mit Zwangsumlauf wird der Eindampfraum und der senkrechte, schräge bzw. waagrechte Heizraum getrennt werden, wodurch die Brüden von der Flüssigkeit abgesondert werden. An Stelle von Heizrohren kann man auch Kerzen verwenden.

Beim Kestnerverdampfer (Abb. 50) wird das Vermischen der eingedickten und der frisch eingezogenen dünnen Lösung vermieden und angestrebt, empfindliche Stoffe möglichst kurze Zeit der Temperatur auszusetzen. Die Flüssigkeitssäule wird in den engen, langen Röhren durch den entstehenden Dampf stark beschleunigt. Dampf und Flüssigkeit entmischen sich an eingebauten Prallblechen. Die Dauer der Temperatureinwirkung ist besonders gering. Infolge der hohen Geschwindigkeit in den Rohren wird eine Krustenbildung vermieden. Durch das Aufprallen der Flüssigkeit von hoher Geschwindigkeit auf das Prallblech eignet sich dieser Verdampfertyp gut für schäumende Flüssigkeiten. Infolge der hohen Verdampfungsgeschwindigkeit wird sich kein Gleichgewicht zwischen dem Partialdruck der Lösung und des Dampfes einstellen, wodurch nur geringe Aromaverluste zu befürchten sind. Oft genügt hierbei ein einmaliges Durchfließen der Lösung durch mehrere Verdampferstufen, um die erforderliche Konzentration zu erreichen. Beim Eindicken von Fruchtsäften werden mehrere Verdampfer unter Zwischenschaltung von Abscheidern für die Flüssigkeit vom Dampf verwendet. Auch hierbei muß die Zahl und der Durchmesser der Rohre der Dampfbildung in den einzelnen Stufen entsprechend angepaßt werden.

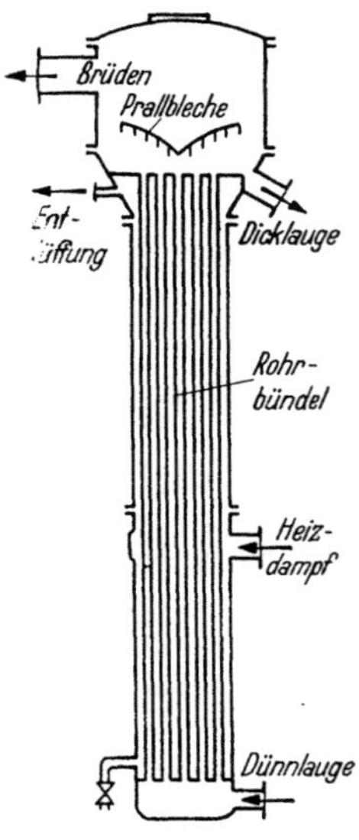

Abb. 50. Kestner-Kletter-verdampfer.

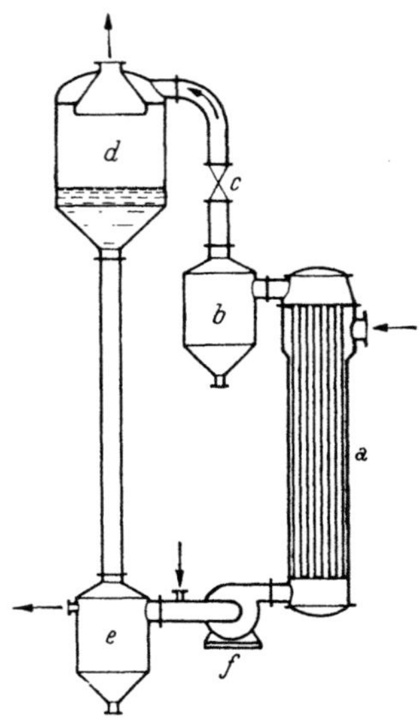

Abb. 51. Entspannungsverdampfer (Lurgi).
a = Röhrenerhitzer
b = Abscheider
c = Drosselvorrichtung
d = Verdampfraum mit Brüdenabzug
e = Abscheider bzw. Salzfänger
f = Umlaufpumpe

Zum Konzentrieren zäher Extrakte können auch Verdampfer eingesetzt werden, deren Rührwerk als Heizschlange ausgebildet wird. Damit sich keine zu langen Konzentrationszeiten ergeben, muß das Verhältnis der Heizfläche zur Flüssigkeitsfüllung möglichst hoch gehalten werden. Man wird also außer der Anwendung einer Heizschlange den Mantel heizen und lieber mehrere kleine als einen größeren Kugelverdampfer einsetzen.

Bei Kristallkochern müssen die gebildeten Kristalle von den Heizflächen ferngehalten werden. Kegelböden erleichtern das Absetzen sich ausscheidender Kristalle. Durch Schäumen wird die Verdampferleistung stark vermindert; durch Tropfenabscheider vermeidet man das Mitreißen von Tropfen.

Bei kleineren Verdampferleistungen wird man die Auswahl des Verdampfers nach dem gewünschten Endzustand des Gutes vornehmen. Bei größeren Verdampferleistungen wird man zur Abkürzung des „Verdampfungsschwanzes“ z. B. einen Verdampfer mit Zwangsumlauf wählen, während dieser bei niedrigen Konzentrationen durch eine billigere Bauart ersetzt werden kann, welche zudem weniger Schaum bildet (Abb. 51). Die Erhöhung des Temperaturgefälles durch Wahl einer höheren Heizmitteltemperatur bzw. durch Erhöhung des Vakuums hat auf das Gut nicht die gleiche Wirkung: im ersten Fall besteht die Gefahr der Qualitätsbeeinflussung, im zweiten Fall verringert sich bei Lösungen, die ihre Viskosität mit der Temperatur stark verändern, die Verdampferleistung.

Literatur.

BERL, E.: Chemische Ingenieurtechnik, Bd. III, 337, Berlin: Springer 1935.
EUCKEN, A.: Der Chemie-Ingenieur, Bd. I, Kap. 14, Leipzig: 1933.
SCHIEBEL, K.: Wärmewirtschaft in der Zuckerindustrie, Dresden: 1939.
CLAASSEN, H.: Verdampfen und Verdampfer, Magdeburg: 1938.
BADGER, W. L.: Heat Transfer and Evaporation, New York: Reinholdt Publishing Co. 1926.
GÖRLING, P.: Wärmewirtschaft in Gemüseverarbeitungsbetrieben, Die industrielle Obst- und Gemüseverwertung **3** (1950) im Druck.

b) Kristallisieren.

Das Kristallisieren irgendwelcher Stoffe kommt in der Lebensmittelindustrie insbesondere bei der Gewinnung von Zucker (Rohrzucker, Traubenzucker, Milchzucker), bei der Herstellung von Siedesalz, bei der Speiseeis- und bei der Fruchtsaftkonzentratsgewinnung durch Ausfrieren vor. Auch bei der Gewinnung von Schmalz spielen Kristallisationsprozesse eine gewisse Rolle.

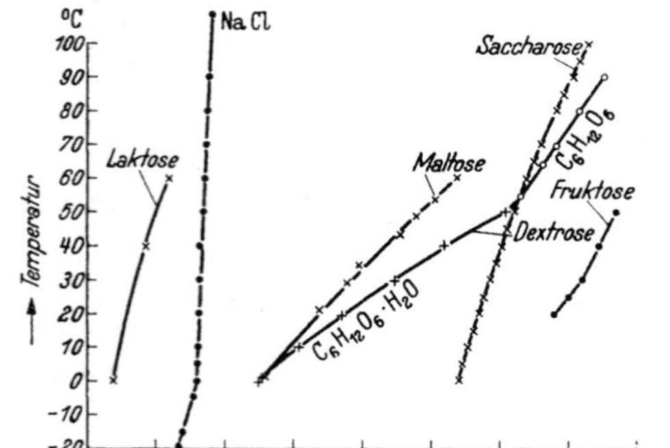

Abb. 52. Löslichkeitskurven verschiedener Substanzen.

Maßgebend für den Ablauf der Kristallisation ist die *Löslichkeitskurve* (Abb. 52). Ohne Übersättigung können keine Kristalle gebildet werden.

Durch den Grad der Übersättigung und damit indirekt durch die Löslichkeitskurve wird die *Keimbildungszahl* (KZ) bestimmt, d. h. die Zahl der pro Zeiteinheit pro Volumeneinheit sich bildenden Keime und die *Kristallisationsgeschwindigkeit* (KG), d. h. die lineare Geschwindigkeit ihres Wachstums.

Die *Keimbildungszahl* steigt nach Überschreitung einer metastabilen Phase, in welcher eine spontane Kristallisation nicht möglich bzw. wahrscheinlich ist, mit wachsender Übersättigung (welche je nach der Lage der Löslichkeitskurve durch Unterkühlung oder Entziehung des Lösungsmittels hervorgerufen werden kann) exponentiell an.

Nach der Theorie von G. TAMMAN, sowie nach ELSNER VON GRONOW muß, um ein Kristallisationszentrum entstehen zu lassen, die Zahl der Moleküle mit einem ganz bestimmten, vom Mittel abweichenden Energieinhalt im Bereich des Kristallisationszentrums um so größer sein, je geringer die Unterkühlung bzw. Übersättigung ist. Deshalb sinkt auch die Wahrscheinlichkeit, daß sich wirklich ein Kristallisationskeim bildet, mit abnehmender Übersättigung. Ferner fanden die beiden Autoren eine Parallelität zwischen der Keimbildungszahl und der Zeit, die von der Erreichung der Übersättigung bis zum Eintreten der spontanen Kristallisation verstreicht. Das Maximum der Keimbildungszahl wird durch die Geschwindigkeit des Übergangs aus dem isotropischen in den anisotropischen Zustand der Molekeln bedingt.

Bei der Bildung eines Kristalles muß die freiwerdende, positive Kristallisationswärme von der Umgebung aufgenommen werden. Dabei darf jedoch die Temperatur nicht über die Sättigungstemperatur steigen, da sich sonst der Kristall wieder auflösen müßte und folglich die Kristallbildung unterbleiben würde. Durch die Bewegung der kristallisierenden Maische werden Wärmeübergang und Diffusion verbessert und Temperaturunterschiede klein gehalten und dadurch für die Kristallbildung besonders günstige Bedingungen geschaffen.

Bestimmend für das Wachstum der Kristalle ist die Übersättigung, die Geschwindigkeit der Ableitung der Kristallisationswärme, die Zufuhr von Material aus der den wachsenden Kristall umgebenden übersättigten Lösung, insgesamt die Einordnung der Moleküle in das Kristallgitter. Die Verarmung der Lösung in der Nähe der wachsenden Flächen muß durch Diffusion ausgeglichen werden. Deshalb ist besonders wichtig, daß die Kristalle möglichst allseitig umspült werden. Die Anlage neuer Bausteine findet bevorzugt an Orten mit besonders starker Kraftfeldwirkung, also vorwiegend an Ecken und Kanten statt, also Weiterführung schon bestehender Netzebenen, während die Anlage neuer Netzebenen zögernd erfolgt. Die KG steigt ebenfalls mit wachsender Übersättigung, doch sind die Beträge der Änderungen andere als wie bei der KZ. Steigt die KZ mit zunehmender Unterkühlung rascher an als die KG und weist die KZ keine Induktionsperiode auf, dann ist die Ausbildung weniger großer Kristalle nicht möglich. Weist die KZ eine Induktionsperiode auf, dann können wenigstens in einem bestimmten Unterkühlungsintervall wenige große Kristalle gebildet werden, sobald bei tieferen Temperaturen die spontane Kristallisation eingeleitet worden ist oder geimpft wurde. Die Verhältnisse liegen besonders günstig, wenn die KG bereits ein Maximum aufweist, solange die Werte für die KZ noch klein sind, denn dann läßt sich die Korngröße der Kristallite in bestimmten Größen willkürlich regeln. Die quantitative Kenntnis des Ganges der KG und KZ mit der Konzentration und der Temperatur ist deshalb für die Beherrschung eines Kristallisationsvorganges entscheidend. Die gegenseitige Lage von KG und KZ wird durch Temperatur, Konzentration, Rührgeschwindigkeit u. dgl. beeinflußt. Wenn man eine Neubildung von Keimen unterbinden will, darf man nicht mehr Wasser verdampfen als durch die Ausscheidungen zur Vergrößerung der vorhandenen Kristalle, die man wachsen lassen will, verbraucht wird.

Bei der *geleiteten Kristallisation* versucht man den Prozeß im Gebiet langer Induktionszeiten, d. h. geringer Übersättigung und damit geringer Häufigkeit von Kristallkeim-Neubildung zu vollziehen. Hierdurch leidet allerdings die Durchsatzmenge. Hohe Ausbeute und Bildung großer Kristalle läßt sich nicht vereinbaren. Hohe Mengenleistung bedeutet schnelle Kristallisation, die fast nie gut ausgebildete Kristalle liefert.

Bei etwas größerer Übersättigung und kräftiger Bewegung der Flüssigkeit bilden sich mehr Kristallkeime. Da die feinen Kristalle allseitig umspült werden, haben sie aber günstigere Wachstumsbedingungen. Es bilden sich gleichmäßigere, wenn auch feinere Kristalle. Bei sehr zähen Medien geht der Ausgleich von Konzentrationsunterschieden langsamer vor sich, was die Kristallisation in der entsprechenden Richtung beeinflußt. Ebenso wie die KZ wird auch die KG durch Lösungsgenossen beeinflußt;

dabei wirken stark grenzflächenaktive Stoffe wie Gelatine, Pektin usw. störend. Bei einer langsamen Änderung, d. h. langsamem Kristallwachstum, treten im allgemeinen besser ausgebildete Kristalle auf als bei sehr großen Unterschieden, z. B. großer Unterkühlung.

Nachträglich ist noch eine Beeinflussung der Kristallgröße dadurch möglich, daß man die Kristalle in ihrer gesättigten Mutterlauge „reifen" läßt. Da die kleinen Kristalle gegenüber den großen instabil sind (analog zur Dampfdruckerhöhung kleiner Tröpfchen nach W. THOMSON), so erscheint die Mutterlauge in Bezug auf die großen Kristalle übersättigt. Diese werden also auf Kosten der kleinen Kristalle wachsen. Man kann diesen Effekt noch besonders dadurch verstärken, daß man die „Reifung" in einem Gebiet etwas höherer Löslichkeit (meist etwas höhere Temperatur) vor sich gehen läßt, daß also die Kristallisation vorher stattgefunden hatte. Auch ein „Ausheilen" beschädigter oder mangelhafter Kristallformen kann hierdurch erreicht werden.

Für die *praktische Durchführung* der Kristallisation läßt sich zugrunde legen, daß schnelles Kühlen, starke Rührbewegung, hohe Temperatur und niedriges Molekulargewicht die Bildung vieler kleiner Kristalle begünstigen und die entgegengesetzten Maßnahmen zu einer kleinen Zahl größerer Kristalle führen. Die praktische Kristallisation erfolgt entweder durch Entzug des Lösungsmittels durch Verdampfen oder Verdunsten (Zucker, Salz), oder durch Abkühlung der gesättigten Lösung (Zucker) (Abb. 53). Im ersteren Fall handelt es sich um einen ungeleiteten Kristallisations-

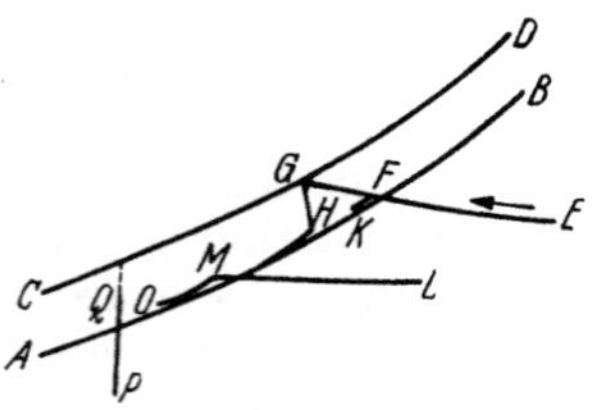

Abb. 53. Zusammenhang zwischen Löslichkeit und Kristallisiermethode.

AB = Allgemeine Löslichkeit
CD = Kurve der Superlöslichkeit
ABCD = Metastabiles Gleichgewicht
unter *AB* = ungesättigt
unter *CD* = instabiles Gleichgewicht
EFGH = Plötzliche Vakuumkühlung
EFK = Kontinuierliche Vakuumkühlung
MO = Gelenkte, verhältnismäßig langsame Kühlung in Gegenwart von Kristallkeimen (keine Verdampfung)
PK = Kristallisation durch Verdampfung

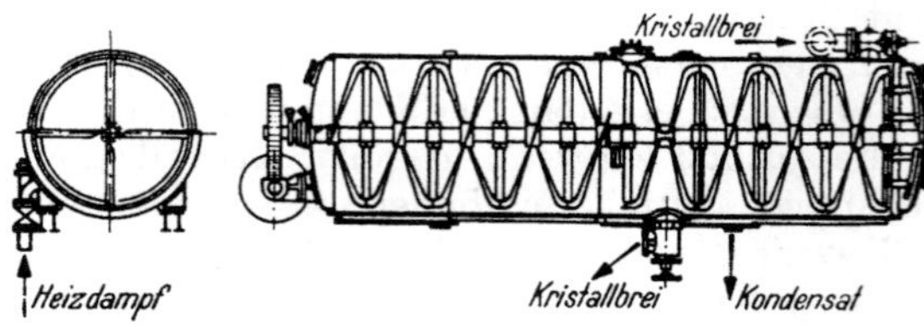

Abb. 54. Liegende zylindrische Sudmaische.

prozeß, obwohl man bei Verdampfern mit geordnetem Lösungsumlauf Wachstumsbedingungen erreichen kann, die einem geleiteten Prozeß nahekommen. Wichtig ist, für Keimfreiheit nach jedem Sud durch Auskochen bzw. Ausdämpfen zu sorgen. Die Kristallisation in Rührmaischen ist weitgehend üblich (Abb. 54). Durch die Bandschnecken werden die gebildeten Kristalle in der Schwebe gehalten, sowie auch die am Kühlmantel angesetzten Kristalle entfernt. Starkes Rühren läßt eine gleichmäßige Verteilung der Kristalle erzielen, kann aber auch ein Abstoßen von Ecken und Kanten und damit die Bildung neuer Kristallisationszentren zur Folge haben. Andererseits ist eine gewisse Rührbewegung zur Verbesserung der Wärmeübertragung und zur Erzielung einer gleichmäßigen Temperatur erforderlich. Im Swenson-WalkerKristallisator[1]) bewegen sich Kristallmaischen und Kühlflüssigkeit im Mantel im Gegenstrom, der Prozeß ist kontinuierlich, die Kristalle wachsen während des freischwebenden Transports

[1]) SEAVOY, u. CALDWELL: Industr. Engng. Chem. 32, 632 (1940).

in der Flüssigkeit durch den Trog. Bei der Kristallisation durch Verdampfung im Vakuum werden KZ und KG durch die Höhe des Vakuums und die Verweilzeit reguliert.

Die eigentliche, geleitete Kristallisation in Bewegung erfolgt in Kristallisationswiegen. Durch die Bewegung ist keine Störung der Kristallisation durch Entstehen von Kristallmehl zu befürchten. Die Form der Wiege muß derart sein, daß die Kristalle gut übereinanderkollern, ohne mechanisch verletzt zu werden. Ein Vergleich der Verfahren ergibt, daß in Fällen, in welchen die Löslichkeitskurve nur einen schwach positiven oder gar einen negativen Temperaturbeiwert besitzen, die Übersättigung nur durch Verdampfen, nicht durch Unterkühlen möglich ist; andererseits läßt sich aus sehr viskosen Maischen schlecht durch Verdampfen kristallisieren, da die notwendige Konvektionsströmung fehlt. Bei der Kristallisation durch Verdampfung wirkt die Kristallisationswärme wärmesparend, während letztere bei der Kristallisation durch Kühlung den Aufwand an Kühlmittel erhöht. Im allgemeinen dürfte die Kristallisation durch Verdampfung weniger Kosten verursachen.

Literatur.

TAMMAN, u. ELSNER VON GRONOW: Z. anorg. allg. Chem.

KOSSEL: Gerichtete chemische Kräfte.

STRANSKI und KAISCHEW: Kristallwachstum und Kristallkeimbildung, Physikalische Zeitschrift **36**, 393 (1935).

THIESSEN u. BANTHIEN: Kristallisation aus Lösungen, Der Chemie-Ingenieur, Bd. 1, 3. Teil, Kap. XVI, 1933.

c) Trocknen.

Das durch Trocknen verfolgte Ziel besteht darin, den erforderlichen Wasserentzug in der kürzesten Zeit möglichst gleichmäßig bei einer Temperatur vorzunehmen, die den Eigenschaften des Gutes angepaßt ist.

Während ein nicht hygroskopischer Körper, der einem Luftstrom mit einem niedrigeren Wasserdampfpartialdruck ausgesetzt ist als dem Sattdampfdruck, völlig austrocknet, verändert *hygroskopisches* Gut seinen Wassergehalt entsprechend dem Dampfdruck der umgebenden Luft. Maßgebend für die Eigenschaften eines hygroskopischen Körpers ist die Sorptionsisotherme, welche für eine gegebene Temperatur den Zusammenhang zwischen Wassergehalt des Gutes und dem Wasserdampfpartialdruck bzw. der relativen Feuchtigkeit der Umgebung wiedergibt (Abb. 55). Der erste Ast (konvex nach oben) deutet auf vorwiegende Adsorption der Wasserdampfmoleküle an feste Oberflächen, der zweite Ast (konkav nach oben) deutet auf Kapillarkondensation hin, d. h. auf eine Druckabsenkung in feinen Kapillaren über konkaven Menisken[1]). Die Dampfdruckabsenkung ist um so größer, je feiner die Kapillaren sind. Nähert sich die relative Feuchtigkeit dem Wert 100%, dann erreicht die Gutsfeuchtigkeit bei den üblichen Trockengütern Werte zwischen 50 und 60%. Hier beginnen sich auch die grobkapillaren Zwischenräume zwischen den Fasern zu füllen. Das Wasser in den groben Kapillaren ist als freies Wasser anzusehen, sein Wasserdampfteildruck ist infolgedessen gleich dem Sattdampfdruck. Der Feuchtigkeitstransport aus dem Innern erfolgt durch kapillare Leitung.

Während sich beim Trocknen eines solchen Körpers, solange der Dampfdruck an der Oberfläche gleich dem Sattdampfdruck bei der Temperatur der Oberfläche ist, bei ausreichender Luftgeschwindigkeit die Kühlgrenze einstellt (die gesamte an

[1]) KRISCHER, O.: Vorratspflege und Lebensmittelforschung **4**, 117 (1941).

das Gut abgegebene Wärme wird zur Verdunstung verbraucht) verlagert sich bei der Feinheit der Kapillaren in Lebensmitteln der Trocknungsspiegel rasch ins Gutsinnere, weil ein beträchtlicher Teil der kapillaren Zugunterschiede zur Überwindung der

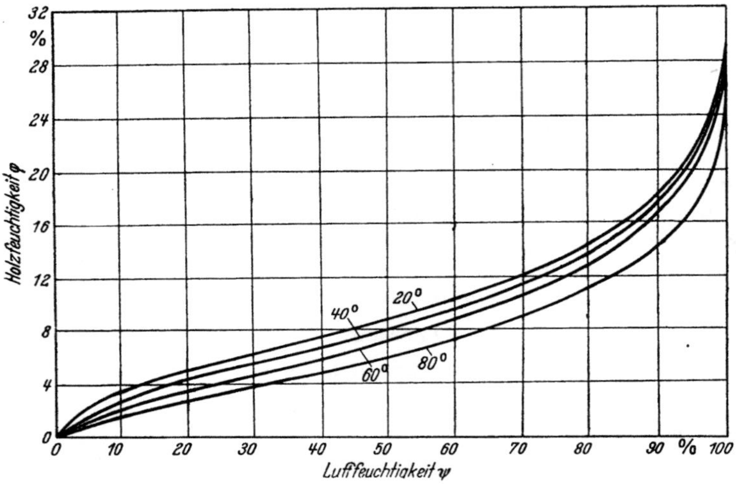

Abb. 55. Sorptionsisothermen eines hygroskopischen Trockengutes (Holz).

Reibung in den feinen Kapillaren verbraucht wird. Der Stoffaustausch durch Diffusion steigt dabei im Vergleich zu dem durch kapillare Wasserbewegung. Dies wird um so eher eintreten, je entscheidender der Anteil an feinsten Kapillaren ist. Infolge der Dampfdruckabsenkung in feinsten Kapillaren sinkt die Trocknungsgeschwindigkeit, und die Kühlgrenztemperatur kann nicht mehr aufrechterhalten werden.

Für die Dampfdiffusion in luftgefüllten Poren ist das Stephansche Gesetz der Diffusion in ruhenden Luftschichten anzuwenden, wobei die speziellen Gutseigenschaften durch einen Faktor μ — die Diffusionswiderstandszahl des Gutes — berücksichtigt werden. Die Diffusionswiderstandszahl wird um so größer, je dichter und feinporiger ein Körper ist. Die Größen $\frac{\partial P_D}{\partial \varphi}$ und $\frac{\partial P_D}{\partial \vartheta}$ sind ebenfalls reine Stoffeigenschaften nach Maßgabe der Sorptionsisothermen.

$$G_D = -\frac{k}{\mu \cdot R_D \cdot T} \cdot \frac{P_O}{P_O - P_D} \cdot \frac{d P_D}{d x}, \text{ wobei}$$

$$\frac{d P_D}{d x} = \frac{\partial P_D}{\partial \varphi} \cdot \frac{\partial \varphi}{\partial x} + \frac{\partial P_D}{\partial \vartheta} \cdot \frac{\partial \vartheta}{\partial x} \text{ ist.}$$

($k = m^2/h$ Diffusionszahl des Dampfes in Luft, $R_D = \frac{m\,kg}{kg\,{}^0K}$ Gaskonstante des Wasserdampfs, $x = m$ Ortskoordinate bei eindimensionaler Strömung, $\varphi = kg/m^3$ Wassergehalt, $G_D = kg/m^2h$ stündlich durch einen Querschnitt von 1 m² diffundierendes Dampfgewicht, $T = {}^0K$ absolute Temperatur, $P_O = kg/m^2$ Luftdruck, $P_D = kg/m^2$ Dampfdruck, $\vartheta = {}^0C$ Temperatur).

Man ersieht daraus, daß die Trocknungsgeschwindigkeit bei ausschließlicher Diffusion um so größer ist, je höher die Temperatur und damit P_S, je niedriger der Luftdruck P_0 und je höher das Feuchtigkeits- und das Temperaturgefälle von innen nach außen ist. Die erreichbare und zulässige Trocknungsgeschwindigkeit hängt von den Gutseigenschaften ab; je größer der Diffusionswiderstand und je kleiner das Dampfdruckgefälle $\frac{\partial P_D}{\partial x}$ ist, desto geringer wird sie. Die Anwendung hoher Temperaturen ist im allgemeinen nur im ersten Teil der Trocknung, solange die Temperatur des feuchten Thermometers herrscht, zulässig; nur so lange die Verdunstung in der Nähe der Gutsoberfläche stattfindet, ist die Anwendung hoher Luftgeschwindigkeiten sinnvoll. Sobald die Oberfläche abtrocknet, läßt die Trocknungsgeschwindigkeit erheblich nach. Zur Verhinderung eines vorzeitigen Absinkens des Flüssigkeitsspiegels und damit Austrocknung und Schrumpfung der Oberflächenschicht und einer damit verbundenen qualitätsschädigenden Erwärmung des Gutes, welche in manchen Fällen zur Koagulation oder zur Verkleisterung führen kann (Verhornen), muß das Trockenpotential der Luft durch Temperatursenkung bzw. durch Einstellung eines genügend hohen Feuchtigkeitsgehalts rechtzeitig herabgesetzt werden. Je höher die Trocknungstemperatur und je größer die Stücke sind, desto weniger Wasser kann entzogen werden, ohne daß Schädigungen auftreten. Erst im „Trockenschwanz" ist ein genügend tiefer Feuchtigkeitsgehalt bei mäßigen Temperaturen nötig, damit eine ausreichend niedrige Endfeuchtigkeit erzielt wird. Zur Vermeidung unwirtschaftlich langer Trocknungszeiten und zur Erzielung einer hohen Trocknungsgeschwindigkeit aus qualitativen Gründen sind kurze Diffusionswege bei der Endtrocknung besonders wichtig, d. h. daß das Trockengut eine große Oberfläche bei geringer Dicke aufweist und die Temperatur so hoch gewählt wird, wie es im Hinblick auf die Gutseigenschaften eben zulässig erscheint.

Bei manchen Lebensmitteln, wie Teigwaren, Wurstwaren u. dgl., kommt es darauf an, daß die Trocknung rißfrei bei möglichst hoher Geschwindigkeit erfolgt. Da mit einer Erhöhung der Trocknungsgeschwindigkeit die Feuchtigkeitsunterschiede im Gut zunehmen und an der Oberfläche Schwindungsrisse infolge von Zugspannungen auftreten, sind die beiden Forderungen nur schwer in Einklang zu bringen. Entsprechend dem Stephanschen Gesetz wird $-\frac{\partial \varphi}{\partial x}$ bei großem G_D klein, wenn man die Temperatur so weit wie zulässig und damit den Dampfdruck P_D erhöht und den Gesamtdruck P_0 senkt. Gleichzeitig muß $\frac{\partial \vartheta}{\partial x}$ positiv sein, d.h. das Temperaturfeld muß von innen nach außen abnehmen. Dies wäre z. B. durch Erzeugung hochfrequenter Verschiebungsströme im Gutsinnern möglich. In der Praxis geht man heute so vor, daß man durch zeitweiliges Dämpfen $\frac{\partial \varphi}{\partial x}$ vermindert, um zwischenzeitlich schneller trocknen zu können oder mindestens durch Trocknen bei hohen Feuchtigkeiten dafür sorgt, daß der Feuchtigkeitsgradient im Gut nicht so groß werden kann, daß Schwindungsrisse möglich sind. Hierdurch läßt sich auch die Verhornungsgefahr (Bildung einer Randzone von hohem Diffusionswiderstand), wie z. B. beim Trocknen von Seife zu beobachten ist, hemmen.

Die Bauart des Trockenapparates muß die Anpassung der Trocknungsbedingungen je nach den Gutseigenschaften ermöglichen und außerdem eine möglichst gleichmäßige Trocknung gewährleisten.

Die *Gleichmäßigkeit* der Trocknung wird von der Gleichmäßigkeit der Luftführung (Leitbleche, aerodynamisch einwandfreie Leitschaufelsysteme), der Art der

Gutsauflage, der Gleichmäßigkeit der Gutsdicke bzw. der einheitlichen Korngröße und der Gleichheit und Höhe der Belegung beeinflußt. Ein häufiger Wechsel der Strömungsrichtung der Luft und eine Bewegung des Gutes in einer Weise, daß jedes Oberflächenteilchen mit der Luft in Berührung kommt, ist ebenfalls für eine gleichmäßige Trocknung wichtig.

Bei horizontal belüfteten Horden ist die Trocknungsgeschwindigkeit geringer als bei vertikal belüfteten Horden. Der Luftwiderstand ist im letzten Fall aber höher und sinkt mit der Schrumpfung des Gutes während der Trocknung. Die Gefahr des Anbrennens infolge Wärmeübertragung durch Leitung ist bei Blechauflage erheblich höher als bei sich kreuzender Drahtbespannung, wobei auch der freie Durchgangsquerschnitt am höchsten ist. Gleichmäßige Belegung ist für gleichmäßige Trocknung entscheidend, insbesondere bei Vertikalbelüftung. Auch die „Randeinflüsse" können im letzteren Fall groß sein. Die Belegungsstärke ist für die Trocknungsgeschwindigkeit entscheidend, für die Apparateausnützung ist aber die Abhängigkeit nicht so stark. Bei Gemüsen liegt das Optimum zwischen 5,3 und 8 kg Naßgut/m². Bei der Endtrocknung ist aber die Belegungsstärke in weiten Grenzen ohne Belang.

Bei der absatzweisen Trocknung, bei der sich das Gut in Ruhe befindet, muß die Anpassung der Trocknungsbedingungen an den Trocknungsverlauf durch Veränderung der Temperatur und Feuchtigkeit der umlaufenden Luft erfolgen.

Bei einer *kontinuierlichen* Trocknung kann man die Luft im Gleich- bzw. Gegenstrom zum Gut führen. Solange der zu trocknende Körper im feuchten Gebiet liegt, ist die Art der Gutsführung relativ zur Luftrichtung unerheblich, das Gut nimmt in diesem Intervall die Kühlgrenze an. Diese Phase ist bei den meisten Lebensmitteln aber nur von kurzer Dauer.

Bei der *Gleichstrom*trocknung kommt Luft von höchster Temperatur mit dem kalten, feuchten Gut in Berührung. Während der Trocknung sinkt die Lufttemperatur und das Trockenpotential. Man wird diese Methode dann anwenden, wenn das getrocknete Gut gegen hohe Temperaturen empfindlich ist, das feuchte Gut aber dagegen unempfindlich (Verhornen). Dem Vorteil, daß das getrocknete Gut den niedrigsten Temperaturen ausgesetzt ist, steht der Nachteil gegenüber, daß die Entfeuchtung des Gutes begrenzt ist.

Bei der *Gegenstrom*trocknung trifft die warme Trocknungsluft auf das fast fertige Gut, dessen Wassergehalt entsprechend vermindert werden kann. Im Grenzfall kann das hygroskopische Gut die Temperatur und die relative Feuchtigkeit der Heißluft annehmen. Man kann demnach das Verfahren nur verwenden, wenn das Trockengut nicht oder nur wenig gegen hohe Temperatur (z. B. Karamelisieren) empfindlich ist und wenn das Frischgut keine hohen Temperaturen verträgt. Dagegen ergibt sich der Vorteil eines niedrigen Endwassergehalts. Der Luftbedarf je kg Wasserverdunstung ist bei Gegenstrom erheblich höher als bei Gleichstrom. Das Verfahren wird z. B. für das Trocknen von Pflaumen und Trauben angewandt, weil hierbei ein Saftaustritt im Anfang vermieden wird.

Bewegt sich der Heizluftstrom senkrecht zum Gut, so spricht man von *Kreuzstrom.* Hierbei muß sowohl das frische wie auch das getrocknete Gut gegen hohe Temperaturen unempfindlich sein, eine Anpassung der Luftbedingungen an den Trocknungsvorgang ist hierbei nicht möglich.

Häufig *kombiniert* man die Verfahren und wählt entweder Gegenstrom im ersten Teil und Gleichstrom im zweiten oder umgekehrt. Das erstere Verfahren, bei welchem die Luft in der Mitte eintritt, wird für das Trocknen von Früchten angewandt, wobei häufig am Anfang und am Ende der Trocknung die relative Feuchtigkeit hoch sein soll. Der zweite Weg mit dem Luftaustritt in der Mitte wird häufig für die Trocknung von Gemüse bevorzugt. Hierbei wird der Vorteil einer raschen Anfangstrocknung beim Gleichstromverfahren mit dem Vorteil der Gegenstromtrocknung, der Erzielung eines niedrigen Endwassergehalts vereinigt. Da die meisten Lebensmittel bei hohen Endtemperaturen zum Karamelisieren und bei hohen Anfangstemperaturen zum Verhornen neigen, wird man auch eine zweistufige Gegenstromtrocknung in Betracht ziehen. Hierdurch wird im Gegensatz zum einstufigen Verfahren eine lebhaftere Anfangstrocknung des Guts erreicht, außerdem kann eine geringe Endtrocknungstemperatur und eine hohe Luftgeschwindigkeit in der ersten Trocknungsphase eingestellt werden.

Bei der *Stufentrocknung* wird die Frischluft nur mäßig angewärmt und nachdem sie sich am Trockengut abgekühlt hat, erneut aufgewärmt. Stufentrocknung wird stets dann angewandt, wenn das Gut in keinem Stadium der Trocknung eine besonders rasche Austrocknung verträgt, der Luft- und Wärmebedarf ist der gleiche wie bei einstufiger Trocknung, die Trocknungsgeschwindigkeit allerdings geringer. Die konsequente Weiterverfolgung der Stufentrocknung führt zur Trocknung mit unendlicher Stufenzahl, der Verdunstungstrocknung mit Innenheizung. Wenn das Gut eine lebhafte Trocknung nicht verträgt, besteht auch noch die Möglichkeit einer teilweisen Rückführung der austretenden Luft. Das Verfahren gibt die Möglichkeit an die Hand, Veränderungen im Zustand der Außenluft durch Veränderung der beizumischenden Abluft auszugleichen und den Austausch zwischen Gas und Gut zu vergrößern. Auch eine Kombination der Stufen- und Umlufttrocknung ist häufig. Bei der vorerwähnten Kombination von Gleich- und Gegenstromtrocknung wird z. B. die Wärme der verhältnismäßig trockenen Abluft des Gegenstromteils nach erfolgter Aufheizung im Gleichstromteil ausgenützt, in welchem zudem eine größere Luftmenge zirkulieren soll.

Bezüglich der Ausführung von Trocknungsapparaten für großstückigere Güter unterscheidet man im wesentlichen periodische und kontinuierliche Bauarten. *Feuchtkrümeliges* Gut wird in Muldentrocknern, Vakuumplattentrocknern, Etagentrocknern bzw. in Drehtrommeln getrocknet. Bei *pastenförmigem* Gut tritt anstelle der Drehtrommel der Zweiwalzentrockner. Bei *dünnflüssigem* Gut verwendet man Einwalzentrockner, Sprühtrockner, Dünnschichttrockner.

Die einfachste Ausführung eines absatzweise arbeitenden Trockners ist die Darre. Hierbei wird das Gut auf Sieben oder auf Gitterrosten ausgebreitet und häufig ohne Zuhilfenahme von Ventilatoren von Luft durchströmt. Außer für das Trocknen und Darren von Malz und das Trocknen von Äpfeln und von Hopfen wird sie kaum verwendet. Eine moderne Abart ist der „Bin"trockner (Silotrockner). Er dient zur Nachtrocknung von Trockenware, die aus Haltbarkeitsgründen einen sehr niedrigen Wassergehalt erfordert. Wegen der geringen Trockengeschwindigkeit bei der Endtrocknung wäre die Ausnützung der Trockenapparate hierbei eine sehr schlechte, so daß man den Trocknungsprozeß früher abbricht und sie bei 45—50° 4—6 Stunden in Silos lagert, welche von warmer Luft durchströmt werden. Beim Hordentrockner wird das Trockengut in den Trockenschrank auf Sieben oder gelochten Blechen eingeschoben, beim Kammertrockner sind die Horden in ortsbeweglichen Gestellen zusammengefaßt (Abb. 56). Zweckmäßigerweise wird bei den Kammertrocknern die ungesättigte Abluft in einem zweiten Trockner, dessen Gut noch feucht ist, weiter ausgenützt (Mehrkammertrockner). Die Hauptschwierigkeit ist hierbei die Einstellung einer völlig gleichmäßigen Luftverteilung. Auch beim Räuchern, welches stets mit einer Trocknung verbunden ist, findet diese Ausführung Anwendung.

Bei der *Vakuumtrocknung*, bei welcher der Siedepunkt erreicht wird, liegt keine Verdunstungs- sondern eine Verdampfungstrocknung vor. Die Herabsetzung des

Siedepunktes ermöglicht eine verhältnismäßig rasche Trocknung bei niedrigen Temperaturen, also unter Schonung des Gutes, mit gleichzeitiger Ausnützungsmöglichkeit von Abdampf. Die Übertragung der Verdampfungswärme erfolgt im Gegensatz

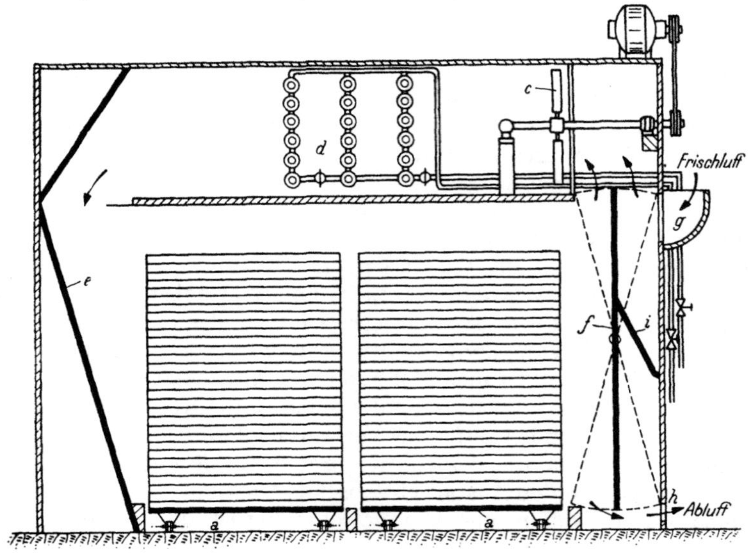

Abb. 56. Umluft-Kammertrockner (Garbuio).

a = Hordenwagen d = Heizregister f = Drehklappe h = Abluft
c = Ventilator e = Ablenkblech g = Frischluft

zu den vorerwähnten Bauarten vorwiegend durch Leitung und Strahlung. In der absatzweisen Ausführungsform wird die Vakuumtrocknung in Trockenschränken durchgeführt, in welchen das je nach der Gutsart in Vakuumeindampfern eingedickte Gut auf Bleche aufgegeben wird. Schwaden und Luft werden an der höchsten Stelle zum Kondensator bzw. zur Luftpumpe abgeführt. Die Überleitung von den diskontinuierlichen Trocknern zu den kontinuierlichen Trockenverfahren bildet der Stufenumlauftrockner (Schilde). Bei einem Durchströmen der Luft durch die Horden werden nicht alle Horden gleichzeitig trocken, weshalb man die Horden wandern läßt und dadurch ihre relative Lage zum Luftstrom vertauscht. Der Trockner wird mit einer Zwischenheizung und mit Umluft betrieben.

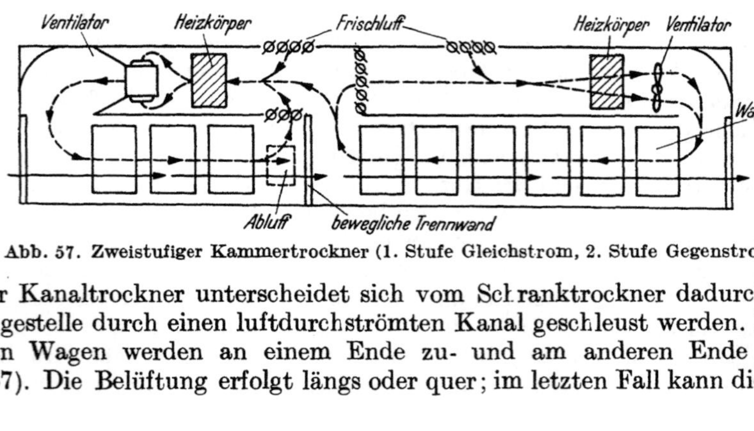

Abb. 57. Zweistufiger Kammertrockner (1. Stufe Gleichstrom, 2. Stufe Gegenstrom).

Der Kanaltrockner unterscheidet sich vom Schranktrockner dadurch, daß die Hordengestelle durch einen luftdurchströmten Kanal geschleust werden. Die frischgefüllten Wagen werden an einem Ende zu- und am anderen Ende abgeführt (Abb. 57). Die Belüftung erfolgt längs oder quer; im letzten Fall kann die Trockenluft bei jedem Kreislauf aufgeheizt werden. Bei der Wanderhordendarre wird das Gut von verschiedenen Seiten beaufschlagt und die Luft erfährt stufenweise eine Zwischenerhitzung (Abb. 58). Auf dem halben Wege kann eine Wendung und Auflockerung des Gutes vorgenommen werden.

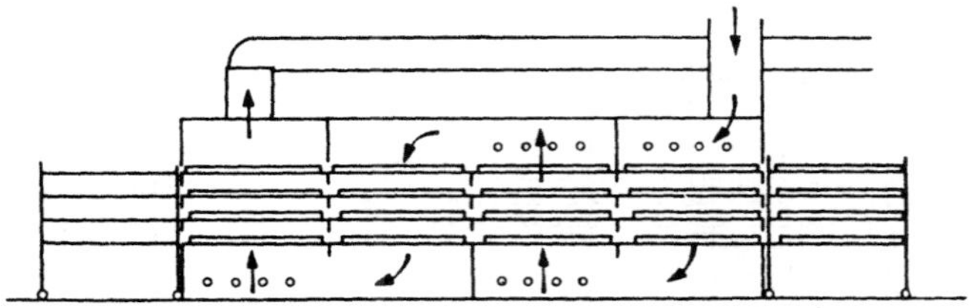

Abb. 58. Wechselluft Wanderhordendarre.

Die für die Geschwindigkeit und die Gleichmäßigkeit d. Trocknung besonders wichtige Wendung des Gutes findet bei den Mehrbandtrocknern, den Rieseltrocknern, den Tellertrocknern, den Ringetagen- und den Trommeltrocknern statt.

Die *Bandtrockner* werden mit einem und mit mehreren Bändern ausgeführt. Das Gut fällt bei letzterem von einem Band zum nächsten und ändert dabei seine Lage. Die Belüftung erfolgt entweder durch einen Ventilator, wobei auch Umluftbetrieb möglich ist, oder durch natürlichen Zug. Zwischen dem vor- und dem rücklaufenden Turm des Förderbandes befinden sich häufig zusätzliche Heizelemente (Stufentrocknung, Ausnützung der Strahlung). Auch in bezug auf seine Form empfindliches Gut kann mit diesen Trocknern ohne Abrieb getrocknet werden.

Wenn ein Band um eine rotierende Achse spiralförmig aufgewickelt wird, ergibt sich der Spiralband-Turbinenstufenumlauftrockner, welcher ein Förderband großer Länge auf einer kleinen Grundfläche unterzubringen gestattet. Drei um die senkrechte Achse rotierende Turbinen wälzen die Trockenluft um, welche dabei über das Gut in zwei entgegengesetzten Richtungen strömt und an Heizelementen stufenweise erwärmt wird. (Abb. 59.)

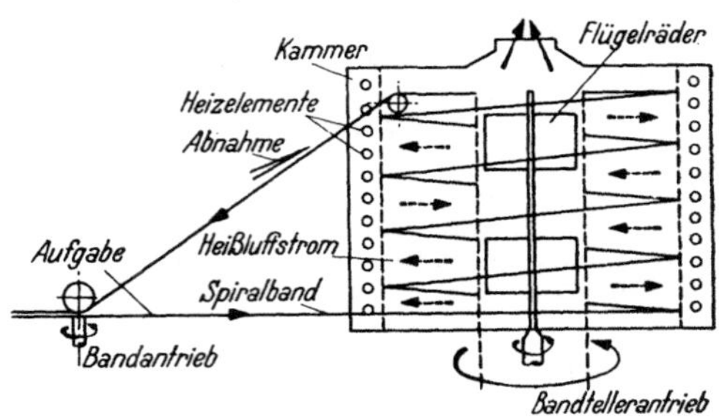

Abb. 59. Spiralbandtrockner.

Der *Ringetagentrockner* besteht aus sich drehenden, stockwerkartig übereinanderliegenden Karussellflächen. Das körnige, kristallinische bzw. breiige Naßgut (z. B. Naßstärke) wird auf die oberste Ringfläche aufgegeben, glattgestrichen und mittels Abstreifer jeweils auf die nächste Etage abgestreift, wobei eine Umlagerung stattfindet. Die Trocknung erfolgt mittels Umluft oder mittels einer um die senkrechte Achse umlaufenden Turbine (Abb. 60) bzw. durch mehrere Turbinen. In Höhe der Scheiben, die ober- und unterhalb der Turbinenflügelbreite liegen, wird die radial kreisende Luft zur Mittelachse angesaugt und in Höhe der im Druckgebiet liegenden Scheiben wieder nach außen gedrückt.

Beim *Rieseltrockner* bewegt sich das Gut unter dem Einfluß der Schwere langsam von oben nach unten, wobei es von der heißen Luft umspült wird. Die Sinkgeschwindigkeit wird durch die Austragvorrichtung bestimmt. (Rüttelschuh, Austragwalze o. dgl.). Zur Verbesserung der Durchmischung wird bei der Getreidetrocknung das Gut über dachartige Einbauten geführt, unter welchen die Luft eingeführt und in der nächsten Lage abgeführt wird. Am Ende schließt sich eine entsprechend gebaute Kühlzone an. Der Rieseltrockner wird vorwiegend für körniges Gut (Getreide, Hülsenfrüchte, Kakaobohnen) verwendet (Abb. 61). Beim *Siebtrockner* streicht die erwärmte Luft senkrecht durch ein schwach geneigtes Vibrationssieb (Trocknung von Kristallen, Vortrocknung von Teigwaren).

Der *Trommeltrockner* besteht aus einer leicht geneigten, sich drehenden Trommel. Die Trocknung kann mittels Heizgasen, erhitzter Luft, mittels beheizter Flächen erfolgen oder durch eine Kombination von mittelbarer und unmittelbarer Heizung vorgenommen werden (Abb. 62). Durch Trommeleinbauten wird eine gute Durchmischung des Gutes mit dem Trockenmittel und eine Verringerung des Abriebes erreicht. Wird die Luft bzw. das Heizgas im Gleichstrom geführt, so ergibt sich insofern eine gewisse pneumatische Klassierung, als die feinen Teilchen, die eine kürzere Trocknungszeit erfordern, den Trockner schneller passieren. Feuchtflüssige Güter können in Trommeltrocknern nicht getrocknet werden. Neigt das Trockengut stark zum Stauben, dann verwendet man Trommeltrockner (ohne Rieselzelleneinbauten) mit mittelbarer Beheizung von außen oder mittels Heizrohren, welche durch

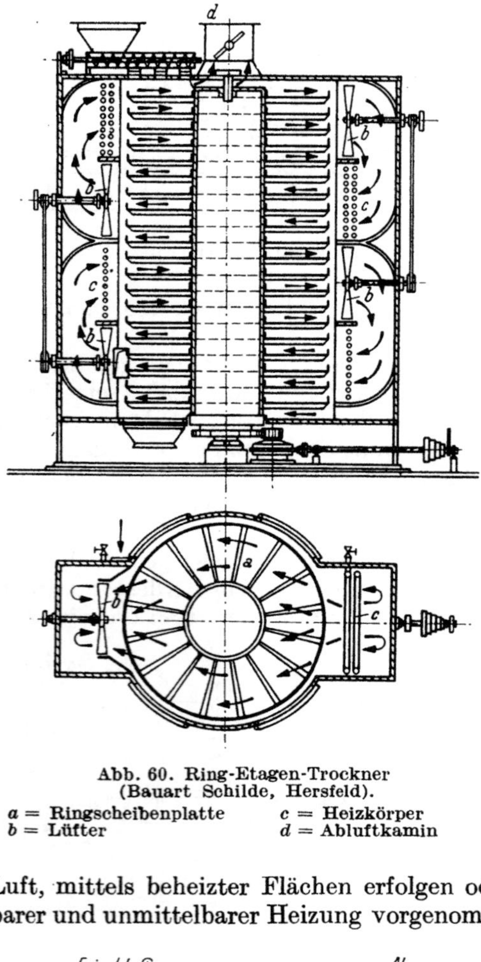

Abb. 60. Ring-Etagen-Trockner (Bauart Schilde, Hersfeld).
a = Ringscheibenplatte c = Heizkörper
b = Lüfter d = Abluftkamin

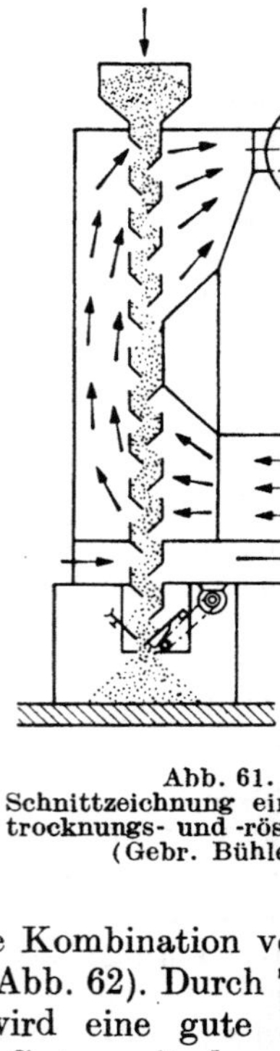

Abb. 61. Schnittzeichnung eines Kakaotrocknungs- und -röstapparates (Gebr. Bühler).

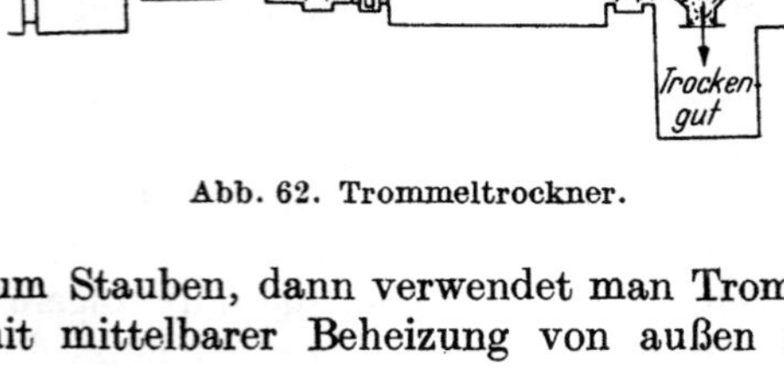

Abb. 62. Trommeltrockner.

das Trommelinnere gehen. Je nach der Empfindlichkeit des Gutes werden Feuergase oder Dampf als Wärmeträger verwendet. Die Anwendung der Trommeltrockner beschränkt sich in der Lebensmittelindustrie fast ausschließlich auf die Trocknung von Abfällen (Trester, Zuckerrübenschnitzel, Futterabfälle bei der Maisstärkeherstellung u. dgl.), welche mit hohen Anfangstemperaturen getrocknet werden dürfen. Die Leistungsfähigkeit und Betriebssicherheit ist eine hohe. In der Ausführung als Roto-Louvre-Trockner dient er in USA. zur Trocknung von Fleisch. Es handelt sich hierbei um einen Drehtrommeltrockner mit Luftleitblechen. [1])

Der Trommeltrockner bildet bereits die Überleitung zur Kontakttrocknung wie sie in den *Walzentrocknern* stattfindet. Im Gegensatz zur Trocknung mit erwärmter Luft erfolgt hierbei die Wärmezufuhr und die Feuchtigkeitsabfuhr im gleichen Richtungssinn. Er kommt für das Trocknen von flüssigem und von breiartigem Naßgut in Betracht. Das Gut wird in dünner Schicht auf eine von innen beheizte Walze aufgetragen, während eines Umlaufs durch Verdampfung getrocknet und mittels Messer abgeschabt. Gegen Ende der Trocknung steigt die Gutstemperatur bis nahe an die Oberflächentemperatur der Walze an. Wesentlich abweichend ist die Art der Gutsaufgabe. Sie erfolgt bei der primitivsten Ausführung durch Eintauchen der beheizten Walze in die Flüssigkeit, wobei aber die Gefahr besteht, daß das Aufgabegut zu hoch erhitzt wird. Bei wenig empfindlichem Aufgabegut erfolgt die Aufgabe durch einen Aufgabetrichter von oben oder beim Zweiwalzentrockner im Raum zwischen den beiden Walzen. Bei letzterem kann die Schichtdicke durch Veränderung des Walzenabstandes eingestellt werden. Je nach der Gutsart sind Andrückwalzen erforderlich. Bei empfindlichem Trockengut, wie z. B. Milch, wird dieses entweder aufgesprüht oder mittels eines Systems von Auftragwalzen aufgebracht, wobei eine Walze als Zubringerwalze, die andere als Auftragwalze dient. Durch die Einstellung der Auftragwalzen läßt sich die Schichtstärke des Gutes verändern. Bei geringer Schichtstärke ist das Trockengut nur sehr kurze Zeit hohen Temperaturen ausgesetzt, wodurch dieses stark geschont wird (Abb. 63). Erfordert das Gut einen weitgehenden Ausschluß von Luft und eine Herabsetzung der Siedetemperatur, so erfolgt die Walzentrocknung im Vakuum.

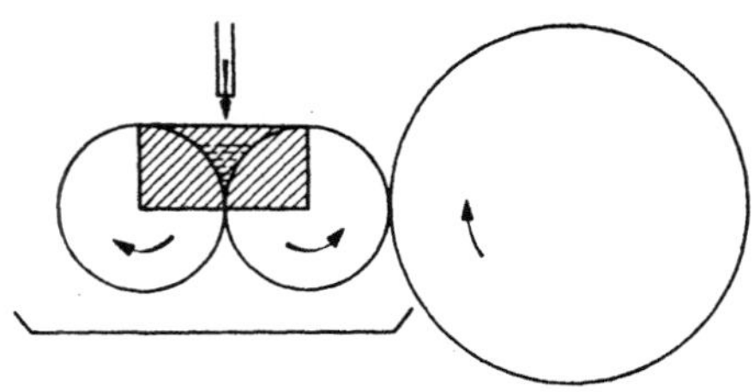

Abb. 63. Feinschicht-Walzentrockner (Schröder).

Eine weitere Ausführung der Kontakttrocknung stellt der *Muldentrockner* dar. Er besteht in der einfachsten Ausführungsform aus einem außenbeheizten Trog, in welchem das Gut mittels eines Schaufelwerks aufgelockert, durchmischt und kontinuierlich vom Eintrag zum Austrag gefördert wird. Die Arbeitsweise erfordert ein schaufelbares Gut. In der Lebensmittelindustrie findet man ihn gelegentlich als Vakuumschaufeltrockner in der Stärkeindustrie.

Die *Zerstäubungstrocknung* stellt ebenso wie der Feinschicht- bzw. der Vakuumtrockner eine besonders schonende Art der Trocknung dar und wird vor allem bei Stoffen angewandt, bei denen keine Schädigung der Proteine erfolgen darf (Eipulver, Milchpulver, Pektin, Gelatine, Blut), außerdem bei Glucose. Die im Vakuum voreingedickte Suspension wird vernebelt und die feinen Tröpfchen einem heißen Luftstrom ausgesetzt, wodurch die Flüssigkeit in Bruchteilen einer Sekunde ver-

[1]) Vgl. ERISMAN: Industr. Engng. Chem. **30**, 996, (1938)

dunstet (Abb. 64). Die Diffusionswege spielen bei den kleinen Teilchenabmessungen nicht die entscheidende Rolle wie sonst bei der Trocknung. Es gibt aber Stoffe, die sich infolge ihrer außerordentlichen Hygroskopizität nicht oder nur schwer trocknen lassen (Apfelsaft, gelbes Pflaumenmus, Maltosesirup, und zwar sind dies Stoffe, deren Bestandteile eine hohe Löslichkeit besitzen (Fruktose im Fruchtsaft) oder kritallisationsverhindernd wirken (Dextrine im Maltosesirup). Zugabe von Pektin kann eine Verbesserung bringen. Da die Löslichkeit mit steigender Temperatur im allgemeinen zunimmt, kann Gleichstromtrocknung Vorteile bieten, obwohl hierbei der Endtrockensubstanzgehalt niedriger liegen wird. Das Trockengut fällt als feines Pulver zu Boden und muß zur Vermeidung von Qualitätsveränderungen sofort durch ein Scharrwerk ausgeräumt werden,

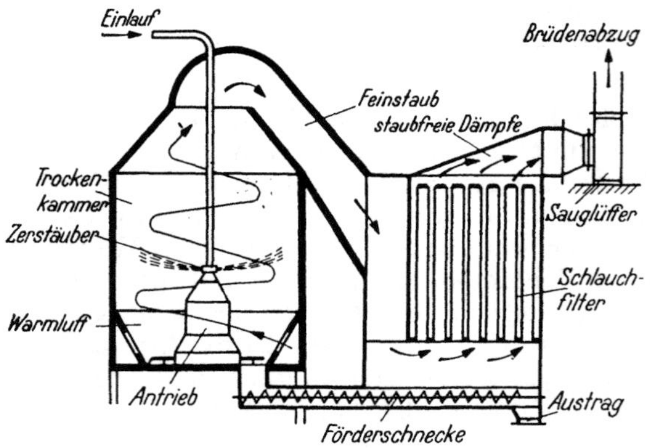

Abb. 64. Zerstäubungstrockner (Lurgi).

sofern nicht am Boden eine Kühlzone eingebaut ist; feine Teilchen, welche von der Luft mitgerissen werden, werden in einem nachgeschalteten Schlauchfilter ausgeschieden (Entstaubungsgrad über 99%). Unterschiede bestehen hinsichtlich der Art der Zerstäubung und der Luftführung. Beim Zerreißen der Flüssigkeit muß die Oberflächenspannung überwunden werden, hierzu dienen Oberflächen- und Fliehkräfte. Die praktische Ausführung erfolgt entweder in der Weise, daß der Flüssigkeit mittels Zentrifugalkraft eine hohe Relativgeschwindigkeit zur umgebenden Luft gegeben und sie hierdurch in Tröpfchen zerrissen wird (Abb. 65) oder dadurch, daß nach Art eines Blumenzerstäubers die Flüssigkeit in einen mit hoher Geschwindigkeit austretenden Luftstrahl läuft oder dadurch, daß Luft von höherem Druck tangential in den Luftführungskörper einer Düse eingepreßt wird und die zentral eintretende Flüssigkeit zerreißt. Schließlich sind auch lediglich durch Flüssigkeitsdruck arbeitende Zerstäuberdüsen im Gebrauch, welche aber keine so feinen Tröpfchen ergeben (Abb. 66). Dagegen ist bei Anwendung von Zerstäuberscheiben bei einer Umfangsgeschwindigkeit von 150—200 m/sec die Tröpfchengröße besonders gleichmäßig. Das Widerspiel von Oberflächenspannung, Zähigkeit und Massenträgheit führt zu unterschiedlichen Tropfengrößen. Die Trocknungszeit wächst annähernd linear mit dem Tropfendurchmesser. Für mit Luftdruck betriebene Zerstäuberdüsen ist der größte Tropfendurch-

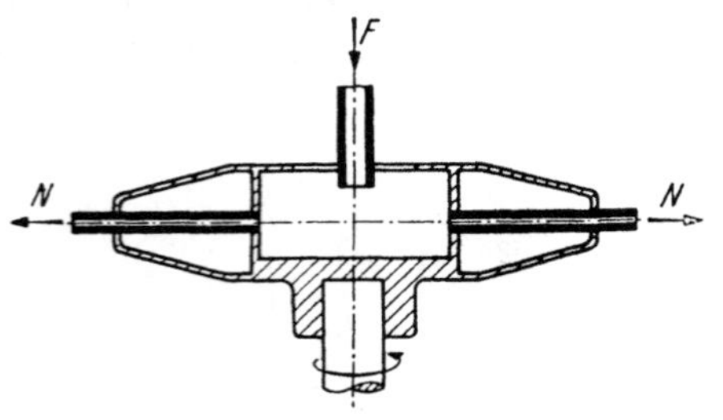

Abb. 65. Zerstäuberscheibe (Düsenkorb). F = Flüssigkeit N = Nebel

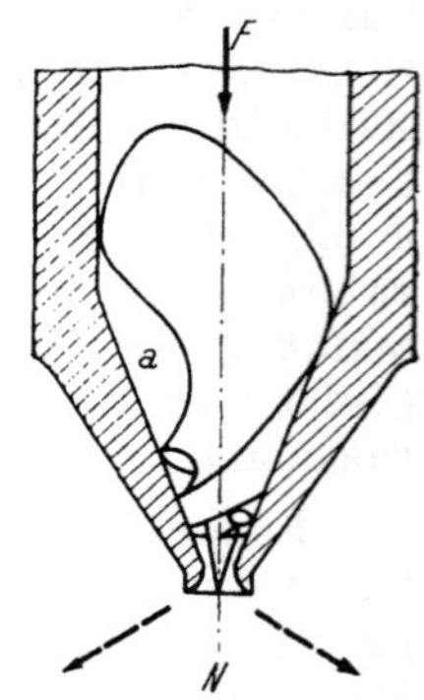

Abb. 66. Siccatom-Düse. a = schraubenförmig gewundener Düseneinsatz F = Flüssigkeit N = Nebel

messer annähernd umgekehrt proportional zur Wurzel aus dem Luftdruck, indirekt proportional zur Oberflächenspannung und zur Dichte, direkt proportional zur Wurzel aus der Viskosität und annähernd proportional zur spezifischen Flüssigkeitsmenge. Man kann bei der Zerstäubung durch Düsen eine besonders schonende Gleichstromtrocknung erzielen, wenn man Luft und Flüssigkeitsnebel von oben nach unten strömen läßt (Abb. 67). Das Gut lagert sich hierbei in der kältesten Zone ab (Kestnertrockner). Kleine Trockner erfordern besonders feine Zerstäubung und Trocknung im aufsteigenden Luftstrom, um größere Tröpfchen genügend lang in der Schwebe zu erhalten. Die Trocknung der gröberen Tröpfchen erfolgt unter Gegenstrom, die der feineren Tröpfchen unter Gleichstrom. Bei der Zerstäubung mittels Zerstäuberscheiben wird Kreuzstrom vorliegen. Ob der Einfluß der Relativströmung hoch ist, ist allerdings nicht erwiesen. Da die Trockenluft den Turm mit einer relativ hohen Temperatur verläßt, ist der Wärmeverbrauch je kg ausgetriebenes Wasser ziemlich hoch (etwa 2,4 im Vergleich zu 1,1 beim Walzenvakuumtrockner, 1,6 im Durchschnitt bei Verdunstungstrocknern und 0,4 beim Mehrstufenverdampfer). Zweckmäßigerweise geht man mit der Voreindickung so weit und mit der Eintrittstemperatur so tief wie möglich, wobei darauf zu achten ist, daß die Tröpfchen bis zum Auftreffen auf die Umfassungswände trocken sind und nicht festkleben. Ein Vermahlen des Erzeugnisses ist nicht nötig.

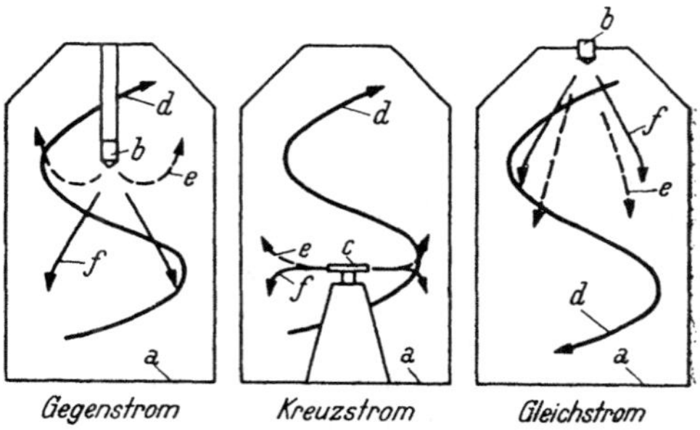

Abb. 67. Arten der Luftführung (schematisch).
a = Trockenturm, b = Düse, c = Zerstäuberscheibe, d = Trockenluft, e = feines Gut, f = gröberes Gut

Die Frage nach den Vor- und Nachteilen der einzelnen Trocknerbauarten ist generell kaum zu beantworten, da die Gutseigenschaften eine entscheidende Rolle spielen. Sofern ein Gut mehrere Trocknungsarten verträgt, kann man sagen, daß Bandtrockner einen überdurchschnittlichen Eisenbedarf, Kammertrockner einen überdurchschnittlichen Energiebedarf und einen geringeren Raumbedarf aufweisen, der Eisenbedarf ist bei Kanaltrocknern besonders gering. Walzentrockner haben sehr viel niedrigere spezifische Bedarfszahlen als Horden- und Bandtrockner, während Zerstäubertrockner einen großen Raum, Kraft- und Dampfbedarf, andererseits einen niedrigen Arbeitsbedarf erfordern.

Der anzustrebende Feuchtigkeitsgehalt für das zu trocknende Gut richtet sich nach den Gutseigenschaften. Er ist relativ hoch, wenn der Verderb ausschließlich durch Mikroorganismen begrenzt ist (bei Getreideerzeugnissen 14—15%) und niedrig, wenn die Qualitätsbeeinflussung durch Zusammenballung von Teilchen u. dgl. bestimmt ist (Milchpulver, Brühwürfel 4—5%). Auch wenn chemische Beeinflussungen die Hauptrolle spielen, muß er niedrig gehalten werden.

Literatur.

Görling, P.: Fortschritte im Trocknerbau, Verfahrenstechnik 4, 127 (1940).

Edeling, C.: Zerstäubungstrocknung, Verfahrenstechnik 2, 49 (1942) und Untersuchungen zur Zerstäubungstrocknung, Verlag Chemie (1949).

Abschnitt: Trocknung in E. Berl, Chemische Ingenieur-Technik, 2, 614 Berlin: Springer 1935.

Anhang.

Gefriertrocknung: Senkt man den Dampfdruck bei der Vakuumtrocknung so weit, daß das Wasser gefriert, kommt man zu einem Trocknungsverfahren, bei welchem selbst stark temperaturempfindliche Güter keine wesentlichen Schäden mehr erleiden. Das Verfahren wird in USA vorzugsweise zum Trocknen von Penicillin und von Blutplasma für Transfusionszwecke verwendet, neuerdings auch großtechnisch für Gewinnung von Orangenpulver, versuchsmäßig für die Trocknung von Säften von Ananas und Papaya, von Kaffee, Muttermilch, Eiern, Pektin, Gelatine u. dgl. Das Verfahren hat zweifellos den Vorteil, daß Aromastoffe mit niedrigem Siedepunkt besser erhalten bleiben, während dies bei Aromastoffen mit höherem Siedepunkt nicht allgemein gesagt werden kann und dies von der Lage der Siedelinie bzw. Taupunktslinie bei verschiedenen Drücken, Vorliegen eines ausgezeichneten Punktes u. dgl. abhängt. Da das Verdampfen aus der festen Phase erfolgt, wird Schäumen vermieden, das zum Denaturieren von Eiweiß und damit zu schlechter Löslichkeit führt; die Anwendung niedriger Temperaturen garantiert, daß sich selbst Anaerobier während des Prozesses nicht vermehren können. Infolge der hohen Luftleere werden Vitamin-C-Verluste während des Trocknens vermieden.

Im allgemeinen wird die Flüssigkeit vorher möglichst schonend, am zweckmäßigsten durch Gefrierkonzentrierung eingedickt, eingefroren und dann getrocknet. Beim Trocknen werden Drücke von 0,2 bis 1 mm Hg angewandt. Hierdurch wird die Kondensationstemperatur bestimmt (—33,5° bis —18°). Entweder geht man so vor, daß man den Kondensator mittels Kältemaschine kühlt und durch Pumpen, die laufend durch Undichtheiten eindringenden, nicht kondensierbaren Gasen absaugen läßt, oder man führt den Dampf und die eingedrungene Luft durch mehrstufige Ejektoren ab. Welches Verfahren vorteilhafter ist, hängt von den Dampf-, Strom- und Wasserkosten ab, sowie vom Vorhandensein ausreichender Kälteanlagen. In den Kondensatoren kann mittels rotierenden Schaufeln das gebildete Eis dauernd abgekratzt werden.

Da die zur Verdampfung erforderliche Wärme zunächst dem Gut entzogen wird und dadurch dessen Temperatur sinkt, muß durch Beheizung des Verdampfers ein genügendes Dampfdruckgefälle zwischen dem zu trocknenden Gut und der bereiften Kühlfläche aufrechterhalten werden. Andererseits darf nicht mehr Wärme zugeführt werden als zur Sublimation des Eises an der Eisoberfläche nötig ist, damit nicht das der Austauschfläche anliegende Gut schmilzt. Die Wärmezufuhr erfolgt z. B. durch vakuumdampfbeheizte Rohre, auf welchen Schalen aufliegen, vorwiegend durch Wärmeleitung. Beheizung mit Ultrakurzwellen hat sich nicht bewährt, da bei Drükken unter 10 mm Hg leicht Funkenüberschlag auftritt, außerdem die Kosten ebenso wie bei Infrarotheizung zu hoch sind. Während des Trocknens bleibt das ursprüngliche Volumen erhalten, da nur das Eis absublimiert. Das Trockengut nimmt eine schaumähnliche Struktur an. Bei der Verlagerung des Trockenspiegels ergibt sich ein durch den Diffusionswiderstand des verbleibenden Gerüstes hervorgerufener zusätzlicher Druckverlust. Da mit steigender Konzentration gleichzeitig die Verdampfungsgeschwindigkeit sinkt, steigert man gegen Ende der Trocknung die Temperatur. Man kann dann den gefrorenen Zustand nicht immer beibehalten, da mit steigender Konzentrierung der Gefrierpunkt sinkt. Bei Gütern, die nicht zum Schäumen neigen, wie Fruchtsäften, hat es sich als zweckmäßig erwiesen, von Anfang an über dem Gefrierpunkt zu arbeiten, da die Verdampferleistung hierdurch verdoppelt werden kann. Die Ausführungsform eines geeigneten Trockners ist in Abb. 68 dargestellt. Das Konzentrat wird dabei an die Innenwand eines vertikalen Rohres mit einer Temperatur von 45° gespritzt. Das Endprodukt wird von der Wand mittels eines rotierenden Schabers abgekratzt. Die Trocknungszeit liegt zwischen 2—6 h.

Der Energiebedarf ist erheblich höher als bei der üblichen Trocknung, da das Wasser zuerst gefroren werden, vom festen in den dampfförmigen Zustand und rückwärts wieder in den festen Zustand gebracht werden muß. Die Beheizung kann aber durch billige Abwärme bzw. durch Warmwasser erfolgen. Bei —60° beträgt die Sublimationswärme rund 710 kcal je kg gebildeten Eises. Das im Kondensator gebildete Eis wird zweckmäßigerweise zur Verringerung der Energiekosten zum Kühlen des Kältemaschinenverflüssigers mit verwendet. Der einzuhaltende Endwassergehalt beträgt bei Orangenpulver 1,5%. Die Abfüllung erfolgt dabei in Räumen mit einer relativen Feuchtigkeit von ca. 18%.

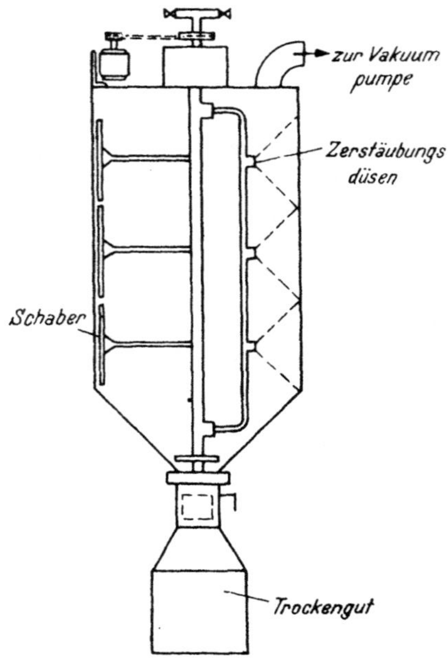

Abb. 68.
Vakuumverdampfer für Zitrussäfte.

Literatur.

PLANK, R.: Angew. Chem. B. **19**, 36 (1947).
FLORSDORF, E. W.: Food Industr. **17**, 92 (1945).
SCHWARZ, H. W., and F. E. PENN: Industr. Engng. Chem. **40**, 803 (1948).
FLORSDORF, E. W., L. W. HULL, and S. MUDD: J. of Immun., 1944.
GREAVES, R. I. N.: Hygiene **41**, 5, 6, 9 (1942).
FLORSDORF, E. W.: Freeze-Drying, New York: Reinhold Publ. Co. 1949.

d) Gefrieren.

Zur Erreichung längerer Haltbarkeitszeiten werden leicht verderbliche Lebensmittel, wie Fleisch, Fische, Butter, Obst und Gemüse, eingefroren. Die hierzu im Gebrauch befindlichen Verfahren unterscheiden sich einerseits nach der vorherrschenden Art des Wärmeentzugs durch Leitung, Strahlung bzw. Konvektion, andererseits, ob das Gefrieren im verpackten oder im unverpackten Zustand erfolgt.

Für die Ausnützung der Gefriereinrichtung ist die Gefrierzeit bzw. ihr reziproker Wert, die Gefriergeschwindigkeit, maßgebend. Sie ist auch in qualitativer Richtung wichtig, obwohl ihr Einfluß in dieser Beziehung häufig überschätzt zu werden pflegt[1][2]). Jedenfalls muß aber so schnell gefroren werden, daß auch bei größeren Gebinden der Kern das Temperaturintervall, in welchem ein mikrobiologischer Verderb möglich ist, schnell genug durchschreitet. Da mit zunehmender Unterkühlung die Zahl der Kristallisationszentren zunimmt, ergeben sich beim schnellen Gefrieren kleine Kristalle, die vorwiegend innerhalb der Zellen entstehen und welche die Struktur des Guts weniger zerstören als wenige große Kristalle. Dies ist zur Verringerung des Saftverlustes, insbesondere beim Auftauen von Fleisch, sodann zur Erhaltung der Tur-

[1]) HEISS, R.: Beiträge zur Vorratstechnik von Lebensmitteln, Dresden: Steinkopff 1944.
[2]) HEISS, R.: Z. ges. Kälteind., **49**, 142 (1942).

geszenz mancher Gemüsearten, wie Gurken, Tomaten, wichtig. Für die Berechnung der Gefrierdauer gilt die Beziehung[1]):

$$Z_0 = \frac{\varrho \cdot \delta_0}{\vartheta}\left[P\left(\frac{1}{\alpha_0} + \Sigma\frac{\delta_v}{\lambda_v}\right) + R\frac{\delta_0}{\lambda_f}\right]$$

Darin bedeuten: Z_0 (h) die Gefrierdauer, gerechnet von 0° bis zu einer Temperatur von —5° im Kern;
ϱ [kcal/m³], den Kältebedarf für die Abkühlung von 0 auf —5° im Kern.
ϑ [°C], die Differenz zwischen der Erstarrungstemperatur des Gutes und der Temperatur des umgebenden Kältemittels;
δ_0 [m] die kleinste Abmessung;
α_0 [kcal/m² °C h] die Wärmeübergangszahl zwischen der Oberfläche des Gutes bzw. der Packung und dem Kältemittel;
δ_v [m], die Dicke der Verpackung;
λ_v [kcal/m °C h] die Wärmeleitfähigkeit der Verpackung;
λ_f [kcal/m °C h] die Wärmeleitfähigkeit des Gutes in gefrorenem Zustand.
P und R sind dimensionslose Beiwerte, die von der Art des Wärmeentzugs und den Abmessungen abhängen. Beim Gefrieren von blockförmigen Packungen zwischen zwei kalten Metallplatten wird z. B. $P = 1/2$ und $R = 1/8$.

Als charakteristisches Maß für das Fortschreiten der Gefrierzeit kann man die mittlere, lineare Gefriergeschwindigkeit ansehen, welche definiert ist durch $w = \frac{\delta_0}{Z_0}$. Bei Fischen soll eine Gefriergeschwindigkeit von 3 cm/h nicht unterschritten werden [2]). Beim Gefrieren zwischen kalten Platten würde dieser Wert bei einer Packungsdicke von 2,5 cm bei —35°, bei einer Packungsdicke von 5 cm dagegen erst bei einer Temperatur des Kältemittels von —45° erreicht werden. Allerdings ist es wahrscheinlich, daß bei Fischen die Gefriergeschwindigkeit in weiten Grenzen von untergeordneter Bedeutung ist [3]).

Mit sinkender Wärmeübergangszahl tritt der Einfluß der Verpackung auf die Gefrierzeit zurück. Beim Gefrieren mit hohen Wärmeübergangszahlen ist es andererseits zweckmäßig, unverpacktes Gut möglichst geringer Dicke zu gefrieren, dagegen sind diese Einflüsse beim Gefrieren mit geringer Wärmeübergangszahl für die Ausnützung der Gefriereinrichtung nicht mehr ausschlaggebend [4]). Außer der Wärmeübergangszahl ist auch die Wärmeleitzahl wesentlich; bei Lebensmitteln mit geringen Wärmeleitzahlen (Lufträume zwischen den einzelnen Gutsteilen) verschwindet der Vorteil der Anwendung hoher Wärmeübergangszahlen mehr und mehr.

Die auf dem Markt befindlichen Gefrierapparate sind eingehend im Gefriertaschenbuch, VDI Verlag 1944, von R. PLANK beschrieben worden. In groben Zügen kann man sie in kontinuierliche und absatzweise arbeitende Apparate unterteilen, oder in Vorrichtungen, in welchen das Gefriergut direkt dem Kältemedium ausgesetzt ist (Eintauch- und Berieselungsverfahren, Gefrieren in bewegter Luft) bzw. in solche, in welchen mehr oder minder isolierende Schichten dazwischengeschaltet sind, wobei die Wärmeübertragung entweder vorwiegend durch Leitung erfolgt, oder aber die Übertragung durch Konvektion überwiegt. Zur Erreichung geringer Apparateabmessungen ist ein möglichst großer Leitungsanteil anzustreben. Im Gegensatz zum Gefrieren im verdampfenden Kältemittel bzw. in unmittelbarer metallischer Be-

[1]) PLANK, R.: Beiheft z. Z. ges. Kälteind., Reihe 3, Heft 10, Berlin: VDI-Verlag 1941.
[2]) PLANK, R.: Fischwirtschaftskunde Bd. VIII, Teil 1. Hamburg: Keune 1947.
[3]) NOTEVARP, O., u. E. HEEN: Z. f. ges. Kälteind. **47**, 122, 140 (1940).
[4]) HEISS, R.: in Beiträge zur Vorratstechnik von Lebensmitteln, Dresden: Steinkopff, 1944. WATZINGER, A., A. LYDERSEN u. H. WATZINGER: Fiske filet frysing, Bergen 1949.

rührung mit diesem erfordert das Gefrieren in kalter Luft ein doppeltes Temperaturgefälle, wodurch die Kälteerzeugungskosten zunehmen.

Abgesehen von der Art der Wärmeübertragung ist vorwiegend die Art des Transports durch das Gefriermedium konstruktiv verschieden. Dieser kann z. B. durch Schienen erfolgen, an welchen die Fleischteile mittels Rollen aufgehängt sind, während ein kalter Luftstrom das Einfrieren bewirkt oder das Gefriergut gleitet lose oder in rechteckigen Kartons verpackt auf einem Transportband durch die rasch bewegte, kalte Luft, wobei sich konstruktive Lösungen ergeben, welche dem Bandtrockner nahekommen. Der Transport kann auch mit Hilfe eines Paternosters erfolgen. Wird die Transportvorrichtung kreisförmig angeordnet, dann ergeben sich die sogenannten Karussellgefrierapparate, welche konstruktiv an den Ringetagentrockner erinnern. Diese Übereinstimmung ist beim Birdseye Gravity-Froster, einem Gefrierapparat für körniges und halbflüssiges Gut, sehr weitgehend. Nach Art der Tunnel- und Hordentrockner kann das Gefriergut auch auf Horden bzw. auf Hordenwagen dem kalten Luftstrom im Gegen- oder im Kreuzstrom ausgesetzt werden. Auch Rüttelsiebe lassen sich als Transportmittel einsetzen. Während bei diesen Ausführungsarten — den Gravity-Froster ausgenommen — die Wärmeübertragung vorwiegend durch Konvektion erfolgt, spielen außerdem Leitung und Strahlung eine Rolle, wenn man das Gefriergut auf Blechen oder in flachen Schalen zwischen Rohrreihen einschiebt, welche vom Kältemedium durchströmt werden (Sharp freezing, Murphy- bzw. Heckermann-Verfahren). Dieses Verfahren wird vielfach beim Gefrieren von ganzen Fischen (Heilbutt) angewandt. Die Fische werden nach dem Gefrieren durch Eintauchen in Eiswasser glasiert. Trotz der hohen erreichbaren Gefriergeschwindigkeit beim unmittelbaren Einfrieren in kalten Flüssigkeiten, z. B. in Salzlösungen für Fische, in Zuckerlösungen für Früchte, werden diese Verfahren wenig angewandt, weil Qualitätsveränderungen infolge des Einflusses des Gefriermittels zu befürchten sind oder weil, wie beim Einfrieren von Früchten in Zuckerlösungen, die kinematische Zähigkeit des Kälteträgers hoch und damit die Wärmeübertragung ungünstig wird.

Eine besondere wirtschaftliche Bedeutung hat das Gefrieren küchenfertiger, rechteckiger Packungen zwischen Platten erreicht, in welchen ein Kälteträger zirkuliert oder ein Kältemittel verdampft. Der in Abb. 69 dargestellte Plattengefrierapparat nach Birdseye-Hall muß absatzweise betrieben werden. Durch einen Gelenkmechanismus läßt sich der Abstand der Platten verändern. Eine der gegenüberliegenden Platten ist jeweils unbeweglich, während die andere auf hydraulischem Wege so lange bewegt wird, bis ein Druck von etwa 0,1 atm auf die Packungen ausgeübt wird.

Die Anwendungsbreite der einzelnen Verfahren richtet sich weitgehend nach dem Produkt, insbesondere, ob man lose oder in Packungen gefrieren will. Für ein unmittelbares Einfrieren in einem Kältebad sind nur wenige Lebensmittel geeignet, weshalb man sie in diesem Fall entweder durch Metallformen oder durch einen Überzug von mikrokristallinem Wachs oder durch eine Latex-Hülle schützen muß. Loses Gemüse kann andererseits in einem Mehrplattenapparat nicht gefroren werden, während die Luftgefrierapparate universeller anwendbar sind. Dafür besitzen die Mehrplattenapparate den Vorteil, daß der Eisenbedarf je Tonne Stundenleistung besonders niedrig und die spezifische Raumausnützung besonders hoch ist. Obwohl in den USA. die Anwendung von Luftgefrierapparaten z. Zt. bei weitem überwiegt und die Plattenapparate den zweiten Platz einnehmen, glaubt man, daß die Entwicklungsrichtung nach Apparaten für das Eintauchen verzinnter Dosen in eine gekühlte Flüssigkeit geht, weil solche Apparate besonders billig sind. Auch einer kontinuierlichen Gestaltung der Plattenapparate nach der Richtung der früher im

Gebrauch befindlichen Bandapparate, in welchen die Packungen zwischen soleberieselten Bändern gefroren wurden, wird im Hinblick auf die geringeren Bedienungs-

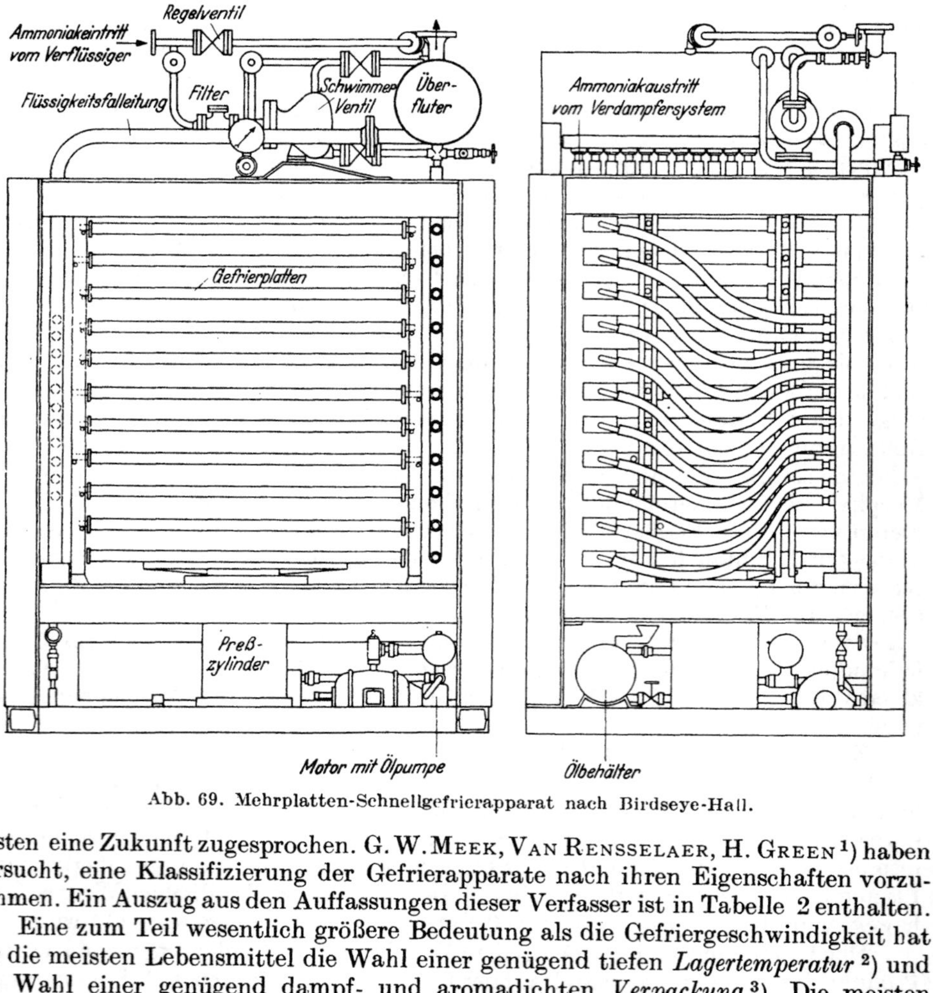

Abb. 69. Mehrplatten-Schnellgefrierapparat nach Birdseye-Hall.

kosten eine Zukunft zugesprochen. G. W. Meek, Van Rensselaer, H. Green [1]) haben versucht, eine Klassifizierung der Gefrierapparate nach ihren Eigenschaften vorzunehmen. Ein Auszug aus den Auffassungen dieser Verfasser ist in Tabelle 2 enthalten.

Eine zum Teil wesentlich größere Bedeutung als die Gefriergeschwindigkeit hat für die meisten Lebensmittel die Wahl einer genügend tiefen *Lagertemperatur* [2]) und die Wahl einer genügend dampf- und aromadichten *Verpackung* [3]). Die meisten Beerenfrüchte müssen zur Vermeidung von Auftauveränderungen in Zucker bzw. in Zuckerlösungen gefroren werden; Gemüse muß ebenso wie bei den anderen Konservierungsarten zwecks Inaktivierung der Enzyme blanchiert werden. Fischfilets werden vor dem Einfrieren in eine Salzlösung getaucht (brining), damit der Saftverlust beim Auftauen verringert wird. Fettfischfilets passieren zusätzlich ein Bad mit Antioxydantien (0,5% Askorbinsäure oder Äthylgallat bzw. Propylgallat). Die Entwicklung der Gefrierwirtschaft hängt weitgehend vom Ausbau der Gefrierkette von der Erzeugung bis zum Verbrauch ab.

---

[1]) Food Jndustr., Sept., **24**, 1212 (1947).
[2]) Vgl. Heiss, R.: RKTL-Heft 77, Abschnitt A, 1939.
[3]) Kaess, G.: Gefriertaschenbuch, S. 56, Berlin: VDI-Verlag 1944 und Food Preservation Quaterly, **9**, 20 (1949).

Tabelle 2. Bewertung von Gefrierapparaten.

	Gefrieren loser Produkte	Gefrieren in Packg.	Gefrieren verschieden großer Verpackungen	Variation des Produkts	Absatzweise	Kontinuierlich	Gefriergeschwindigkeit		Einfluß auf Verpackg.	Einfachheit des Auftauens	Laufende Kosten		Platzbedarf
											Kraftbedarf	Reparaturen	
Gefrieren im Raum	C	A	A	A	ja		C	Eindeutige Daten über Anschaffungspreis liegen nicht vor. Einfluß wird nicht als wesentlich angesehen.	C—D	B—C	C	A	A
Gefrieren in bewegter Luft (Murphy)	A	A	B—C	B	ja		A		C	B—C	C	A	A
Tunnelgefrieren	A	A	A	A		ja	A		C	B	C	B	A
Birdseye-Mehrplatten-Apparat	D	A	B—C	B	ja		A		A	A—B	B	A	AA
Gefrieren in Lachgas	C—B	D	B	C ?	ja		AA		C	A	A	B—C	B

Zeichenerklärung:

A = sehr gut
B = zufriedenstellend
C = mangelhaft bzw. nur in gewissen Grenzen anwendbar
D = ungenügend

e) Rösten.

Röstvorgänge finden in der Lebensmittelindustrie ausgiebig Verwendung, vor allem bei der Herstellung von Kaffee und Ersatzkaffee, Kakao, Mandeln, Erdnüssen, Röst- und Braunmehlen, Farbmalz und Zuckercouleur, aber auch bei der Herstellung von Gebäckwaren (Brot, Zwieback), von Braten und von Räucherfischen. Bei Kakaobohnen, Eicheln, Kastanien, Mandeln, müssen die Schalen durch Trocknen und Anrösten gelockert werden, so daß sie sich beim Schlagen, Quetschen, Reiben von den Kernen lösen und abgesichtet werden können.

Vorgänge beim Rösten. Bei 40° beginnende Verkleisterungen von Stärke, enzymatische Zuckerbildung, Veränderung von Eiweißstoffen. Bei 70° beginnen die Enzymwirkungen gehemmt zu werden, das Eiweiß wird unlöslich. Bei 100° Verdampfen des Wassers, welches 10—60% der Substanz betragen kann, bei zunehmender Temperatur Zersetzung organischer Stoffe (trockene Destillation), Bräunung, Schmelzen des Zuckers bis 160° ohne Verfärbung, Karamelisierung des Zuckers bei 160 bis 200° und Entstehen von Röstbitter (Assamar): Bei 180—200° bläuliche Dämpfe, es zerfallen gerbsaure Komplexe, Stärke, Dextrine, es entstehen Holzessigsäure, Azetol, Furfurolalkohol, Furfurol, Pyridin, gleichzeitig vergrößert sich das Volumen. Bei Temperaturen über 220° Entstehen gelbbrauner Dämpfe mit teerigem Geruch, schließlich Entzündung der Schwelgase. Die Endrösttemperaturen vieler Lebensmittel liegen zwischen 190 und 220° [1]).

Durchführung des Röstens. Als Heizmedium dienen Heizgase oder erhitzte Luft. Wesentlich ist eine ausreichende Reguliermöglichkeit der Energiezufuhr und die Gleichmäßigkeit der Beaufschlagung (Vermeidung von Brandflecken). Die Regulierung der Rösttemperatur ist bei Verwendung heißer Luft am einfachsten, eine indirekte Beeinflussung erfolgt durch den Wassergehalt des Gutes bzw. durch Wasserzugabe zum nahezu fertig gerösteten Gut, wobei ein Teil des Wärmeinhalts zur plötzlichen Dampfentwicklung verbraucht wird. Vorgedämpfte bzw. vorgequollene Rohstoffe ergeben manchmal geschmacklich bessere Röstwaren, die Rösttemperatur kann unter Umständen herabgesetzt werden, und es bilden sich weniger brenzliche Röststoffe (Beispiel Farbmalz). Dagegen dürfen bei Kakao gerottete Bohnen nicht so hoch erhitzt werden als ungerottete. Während ein trocken geröstetes Getreide einen unangenehm bitteren und scharf schmeckenden Aufguß liefert, der nach Zusatz von Milch eine schmutziggraue Färbung annimmt, erhält man aus feucht geröstetem Getreide ein angenehm bitter schmeckendes Getränk von schöner brauner Farbe nach dem Zusatz von Milch. Der Unterschied wird durch den andersartigen ablaufenden Röstvorgang bei feuchtem Gut bedingt: Die Bildung bitter schmeckender Zersetzungsprodukte unterbleibt, hydrolytische Vorgänge bedingen eine stärkere Dextrinierung und Karamelisierung der Stärke.

Bei Sicherheitsröstern wird automatisch die Gewichtsabnahme beim Rösten angezeigt und bei Erreichen eines bestimmten Röstgrades der Röstprozeß beendet.

Die Gleichmäßigkeit der Röstung wird, außer durch gleichen Wassergehalt, durch Rührwerke, durch Rotieren von Kugeln oder durch Rieseln des Guts über beheizte Flächen erreicht. Die letztgenannte Methode ist wegen der Höhe des Druckes des zur Beheizung erforderlichen Dampfes auf Lebensmittel mit niedrigen Rösttemperaturen beschränkt. Nährmehle werden vielfach mit ansteigendem Druck in rotierenden Trommeln mit Schneckenrührwerk bei 4 atm geröstet und häufig durch Anquellen in Wasser beim Erhitzungsprozeß die Stärke aufgeschlossen.

---

[1]) Vgl. PRESCOTT: „Report of an Investigation of Coffee", Joint Coffee Trade Publicity Committee, New York City. STAUDINGER H. und T. REICHSTEIN, DRP 457266, 484244, 489613.

Die Röstmaschinen sind meist mit Einrichtungen zur mechanischen Füllung, Entleerung und Kühlung ausgerüstet. Häufig sind damit auch noch Einrichtungen zum Entsteinen und Putzen verbunden. Bei der Röstkugel ist die Durchmischung gut, trotzdem wälzt sich aber das Röstgut in der Tieflage fort und wird nur etwas in der Drehrichtung gehoben, worauf es über die feststehende, schiefe Fläche abrieselt. Die Durchmischung wird durch Einbau von Schaufeln sowie durch sichel- bzw. schaufelförmige Leitflächen an den Innenwänden verbessert. Im allgemeinen wird die Röstkugel vom Feuer weggezogen, z. B. dadurch, daß man sie ein- bzw. ausschwenkbar ausführt. Die Entleerung erfolgt durch sich gegenüberliegende Deckel, die sich rasch öffnen und schließen lassen, während des Drehens aber dicht schließen. Bei Röstgefäßen, die aus langen Zylindern bestehen, ist der Entleerungsvorgang schwieriger. Bestehen die Röstgefäßwandungen aus Vollblech, dann werden (im allgeneinen an den Stirnwandungen) Öffnungen zum Abführen der Röstdämpfe angebracht. Die Zufuhr von Glasier- bzw. Imprägniermitteln erfolgt mittels Öffnungen in der Trommelstirnwand bzw. durch die Hohlachse der Kugel (Abb. 70). Durch die gleiche Stelle erfolgt auch die Beobachtung der Farbe des Röstguts und der entweichenden Dämpfe, welche einen guten Maßstab für den Grad der Röstung bilden.

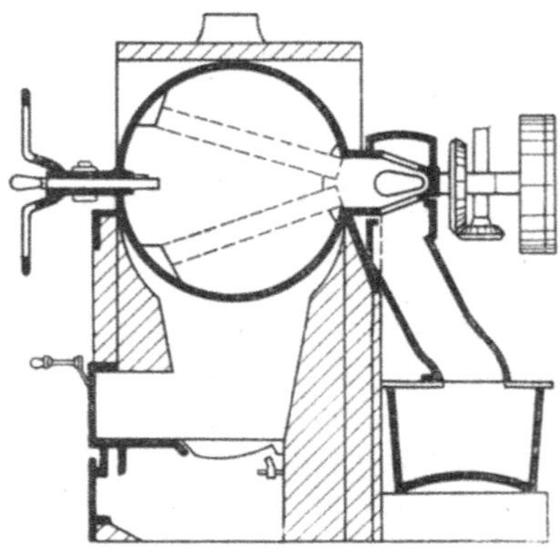

Abb. 70. Röstkugel (Emmericher Maschinenfabrik).

Für die Entwicklung der Schnellröstmaschinen für körniges Gut war unter anderem die Überlegung maßgebend, daß es für das Aroma des Röstguts nachteilig sei, wenn sich das Gut stets in seinen eigenen Dämpfen bewegt. Der Röstexhaustor führt die gereinigte Heißluft (manchmal nach Umspülen der ungelochten Trommel) in dieselbe ein, bewirkt darin eine rasche Röstung und saugt den Röstdunst ab (Abb. 71). Sehr verbreitet sind zylindrische Röster mit Gasbeheizung. Nach erfolgter Röstung entleert sich das Gut in das vor dem Röster stehende, hochliegende Kühlsieb, wo es mittels bewegter Luft rasch abgekühlt wird, während ein Rührwerk das Röstgut selbsttätig rührt

Abb. 71. Gasschnellröster (Emmericher Maschinenfabrik). Die eingezeichneten Pfeile zeigen den Weg des Heißluftstromes um und durch die Rösttrommel.

und schließlich in unterstellte Behälter oder in einen Entsteiner entleert (vgl. zu diesem Abschnitt die Kapitel Kaffee, Kakao, Haferflocken, Mandeln, Brot, Knäckebrot, Hartkekse).

Der Zusammenhang zwischen Röstgeschwindigkeit, Rösttemperatur und Qualität ist noch recht unvollkommen bekannt. Wahrscheinlich müssen in vielen Fällen bestimmte Temperaturintervalle (Fettveränderungen ?) rasch durchschritten werden.

D. Verschiedene technologische Arbeitsprozesse.

1. Ionenaustausch.

Unter Ionenaustausch versteht man den reversiblen Wechsel von Ionen zwischen einer Lösung und einem Feststoff, ohne daß dabei die physikalische Struktur des Festkörpers eine erkennbare Veränderung erfährt. Je nachdem, ob positive Ionen der Lösung gegen positive Ionen des festen Körpers ausgetauscht werden oder ob negative Ionen im Spiel sind, spricht man von Kationen- oder von Anionenaustausch. Haupttypen der Ionenaustauscher:

Kationenaustausch:

1) Salzzyklus:

$$Na_2R + Ca^{\cdot\cdot} \underset{\text{regenerieren}}{\overset{\text{beladen}}{\rightleftarrows}} CaR + 2\,Na^{\cdot}$$

2) H-Zyklus:

$$H_2R + Ca^{\cdot\cdot} \underset{\text{regenerieren}}{\overset{\text{beladen}}{\rightleftarrows}} CaR + 2\,H^{\cdot}$$

Anionenaustausch:

1) $2\,(R_3NH)Cl + SO_4'' \rightleftarrows (R_3NH)_2SO_4 + 2\,Cl'$

2) Säureadsorption

$(R_3NH)OH + HCl \longrightarrow (R_3NH)Cl + H_2O$

oder $R_3N + HCl \longrightarrow (R_3NH)Cl$ (beladen)

$(R_3NH)Cl + NaOH \longrightarrow R_3N + NaCl + H_2O$ (regenerieren)

Man ersieht daraus, daß sich die Kationenaustauscher wie polyvalente Festsäuren, die Anionenaustauscher wie Festbasen verhalten.

Geeignete anorganische Kationenaustauscher (für den H-Zyklus nicht geeignet) sind Zeolithe, Bentonite, Na-Al-Silikate. Besser sind organische Austauscher: Polykondensate mit aktiven Gruppen (als Kationenaustauscher außerdem sulfonierte Kohlen).

Die Anwendung der Ionenaustauscher erfolgt entweder dadurch, daß man die Stoffe in die Lösung einrührt oder dadurch, daß man durch die Austauscher filtriert. Für eine kontinuierliche Arbeitsweise kommt nur das Filtrationsverfahren in Betracht. Der Austauscher befindet sich hierbei in einem zylindrischen Gefäß, dessen Durchmesser 3—4 m beträgt. Ein Düsensystem sorgt für gleichmäßige Verteilung der Lösung. Der Austauscher wird nach Erschöpfung der Austauschermasse von unten nach oben rückgespült. Daraufhin wird das Bett regeneriert, worauf sich eine nochmalige Spülung von oben nach unten anschließt, daraufhin ist die Zelle wieder betriebsbereit.

Vollentsalzung erreicht man durch kombinierte Anwendung von Kationen- und Anionenaustauschern. Beispiel: NaCl-Lösung. Im Kationenaustauscher werden die $Na^{\bullet}$ herausgenommen und dafür $H^{\bullet}$ abgegeben. Die entstandene Salzsäure wird anschließend durch Säureadsorption gebunden.

Die Wirtschaftlichkeit des Ionenaustausches hängt von den Regenerierkosten ab, welche durch die Geschwindigkeit der Erschöpfung der Filter bedingt sind (Schwebstoffe, Eiweißsubstanzen, Konzentration u. dgl.). Die Anwendungsbereiche sind:

1) Entfernung störender Ionen niedriger Konzentration aus Lösungen als Hauptanwendungsgebiet (Entsäuerung und Entsalzung von Fruchtsäften, Reinigung von Rübenzuckersäften, Neutralisation von Glucosesirup, Herstellung leichtverdaulicher Kindermilch, Entfernung von Cu- und As-Spuren aus Wein, Verbesserung der Pektingewinnung).
2) Gewinnung wertvoller ionisierter Stoffe aus verdünnten Lösungen (Gewinnung von Vitamin-C, Gewinnung von Weinsäure aus Trestern).
3) Separierung verschiedener Ionenarten (Fraktionierung von Eiweißarten).

Literatur.

BARTUSCH, W.: Chemie-Ingenieur-Technik 22, 1950 (im Druck).

2. Abfüllen.

Abfüllmaschinen spielen in der Lebensmittelindustrie eine bedeutende Rolle; bei manchen Industrien, wie z. B. bei der Backpulverindustrie, der Limonadenfabrikation, ist das Abfüllen der wichtigste technologische Prozeß.

Trockenes Gut. Grundsätzlich kann man folgende Verfahren anwenden:

1. Abfüllen auf gleiche Füllhöhe,
2. Abfüllen mit gleicher Fülldauer,
3. Abfüllen gleicher Volumina,
4. Abfüllen gleicher Gewichte,
5. Vereinigung des Abmessens und Abwägens.

In allen Fällen muß die Gutszufuhr möglichst gleichmäßig gehalten und jede „Brückenbildung“ vermieden werden. Man erreicht dies entweder durch Rührer, welche möglichst dicht an der Wandung des zylindrischen Füllbehälters vorbeigleiten müssen oder durch Schieber an der Wand, die für ein Nachrutschen des Gutes sorgen, zusätzlich wird häufig eine Speiseschnecke in das Füllmundstück zur Erzielung eines gleichmäßigen Füllstroms vorgeschaltet.

Bei dem Arbeitsprozeß 1 und 2 ist die Füllgenauigkeit infolge verschieden dichter Lagerung (Füllgewicht, Rüttelgewicht) gering. Das Prinzip des Abfüllens auf *gleiche Füllhöhe* hat beim Abfüllen von Konservendosen Anwendung gefunden: Der Druck des in die Meßgefäße eingefüllten Füllguts auf die achsial bewegliche Füllschnecke rückt eine elastische Kupplung aus. Die unten offenen Meßzylinder sind im Kreis in einem Meßgefäßteller angeordnet und kreisen auf seiner Platte, die an einer Stelle eine Öffnung besitzt, durch die der Meßgefäßinhalt mittels eines Ausstoßkolbens in die darunterstehende Dose gedrückt wird. Dieses Verfahren ist für pulver- und pastenförmige Stoffe geeignet. Für grobkörnige Stoffe und für Stoffe mit starker Schleifwirkung verwendet man besser Abfüllanlagen mit Meßgefäß (3). Diese sind für sehr kleine Mengen den wägenden Abfüllmaschinen (4) überlegen. Bei staubförmigem Gut ist die Füllgenauigkeit befriedigend.

Abfüllmaschinen auf dem Prinzip der Abfüllung mit *gleichem Volumen* arbeiten entweder in der Weise, daß über den Meßgefäßrand übergehäuftes Füllgut durch einen Abstreifer abgestrichen wird oder daß ein (verstellbarer) Meßschieber zuerst unter den Sammelbehälter und anschließend über den Fülltrichter gebracht wird oder es sind Meßkammern in eine um eine horizontale Achse rotierende Trommel eingebaut oder das Füllgut wird durch einen Kolben hin- und herbewegt.

Die *wägenden* Abfüllmaschinen, die insbesondere für körniges, leicht rieselndes Gut geeignet sind, füllen gleiches Gewicht in den Verpackungsbehälter. Man unterscheidet Bruttoabsackwaagen, bei denen das Füllgut allein verwogen wird und deren Inhalt in Behälter entleert wird. Außer bei sehr kleinen Füllgewichten unterteilt man den Füllgutstrom in einen Hauptstrom und in einen Nachstrom. Der Hauptstrom wird z. B. durch Verengung des Zulaufquerschnitts eingedämmt, wenn der Waagebalken beginnt, sich in die Gleichgewichtslage einzuspielen. Um der Waage Zeit zu lassen, sich nach dem Zulauf des Hauptstroms zu beruhigen, ist ein Voreiler (Gewicht, Feder) eingebaut, welcher im Sinne der Last wirkt, damit der Hauptstrom zu früh auf den Nachstrom umgestellt wird. Der Nachstrom wird klein gehalten, wodurch sich auch bei hohem Durchsatz nur ein kleiner Nachstromfehler ergibt (Abb. 72).

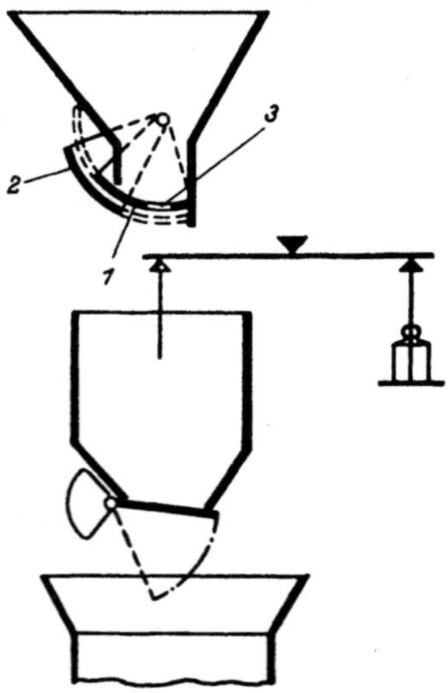

Abb. 72. Automatische Waage.
Klappe 1 schließt selbständig nach Erreichung von 90% des Füllgewichtes vom Waagebalken gesteuert. Schlitz 3 = Feinstrom, der nach Erreichen des vollen Gewichtes durch Schließen der Klappe 2 — vom Waagebalken gesteuert — unterbrochen wird. Durch die schließende Feinfüllklappe 2 wird das Öffnen der Bodenklappe 4 oder das Kippen des ganzen Lastgefäßes ausgelöst. Nach der Entleerung zieht die Gewichtsseite der Waage das Lastgefäß wieder nach oben; gleichzeitig werden die Klappen 1 und 2 automatisch geöffnet.

Flüssige und pastenförmige Stoffe. Von den vorerwähnten Abfüllarten verwendet man hierbei vorwiegend Abfüllmaschinen, die auf gleiche Höhe abfüllen, da der Käufer die Füllung der Flasche nach dem Abstand des Flüssigkeitsspiegels von der Flaschenöffnung beurteilt und solche, welche mit Meßgefäßen auf gleiches Volumen füllen. Zu den letzteren zählen auch Abfüllmaschinen für Butter, Margarine, Schmelzkäse, Wurst. Das Ausfließen erfolgt bei Flüssigkeiten von geringer Zähigkeit auf Grund der statischen Druckhöhe, sonst unter Zuhilfenahme von Kolben, Preßluft oder Vakuum.

Beim Abfüllen mit *Meßgefäßen* unterscheidet man Maschinen mit festen Meßwänden, wobei der Flüssigkeitsspiegel durch einen Verdrängerkörper gesteuert wird und Maschinen mit beweglichen Meßwänden, wobei das Meßgefäß im Vorratsbehälter gehoben und gesenkt wird (z. B. für Füllen von Papierflaschen); außerdem sind Abfüllmaschinen im Gebrauch, bei welchen das Meßgefäß unterhalb des Vorratsbehälters durch getrennte Ventile gefüllt und entleert wird. Sie werden sowohl als Rund- wie auch als Reihenfüller gebaut.

Das Abfüllen auf *gleiche Füllhöhe* erfolgt entweder mit Saughebern mit schwenkbaren Rohren (geringe Auslaufgeschwindigkeit bei zähen Flüssigkeiten) oder viel häufiger durch Absperren der Rückluft. Dieses Abfüllprinzip kann sowohl für „stille" wie auch für kohlensäurehaltige Getränke verwendet werden. Hierbei entweicht die durch die eingefüllte Flüssigkeit verdrängte Luft durch ein enges, im Füllmundstück eingebautes Rückluftrohr (Abb. 73). In der Flasche kann die Flüssigkeit nur so lange

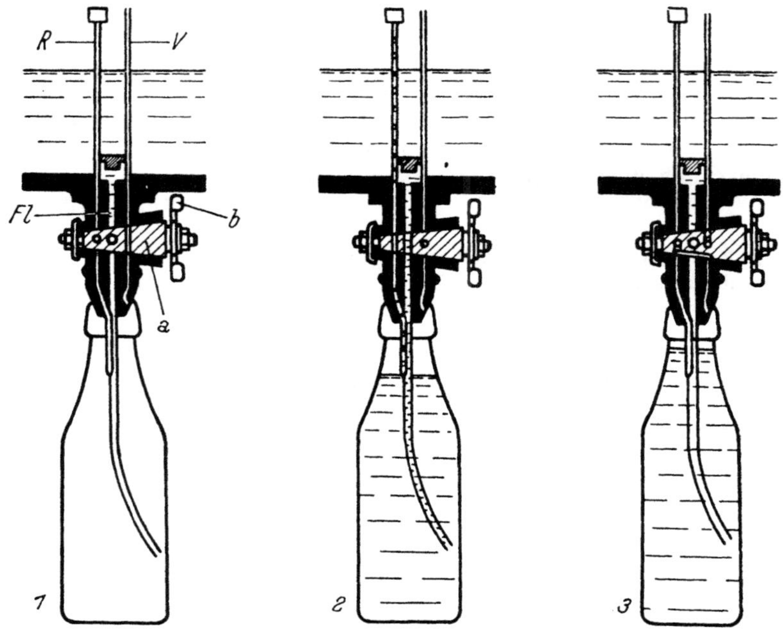

Abb. 73. Abfüllhahn.

	1. Hahnstellung	2. Hahnstellung	3. Hahnstellung
	offen	geschlossen	geschlossen
	geschlossen	offen	geschlossen
	geschlossen	offen	geschlossen

V = Vorluftkanal *Fl* = Flüssigkeitskanal *R* = Rückluftkanal *a* = Hahnküken *b* = Schaltstern

steigen, bis sie dieses Rohr schließt, worauf sie hierin bis zur Höhe des Flüssigkeitsspiegels im Vorratsbehälter ansteigt (Verwendung für Aufgußflüssigkeit in mit Ware gefüllten Konservendosen). Bei kohlensäurehaltigen Getränken muß zur Vermeidung des Schäumens zu Beginn des Füllens in der Flasche der gleiche Druck wie im Vorratsbehälter erzeugt werden (Abfüllen unter Druckausgleich). Zu diesem Zweck wird die Flasche vor dem Einfüllen mit dem Gasraum des Vorratsbehälters verbunden („Vorluft"). Bei höheren Drücken (Selterswasser 4—6 atm) muß vor Entfernung der Flasche vom Fallmundstück mittels eines Drosselventils die Verbindung mit der Außenluft hergestellt werden, damit ein Aufschäumen vermieden wird. Die im Rücklaufrohr aufgestiegene Flüssigkeit wird beim Füllen der nachfolgenden Flasche hochgedrückt, da ihr Querschnitt kleiner ist, als der der Flüssigkeitsleitung. Bei empfindlichen Getränken wird man vermeiden, daß diese Flüssigkeit, die in der Flasche infiziert worden sein kann, wieder in den Vorratsbehälter gelangt, weshalb sie getrennt abgeführt oder durch besondere Ausgestaltung des Hahnkükens wieder in die schon entlastete Flasche zurückgeleitet wird. Der Flüssigkeitsstand im Vorratsgefäß wird mittelbar über einen Schwimmer geregelt, der ein Entlüftungsventil betätigt. Bei „stillen" Getränken erfolgt die Ventilöffnung durch das Anpressen der Flasche (Federanpressung, Luftanpressung), bei kohlensäurehaltigen Flüssigkeiten durch Schaltungen (Schieber, Hähne oder Ventile). Bei Flaschenbruch muß ein selbsttätig den Rückluft- und den Flüssigkeitskanal schließendes Ventil in Tätigkeit treten, da sich sonst der Vorratskessel bei kohlensäurehaltigen Flüssigkeiten ganz füllen würde. Bei Faßfüllanlagen wird das Füllorgan angepreßt und nicht der zu füllende Behälter, sonst erfolgt das Abfüllen unter Druckausgleich nach den gleichen Grundsätzen.

Beim Abfüllen „stiller" Getränke, wie Wein, Milch, Liköre, werden sowohl Abfüllmaschinen verwendet, die mit Meßgefäßen wie auch solche, die auf gleiche Füllhöhe arbeiten. Beim Abfüllen von Fruchtsäften u. dgl. in Dosen wird durch federbelastete Ventile Nachtropfen vermieden. Bei Verwendung von Meßkammern wird das Volumen durch einstellbare Verdrängerkolben variiert.

Literatur.

STRÖER, H. J.: Maschinelles Verpacken, Leipzig: Teubner 1938.
Flaschenabfüllvorrichtungen vgl. K. FEHRMANN, Phönix-Handbuch, Nürnberg: 1947.
HORST, W.: Getreide, Mehl und Brot 3, 175 (1949).

3. Betriebliche Fördereinrichtungen.

1. *Körner, pulverförmige Lebensmittel u. dgl.* Bei horizontaler Förderung in erster Linie Gurtförderer. Die Gurte aus Gummi mit Gewebeeinlage werden durch Tragrollen gestützt (Abb. 74). Durch Ablenkbleche kann der Strom geteilt werden. Für

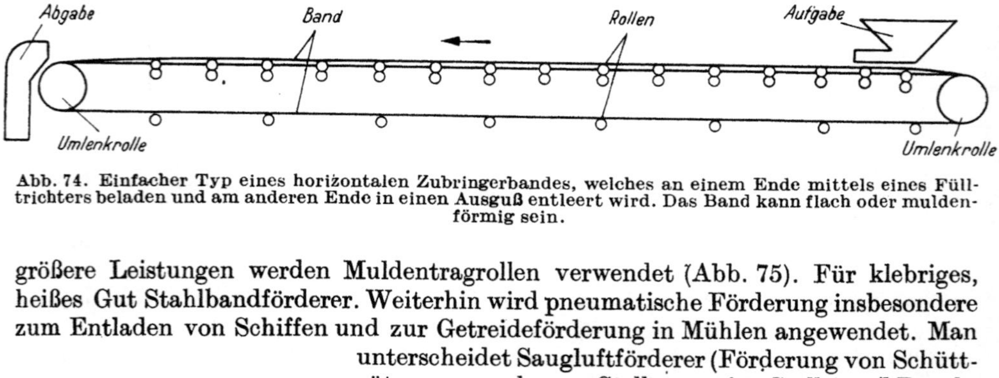

Abb. 74. Einfacher Typ eines horizontalen Zubringerbandes, welches an einem Ende mittels eines Fülltrichters beladen und am anderen Ende in einen Ausguß entleert wird. Das Band kann flach oder muldenförmig sein.

größere Leistungen werden Muldentragrollen verwendet (Abb. 75). Für klebriges, heißes Gut Stahlbandförderer. Weiterhin wird pneumatische Förderung insbesondere zum Entladen von Schiffen und zur Getreideförderung in Mühlen angewendet. Man unterscheidet Saugluftförderer (Förderung von Schüttgütern von mehreren Stellen an eine Stelle) und Druckluftförderer (Förderung von einer Stelle an verschiedene Stellen). Letztere bestehen aus einem Luftkompressor, einem Windkessel mit Ölabscheidungsvorrichtung, einer Aufgabevorrichtung (Einführung des Fördergutes in den Luftstrom) und den Verteilungsleitungen (Abb. 76). Ist das Fördergut staubförimg, wird nicht offen ausgeblasen, sondern ein Abscheidebehälter eingebaut, der das Fördergut nach unten, die Luft nach oben entweichen läßt. Für feuchte, klebrige Stoffe ungeeignet. Vorteile: geringer Platzbedarf, Durchlüftung und Kühlung des Gutes, große Anpassungsfähigkeit,

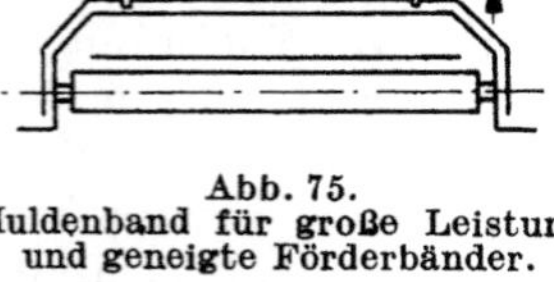

Abb. 75. Muldenband für große Leistung und geneigte Förderbänder.

starker Rückgang von Getreideschädlingen, höherer Lichteinfall in die Räume. Nachteile: höherer Kraftbedarf, Verschleiß. Beim Redler-Kettentransporteur (für nichtklebendes Gut) läuft in einem Trog mit rechteckigem Querschnitt eine endlose flachgliedrige Kette, deren Glieder mit eigenartig geformten Querstegen versehen sind. Das untere Trum gleitet auf dem Trogboden und fördert das überliegende Material ohne innere Reibung im geschlossenen Strom, während das rückläufige Trum über dem Fördergut geführt wird. Wirtschaftliche Förderguthöhe etwa gleich der Breite der Kette. Vorteilhaft hierbei ist die Schonung des Fördergutes, die hohe Leistung, der kleine Kraftbedarf und die Platzersparnis. Schließlich können noch Förderrinnen mit Wurf- bzw. Beschleunigungsverfahren und Schneckenpumpen verwendet werden, welche staubförmiges bzw. feinkörniges Gut unter Zuhilfenahme von Preßluft durch Rohre drücken. Förderschnecken erfordern eine hohe Arbeitsleistung; eine Zerkleinerung läßt sich häufig nicht vermeiden (Abb. 77 und 78).

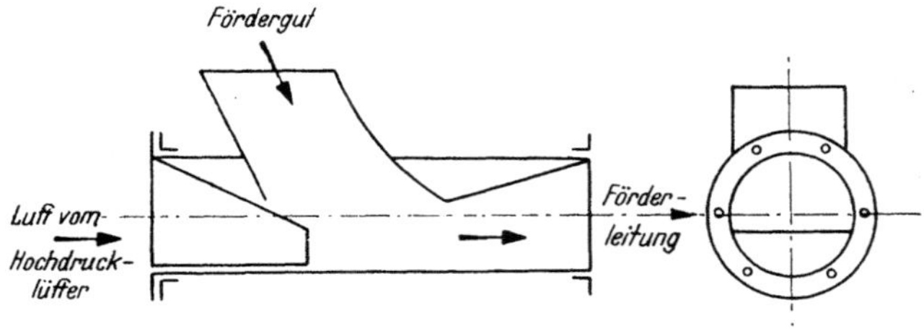

Abb. 76. Injektor-Schleuse beim pneumatischen Förderer.

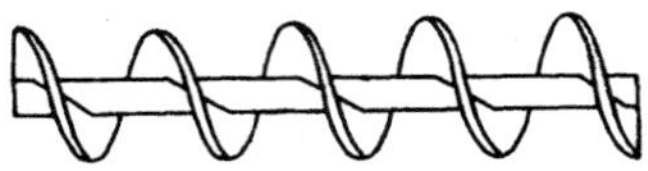
Abb. 77. Die Förderschnecke wird für das meiste Material bei Längszubringern oder bei Steigungen bis zu 20° angewandt. Die Höhe der Schneckengänge entspricht ungefähr der Höhe des Troges.

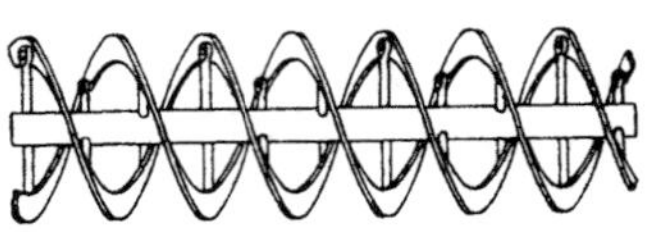
Abb. 78. Zweigängiger Spiralband-Zubringer mit gleichbleibender Teilung. Hat eine etwas größere Leistung als der einfache Band-Zubringer mit dem gleichen Durchmesser.

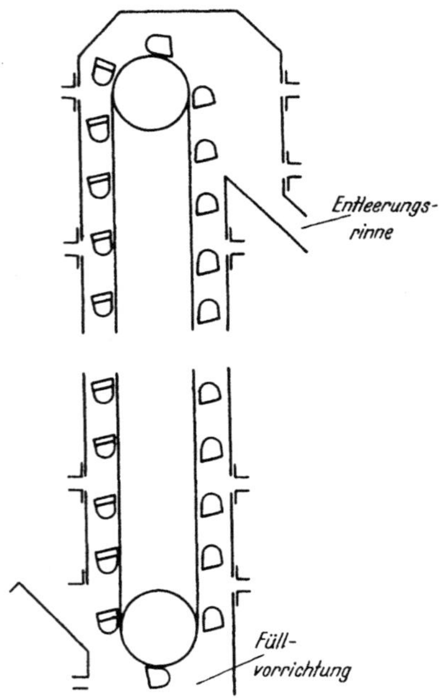

Abb. 79. Typischer Becherförderer mit Eimer-Kette und einer Zentrifugal-Entleerung. Andere Typen haben kontinuierliche Taschen-Ketten.

Zur senkrechten Förderung nach oben verwendet man vorwiegend Elevatoren, an denen Ketten oder Gurten, Schöpfbecher oder Schalen angebracht sind, sowie pneumatischen Transport (Abb.79). Für vertikale Förderung nach unten werden Rutschen (Rinnen, Schuren, Fallrohre) sowie pneumatische Einrichtungen eingesetzt. Für Schrägförderung verwendet man vorzugsweise endlose Bänder, kann aber auch die übrigen angeführten Vorrichtungen einsetzen. Förderschnecken nur für Strecken bis etwa 40 m und Steigungen bis 45°. Für Gurte sind Bandsteigungen zwischen 15 und 25° zulässig, je nach Form und Feinkörnigkeit des Gutes. Trogkettenförderer (Redler) werden auch für Schräg- und senkrechte Förderung verwendet (Getreideförderung Schiff — Eisenbahn — Speicher).

2. *Förderung von Beuteln und Säcken.* Für die Förderung von Beuteln und Säcken in horizontaler Richtung verwendet man vorzugsweise Bandförderer, insbesondere auch in muldenförmiger Ausführung, daneben auch Rollenbahnen: die nicht angetriebenen Rollen sind mit Wälzlagern in Winkelrahmen gelagert (4% Neigung bei Schwerkraftbahnen). Für vertikale Aufwärtsbewegung verwendet man Band- und Kettenelevatoren. Für vertikale Abwärtsbewegung werden Sackwendelrutschen mit einer Neigung von 25 bis 30° angewandt.

Förderung von Kisten und Kartons. Für die Förderung von Kisten und Kartons in horizontaler Richtung verwendet man vorzugsweise Rollenbahnen, daneben auch Bandförderer, meist mit Holzstegen als Mitnehmer und Kettenförderer, wobei die Ketten mit Rädern verbunden sind, die sich auf Gleitschienen bewegen. An den Befestigungsvorrichtungen sind die Lasten aufgehängt. Für die senkrechte Förderung nach oben werden Ketten- und Bandelevatoren, für senkrechte Förderung nach unten werden häufig Wendelrutschen verwendet.

Für den Transport innerhalb der Fabrikationsräume werden weiterhin Hubkarren verwendet. Die Plattform wird unter Hordenstapel, Behälter o. dgl. untergeschoben; die Plattform ist durch Deichsel oder Bügel heb- und senkbar. In USA. hat die Verwendung von Elektrokarren ein breites Anwendungsfeld.

Literatur:

Hütte Band II, S. 1025 ff.

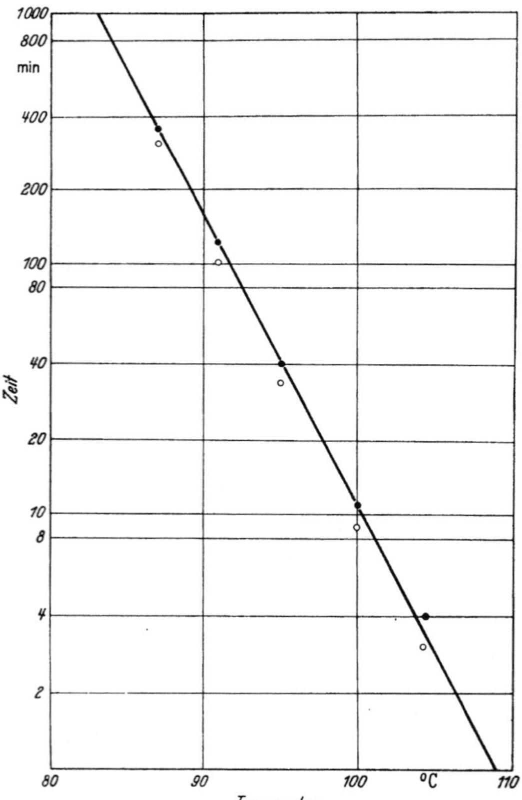

Abb. 80. Schema einer Abtötungskurve. (Der Abb. 81 ist eine andere Abtötungskurve zugrundegelegt.)

4. Sterilisieren.

Die Sterilisierung des Doseninhalts verfolgt das Ziel, die darin enthaltenen Mikroorganismenarten abzutöten. Dies kann bei verschiedenen Temperaturen erfolgen. Der Zusammenhang zwischen Temperatur und Abtötungsdauer ist bei wichtigen sporenbildenden Mikroorganismen bekannt (Abb. 80). Bei dem gefährlichen anaeroben Chlostridium botulinum in neutraler Phosphatpufferlösung ist z. B. festgestellt worden, daß eine Erniedrigung der Temperatur um 3°

einer Verdoppelung der Sterilisierzeit entspricht [1]). Füllgüter mit einem p_H-Wert unter 4,5 sind aber durch Bacterium botulinum nicht gefährdet. Im sauren Milieu müssen nur Hefen und nicht sporenbildende, fakultativ anaerobe, säuretolerante Mikroorganismen abgetötet werden, was in kürzeren Zeiten bzw. bei tieferen Temperaturen möglich ist als bei den bei höheren p_H-Werten auftretenden Sporenbildnern. Dementsprechend sind bei Fruchtsäften die erforderlichen Sterilisiertemperaturen niedrig (60—76°), bei Spinat, Erbsen, Bohnen, Blumenkohl, Fleisch, Milch u. dgl. besonders hoch (121—122°).

Die Temperatur des Doseninhalts nimmt allerdings nicht momentan die zur Abtötung erforderliche Temperatur an, sondern steigt asymptotisch; der Temperaturanstieg, abhängig von der Zeit erfolgt am Rand erheblich steiler als im Kern. Die Geschwindigkeit der Wärmeübertragung zum Kern wird von einer Reihe von Größen beeinflußt: Von der Größe und dem Werkstoff des Behälters, der Konsistenz und Packdichte des Füllgutes, der Größe der Teilchen, der Lage der Dose — ob waagrecht oder senkrecht — im Sterilisierautoklaven und schließlich davon, ob die Dose in Ruhe oder in Bewegung sterilisiert wird. In groben Zügen kann man zwei Grenzfälle unterscheiden, den ausschließlicher Wärmeleitung, einem Fall, dem breiartige, dichtgepackte Konserven, wie Spinat, Apfelscheiben und viele Fleischkonserven, nahekommen, und dem Fall eines mehr oder minder großen zusätzlichen Konvektionsanteils, der z. B. bei Erbsen vorliegt, welche in der Aufgußflüssigkeit schwimmen bzw. bei Süßmosten. Der Konvektionsanteil nimmt zu, wenn beim Erhitzen eine Verflüssigung von Teilen eintritt, wie z. B. beim Sterilisieren fetthaltiger bzw. gelatinehaltiger Stoffe, insbesondere wenn man den Behälter mit flüssigem Inhalt rotieren läßt, er nimmt ab bei einer Viskositätserhöhung des Flüssigkeitsanteils, wie sie z. B. durch Dextrinieren von Stärke möglich ist. Außerordentlich hohe Sterilisierzeiten ergeben sich, wenn bei reiner Wärmeleitung das flüssige Medium in den Zwischenräumen fehlt, wie z. B. beim Sterilisieren von Trockenfrüchten oder von Brotkonserven, welche infolge ihrer vielen kleinen, luftgefüllten Porenräume praktisch ein Isoliermaterial vorstellen.

Die Frage, ob in dem praktisch vorliegenden Fall, daß das Sterilisieren nicht bei konstanter Temperatur erfolgt, sondern daß die Temperatur des Doseninhalts zuerst zu- und dann abnimmt, die Sterilisierdauer ausreicht, um die Abtötung bestimmter Bakteriensporen zu erreichen, deren Abtötungskurve bekannt ist, kann mit Hilfe des von BIGELOW [2]), BOHART, RICHARDSON und BALL [3]) eingeführten „Sterilisierungswertes" $W = \int dt \cdot \frac{1}{Z}$, gelöst werden, wobei dt ein Zeitabschnitt der Sterilisierzeit und Z die Zeit bedeutet, die zur Vernichtung aller Sporen bei der betreffenden Temperatur mindestens erforderlich ist. (Vgl. Abb. 80.)

Man gewinnt den Wert W durch Planimetrieren der sogenannten „Letalitätskurve" $\frac{1}{Z} = f(t)$. Ihre Konstruktion erfolgt gemäß Abb. 81 auf Grund des Temperaturverlaufs im Dosenzentrum, den man rechnerisch [4]) oder durch Versuche bestimmt.

---

[1]) Vgl. ESTY and MEYER, J. Infect. Diseases, **31**, 650 (1922).

[2]) Heat Penetration in Processing Canned Foods, Bulletin 16 L, National Canners Association, Wash. 1920.

[3]) BALL: Bull. Nat. Res. Counc., 7, ptl, No 37 (1923). BALL: Univ. of Calif. Publ. in Public Health No 2 (1928).

[4]) RIEDEL, L.: Zur Theorie der Hitzesterilisierung von Dosenkonserven, S. 12, Karlsruhe: Müller 1947.

haben muß. Man trägt über der Sterilisierzeit t den Wert $\frac{1}{Z}$ auf, den man aus der Abtötungskurve für die das Lebensmittel besonders gefährdende Mikroorganismenart für die verschiedenen Erhitzungstemperaturen ablesen kann (in Abb. 81 sind die Werte von $\frac{1}{Z}$ für Clostridium botulinum und ϑ^* gegenübergestellt). Zur Konstruktion der Letalitätskurve braucht man nur[1]) den Schnittpunkt der Senkrechten durch ϑ (oben) mit den gleichen ϑ^*-Werten (unten) aufzusuchen, wobei ϑ sich aus den zu den $\frac{1}{Z}$-Werten gehörigen Temperaturen der auf der rechten Seite aufgetragene Temperaturmaßstab ergibt[1]). $W = \int \frac{dt}{Z}$ ist dann die durch die Kurve mit der Abszisse eingeschlossene Fläche. Ist diese Fläche < 1, so heißt dies, daß die Zeit nicht ausreicht, d. h., es befinden sich in der Dose noch lebensfähige Sporen, ist W > 1, so ist sicher eine Abtötung erzielt worden, aber vielleicht der Inhalt der Dose bzw. der Flasche „überkocht", was aus Qualitätsgründen ebenfalls nachteilig sein kann. Die Einheit des Sterilisierwertes richtet sich nach dem Maßstab der Letalitätskurve Er muß so gewählt werden, daß das Rechteck Letalität x Zeit (in min) gerade den Flächen wert 1 erhält.

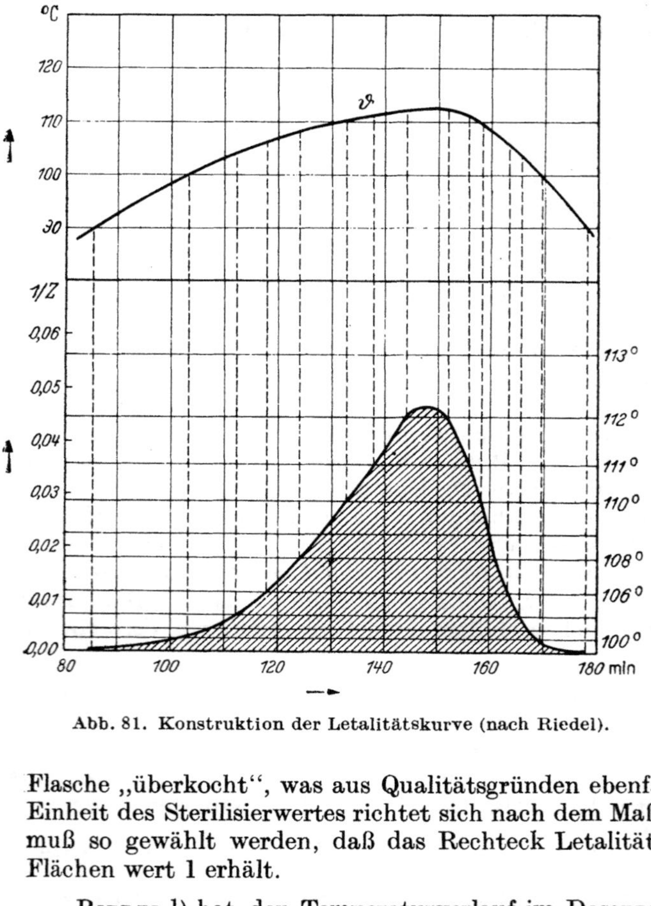

Abb. 81. Konstruktion der Letalitätskurve (nach Riedel).

RIEDEL[1]) hat den Temperaturverlauf im Dosenzentrum für den Fall, daß der Temperaturausgleich in der Dose ausschließlich durch Wärmeleitung bei konstanter Temperaturleitzahl erfolgt unter Berücksichtigung des Temperatursprungs, der entsteht, wenn in den gefüllten Autoklaven plötzlich Dampf einströmt, rechnerisch und experimentell verfolgt. Dabei zeigt es sich, wie sehr bei der üblichen Sterilisierung der Sterilisierungswert der Randschicht gegenüber dem des Kerns überhöht ist, was sich zweifellos qualitativ nachteilig auswirkt. Eine stärkere Annäherung der Sterilisationsbedingungen der Randteile an die des Kerns ist auch bei Temperaturausgleich durch Wärmeleitung möglich, wenn man die Temperatur im Autoklaven nur langsam steigert oder indem man etwas länger sterilisiert oder indem man dem eigentlichen

[1]) RIEDEL, L.: Zur Theorie der Hitzesterilisierung von Dosenkonserven, S. 12, Karlsruhe: Müller 1947.

Sterilisierungsprozeß eine Vorwärmung bei z. B. 85° vorschaltet. Während im ersten Fall der Gesamtprozeß übermäßig ausgedehnt würde und abgesehen vom Zeitverlust auch qualitative Beeinträchtigungen zu befürchten wären, ist beim zweiten und dritten Vorschlag die zeitliche Verlängerung nur gering und beim dritten außerdem die Schonung des Gutes infolge der kürzeren Sterilisierzeit eine besonders weitgehende. Dies ist bei Füllgütern, bei denen die Wärmeübertragung durch Leitung vorherrscht, besonders wichtig.

Dies ist auch der Grund, weshalb in guten Konservenfabriken sich das sogenannte *Exhaustieren* weitgehend durchgesetzt hat. Man unterscheidet zwischen dem heißen Füllen der Dose bzw. der Verwendung von heißem Aufgußwasser und dem Durchleiten des unteren Teiles der unverschlossenen Dose durch heißes Wasser. Hierdurch wird die an der Oberfläche gehaltene Luft und das im Fruchtgewebe enthaltene CO_2, soweit es nicht schon durch einen vorgeschalteten Blanchierprozeß weitgehend entfernt worden ist, frei und beeinflußt später den Dosendruck nicht mehr. Das Exhaustieren erfolgt vorzugsweise durch ein System aneinandergrenzender, rotierender horizontaler Scheiben, die mit Leitblechen ausgerüstet sind. Für stark gefärbte Früchte bevorzugt man heißes Wasser, da bei Behandlung mit Dampf die Möglichkeit der Farbeinbuße erhöht wird. Die Exhaustierbedingungen sind recht abweichend, sie liegen nach amerikanischen Angaben bei 5—8 min bei 40—45° (Bohnen, Ananas, Traubensaft) und 100° (Blumenkohl, Spinat), im Durchschnitt aber wohl bei 83—88° C. Bei Obst hat sich die Anwendung niedrigerer Temperaturen und längerer Zeiten als günstiger erwiesen als höhere Temperaturen und kürzere Zeiten. In USA setzt sich hierfür mehr und mehr „kaltes Exhaustieren" mittels Vakuum durch. Ebenso wie beim eigentlichen Exhaustieren wird der Luftgehalt in der Dose verringert, wodurch die Drucksteigerung als Folge der Flüssigkeitsausdehnung und der Ausdehnung des Luftpolsters beim Erhitzen der verschlossenen Dose verringert wird und die Gefahr des Auftretens von Undichtheiten abnimmt. Bei manchen Füllgütern ist das Exhaustieren auch zur Vermeidung oxydativer Veränderungen wichtig (Vitamin-C-Verluste, Fettveränderungen, Verfärbungserscheinungen). Bei dem „Steam-Vac"-Verfahren wird die Luft aus dem schädlichen Raum durch nassen Dampf verdrängt, wodurch allerdings die Luft im Inneren verbleibt. Tomatenpüree und Orangensaft werden nur heiß eingefüllt und nicht exhaustiert. Die Dosen werden bis auf 5—7 mm vom Rand gefüllt. Während der Blechverbrauch bei einem Formverhältnis $x = \frac{\text{Höhe}}{\text{Durchmesser}}$ zwischen 0,4 und 2,5 nur wenig vom Minimalwert $x + 1$ verschieden ist, sinkt die Zeit, die bis zur Erreichung der Sterilisiertemperatur erforderlich ist, nach oben oder unten sehr rasch. Da die Sterilisierzeit im allgemeinen mit dem Quadrat des Durchmessers zunimmt, sind große Dosen ungünstig, wenn es sich um Konserven mit reiner Wärmeleitung handelt. Bei Dosen mit viskosem Inhalt, wie ihn z. B. kondensierte Milch vorstellt, ist eine Erhöhung der Konvektionsströmung durch Sterilisation in Rotation zur Vermeidung des Karamelisierens entscheidend. Überhaupt ist die Erzielung einer Konvektionsströmung innerhalb der Dose bei hierzu geeignetem Füllgut das einfachste Mittel, um die Abweichungen des „Sterilisierungswertes" im Kern und in der Randzone zu verringern und damit eine ausreichende Sterilisation unter möglichst schonenden Bedingungen zu erreichen. Je kleiner die Teilchen sind, desto höhere Rotationsgeschwindigkeiten wendet man an. Das „Sterilisieren in Bewegung" ist besonders dann vorteilhaft, wenn große Teile, wie z. B. Tomaten oder Pflaumen, in der Flüssigkeit schwimmen, bei festgepackten Lebensmitteln ist dagegen der Erfolg nur gering. Die Zeit, die erforderlich ist, um die Temperatur des Kerns der Dose um 10% des Ausgangswertes zu erhöhen, ist bei Wärmeübertragung durch Konvektion proportional $\frac{\text{Volumen V}}{\text{Oberfläche O}}$, bei Wärmeleitung proportional $\sqrt{\frac{V}{O}}$.

Die zulässige Abkühlungsgeschwindigkeit der Dose ist durch die Differenz zwischen dem Doseninnendruck und dem Autoklavendruck begrenzt. Ersterer ist infolge der Ausdehnung der Flüssigkeit und der in der Dose enthaltenen Luft, sowie infolge der eine gewisse Zeit erfordernden Wärmeabführung höher als der Außendruck. Zusätzliche Drücke können entstehen durch Gasbildung, wenn die Dose zwischen Verschließen und Sterilisieren stehen bleibt, durch ungenügendes Blanchieren und auch durch Unter- bzw. Überfüllen der Dose. Dosen, deren Innentemperatur vor dem Verschließen niedriger als 55° ist, sind stets gefährdet. Die Abkühlung ist diejenige Phase, in welcher der Differenzdruck und damit die Gefahr der Dosenbeschädigung am höchsten ist (Nasenbildung, Überbeanspruchung der Falze). Je langsamer die Temperatursenkung erfolgt, desto günstiger ist dies für die Beanspruchung der Verschlußstellen, gleichzeitig ist damit dem Dosenkern, der ohnedies weniger erhitzt wird als der Rand, Gelegenheit geboten, einen höheren Sterilisierungswert zu erreichen. Eine Verringerung des maximalen Wirkdruckes ohne Verlängerung des Prozesses ist erreichbar, wenn man während der Kühlung den Autoklavendruck z. B. durch Einblasen von Druckluft oder Druckwasser hält. Eine weitere, für empfindliches Dosenmaterial wesentliche Druckentlastung ist durch sogenannte „Überdrucksterilisation" möglich, wobei man während des ganzen Prozesses im Autoklaven durch Einpressen von Druckluft einen Druck hält, der höher ist als der der Kochtemperatur entsprechende Sattdampfdruck. Lediglich während der Kühlung wird der Autoklavendruck stufenweise abgesenkt. Dieses Verfahren hat sich bei Aluminiumdosen und Glaskonserven (Wasser + Druckluft) bewährt. Hierdurch wird das Abheben der Deckel vermieden. Der Überdruckautoklav besteht aus einem Ober- und einem Unterkessel. Im Oberkessel wird das Wasser auf etwa 90° erhitzt und ein Überdruck von 3,5 atü hergestellt. Im Unterkessel (Autoklav) werden die Gläser eingebracht und zunächst von oben mit heißem Wasser berieselt. Dabei ist ein Druck von 1,5 atü aufrechtzuerhalten. Der Kessel wird nun beheizt und der Druck auf 3,5 atü gesteigert. Nach dem Sterilisieren wird von oben kaltes Wasser eingepumpt und das Ablaßventil des Autoklaven soweit geöffnet, daß der Druck von 3,5 atü erhalten bleibt. Ist die Temperatur auf 60—70° gesunken, so wird das heiße Wasser durch von unten nachströmendes kaltes Wasser in den Oberkessel zurückgedrückt, worauf man den Druck senkt und das Wasser abfließen läßt. Bei exhaustierten Dosen besteht Gefahr, daß nach der Kühlung ein zu starker Unterdruck entsteht, weshalb bei größeren und bei sehr langen Dosen (Spargel) das Evakuieren nicht zu weit geführt werden darf. Die Kühlung wird bei etwa 45° beendet, damit die Dosen an der Luft abtrocknen. Der Taupunkt der umgebenden Atmosphäre darf zur Vermeidung von Rostbildung nicht unterschritten werden. Infolge des in der Dose auftretenden Vakuums wird wegen der Möglichkeit des Auftretens kleiner Undichtheiten das Kühlwasser zweckmäßigerweise gechlort. Aus diesem Grund ist auch Luftkühlung vorgeschlagen worden. In USA wird Kühlung mittels Düsenwasser bevorzugt verwendet. Die Möglichkeit des Eintretens von Mikroorganismen scheint vor allem in dem Augenblick zu bestehen, wo der Deckel während der Abkühlung vom konvexen in den konkaven Zustand übergeht.

Die üblichen Autoklaven für absatzweisen Betrieb werden liegend zum Einfahren der Dosen oder stehend zum Einsenken eines Siebbehälters gebaut. Die Luft wird oben abgeführt. Eine lange Halteperiode zwischen Füllen und Sterilisieren ist unbedingt zu vermeiden. Spargeldosen sollen senkrecht im Autoklaven stehen, Spinatdosen besser waagrecht liegen, damit sich möglichst günstige Konvektionsströmungen ausbilden können [1]).

Kontinuierliche Kochapparate für Dampf bzw. Wasser (saure Früchte) als Arbeitsmedium sind mit einer Schneckenwindung ausgerüstet, innerhalb derer die Dosen vorwärtsrollen. Die Umdrehungsgeschwindigkeit der horizontalen Welle kann 6:1 variiert werden; damit sind die Klappen an den Ein- und Auslaßschleusen synchronisiert. Außer einer kontinuierlichen Arbeitsweise haben sie den Vorteil, daß bei Dampf die Bildung von Luftnestern verhindert wird, welche eine ungleichmäßige Temperaturverteilung zur Folge haben. Für empfindliche Güter, wie Spargel, sind sie in dieser Ausführungsform nicht geeignet. Die Druckkühler können ebenfalls kontinuierlich betrieben werden und sind so eingerichtet, daß die Wassertemperatur am Einlaß höher ist als am Ende.

Der Verschluß der Dosen erfolgt mittels Verschlußrollen, durch welche der mit Latexlösung versehene Rand des Deckels mit dem Rand der Dose doppelt verfalzt wird (Abb. 82). Bei manchen Lebensmitteln, wie z. B. Bohnenkaffee, erfolgt der Verschluß unter Vakuum; bei Zitrus- und Tomatensäften, Eipulver (CO_2), Milchpulver, manchen Trockengemüsen, wird anschließend ein inertes Gas eingefüllt. Bei einem Vakuum von 70 mm beträgt die Sauerstoffkonzentration 2,7%. Bei Milchpulver muß nach einer Ruhepause von 24 h erneut evakuiert und mit inertem Gas (meist Stickstoff) gefüllt werden.

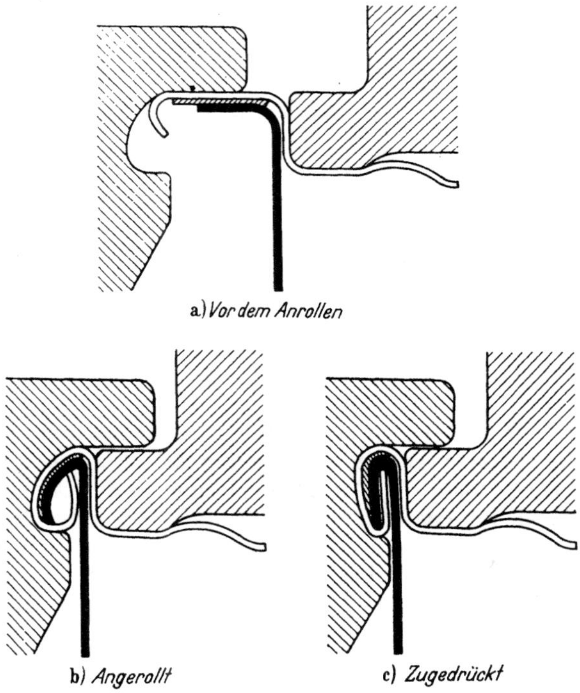

Abb. 82. Schematische Darstellung des Verschlusses einer Dose.

Die Gasverpackung wird bei Gütern angewandt, welche fetthaltig sind, deren Farbe oder Aroma sich unter Sauerstoffeinwirkung verändern bzw. bei welchen die Erhaltung von Vitamin C und A wichtig ist. Im allgemeinen sucht man einen Sauerstoffgehalt unter 2% zu erreichen. Vakuumverpackung kann bei größeren Gebinden nicht angewandt werden. Die übliche Methode bei Trockengütern besteht darin, daß die Dosen, deren Deckel mit einem Loch versehen sind, in einen Unterdruckbehälter kommen und dann evakuiert und mit N_2 bzw. CO_2 gefüllt werden, worauf das Loch

[1]) Nat. Canner's Assoc. Bull. 26 L, 1946. Nat. Canner's Assoc. Bull. 30 L, 1948 (Glass Containers).

verlötet wird. In automatischen Maschinen tritt anstelle des Unterdruckbehälters eine Vielzahl von Gasglocken. (Vgl. R. HEISS Z V D I, **92** (1950), im Druck.)

In Entwicklung befindet sich die sogenannte „Hochkurz-Sterilisation", die eine Weiterführung des Exhaustierens bedeutet; sie wird bei Säften angewandt, welche im Durchlaufverfahren (viskosere Produkte im Votator vgl. S. 262) auf 100° (saure Säfte) bzw. 130—150° (nicht saure Säfte) 3—7 Sekunden lang erhitzt, sofort auf etwa 90° abgekühlt und in bei 250° sterilisierten Dosen aseptisch abgefüllt werden.

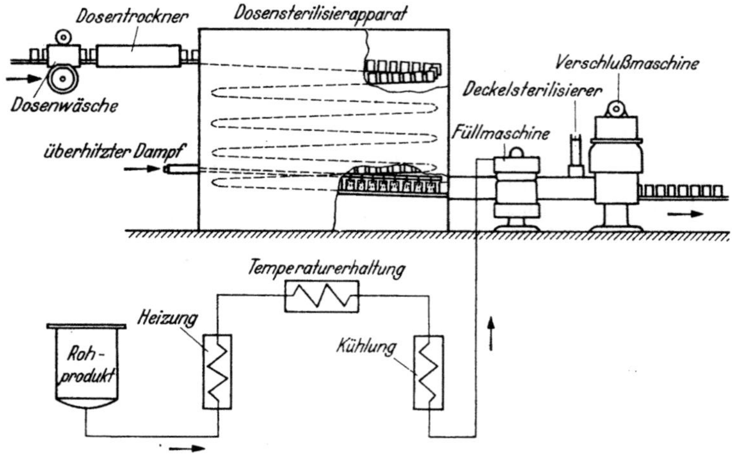

Abb. 83. Betriebsschema einer kontinuierlichen Anlage zum Sterilisieren von Dosen, leeren Deckeln und zur Hochkurzsterilisierung von Flüssigkeiten.

Die Dosen werden nach dem Verschließen mit sterilen Deckeln 1—3 min auf dieser Temperatur gehalten und dann sofort abgekühlt[1]) (Abb. 83). Für stückiges Gut erwägt man, die Dampfbehandlung in der offenen Dose weiterzuführen. Bei Baby-Food, Suppen, Kondensmilch und Säften wurde festgestellt, daß die Geschmacks- und Farberhaltung sowie die Vitamin B_1-Erhaltung gegenüber der bisherigen Methode zum Teil erheblich verbessert werden. Dies ist darauf zurückzuführen, daß das Q_{10} der Mikroorganismenabtötung in diesem Temperaturintervall etwa 10, das der chemischen Veränderungen (Abbau von Aromastoffen, Zerstörung von Vitamin-B_1) aber nur 2—3 ist. Dies bedeutet, daß eine Temperaturerhöhung um 10° die Senkung der Sterilisierzeit auf $^1/_{10}$ ermöglicht, wobei die chemischen Veränderungen auf rund $^1/_4$ sinken.

5. Dielektrisches Heizen.

Unter dielektrischer Heizung versteht man die Erwärmung eines nichtleitenden Materials durch seine eigenen dielektrischen Verluste, wenn das Material zwischen die Platten eines Kondensators gebracht und einem elektrischen Wechselfeld ausgesetzt wird. Die dielektrische Erwärmung ermöglicht eine schnelle und gleichmäßige Durchwärmung elektrisch nichtleitender Stoffe bis auf den Kern, genaue Dosierung

[1]) JACKSON, J. M. and H. A. BENJAMIN: Industr. Engng. Chem. **40**, 2241 (1948).
BALL, C. O., USA Pat. 2029303, Febr. 4, 1936.

der Wärme, kleinen Platzbedarf und sauberes Arbeiten. Jede Anlage zur dielektrischen Heizung besteht aus dem Hochfrequenzerzeuger und dem Heizkondensator. Nimmt man den Schwingungsgenerator lastunabhängig an, so ergeben sich die durch dielektrische Heizung beherrschbaren Fälle aus der Energieumsatzgleichung:

$$N\left(\frac{\text{Watt}}{\text{cm}^3}\right) = 5{,}56 \cdot f\ (\text{Hz}) \cdot \mathfrak{E}^2 \left[\left(\frac{\text{Volt}}{\text{cm}}\right)^2\right] \cdot \varepsilon \,.\, \text{tg}\delta \cdot 10^{-13}$$

Von den wählbaren Größen ist die Feldstärke besonders wichtig, da die Heizleistung je Volumeneinheit mit dem Quadrat von $\mathfrak{E}$ anwächst. Die Spannung zwischen den Kondensatorplatten soll 14—15 kV nicht überschreiten, da andernfalls mit Glimmentladungen und Durchschlägen gerechnet werden muß. Zur Vermeidung von Überschlägen geht man nicht über 1 kV/cm, besonders wenn die Plattenabstände klein sind. Ein — in den Fällen, in welchen Feuchtigkeit abgeführt werden muß, allerdings notwendiger — Luftspalt zwischen den Elektroden und dem zu erwärmenden Gut bedingt, insbesondere bei Materialien mit hoher Dielektrizitätskonstanten, eine höhere Wechselspannung an den Kondensatorplatten, um die gleiche Wirkung im Dielektrikum zu erzeugen. Andererseits muß zur Erzielung kurzer Aufheizzeiten die Feldstärke möglichst hoch gewählt werden; in verringertem Umfang gilt dies auch für die Frequenz f. Letztere ist nicht ganz frei wählbar: die deutschen Hochfrequenzgeneratoren weisen meist eine Frequenz um 30 MHz auf (10 m Wellenlänge); in USA werden auch Magnetrons von 1000 MHz (Wellenlänge 0,33 m) verwendet. Bei letzteren kann bei gleicher Heizleistung und bei gleichen Kondensatorabmessungen die Spannung auf den 7. Teil herabgesetzt werden. Es ist aber zu berücksichtigen, daß die maximalen Plattenabmessungen kleiner als $^1/_8$ Wellenlänge sein müssen, da sonst eine ungleichmäßige Erwärmung infolge Ausbildung stehender Wellen eintritt. Der Verlustfaktor tgδ und die Dielektrizitätskonstante ε sind Eigenschaften des zu erwärmenden Materials und können nicht geändert werden. Für die wichtigsten Lebensmittel liegt tg$\delta \cdot \varepsilon$ zwischen 0,01 (Zucker) und 0,3 (Trockenkartoffeln). Der Verlustwinkel ist frequenzabhängig und hat bei einer bestimmten Frequenz bei einer gegebenen Temperatur und Feuchtigkeit ein Maximum, was bei der Wahl günstiger Arbeitsbedingungen berücksichtigt werden soll. Die Dielektrizitätskonstante ändert sich im allgemeinen nur wenig mit der Frequenz und der Temperatur.

Auf Grund der Energieumsatzgleichung ergeben sich mit den angegebenen Grenzdaten für $\mathfrak{E}$, tg$\delta \cdot \varepsilon$ und f spezifische Heizleistungen N zwischen 0,2 und 40 $\frac{\text{Watt.}}{\text{cm}^3}$ Da weiterhin die Betriebsspannungen der üblichen Generatoren zwischen 1 und 15 kV liegen, muß für $\mathfrak{E} = 1 \frac{\text{kV}}{\text{cm}}$ und eine Betriebsspannung von 1 kV der Abstand der Kondensatorflächen (Materialdichte) mindestens 1 cm sein, bei 15 kV 15 cm. Unter Zugrundelegung einer Ausgangsleistung von 2 kW bzw. 20 kW errechnen sich hierfür folgende höchstzulässige Plattenabmessungen (dm²)

$\varepsilon \cdot$ tgδ	Betriebsspannung	1 kV		15 kV	
	Ausgangsleistung	2 kW	20 kW	2 kW	20 kW
0,01		117	(117) *)	7,8	78
0,3		0,51	5,10	0,034	0,34

*) ungleichmäßige Spannungsverteilung

Bei unhomogenem Gut (Fleisch mit Knochen und Fetteilen) läßt sich die Erhitzung nur schlecht beherrschen. Im Gegensatz dazu sind die Vorgänge beim Heißsiegeln von Verpackungsstoffen leicht zu übersehen. Bei großen Elektroden erhöht sich die Kapazität dermaßen, daß es schwierig wird, den Belastungskreis abzustimmen. Dies ist bei einer kontinuierlichen Erhitzung zu berücksichtigen. Bei Fließbanderhitzung wählte man daher mit Erfolg als Elektroden 2 Reihen von Kupferstäben senkrecht zur Bewegungsrichtung des Bandes.

Bezüglich der Anwendungsgebiete ist zu bedenken, daß ein kg Wasserverdampfung bei einem 100-KW-Generator mindestens 20 Pfennig kostet, während die Kosten bei normaler Trocknung zwischen 3—5 Pfennig je kg Wasserverdampfung liegen. Man wird dielektrische Wasserverdampfung deshalb nur zur Nachtrocknung einsetzen. Eine genügende Trocknungsgeschwindigkeit wird nur dann erreicht, wenn das zu trocknende Gut eine Temperatur um 100^0 verträgt, andernfalls muß die Behandlung im Vakuum erfolgen.

Gesicherte Anwendungsgebiete in der Lebensmittelindustrie sind: Heißsiegeln, Resttrocknung (Tabak, Trockengemüsepresslinge), Auftauen von Gefrierpackungen bei großen Mengen (Gaststätten), rasches Aufwärmen von Speisen in Speisewagen. Besondere Aussichten bietet die Ungezieferabtötung in gefüllten Packungen, da die tierischen Schädlinge infolge ihres höheren Feuchtigkeitsgehalts mehr elektrische Energie aufnehmen, d. h. stärker erwärmt werden als das Füllgut, dessen qualitative Veränderung dabei vermieden werden kann. Das Sterilisieren, Backen, Blanchieren, Rösten im dielektrischen Feld scheint bisher über das Versuchsstadium nicht hinausgekommen zu sein. Ein Nachteil beim Backen von Hefeteigen ist, daß wenige Sekunden nach dem Beginn des Anheizens die Hefen abgetötet sind. Die Gesamtwirkungsgrade von dielektrischen Heizgeräten können 20 bis 60% je nach der Größe der Generatoren und je nach der Frequenz erreichen.

Literatur.

Elektrizitätsverwertung, **21**, 209 ff. (1947).
Kunststoffe, **39**, 81 ff. (1949).
KLINGLHÖFFER, H.: Deutsche Lebensmittelrundschau **46**, (1950) im Druck.

E. Werkstoffe.

Bei der Wahl des Werkstoffes ist die Vermeidung jeder Wechselwirkung mit dem Lebensmittel und damit die Vermeidung von Korrosionserscheinungen der ausschlaggebende Gesichtspunkt. Dabei ist der pH-Wert des Lebensmittels, die Dauer der Einwirkung und die Höhe der Temperatur entscheidend. Teile, welche nur mit ruhender oder schwach bewegter Flüssigkeit in Berührung stehen, können durch geeignete Lackierungen geschützt werden, insbesondere, wenn der pH-Wert nicht wesentlich von 7 abweicht. Die stärksten Korrosionserscheinungen treten oft nicht an den durch Flüssigkeit bedeckten Teilen auf, sondern an der Grenzfläche: Flüssigkeit—Metall—Luft. Bei Lebensmitteln, die leicht von Mikroorganismen befallen werden, spielt die einfache Reinigungsmöglichkeit eine wichtige Rolle. Für Wärmeaustauschflächen ist die Wahl von Materialien mit hoher Wärmeleitzahl wichtig.

Eisen wird von schwachen Säuren leicht gelöst und von Wasser und Sauerstoff in Rost, Eisenoxyd, übergeführt, widersteht aber Alkalien, ausgenommen heißen, konzentrierten Lösungen. Die Anwendung von Alkalien ist jedoch in der Lebensmittelindustrie viel seltener als die von verdünnten Säuren. Der Einfluß auf den

Vitamin-C-Gehalt ist gering, doch kann Eisenberührung zu Verfärbungen und Geschmackseinbußen führen. Tannine und tanninähnliche Verbindungen ergeben eine grünblaue Verfärbung. Auch bei Verarbeitung von Fetten ist Vorsicht geboten. Die Verwendung von Gußeisen ist in der Lebensmittelindustrie weit verbreitet; es wird erheblich weniger angegriffen als Schmiedeeisen (Anwendung z. B. für Salzlösungen). Um Eisen beständiger zu machen, werden 17% Chrom mit einem Zusatz von Titan und Tantal verwendet. Dieser nickelfreie Chromstahl ist für die Milchwirtschaft geeignet. Dominierend ist die Legierung mit 18% Chrom und 8% Nickel. Noch etwas widerstandsfähiger gegen Druckbeanspruchung in verschiedener Höhe, höhere Betriebstemp. ist ein Chromstahl mit 12% Nickel statt 8% und 2—3% Molybdän. Aus Inconellmetall (71,5 Ni, 13 Cr, 6,5 Fe) werden Lagerfässer für Apfelwein und Apfelmost hergestellt. Rostfreier Stahl findet in der Lebensmittelindustrie sehr weitgehend Anwendung, z. B. in der Molkerei, der Essigerzeugung, der Gewinnung von Süßmosten, der Pektingewinnung beim Marmeladekochen, bei der Schwefelung für Trockenobst, bei der Schmelzkäseherstellung, in der Bierbrauerei, bei der Lagerung ätherischer Öle, bei Anlagen zur Herstellung von Stärke, von Trockenkartoffeln, zur Fällung von Eiweiß mittels Säure, für Transportgefäße für Butter und Margarine.

Kupfer löst sich wenig in nicht oxydierenden Säuren wie HCl, H_2SO_4, Ameisensäure, Zitronensäure und Phosphorsäure unter Luftabschluß. Es neigt stark zu Oxydation und das Oxyd löst sich leicht in den meisten Säuren. Verwendet wird es in der Lebensmittelindustrie für Bierleitungen und Kochkessel in der Bierbrauerei, zur Herstellung von Destillationsanlagen für Weingeist, beim Kochen von Marmelade, im letzten Fall allerdings mit innerer Verzinnung oder Versilberung und bei der Herstellung meist verzinnter Gegenstromwärmeaustauschapparate, überhaupt wegen seiner hohen Wärmeleitfähigkeit für Heiz- und Kühlschlangen. Bei Fetten bedingen Cu-Säuren eine schnelle Oxydation und damit Verderb. Wenn es auf die Erhaltung des Vitamin-C ankommt, dürfen Lebensmittel nicht mit Kupfer in Berührung kommen. Schon Zusätze von 0,0002% können bei verschiedenen Gemüsearten Verfärbungen hervorrufen (Mais, Erbsen), bei Tomatensaft 0,0016% (Eisen, Chrom, Nickel, Zinn und Zink bei 0,008% kein Einfluß). Verzinntes Kupfer bzw. Messing bildet keinen genügenden Schutz gegen Vitamin-C-Verluste beim Kochen; besser ist eine Verchromung [1]).

Bronze hat die gleiche Widerstandsfähigkeit gegen nicht oxydierende Säuren, neigt aber weniger zu Oxydation, auch sind seine mechanischen Eigenschaften überlegen. Aluminiumbronze und Phosphorbronze bei Essigsäure; eine in USA viel verwendete Cu-Legierung, deren Anwendung aber z. B. bei Vitamin-C-haltigen Erzeugnissen bedenklich ist, ist Monelmetall (67 Ni, 30 Cu, 14 Fe, 1 Mn).

Zinn ist zur Herstellung und Lagerung von Aromastoffen, von Alkohol und zur Gewinnung von Casein geeignet, verzinnte Stahlbleche dienen als Teigkessel, verzinnte Werkstoffe z. B. für Zuckersäfte.

Aluminium ist relativ widerstandsfähig gegen schwache Säuren, solange es durch eine Oxydschicht geschützt ist. Durch Alkalien wird die Oxydschicht zerstört und eine rasche Korrosion eingeleitet. Aluminium ist besonders korrosionsbeständig gegen Milch und Milchprodukte bis zu einem Säuregrad von 40^0 S.H.; Butter und Margarine selbst mit hohem Kochsalzzusatz erzeugen keine Korrosion. Weiterhin ist Aluminium, möglichst mit Eloxalschicht, zur Herstellung von Hefe, Reinaluminium

[1]) VAN DER LAAN, P. J., u. L. P. VON DER MILJLL, Dekker, Volding, **6** (1945) S. 128. PATSCHKY, A.: Deutsche Lebensmittelrundschau **46**, 1950 (im Druck).

zur Herstellung von Milchzucker und Traubenzucker und von Mineralwasser verwendbar. Weiterhin wird Aluminium bei der Stärkeherstellung, Gelatineherstellung, der Herstellung von Schmelzkäse und von Bier eingesetzt. Aluminium und Aluminiumlegierungen sind zur Lagerung von Aromastoffen, von Alkohol, Branntwein u. dgl. geeignet. Schon gegen relativ schwach saure Kartoffelsäfte ist es nicht genügend widerstandsfähig. Zum Reinigen dürfen keine alkalischen Spülmittel verwendet werden; weiterhin ist beim Reinigen darauf zu achten, daß die Oxydschicht nicht zerstört wird. In Norwegen wird anodisiertes Aluminium (Eloxal) zum Sterilisieren von Fischen in Öl, Krabben, Fleisch, Hülsenfrüchten, anodisiertes, lackiertes, 99,5%iges Aluminium für Fische in Tomaten, Milch und Spinat, blankes Aluminium für viele Lebensmittel mit p_H-Werten zwischen 5,7—7,6 verwendet [1]).

Nichtmetalle werden eingesetzt, wo ihre schlechte Wärmeleitfähigkeit keine Rolle spielt und hohe Säurekonzentrationen bzw. hohe Temperaturen Anwendung finden und keine besondere Druckbeanspruchung vorliegt. *Steingut* für Rohrleitungen, Pumpen, Filter für Zitronensäure, Behälter für Richtlösungen für Schmelzkäse, Pumpen für Obstsäfte, Extraktionsapparate zur Pektingewinnung, Essigbildner. *Porzellan* und *Jenaer Glas* für Rohrleitungen für Säuren bei hohen Temperaturen, *Vinidur* für Rohrleitungen und Pumpen bei mäßigen Temperaturen (Pektinherstellung, Essig). *Holz* für Essigbildner, Extrakteure für Pektin, Behälter zur Sauerkrautherstellung, für Neutralisationsbottiche, Bierlagerfässer. Es hat den Nachteil, daß es quillt und schrumpft, also gegen Konzentrationsveränderungen empfindlich und schlecht zu reinigen ist.

Bei gleichzeitiger Druckbeanspruchung, hohen Temperaturen und Säurekonzentrationen wie bei Hydrolysebehältern für Suppenwürze, verwendet man einen Eisenbehälter, der mit Steinzeugplatten oder mit Graphitplatten ausgekleidet ist oder man verwendet Kunststoff- oder Gummiauskleidungen. Gummiauskleidungen sind gegen oxydierende Säuren und gegen organische Lösungsmittel empfindlich.

In der Lebensmittelindustrie haben die Furanharze die Phenolharze weitgehend verdrängt. Zur Auskleidung von Behältern, von Rohren und Ventilen verwendet man weichmacherfreies Polyvinylchlorid, Polyäthylen zum Auskleiden von Säuretanks im Temperaturintervall 100 bis —60°. Butylkautschuk eignet sich besonders für Auskleidungen, die gegen Salzsäure beständig sein sollen.

Bleiauskleidungen findet man in der Lebensmittelindustrie weniger (Perkolatoren beim Schoellerverfahren, Konverter bei der Glucosegewinnung, Kristallisatoren für Zitronensäure). Glasemaillierte Gefäße vermeiden die Nachteile von Glas, allerdings etwas auf Kosten der chemischen Widerstandsfähigkeit. Sie werden angewandt, wo in längeren Lagerzeiten auch Metallspuren eine Rolle spielen wie bei der Bier- und Süßmostlagerung, weniger wo ein scharfer Temperaturwechsel zu befürchten ist. Für Öle und Melasse können Betontanks ohne Auskleidung angewendet werden.

---

[1]) BRYAN, J. M.: Food Manufacture **25**, 64 (1950).

II. Herstellungsverfahren, bei welchen mechanische Prozesse überwiegen.

A. Trennungsvorgänge, fest/fest, Änderung der Stoffdichte.

1. Mühlenreinigung des Getreides.

Das meist feucht angelieferte Getreide muß zunächst getrocknet werden. Hierzu dient im allgemeinen ein Schachttrockner, welcher aus einem Anwärmelement besteht, in dem man die innere Feuchtigkeit des Korns nach außen bringt (sogenanntes Schwitzen), der Trockensäule, in der die Körner dauernd gewendet werden müssen (Wendevorrichtungen), der Kühlzone, der Auslaufvorrichtung, welche als freischwingender Schieber ausgebildet ist und automatischen Wägevorrichtungen für den Zu- und Ablauf. Die Trocknungszeit kann durch diskontinuierliche Trocknung erheblich abgekürzt werden.

Um beim Schroten die Schrotwalzen auf gleiche Korngröße einstellen zu können, erfolgt ein Sortieren mittels Sortierzylinder oder mittels Plansieb. Der Sortierzylinder besitzt einen Mantel aus Schlitzblech, welcher von einer Bürstenwalze gereinigt wird; das Kleinkorn fällt durch, das Großkorn geht über. (Abb. 31). Das Plansieb ist ein geneigtes Flachsieb mit Schlitzlochung, welches an Federn aufgehängt ist. Nun schließen sich die Gesämeausleser (Trieure) an, da durch Sortensiebe und Aspirateur fremde Körner gleichen Durchmessers nicht entfernt werden können. Hierzu ist eine Sortierung nach der Länge erforderlich. Zum Nachlesen der aus verschiedenen Trieuren ausgehobenen Unkrautsämereien dient der Schneckentrieur (Abb. 32).

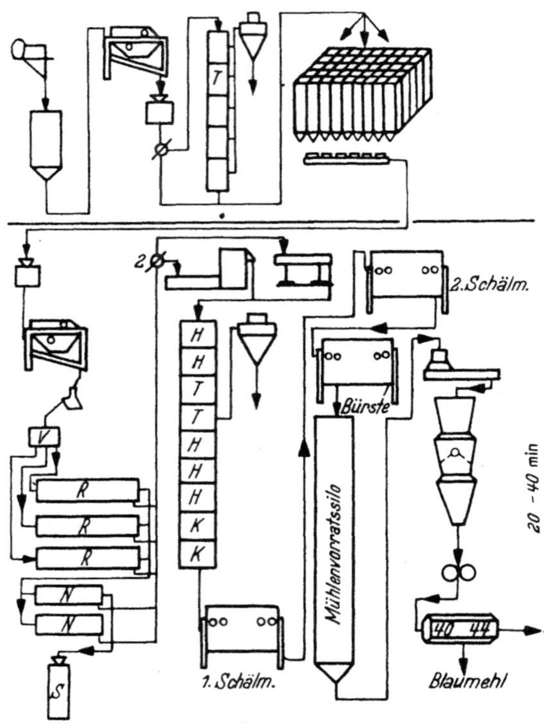

Abb. 84. Mühlenreinigung (Roggen).
H = Heizschub R = Radtrieure
T = Trockenschub N = Radennachleser
K = Kühlschub S = Spiraltrieur,
V = Verteiler

Vor- oder Schwarzreinigung (Abb. 84). Das Getreide passiert eine automatische Kippwaage bzw. wenn verschiedene Partieen gemischt werden sollen, einen automatischen Schüttungsregler, der die Schüttungen der automatischen Waagen reguliert. Daran schließt sich der Mühlenaspirateur an

(Abb. 85). Nach der Stauklappe fällt es hierin nach unten, trifft auf einen Luftstrom, der leichte Teile und Staub abzieht, geht dann über und durch das Schrollensieb, über welchem die groben Teile abgestoßen werden, während das Getreide durchfällt und durch das sogenannte Getreidesieb läuft, wo Erbsen u. dgl. in eine Rinne fallen, während das Getreide auf das Sandsieb durchfällt und von dort abläuft. Sand und schwere Steine fallen durch das Sieb, das mechanisch durch Bürsten gereinigt wird. Die Luft und die abgesaugten Teile gehen zum Innern des Aspirateurs, wo infolge Erweiterung der Räume die Schalenteile nach unten fallen. Die Abscheidung von Eisenteilen, welche die Mühlen beschädigen und die Ursache von Feuergefahr bilden würden, erfolgt durch Elektromagnete etwa in der Weise, daß das Getreide über die Walze läuft, die unten in ein Rohr die Eisenteile abfallen läßt (Abb. 86).

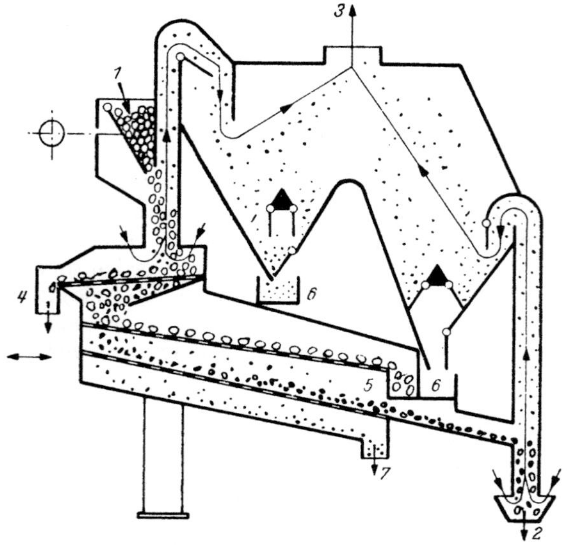

Abb. 85. Arbeitsschema eines Aspirateurs:
1 = Einlauf
2 = Auslauf des gereinigten Getreides
3 = Austritt der Aspirationsluft mit Flugteilen
4 = Übergang von Schrollen (Steine, Sackbänder)
5 = Übergang von Besatz (Erbsen, Wicken usw.)
6 = Niederschlag des Aspirationsraumes (Spreu, Kaff)
7 = Durchfall des Sandsiebes (Staub, Sand)

Getreidebehandlung mit Wärme und Wasser. Zum Saubermachen der Kornfurche und zum Entfernen von Steinen, die im Aspirateursieb nicht abgeschieden werden, wird das Getreide gewaschen; gleichzeitig werden die auf der Oberfläche schwimmenden, leichten Teile abgesondert (Brandweizen). Angewandt wird eine Kombination von Steinausleser, Waschzentrifuge und Trockenzentrifuge (Abb. 87). Das Getreide wird unter Wasserzulauf mittels einer Schnecke in die Zentrifuge mit gelochtem Blechmantel gefördert, in dieser herumgewirbelt und dadurch gewaschen und anschließend in die Trockenzentrifuge hochgehoben (Wasserverbrauch 100 Liter je 100 kg Weizen). Die Aufgabe der Trockenzentrifuge ist es, das nasse Getreide gegen

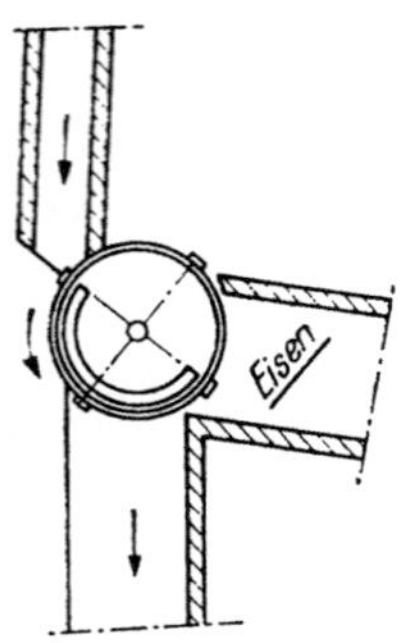

Abb. 86. Elektromagnet.

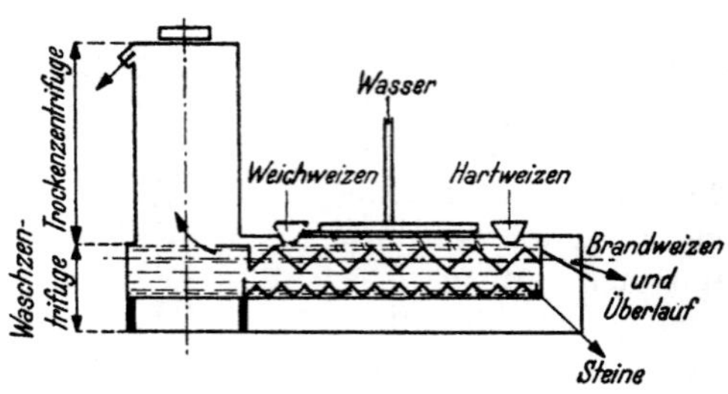

Abb. 87. Waschzentrifuge, Trockenzentrifuge, Steinausleser.

geschlitzte Prallwände zu werfen, damit das Wasser restlos abgeschleudert wird. Das aus der Wäscherei kommende Wasser gelangt durch mit Abstreifern versehene Siebe; die Schalenteile kommen in eine Trockenschnecke oder dergleichen.

Hartweizen passiert Steinausleser, Vorzentrifuge, Abspritzschnecke und Trokkenzentrifuge, während bei Weichweizen oft die Vorzentrifuge und die Abspritzschnecke in Wegfall kommen, um das Korn nicht zuviel Wasser aufnehmen zu lassen.

An das Waschen schließt sich das Trocknen und hieran das „Netzen" an, welches bei Roggen den Zweck hat, eine Samenschale zu erhalten, die beim Mahlen nicht splittert und um das Schälen zu erleichtern, und bei Weizen, um das Wasser für die anschließende Vorbereitung zuzuführen. Roggen nimmt dabei rascher Wasser auf als Weizen. Bei Roggen ist die Aufhellung in der Farbe durch das Vorbereiten wichtig. Je nach Wassergehalt und Qualität des Getreides muß die zugeführte Wassermenge variabel sein. Die dazu erforderlichen Apparate bestehen aus einer Tropfvorrichtung, einem in einen Schneckentrog eingebauten Mischflügelwerk und einer Reguliervorrichtung oder aber aus einer sich schnell drehenden Scheibe, welche ringsherum herabrieselndes Wasser auf der Scheibe zerstäubt. Daran schließt sich eine mindestens 5 m lange Netzschnecke an, in welcher sich das Wasser verteilen muß. Die Abstehzeit richtet sich nach der Dicke der Schalen. Der Mehlkörper muß dabei trocken bleiben (Abb. 88). Je nach dem Feuchtigkeitsgehalt des Getreides netzt man vor dem Schälen und vor dem ersten Schrot oder nur vor dem ersten Schrot.

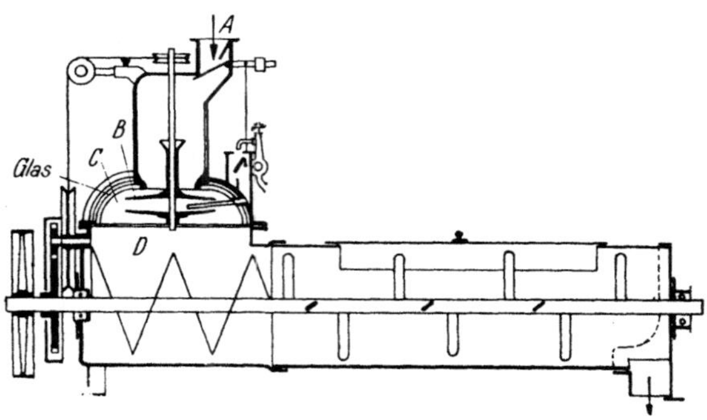

Abb. 88. Längsschnitt durch einen Verneblungsapparat.
A = Einlauf C = Behandlungsraum
B = Getreideverteiler D = Zerstäuberscheibe

Bei *Weizen* hängt die *Vorbereitung* völlig von dessen Qualität ab, da hierbei außer dem Feuchtigkeitsausgleich zwischen den Körnern und der „Mürbung" eine Änderung des Quellungszustands des Klebers (Erhöhung der Elastizität, Verringerung der Dehnung) herbeizuführen ist. Zu weicher Kleber (Weichweizen) muß in der Wärme gehärtet werden, da sich sonst zerfließende Gebäcke ergeben (Denaturieren des leicht löslichen und leicht quellbaren Gliadins); zu starker Kleber (Hartweizen) mit höherem Gehalt an schwerer und langsamer löslichem und quellbarem Glutinin muß vorquellen, um ihm eine größere Elastizität zu geben, da sich sonst kleinporige, rissige Gebäcke ergeben würden. Dementsprechend muß ein Vorbereiter sowohl die Möglichkeit enthalten, durch Feuchtigkeitszugabe und Wärme ein Aufquellen wie auch durch Feuchtigkeitsentzug und Wärme (Gerinnen des Klebereiweißes) das überschüssige Wasser zu entfernen. Dementsprechend muß ein Vorbereiter je nach der Weizenart folgende Zonen umfassen: Vorwärmung auf 35—60° (Weichweizen mit schlappem Kleber), Trocknen bei 70—80° (Weichweizen) bzw. Vorbereiten bei 35 bis 40° (Hartweizen 1¼—3 Stunden, Weichweizen 25—60 min). Kühlen und schließlich Abstehenlassen (5—10 Stunden). Die Erwärmung erfolgt durch Leitung (Radiatoren) oder durch Konvektion (Luftumwälzung). Wichtig ist die Wendung des Getreidestromes beim Durchleiten, damit eine örtlich übermäßige Erhitzung vermieden wird. Die anzuwendenden Temperaturen und Zeiten hängen außer von der Kleberqualität vom Anfangswassergehalt, der Härte der Körner und vom Klebergehalt ab, so daß diesbezüglich auf Spezialliteratur [1]) verwiesen werden muß. Das Konditionieren verfolgt nicht nur den Zweck, durch Wärmebehandlung den Kleber zu beeinflussen und die proteolytischen und diastischen Enzyme zu schwächen, sondern den Mehlkern in einen günstigen Zustand für die Entfernung anhaftender Schalen-, Keim- und Zellulosebestandteile zu bringen. Stets muß die Schale feuchter sein als der Mehlkern, damit erstere der Zertrümmerung widersteht und letztere wirksam gesichtet werden kann. Das Warmkonditionieren hat den Nachteil, daß das erwärmte Korn gekühlt werden muß, bevor es gelagert bzw. vermahlen werden kann. Hierdurch wird die Schale trockener als der Kern, wodurch das Haftvermögen der Schale nicht genügend vermindert wird. Durch das Simon-Stabilisator-Konditionierungsverfahren wird dies erreicht, die Schale bleibt zäh, der Mehlkörper trocken (Abb. 89). Der Stabilisator besteht aus einem Trog mit 1—2 Schnecken, in welchen das Getreide mittels eines Dampfstoßes auf 45—50° erwärmt wird. Jede Schnecke passiert eine Vorwärm- und eine Regelabteilung. In der Regelabteilung erfolgt die weitere Erhitzung unter Dampfdruck auf 50—65° (Weichweizen). Die ganze Behandlungsdauer beträgt 50 sec. Anschließend kommt der Weizen in die Waschmaschine, in welcher er auf 25° abgekühlt wird. Die an der Kornoberfläche anhaftende Feuchtigkeit wird durch einen sog. Viskator entfernt, einem Rieselkühler, in welchem bei hoher Luftgeschwindigkeit in 6 Minuten (< 38°) der letzte Rest der anhaftenden Feuchtigkeit entfernt wird. Vor dem Passieren des Stabilisators wird der Weizen auf 12% W.G. getrocknet, im Stabilisator steigt der W.G. auf 14—14½%, im Waschapparat auf 16—16½%, um den Viskator mit 15% W. G. zu verlassen. Vorteile des Verfahrens sind, daß durch die raschen Temperatursprünge Druck- und Zugspannungen entstehen, welche das Abplatzen der Schale von der Endospermschicht verursachen, und die exakte Regelung des Feuchtigkeitsgehalts und der Feuchtigkeitsverteilung, wodurch die Zertrümmerung der Schale beim Mahlen stark vermindert wird. Außerdem wird der Konditionierungsvorgang erheblich verkürzt (6 min).

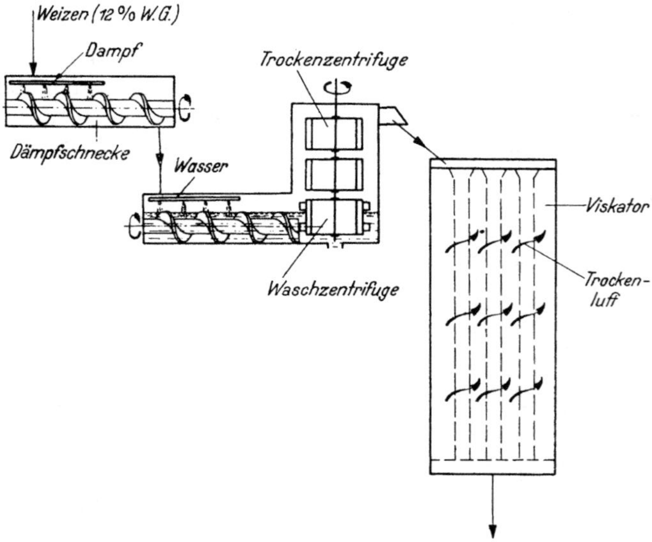

Abb. 89. Konditionierungsverfahren für Weizen nach Simon.

Roggen wird in den Heizschüben des Vorbereiters auf 36—38° erhitzt, wodurch er seine Zähigkeit verliert, und dann getrocknet.

Weißreinigung. Auf das Vorbereiten folgt das Schälen der Holzfaser, während die übrigen Schichten nicht abgeschält werden und nach dem Netzen beim Schroten

[1]) Vgl. HOPF, L.: Taschenbuch für Müllerei und Mühlenbau, S. 172/173, Leipzig: Schäfer 1938.

und Ausmahlen in großen Stücken beisammenbleiben, wogegen beim völligen Schälen die Schalenreste zerpulvert würden, wodurch das Mehl dunkler wird. Die Schälmaschine besteht aus einem Schmirgelmantel, in welchem sich ein Schlägerwerk mit 350—500 U/min (Weizen) bzw. 550—700 U/min dreht, welches die Körner gegen den Mantel schleudert (Abb. 90). Durch eine Absaugevorrichtung wird die Schälkleie, der Keimling (Roggen), das Bärtchen u. dgl. entfernt. Das Nachreinigen erfolgt in der Bürstmaschine (Abb. 91). Ein sich innen drehender Bürstenkörper (Pflanzenfasern, z. B. Reiswurzeln) bearbeitet das Getreide gegen den äußeren Mantel, der sich ebenfalls, aber in entgegengesetzter Richtung dreht und ebenfalls mit Bürsten versehen ist, wodurch noch anhängende Holzfasern, Bärtchen u. dgl. entfernt werden. Bei anderen Ausführungen arbeiten Bürstenleisten gegen Drahtgewebe (scharfer Angriff) oder gelochtes, möglichst glattes Blech.

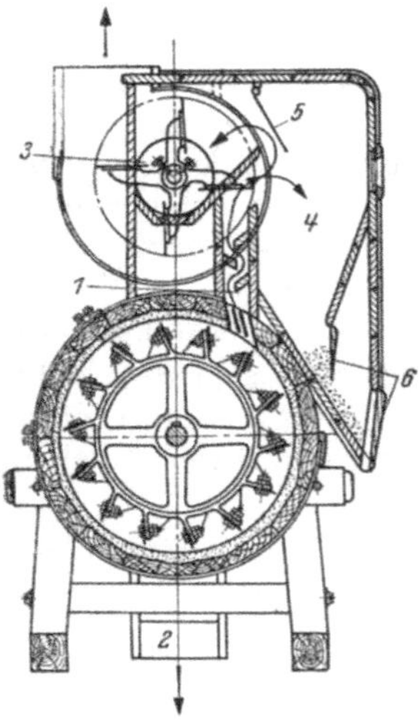

Abb. 90.
Spitz- und Schälmaschine.
2 = Auslauf
3 = Exhaustor
4 = Separator
5 = regulierbare Klappe
6 = Doppelklappen

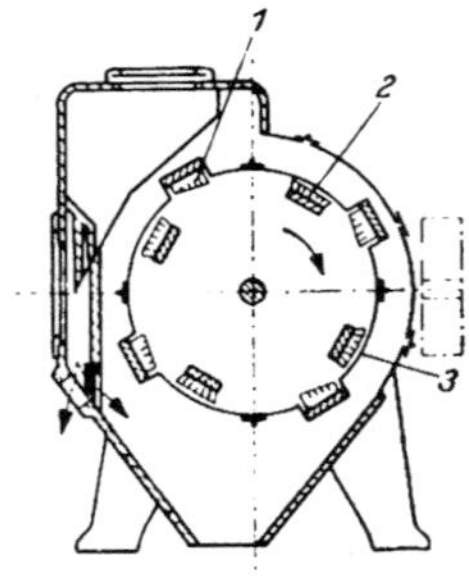

Abb. 91.
Mantelbürstmaschine.
1/2 = Bürsten
3 = Schlitzblech

Nachdem das Getreide die Bürstmaschinen verlassen hat, geht es über den bereits beschriebenen Bestäubungsnetzapparat und passiert nach einer gewissen Abstehzeit bei Roggen den Quetschstuhl (mit glatten Walzen). Er hat die Freilegung des Spaltes zu besorgen. Das beim Quetschen entstandene, sogenannte „Blaumehl" wird z. B. mittels Sechskanter abgesiebt. Anstelle bzw. zur Ergänzung des Quetschstuhls verwendet man bei Roggen zur Entlastung der ersten Schrotwalze auch den Kornspalter.

Beim *Earle-Prozeß* [1]) passiert der gereinigte Weizen eine Reihe hintereinandergeschalteter, gummibelegter Schäleinheiten, in welchen er unter Wasserzufluß rasch bewegt wird. Die letzten Zellen arbeiten als Flotationseinheiten, d. h., daß durch Einblasen von Luft eine selektive Trennung erreicht wird, wobei infolge der verschiedenartigen Benetzung der schlecht benetzbare Stoff mit dem sich bildenden Schaum abgezogen werden kann. Zur Schaumbildung dient eine kleine Menge Kiefernöl. Die Kleie elangt durch Belüftung zur Oberfläche und wird im Schaum wegflotiert. Die Dauer des Prozesses wird zu 9 min angegeben. Der geschälte Weizen wird nach dem Abtropfen auf Vibrationssieben zentrifugiert und getrocknet; die beim Trocknen abfallende Kleie wird wegaspiriert.

Literatur.

HOPF, L.: Getreide, Mehl und Brot, 2, 188 (1948)

2. Vermahlung des Getreides.

Allgemeines. Weizen besteht zu etwa 84% aus Endosperm, zu 14% aus Schalenbestandteilen und zu 2% aus Keimen. Die Aufgabe des Mahlens besteht in der Trennung des Endosperms von der Kleie und vom Keim, gefolgt durch Pulvrisieren. Die

1) ROBINSON, G. R.: American Miller, 70 (1), 92 (1940). Food Industr. 13, No. 5, 70 (1941).

Trennung wird durch die verschiedenen physikalischen Eigenschaften der Einzelbestandteile ermöglicht: Die Kleie ist zäh, das Endosperm zerbrechlich, der ölhaltige Keim gibt zwischen den Walzen Flocken. Eine Beeinflussung ist durch Konditionieren möglich: Wenn die Kleie nicht genügend zäh ist, wird sie pulverisiert, wenn das Endosperm zu feucht ist, ergibt es ebenfalls Flocken.

Bei der *Flachmüllerei* kommen alle Teile, die gröber sind als Mehl, in die nächste Passage, wobei man bis zur völligen Zerkleinerung 4—5 Passagen benötigt. Dabei werden die guten inneren Teile des Mehlkörpers gewaltsam mit den schlechten äußeren gemischt, wodurch das Mehl dunkel und aschereich wird und bei gleicher Farbe die Ausbeute sinkt. Durch Erwärmung kann gleichzeitig ein Verlust an Backfähigkeit entstehen, Temperaturen von 30° sollen nicht überschritten werden.

Bei der *Halbhochmüllerei* werden die Mahlspalte höher geführt, wodurch sich die Zahl der Schrote auf 5—6 vergrößert. Hierdurch werden möglichst viel griffige Mehle und damit möglichst viel unzerstörte Kornsubstanz in den Backprozeß geliefert; Grobgrieß, Feingrieß und Dunst werden der Farbe nach sortiert und getrennt behandelt; das jeweils erzeugte Mehl geht zur Mehlsammelschnecke.

Beim *Hochmahlverfahren* werden die Walzen noch höher geführt, wodurch 8—9 Schrotungen entstehen. Voraussetzung für dieses Verfahren ist eine gewisse Härte des Korns, da sonst eine weitläufige Sortierung nicht möglich ist.

Roggen wird halbhoch, Weizen halbhoch bis hoch vermahlen. Wesentlich ist bei Weizen, daß jeweils möglichst viel Grieße und Dunste entstehen, aber wenig Mehl; bei Roggen arbeitet man halb auf Grieß, halb auf Mehl.

Weiterhin unterscheidet man die Vermahlung im *Mahlgang* und mittels des *Walzenstuhls*. (Vgl. S. 4.) Der Mahlgang erfordert einen hohen Kraftbereich und hat eine geringe Leistung; er stellt die roheste Art der Vermahlung dar: es entsteht ein mit Schalenteilchen durchsetztes (stippenreiches) Mehl. Sein Hauptarbeitsbereich liegt beim Ausmahlen.

Walzenstühle arbeiten als Schrotstühle mit Riffelwalzen, als Auflösestühle mit Riffelwalzen und teilweise Glattwalzen, als Mahlstühle mit Porzellanwalzen oder Glattwalzen und als Ausmahlstühle mit Feinriffelwalzen. Im allgemeinen ist die schnelle Walze fest eingebaut und unten, die langsame Walze beweglich und oben (geringe Lagerdrücke der beweglichen Walze). Die langsame Walze hält das Mahlgut fest, die schnelle Walze arbeitet den Mehlkörper aus. Im Gegensatz zum Mahlgang arbeitet der Walzenstuhl mit hohem Druck und geringer Reibung (kurze Vermahlungszone, helle Mehle). Von wesentlicher Bedeutung für Backfähigkeit, Farbe und Ausbeute ist die Anpassung von Voreilung, Drehzahl, Drall und Riffelung an Art und Feuchtigkeit des Mahlguts.

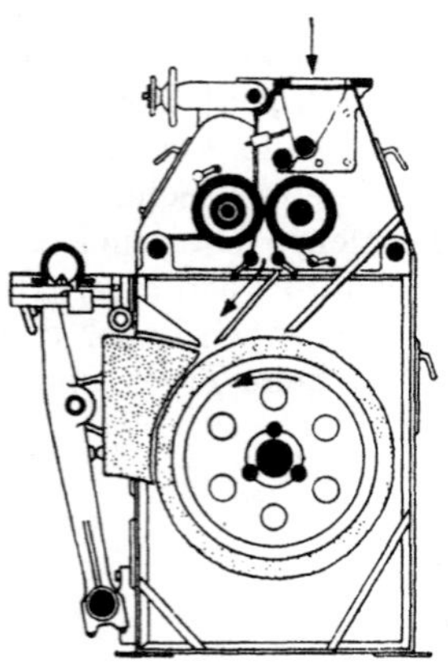

Abb. 92. Sodermühle.

Zwischenglieder zwischen Mahlgang und Walzenstuhl sind die *Sodermühle* (Abb. 92) und die *Ausmahlmaschine*. Hierbei werden Druck und Reibung insofern aufgeteilt, als die oberen Glattwalzen ohne Voreilung nur zu Plättchen pressen, die nachfolgende Steinwalze (Sodermühle) oder die nachfolgenden Steine (Ausmahlmaschine) reiben.

Sichtung (vgl. S. 26 u. 27). Die Handsichtung ergibt die beste Schichtung des Mahlgutes: Feine Teile unten, grobe Teile „schwimmen" oben, wodurch sich helle Mehle ergeben. Die Sichtfläche muß so bemessen sein, daß nur die feinen Teile auf die Sichterseide kommen. Die Verwendung zu großer Siebflächen ergibt dunkle Mehle. Die Handsichtung wird durch den Plansichter nachgebildet, der sich in der Müllerei fast ausschließlich durchgesetzt hat. Er besteht aus zwei Systemen von 8, 10 oder 12 Flachsieben verschiedener Maschenweite, die durch je einen Hauptrahmen verbunden sind, der an Rohrstäben oder auf einem Stützpendel hängt. Durch eine Schwungscheibe erhält das System eine freischwingende Kreisbewegung. Das Siebgut kommt zunächst auf Drahtgewebe; was durchfällt, kommt auf einen Sammelboden, der Übergang wird entfernt (Schrotpassage). Durch die nachfolgende Grießgazebespannung fallen Feingrieß, Dunst und Mehl, während der Grobgrieß in den Überlauf kommt. Als nächstes fällt Mehl durch, während Feingrieß und Dunst (Erzeugnis, das in der Körnung zwischen Mehl und Grieß liegt) im Überlauf sind und ebenfalls noch getrennt werden. Das Mehl kann nur dann durch die Seide fallen, wenn die Maschen offen sind, was durch weiche Bürsten erreicht wird, die sich unter Einwirkung des Sichterhubs zwischen Sammelboden und Sieb fortbewegen, wobei sich beim Rückstoß die Borsten gegen die Seide sperren und das Eindrücken der Borsten in die Maschen deren Reinigung bewirkt. Variationsmöglichkeiten sind: Änderung der Bespannung, Siebzu- und -abschaltung, doppelter Durchgang bei schwach beaufschlagten Sieben, Verwendung von Schnellaufbürsten, um die freie Siebfläche zu vergrößern.

Roggenvermahlung (Abb. 93). Nach dem Quetschen und Passieren des Blaumehlzylinders kommt der Roggen auf den ersten Schrotstuhl. Der Überstoß des ersten Sichters geht auf die zweite Schrotmühle u. s. f. bis zur fünften Schrotmühle, wo im Überstoß die Schalen abgesackt werden. Bei den Schalen kann eine Schalenbürste eingeschaltet werden, die zum Entfernen der kleinen anhaftenden Mehlmengen vom letzten Schrot dient. Sie besteht aus einem konischen Bronzegaze-Sieb, das von innen rotierenden Bürsten mit langen Borsten bestrichen wird.

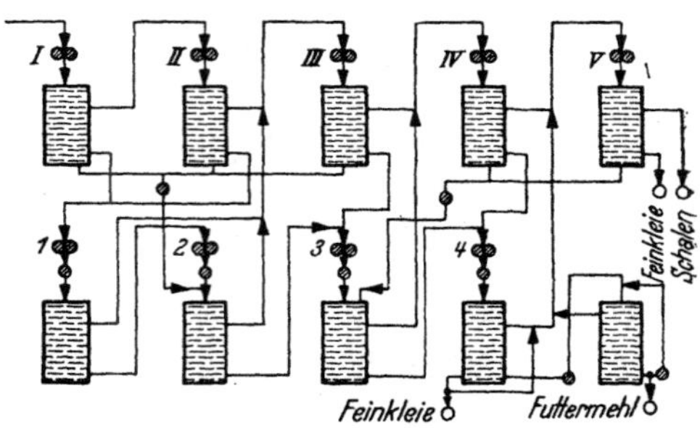

Abb. 93. Diagramm einer Roggenmühle 15 t/24 h.

Die Grieße des 1. und 2. Schrotes gehen zum 1. Grießstuhl, die des 3. Schrotstuhls zum 3. Grießstuhl und die des 4. Schrotstuhls zum 4. Grießstuhl.

Die Dunste des 1. bis 3. Schrots gehen über einen Auflöser zum Sichter des 2. Grießstuhls, diejenigen des 4. und 5. Schrots zu demjenigen des 3. Grießstuhls. Der Auflöser dient dazu, um aus den Schrot- und Putzgrießen möglichst viel sauberen Dunst zu erzielen, der direkt ins Mehl laufen kann. Er besteht aus 2 Tellern, durch deren veränderlichen Spalt das Mahlgut mittels eines Flügels gepreßt wird. Die Tellerflächen bestehen aus Korund.

Die Überstöße der ersten beiden Grießsichter gehen zur 3. Schrotwalze, die des 3. Grießsichters zur 4. und die des 4. Grießsichters zum 5. Schrot. Die feineren Übergänge jedes Grießsichters gehen zur nächstfolgenden Grießwalze. Vom 4. Grießsichter kann die Frischkleie abgezogen werden oder es kann mit Hilfe eines Riffelauflösers Futtermehl dadurch gewonnen werden, daß die Kleie anschließend einen weiteren Sichter passiert, über einen Auflöser geführt im Rundlauf ausgemahlen wird.

Dieses Diagramm entspricht einer vollautomatischen Mühle bis zu 15 t Tagesleistung.

Weizenvermahlung (Abb. 94). Bei der Roggenvermahlung erfolgt nur eine Grießausmahlung bis die letzten Mehle ausgestreift sind, hier erfolgt ein Putzen des Grießes, um ihm seine Schalenteilchen, die sogenannte Flugkleie, zu entziehen, die das Mehl dunkel machen würde; außerdem wird der Grieß zusätzlich in Dunst und Mehl aufgelöst. Grießputzmaschinen lassen die reinen Grieße und Dunste durch ein hin- und hergehendes Sieb fallen, durch das von unten Luft gesaugt oder gedrückt wird. Luft verhindert die leichteren Koppen am Durchfallen, so daß diese den Übergang bilden. Noch leichtere Teile werden von der Luft hochgerissen und gelangen in Sammelkanäle (Vgl. Abb. 26).

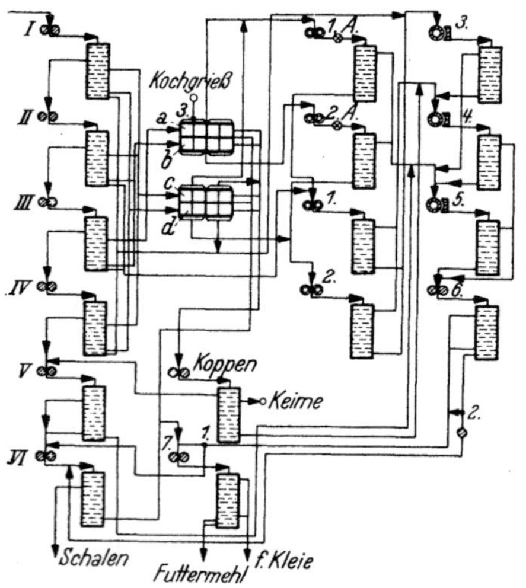

Abb. 94. Diagramm einer Weizenmühle 20—30 t/24 h.

Das Auflösen der Grießplättchen erfolgt durch Glattwalzen, Feinriffelwalzen (Kleinpassage 3. bzw. 4. Auflösung!) oder Porzellanwalzen.

Das abgebildete Diagramm [1]) einer Weizenmühle für eine Tagesleistung von 20—30 t weist 6 Schrotungen, 2 doppelte Grießputzmaschinen, 2 Auflöser, 7 Mahlungen und einen Koppenstuhl auf. Der Überstoß der Vorsiebe jedes Sichters geht in den nächstfolgenden Schrotstuhl, im 6. Schrotsichter werden die Schalen abgeführt.

Der Grobgrieß der Schrotsichter 1 und 4, sowie der Sichter 2 und 3 geht auf je ein Putzmaschinenabteil, ebenso der dazugehörige Feingrieß. Die geputzten Grobgrieße des 2. und 3. Schrotes gehen zur ersten (normale Auflöser, keine Riffel- oder Korundauflöser), die Feingrieße zur 2. Auflösung, die Koppen zum Koppenstuhl. Der geputzte Grobgrieß der ersten Siebe des 1. und 4. Schrotes geht ebenfalls zur 1. Auflösung, dagegen das durch die zwei hinteren Siebe gefallene Material zum Koppenstuhl; der dazugehörige Feingrieß der ersten Siebe geht zur 2. Mahlung (Porzellanwalze) als geputzter Schrotdunst, während der der letzten Siebe zur Sodermühle (3) geht. Die Flugkleie geht zur feinen Riffelwalze 7.

Der Schrotdunst des 1. und 4. Schrotes geht zur Sodermühle 3, derjenige des 2. und 3. Schrotes zum Walzenstuhl 1, derjenige des 5. Schrotes zur Sodermühle 5. Die feinen Übergänge der Koppenpassage kommen zur 4. Ausmahlung. Im Koppensichter werden die Keime dadurch abgestoßen, daß die zweiten Siebe der vier Vorsiebe feiner bespannt werden und über die Grobsiebe die Schalen zum 5. Schrot abgeleitet werden. Hauptträger der Keime sind immer die Köpfe und der letzte Durchfall des 4. Putzmaschinensiebes. Die Keimabscheidung ist besonders wichtig, da die Keimpassagen einen hohen Trieb haben (hoher Gehalt an proteolytischen Enzymen und an Gluthadion) und schnell ranzig werden. Sie ist auch in Kleinmühlen möglich, obwohl hier nach dieser Richtung fast nichts geschieht.

Die groben Überstöße der ersten beiden Mehlpassagen gehen zur Mühle 4, diejenigen des 3. Sichters zur darauffolgenden Mühle 5, diejenigen von Sichter 4 und 5 zu Mühle 6. Vom 6. Sichter gehen die Überfälle zur Ausmahlwalze 7 oder zum Schrotstuhl 6.

[1]) Mehlablauf der Sichter nicht eingezeichnet; er ist völlig unterschiedlich zwischen 0,5°/₀ und 20°/₀ bei verschiedenen Passagen.

Die Dunste der ersten und zweiten Mahlung gehen zur Mühle 3, diejenigen der Mahlung 3 zur Mühle 4, diejenigen der Mahlung 4 zu 5 und diejenigen von 5 zusammen mit den großen Überfällen der Sichter 4 und 5 zur Ausmahlwalze 6. Von dort ab kann der Dunst zu einem Korundauflöser und auf den 6. Schrotsichter laufen oder mit den Überstößen zur 7. Mahlung oder zum 6. Schrot gelangen. Diese Varianten ermöglichen einen Ausgleich zur Kompensation der Mehlfeuchtigkeit.

Man kann noch einen Schritt weitergehen und die in den ersten Schrotmühlen entstehenden Grieße außer dem Grobgrieß durch weitere Plansichter in Mittelgrieß, Feingrieß und Schrotdunst sortieren. Weiterhin kann man den Grieß ein zweitesmal nachputzen. Die Diagramme werden komplizierter, ohne daß sich prinzipiell etwas ändert, doch nimmt die Qualität des Mehles mit zunehmender Leistung der Mühle zu.

Zusammensetzung von Weizenkeimen: 27% Eiweiß, 10% Fett, 45% stickstofffreie Extraktstoffe, Rohfaser 2,5%, Aschegehalt 4,5% (!). Durch Erhitzen auf 60° kann Bitterwerden vermieden werden.

13—15 kg/h Weizenmehl und 9—11 kg/h Roggen je PS. Dabei fallen bei Weizen (halbhoch) 31% des Energiebedarfs auf Auflösen und Ausmahlen, 22% auf Reinigung und 15% auf Schrotung und bei Roggen 30% auf Schrotung, 26% auf Reinigung und 20% auf Ausmahlen, der Rest auf Grießdunstputzen (Weizen), Aspiration (6%), Becherwerke und Schnecken (6—7%), Triebwellen, Mehlmischerei und Sackklopfen.

Sogenannte „Patentmehle“ sind mit Vitaminen angereichert und zwar je kg mit 3—5 mg B_1, 2,6—4 mg Laktoflavin (B_2), 12—20 mg Nicotinsäure, 13—50 mg Eisen in reduzierter Form, 1,1—4 g Calcium (vgl. USA Federal Register, 6, Nr. 63, S. 1734 (1941). Bezüglich Bleichmittel vgl. Hopf S. 536 und Food Industries **20** (1948), S. 843, **20** (1948), S. 1455.

Literatur.

Hopf, L.: Taschenbuch für Müllerei und Mühlenbau, Leipzig: Schäfer 1938.

3. Haferverarbeitung.

Haferflocken. Der Rohhafer wird in den in der Roggen- und Weizenmüllerei üblichen Reinigungsmaschinen (Aspirateur, Magnet, Plansieb mit Schlitzblechbespannung oder Sortierzylinder mit Schlitzblech, Hafertrieur mit Nachlesetrieur) behandelt. Der Kleinhafer wird zu Hafermehl oder zu Futterhaferflocken verarbeitet. Knoblauchsamen und Schafgarbe lassen sich besonders schwer vom Hafer trennen.

Der Vollhafer mit 12—18% Wassergehalt (meist 14—16%) passiert zweckmäßigerweise einen Entgranner, der vor allem den Zweck hat, das Beikorn aufzulösen und den Hafer zu spitzen. Der Entgranner besteht aus einem Schläger, welcher den Hafer gegen einen Mantel mit Rifflungen schleudert. Nach Passieren eines Sichters wird er etwa 1 min auf eine Endtemperatur von ca. 65° vorgedämpft und dann gedarrt, wodurch die Brüchigkeit der Schale und damit deren Lösung vom geschrumpften Kern erleichtert wird und zur Vermeidung des Bitterwerdens eine möglichst weitgehende Enzyminaktivierung erfolgt. Das Darren erfolgt bei 90—100°, der Endwassergehalt beträgt etwa 6%. Richtig gedarrter Hafer nimmt einen nußähnlichen Geschmack an. Darren vorzugsweise in Rieseltrocknern. Darrdauer 2—5 Stunden je nach dem Wassergehalt. Nach dem Darren passiert der Hafer einen Schachtkühler, durch welchen kalte Luft geblasen wird. Bei Verwendung von Rieseldarren ist aus Qualitätsgründen darauf zu achten, daß die Temperatur und der Wassergehalt in waagrechten Ebenen konstant sind. Nach dem Darren geht er vor dem Schälen über einen Magneten

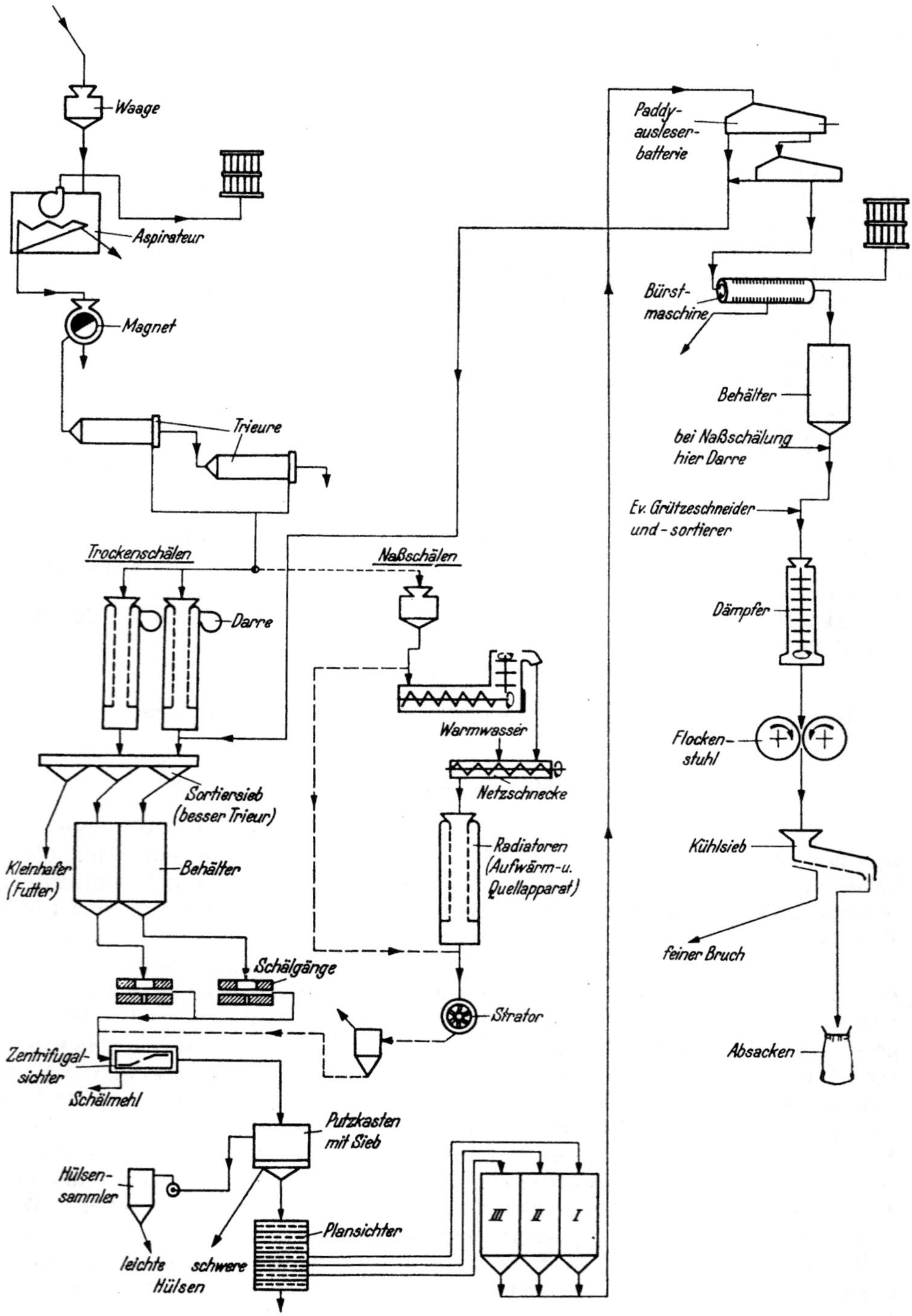

Abb. 95. Herstellung von Haferflocken.

zur Größensortierung auf eine Batterie von (4—5) Schwingsieben, damit beim Schälen eine möglichst hohe Ausbeute an unbeschädigten Haferkernen erhalten wird. Zu große Körner werden zerbrochen und gehen mit den Schalen verloren, zu kleine Körner werden nicht richtig geschält. Besser als die Hintereinanderschaltung von Sortiersieben ist die Klassifizierung mittels Ultrahochleistungstrieuren mit verschiedenen Zellenlochungen, da eine Sortierung nach der Länge mindestens ebenso wichtig ist[1]). Der Hafer wird durch eine Batterie von Unterläuferschälgängen geschält (ersatzweise Getreideschälmaschinen mit Schläger). Der Abstand zwischen Läufer und Stein wird so eingestellt, daß er etwas geringer als die Länge des Kornes ist, damit das Korn möglichst wenig angegriffen wird. Etwa 10—50% Keime bleiben dabei erhalten. Die Ausbeute liegt bei der Haferschälung mit Schälgängen 2% über dem Hektolitergewicht; bei einem Kernanteil von 70—72% und einem Hektolitergewicht von 53 soll der Kernverlust 7% betragen. Je größer der Schalenanteil ist, desto größer pflegt der Proteingehalt zu sein, während dünnschalige Winterhafer den höchsten Ölanteil besitzen. Vom Schälgang aus geht das Gemisch aus Haferkernen, Schalen und Schälkleie über einen Bürstensichter mit Aspiration zum Absichten der Schälkleie und der Härchen. Haferkerne und Schalen werden im Putzkasten (Hafer rieselt über Kaskade, im Gegenstrom streicht Luft) getrennt. (Vgl. Abb. 25.)

Das Gemisch aus geschälten und ungeschälten Haferkernen wird in zwei hintereinandergeschalteten Paddyauslesern oder Planauslesern getrennt. Die im Paddyausleser abgestoßenen Haferkerne werden in einem zweiten derartigen Apparat nachgelesen oder mittels eines geneigten Auslesebandes (Apron machine) entfernt, wobei die leichteren, ungeschälten Körner zum Schälgang zurückbefördert oder besser zu Grütze weiterverarbeitet werden (vgl. Abb. 34 u. 35).

Zweckmäßigerweise werden die Rücklaufkörner in einem gesonderten Schälgang verarbeitet, da sie schwer schälbare Körner enthalten, die stärker angegriffen werden müssen. Die vom Nachlesen kommenden geschälten Kerne haben noch eine haarige Oberfläche (Spitze), welche zweckmäßigerweise in einer Mantelbürstmaschine entfernt wird, wodurch ein besseres helles Aussehen erreicht wird. Überdies haben die Haare (1%) einen Ölgehalt von 9%. (Sie müssen deshalb nach dem Naßschälen entfernt werden.) Durch einen Schleifgang würden die Körner zu stark angegriffen. Ein Putzkasten dient zur Entfernung gelöster Schalenteile. Sollen die polierten Körner zu Grütze verarbeitet werden, so leitet man sie einer Grützeschneidemaschine zu, die so beschaffen sein muß, daß man ohne nennenswerte Mehlbildung eine würfelförmige Grütze erhält. Die Körner gelangen hierbei durch eine Speiseschnecke in das Innere von Trommeln, welche auf dem ganzen Umfang eine große Anzahl Löcher enthalten. Die untere Hälfte der mit 48 Umdrehungen je Minute rotierenden Trommel ist von einem feststehenden Messerrahmen umgeben. Durch die Messer werden die in ihrer Längsachse durch die Trommellöcher fallenden Körner quer durchgeschnitten. Außerhalb der Trommel oberhalb des Messerrahmens ist eine ebenfalls mit großer Genauigkeit hergestellte Stachelwalze angeordnet, die zusammen mit der Trommel rotiert, wodurch die Löcher offengehalten werden (Abb. 96). Die Stacheln sind in einem Winkel von $10^0\ 30'$ zum Radius der Stachelwalze geneigt, damit sich in der Trommel nur Berührung an einem Punkt ergibt. Zur Schonung der Messer empfiehlt sich die Vorschaltung eines Magnetapparates. Die Grütze soll durch Sortiersiebe sortiert werden. Bei ungeschälten Kernen löst sich hierbei die Schale, die durch den nachfolgenden Putzkasten mit Sicherheit ausgeschieden wird. Kleinflocken

[1]) Brownlee, H. J., and F. L. Gunderson: Cereal Chem. **15**, 257 (1938). Hachmann, W.: Getreide, Mehl und Brot, **1**, 7 (1947).

(Minutenflocken) aus Grütze sind deshalb spelzenfreier als Großflocken. Bei der mittleren Sortierung wird das Korn in etwa drei Stücke geschnitten. Bei Paketflocken wird noch für feine, mittlere und grobe Grütze je ein Trieur zum Auslesen ungeschnittener Körner und Beikörner nachgeschaltet.

Den völlig gereinigten Hafer oder die Hafergrütze läßt man durch Dämpfen auf 9—11% Wassergehalt quellen, um ihn zu einer Flocke auswalzen zu können. Bei zu niedrigen Wassergehalten „franst" die Flocke aus und es ergeben sich zuviel feine Grieße. Das Dämpfen z. B. in Schnecken dauert ca. 1 min mit einem Anfangsdruck vor der Entspannung von 2—4 atü, worauf evt. ein Abstehsilo zur Vergleichmäßigung des Wassergehaltes eingeschaltet werden kann. Zum Dämpfen verwendet man z. B. ein rotierendes Dämpfrohr in einem Schacht. Das Dämpfrohr hat Seitenzweige mit Löchern. Neuerdings sind Dämpfschnecken üblicher. Daraufhin erfolgt das Walzen der Flocken im Flockenstuhl (450 mm Ø, ca. 120 U/min). Bei Minutenflocken werden die Walzen enger gestellt als bei großen Flocken. Die Walzen werden häufig mit Dampf (von 2 atü) gespeist; der Zweck des Aufheizens ist, die Hafergrütze zäh und elastisch zu halten, damit dünne Flocken mit kurzer Kochzeit ausgewalzt werden können. Unter diesen Umständen ist ein Nachtrocknen in einem Flockenbandkühler nicht nötig. Von hier aus gelangen die Flocken auf ein Sieb, um evtl. anhaftendes Mehl abzusieben und sie vor dem Verpacken zu kühlen. Endwassergehalt höchstens 10,5%, üblicherweise 9%.

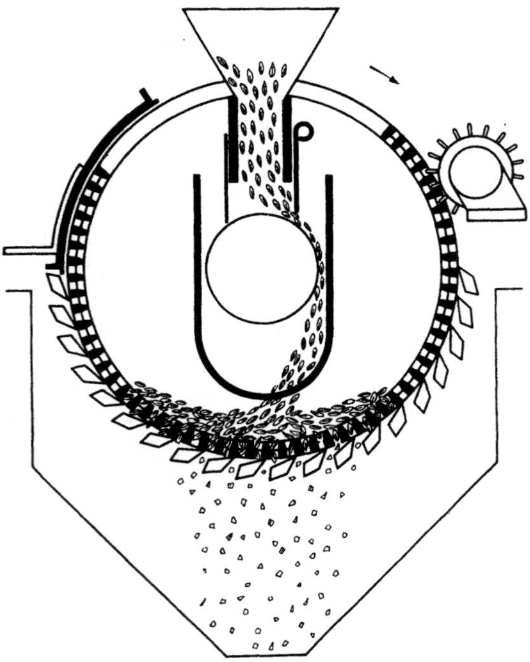
Abb. 96. Arbeitsschema eines Trommel-Grützeschneiders.

Die Ausbeute schwankt zwischen 53 und 62% (höchstens 65%) Speiseflocken je nach Spelzengehalt des Hafers, der Anteil an Bruch und Schälkleie beträgt bis 10%, der Anteil an Haferschalen beträgt 21—25%. Zur Abscheidung von Grütze werden die Schalen vor der Vermahlung durch einen Putzkasten gesandt. Bei der Naßschälung sind die Verluste an Schälkleie geringer. Die Schalen können in einem Kunststeinschrotgang mit vorgeschaltetem Magnet oder in einer Hammermühle mit starker Belüftung zu Streumehl (Bäckerei) oder als Melasseträger, gegebenenfalls auch als Träger für Aromastoffe (Gewürze), oder zur Furfurolgewinnung (Kunststoffe, Farben), verwertet werden. Mehl 5%, Reinigungsabfälle und kleiner Hafer 3—5%. Schälkleie hat 10% Wasser, 7,5% Eiweiß, 2,5% Fett, 21% Rohfaser, während Hafer etwa 3,5% Fett und 13% Eiweiß (3,7% Keime mit 20% Fett) besitzt. Trocknungsverluste 6—9%.

Außer dem Trockenschälverfahren wird neuerdings auch ein *Naßschälverfahren* angewandt, welches wie bei der Weizenverarbeitung in einer Wäscherei beginnt, womit gleichzeitig eine Voranfeuchtung des Hafers erreicht wird. Die weitere Netzung bis auf einen Wassergehalt von 22% (20—21% in den Keimen, 24% in der Schale) erfolgt mittels eines Netzapparates. Die Hülse weitet sich dabei infolge der Quellung des Kerns. Der Feuchtigkeitsgehalt der Schale muß etwas höher liegen, damit die äußere Deckspelze ihr Volumen so weit vergrößert, daß durch den leichten Druck die Hülse aufbricht und den Kern freigibt. Zur Beschleunigung und Vergleichmäßigung der Wasseraufnahme durchläuft der Hafer den Haferaufwärmer (½—1 Stunde bei 40—55°); hierdurch wird das Korn für die Stratoren genügend elastisch. Je höher die Temperatur ist, desto geringer ist die Bruchbildung. Das Schälen erfolgt in Fliehkraftschälern[1]), die aus einem turbinenartigen Rotor bestehen, in dessen Zentrum der Hafer zugeführt und durch dessen Leitschaufelsystem er mit 2000—2400 Touren (je nach Hafersorte und Feuchtigkeit) gegen einen Prallring (Abstand 15 cm) geschleudert wird (Abb. 97). Die Stratoren machen die Größensortierung unnötig. Mit steigender Feuchtigkeit nimmt die Menge der Bruchkörner ab, was deshalb wichtig ist, weil im Putzkasten alles Mehl durch den Wind fortgeführt wird. Feinspelziger Hafer ist auf dem Strator besser schälbar als grobspelziger. Die erreichbare Ausbeute entspricht dem Kerngehalt; die mittlere Ausbeute beträgt bei durchschnittlichem Hektolitergewicht 60%. Die geschälten Körner, welche etwa noch 70% der Keime enthalten, werden durch den vom Schleuderrad erzeugten Luftstrom dem Zentrifugalsichter zugeführt und durchrieseln Putzkästen (Hülsenseparatoren), worauf sie nach dem Sortieren in Paddyauslesern von ungeschälten Kernen getrennt werden. Diese kommen in einen Nachstrator. Da der Hafer noch nicht gedarrt ist, muß er bis zu 2 Stunden bei Endtemperaturen von 105—110° auf 7—8% Wassergehalt getrocknet werden, woran sich Dämpfen und die Flockenherstellung, wie vorher beschrieben, anschließen. Das Naßschälverfahren hat den Vorteil, daß man mit weniger Maschinen auskommt, außerdem wird die Größensortierung vor dem Schälen unnötig, schließlich entfernt das Waschen viele Unreinlichkeiten.

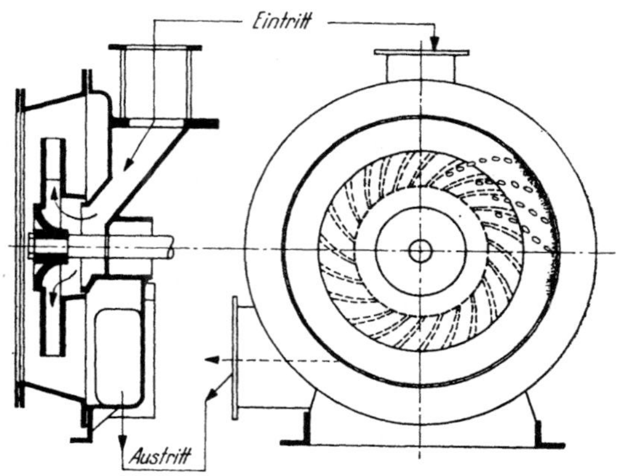

Abb. 97 Strator zum Naßschälen von Hafer. (Miag)

Gesamter Energiebedarf für 1000 kg Rohhafer = 400 kg Dampf + 7 kWh (davon 120—140 kg zum Trocknen).

Zur Herstellung von *Hafermehlen* wird das Mittel- und Kleinkorn nach dem Passieren des Schleifkegels geschrotet und mittels Plansichter gesichtet und der Grieß über eine Glattwalze und eine Feinriffelwalze geleitet. Wegen der leichteren Entfernungsmöglichkeit von Schalenbestandteilen geht man auch von Grütze aus.

Das Mehl wird zur Herstellung von *Kindermehl* mit Wasser angeteigt und auf Walzentrocknern dextriniert und getrocknet. Daraufhin passiert es ein Paar Glatt-

[1]) Auch naturfeuchter Hafer kann in Stratoren geschält werden, vgl. Ph. LEA, Milling, Dez. 13 (1947) Bei erträglicher Bruchbildung — insbesondere bei Warmschälung — lassen sich Schäleffekte von 50—60% bei einer Drehzahl von 1300 bis 2000 U/min erzielen.

walzen, um das Erzeugnis möglichst fein zu vermahlen. Dann schließt sich ein Rösten in einer Art Kaffeeröster an, worauf es in einem Glattwalzenstuhl im Rundlauf mit einem Zentrifugalsichter glatt gemahlen wird (Rohfasergehalt 0,1%).

Braunes Hafermehl, braune Hafergrütze. Vorgereinigter Hafer wird — meist nach mehrstündigem Vorweichen in Wasser — bei 130 bis 140° — in direktem Dampf so lange gesotten, bis das aufgenommene Wasser wieder verdampft ist, und daran anschließend so lange gedarrt, bis der Haferkern hartglasig geworden ist. Hierzu dienen rotierende Trommeln mit Schlitzmantel und Schneckenrührwerk. Die weitere Behandlung des gedarrten Hafers (Enthülsen, Separieren, Schälen) entspricht der vorbeschriebenen. Der gesottene Hafer wird zu brauner Grütze und zu Kindermehlen sowie zu Suppenmehlen verwendet. Die Abfälle sind ein gutes Kälberaufzuchtmittel.

Literatur.

CLEVE, H., Getreide, Mehl und Brot, **2**, 32 (1948), Die Müllerei **2**, 105 (1949).
BÖHM, F.: Hafer- und Reismüllerei, Leipzig: Verlag „Die Mühle“ 1936.

Weizenflocken. Im wesentlichen ist das gleiche Arbeitsverfahren wie bei Haferflocken angebracht. Ein Darrprozeß ist nicht unbedingt nötig. Da Weizenflocken leicht zusammenkleben, ist nach dem Flockenstuhl ein Kühlsieb erforderlich. Die Konditionierungsdauer beträgt bei Weizen etwa 8 Stunden, bei Reis etwa 72 Stunden.

Maisflocken.[1]) Weißer Mais wird nach dem Schälen, der Prallzerkleinerung, dem Ausstreifen der Keime sortiert und geputzt. Die sortierte Maisgrütze kommt aus Silos in rotierende Dampfkocher, wo sie 2—2½ Stunden direktem Dampf ausgesetzt ist. Daraufhin wird sie in einem Mischer mit Glukosesirup oder Malzextrakt und etwas Salz vermengt. Anschließend werden in einem Rüttelapparat oder in einem Kühlsieb mit rotierenden Greiferarmen die Klumpen zerkleinert, worauf das Erzeugnis z. B. in einer Rieseldarre auf 15% Wassergehalt getrocknet wird. In einem Vorratsbehälter bleibt es 24 Stunden, um die Feuchtigkeit gleichmäßig zu verteilen, weil bei zu hohem Wassergehalt die Flocken zu dünn und bei zu niedrigem Wassergehalt zu dick werden und zuviel Mehl entsteht. Der Flockenstuhl ist wassergekühlt, um ein Ankleben zu vermeiden; die Flocken werden in einem kontinuierlichen, rotierenden, mit Metallsieben versehenen Röstofen, aus welchem laufend die Feuchtigkeit abgezogen wird, leicht geröstet. Wenn der richtige Röstgrad erreicht ist, ergibt sich ein blasiges Aussehen der Flocken. Die Röstflocken kommen nunmehr auf ein Ausleseband und auf ein Kühlsieb, werden von zerbrochenen Flocken gesäubert und automatisch verpackt. Endwassergehalt, damit Knusprigkeit garantiert ist, 8%. Ausbeute 75—80%.

Anhang.

Herstellung von Voll-Sojaprodukten. Der industrielle Verarbeitungsprozeß verfolgt das Ziel, die Bitterstoffe von glucosidischem Aufbau zu entfernen, die Soja zu desodorisieren (wasserdampfflüchtige Stoffe), die Enzyme zu inaktivieren. Hierzu führt eine Dampfbehandlung des vorher meist vorgequollenen und geschälten Erzeugnisses. Eine Behandlung mit trockener Hitze ist weit wirkungsloser als eine solche (30 min) mit Dampf bei Atmosphärendruck. In beiden Fällen wird eine Temperatur von 110° angewandt. Hierdurch wird auch der Trypsininhibitor, der das eiweißspaltende Trypsin hemmt, inaktiviert, wodurch die Ausnutzbarkeit von Sojaeiweiß steigt. Bei zu starker Erhitzung findet ein Abbau des Cystins statt. Nach dem Schneiden der Grütze können die Schalen ausgeputzt werden. Zweckmäßigerweise wird die Grütze nach Passieren einer Dämpfschnecke im dampfbeheizten Flockenstuhl zu Sojaflocken zerquetscht.

---

[1]) HACHMANN, W.: Mais, Stuttgart: Verlag H. Mattaes 1949.

Halbfette- und Magersoja. Die gereinigten, getrockneten, geschälten und vorgebrochenen Sojabohnen werden 13 min auf 133° erhitzt und dann in einer Schneckenpresse 3 min bei 140—150° ausgepreßt und sofort abgekühlt. Die Preßkuchen werden in einer Hammermühle zerkleinert und das Mehl mit Windsichtern abgeschieden. Nach anderen Angaben werden zur Herstellung von Magersoja die gereinigten, geschälten, vorgebrochenen Bohnen 10 min auf 46° erhitzt, dann im Walzenstuhl gequetscht. Nach der Extraktion (Hexan, Alkohol) werden die Flocken bei 98° zur Entfernung des Lösungsrestes 10 min getrocknet und entbittert. Die Flocken werden dann zur Entfernung des Bohnengeruchs belüftet, gekühlt und evtl. geschrotet oder vermahlen. Das Sojamehl läßt sich zur Wurststreckung, zur Pralinenfüllung, zur Anreicherung von Teigen u. dgl. verwenden.

Literatur.

BAILEY, L. H., R. G. CAPEN, and J. A. LE CLERC: Cereal Chem., **12**, 441 (1935).

Gepufftes Getreide (Weizen, Mais, Erbsen, Reis, Erdnüsse, Sojabohnen). Die sorgfältig geschälten und gereinigten Körner kommen in eine „Puffkanone" aus Stahl oder Bronze, in welcher sie mit direktem Dampf erhitzt und auf den richtigen Wassergehalt gebracht werden. Die Erhitzungstemperaturen bewegen sich je nach der Gutsart zwischen 125° und 230°, auch die Erhitzungszeiten sind verschieden. Bei Reis wendet man Drücke von 10—15 atm an (Dauer etwa 5 min), bei Teigwaren von 5,5 bis 7,5 atm. Durch die plötzliche Entspannung (Kesselexplosion) wird das Volumen beträchtlich erhöht, und zwar bei Weizen und Reis ca. zehnfach, bei Erbsen und Sojabohnen zweifach. Der schlagartig aufspringende Pufftopfdeckel wird von Puffern aufgefangen. Die „Puffkanone" besteht aus einem horizontal rotierenden Stahlzylinder, in welchen Dampf eingeleitet und welcher mittels Pilzbrennern von außen beheizt wird. Vor dem „Abschuß" wird die Gas- und Dampfzufuhr gesperrt und der Pufferzylinder stillgesetzt. Die gepufften Körner werden aus der 10 m langen Schußbahn auf ein Förderband geleitet. Die Leistungen der Maschinen sind relativ gering (50 kg/h). Die gepufften Körner werden abgesiebt, in einem Putzkasten von kleinen Klümpchen befreit und zur Erzielung der erforderlichen Knusprigkeit in einem rotierenden Toaster oder in einem Rütteltoaster leicht angeröstet und dann dampfdicht verpackt. In USA. wird außer Körnern auch Teig aus Roggen-, Hafer- und Reismehl mit Zucker, Öl und Salz nach 5½—6½ min bei einer Rotationsgeschwindigkeit von 45 U/min gepufft, nachdem er gekocht wurde, wurden durch eine Teigpresse mit rotierenden Messern kleine Stückchen hergestellt und diese getrocknet. In Vorratsbehältern wurde der Feuchtigkeitsgehalt auf 11—16% vergleichmäßigt. Zur Herstellung von geblähtem Mais ist es nur nötig, die lufttrockenen Körner auf hocherhitzte Platten oder in mit überhitztem Dampf beheizte Kessel zu bringen.

Morgengrütze. Der gereinigte Weizen wird in Autoklaven mit Siebeinsatz (vgl. Hafermehle) mit der gleichen Menge Wasser mit Dampf gekocht; das überschüssige Wasser läßt man abtropfen; der Weizen, der sein Volumen verdoppelt und einen Wassergehalt von 50% erreicht hat, wird gekühlt und kommt zur Vergleichmäßigung des Wassergehaltes in Abstehbehälter. Daraufhin werden die Körner geschrotet und dann bei 260° 20 min geröstet, nachgetrocknet, gekühlt und verpackt. Gelegentlich wird im Autoklaven Malzextrakt oder dgl. zugegeben.

US-Patente: 766 212 (1904), 990 093 (1911), 1 321 754 (1919), 1 395 015 (1921), 1 832 813 (1931), 1 925 267 (1933), 2 124 746 (1938), 2 156 022 (1939), 2 181 372 (1939), 2 185 054 (1939), 2 190 949 (1940), 2 269 536 (1942), 2 292 274 (1942), 2 264 574 (1942), 2 295 116 (1942).

Granulierte, tischfertige Getreideerzeugnisse. „Grape Nuts“ bestehen aus Weizenvollmehl und Gerstenmalzmehl, welche mit etwas Hefe, Salz und Wasser vermengt werden. Die Laibe liegen 4½—5 Stunden bei 27° auf Gare, werden langsam gebacken, zerkrümelt, mehrere Stunden nachgeröstet und zerkleinert.

4. Erbsenschälmühle.

Hergestellt werden ganze, geschälte und gespaltene Erbsen, sowie Erbsmehl (Abb. 98).

Reinigen. Die Erbsen gelangen über eine automatische Waage in einen Aspirateur (vgl. Abb. 85), in welchem alle groben und feinen Beimengungen durch Siebwerk und Saugwind aussortiert und abgesackt werden (Bohnen, Getreidekörner, kleine Sämereien, lose Schalen). Über einen Magneten gehen nun die Erbsen zu einem Rundsichter; die beiden letzten Durchfälle an großen und guten Erbsen sowie der Übergang werden weiterverarbeitet, alles übrige (kleine, verkrüppelte Erbsen, halbe Körner, Erbsenbruch) geht zur Futterschroterei oder zum Verkauf als Taubenfutter. Nun folgt ein Ausleseband, auf welchem die rasch rollenden, runden Erbsen seitlich am Band herunterlaufen und von Verunreinigungen und angefressenen Erbsen getrennt werden. Sogenannte Käfererbsen (innen hohl) können nur durch einen Paddyausleser entfernt werden, der auch zur Trennung ganzer und halber Erbsen verwendet werden kann. Zur Trennung halber und ganzer Erbsen verwendet man auch Schneckentrieure, die den Vorteil großer Leistung ohne mechanischen Antrieb haben. Käfererbsen zerbrechen beim Schälen leicht in mehrere Stücke und können ausgesichtet werden. Käfererbsen kommen als Futtererbsen in den Handel oder werden nach Passieren einer Waschanlage zu Erbsenmehl verarbeitet. Anstelle des Auslesebandes werden neuerdings bei Verarbeitung zu ganzen Erbsen ersatzweise auch Windsichter, anstelle des Auslesetisches Nadeltrieure eingesetzt.

Darrabteilung. Nach der Trennung von runden und unrunden Erbsen kommt die ausgelesene Ware über ein Zwischensilo in eine Dampf-Rieseldarre (manchmal über eine Waschanlage mit Steinausleser), in welcher bei 60—90° auf 8—10% getrocknet und das Darrgut abgeführt wird und auf eine Kühlsäule, in welcher die Erbsen in geschlossenem Strom langsam abwärtsgleiten und dabei einem kalten Luftstrom ausgesetzt sind. Durch das Trocknen lockert sich die Schale und die Erbse läßt sich besser polieren. Das Dämpfen der zu schälenden Erbsen wird nicht empfohlen, da nach dem Trocknen die Schale stark klebt und das Schälen erschwert wird.

Schälen, Sortieren. Nach dem Trocknen erfolgt das Sortieren in einem Sortierzylinder oder in einem Sortiersieb. Daran schließt sich das Schälen an, welches für ganze Erbsen deshalb eingeführt wurde, weil sich die Schalen beim Kochen ablösen und auch schlechter verdaulich sind. Für die Verarbeitung zu Erbsmehl ist das Schälen ebenfalls zweckmäßig, da die Kleie schlechter quillt als das Mehl. Die Erbsen kommen dabei in den Schälgang (Stirnschäler), bestehend aus einem Schälstein (Schmirgeltrommel oder Naturstein) und einem aus geschlitzten Stahlblechen zusammengesetzten Mantel (Bütte), der sich in entgegengesetzter Drehrichtung zum Stein bewegt. Durch die Schlitze des Blechmantels werden die beim Schälen entstehenden Abfälle und halben Erbsen gedrückt oder gesaugt. Veränderlich ist die Relativgeschwindigkeit, die Füllung und der Abstand des Blechmantels vom Stein. Die Schäldauer ist je nach der Einstellung des Vorschubs eines Klinkrades veränderlich, da der Schälgang periodisch arbeitet. Wesentlich ist, daß nur die äußere Schale abgerollt und die innere Haut nicht verletzt wird.

An den Schälgang schließt sich ein Bürstensichter oder ein Sechskantsichter zum Absichten der Schälkleie und ein Putzkasten zum Abziehen der Schalen von den Kernen an. In der Bürstmaschine wird das Gut mittels umlaufender Bürsten an eine

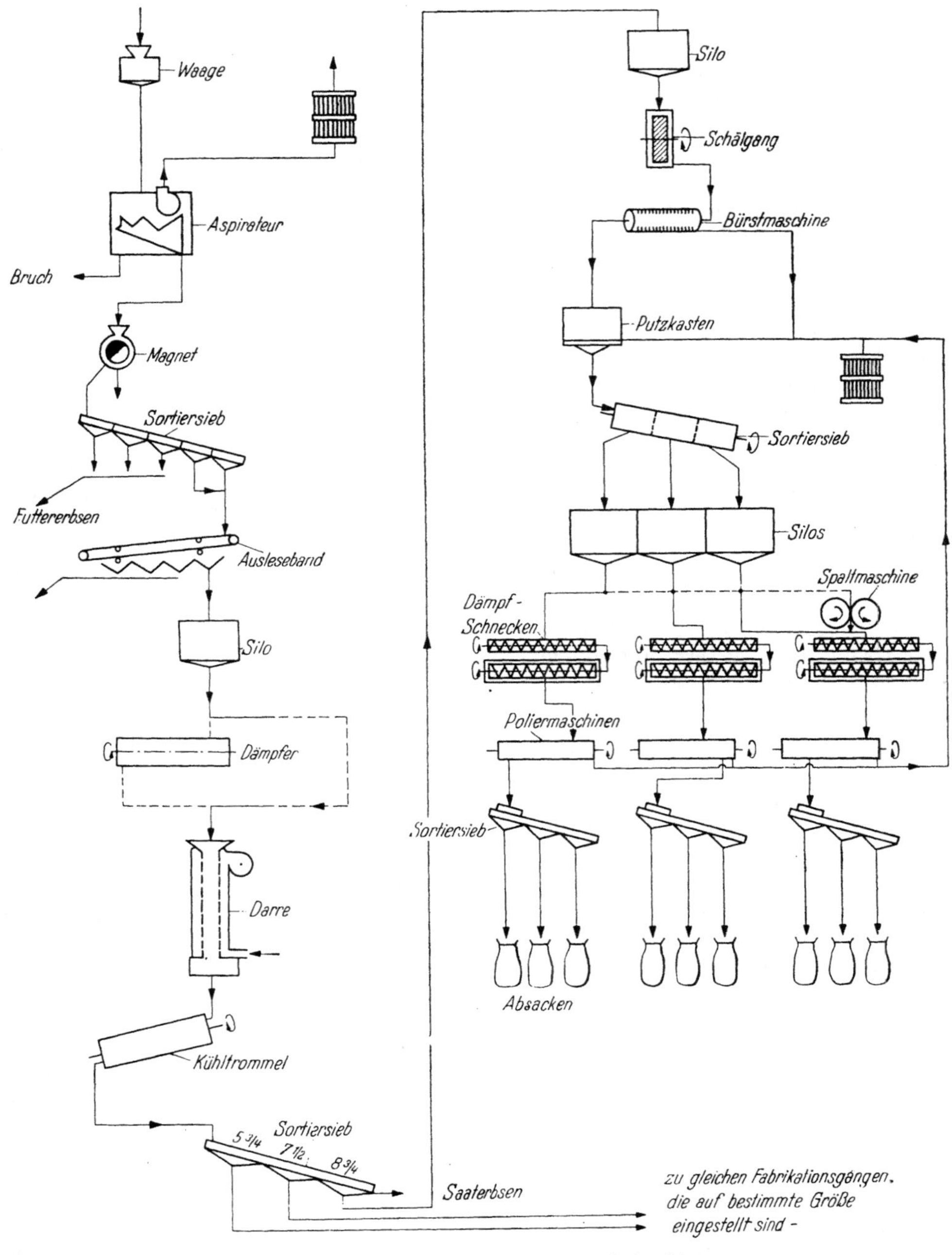

Abb. 98. Diagramm einer Erbsenschälmühle·

Schlitzblechbespannung gepreßt. Im Putzkasten wird das Gemisch Körner/Hülsen einem Luftstrom ausgesetzt, welcher die Hülsen abzieht, dabei ist im allgemeinen ein Flachsieb vorgeschaltet, durch welches Luft gesaugt wird. Die Hülsen fallen zum Teil in einen Raum vor dem Exhaustor, zum Teil werden sie von der Luft zum Schlauchfilter mitgenommen. Die Schalen können in eine Schlagkreuzmühle geführt und zu Kleie verarbeitet werden. Im nachgeschalteten Sortierzylinder oder Sortiersieb mit langgeschlitzten bzw. rundgelochten Blechen (ganze Erbsen) werden die halben Erbsen abgesondert. Die ganzen Erbsen kommen bei Herstellung halber Erbsen in die Spaltmaschine, die mit zwei gegenläufigen, gezahnten Ringen mit regelbarem Abstand versehen sind, und dann gemeinsam mit den bereits halbierten Erbsen in eine Dämpfschnecke, nachdem sie zum Abscheiden der geringen Menge Kleinbruch einen Sechskantsichter passiert haben. Bei der Herstellung von *Grütze* tritt an die Stelle der Spaltmaschine ein Grützeschneider. Bei der Herstellung von *Erbsmehl* schließen sich daran ein Riffelwalzenpaar und ein Mahlgang an.

Schlußbehandlung. Das erwähnte abschließende Dämpfen hat die Aufgabe, die Polierhaut zu erweichen und den Erbsen ein gefälligeres Aussehen zu geben, da durch den Schälprozeß die Oberfläche etwas klebrig und weißfleckig wird. In der oberen Schnecke erfolgt das Dämpfen, in der unteren das Trocknen mit Hilfe eines Doppelmantels bei etwa 0,5 atm Dampfdruck, wenn nicht durch die Poliertrommel heiße Luft geleitet wird. Das abschließende Polieren beruht auf der gegenseitigen Reibung der auf Handwärme abgekühlten, trockenen Erbsen in zwei Poliertrommeln von 1,5—2 m ∅ und 4—6 m Länge. Zwischen den beiden Poliertrommeln wird gelegentlich eine zweite Dämpfung eingeschaltet. Die Poliertrommeln besitzen Buchenholz als Polierfutter und die feuchte Luft wird durch einen Sauglüfter abgezogen. Bei zu hohem Feuchtigkeitsgehalt der Erbsen vergeht die Glasur schnell, bei Wassergehalten unter 9—10% wird die Erbse „stumpf". Für besondere Ansprüche wird Talkum sowie Glukose zugesetzt. Schließlich werden die Erbsen auf Sortiersieben nochmals der Größe nach sortiert und einem Putzkasten zugeführt, um zum letztenmal entstäubt und schließlich abgesackt zu werden.

Werden ausschließlich *Spalterbsen* hergestellt, so wird auch auf das Schälen verzichtet. Durch das Spalten lösen sich nämlich die Schalen, können durch Bürstmaschinen und schließlich durch Aspirateure restlos entfernt werden. Käfererbsen lassen sich besonders leicht spalten. Will man aber gesunde Erbsen auf diese Weise spalten (Splitterbsen), dann muß man die Erbsen besonders stark trocknen, um die Schale zu lockern. Auch bei der Herstellung von *Erbsengrütze* kann man auf das Schälen verzichten, wenn man die gereinigten Erbsen ein Brechwalzenpaar mit Spezialrifflung passieren läßt, worauf der Bruch auf einem Plansieb sortiert wird und einen Putzkasten zum Absaugen der Schalen passiert. Bei der Herstellung von *Erbsmehl* schließt sich daran die Mahlanlage an. Die „Brechmethode" hat gegenüber der „Schälmethode" den Vorzug einer wesentlichen Verkürzung des Diagrammes und einer merklichen Krafteinsparung. Für Bohnengrütze und Bohnenmehl gelten ähnliche Überlegungen. Bei Herstellung *ganzer Erbsen* werden diese nach Abzug der halben Erbsen in zwei Größen sortiert, da beide Sorten verschieden lang gedämpft und getrocknet werden müssen. Sonst ist die Behandlung wie vorher beschrieben, nur daß die Spaltmaschine entfällt. Das Spalten kann evtl. auch nach dem Polieren und Putzen vorgenommen werden.

Für die Herstellung von *Erbsensuppen* werden die gereinigten Erbsen zuerst in einer Waschanlage gewaschen und mit der Schale vor dem Trocknen und Kühlen gekocht, um die Bitterstoffe zu entfernen Das Kochen erfolgt meist in langsam rotierenden, mit Dampf von 2—5 atm beheizten Kesseln; Kochzeit 1—2½ Stunden, worauf die Kerne mit Inhalt noch ½—1 Stunde zum Nachtrocknen rotieren.

Ausbeute. 60—70% der Rohware bei geschälten Erbsen und Spalterbsen, abhängig von der Größe, der Schalendicke, dem Wassergehalt u. dgl., wobei der Schalenanteil 10—12% beträgt, der Rest umfaßt Darrverluste (ca. 4%), wurmstichige Erbsen (4—13%), Reinigungsverluste (1—2%) und wiederverwertbares Mehl (4 bis 6%). Die Ausbeute verringert sich in folgender Reihenfolge: Mehl, Grütze, Spalterbsen, geschälte Erbsen. Beim Schälen entstehen je nach Qualität der Ware 5 bis 8% Spalterbsen. Förderschnecken sind möglichst zu vermeiden, da sie zuviel halbe Erbsen erzeugen.

5. Reismüllerei.

Reis. Der Rohreis (Paddy) durchläuft eine Waage, Speicheraspirateur und Magnet und kommt dann in einen Entgranner, der den Paddy von den noch anhängenden Rispen trennt. Nun wird er auf einem Plansieb in 2 bis 3 Größen sortiert. Die nachfolgenden Schälgänge sind stets Unterläufer, wobei der Läufer durch seine Fliehkraft Körner und Hülsen nach außen abschleudert. (Bei einem Oberläufer würden die Körner zu lange zwischen den Steinen bleiben und sich hierdurch zuviel Bruch ergeben.) Nach dem Schälen wird das Schälmehl in einem Sechskanter abgesiebt und mit einem Hülsenseparator die gelösten Hülsen vom Reis getrennt. Die Reishülsen dienen zu Feuerungszwecken. Da nicht alle Körner geschält sind, muß nun ein Paddyausleser (Rohreisausleser) nachgeschaltet werden. Der nunmehr erzielte Cargoreis wird in einem zweiten Paddyausleser nachgelesen (Loonzainereis). Der Anteil an ungeschälten Körnern beträgt nunmehr noch 2—3%. (Vgl. Abb. 35.)

Der vom Paddyausleser kommende Reis kommt nunmehr in einen Schleifkegel. Sein Hauptteil ist ein konischer, eiserner Arbeitskörper, der mit einer Spezialsteinmasse belegt ist. Dieser Konus rotiert in einem konzentrischen Drahtgewebemantel (Abb. 99). Hier erfolgt der Abschliff der gelben Innenhaut, leider ist damit auch der Verlust des Vitamin B_1 verbunden. Der Abstand des Schleifkegels läßt sich mittels Handrad einstellen. Im Zwischenraum befinden sich Gummibremsen, um zu vermeiden, daß der Reis den Polierkegel zu rasch verläßt; gleichzeitig wird hierdurch ein Wenden der Körner und eine Verringerung der Bruchbildung erreicht. Meist sind 2 oder 3 Schleifkegel mit verschieden feiner Körnung hintereinandergeschaltet. Hieran schließen sich ein bis zwei Polierkegel an, die in ihrer Bauart einem Schleifkegel entsprechen, aber anstatt des Schmirgelmantels einen weichen Stoff, Lederstreifen oder dgl. enthalten. Hierin wird der Reis von anhaftendem Schleifmehl befreit.

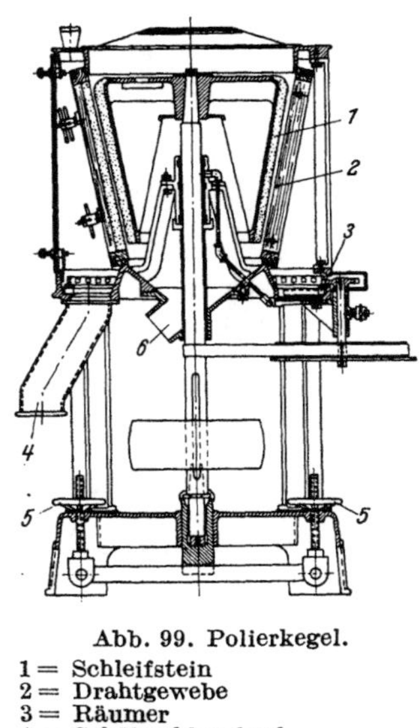

Abb. 99. Polierkegel.

1 = Schleifstein
2 = Drahtgewebe
3 = Räumer
4 = Schälmehlauslauf
5 = Handräder zur Einstellung der Spaltweite
6 = Reisauslauf

Den Abschluß bildet das Glasieren in einer Glasiertrommel. Als Glasiermittel dient 0,2% Glukose und 0,08% Talkum. Schnellkochender Reis wird dadurch hergestellt, daß man Reis in Wasser kocht, um die Stärke zu dextrinieren; der Wassergehalt nimmt dabei um 65—70% zu. Daran schließt sich der Trocknungsvorgang an.

Die Ausbeute hängt weitgehend von der Qualität und der Sorte ab. Der längste Reis ergibt die geringste Ausbeute. Der Anfall an Kleie beträgt etwa 9%, an Schälmehl etwa 3% und an Reisschalen 18 bis 21%. Kraftbedarf bei 2 Schleifgängen und einem Polierkegel ca. 2,5 bis 1,8 PS/Tonne Rohreis Stundenleistung.

Literatur.

HOPF, L.: Taschenbuch der Müllerei und Mühlenbau. S. 679. Leipzig, Schäfer: 1938.

6. Graupenherstellung.

Graupen. Graupen werden aus Gerste dadurch hergestellt, daß die Schalenteile abgeschliffen werden, während der Mehlkern nicht beschädigt wird. In erster Linie sind die härteren Auslandsgersten hierzu geeignet; weiche Gersten ergeben eine zu geringe Ausbeute. Zur Schälung dient der Graupengang (Holländer), worin die sorgfältig nach Größe sortierten Körner in freier Bewegung zwischen der Stirnseite eines rasch (z. B. mit 450 Touren/je min) rotierenden Steines und einer gegenläufig langsam (z. B. 100 Touren/je min) rotierenden Bütte, welche aus geschlitzten oder perforierten, verstellbaren Stahlblechen besteht, gewendet und abgeschliffen werden; die Körner werden durch die „Griffigkeit" des Steines hochgehoben, wodurch die äußere Schale „abgerollt" wird (Rollgerste) (Abb. 100). Den Prozeß der Graupen-

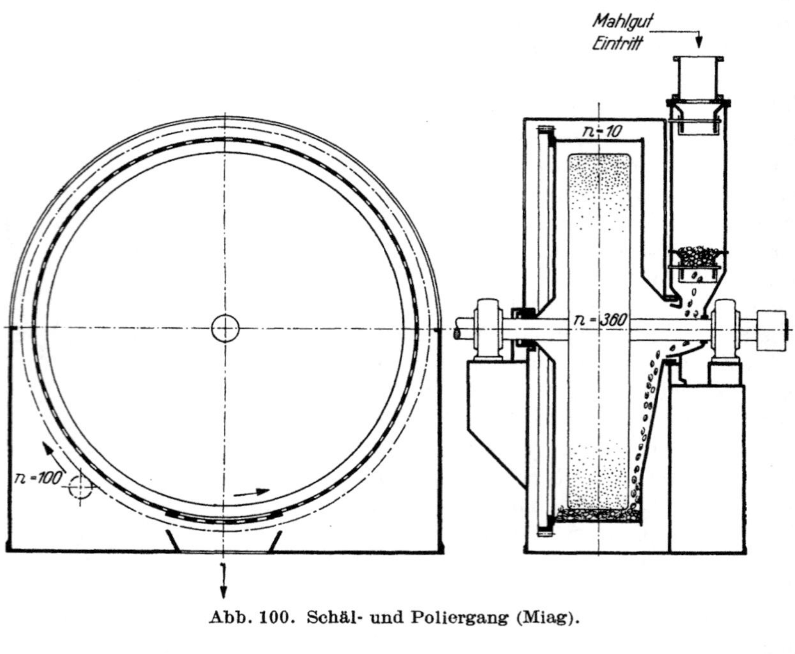

Abb. 100. Schäl- und Poliergang (Miag).

herstellung kann man in drei Teilvorgänge aufteilen: 1. Schälen, 2. Rollen, 3. Polieren. Die drei Prozesse unterscheiden sich dadurch, daß im ersten Gang der Abstand zwischen Stein und Bütte 20 mm, im zweiten Gang 25 mm und im Poliergang 22 mm beträgt. Die Griffigkeit des Steines wird geringer genommen. Im letzten Gang ist eine gute Aspiration erforderlich, damit kein Heißlaufen erfolgt. Die automatisch ablaufende Schälung dauert etwa $2\frac{1}{2}$ bis $4\frac{1}{2}$ min. Die Ausbeute an groben

Graupen (Kälberzähne) beträgt 65—67%, die an Perlgraupen 32 bis 40%. Letztere werden im allgemeinen aus Gerstengrütze hergestellt und haben den Vorzug, daß sie nicht so stark quellen wie Grobgraupen. Nach sechs Schälgängen sind nach amerikanischen Messungen 74% des Eiweißes, 86% des Fetts, 97% der Rohfaser und 88% der Mineralsalze entfernt worden.

Der Arbeitsgang ist in großen Zügen folgender: Waage, Aspirateur, Magnet, Trieur zur Entfernung des Hafers, Plansieb, 1. Holländer, Sechskanter zur Abscheidung des Futtermehles, Hülsenseparator, 2. Holländer, Sechskanter und Hülsenseparator, Bleichapparat, in welchem die mit 0,3 bis 0,5% Wasser genetzten Graupen mit SO_2 gebleicht werden, Abstehsilo, Grützeschneider, Bürstmaschine, 3. Holländer, Sechskanter, Hülsenseparator, Talkumpoliermaschine, Bürstmaschine, Sortiersieb. Der Trommelgrützeschneider besteht aus einer rotierenden, perforierten Trommel. Die untere Hälfte der Trommel ist mit einem feststehenden Messerrahmen umgeben. Der Abstand der Messer läßt sich durch auswechselbare Keile verändern. Die Körner fallen in der Längsrichtung durch die Trommellochung und werden durch die Messer in Würfelform zerschnitten. (Vgl. Abb. 96.)

Literatur.

Le Clerc, J. A. and C. D. Garby: Industr. Engng. Chem. **12**, 451 (1920).
Böhm, F.: Die Schälmüllerei, Leipzig: Verlag „Die Mühle" (1934).
Hopf, L.: Taschenbuch für Müllerei und Mühlenbau, Leipzig: Schäfer 1938.

7. Mandel- und Nußverarbeitung.

Mandeln und Marzipan (Abb. 101). Die Mandeln werden in einer Knackmaschine aufgebrochen, die im wesentlichen aus zwei kegelförmigen, mit Rillen versehenen Walzen besteht, welche die hartschaligen Mandeln nach Größe sortieren und diese auf ein gleichfalls kegelförmiges Walzenpaar überleiten, in welchem die Schalen ohne Verletzung der Kerne aufgebrochen werden.

Anschließend kommen die Mandeln zur Abtrennung von Unreinlichkeiten in Salzwasser und werden daraufhin bei 60° (ca. 20 min) oder 100° (3—6 min) gebrüht[1]), bis sich die Häutchen lösen, darauf in kaltem Wasser abgeschreckt und dadurch geschält, daß die abgebrühten Mandeln zwischen 2, 4 oder 6 Weichgummiwalzen mit gleicher Drehzahl geführt werden. Eine Walze ist im Karree und die andere längs gerippt. Unter jedem Walzenpaar befindet sich ein Ventilator, welcher die Häutchen in eine Kammer bläst. Die Kerne fallen nach unten. Die Mandelhäutchen können zur Fettgewinnung, zur Tanninherstellung (4,5%), zur Siruperzeugung, als Futter (wenig Proteine) oder als Humusbildner auf schweren Böden verwendet werden. Die Kerne passieren nochmals einen Verlesetisch, worauf sie in einer Waschmaschine gereinigt werden. Die geschälten Mandeln werden in einem Fleischwolf geschrotet und dann zwischen zwei längs gerillten Granitwalzen zerquetscht. Die Abstreichmesser müssen kurz sein, weil angeblich sonst Öl austritt.

Die fertige *Marzipanmasse* wird unter Zusatz von etwas Bittermandelmasse (ca. 3%) mit ca. 25 Teilen Zucker (zu 75 Teilen Mandeln) vermischt, die Masse in einem Porzellanwalzwerk fein zerrieben und in einem doppelwandigen Kessel (Abröstkessel) unter dauerndem Abschaben ca. 25—30 min bei 5½ atü Dampfdruck ge-

---

[1]) Bei bitteren Mandeln, Aprikosen-, Pfirsich-, Zwetschgen- und Kirschkernen muß das Amygdalin hydrolysiert werden. Damit das Emulsin nicht zerstört wird, darf deshalb hierbei eine Temperatur von 50° nicht überschritten werden.

röstet. Meist rotiert die Röstpfanne und die zwei Arme (einer zum Abschaben, der andere zum Mischen) sind fest. Dabei löst sich der Zucker (25% Wassergehalt der Mischung) und der Wassergehalt sinkt auf 17% (Zuckergehalt 35%, Mandeltrockensubstanz 48% der Gesamtmasse; Zuckergehalt der Lösung ca. 67%, also nach dem Abkühlen knapp über der Löslichkeitsgrenze; Zugabe von 1‰ Invertase oder von Stärkesirup deshalb ratsam). Das Ende der Röstung wird dadurch festgestellt, daß die Masse nicht mehr kleben darf. Bei höheren Wassergehalten werden die aus der Marzipanmasse gewonnenen Artikel zu weich und neigen zum Gären und Platzen; ölige Massen mit zu niedrigem Wassergehalt werden rissig und hart. Die Masse wird in einem Kühlschiff möglichst rasch von 94—100° auf 17° gebracht. Dann wird die Rohmasse in mit Pergamentpapier ausgeschlagenen Kisten fest eingedrückt. Marzipan ist eine Emulsion aus Fett-Wasser-Zucker in einem proteinreichen Zellgewebeschwamm. Zur Stabilisierung werden 0,5% Kartoffelstärke und 3,5% Stärkesirup als Schutzkolloid zugegeben. Das Erzeugnis kann nur selbsthaltbar sein, wenn bei der Herstellung jede Infektion peinlichst vermieden wird. Bei der Verwendung von Puderzucker kann das Feinreiben vor der Zuckerzugabe vorgenommen werden; man kann aber auch so vorgehen, daß man ⅓ des Puderzuckers der Masse zugibt, dann reibt und den Rest des Puderzuckers beim Abrösten zusetzt.

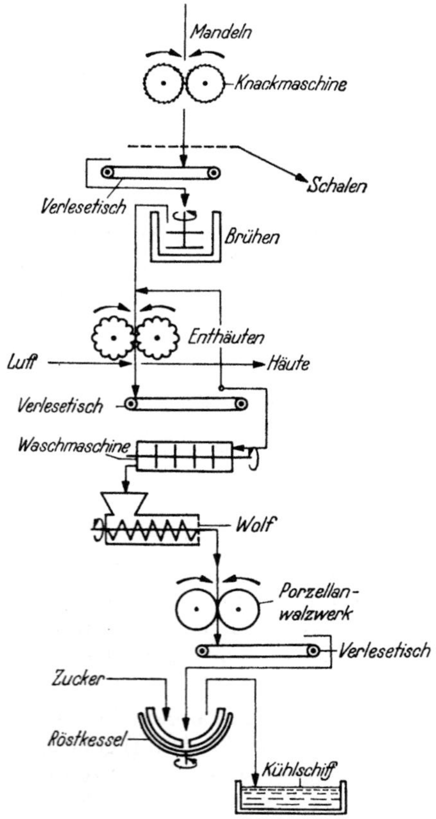

Abb. 101. Marzipanherstellung.

Bei der Herstellung von *Persipanmassen* müssen die geschälten Aprikosen- bzw. Pfirsichkerne durch Einlegen in Wasser von 40—45° entbittert werden. Zeitdauer ca. 7 Stunden. Die Kerne werden bei der gleichen Temperatur getrocknet. Bei dieser Temperatur wird das Amygdalin in Benzaldehyd und Blausäure zerlegt. Diese können durch Wasserdampfdestillation entfernt werden. Bei höheren Temperaturen würde das hydrolysierende Enzym zerstört werden. Man kann aber auch so vorgehen, daß man die Kerne zuerst blanchiert, um die Haut zu lockern und dann diese mittels Ventilatoren entfernt. Die geschälten Kerne werden vermahlen und mit Wasser von 45° versehen, damit das Amygdalin hydrolysiert wird. Das Wasser wird abgeschleudert. Nach dem Vermahlen erfolgt Wasserdampfdestillation in von außen beheizten Rührwerkskesseln [1]), worin ein Wassergehalt von 11% erreicht wird. (Zulässig: 20%.)

Für die Süßwarenindustrie werden auch zerkleinerte Mandeln verwendet. Nach der Waschmaschine und dem Trocknen erfolgt die Zerkleinerung in einer Hack-

[1]) Food Industr. **20**, 1280 (1948).

maschine mittels einer Messerwalze, welche die Mandeln ohne Ausübung eines Drucks so zerkleinert, daß kein Öl ausgepreßt wird.

Gesalzene Mandeln werden dadurch hergestellt, daß die enthäuteten Mandeln in einem Ölbad gekocht werden. Nach dem Kochen und Rösten werden die Mandeln gesalzen.

Erdnußbutter. Die von den äußeren Schalen befreiten Erdnüsse werden bei 160° geröstet. Die Röstdauer soll kürzer sein als bei der Herstellung gesalzener Erdnüsse. Die gerösteten Kerne passieren ein Kühlsieb. Das Abziehen der Haut erfolgt in Bürstmaschinen, die Kerne werden durch die Bürsten gegen ein Wellblech gedrückt. Dabei zerfallen die Kerne in Hälften und die Keime werden entfernt. Die Keime fallen durch ein Sieb und werden in Ölmühlen oder als Viehfutter verwendet; die Häutchen werden durch einen Luftstrom abgeführt. Nun passieren die Kernhälften ein Sortierband, die Sorten werden vermischt und 1,5—3% Salz zugegeben, worauf die Vermahlung stattfindet, welche nicht zu fein sein darf, weil sonst das Fett in der Mundhöhle kleben bleibt. Will man während der Lagerung, die üblicherweise in vakuumverschlossenen Dosen stattfindet, ein Aufrahmen des Öls vermeiden, dann muß man dieses abpressen, härten und dem Preßkuchen wieder zufügen. Nach anderen Angaben werden die Kerne vor dem Vermahlen blanchiert und außer Salz gehärtetes Palmkernöl zugegeben.

Walnüsse. Verfahrenstechnisch ist hierbei ein neues, automatisches, amerikanisches Schälverfahren interessant [1]), wobei zwei parallele Bänder die Nüsse fassen und diese an einer Kreissäge vorbeiführen, welche einen kleinen Schlitz in die Schale sägt. In diesen Schlitz gleitet eine Rippe, die mit einer Öffnung versehen ist, durch welche eine Mischung von Sauerstoff und Azetylen in das Innere strömt. Die Nuß fällt nun durch einen Ring von Gasflammen und explodiert darin. Die Schale fliegt zur Seite, der meist unverletzte Kern wird getrennt aufgefangen. Man kann aber auch so vorgehen, daß man die Nüsse maschinell aufknackt und die Schalenbruchstücke absaugt [2]).

Verarbeitung von Erdnüssen. Die von den äußeren Schalen befreiten Erdnüsse werden etwa 14 min geröstet, wodurch sie Röstaroma erhalten, rösch werden und die Haut brüchig wird. Nach dem Passieren eines Kühlsiebes werden die Schalen mittels gegenläufiger Gummiwalzen entfernt, das Schälgut ausgelesen und in Drahtsieben in Öl bei 170° 8½—20 min gekocht, gekühlt, in einem Trommelmischer mit Salz versehen (ca. 1½%). Die Verpackungen werden evakuiert und mit Stickstoff gefüllt.

Literatur.

Keller, O.: Zeitschr. f. angew. Chemie **49**, 785 (1927).
Gordian: **38**, 77 (1937); **42** (1941) Nr. 1106, S. 9.

8. Tafelsenf (Mostrich).

Das Senfmehl wird in einem Holzbottich mit Wasser, Essig, Salz, Öl und Gewürzen wie Estragon, Pfeffer, Nelken, Ingwer, Zimt, Paprika u. dgl. zu einer „Maische" verrührt, und zwar so lange, bis der Geschmack anspricht (ca. 1—4 Stunden). Während des Bereitungsprozesses wird nämlich das Allylsenföl aus einer glucosid-

---

[1]) Anon: Food Industr. **11**, 123 (1939).
[2]) Food Industr. **18**, 99 (1946).

artigen Bindung, ferner aus myrosinsaurem Kalium durch das im Senfsamen enthaltene Enzym Myrosin in Freiheit gesetzt, wodurch der scharfe Geschmack entsteht.

Nach der Zubereitung wird die Maische dem ersten Mahlgang zugeführt (Abb. 102).

Der obere Granitstein ist der Läuferstein, der den aufgebrachten, dünnen Brei vermahlt. Der untere Stein steht fest. Die glatt aufeinander geschliffene Mahlfläche dieser Steine ist mit tiefen Hauschlägen und mit in spitzen Winkeln dazu verlaufenden feinen Sprengschlägen versehen. Die Speisepumpe fördert den Senfbrei durch ein ansteigendes Rohr zwischen die beiden Steine, von wo er sich nach der Vermahlung in dem Mantel, der ein Stück der beiden Steine umschließt, sammelt und durch eine Rinne ab-

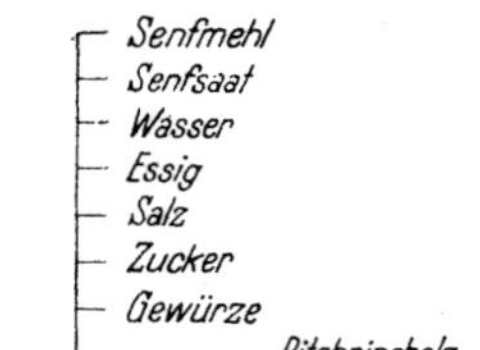

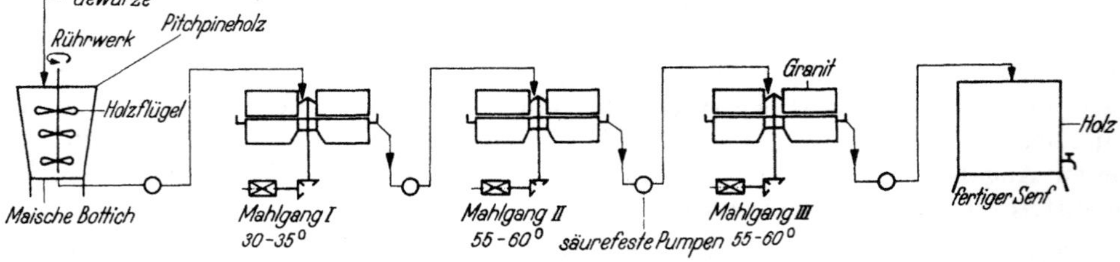

Abb. 102. Senfherstellung.

fließt. Dies wiederholt sich im zweiten und dritten Mahlgang, wobei sich eine Temperatur von 30—35° im ersten Mahlgang und von 55—60° in den beiden andern Mahlgängen ergibt. Höhere Temperaturen als 60° dürfen nicht auftreten, da sonst das Myrosin inaktiviert wird. Als Material für die Rohrleitungen werden Vinidurrohre verwendet.

B. Misch- und Emulgiervorgänge.

1. Margarineherstellung.

Margarine wird hergestellt durch inniges Vermischen des geschmolzenen Fettgemischs mit durch Milchsäurebazillen gesäuerter Milch; sie stellt im allgemeinen eine Wasser-in-Öl-Emulsion dar. Die Zusammensetzung des Fettanteils variiert nach der Jahreszeit: Im Winter wird dem Fabrikat mehr Öl zugesetzt, im Sommer mehr höher gehärtete Fette.

Die pflanzlichen Öle werden nach vorausgegangener Entsäuerung, Bleichung und Desodorisierung verarbeitet, die festen Fette werden auf Schmelzroste gelegt, durch deren Einwirkung das Fett flüssig wird. Die Fette und Öle werden in Tanks geleitet, in abgewogener Menge und in gewünschten Mischungsverhältnissen den Temperierkesseln zugeführt (Abb. 103). In einem mit Wassermantel und Rührwerk versehenen Emulgierapparat, der sogenannten Kirne, wird eine homogene Emulsion hergestellt, die zur schnellen Abkühlung über eine Kühltrommel läuft. Je größer die Wasserteilchen in der Emulsion, desto größer die Spritzverluste beim Ausbraten der

Margarine. Zur Vermeidung des Anklebens an der Pfanne wird „Schou Öl“ [1]) und Sojalecithin als Emulgiermittel (Verhinderung der Spritzverluste durch 0,1—0,3%ige Zugabe) zugegeben. Die wichtigsten Rohstoffe sind dabei Cocosfett, Palmkernfett und gehärtete Seetieröle, daneben Erdnußöl, Sojabohnenöl, Sonnenblumenöl, Baumwollsaatöl, Maiskeimöl, Rüböl und Rinderfett. Für beste Margarinesorten wird gutes Speiseöl, wie z. B. Erdnußöl, verwendet.

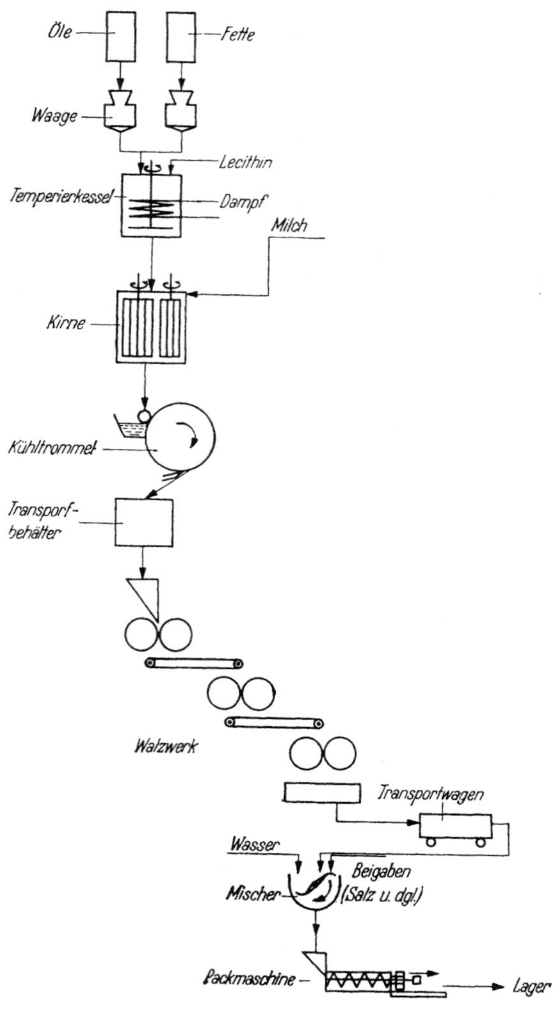

Abb. 103. Margarineherstellung.

Der Buttergeschmack wird der Margarine durch das Emulgieren mit gesäuerter, entrahmter Frischmilch verliehen. Zum Säuern werden Symbiosen von Milchsäure- und Aromabildnern verwendet. Der Impfzusatz beträgt 1—2% Reinkultur. Hierzu wird die entrahmte Frischmilch 15 min bei 72,5° in einem doppelwandigen Gefäß aus Aluminium oder aus rostfreiem Stahl mit Rührwerk z. B. mit Hilfe einer in einen Wassermantel eingebauten Dampfschlage oder im Durchlaufverfahren erhitzt. Nach dem Abkühlen wird der Impfstoff zugegeben. Die Säuerung dauert 16—18 Stunden, wobei das Säuerungsgut vor Infektionen durch frisch ausgekochte, dichte Gaze beschützt wird. Nach Erreichung des richtigen Säuerungsgrades wird gekühlt und eine 2—3 cm dicke Schicht abgehoben. Die Betriebsmilch wird in Säuerungswannen (vgl. Rahmreifer) mit Mutterkultur versetzt. Der Säuerungsprozeß muß so geleitet werden, daß sich eine Sauermilch von sämiger, feinflockiger Konsistenz ergibt, die keine „Caseinnester“ aufweist. Der Säuregrad soll mindestens 20 S.H. betragen.

Kirnprozeß (Abb. 104): Die Erzeugung einer dauerhaften Emulsion von Fett und Milch bildet die wichtigste Phase bei der Margarineherstellung. Das größte Emulsionsvermögen hat die süße Milch, eine Steigerung der Temperatur erleichtert den Emulgiervorgang wegen Erniedrigung der Viskosität. Die Rührintensität und die Mischungszeit weist ein Optimum auf, die übliche Drehzahl liegt bei etwa 80 U/

[1]) Gereinigtes, vegetabilisches Öl, das bei 250° oxydiert wurde bis Gelatinierung einsetzt. Das Produkt wird auf 100° abgekühlt und mit dem doppelten seines Volumens an kaltem Öl gemischt. Anscheinend haben sich durch das Oxydieren in dem molekularen Gefüge polare Gruppen entwickelt, die das Produkt in den Stand setzen, Wasser zu dispergieren.

min, die Rührwerke arbeiten gegenläufig. Zwecks Herstellung einer feinen, vollkommen homogenen Emulsion läßt man entweder das Fett in die wässrige Flüssigkeit oder umgekehrt die wässrige Flüssigkeit in das Fett einfließen. Die Kirne besteht aus einem oval geformten, doppelwandigen, verzinnten Eisenkessel mit einem Deckel,

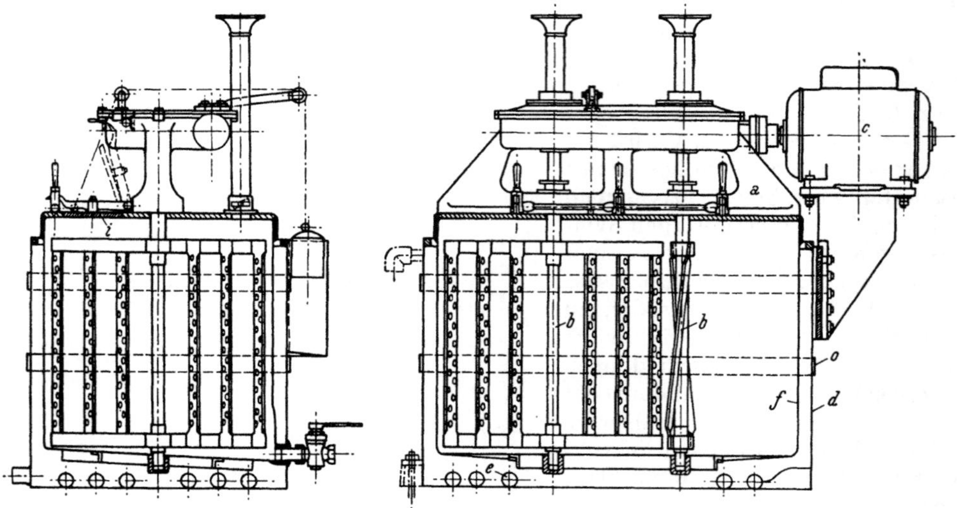

Abb. 104. Kirnmaschine (Bergedorfer Eisenwerke A.G.).

a = Doppelgetriebe
b = Doppelrührwerk
c = Antriebsmotor
d = Außenmantel
e = Heizrippenschlangen
f = Innenkessel

der die Zuflußleitungen für die Fette und für die wässrige Phase aufweist, und einem Doppelrührwerk. Nachdem die Mischung in der Kirne ist, geht man langsam mit der Temperatur bis auf 22—23° herunter. Während des Kirnens steigt die Temperatur des Gemisches, da beim Erstarren des Fettes die Erstarrungswärme frei wird. Die Ablauftemperatur liegt je nach der Fettzusammensetzung zwischen 25—35°, die Dauer des Kirnens, bis der Beschlag als zähe, mayonnaisenartige Schicht das Schauglas bedeckt, beträgt ca. 20 min. Bei Ziehmargarine beträgt die Ablauftemperatur 45—50°.

Die ausfließende Emulsion wurde früher vorwiegend mit Eiswasser abgebraust, wodurch Nähr- und Aromastoffe ausgelaugt werden und der Wassergehalt der Margarine nachträglich stark gesenkt werden muß, weshalb sie nunmehr in Großanlagen über innengekühlte (Abb. 105 und 106), langsam rotierende Kühltrommeln ($n = 16$ U/min) geleitet wird, bis die Emulsion nach einer nahezu vollen Umdrehung erstarrt und durch einen Abstreifer aus Bronze abgeschabt wird. Die Trommel besteht aus Stahl, sie wird mittels verdampfendem Kältemittel auf —16° gekühlt. Die Emulsion kommt dabei z. B. in ein parallel zur Trommel gelagertes Becken, aus welchem die Auftragswalze die Emulsion entnimmt und auf die Trommel aufbringt. Die Verteilerwalze kann sich auch über dem Trog befinden. Unterhalb des Trogs befindet sich eine genau einstellbare Abschabevorrichtung. Die von den Kühltrommeln mit 0° abfließenden Margarineschuppen kommen in einen Butterwagen, in welchem im Verlauf von 2—24 Stunden, vorzugsweise bei 8—10° eine Erwärmung und eine gewisse Rekristallisation (Verfestigung) erfolgt sowie Aromaentwicklung durch bakteriologische bzw. enzymatische Prozesse (nachdem die Milch mit der festen Phase in Berührung kommt), welche durch die Salzzugabe abgestoppt werden.

Knetprozeß. Die anschließende Walze hat den Zweck, die Kristallstruktur zu brechen und eine streichfähige Masse zu erreichen, in der feste Teile mit der Zunge nicht mehr wahrzunehmen sind. Als Knetvorrichtungen wurden früher geriffelte

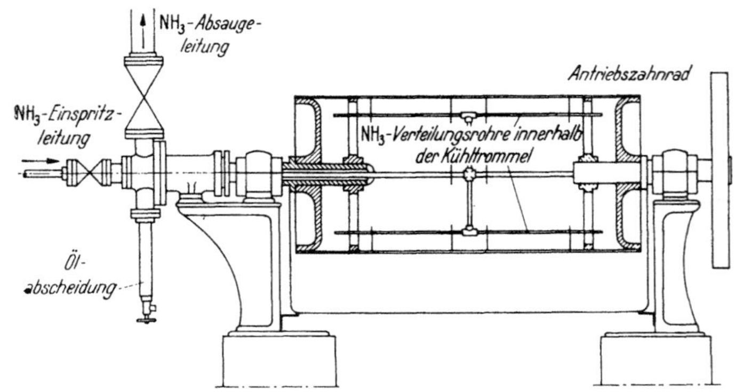

Abb. 105. Walzenkühler mit direkter Verdampfung des Ammoniaks.

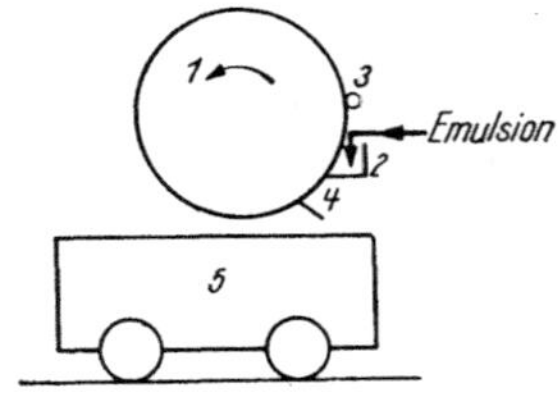

Abb. 106.
Schema der Trommelkühlung.
2 = Verteilertrog
3 = heizbares Rohr
4 = Abstreife
5 = Wagen

Holzwalzen, hölzerne Preßschnecken und Knetteller verwendet. Für Margarine, die in Kühltrommeln bearbeitet wurde, verwendet man mehrere hintereinandergestellte Glattwalzen aus Porphyr (Etagenwalzwerk bis zu 5 Passagen), die Passage fällt jeweils auf ein Transportband. Zur Verbesserung der Streichfähigkeit, zwecks Zusatz verschiedener Ingredienzien und zur Regulierung des Wassergehalts wird die Margarine jetzt in einem Mischapparat mit Rührarmen (nach Art der Teigmischer) bearbeitet. Zu Beginn des Knetens, welches zur Austreibung des Sauerstoffs unter Vakuum erfolgt, wird aus Geschmacksgründen Salz und als Konservierungsmittel 0,2% Benzoesäure oder Natriumbenzoat zugesetzt, außerdem Glucosesirup zum Bräunen beim Braten und die in Sesamöl gelöste Butterfarbe. Auch Kartoffelmehl wird hier zugegeben, sowie Diacetyl als aromatisierender Zusatz. Das Verpacken erfolgt in Packmaschinen, wobei durch rotierende Schnecken die Margarine in eine Kammer gepreßt und ihr so die bekannte Würfelform gegeben wird. Die Einwickelmaschine bewerkstelligt das automatische Einwickeln des Margarinewürfels in Pergamentpapier. Während des gesamten Verarbeitungsganges kommt die Margarine mit der menschlichen Hand nicht in Berührung; alle Apparate bestehen aus rostfreiem Stahl bzw. aus Reinaluminium und müssen sorgfältig reingehalten werden.

Dampfbedarf je Tonne erzeugter Margarine	ca.	500 kg
Energiebedarf je Tonne erzeugter Margarine	ca.	40 kWh
Kältebedarf je Kilo erzeugter Margarine	ca.	35 kcal

Kontinuierliche Margarineherstellungsverfahren gewinnen an Bedeutung, obwohl es hierbei schwieriger ist, zu einem bestimmten Emulsionstyp zu gelangen und obwohl die Anpassung der Temperatur der Ware nicht so vollkommen ist wie beim langsamen Angleichenlassen bei Raumtemperatur. Die Emulgierung kann dabei z. B. in einer Trommel erfolgen, in welcher eine Zahl von mit Flügeln besetzten Scheiben rotieren; dazwischen liegen Widerstandskörper, welche einen in der Bewegungsrichtung sich verringernden Durchgangsquerschnitt ergeben. Das Kneten erfolgt dadurch, daß die Margarine mittels einer Schnecke durch ein System von gelochten Platten (vgl. S. 7) gepreßt wird. Beim Votator-Verfahren werden die Ingredienzien gemischt und das Gemisch evtl. nach Passieren eines Vorkühlers in ein von außen mittels verdampfendem Kältemittel gekühltes Rohr gepumpt, in dessen Innern ein Schaber mit 600 U/min rotiert. Daran schließt sich ein zweiter, nicht gekühlter Zylinder zum „Entwickeln“ der Kristalle an [1]. Es ist anzunehmen, daß dieses Verfahren in gewissen Abwandlungen eine große Zukunft hat.

Anhang.

Herstellung von 100%igen Fetten in Plattenform (Palmin): Das raffinierte Fett oder Fettgemisch wird in heizbaren Kesseln verflüssigt und auf etwa 25—30° temperiert. Von dort fließt das Fett in eine Abfüllmaschine und durch diese in Weißblechformen, die auf einem Transportband einen Kühltunnel (vgl. Schnellgefrierapparate) zur Erreichung einer feinkörnigen Struktur passieren. Aus den Blechformen werden die Tafeln dadurch gelöst, daß ein Stempel die Formenschalen etwas weitet und die Formenreihe umgekippt wird.

Literatur.

SCHÖNFELD, H.: Chemie und Technologie der Fette und Fettprodukte, Verarbeitung und Anwendung der Fette, Bd. II, Berlin: Springer 1937.

CLAYTON, W.: Kolloidchemische Anschauungen auf dem Gebiet der Molkereiprodukte in Kolloidchemische Technologie, Dresden: 1932.

2. Schokoladeherstellung.

Die wichtigsten technologischen Vorgänge bei der Kakaoverarbeitung sind: Zerkleinerungs-, Trenn- und Mischvorgänge, Erhitzungs-, Kühlungs-, Schmelz- und Erweichungsvorgänge (Abb. 107). Unmittelbar nach der Ernte läßt man die Kakaobohnen samt dem anhaftenden schleimigen Fruchtmus fermentieren. Bei Giollo dauert dieser Prozeß 2, bei Forastero 7 Tage. Während der ersten Tage durchdringt der vom Fruchtfleisch stammende Gärsaft die Bohne, wodurch der neutrale Zellsaft sauer, der purpurne Saft rötlich wird. Der ursprünglich weiche Bohnenkern wird hart und spröde. Während der Fermentation wird das Catechin völlig abgebaut, je nach dem Grad der Kondensation werden Phlobaphene gebildet (sog. Kakaobraun), der Gehalt an Purinbasen nimmt ab, steigt aber dafür in den Schalen an, weiterhin bildet sich Essigsäure, der erdige Geschmack und das melonenartige Aroma verändern sich in charakteristischer Weise.

Herstellung der Kakaomasse. Große Bohnen sind am geeignetsten und am sichersten ausgereift. Die Verarbeitung des Rohkakaos beginnt mit der Entfernung fremder Teile (Staub, Schmutz, Sackfasern u. dgl.). Er gelangt zunächst in eine Bürstvorrichtung (rotierende Bürstenwalze), dann in einen Aspirateur, in welchem Staub, leichte Schalenteilchen, Sackteilchen u. dgl. abgesaugt werden, während die gereinigten Bohnen über einen Magnetapparat fallen. Daran schließt sich ein langsam laufendes Sortierband an, auf welchem Verunreinigungen ausgelesen werden. Zweckmäßigerweise schließt sich an das Ausleseband ein Sortierzylinder an, der die Bohnen in vier Größen (verschiedene Röstdauer) sortiert. Von dort aus kommen die Bohnen mittels Transportschnecke oder mittels Wagen zur Röstmaschine. In dieser sollen überflüssiges Wasser verdampft (ca 5%), Tannine und andere adstringierende Stoffe zerstört, Essigsäure und Essigsäureester verflüchtigt, die Entfernung der Schalen erleichtert, eine Verstärkung des Aromas, eine Vertiefung der Farbe erreicht und Eier und Larven von Kakaomotten getötet werden. Je größer die Bohnen, um so länger die Röst-

[1] SLAUGHTER, J. E. and C. E. Mc. MICHAEL: Journ. Am. Oil Chem. **26**, 623 (1949).

dauer, die zwischen 10 und 45 min liegt. Die praktisch angewandten Rösttemperaturen liegen zwischen 60 und 130°. Von Einfluß ist Reifegrad, Sorte, Feuchtigkeits-

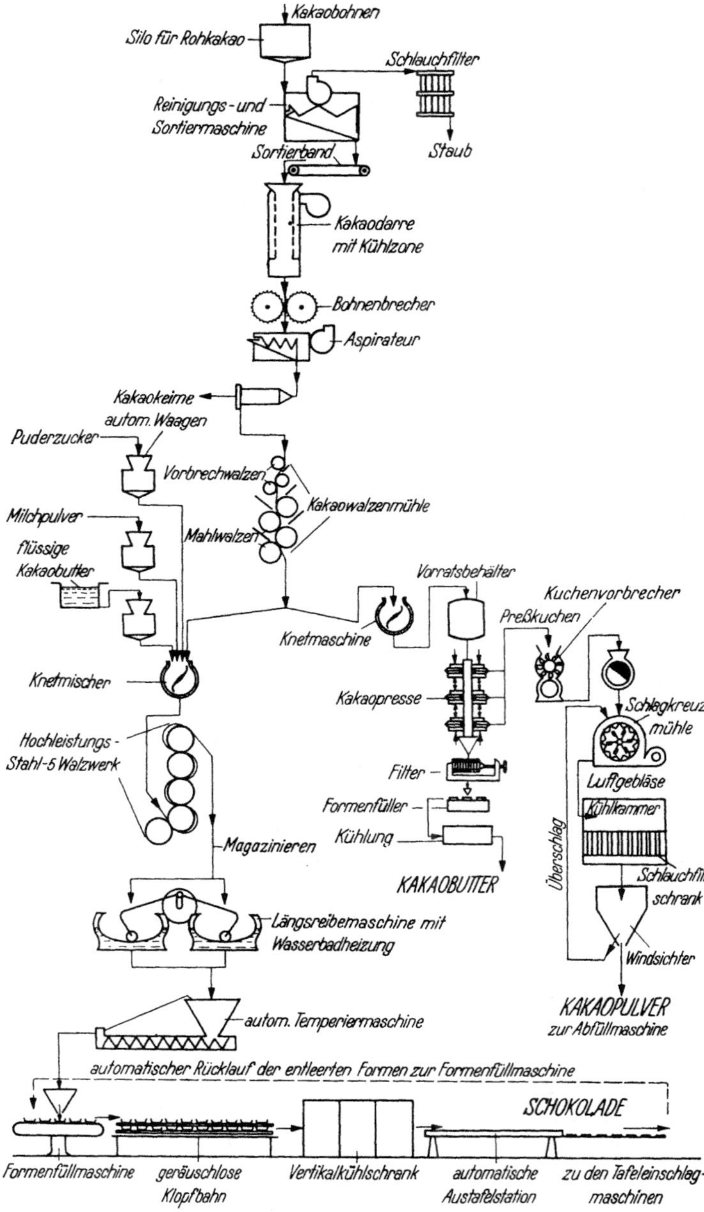

Abb. 107. Herstellung von Schokolade und Kakao.

gehalt, Härte der Schalen und vor allem, ob es sich um Bohnen handelt, die im Erzeugerland an der Sonne getrocknet (Arriba) oder einer Feuertrocknung bei 100—130° unterworfen worden waren. Letztere dürfen nicht nochmals auf 100—130° erhitzt werden, da eine übermäßige Karamelisierung zum Bitterwerden führt, sondern nur auf 60—80°. Für Kakaopulver wird etwas schärfer geröstet (110—120°) als für Schokolade (95—110°). Bei zu schwacher Röstung bleibt der Wassergehalt zu hoch, wodurch die Schokoladenmasse beim Bearbeiten härter wird und wenig Schmelzcharakter erhält. Der Wassergehalt soll nicht über 2% liegen. Da die Kerne ungeschält geröstet werden, ist die Erhitzung und Austrocknung der Randteile stärker als im Innern. Meist werden Rösttrommeln oder Röstkugeln verwendet, die mit Druckluft-Gebläsegasbeheizung und Mischwerk ausgerüstet sind. Neuerdings verwendet man in zunehmendem Maße Rieseldarren (Dampfdruck 5—8 atü) mit kontinuierlicher Räumung durch Transportschnecke, Dauer bis zu 1 Stunde, und zwar wird jetzt vorwiegend schwächer geröstet, bei 80° im Gut und 140—150° Lufttemperatur. Anschließend Kühlzone bzw. Kühlsieb. In USA. wurden auch mit einem Winkel von 10° geneigte Türme angewandt, in welchen auf Bändern das Röstgut von unten nach oben, die heiße Luft von oben nach unten bewegt wird. Am Ende des Bandes werden die Bohnen mit großer Wucht gegen eine Scheibe geschleudert, die leichten Schalen werden von einem Luftstrom gleich weggeführt. Sonst schließt sich an das Rösten das Brechen an, welches mit Riffelwalzen vorgenommen wird; die Bruchstücke fallen auf Zylindersiebe oder auf flache gelochte Schüttelsiebe, werden in 6—8 verschiedene Bruchstückgrößen sortiert, worauf die leichten Schalen durch Druck- oder Saugluft entfernt werden. Für Bohnenarten, die reich an Tanninen und Säuren sind (Bahia, Acra, Forastero) soll das Waschen der Bohnen in Wasser von 65° und anschließendes Trocknen bei 70—80° günstiger als die Röstung sein, weil hierdurch der Gehalt an Tanninen und Säuren erheblich vermindert wird [1]). Die Keime (0,8%) befinden sich neben dem Kakaokernstaub in den feinen Körnungen, welche auf ein Rüttelsieb kommen, das Keime und gleichgroße Kernteile durchfallen läßt. Diese passieren einen Trieur, in dessen Vertiefungen die rundlichen Kakaoteile gelangen, während die walzenförmigen Keime mit Hilfe eines Abstreifers im unteren Teil verbleiben. Auch im Trinkkakao stören die Keime, da sie die Ursache davon sind, daß sich in der Tasse Satz bildet (Kakaokeime enthalten 3,5% Fett, 30% Rohprotein, 2—3% Theobromin, 3% Rohfaser; sie dienen für Futterzwecke). Das Fett der Kakaokeime hat einen unangenehmen Geschmack. Die Kakaoteile werden mit Hilfe einer Bürste einer Schnecke zugeführt. Ausbeute ca. 78,5%, Röstverluste 7%, Schalen 10,5%, Keime und sonstige Bestandteile 4%. Aus dem beim Schälen entstehenden Kakaogrus werden in einer Putzanlage noch Kakaokerne kleinsten Ausmaßes gewonnen. Aus den Schalen können gegebenenfalls 3—6% Fett durch Extraktion gewonnen werden, worauf eine Verarbeitung auf Theobromin stattfinden kann; die Rückstände dienen als Düngemittel. Kakaoschalen dienen vermahlen als Futtermittel (7% verdauliches Eiweiß, ca. 45% stickstofffreie Extraktstoffe) für Kälber. Auch zu Ersatztee werden sie verarbeitet. In USA. werden sie häufig verbrannt [2]).

Aus dem Kakaobruch, dessen verschiedene Bruchstücke wieder vereinigt und mit verschiedenen Sorten vermischt werden, entsteht durch Mahlen die Kakaomasse; die Vorzerkleinerung erfolgt durch Riffelwalzen oder durch eine Mahlscheiben-Schlagmühle. Das Vermahlen geschieht in Vierwalzwerken mit glatten Stahlwalzen, meist von unten nach oben. Die Umdrehungsgeschwindigkeit der wassergekühlten Walzen wird mit zunehmender Feinheit des Mahlguts größer gewählt, da die Fläche der Schicht zunimmt. Von der letzten Walze mit der höchsten Umdrehungszahl wird die Masse durch ein Abstreifmesser abgenommen und fällt in einen Auffangbehälter.

---

[1]) Sulc, D., Farm. Glasnik, 49 (1947).

[2]) Verwertung von Nebenprodukten vgl. Walton, G. P. u. R. F. Gardiner, US. Dept. Agr. Bull. **1413** (1926).

Erwünschte Teilchengröße für Kakao 25—30 μ. Solche Partikel werden vom Gaumen nicht mehr als Körnchen empfunden, dabei ist im Hinblick auf die Gleichförmigkeit zu bedenken, daß die größten Teilchen den subjektiv empfundenen Feinheitsgrad bestimmen.

Herstellung von Schokolade. Bei der Schokoladenherstellung werden in einem heizbaren Melangeur (unterscheidet sich von einem Kollergang dadurch, daß sich der Läufer nur um die eigene Achse dreht, aber nicht fortbewegt und dafür die Bodenplatte umläuft) gewogene Mengen von Kakaobutter, gegebenenfalls in Hammer- oder Schlagkreuzmühlen fein vermahlener Zucker und gegebenenfalls Milchpulver oder Kondensmilch zugegeben und die Kakaomasse geknetet und gemischt. Häufig wird im Kneter mit Hilfe einer Luftabsaugeeinrichtung auch eine Wasserverdunstung herbeigeführt, da der Wassergehalt der Schokolade 1—2% nicht überschreiten darf, wenn ein Steifwerden der Masse infolge Quellung der fettfreien Bestandteile vermieden werden soll. Vorzugsweise verwendet man Kneter meist mit gegenläufigem Schneckenrührwerk, die anfangs bei 60—70°, dann bei 40° betrieben werden. Bearbeitungsdauer ca. 1 Stunde. Hierdurch werden bereits unerwünschte Aromastoffe abgeführt, Wasser verdampft und die Masse verflüssigt, wodurch sich eine erhebliche Verringerung der Conchierzeit ergibt. Bei Koch-Schokoladen kann das Conchieren in Wegfall kommen, wenn der Zucker in Form von Puderzucker zugegeben wird. Die Buss S. A. hat kontinuierliche Knetmaschinen entwickelt [1]).

Die fertig gemischte Schokoladenmasse gelangt nun auf ein Fünfwalzwerk mit innengekühlten Walzen, die sich gleichsinnig mit zunehmender Geschwindigkeit (20—100 U/min) drehen, wodurch von Walze zu Walze ein feineres Zerreiben erfolgt. Der Zerkleinerungsgrad ist wichtig, da sich keines der Schokoladenbestandteile in den anderen löst und gröbere Teile auf der Zunge rauh empfunden werden. Die durch das Walzen als Folge der Oberflächenvergrößerung pulverförmig werdende Masse (Teilchengröße ca. 1—2 μ) läßt man nun 24 h bei 45—60° stehen, damit sie ihre Dünnflüssigkeit wieder annimmt. Nach erneutem Walzen werden Qualitätssorten conchiert. Hierzu dient eine Granitwalze, die sich in einem Reibetrog aus Granit mit etwa 40 Hüben/min bewegt, der in ein Heißwasserbad eingebettet ist und worin sich die halbflüssige Masse an der Stirnseite überschlägt (Abb. 108). Die auf die

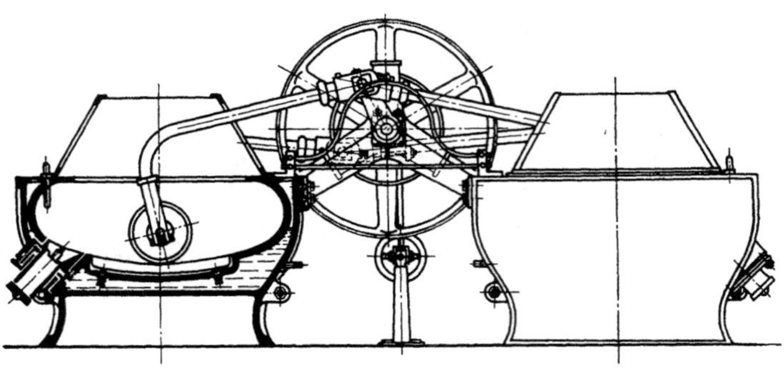

Abb. 108. Darstellung einer Längsreibemaschine (Conche) mit Wasserbeheizung.

Kakaomasse ausgeübte Bewegung ist gleichzeitig eine schlagende, peitschende, reibende, mischende. Dauer des Conchierens 50—80 Stunden, je nachdem, ob Konsummassen oder Edelmassen erzielt werden sollen (in den ersten 12 Stunden bei ca. 80°,

[1]) List, M. H.: Int. Fachzeitschr. f. Schokol. Ind. IV, 245 (1949).

dann im Verlauf weiterer 60 Stunden Senkung auf 55—60°. Dabei spielen sich folgende Vorgänge ab:

1. Der Wassergehalt wird von etwa 1% auf 0,4—0,5% gesenkt, gleichzeitig werden unerwünschte Aromastoffe, insbesondere flüchtige Säuren (Essigsäure), verflüchtigt.
2. Die Einzelbestandteile werden innig vermischt (Emulsionsbildung), jedes Kakao- bzw. Zuckerteilchen soll sich in eine dünne Lage höher schmelzender Butterfraktion einhüllen, so daß als Verbindungsschicht nur Kakaobutter von niedrigem Schmelzpunkt verbleibt. Bei Beendigung des Conchierprozesses ist die Masse glänzend.
3. Die durch das Walzen hart und trocken gewordene Masse wird geschmeidig; die harten Ecken der Zuckerkristalle werden abgeschliffen. Der Zerkleinerungseffekt der Conche wird aber häufig überschätzt.
4. Notwendig ist eine intensive Luftberührung aller Kakaoteilchen. Hierdurch, verbunden mit der erhöhten Temperatur, verliert die Schokolade an Herbheit; der Zucker wird evtl. leicht karamelisiert und auch in geringem Ausmaß invertiert. Die Eiweißstoffe werden teilweise in wasserunlösliche, geschmacklose Gerbstoffverbindungen (Tannate) übergeführt.

Die Viskosität der Schokoladenmasse hängt außer von der Zusammensetzung insbesondere vom Wassergehalt, von der Feinheit der Teilchen (je feiner desto zäher) und von der Belüftung ab (Zunahme der Zähigkeit). Durch Zugabe von Lecithin (ca. 0,3 %) wird die Viskosität gesenkt; hierdurch kann gegebenenfalls bis zu 5% Kakaobutter eingespart werden. Auch das Abpressen der Kakaobutter kann hierdurch bei geringeren Drücken vorgenommen werden. Bei zu hohem Wassergehalt verschlechtert sich die Fettbenetzung, wodurch die Reibung von Grenzflächen zunimmt. Zwischen 0,1 und 0,2% W.G. wird die Viskosität am meisten beeinflußt.

Anstelle der Längsreibemaschinen, die eine lange Bearbeitungszeit bedingen und hohe Kosten verursachen, sind auch Rundreiben im Gebrauch, wobei allerdings der Rühreffekt (homogen, geschmeidig) und das Absaugen von Aromastoffen im Vordergrund steht. Sie erlauben die Verarbeitung größerer Mengen in kürzester Zeit; die in Längsreibemaschinen erreichbare Qualitätsverbesserung der Schokolade läßt sich aber hiermit nicht voll erreichen, so daß sie vorzugsweise für Konsumware und für Kouvertüre üblich sind. Während man bei Längsreiben einen Kraftbedarf von 50 kWh für 100 kg fertige Edelmasse benötigt, kann man mit modernen Rundreiben diesen Bedarf bis auf etwa 10% senken. Bei den modernen Conchen wird die Masse geschlagen und umgewälzt (Umlaufconche) oder durch Wendeschaufeln geschlagen und Luft eingerührt, welche wieder durch Granitläufer ausgequetscht wird. Hierbei wird die Entfeuchtung und Entsäuerung ohne Butterzusatz durchgeführt und erst gegen Schluß eine Versalbung angestrebt. Bei einer weiteren Bauart wird die Schokoladenmasse durch enge Spalten gepreßt und in dünner Schicht auf eine langsam umlaufende Trommel geführt und mit Heißluft bespült. Die Verfeinerung und Versalbung der Masseteilchen erfolgt bei dem ständigen Kreislauf durch die Schnecke der Maschine.

Neuerdings ist vorgeschlagen worden, das Conchieren mit Ultraschallwellen über 15 KHz durchzuführen [1]). In die Schokoladenmasse wird Luft eingepreßt.

Zum Abfüllen muß die fertige Schokoladenmasse sofort auf etwa 50° gekühlt werden. Zur Aromaentwicklung wird sie — häufig auch zwischen den einzelnen Arbeitsgängen — in den Warmraum gebracht und endlich auf 31—32,5° temperiert. Es wird als wesentlich angesehen, daß zwischen Conchieren und Temperieren die

---

[1]) NORDENSKJOLD and HOLMQUIST, B. P. 568 771.

Schokoladenmasse nicht zu lange bei zu hohen Temperaturen steht, weil sonst ein gewisses Absetzen erfolgt, das nicht durch einfaches Rühren wieder rückgängig gemacht werden kann. Da Kakaobutter ein Fettgemisch vorstellt, ist der Schmelzpunkt nicht einheitlich. Wenn sich im letzten Abschnitt des Conchierens kein genügendes Einhüllen der Teilchen in auskristallisierende Glyceride ergeben hat, ist dies nur schwierig zu erreichen, da sich unter starkem Rühren keine Fraktionierung ergibt, andererseits zur Vermeidung des Absetzens der Teilchen sehr stark gerührt werden muß.

Zum Temperieren dienen wassergekühlte Behälter mit Rührarmen, wasserdurchströmte Walzen, vorzugsweise aber jetzt doppelwandige, gekühlte Zylinder mit Innenschnecke. Die unterkühlte, aber noch genügend flüssige Schokoladenmasse muß sofort abgefüllt werden, was in Formmaschinen erfolgt. Diese bestehen aus der Teil- oder Abfüllvorrichtung (bei letzterer fließt die Schokoladenmasse als schmales Band in die Formen), der Klopfbahn, in welcher durch Rütteln die eingeschlossenen Luftblasen entfernt werden und eine ebene Oberfläche erzielt wird, der Kühlbahn, in welcher die Schokolade nach einer gewissen Vortemperierung auf einem endlosen, in der Geschwindigkeit regelbaren Band oder in einem Paternoster (Vertikalkühlschrank) ca. 12—20 min durch bewegte Luft auf 8—10° abgekühlt wird und der Rückführung der Formen mit Wiederaufwärmevorrichtung. Aus den Formen werden die Tafeln durch Wenden und Klopfen (Kakaobutter zieht sich beim Erstarren zusammen) entnommen. Wird die Kakaobutter langsam abgekühlt, gehen alle Glyceride nach und nach in die stabile Alphaform über. Verläuft aber das Abkühlen schnell, scheidet sich ein Teil des Fettes in der instabilen Betaform aus, die aber im Verlauf von 14 Tagen bis 3 Wochen ebenfalls in die stabile Alphaform übergeht. Wird Schokolade zu langsam gekühlt, dann bilden sich zu große Kristalle (Alphaform) und nicht die erwünschte glänzende Oberfläche. Wenn zu schnell gekühlt wird, entsteht leicht Unterkühlung und die bei nachträglicher Kristallisation entstehende Wärme bringt die niedrig schmelzenden Komponenten zum Schmelzen, wodurch Fettreif auftreten kann. Findet die Umlagerung der Beta- in die Alphaform an der Oberfläche eines Schokoladestücks statt, wachsen die Kristalle bedeutend an und verursachen ein Mattwerden der ursprünglich glänzenden Oberfläche. Den erwünschten glasharten Bruch erreicht man nur bei der richtigen Abfülltemperatur und Abkühlgeschwindigkeit. Den Abschluß bildet die Einschlagmaschine. Zur Herstellung von Milchschokolade wird vorzugsweise Kondensmilch oder besser Blockmilch verwendet.

Schokoladefiguren werden dadurch hergestellt, daß zweiteilige Klappformen mit Schokolade vollgestrichen, gewendet und über einem Behälter so geschleudert werden, daß die Hauptmenge der Schokolade, die nicht die Innenseite überzieht, wieder ausfließt, worauf man die Masse im Kühlschrank erstarren läßt und die Klappen öffnet.

Herstellung von Pralinen. Zur Herstellung der Pralinenkerne verwendet man zwei Verfahren. Nach dem ersten Verfahren wird so vorgegangen, daß die heiße, übersättigte Zuckerlösung (vgl. Fondants) mit Hilfe einer automatischen Gießmaschine in Weizenpuder mit ca. 4% W.G. gefüllt wird. Beim Abkühlen wird der Fondant, unterstützt durch den trockenen Weizenpuder, von außen soweit fest, daß er mit Schokolade überzogen werden kann. Vor dem Formen erhält die Fondantmasse, sobald sie unter 70° abgekühlt ist, einen Zusatz von ca. 0,5% Invertase, wodurch die Pralinenfüllung im Verlauf weniger Tage infolge Erhöhung der Löslichkeitsgrenze die erforderliche flüssige Konsistenz annimmt. Die Invertasemenge muß so gewählt werden, daß die Erhärtung durch Wasserverdunstung bei der Lagerung durch das Fortschreiten der Inversion kompensiert wird. Der Fondant kann ganz oder teilweise durch andere Füllungen wie Fruchtpasten, Marzipanmasse o. dgl. ersetzt werden. Das Überziehen erfolgt in einer Überziehmaschine, welche die Schokoladenmasse, die durch erhöhten Kakaobutterzusatz oder besser durch Verwendung von Lecithin dünnflüssiger ist als für Tafelware, als gleichmäßiges Band auf die auf einem endlosen Band vorbeiziehenden Pralinenkerne fließen läßt. Auf der Unterseite der Pralinen wird die Schokolade durch eine Walze herangeführt. In dem anschließenden Kühlkanal (Rüttelvorrichtung zur Entfernung der Luftblasen) erstarrt der Überzug und erhält sein glänzendes Aussehen. Ein Gebläse reguliert die Überzugstärke (Abb. 109). Rezeptur von Kremfüllungen vgl. RICHMOND, W. L.: Candy Production, Chicago 1948.

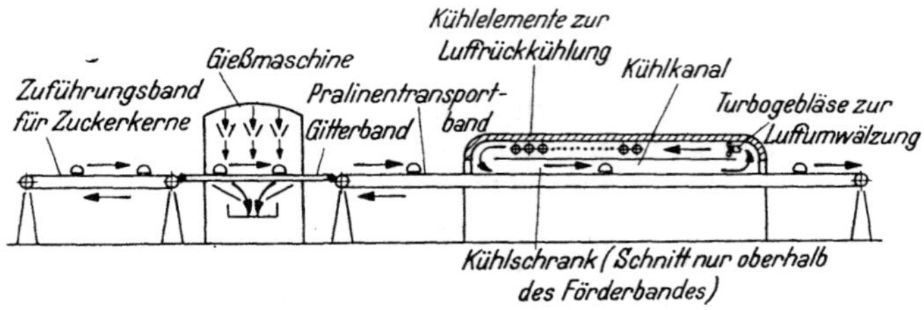

Abb. 109. Pralinenherstellung.

Zur Herstellung krustenloser Pralinen werden die angewärmten Formen automatisch in die Schokoladegießmaschine übergeführt und gefüllt. Auf einem Klopftisch erfolgt das Lüften, daran schließt sich das Wenden der Formen und das damit verbundene teilweise Entleeren des Inhalts an. Nach kurzem Kühlen der entleerten Formen erfolgt das Abspachteln der Traufränder, das Fertigkühlen der Schalen und die Überführung in die Kremgießmaschine, woran sich eine weitere Rüttel- und eine Kühlvorrichtung, z. B. ein Vertikalkühlschrank, anschließt. Die Ränder der Schokoladeschalen werden unter einer elektrischen Heizplatte erweicht, worauf sie in eine Deckelmaschine gebracht werden, die nach Art der Einstreichmaschine einen Schokoladenteppich auf die Oberfläche legt und die Formen in der Ausschlagmaschine entfernt. Die Kühlung darf nicht zu rasch erfolgen, da sonst Sprünge am Hohlkörper auftreten können.

Gelegentlich werden auch Metallkapseln gefüllt, die der fertigen Praline als verzierende Hüllen dienen.

Schokoladenstreusel werden dadurch hergestellt, daß man erwärmte Schokoladenmasse mit niedrigem Fettgehalt durch feingelochte Bleche drückt und die entstehenden Fäden, die in kurze Stückchen zerbrechen, dragiert. In der Großfabrikation verwendet man die mit einer Schnecke und einem Wassermantel ausgerüstete Streuselpresse.

Zur Herstellung sog. Schokoladesirupe wird in USA. bakteriell erzeugte Amylase zur Lösung und Dextrinierung der Kakaostärke zur Vermeidung späteren Dickwerdens verwendet[1]).

Trinkkakao. Entweder die fertige Kakaomasse oder aber der Kakaobruch wird mit 1—1,5% in etwa der 15fachen Wassermenge gelösten Pottasche, 10—30 Liter je 100 kg Kakao, emulgiert. Die Knetmaschine heizt man bis auf 80°. Durch diese Behandlung wird die Kakaomasse infolge der Verschiebung des p_H-Wertes von 5,1—6 auf 6—8 dunkler, die Zellulosefasern werden gelockert, wodurch sie schwimmfähiger werden, die Fettstoffe werden verseift, der zusammenziehende Geschmack wird abgestumpft, freie Säuren werden neutralisiert, so daß ein bekömmlicheres, besser suspen-

[1]) WALLERSTEIN, L.: Industr. Engng. Chem., **31** (1939).

diertes Erzeugnis entsteht. Das Kaliumkarbonat wird durch Wein- oder Zitronensäure nach 4—5 Stunden abgestumpft. Die in Trommeln (Bruch) bzw. in Knetmaschinen (gemahlene Masse) zugeführte Lösung muß durch heiße Luft bzw. durch Beheizung der Knetmaschine wieder ausgetrieben werden. Vorteilhaft ist die Verwendung eines Vakuumkneters. Die präparierte Kakaomasse gelangt über einen beheizten Vorratsbehälter mit 70—90° in die Seihertöpfe einer Kakaopresse (Abb. 110). Es handelt sich hierbei um eine Ringpresse, die sich von der Seiherpresse (vgl. S. 126) dadurch unterscheidet, daß der Preßbehälter der Höhe nach mehrmals horizontal geschnitten und über jedem Schnitt ein Hängestück eingesetzt ist. Die dadurch entstehenden stählernen Ringe besitzen als Siebboden eine gelochte Stahlplatte. Die in die unteren Öffnungen der Ringe eintretenden Stempel der Preßplatten heben den Siebboden und drücken das Preßgut gegen die untere Fläche der darüberliegenden Preßplatte. Das Öl fließt durch die Kannelierung an der Oberseite der Preßstempel in Auffangschüsseln ab. Die Anwendung dieser Pressenart ist auf die Kakaobutterfabrikation beschränkt, da die breiige, zur Pressung kommende Masse fest eingeschlossen bleiben muß. Die Kuchenränder bleiben hell und glatt; die relativ geringe Leistungsfähigkeit ist bei Kakao von untergeordneter Bedeutung. Bei einem Druck von 600 atü auf die Kakaomasse platzen die Zellen und die Kakaobutter strömt ab; jeweils sechs Preßtöpfe stehen unter Druck, während die übrigen sechs entleert und gefüllt werden, und zwar werden von den ursprünglichen 55% Fett etwa 50% entfernt, so daß der Preßkuchen noch etwa 10% Fett enthält. Preßdauer 8 min bis 1½ Stunden, je nach dem Fettgehalt (25—8%), der angestrebt wird. Die Kakaobutter wird in einer Filterpresse gefiltert und abgeformt und auf 10° gekühlt (Erstarrungswärme) oder aber zur Schokoladenfabrikation verwendet. Den selbsttätig ausgestoßenen Preßkuchen läßt man etwa 24 Stunden auskühlen. Er wird dann in einem Vorbrecher bis zur Nußgröße zerkleinert, woran sich ein temperierter Kollergang (Melangeur) oder eine Schlagkreuzmühle anschließt. In einem Windsichter werden die gröberen Teile abgeschieden und gelangen über eine Förderschnecke zurück zur Mühle. Das feine Pulver wird durch die Niederschlag-, Kühl- und Filterkammer geblasen und fällt hier langsam auf den gekühlten Boden der Kammer und wird durch eine Schnecke entleert,

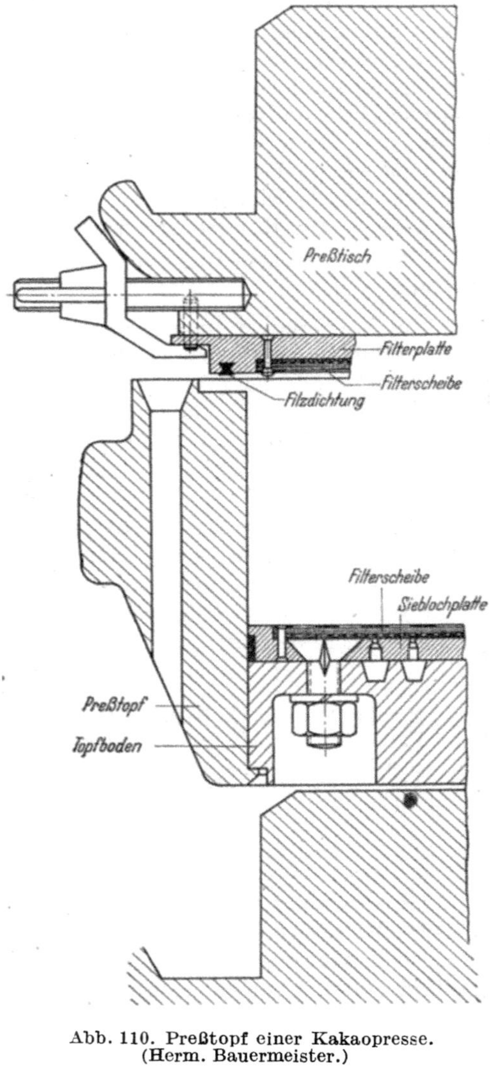

Abb. 110. Preßtopf einer Kakaopresse. (Herm. Bauermeister.)

während die Luft Filterschläuche passiert. Der Zerkleinerungsgrad ist für die Güte des Kakaos wesentlich, da er eine Suspension vorstellt. Für die dunkle Farbe des Kakaos ist die Erwärmung im Pulverisator (25—30°) und die rasche Abkühlung im Kaltluftstrom, der aus der Kühlkammer abgesaugt wird, neben der Sortenmischung (Erstarrung des Fettes) und dem mehrmaligen Durchlauf des Pulvers durch den Pulverisator wesentlich. Das aus der Pulverisiermaschine austretende Material wird durch einen unmittelbar auf das Mahlgut wirkenden Luftstrom auf 8—10° gekühlt. Mit Walzenstühlen und Kollergängen beherrscht man die Erwärmung besser als mit Schlagkreuzmühlen. Die Farbe des Kakaos wird außerdem um so schöner braun, je fettreicher das Pulver ist. Alkalisiertes Kakaopulver ist dunkler als nichtalkalisiertes; staubfeines Pulver ist heller als gröberes. Angestrebt wird ein tiefes rötliches Braun. Je höher der p_H-Wert über 7, desto geeigneter ist das Produkt für Back- und Kochzwecke und für Eiskrem. Der Vorgang wird durch automatische Abpackanlagen abgeschlossen. Die Kakaobutter wird filtriert und in Formen zum Erstarren gebracht.

Bei der Verarbeitung von Süßwaren ist die Verwendung von Klimaanlagen wichtig:

für Kakaopulver, um ein Verschmieren des Sichters und ein Zusammenballen des Pulvers zu vermeiden: 10° und $\varphi = 40\%$
Fondantgießmaschinen 24° und $\varphi = 45\%$
Trockenraum für Fondants 15° und $\varphi = 55\%$
Überziehmaschinen für Fondants 26—27° und $\varphi = 35\%$.

Anhang.

Bei Haferkakao werden 50% Hafermehl zugemischt, welches einer leichten Erhitzung oder leichten Vermälzung unterworfen worden war. Bei Malzkakao werden 40—50% Gerstenmalzmehl untermischt. Bei Eichelkakao werden außer Zucker oder Süßstoff mindestens 15% geschälte, geröstete und fein gemahlene Eicheln oder Eichelextrakt beigemengt.

Literatur.

FINCKE, H.: Kleines Fachbuch der Kakaoerzeugnisse, Berlin: Springer 1936.
FINCKE, H : Handbuch der Kakaoerzeugnisse, Berlin: Springer 1936
AASTED, K : Studien über den Conchiervorgang, Sonderdruck der Internationalen Fachzeitschrift für die Schokoladenindustrie, Zürich 1948

3. Teigwaren.

Ausgangsmaterial. Zur Herstellung von Teigwaren werden griffige Rohstoffe verwendet, die guten und viel Kleber besitzen, da nur ein guter und elastischer Kleber die beim Trocknen und Verpacken auftretenden Festigkeitsbeanspruchungen aufnehmen kann, ohne zu zerspringen. Auch ein Verkochen bzw. Zusammenfallen während und nach dem Kochen und Klebrigwerden wird hierdurch vermieden. Gegen die Bedeutung der Klebergüte spricht, daß die für die Nudelherstellung spezifischen Weizen wie Amber Durum, Bosse, Candèal, Constantin, Machine, Tunis, Arnautka, Kubanka, Taganrog, Kleber mit nur geringen Quellzahlen aufweisen. Die besten Grieße ergeben sich bei der dritten Schrotung, wobei auch die für die Teigwarenherstellung geeignetsten Dunste anfallen. Weizenmehl-Type 1050 ist zur Teigwarenherstellung auf Schneidwalzen verarbeitbar, Pressen verarbeiten nur grießige Ware bis zur Type 600. Für Makkaroni werden vorwiegend feine Hartweizengrieße, für Nudeln und feine Spaghetti nur Dunste aus Hartweizen verwendet. Weichweizensorten, die für Teigwaren nicht geeignet sind, erkennt man daran, daß sie keine leuchtend gelbe, glasige Ware, sondern ein brüchiges, helles, bleiches Erzeugnis ergeben. Das Waschen des Weizens und die Abstehzeit werden auf kurze Zeit beschränkt, da sonst die Teigwaren einen weißen Rand (beginnende Mürbung) bekommen. Vorbereiter gibt es in der Hartweizenmüllerei nicht, da sonst die Härte der Grieße verlorenginge. Wichtig ist eine ausreichende Zahl von Trieuren, da auch geringste Mengen von Unkrautsamen als schwarze Punkte in Erscheinung treten würden. Im übrigen würden Verunreinigungen durch Sand die Matrizen rasch abnützen. Das Putzen der Grieße zum Entfernen der Schalenteilchen und Keime in Stoßwindputzmaschinen (grobe und mittlere Grieße) bzw. in Saugwindputzmaschinen (feine Grieße) ist von ausschlaggebender Bedeutung.

Teigherstellung (Abb. 111). Der Dunst bzw. Grieß wird abgesiebt, gewogen, 25 bis 35% Wasser (üblicherweise 26%) wird langsam in den Teig gegeben, gleichzeitig Farbe und gegebenenfalls Eier, Soja, Milch o. dgl., evtl. Dinatriumphosphat (Beschleunigung des Kochens), sowie etwas Salz. Anstelle von Eiern kann zur Verbesserung des Gefüges Lecithin zugegeben werden. Das Wasser soll abgekocht sein und wird je nach der Weizensorte mit Temperaturen zwischen 30 und 60° zugegeben. Bei Zugabe von heißem Wasser (und in gewissen Grenzen auch mit zunehmender Wassermenge) ergibt sich eine schönere Farbe, die Ware wird durchscheinend (teilweise Stärkeverkleisterung), auch wird die Teigbearbeitung wegen der Geschmeidigkeit des Teiges abgekürzt, doch würden Weichweizengrieße infolge der geringen Widerstandskraft des Klebers bei heißer Anteigung eine zu große Brüchigkeit der Ware ergeben. In der kalten Jahreszeit, wenn Grieß, Dunst oder Mehl aus kalten Lagerräumen kommen, muß die Temperatur des zugemischten Wassers höher sein als im Sommer. Für Fadennudeln braucht man einen festeren Teig als für Makkaroni. Die Mischdauer beträgt 10 bis 20 min, je nachdem das Wasser heiß oder warm zugesetzt wird und der Teig weich oder hart ist. Bei übermäßig langem Mischen (über 45 min) wird der Teig zu zäh und bricht beim Trocknen leichter. Die Mischmaschine ist ein horizontaler Trog, der mit ein oder zwei Flügelwellen mit leicht gekrümmten Mischflügeln ausgerüstet ist, ein Kneten soll dabei nicht stattfinden.

Verarbeitung des Teiges. Man unterscheidet Walzenware und Preßware.

Bandnudeln nach Hausmacherart werden dadurch hergestellt, daß der Teig zunächst auf 5—10 mm vorgewalzt und dann auf 0,7 bis 1 mm Dicke fertiggewalzt wird. Der Teig ist fertig bearbeitet, wenn er gleichmäßig in der Farbe und so zäh ist, daß er sich mit dem Finger kaum eindrücken läßt und einen scharfen Schnitt wie Leder ergibt mit glänzender Schnittfläche.

Diese Verarbeitungsart ist fabrikatorisch verlassen worden. Ein Zwischenstadium für die Verarbeitung größerer Mengen bildete der Kollergang oder ein sog. Gramola (drei ausgekehlte konische Rollen, die in vertikaler Richtung verstellbar sind und den Druck über die Teigschüssel gleichmäßig verteilen, Schüssel rotiert).

Insbesondere gilt dies für die Herstellung von Gemüsenudeln aus Mittelgrießen. Das Kneten darf nur solange durchgeführt werden, bis die Masse plastisch homogen und in dünner Schicht durchscheinend geworden ist, bei zu langem Kneten leidet die Farbe. Die erhaltene Teighaut wurde früher durch Längsschneidewalzen in lange Bänder geschnitten, die ihrerseits mit Hilfe von Querschneideapparaten auf bestimmte Längen abgeteilt auf ein Transportband oder auf Horden fallen.

Fast ausschließlich wird jetzt das für Makkaroni und Spaghetti übliche Pressen durch Preßköpfe mit verschiedenen Düsenöffnungen auch für die übrigen Teigwarensorten angewandt. Preßdruck 200 bis 300 kg/cm². Für den Betrieb mehrerer Pressen

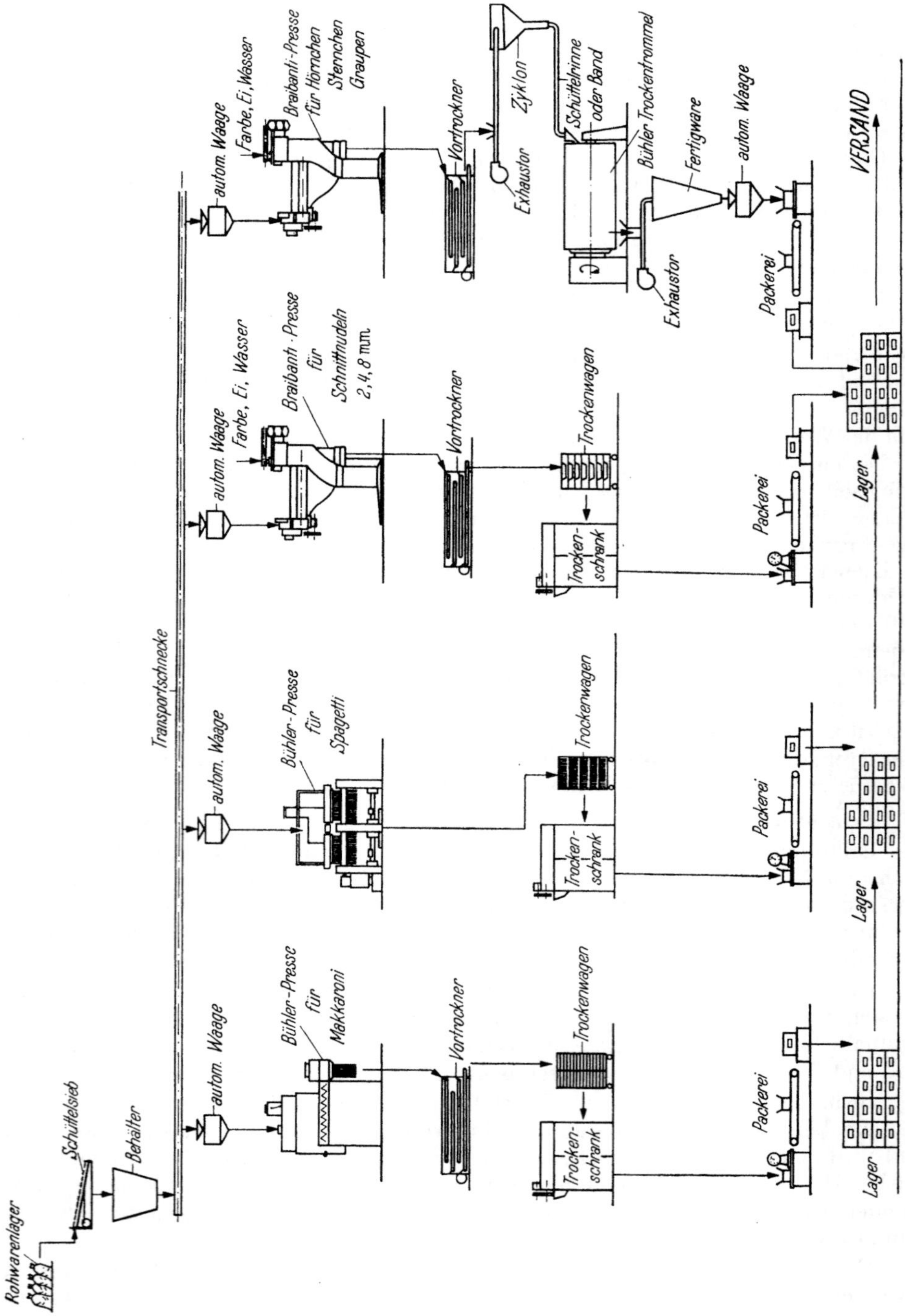

Abb. 111. Teigwarenherstellung.

wird ein hydraulischer oder mit Druckluft betriebener Akkumulator zwischengeschaltet (vgl. Ölpressen), der auch vermeidet, daß der Druck stoßweise auf den Preßkolben wirkt, wodurch die Gleichmäßigkeit der Ware leiden würde. Die Matrizen der Preßköpfe bestehen aus Bronze, neuerdings aus V2A, die Bohrungen sind konisch. Die Preßköpfe müssen gekühlt werden, weil sonst die Makkaroni rauh werden, anderseits muß die Masse eine genügende gleichmäßige Viskosität behalten. Die Hörnchenform wird dadurch erreicht, daß die Kerne nicht in der Mitte der runden Kanäle liegen, wodurch sich die Seiten mit der stärkeren Wand konvex krümmen; sie werden mit rotierenden Messern abgeschnitten. Die Wandstärken dürfen nicht zu dick werden, da sich Makkaroni sonst zu hart kochen. Durch ungleiche Wandstärken ergeben sich beim Trocknen Spannungen, die zu Sprüngen führen können, außerdem werden die Makkaroni krumm. Preßware wird etwas weicher gearbeitet, aber nicht so weich, daß die Matrizen verschmieren. Ist der Teig zu trocken, so entsteht durch Abbrechen der Stränge viel Abfall. Je länger man die Stränge laufen läßt, um so mehr verringert sich der Teigabfall beim Schneiden, der 15—20% betragen kann. Die höchst mögliche Grenze liegt bei 2,5 m. Makkaroni werden vom Preßkopf durch einen horizontalen Wagen abgenommen, von Hand oder auch durch automatische Messer nach der Länge der Bretter (24 cm) abgeschnitten und dann ebenso wie Hörnchen auf Rütteltrocknern (bei 40 bis 50% rel. Luftfeuchtigkeit) angetrocknet. Fadennudeln werden nach dem beheizten Preßkopf mit einem Ventilator beblasen und in Längen von 1 m mit einem durch einen Exzenter betriebenen Messerstab angeschnitten. Mit Ausnahme von Makkaroni werden alle Teigwaren auf diese Weise abgeschnitten. Die Fadennudeln gelangen anschließend auf eine Wickelmaschine.

Die Formen werden nach Gebrauch in Formspülmaschinen täglich ausgespritzt und bei Makkaroni die richtige Lage der Kerne nachgeprüft.

Die neuere Entwicklung geht dahin, das Pressen mittels Schneckenpressen mit automatischer Zuführung konstanter Mehl- und Wassermengen kontinuierlich zu gestalten; hierzu wird die Mischmaschine mit der Presse kombiniert und die Mischschnecke mit eingebauten Schikanen der horizontalen oder vertikalen Preßschnecke vorgeschaltet. Der Teig läuft etwa eine halbe Stunde. Die Mischung von Mehl und Wasser kann auch in Schleudermischern (Abb. 112) durchgeführt werden. Der Kollergang, der zur Vermeidung von Hohlräumen (Luftblasen) nötig war, kommt bei automatischen Pressen in Wegfall.

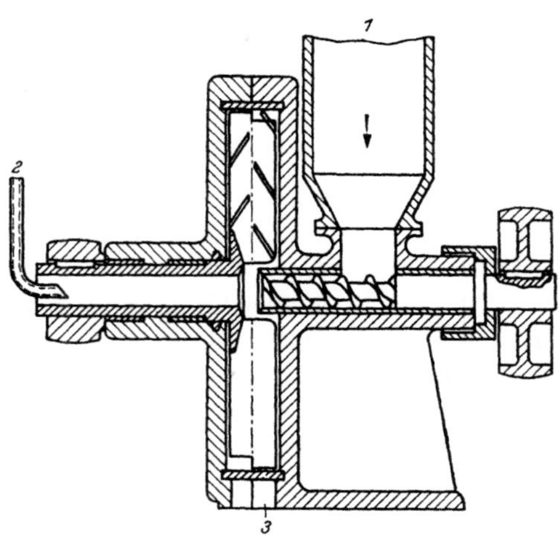

Abb. 112. Mischschleuder (Lihotzky).
1 = Einlauf Mehl 2 = Einlauf Wasser 3 = Auslauf

Trocknen. Der Trocknungsprozeß ist für die Güte der Teigware von ausschlaggebender Bedeutung; trocknet man Makkaroni zu schnell, wird zunächst die Außenseite der Makkaroni hart; beim späteren Trocknen ergeben sich außen tangentiale und longitudinale Zugspannungen, innen Druckspannungen, außerdem radiale Druckspannungen. Die Spannungen können sich auch erst bei der Lagerung auslösen, wenn sich z. B. die rel. Feuchtigkeit von 65 auf 45% verändert. Fadennudeln werden bei zu schnellem Trocknen spröde wie Glasfäden; bei zu langsamem Trocknen besteht die Gefahr des Sauerwerdens und Verschimmelns. Licht kann ein Bleichen im Gefolge haben. Wenn Teigwaren beim Kochen zerplatzen, liegt immer ein Trocknungsfehler vor. Häufig wird so vorgegangen, daß die Makkaroni bzw. Spaghetti in 30—60 min auf 26—30% W.G. (bezogen auf T. S.) trocknet, durch „Schwitzenlassen" (2 bis 3 h) im plastischen Bereich die Feuchtigkeit vergleichmäßigt und die Spannungen zum Verschwinden bringt. Daran schließt sich die eigentliche Trocknung an, welche in USA. bei 38° erfolgt. Eine direkte Erwärmung (vorwiegende Wärmeübertragung durch Leitung) soll in der ersten Stufe zweckmäßig sein. Das Trocknen kann bei Makkaroni im Hängen auf Holzstäben oder im Liegen in Hordenwagen vorgenommen werden, bei Spaghhetti nur im Hängen, bei Schnittnudeln im Liegen. Der Raumbedarf ist beim Trocknen im Hängen erheblich höher, doch können weichere Teige Verwendung finden, was die Leistung der Pressen günstig beeinflußt. Die Beladung der Horden erfolgt 4 bis 5 cm hoch. Endwassergehalt höchstens 13%. Nudeln, Spätzle u. dgl. werden auf Drahthorden getrocknet, die Anströmung durch Luft erfolgt quer, die Hordenrahmen sind so ausgebildet, daß das Trockengut nicht im Windschatten liegt. Makkaroni werden so getrocknet, daß die Luft durch die Röhren hindurchströmt.

	Trocknungsdauer [1])	Temperatur
Makkaroni	28 Stunden	20 bis 30°
Spaghetti	20 Stunden	23 bis 26°
Nudeln	16 Stunden	30 bis 35°
Hörnchen u. dgl.	12—14 Stunden	18 bis 20° ansteigend auf 40°

Je länger die Teigwarenart ist, desto mehr Aufmerksamkeit muß auf den Trocknungsprozeß verwendet werden. Anfangs verwendet man eine relative Feuchtigkeit von mindestens 93%, die man im Verlauf des Trocknungsprozesses langsam auf 60% senkt. Die Feuchtigkeitssenkung kann durch einen abnehmenden Umluftanteil oder durch Temperatursteigerung oder durch eine Kombination beider Möglichkeiten erreicht werden. In Anlagen ohne automatische Kontrolle läßt man Trocknungs- und „Schwitzzeiten" wechseln. Hierdurch wird der zu niedrige Wassergehalt der Randschichten immer wieder gesteigert, wodurch sich die Feuchtigkeitsverteilung vergleichmäßigt und das Auftreten zu großer Spannungen vermieden wird. Die günstigste Ausführung einer rißfesten Trocknung würde allerdings eine Trocknung von innen nach außen sein.

Die neuere Entwicklung geht dahin, Hörnchen, Sternchen, Teigwarengraupen nach einer kurzen Antrocknung auf einem Bandtrockner in rotierenden Trommeln fertigzutrocknen. Wenn die Fallhöhe in den Trommeln zu groß ist, reiben sich allerdings die Oberflächen ab, wodurch sie an Glanz einbüßen. Bandtrocknung erscheint in dieser Beziehung günstiger.

Kraftbedarf: Pressen $0{,}05—0{,}1\ \frac{\mathrm{Psh}}{\mathrm{kg}}$

Kollergang $0{,}1\ \frac{\mathrm{Psh}}{\mathrm{kg}}$

Abfälle entstehen beim Pressen dadurch, daß durch ungleiche Druckverhältnisse innerhalb des Preßkopfes verschieden lange Preßstränge entstehen, und beim

---

[1]) Die Trockendauer hängt nicht nur von der Trockenkraft, sondern von der Beschaffenheit der Teige ab. Die Raumtrocknung erfordert eine 2- bis 3fache Trockenfläche und erheblich längere Zeiten als eine Trocknung in Apparaten.

Abschneiden auf eine gewisse Norm Reste entstehen, die entweder erneut gepreßt werden müssen oder die in geringen Längen als 2. Sortierung in den Handel kommen. Aus 100 kg Mehl, Dunst oder Grieß ergeben sich infolge des etwas geringeren Wassergehaltes ca. 94 kg Makkaroni. In USA. werden Teigwaren mit 4—5 mg Vitamin B_1, mit 1,7—2,2 mg B_2, 27—34 mg Nicotinsäureamid und 13—16,5 mg Eisen je 0,45 kg Endprodukt angereichert.

C. Trennung: fest/flüssig und flüssig/flüssig.

1. Pressen von Ölsaaten.

Die Saat wird gewogen, von Eisen, Steinen, Sand u. dgl. in einem Aspirateur, bevor sie in das Saatlager kommt, gereinigt. Aus dem Lager kommt die Saat erneut über Schüttelsiebe mit Aspirateuren und über einen Magneten und bei Lein (Standöl) über einen Bürstzylinder. Im wesentlichen werden also nur Eisen, Sand und grobe Verunreinigungen entfernt, die Reinigung der Saat von Unkrautsamen spielt eine geringere Rolle als in der Müllerei, da es durch das Raffinieren der anfallenden Öle möglich ist, auch aus minderwertigen Rohölen gute Speiseöle herzustellen. Feuchte Saat (Rapssamen, Erdnüsse) muß in Trockentürmen bei etwa 50° gedarrt werden; insbesondere Raps wird oft mit sehr hohen Feuchtigkeitsgehalten angeliefert, während bei Kopra und Palmkernen der Wassergehalt bei normaler reifer Saat zwischen 5,5 und 7% liegt (Abb. 113).

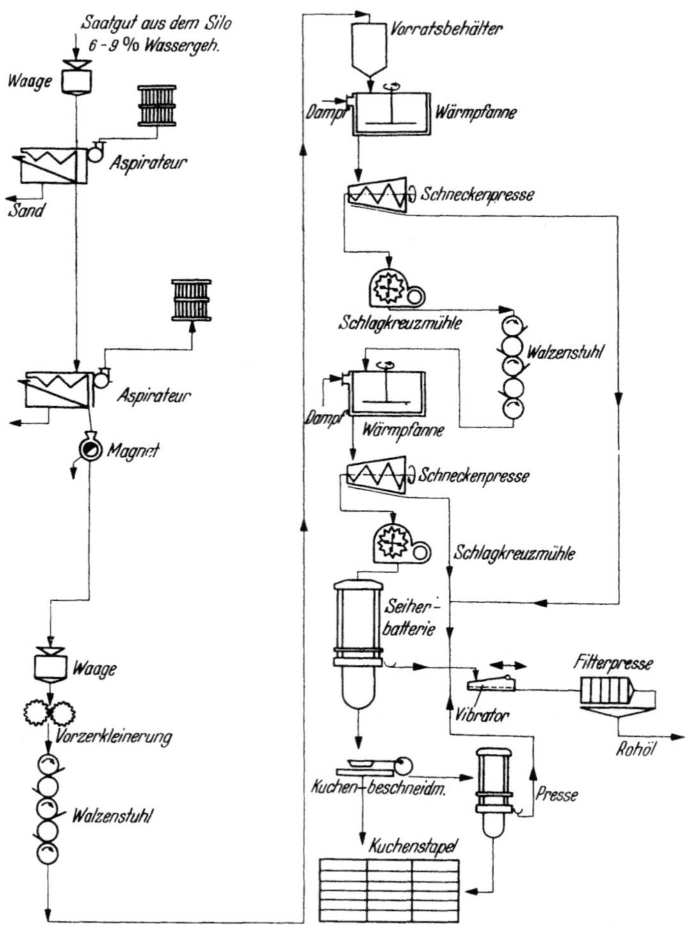

Abb. 113. Pressen von Raps.

Gewisse Ölsorten müssen vor dem Pressen geschält werden, da geschälte Saat eine bessere Ausbeute liefert und die Raffination des Öls dadurch erleichtert wird. Die Schalen werden als Schalenkleie verkauft oder im

Kessel verbrannt. Allerdings wird z. B. bei Baumwollsaat das Pressen durch die Entfernung der Schalen erschwert. Die Schälung erfolgt durch ein Riffelwalzenpaar (Palmkern) oder mittels einer Riffelwalze und einer feststehenden gerippten Wand oder durch eine Scheibenmühle (Sonnenblumen). Die Spaltweite wird so eingestellt, daß die Schale abgeknackt, aber möglichst wenig beschädigt wird. Die Trennung von Schalen und Saat erfolgt mittels Aspiratoren. Sesamsaat kann man nicht schälen. Baumwollsaat muß außerdem entwollt werden, was mittels einer mit Zähnen versehenen Walze geschieht, welche die Baumwollfasern an eine schneller rotierende Bürstenwalze überträgt, von welcher sie abgesaugt werden. Eine primitive, aber recht brauchbare Form der Sonnenblumenschälung besteht in einer schnell rotierenden Trommel, die aus einer Anzahl etwa 20 mm starker, dickwandiger Rohre besteht. Die Wandung dieser Maschine ist ebenfalls mit solchen Rohren versehen. Die Trommel ist exzentrisch angeordnet und kann der Kerngröße entsprechend eingestellt werden. Die Sonnenblumenkerne geraten in den Spalt und werden in der zwischen zwei Röhren gebildeten Vertiefung festgehalten; durch die sich drehende Trommel werden die Schalen zerrissen. Die Trennung von Schale und Kern erfolgt dann durch Blasewind.

Die gereinigte Saat muß vor dem Pressen zerkleinert werden. Die Zerkleinerungsapparate müssen so arbeiten, daß sie möglichst alle Zellen öffnen, aber ein vorzeitiges Abfließen des Öls nicht stattfindet. Deshalb zerschneidet bzw. zerquetscht man die Saat zu Plättchen von etwa 0,1 mm Dicke. Je nach deren Größe passiert diese zuerst einen Brecher, dann einen Walzenstuhl mit geriffelten Walzen (z. B. Raps, Mohn, Hanf, Lein) und schließlich einen Fünfwalzenstuhl.

Vor dem Pressen muß die Saat zur Erzielung einer größeren Dünnflüssigkeit des Öls auf etwa 70° erwärmt werden (Raps 72—76°, Soja 145°, Palmkerne und Kopra 85—90°). Wahrscheinlich verdrängt auch das Wasser durch eine Art selektiver Benetzung in dem Feuchtigkeitsintervall 14—18% das Öl aus dem Sameninnern (Skipinverfahren). Bei zu hoher Feuchtigkeit tritt Saatmehl beim Pressen aus, die Verstopfungsgefahr wächst. Ohne Erwärmung würde man Ölkuchen mit etwa 20% Ölgehalt erhalten. Leinsaat wird kalt vorgepreßt. Als Folge der Saaterwärmung gehen allerdings auch Farb- und Geschmackstoffe in das Öl über, die durch Raffination wieder entfernt werden müssen. Das Erwärmen der Saat erfolgt in Wärmepfannen — meist einer oberen und unteren Pfanne, bei kontinuierlichen Pressen auch Etagenwärmer — Behälter mit Doppelmantel und Doppelboden mit einem Flügelrührwerk und direkter Dampfzufuhr mittels Dampfbrause (2—4 atü). Die Zeitdauer der Vorwärmung ist nach Art der Saat und deren Wassergehalt verschieden, bei Baumwollsaat beträgt sie 1½ Stunden bei einer auf 110° ansteigenden Temperatur oder 15—20 min bei 127° mit direktem Dampf. Die Saat wird aus dem Wärmer mit einem automatischen Füllmaß entnommen (Abb. 114). Soja gelangt mit 1,5% W.G. zur Presse.

Die Vorpressung der beim ersten Durchlauf erhaltenen Flocken (Vorschlagöle) erfolgt üblicherweise in Schneckenpressen, die den Vorteil haben, keinen festen Kuchen zu liefern (Abb. 115). Hierbei wird mittels einer Schnecke das Saatgut in einen Preßraum hineingedrückt, der vorzugsweise stufenförmig verengt ist; dabei kann entweder die Ganghöhe der Schnecke abnehmen oder ihre Steigung nimmt gegen das Ende zu. Der Druck läßt sich zusätzlich durch Verkleinerung der konischen Austrittsöffnung erhöhen. Das Öl fließt durch einen Stabseiher, der die Schnecken umschließt, heraus. Vorteilhaft ist die intensive Umwälzung der Saat in der Preßschnecke. Anstelle von Wärmepfannen werden bei Schneckenpressen auch Wärmeschnecken verwendet.

Der ölarme Rückstand, Schilfer genannt, muß für die nachfolgenden Fünfwalzenstühle vorzerkleinert werden; dies geschieht in Backenbrechern, dann in Riffelstühlen oder in Schlagkreuzmühlen, worauf eine weitere Zerkleinerung und Öffnung der Zellen in Fünfwalzenstühlen erfolgt, die ohne Differentialgeschwindigkeit arbeiten. Das dabei erhaltene Mehl wird nach dem Anwärmen erneut in Schneckenpressen ausgepreßt. Der hierbei erzielte Rückstand passiert wieder eine Schlagkreuzmühle (bei Palmkernen zusätzlich einen Fünfwalzenstuhl), häufig wird nach der zweiten Pressung zweimal gemahlen.

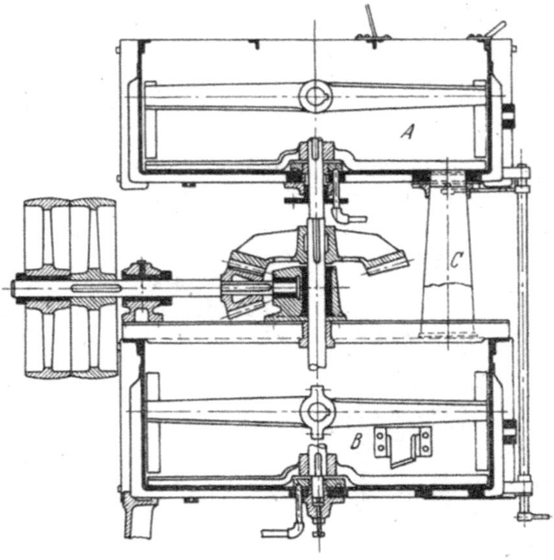

Abb. 114. Schnitt durch Doppelwärmer.
A = Obere Pfanne
B = Untere Pfanne
C = Verbindungsrohr mit Schieber

Anstelle der Walzenzerkleinerung können auch Kollergänge verwendet werden, mit welchen sich neben der Quetschwirkung auch eine Knetwirkung ergibt, leider ist hierbei die Mengenleistung bei erheblichem Energiebedarf gering. Bei Raps wird nach der ersten Pressung ein Ölgehalt von 18—24% erreicht und nach der zweiten Pressung ein solcher von 13%. Bei höheren Ölgehalten als 13% kann man Seiherpressen nicht verwenden.

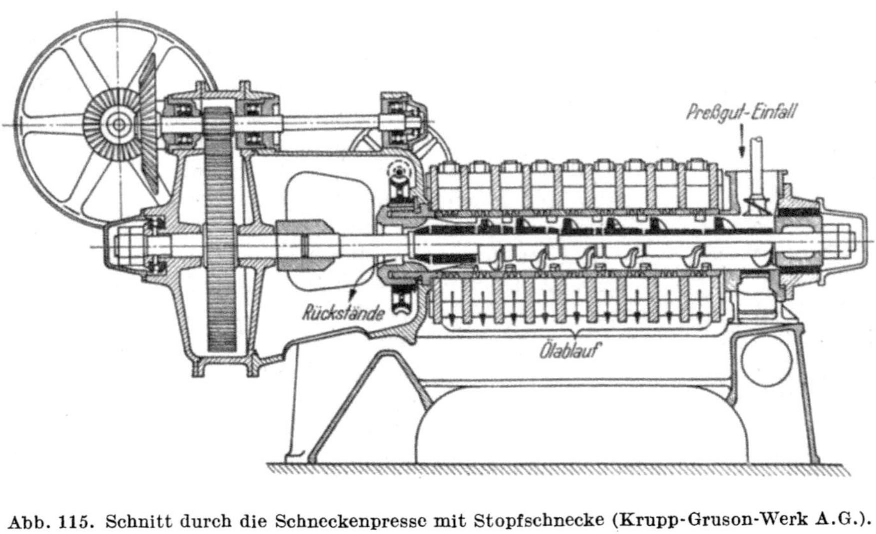

Abb. 115. Schnitt durch die Schneckenpresse mit Stopfschnecke (Krupp-Gruson-Werk A.G.).

Der ölarme Rückstand aus der zweiten Pressung kommt wieder in eine Wärmepfanne. Das Saatmehl wird vor dem Einbringen in Seiherpressen mit Hilfe eines rotierenden oder eines hin und her gehenden Füllmaßes in Einzelpakete unterteilt, die durch Stahlplatten getrennt werden. Das Nachpressen (Nachschlagöle) kann sowohl in Batterien geschlossener Pressen, in denen das Preßgut von allen Seiten eingeschlossen wird (Kastenpresse, Seiherpresse, Trogpresse), bei einem Druck von etwa 400 atm (ca. 800 atm im Gut) wie auch in offenen Pressen mit seitlichem, freiem Abfluß (Etagenpressen, Packpressen), bei 300 atm vorgenommen werden. Die Pressen arbeiten hydraulisch mit dem gleichen Pflanzenöl als Druckflüssigkeit. Anfangs werden die toten Räume des Saatguts rasch zusammengedrückt, dann läßt man langsam den Druck auf den Maximaldruck ansteigen, damit das Öl Zeit zum Abfluß hat und hält den Druck konstant. Diese wechselnde Anforderung wird am besten durch Druckspeicher gedeckt, die, um die Arbeitsverluste bei langsamer Drucksteigerung zu vermindern, in Niederdruck (ca. 70 atü), Mitteldruck (ca. 160 atü) und Hochdruck (300—400 atü) unterteilt sind und auf welche die Pumpen arbeiten. Die Kolben der parallel geschalteten Speicher werden durch Gewichte oder durch Druckluft derartig belastet, daß unter den Kolben der gewünschte Preßdruck herrscht. Stets ist aber zu bedenken, daß richtige Zerkleinerung, Erwärmung und Anfeuchtung nicht weniger wichtig sind als der Preßdruck. Bei den Seiherpressen mit langem Seiher erfolgt das Pressen von beiden Seiten, wobei der Seiher eine schwebende Lage zwischen Hängestück und unterem Preßstempel einnimmt und seine Höhenlage nur durch die Resultante der Reibungen des Preßgutes an den Seiherwänden und sein Gewicht bestimmt ist.

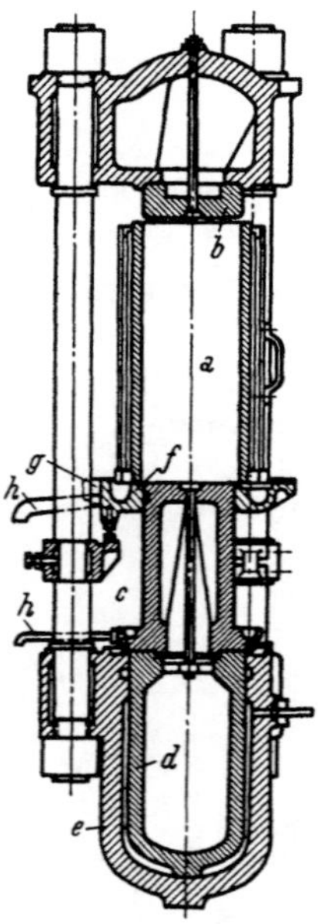

Abb. 116. Seiherpresse.
a = Seiher
b = Druckplatte
c = Druckstück
d = Druckkolben
e = Druckzylinder
f = Seihertisch
g = Seihertischführung
h = Ölablaufrohr

Seiherpressen bestehen aus einem siebartigen, gelochten Behälter, der aus der Presse herausgezogen werden kann und in einen Seihermantel hydraulisch eingepreßt ist (Abb. 116, Abb. 117). Das Entleeren und Füllen erfolgt in einer Füll- bzw. Ausstoßpresse, die zu einer meist sechs Seiherpressen umfassenden Batterie gehört. Hierdurch spart man die Füll- und Entleerungszeit für die Preßarbeit und bringt mehr Preßgut im Seiher unter. Der Seiher mit abgepreßten Kuchen wird vom Seiherwagen aus eingesetzt, die Kuchen mit Hilfe des Kolbens von unten durch Brille und Oberholm in einen Schwenkkorb hineingedrückt, der Schwenkkorb verriegelt und eine Säule zum Kuchenaufnahmeschacht herumgeschwenkt oder aber Preßkuchen und Platten von Hand abgehoben. Anschließend wird in der Füllstation das vorgepreßte Saatgut mittels eines Füllmaßes durch die Füllbrille eingebracht, eine Stahlplatte mit oder ohne (z. B. Palmkerne) Preßdeckel aus Schafwolle oder Roßhaar eingelegt und der Kolben jeweils um ein gewisses Maß gesenkt. Dieser Vorgang wiederholt sich so oft, bis der Seiher gefüllt ist. Da sich der Inhalt bis zum Einsetzen des Seihers in die Presse etwas ausdehnt, preßt man den Inhalt des gefüllten Seihers mit dem Vordrücker vor dem Übersetzen auf den Seiherwagen etwas vor. Das Entleeren und Füllen eines Seihers erfordert etwa 8 min. Während die Preßseiher in den Standpressen

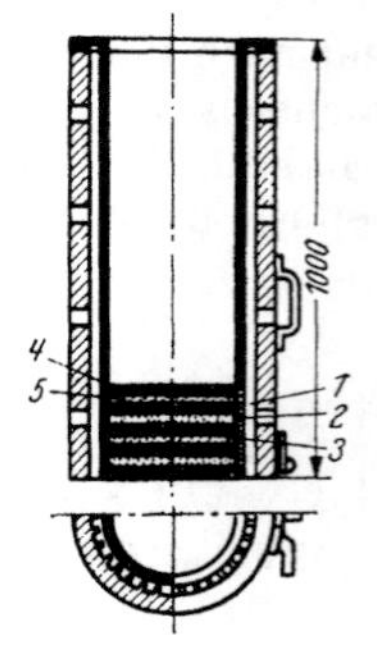

Abb. 117. Preßseiher mit Preßplatten.
1 = Ölsammelraum
2 = Öldurchtrittskanäle
3 = Haardeckel (Roßhaar, Kamelhaar oder Wolle)
4 = Stahlblech, geschliffen und gebeizt
5 = Ölsaat

unter Druck stehen, werden in der Füllpresse weitere Seiher entleert, neu gefüllt und vorgepreßt. Die Preßzeit beträgt z. B. bei Raps 50—55 min je nach Leistung. Der Transport der Seiher zwischen Füllstation und Preßbatterie erfolgt durch Seiherwagen. Endölgehalt etwa 6½%.

Die Anwendung von *Etagenpressen* empfiehlt sich für Weichsaaten, welche die Ablaufkanäle der Seiher schnell verstopfen würden (z. B. Baumwollsaat, Erdnüsse, Raps, Hanf, Lein). Stark treibende und ölreiche Früchte lassen sich besser in Seiherpressen verarbeiten (Kopra, Palmkerne). Die freie Beschickungshöhe ist durch an Ösen hängende Zwischenplatten in Schichten unterteilt, die Preßgutpakete werden mit Filtertüchern aus Schafwolle umhüllt, die an den Längsseiten offen sind. Die einzelnen Preßgutpakete werden in Kuchenformmaschinen hergestellt, um Preßkuchen gleicher Beschaffenheit zu erhalten, die vorkomprimiert sind. Infolge der kurzen Abflußwege beträgt in dieser Pressenart die Druckzeit nur ½ Stunde. In der offenen Packpresse wird das Preßgut nur in Einschlagtücher eingeschlagen.

Die Schachtelpresse ist eine zweiseitig geschlossene Etagenpresse. Die Neigung zum „Treiben" ist bei verschiedenen Saaten unterschiedlich. Lein neigt weniger zum Treiben als Raps oder Erdnüsse, bei Sonnenblumensaat wird vor dem Pressen ein geringer Teil Hülsen zugemischt, um das Treiben in der Presse zu vermindern. Palmkerne werden manchmal nicht gepreßt, sondern nach dem Zerkleinern und Erhitzen zentrifugiert.

Da die Ränder der in Seiher- und insbesondere der in Etagenpressen gewonnenen viereckigen Kuchen ölreicher sind als das Mittelstück, ist es von Vorteil, den ölreichen Rand (ca. 5% des Kuchengewichts) abzuschneiden. Die Schnitten werden nach ausreichender Zerkleinerung aufs neue verarbeitet. Kuchen mit unbeschnittenen Rändern lassen sich nur schlecht stapeln. Moderne Seiherpressen besitzen viereckige Preßräume.

Die Verarbeitung in intermittierend arbeitenden Pressen erfordert im Gegensatz zu Schneckenpressen eine Reihe von Installationen, so daß in manchen Fällen die Schneckenpressen trotz ihrer geringen Leistung auch zur Entölung bis auf 4½% Ölgehalt verwendet werden.

Das Rohöl rinnt in eine Ölschnecke und passiert einen Vibrator, auf welchem die mitgerissenen Saatteile ausgeschieden werden. Hierdurch werden die nachgeschalteten Rahmenfilterpressen entlastet.

Die anfallenden Kuchen werden nach dem Abtransport in Kuchenwagen, zur Verwertung in Extraktionsanlagen und vor der Verfütterung mit Hilfe von Kuchenbrechern mit Stachelwalzen, an welche sich eine Schlagkreuzmühle anschließt, zu Brocken bzw. zu Mehlen zerkleinert. Diese Art von Mühlen ist ebenso wie Riffelwalzen auch zum Schälen der Saat (Sonnenblumenkerne, Erdnüsse) geeignet. Auch Kollergänge werden zur Vermahlung von Kuchen verwendet.

Die Kuchen weisen je nach der Art der Ölfrucht verschiedene Zusammensetzungen auf. Üblicherweise liegt der Ölgehalt der Kuchen zwischen 3% (Bucheckern) und 7½% (Sesam). Bei Palmkernen kann man bei 75° eine Entfettung auf 5% in einer Pressung erreichen.

	Rohprotein	Rohfett	Stickstofffreie Extraktstoffe	Wasser
z. B. Rapskuchen	32	10	29	10,5

Der höchstzulässige Wassergehalt der Kuchen beträgt 12%, bei Palmkernen etwa 14%.

Literatur.

KOCH, F. E. H.: Gewinnung der pflanzlichen Fette in: Chemie und Gewinnung der Fette. Berlin: Springer 1936.

LEMMEL, H. H.: Gewinnung, Veredelung und Verarbeitung der Öle und Fette, Berlin: Industrie-Verlag 1932.

WOOLRICH, W. R. and E. L. CARPENTER: Mechanical Processing of Cottonseed, Un. Tenn. Press: Knoxville 1935.

2. Süßmoste und Obstsäfte.

Verarbeitung (Abb. 118): Die Güte und sorgfältige Auslese der verwendeten Früchte ist für das Enderzeugnis ausschlaggebend. Aus dem Obstsilo kommt das Kelterobst (Apfel, Birne, Quitte) in eine Vorwäsche und über ein Abtropf- und Verleseband in die Nachwäsche. Für Kernobst werden in Großbetrieben gelegentlich Schwemmrinnen verwendet, besser sind rotierende Siebwäscher. Auf dem Verleseband werden angefaulte Früchte ausgelesen, Trauben, Holunder, Ebereschen entrappt, sowie Stiele und Steine entfernt. Das maschinelle Entrappen (Abschlagen der Stiele von den Beeren) der Trauben erfolgt durch ein Flügelrad, das in einer gelochten Trommel umläuft und die Beeren abschleudert. Auch das Entrappen von Johannisbeeren kann maschinell erfolgen. Für Kernobst kann man z. B. eine Waschmaschine verwenden, die aus einer sich drehenden Schnecke besteht; im Gegenstrom zur Schubrichtung strömt Wasser. Auch in Wasser eintauchende, geneigte Trommeln mit einer schräglaufenden Leiste im Innern werden verwendet. Beerenobst wird auf einem Band abgebraust oder aber die Körbe in Wasser eingetaucht. Spritzrückstände wie Bleiarsenat lassen sich durch Wasser allein nicht entfernen. Hierzu ist 1,5%ige Salzsäure-Lösung nötig. Himbeeren, Kirschen, Johannisbeeren und Heidelbeeren werden zur Saftgewinnung (nicht für Süßmoste) häufig leicht angegoren verarbeitet (Lockerung des Zellgewebes, Abscheidung von Trubstoffen, Ausbau der Fruchtsäfte nach der weinigen Richtung).

Himbeeren und Erdbeeren kann man unvermahlen pressen, dagegen müssen z. B. Heidelbeeren zermahlen werden. Beeren werden auf Walzenmühlen zerquetscht; für Trauben verwendet man Traubenmühlen. In USA. erfolgt vor dem Pressen ein Erwärmen. Die Traubenmühle besteht aus zwei aus säurefestem Silumin gefertigten Walzen in Flügelform, wodurch die Trauben gequetscht werden. Diese Maische wird in einen rotierenden, gelochten Siluminzylinder geleitet, in welchem sich eine hölzerne Schlägerwelle gegenläufig bewegt. Die Kämme werden am Ende der Trommel ausgeschieden, während die gequetschten Beeren durch die Löcher des Mantels in einen Behälter fallen [1]). Dagegen werden Kirschkerne zum Teil mit vermahlen. Bei Kernobst haben sich Walzenmühlen nicht bewährt; es wird mit Hilfe von Igel- oder Stachelmühlen geraspelt: das Mahlgut wird mit Hilfe einer Schnecke an eine rotierende, mit nichtrostenden Stahlstiften versehene Holzscheibe herangeführt. Daneben werden auch Schleuderfräser mit einem gelochten Reibmantel und Walzenmühlen mit Sägeblättern verwendet. In USA. verwendet man für Äpfel Hammermühlen, welche bei hohem Durchsatz gleiche Teilchen ergeben. In die Mühle wird zur Vermeidung von Verfärbungen zweckmäßigerweise 0,3‰ Ascorbinsäurelösung versprüht. Eine zu starke Zerkleinerung ist nicht günstig, weil dann die Preßtücher leicht reißen.

[1]) Bei der Herstellung von Süßmosten aus weißen Trauben entfällt die Entfernung der Stiele; lediglich bei roten Trauben ist dies nötig, da sie sonst zu herb schmecken.

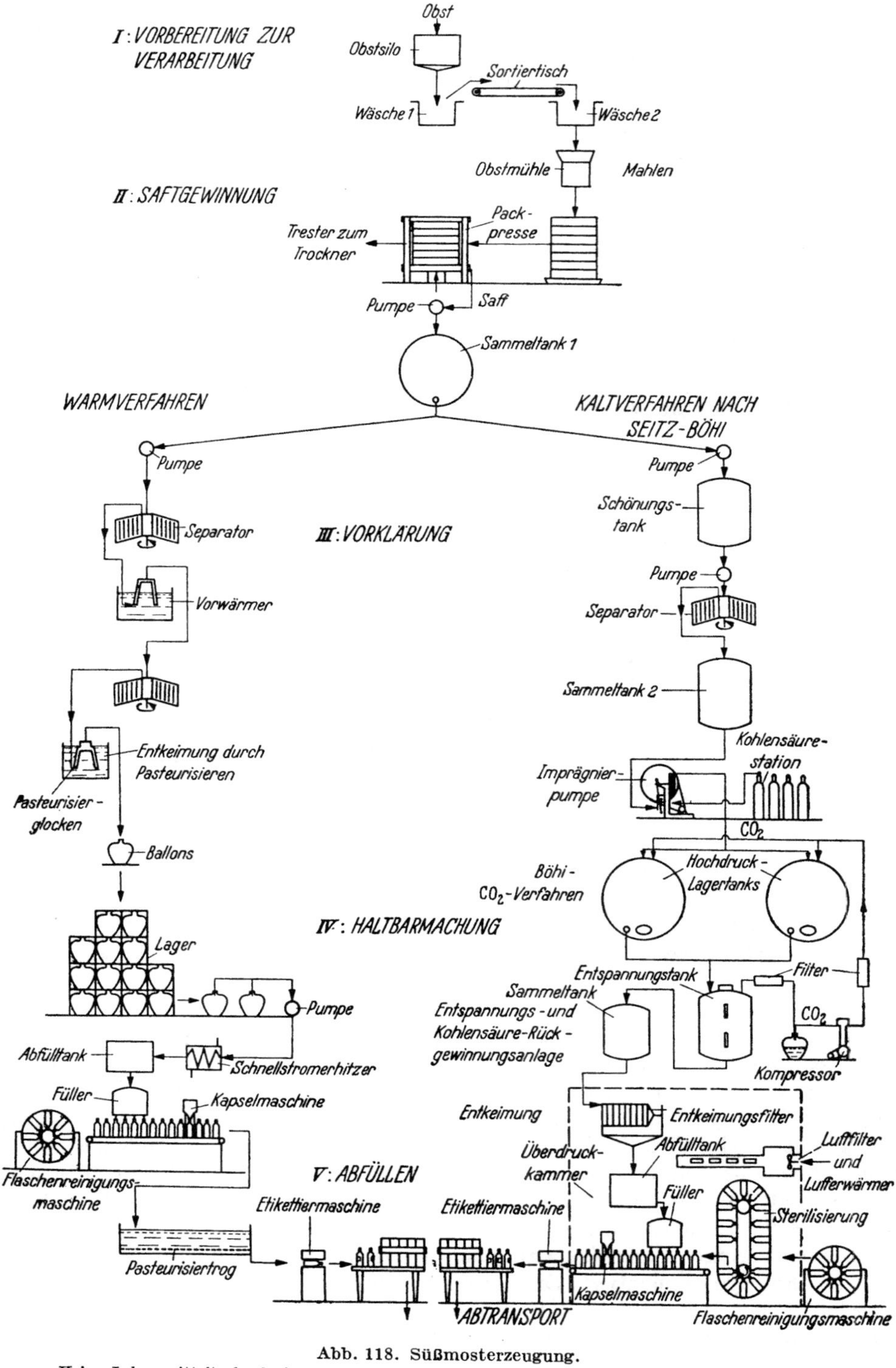

Abb. 118. Süßmosterzeugung.

Saftgewinnung: Gegebenenfalls unter Verwendung einer Dickmaischepumpe kommt die Maische in die hydraulisch betätigte Packpresse (Abb. 119). Die wesentlichen Teile einer solchen Presse sind das — bei Großanlagen drehbare, bei Klein-

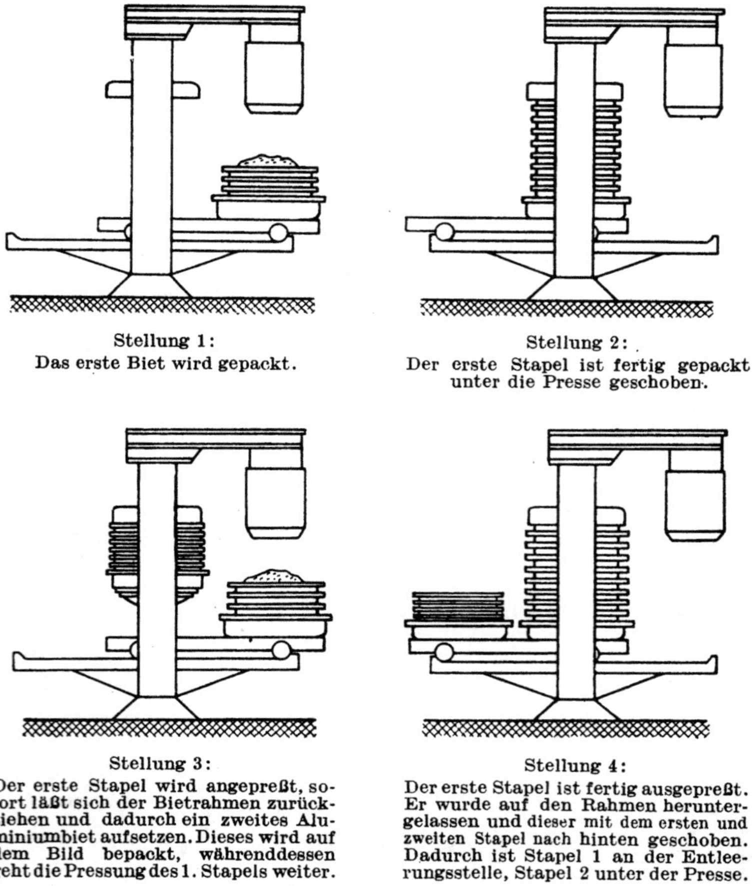

Stellung 1: Das erste Biet wird gepackt.

Stellung 2: Der erste Stapel ist fertig gepackt unter die Presse geschoben.

Stellung 3: Der erste Stapel wird angepreßt, sofort läßt sich der Bietrahmen zurückziehen und dadurch ein zweites Aluminiumbiet aufsetzen. Dieses wird auf dem Bild bepackt, währenddessen geht die Pressung des 1. Stapels weiter.

Stellung 4: Der erste Stapel ist fertig ausgepreßt. Er wurde auf den Rahmen heruntergelassen und dieser mit dem ersten und zweiten Stapel nach hinten geschoben. Dadurch ist Stapel 1 an der Entleerungsstelle, Stapel 2 unter der Presse.

Abb. 119. Obstpresse.

pressen verschiebbare — Preßbeet (sog. Biet), auf dem sich der Saft sammelt, der auf dem Biet stehende Rahmen und die Vorrichtung zur Druckerzeugung (Oberdruck- bzw. Unterdruck), je nachdem, ob der Stempel von oben oder von unten (leichtere Zugänglichkeit) gegen die Maische gedrückt wird. Die Maische wird in Preßtüchern aus Hanfgarn oder Baumwolle in Schichten von 3 bis 6 cm eingeschlagen und in einer Stapelhöhe von 1,5 bis 2 m zwischen Eschen- oder Eichenholzroste gelegt, Maschenweite 5 mm bei Äpfeln und 3 mm bei Beeren. Man steigert den Preßdruck auf 25 bis 30 atm, besonders langsam bei Heidelbeeren, Himbeeren und Erdbeeren. Zur Herstellung farbiger Preßsäfte wird zum besseren Zellaufschluß die Maische mit 1 bis 2% Filtragol fermentiert. Die normale Preßzeit beträgt ½ Stunde; bei Beerenmaische ist sie etwas länger. Zum Pressen von Traubenmaischen verwendet man Korbpressen, die aber trotz Auflockerung der Trester und nochmaligem Pressen bei etwa 15 atm eine geringere Saftausbeute ergeben. In Frankreich sind horizontale Korbpressen für Trauben in Gebrauch gekommen. Kontinuierliche Schneckenpressen werden gelegentlich bei der Traubenverarbeitung verwendet, haben sich aber allgemein nicht durchgesetzt, da sie eine zu feine Pulpe und damit einen zu trüben Saft ergeben. Zur Erhöhung der Ausbeute werden die bereits ausgepreßten Früchte nochmals umgepackt und bei besseren Obstsorten vorteilhafterweise nach Zugabe von etwas Filtrationsenzym erneut gepreßt. Die Zerkleinerung der Trester erfolgt mittels Tresterschleuder. Auf der Schleuderscheibe sind Mitnehmer, die verstellbar sein können, sowie Stifte angebracht, die zur Zerkleinerung der Tresterkuchen dienen. Aprikosen und Pfirsiche werden passiert. Rote Trauben werden auf 65° erwärmt, da der rote Farbstoff in kaltem Saft kaum löslich ist. (Vgl. Abb. 13.)

Trester: Während der gewonnene Saft in einen Sammeltank fließt, gelangen die Apfeltrester zur Pektingewinnung. Zur Vermeidung von Pektinverlusten müssen sie unmittelbar nach dem Pressen auf billigen Plandarren oder in Trommeltrocknern getrocknet werden.

Kirschtrester enthalten z. B. 5,1% Extrakt, 18% Unlösliches, 1,29% Apfelsäure. Die Preßrückstände dienen zur Herstellung von deutschem Tee, sonst als Viehfutter oder zur Düngung. Auch Kirschstiele ergeben einen guten Tee, sie werden aber auch zu Tabaklaugen verarbeitet.

Von den Traubentrestern wird aus den Kernen (3 kg aus 100 kg Weinbeeren) Öl extrahiert (10—15%), und zwar zweckmäßigerweise nach einer Haldenlagerung (ohne Luftzutritt) im Freien. Die Kerne können aus den zerkleinerten Trestern, insbesondere aus den getrockneten Trestern durch Sieben abgesichtet werden. Traubenkernöl eignet sich wegen seiner Farblosigkeit und Oxydationsbeständigkeit für die Herstellung kosmetischer Präparate, außerdem als Speiseöl. Zweckmäßigerweise schält man die Kerne vor dem Pressen, was durch leichtes Quetschen zwischen Walzen mit nachfolgender Sichtung vorgenommen werden kann. Aus diesen Schälabfällen kann Tannin gewonnen werden. Die Preßkuchen enthalten 14% Eiweiß und sind sehr rohfaserreich (40%). Die Traubenschalen können zur Geleebereitung verwendet werden, die Traubenstiele ergeben nach dem Zerhacken und Extrahieren mit heißem Wasser etwa 2% Weinstein. Der Extrakt wird hierzu konzentriert. Man kann auch den Preßkuchen mit Wasser extrahieren und nach dem Klären den Extrakt mit den auf Grund der Analyse errechneten Mengen Calciumhydroxyd und Calciumchlorid versehen (optimales pH 4,5). Der Calciumtartratschlamm wird gewaschen und getrocknet und mittels verdünnter Schwefelsäure nach Abfiltern des entstandenen Gipses Weinsäure gewonnen, die man kristallisieren läßt. Traubentrester wird durch Abbrennen des vergorenen Tresters zu Tresterbranntwein verarbeitet. Die Ausbeute beträgt 7—9 Ltr. 50%igen Alkohol (aus 100 kg Trester), der allerdings reich an Fuselöl und Önanthsäureäthylester ist. Die Qualität ist um so besser, je reiner und je zweckmäßiger der Trester aufbewahrt wurde. Das aus der Brennblase ablaufende Schlempewasser läßt man in Kristallisierbottiche laufen, wo sich beim Erkalten Rohweinstein abscheidet. Durch Einhängen von Garnfäden erhält man Garnfäden, die bis zu 73% Weinstein enthalten. Vergorener Trester von roten Trauben enthält 3—5%, Trester von weißen Trauben 2% Weinstein. In USA. gewinnt man Tartrate mittels Anionenaustauscher[1]) (Austausch der Tartrat-Anionen gegen Chlorionen). Die Tartratkonzentration in der Lösung wird hierdurch auf das 15- bis 18 fache erhöht. Der Nähr-

[1]) Vgl. Boehner, H. L. and A. B. Mindler: Industr. Engng. Chem., **41**, 448 (1949). Legault, R. R., C. C. Nimmo, C. E. Hendel and G. K. Nutter: Industr. Engng. Chem. **41**, 466 (1949).

wert frischer, süßer Trester entspricht kaum dem eines mittleren Wiesenheues. Als Düngemittel sind die Trester dem Stallmist trotz ihres Gehaltes an humusbildenden Stoffen und an Stickstoff, Kali und Phosphor unterlegen, lassen sich aber durch Kompostierung unter Zusatz von Torfmull und Kalidünger aufschließen. Auch die Trester von Birnen und von Beeren können entweder zu Beerenbranntwein verarbeitet oder als Beimengung zum Viehfutter und zur Kompostierung verwendet werden. Aus Tomaten lassen sich 5% Kerne mit 18—22% Ölgehalt gewinnen. Das Tomatenkernöl ist halbtrocknend (Salatöl, Lacke). Die entölte Zitruskernmasse kann als Quellmehl verwendet werden. Die frisch getrockneten Bälge von Zitrusfrüchten dienen zur Pektingewinnung, die ätherischen Öle werden von Essenzenfabriken (alkoholische Auszüge und Destillate) verwertet. Letzteres gilt auch für die Trester von Himbeeren, schwarzen Johannisbeeren, Erdbeeren und Brombeeren. Die in Orangenschalen und in Grapefruitschalen vorhandenen Glucoside (Hesperidin bzw. Narigin) können teilweise durch Adsorption an Ionenaustauschmaterial entfernt werden.

Ausbeute: 65 bis 90% als Saft, je nach Fruchtart; auf Trockenmasse berechnet ergeben sich aber immerhin 25—35% Abfall. Aus 100 Ltr. Traubenmaische rechnet man 15—26 kg Trester, 100 kg Äpfel oder Birnen ergeben 65—80 Ltr. Saft, Heidelbeeren 80—90 Ltr. Saft.

Klärung (von Apfelsüßmosten): In Betracht kommen folgende Verfahren:

a) Mischung mit Keltermosten bestimmter gerbstoffreicher Birnenarten (Scheidesäfte), aufgrund von Vorproben.

b) Tannin-Gelatine-Schönung bzw. Gelatine-Kieselsol-Klärung, ebenfalls aufgrund von Vorproben bei 8—18° (etwa 12 h). (Auflockerung größerer Kolloidmoleküle). Der Schönungstrub wird zweckmäßigerweise zentrifugiert, um den Saft zurückzugewinnen bzw. wird der Saft vor dem Schönen zentrifugiert, um Schmutz und Hefen herauszuholen. Andere für unvergorene Säfte aber kaum verwendete Schönungsmittel sind: Eialbumin (2%, erhitzen auf 80°), Spanische Erde (2%, erhitzen auf 60°), Bentonit (2—3% bei 60°), Casein (2%, rote Säfte bleichen) und Tylose [1]).

c) Pektinabbauende Filtrationsenzyme. Hierdurch Verlust der stabilisierenden Wirkung der Pektine auf die Treibstoffe und Verbesserung der Filtrierbarkeit infolge Viskositätsverminderung bei 18—20° (6—10 h) oder bei 45—50° (2—3 h). Manche Säfte stellt man vorteilhafterweise aus fermentierter Maische her (z. B. Heidelbeeren, Himbeeren), da sie nach dem Pressen schwer klärbar sind (Opt. p_H 4,5—5).

d) Filtration über Kieselgur (½%), gelegentlich kombiniert mit Filtrationsenzymen zur Vermeidung von Nachtrübungen. Es ist unbekannt, welche löslichen und feinverteilten Stoffe im Kieselgur gebunden werden. Im Kieselgur verbleibt die 2½ fache Menge Saft. Kieselgur entfernt die kolloidalen Stoffe und läßt Geschmack und Farbe unverändert.

e) Zentrifugieren mittels Ringkammerschleudern (Vorklärung), möglichst mit schaumfreier Abführung des Saftes unter Luftabschluß, in Kombination mit Filtrationsenzymen oder mit Tannin-Gelatineklärung. Gleichzeitig ist hiermit der Vorteil der Entlüftung verbunden. Gegebenenfalls Kohlensäurezuführung in der Zentrifuge. Die Apparate arbeiten unter Druck, so daß der vorgeklärte Saft in höher geleitete Lagerfässer geleitet werden kann.

---

[1]) Kielhöfer, E.: Tylose als Weinschönungsmittel, Z. Lebensmittel-Unters. und -Forsch., 88, 76 (1948).

f) Nach Vorbehandlung, Klärung durch Filtration mittels Massefilter durch Filtertücher aus Zellulose und Asbest (5—6mal regenerierbar durch Rückspülung) mit verschiedenen Durchlässigkeitsgraden, sowie durch Anschwemmfilter, wobei das Filtermaterial (Asbest, Zellulose, Kieselgur) in den vorgeklärten Keltersaft eingeführt, auf Filterrahmen niedergeschlagen wird und anfangs die noch nicht genügend klaren Saftanteile umgepumpt werden. Durch Erhitzung des frischen Apfelsaftes auf 80° während 10 min. und nachträgliches rasches Abkühlen koagulieren eine Reihe von Schleimstoffen und der Saft läßt sich leichter filtrieren. Zitrus-, Aprikosen-, Pfirsich-, Ananas- und Tomatensäfte werden nicht filtriert.

Bei länger gelagerten Süßmosten wird zur Entfernung unerwünschter Geruchs- und Geschmackstoffe eine Kohlefiltration durch ein Anschwemm-, Masse- oder Schichtenfilter durchgeführt; der Saft muß aber vorbehandelt werden (Tannin-Gelatine-Schönung oder zentrifugiert oder eine Behandlung mit Filtrationsenzymen erfahren haben). Als Normalfall scheidet Aktivkohle aus, da hierdurch zuviel Aromastoffe verlorengehen, Trubstoffe nur unvollkommen entfernt werden und die Entfärbung zu stark ist. Zur Entfernung von Metallverbindungen und von hartnäckigen Eiweißtrübungen aus Traubenmost wird gelbes Blutlaugensalz verwendet. Zur Entfernung von Arsen aus Traubenmosten verwendet man Eisenoxyd unter gründlichem Rühren oder unter Verwendung von Kohlensäure.

Von diesen Verfahren kann das Zentrifugieren oder die Filtration durch Kieselgurschichten häufig anstelle der Filtrationsenzyme treten. Beim Warmverfahren oder bei Anwendung des Böhiverfahrens wird man sich meist für die Vorklärung mittels Zentrifuge entscheiden. Bei Verwendung von Entkeimungsfiltern wird man ein Kieselgurfilter vorschalten oder mittels Filtrationsenzymen vorklären; dies gilt auch für Beerensäfte.

Zur Erleichterung des Absetzens von Trubstoffen bei Zitronensaft verwendet man Kaolin.

Will man andererseits das Klären naturtrüber Säfte während der Lagerung verhindern, dann muß man sie zur Inaktivierung der Pektinenzyme um so höher und länger erhitzen, je länger man lagern will (Saft von Valencia-Orangen 4 min bei 85°, von Nabelorangen 8 min, bei p_H 4, 1 min bei 80° für Grapefruits und 75° bei Zitronen, 45 sec bei Tomatensaft).

Rote *Trauben* werden in USA. entstielt und vermahlen, 5 min. auf 72° erhitzt, heiß gepreßt und abgekühlt. Der Saft wird bei 20 bis 40° 20—30 min. evakuiert, auf 82° moment-erhitzt, sofort auf etwa 30° abgekühlt und in sterile Ballons abgefüllt. Im Verlauf von einigen Monaten setzen sich bei 0° Weinstein, Gerbstoffe u. dgl. ab. Der überstehende Saft wird abgehebert und bei 60—70° erneut pasteurisiert.

Durch Gefrieren, Auftauen und Filtern läßt sich der Weinstein binnen 2 Tagen entfernen.

Zitrussäfte (Orangen, Zitronen, Grapefruits). Orangen werden in kaltem Wasser gewaschen, in scharfem Wasserstrahl mittels rotierenden Bürsten nachgereinigt, nach Größe sortiert, maschinell halbiert und von jeder Größe der Saft durch Ausfräsen mittels rotierender hölzerner Kegel gewonnen, auf welche man die halbierten Früchte aufdrückt. Dies kann auch maschinell ausgeführt werden. Gelegentlich wird die Orange auch vor dem Pressen geschält. Der Saft passiert Vibrationsrüttler, wird unter hohem Vakuum entlüftet und dann sofort durch einen Schnellstromkühler geleitet. In USA. wird Orangensaft neuerdings auf 115° für Sekunden erhitzt, auf 80° abgekühlt und in Dosen abgefüllt, welche gekühlt werden. Durch die mit diesem Verfahren verbundene Enzyminaktivierung wird „Gerinnen“ bei der Lagerung vermieden. Valencia-Orangen sind erheblich besser als Nabel-Orangen geeignet. Das Bitterwerden von Orangensäften wird durch die Schwebestoffe hervorgerufen. Deshalb ist eine Filtration hierbei wichtig.

Bei Zitronen besteht das Hauptproblem darin, den Saft zu gewinnen, ohne den Saft und das Öl von der Schale, welche einen bitteren Geschmack hervorrufen. Man

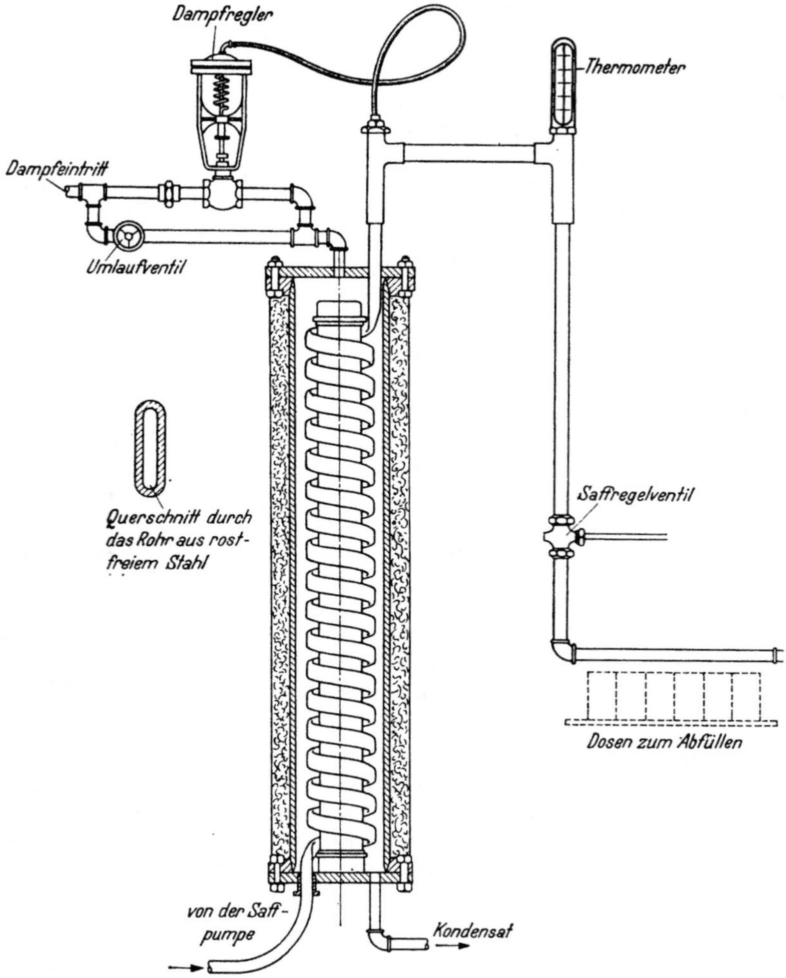

Abb. 120. Handelsüblicher amerikanischer Blitz-Pasteurisierapparat.

stellt Zitronensaft entweder so her wie für Orangen ausgeführt, oder man preßt die halbierten bzw. geviertelten Früchte zwischen Tüchern und scheidet mittels Zentrifugen das Öl und die Schwebestoffe ab. Ein rascher kontinuierlicher Ablauf des Prozesses ist in beiden Fällen nötig. Das Entlüften wird dadurch ausgeführt, daß man den Saft in einem Vakuumbehälter versprüht oder aber unter Vakuum über Einsätze rieseln läßt. Während des Kurzpasteurisierens auf 112° und Abfüllens bei 80° muß eine Wiederaufnahme von Luft vermieden werden. In den Abfüllgefäßen soll der Luftraum durch Stickstoff ersetzt werden. Das Öl aus den Schalen von Zitronenfrüchten gewinnt man durch Auspressen der Schalen gegen Schwämme, aus welchen das Öl ebenfalls durch Auspressen entfernt wird. Die Schalen können auch zum Kandieren (vgl. S. 226) verwendet werden. In Florida gewinnt man das Schalenöl von Orangen dadurch, daß man die Schalen durch ein flach geripptes Walzenpaar in Gegenwart von Waschwasser preßt. Die entstehende Emulsion wird mittels Zentrifugen (Merco-Düsenseparatoren) getrennt. In Sizilien und Brasilien verwendet man die Avenamaschine[1]), welche aus einer vertikalen, stationären Trommel besteht, welche mit Glasplatten mit rauher, punktierter Oberfläche ausgekleidet ist. Im Innern rotieren untereinander zwei nickelplattierte Scheiben mit 1,15 m ∅ mit 50—80 Touren/min. Die Früchte fallen auf die Scheiben und werden gegen die Wand geworfen, wodurch die ölhaltigen Zellen aufgerissen werden. Das Öl wird durch Wasser weggeschwemmt. Die Behandlungszeit beträgt etwa 2 min. Ausbeute ca. 1,8 kg/Tonne Zitronen, 0,9 kg/Tonne Orangen. Das Öl von Orangen und Zitronen besteht zu 90% aus d-Limonen. Terpenlose Zitrusöle gewinnt man durch Alkoholdestillation im Vakuum. Grapefruitsaft wird auch häufig mit Orangensaft (35—45%) vermischt. Aus Orangen gewinnt man Schalenöl, Fruchtsaftkonzentrat, Pektin, Zitronensäure, aus den extrahierten Bälgen Viehfutter.

Haltbarmachung: Es kommen für Apfelsäfte folgende Verfahren in Betracht:

a) Warmverfahren, und zwar zunächst meist als Vorpasteurisierung in Plattenapparaten oder in Apparaten gemäß Abb. 120 bei 68—77° (bei sauren Säften genügen zur endgültigen Pasteurisierung 10 Sekunden bei 88—90°), oder für Kleinanlagen in der Entkeimungsglocke (Abb. 121) vor dem Abfüllen in Lagertanks oder Glasballons, wobei Wert darauf zu legen ist, daß der Saft nicht heiß in große Tanks kommt, in denen er sich lange bei hoher Temperatur befinden würde. Diese Behälter sollen vor dem Füllen durch heißes Wasser weitgehend keimfrei gemacht werden. Wird der Saft vor dem Abfüllen im Schnellstromkühler gekühlt, so müssen die Abfüllbehälter sehr sorgfältig sterilisiert werden. Der Saft hat nach diesem Verfahren eine bessere Qualität. Verschluß der Ballons durch Gummikappen, die sich leicht in Alkohol reinigen lassen. Durch das Pasteurisieren werden Sporenbildner wie Bac. subtilis oder Bac. mesentericus nicht abgetötet; dies spielt aber in sauren Medien keine Rolle, da sie darin nicht gedeihen können. Traubensaft wird bei 80° pasteurisiert; wenn er mit Kohlensäure versetzt wird, reichen 60—65°. Die entsprechenden Temperaturen sind 75 bzw. 60° bei Apfelsaft. Pasteurisieren kann auch zwischen Elektroden z. B. aus Kohle mit Wechselstrom normaler Spannung (ca. 1000 Perioden) im Durchfluß vorgenommen werden. „Blitzpasteurisierapparate" sind alle Apparate, in welchen der Saft in möglichst dünner Schicht der Wärmeübertragung ausgesetzt ist. Durch Hochkurzerhitzung, wobei Temperaturen bis 160° 3 sec angewendet werden, nimmt Apfelsaft keinen Kochgeschmack an. Durch Inaktivierung der Enzyme wird das Pektin bei der Lagerung nicht abgebaut, wodurch die Säfte nicht dünnflüssiger werden.

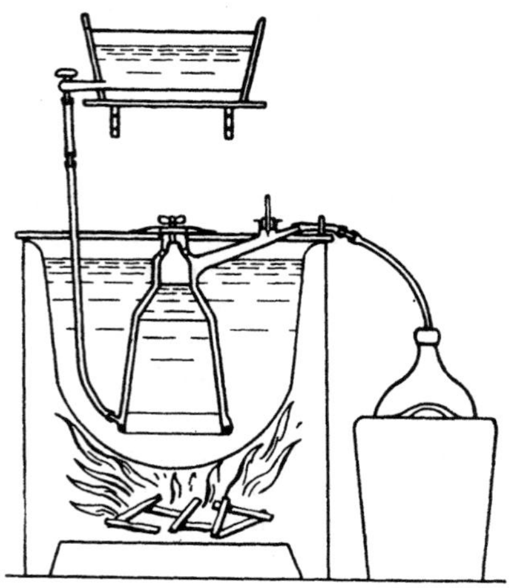

Abb. 121.
Schnitt durch eine Entkeimungsglocke.

[1]) Vgl. BRAVREMANN, J. B. S.: Citrus Produkts, S. 186. New York: Inter science Publ. 1949.

Apfelsäfte werden häufig im Herbst vorpasteurisiert und nach der Kampagne in ruhigeren Zeiten nach dem Kaltverfahren steril abgefüllt, oder aber in entkeimten Flaschen im Wasserbad sterilisiert. Das Sofortabfüllen ergibt einen besonders schönen und gehaltvollen Most; zur Vermeidung von Trubausscheidungen und von Trubgeschmack empfiehlt es sich, mit einer Vorklärschleuder den Saft vom groben Trub zu befreien, dann auf etwa 50° vorzuwärmen, in einer Feinklärschleuder endgültig zu klären und dann zu pasteurisieren.

Zur Nachpasteurisierung kommen die 7—8 cm unter dem Flaschenrand gefüllten Flaschen in Pasteurisierwannen mit falschem Boden, in welchen sie durch strömendes Wasser in etwa 15 min auf 70° erwärmt und bei dieser Temperatur 15—20 min belassen werden, wobei zu bedenken ist, daß Trauben-, Birnen-, Apfel- und Stachelbeer-Süßmoste gegen Kochtemperaturen besonders empfindlich sind. Das Pasteurisieren der gefüllten Flaschen erfolgt in Großanlagen in kontinuierlicher Arbeitsweise, wobei die Wassertemperatur stetig zu- und abnimmt. Anstelle des Wasserbades ist auch Wasserversprühung möglich. Durch die Hitzeeinwirkung lassen sich gelegentlich Ausscheidungen von koaguliertem Eiweiß und von unlöslich gewordenen Pektinstoffen nicht vermeiden. Nach dem Schwartz-Prozeß werden Apfeltrubsäfte dadurch hergestellt, daß die Äpfel geschnitzelt werden und dann den „Schwartz-Communiter-Extractor", eine vertikale Mühle mit Spezialgummisieben (Lochzahl 250—560 je qcm) passieren. Der Saft mit 3—10% suspendierten Festsubstanzen wird bei 75 mm Hg entlüftet und bei 88° pasteurisiert[1]).

b) Kaltverfahren. Entkeimung der vorher vorbehandelten und ganz klar gefilterten Säfte durch Entkeimungsfilter (fertige gepreßte Platten aus Asbest-Zellulose), insbesondere vor dem Abfüllen der Trauben- und Apfelsäfte auf Flaschen. Gegen höhere Temperaturen empfindliche Traubensäfte werden aber vielfach schon im Herbst nach einer Behandlung durch Entkeimungsfilter eingelagert. Dabei ist wichtig, alle hinter dem Filter lagernden Teile sorgfältig mit Dampf zu sterilisieren.

c) Einlagerung keimfreier Säfte unter Kohlensäuredruck, wodurch die Vermehrung von Mikroorganismen verhindert wird, vorzugsweise kombiniert mit dem Kalt- (Böhi-Seitz) bzw. mit dem Warmverfahren beim Abfüllen. Die Lagertemperatur beträgt 15° bei 7—8 atm (bzw. bei 0° 4 atm). Zur Vermeidung von Pektinausscheidungen empfiehlt sich eine Vorbehandlung mit Filtrationsenzymen oder ein solcher Aufschluß während der Tanklagerung, zur Vermeidung von Trubgeschmack eine Vorklärung vor der Einlagerung. Jedenfalls empfiehlt es sich, den Saft möglichst rein einzulagern und nicht länger als ein Jahr zu lagern. Das bei der Drucksenkung beim Ablassen von Saft aus dem Tank entweichende Kohlendioxyd muß wieder in den Lagertank zurückgepumpt werden. Um die Filtration auf ein Minimum zu beschränken und gleichzeitig die Kohlensäure aus dem imprägnierten Most zurückzugewinnen, schaltet man bei der Abfüllung eine Schleuder ein. Das Füllen der Tanks mit Kohlensäure erfolgt entweder mit Hilfe von Trockeneis oder aber mit Hilfe von Kohlensäure aus Druckflaschen unter Zuhilfenahme von Imprägnierapparaten, wie sie aus der Mineralwasserindustrie bekannt sind. Die Zuführung des Kohlendioxyds zum Süßmost erfolgt nach dem Druckventil der Kolbenpumpe bzw. nach der Hochdruckschleuder mittels eines Strahlapparates und kann durch mehrere Rieselsäulen vervollständigt werden. Die Amortisationskosten sind beim Böhi-Verfahren hoch. Beim Füllen der Tanks mit Kohlensäure mittels Stahlflaschen müssen die Tanks mit Wasser gefüllt und dieses mittels CO_2 herausgedrückt werden.

---

[1]) Atkinson, F. E. and C. C. Strachan: Fruit Prod. Journ. **29**, 18, (1949).

Nach dem neuerdings in der Schweiz angewandten Guex-Verfahren wird Apfelsaft auf Gefrierwalzen schnell gefroren und das entstehende „Pulver" in isolierten und gekühlten Silos gelagert [1]).

Lagerung: Das Böhi-Verfahren ist bereits zu den Lagerverfahren zu zählen.

Die Lagerung des Süßmostes erfolgt in Eichenholzfässern, die vor der Ingebrauchnahme „weingrün" gemacht werden, was durch Ausdämpfen erfolgt, und die durch Gärröhrchen verschlossen werden. Nach der Reinigung müssen die Fässer sofort mit schwefliger Säure behandelt werden. (Schweflige-Säure-Ampullen oder kleine Druckgefäße mit Dosierzylindern.) Beim Füllen und Ablassen der nach dem Kaltverfahren oder nach dem Warmverfahren mit Rückkühlung hergestellten Säfte aus Fässern muß man Luftfilter verwenden. Weiterhin werden glasemaillierte Stahltanks oder V2A-Tanks verwendet. Schließlich sind auch noch Glasballons zu 25 l in Gebrauch, die entweder warm oder bei Anwendung eines Entkeimungsfilters bei 30° gefüllt werden.

Abfüllung: Die Flaschen werden in 65° warmem Wasser, in welchem Reinigungsmittel gelöst sind, ½ h eingeweicht, dann mittels innerer und äußerer Bürsten bei 40° gereinigt, woran sich ein kräftiges Nachspülen mit kaltem Wasser anschließt. Anstelle von Bürsten wird in Großanlagen auch Spritzen mit Laugen verschiedener Konzentration und Temperatur durchgeführt. Bei Verwendung von Entkeimungsfiltern werden die geschwenkten Flaschen mit 1½- bis 2prozentiger schwefliger Säure geschwefelt, worauf man sie gut abtropfen läßt oder mit entkeimtem Wasser ausspritzt. In Großanlagen werden die Flaschen mit Dampf sterilisiert. Die Korken werden 12 Stunden in eine 2prozentige Lösung von schwefliger Säure eingelegt, worauf die Korken in der Korkmaschine ausgedrückt werden, während Kronenkorken in 70prozentigem Alkohol oder mit Formaldehydgasen sterilisiert werden. Die abgefüllten Flaschen werden liegend aufbewahrt und zunächst 4 Wochen beobachtet. In USA. werden mehr naturtrübe Säfte erzeugt und dementsprechend erfolgt das Abfüllen vorzugsweise in Dosen.

Material: Silumin, Porzellan, Glas (Leitungen), Vinidur, Aluminiumbronze (Filter), rostfreier Stahl, Glasemaille, Pumpen aus Steinzeug. Nicht geeignet sind Kupfer, Eisen, Zinn.

Fruchtsaftkonzentrate: Fruchtsaftkonzentrate, die zur Herstellung karbonisierter Getränke, von Eiscrem, Likören u. dgl. Verwendung finden, werden vorwiegend durch Eindampfen bei höchstens 40° hergestellt. Dabei läßt sich ein gewisser Aromaverlust nicht vermeiden, den man bei Äpfeln und Trauben dadurch zu verhindern sucht, daß man die ersten 1—5% des Dampfes, welche den Hauptteil der Aromastoffe enthalten, in einem Oberflächenkondensator niederschlägt und dem Konzentrat wieder beifügt. Wesentlich wirtschaftlicher ist der Anbau einer Rektifikationskolonne, die eine kontinuierliche Rückgewinnung ermöglicht. Dies ist auch der günstigste Weg zur Herstellung von Fruchtessenzen. Leider lassen sich bei manchen Fruchtsäften merkliche Geschmacksveränderungen nicht vermeiden, z. B. bei Traubensäften, Aprikosensäften, Granatapfelsäften u. dgl., und zwar kann sowohl ein Kochgeschmack als auch ein völlig abweichender Beigeschmack auftreten. Man kann diesen auf einen Mindestwert dadurch verringern, daß man sehr rasch eindampft, wozu sich Schnellstromverdampfer besonders eignen [2]). Trotzdem ist das Verfahren nicht vollwertig, man kann z. B. bei Zitrussäften das Kondensat auch nicht verwenden. Außerdem treten in Hochkonzentraten leicht Farbveränderungen auf, die man

---

[1]) METTIER, D.: Escher Wyss Bull. 1946—47. S. 51.
[2]) MILLEVILLE: Fruit Products. **24**, 48 (1944).

z. B. bei 80%igen Zitruskonzentraten mit 0,2‰ Natriumbisulfit hintanhält. Es ist empfehlenswert, die Vorwärmung auf die Verdampfungstemperatur in einem getrennten Wärmeaustauscher mit einer Geschwindigkeit von 1,5—3 m/sec vorzunehmen.

Die Anwendung hoher Konzentrationen setzt voraus, daß das Pektin enzymatisch abgebaut oder daß die Säure neutralisiert wird, damit der Fruchtsaft nicht gelieren kann.

Die Aromaveränderungen kommen bei der Gefrierkonzentration in Fortfall. Gefrierkonzentrate werden dadurch hergestellt, daß die mit Filtrationsenzymen versetzte Maische gepreßt und der Saft entsprechend der gewünschten Konzentration zunächst auf eine Temperatur knapp unter dem Gefrierpunkt eingefroren wird. Die Entschleimung ist wichtig, da Gallertstoffe den Konzentratabfluß zwischen den Eiskristallen hemmen. Das Gefrieren kann z. B. in der Weise vorgenommen werden, daß der Saft in einen Zylinder, dessen Wände gekühlt werden, eingeführt und durch Gummischaber der sich bildende Eisfilm abgekratzt wird. Der sich bildende Schnee-Saft-Matsch wird durch einen Kolben in einen Zylinderraum gesaugt, der eine große Zahl von Bohrungen aufweist, die 0,3 bis 0,45 mm betragen und welcher in einem Konus endigt. Beim Vorgehen des Kolbens fließt das Saftkonzentrat durch Bohrungen aus, während die Eiskristalle durch den Konus zu einer festen Eisstange zusammengepreßt werden. Eine andere Möglichkeit besteht darin, daß der Fruchtsaft in eine Saftmulde geleitet wird, in welche eine Gefriertrommel in der Bauweise eines Einwalzentrockners, deren Oberfläche mittels eingebauter Kühlsysteme gekühlt wird, je nach der Art des Saftes, verschieden tief eintaucht. Der gefrorene Saft wird von der Trommel, die 1,5 bis 18 Umdrehungen in der Stunde macht, abgeschabt, einer Zerkleinerungseinrichtung zugeführt und mittels eines Transportbandes einem Dosierbehälter, weiterhin einer konischen Stopfschnecke und schließlich einer Schneckenpresse mit Stabseiher — wie in der Ölindustrie üblich — zugeführt, deren Austrittsöffnung sich regulieren läßt. Der ablaufende Saft muß je nach der Ausgangskonzentration erneut konzentriert werden. Zur Vorkühlung des Frischsaftes wird das aus der Schneckenpresse ausgestoßene Eis im Gegenstrom geführt.

In beiden Fällen kann die Konzentrierung zu Dicksäften von hohem Trockensubstanzgehalt in mehreren Stufen vorgenommen werden. Mit zunehmender Konzentrierung nehmen die Extraktverluste im Eiskuchen aber zu. Der entstehende Dicksaft wird in Flaschen abgefüllt und bei —10 bis —15° gelagert. Höhere Konzentrationen als 50% bis zur Selbsthaltbarkeit, die je nach der Art des Saftes unter Umständen bei 80% T. S. bei 15° Lagertemperatur liegen kann, können durch Verdunstungsapparate erzeugt werden. Eine Farbveränderung ist aber bei höheren Temperaturen stets zu befürchten. Neuerdings beginnt man in USA. die Säfte auf 55% T. S. im Vakuum einzudicken, einen Teil der verlorengegangenen Aromastoffe durch Zugabe von etwa $^1/_3$ Frischsaft auf $^2/_3$ Konzentrat wieder einzuverleiben und das Gemisch mit etwa 42% T. S. in kleinen Dosen einzufrieren.

Apfelsirup wird in USA. gelegentlich dadurch hergestellt, daß man mittels $Ca(OH)_2$ einen p_H-Wert von 7,8—8,2 einstellt und auf 80° erhitzt, um das Pektin zu fällen. Nach dem Abfiltrieren (Diatomeenerde) wird der Saft mittels schwefliger Säure auf ein p_H 5—5,5 gebracht und im Vakuum (70—74 cm Hg) auf 75% T. S. eingedickt. Auch bei der Herstellung von Sirup aus sauren Trauben wird Calciumhydroxyd zugegeben, um das Calciumtartrat zu fällen; ein Rest von 0,1% Säure muß im Saft verbleiben, da er sonst dunkelfarbig wird. Er muß nach dem Pasteurisieren aus dem gleichen Grunde rasch abgekühlt werden.

Fruchtrohsäfte, Fruchtsirupe: Zur Herstellung solcher Säfte ist auch eine Spritzung mit 15% Alkohol zur Haltbarmachung üblich. Außerdem dürfen zur Haltbarmachung von Obstrohsäften Konservierungsmittel (benzoesaures Natrium, Ameisensäure, schweflige Säure, Kaliumpyrosulfit u. dgl.) verwendet werden. Man beschränkt die Zugabe auf das unbedingt notwendige Maß. Sind die eingelagerten Säfte nicht vergoren und nicht geklärt worden, so setzen sie im Lagerfaß einen sehr voluminösen Trub ab, welcher einen Abzug in ein sauberes Faß nötig macht. Das weitgehend aus Pektinstoffen bestehende Depot kann bei unvergorenen bzw. unfermentierten Fruchtsäften bis zu 5% betragen. Das Kochen des Rohsaftes mit Zucker erfolgt in offenen Kesseln. Der Fruchtsirup muß nach dem Aufkochen und Abschöpfen von Schaum sofort abgefüllt und dabei geseiht werden. Die Kühlung erfolgt in einem Röhrenapparat oder in Kühlschiffen. Anstelle offener Kessel führen sich geschlossene Kessel mit Rührwerk und Dephlegmator ein, wodurch Aromaverluste und Substanzverluste vermindert werden. Die Erhitzung ist weniger zur Lösung des Zuckers als zur Fällung von Eiweiß bei Verwendung von unvergorenem Rohsaft erforderlich. Zur Kaltlösung dienen Propellerrührwerke und Sturzapparate (nach Art der Butterfertiger); eine Zugabe von Saft zu Zucker ist zu vermeiden. Vorteilhafterweise verwendet man feingemahlenen Raffinadezucker. Zur Reinigung der Rohsäfte und zur Nachklärung der heißen, zuckerreichen Sirupe werden Zentrifugen verwendet. Zur Kristallisationsvermeidung muß man versuchen, nach dem Kochen eine Lösung größter Löslichkeit zu erzielen, d. h. unter Berücksichtigung der Nachinversion bei der Lagerung etwa 60% Saccharose und 40% Invertzucker. Hagebuttensirup wird dadurch hergestellt, daß man die zerkleinerten Früchte mit kochendem Wasser extrahiert, den Extrakt eindickt, mit Zucker versetzt und dann filtriert.

Literatur.

MEHLITZ, A.: Süßmost, Braunschweig: Serger und Hempel 1938.
BAUMANN, J.: Das Handbuch des Süßmosters, Berlin: Reichsgesundheitsverlag 1940.
WALTER, E.: Die moderne Fruchtsaftindustrie, Berlin: Grüner Verlag 1941.
CRUESS, W. V.: Commercial Fruit and Vegetable Products, New York: McGraw Hill Book Co. 1948.
HEISS, R., u. L. SCHACHINGER: Kältetechnik, **1**, 216 (1949).
MARSHALL, R. E.: Apple Juice, Michigan State College: 1947 (Circul. Bull. **206**).

Anhang.

Imprägnierung von Getränken mit Kohlensäure: Die Sättigung mit Kohlensäure erfolgt vorzugsweise mit Hilfe einer sog. Imprägnierpumpe. Sie saugt die Flüssigkeit an und drückt sie in einen Zylinder, in welchen zu Beginn des Druckhubes Kohlensäure einströmt oder in welchem sich eine Strahldüse befindet, bei deren Passieren die Flüssigkeit die Kohlensäure mitreißt. Hier tritt die erste Imprägnierung ein. Das Gemisch passiert von unten eine Füllkörpersäule, welche oben ein Luftablaßventil trägt. Anschließend gelangt das Gemisch über ein Strahlrohr in einen weiteren, mit Kohlensäure gefüllten Kessel (2. Imprägnierstufe). Von hier aus erfolgt die Abfüllung, wobei es zweckmäßiger ist, vorher den Wasserdruck über den Sättigungsdruck zu erhöhen, da sonst bei der Druckentlastung beim Füllen eine zu schnelle Entwicklung der Kohlensäure erfolgt. Das Reduzierventil an der Gasbombe muß beheizt werden, da die Kohlensäure bei Drücken unter 5,28 ata in Schneeform ausfällt, wodurch das Ventil rasch verstopft würde. Anstelle von Imprägnierpumpen werden auch Rieselsäulen verwendet, in welche die Flüssigkeit von oben, der Gasstrom von unten strömt. Diese Rieselsäulen sind ebenfalls mit Füllkörpern oder aber mit Rieselblechen ausgerüstet und besitzen bei modernen Anlagen einen Mantel aus Plexiglas.

Da die Löslichkeit von Flüssigkeiten für Gase mit sinkender Temperatur wächst, empfiehlt es sich, die Flüssigkeit vorzukühlen. Bei 5° wird in Wasser bei einem Druck von 2,2 atm das gleiche Gasvolumen gelöst wie bei 10° bei 2,8 atm und bei 20° bei 4,4 atm (ca. 4,4 faches Gasvolumen im Vergleich zum Flüssigkeitsvolumen). Je niedriger die verwendeten Drücke sind, um so geringer sind auch die Verluste beim Abfüllen. Zur Vermeidung einer zu raschen CO_2-Entwicklung beim Öffnen ist nötig, das Wasser zu entlüften. Bei einer Imprägnierung von verdünnten Fruchtsirupen empfiehlt es sich, destilliertes Wasser bei der Mischung in Tanks zu verwenden. Die Verwendung von rostfreien Baustoffen ist dabei erforderlich. Die Sirupe mit 45—49° Balling werden 1:4 bis 1:5 verdünnt. Die karbonisierten Getränke werden in Flaschen 30 min bei 70° pasteurisiert. Reine unverdünnte Fruchtsäfte werden nach dem Vorkühlen auf 0° mit dem 2,5—3fachen Gasvolumen imprägniert. Soweit eine Zuckerung karbonisierter Getränke erforderlich ist, empfiehlt sich die Verwendung von wasserfreier β-Glukose, da sie sehr rasch löslich ist.

Literatur.

KÜHLES, R.: Handbuch der Mineralwasserindustrie, Lübeck 1947.
TRESSLER, D. K., M. A. JOSLYN, u. G. I. MARSH: Fruit and Vegetables Juices, New York 1939.

3. Kartoffelstärke (Roggenstärke).

Betriebe mit mittlerer und größerer Verarbeitungsleistung.

Wesentlich ist der Gehalt der Kartoffel an Stärke sowie die Größe der Stärkekörner, deren mittlerer Durchmesser zwischen 0,09 und 0,002 mm schwankt. Je größer die Stärkekörner, desto größer ist die Wahrscheinlichkeit, daß eine weiße und glänzende Stärke erreicht wird. Beide Eigenschaften sind sortentypisch. Aufgabe der Stärkefabrikation ist die Zerreißung sämtlicher Zellen und das Auswaschen der Stärke aus den Zellen (Abb. 122).

Förderung. Die Kartoffeln (3—8% Schmutz) werden nach Feststellung des Schmutzgehalts mittels Schwemmrinnen angeschwemmt und vorgereinigt. Von dort werden sie mittels Elevator, Hubrad oder einer Kartoffelförderpumpe über einen Steinfang in die Kartoffelwäsche gefördert oder aber in diese gepumpt. In der Trogwäsche (Abb. 123), die in mehrere Felder unterteilt ist, die im Gegenstrom jeweils mit Frischwasser beschickt werden, werden die Kartoffeln von Feld zu Feld mittels schräg gestellter Rührarme bewegt und dabei gründlich aneinander gerieben. Schmutz und Steine werden unter einem Rost abgezogen. Eine gründliche Reinigung ist zur Verringerung des Verschleißes der Maschinenteile, insbesondere der Zerkleinerungseinrichtungen, wichtig. Nach der Wäsche ist eine automatische Waage mit Zählwerk eingeschaltet und, um eine gleichmäßige Belastung der Vorreibe zu erreichen, ein Bunker vorgesehen. Die Entnahme aus dem Bunker wird durch eine Schnecke reguliert.

Die gereinigten Kartoffeln werden nun der Zerkleinerung zugeführt, die in zwei bis drei Stufen erfolgt. Zur ersten Zerkleinerung dienen Sägeblattreiben (in USA. Hammermühlen). Sie bestehen aus einer mit Sägeblättern besetzten Trommel, einem Reibeklotz mit Stahlstäben, welcher der Trommelrundung genau angepaßt ist und einem eng gelochten Nachzerkleinerungsblech, gleichzeitig zum Zurückhalten grober Kartoffelstücke. (Vgl. Abb. 11.) Die Zerkleinerung ist von entscheidender Bedeutung für eine gute Ausbeute. Bei 50% gebundener Stärke in der absolut trockenen Pülpe (gebundene Stärke + Rohfaser) sind, da die Kartoffel etwa 1,5% Rohfaser enthält, vor dem Auswaschen 7,5% der Gesamtstärke (20%ig) in die Pülpe gegangen, bei schlechter Zerkleinerung z. B. bei 60% gebundener Stärke schon 11,5% und bei 40% gebundener Stärke, die heute überall gehalten werden könnte, nur noch 5%. In den

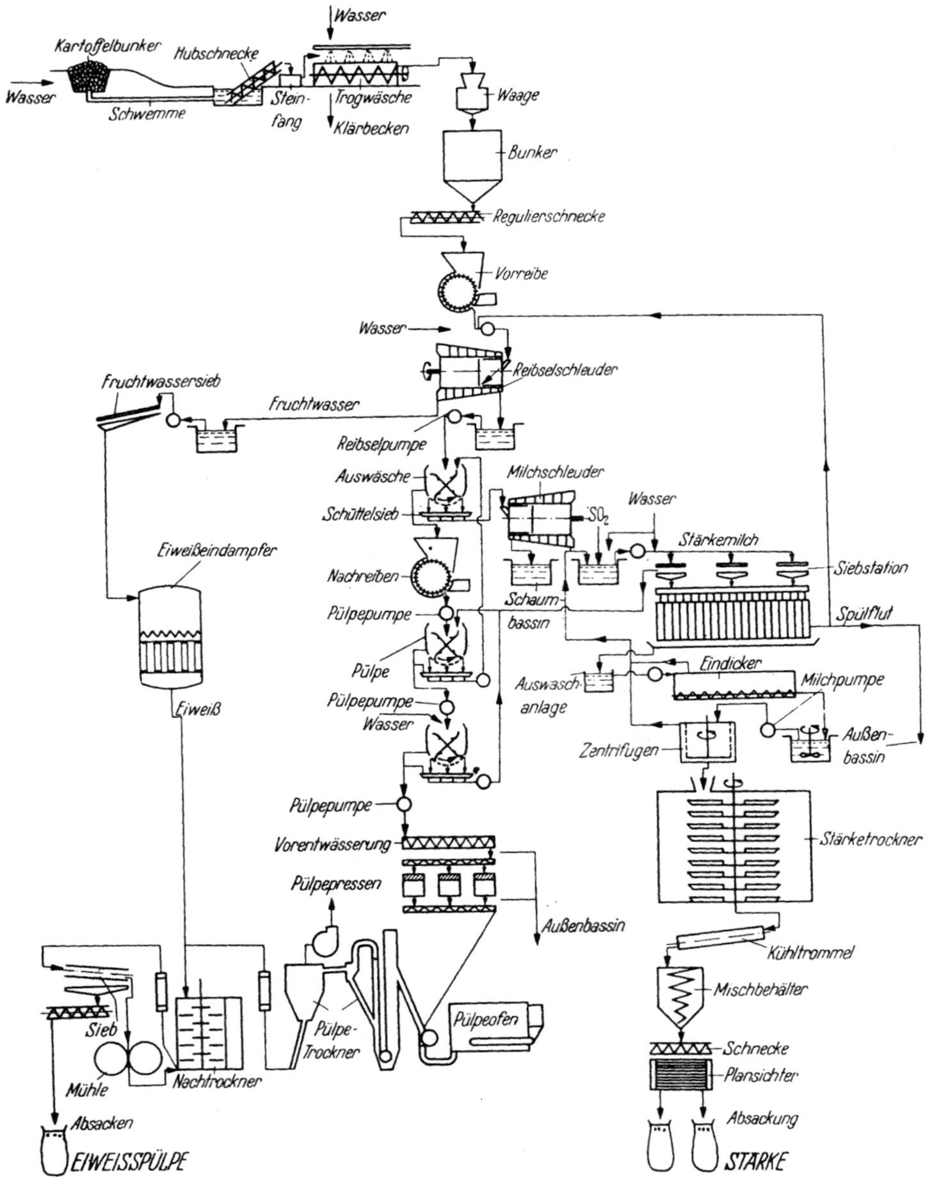

Abb. 122. Kartoffelstärke- und Kartoffeleiweißherstellung.

Fällen, in denen die Gewinnung von Eiweiß beabsichtigt ist, gelangt das Reibsel aus der Reibselgrube mit der zwei- bis dreifachen Wassermenge in eine Reibselschleuder, eine Zentrifuge mit horizontaler Achse, bei welcher zwischen einer konischen und einer zylindrischen Trommel, die mit etwas geringerer Drehzahl läuft, das Gemisch in der Weise getrennt wird, daß der Saft beim großen Durchmesser abfließt, während die Stärke mit den Faserteilen, die sich am Umfang des Mantels absetzen, durch eine an der

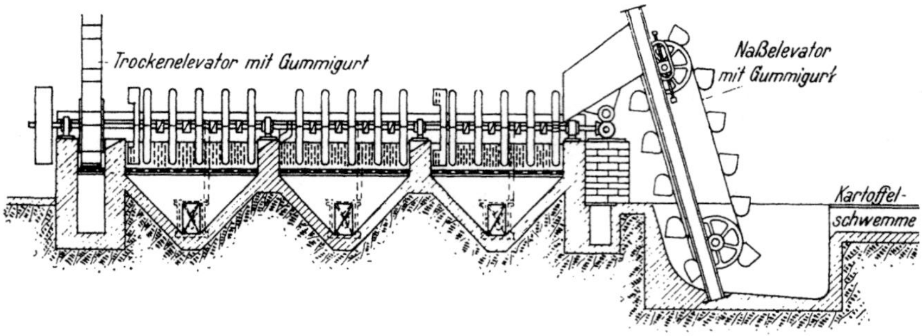

Abb. 123. Kartoffelwäsche mit Naßelevator zum Heben der Kartoffeln aus einer Schwemmrinne.

inneren zylindrischen Trommel befestigte flachgängige Räumschnecke (30 U/min) am entgegengesetzten Ende austritt. Bei einer neuen Konstruktion wird durch die längsdurchbohrte Welle Frischwasser zugeführt und damit die Stärke vor ihrem Austritt zu einer Milch von beliebig einstellbarer Konzentration angemischt. Das verwendete Wasser darf nicht hart sein und soll kein Eisen und kein Magnesium enthalten. Der ablaufende Kartoffelsaft (70—80% des eiweißhaltigen Fruchtwassers) wird zur Eiweißgewinnung verwendet, während das vom Saft befreite Reibsel zur Auswaschanlage gelangt. Wegen der Anschaffungskosten der Reibselschleuder, des Kraftbedarfs (ca. 15 PS) und der unerwünschten Belüftung des Stärkebreies (Verfärbung) verzichtet man in Fällen, in welchen kein Eiweiß gewonnen werden soll, auf die Reibselschleuder und fügt zur Abscheidung schleimiger Bestandteile zur Entlastung der Auswaschapparate ein Reibselsieb ein. Das von der ersten Reibe kommende Reibsel wird, in der Reibselgrube mit mindestens der 2—3 fachen Wassermenge verdünnt, auf das Reibselsieb gepumpt; die dann abfließende konzentrierte Stärkemilch wird gemeinsam mit der Stärkemilch vom 1. Auswaschapparat sofort der Milchschleuder zugeleitet. Das Reibsel fällt automatisch in den 1. Auswaschapparat, wobei es an der Einfallstelle nochmals reichlich mit Wasser verdünnt wird. In der Auswaschanlage (Abb. 124 und 125) wird das von schräg eingebauten Leitblechen vorwärtsbewegte Reibsel während des Hochhebens mit Hilfe von Schaufeln durch einen scharfen Wasser- bzw. Stärkemilchstrahl ausgewaschen und beim Herunterfallen nach weiterer Drehung so durch einen Siebmantel geschlagen, daß die Stärke hindurchgeht, aber die groben Fasern im Zylinder bleiben und getrennt ausgeworfen werden können. Die Siebmulden werden durch die an den Brettern befestigten Bürsten reingehalten. Unter jeden Auswaschapparat wird ein Schüttel-

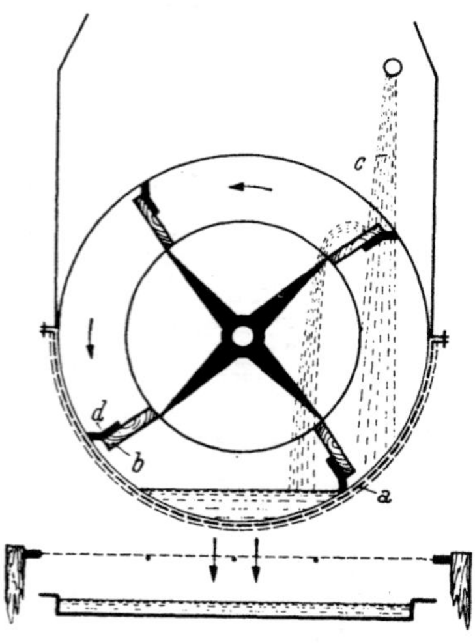

Abb. 124. Schema eines Auswaschapparates.
a = Siebblech c = Wasserstrahl
b = Brett d = Bürste

sieb angeordnet, welches vorwiegend zur Abtrennung und weiteren Auswaschung der Feinfaser dient. Die Auswaschung erfolgt in mindestens zwei Stufen (meist aber dreifachem Waschsystem), die im Gegenstrom geschaltet sind, d. h., daß

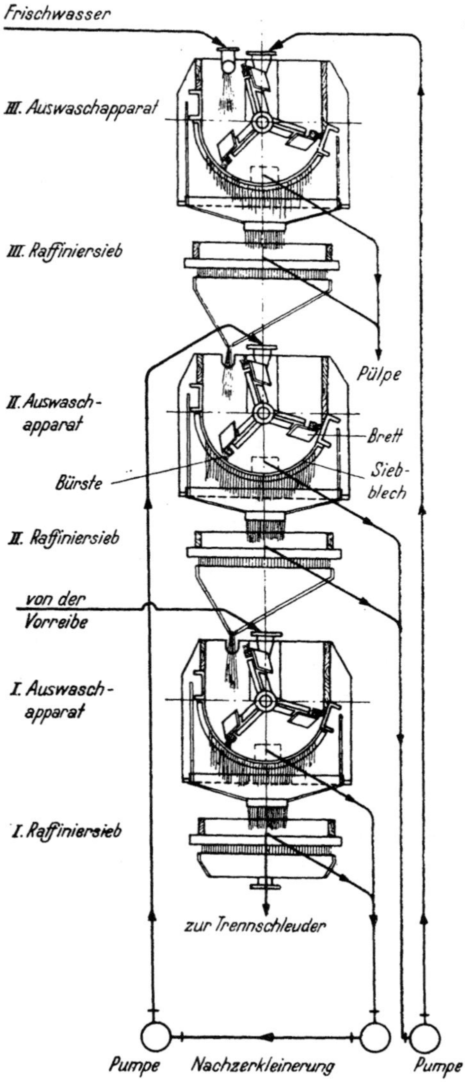

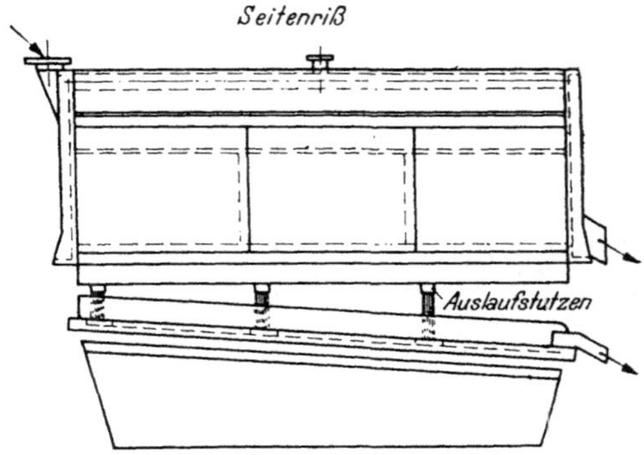

Abb. 125. Schema einer Auswaschstation, bestehend aus 3 Auswaschapparaten übereinander mit unter den Apparaten angeordneten Schüttelsieben (Ubland, Leipzig).

dem ersten Apparat die Rohstärkemilch des zweiten Apparates zugeleitet wird, während das fast ausgewaschene Reibsel mit Frischwasser nachgewaschen wird. Je schlechter zerkleinert wurde, desto besser muß ausgewaschen werden. Bei guter Zerkleinerung soll die auswaschbare Stärke 3% nicht überschreiten. Im Mittel wird ein Verlust an auswaschbarer Stärke von 0,5% des gesamten Stärkegehalts der Kartoffel nicht zu vermeiden sein. Zwischen die beiden Stufen legt man zur Nachzerkleinerung Sägeblattmühlen mit feineren Sägen und Reibeklötzen mit Messerkästen. Breimühlen sind weniger geeignet, da sie das Reibsel, welches zerrissen werden soll, vorwiegend zerreiben. Geeigneter erscheinen in dieser Beziehung Feinmühlen mit einer feststehenden und einer schnell umlaufenden Mahlscheibe aus Karborund mit Einzugschnecke. Wasserbedarf 7–8faches Wassergewicht der zu verarbeiteten Kartoffeln, Zugabe mit dem Reibsel vor der Vorreibe, mit dem Reibsel vor der Nachreibe und an der Wasserbrause des letzten Auswaschapparates. Es ist falsch, das Reibsel zu dick zu pumpen, da sonst die Auswaschung unvollkommen wird, bei starker Verdünnung wird auch die Stärke in der Farbe besser. Hinter den Trennschleudern oder (bei Betrieben ohne Trennschleudern) hinter den Auswaschapparaten wird schweflige Säure bis $p_H = 5{,}4$ zugegeben. Ein zu hoher Zusatz von schwefliger Säure bewirkt ein Ausflocken der Eiweißstoffe und damit eine Verminderung der Stärkequalität.

Ergebnis: Pülpe mit 35—40% gebundener Stärke, bezogen auf Trockensubstanz der Pülpe.

Reinigen und Eindicken der Stärkemilch. Die von der Auswaschstation abfließende Rohstärkemilch mit etwa 1,5° Bé (2,5 kg Stärke auf 100 Liter) kommt zur Abtrennung aller Feststoffe über eine Trennschleuder (Abb. 126) und zur Abtrennung der Stärke ($\gamma = 1{,}255$) von der Faser ($\gamma = 1{,}045$) über Schüttelsieb (12er Seidengaze oder 120er Bronzegaze). Die Trennschleuder hat das 10 Stunden dauernde Absitzen in Bassins, mit dem leicht Gärungserscheinungen verbunden waren, ersetzt. Die in Trennsieben (Raffiniersieben) von den restlichen Fasern getrennte Stärkemilch kommt zur weiteren Reinigung entweder mit 12° Bé in Waschbottiche oder wegen der Verkürzung der Herstellungszeit mit höchstens 6—8° Bé in die Fluten, 12—13 m lange, völlig glatte Rinnen mit schwacher Neigung (8 mm/lfdm), in denen die Stärkekörner langsam zu Boden sinken, und zwar im oberen Teil der Rinne die größeren, während die Fasern sowie die Sekunda- und die Schlammstärke vom Flüssigkeitsstrom mitgerissen werden. Jeder Rinne muß so viel Stärkemilch zulaufen, daß über der abgesetzten Stärke noch eine genügend hohe, in Bewegung befindliche Wasserschicht verbleibt, welche die Verunreinigungen fortführt (bei 7° Bé ca. 3 Liter/min, bei 8° Bé ca. 3,5 Liter/min). 2—4 Rinnen haben ein Spülrohr, 4 Rinnen sind jeweils im Augenblick des Ausspülens außer Betrieb. Vor dem Entleeren der Flut werden die auf der Stärke liegenden feinen Flocken als sogenannter Schlamm für sich entfernt. Die abgelagerte Flut wird durch Eindrücken eines scharfen Wasserstrahls entleert; hierzu dienen Leitklappen, die Spülpumpe und der Spülquirl. Der mit frischem Wasser gefüllte Spülquirl reichert sich durch die aus den Fluten abfließende Spülmilch an. Bei 6—8° Bé kommt der Inhalt in den Eindicker (Abb. 127). Die auf dem Flutenboden abgesetzte Stärke wird nochmals mit Wasser verdünnt und über die zweite Spülflut oder in Bottiche geleitet, wodurch eine Abtrennung der feinsten Teilchen erfolgt. Das Überlaufwasser der zweiten Spülflut wird in den Arbeitsprozeß zurückgegeben. Die zweite Flut muß von Hand entleert werden, da man die Stärkemilch durch Spülung nur mit einer Konzentration von etwa 7° Bé gewinnen kann,

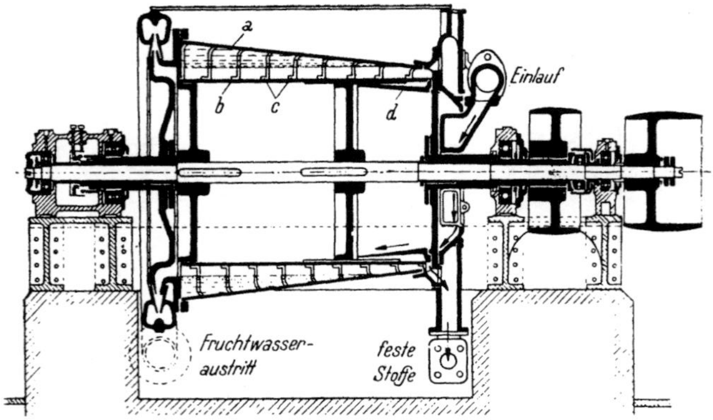

126. Trennschleuder.
a = Mantel b = Trommel c = Räumschnecke d = Trichter

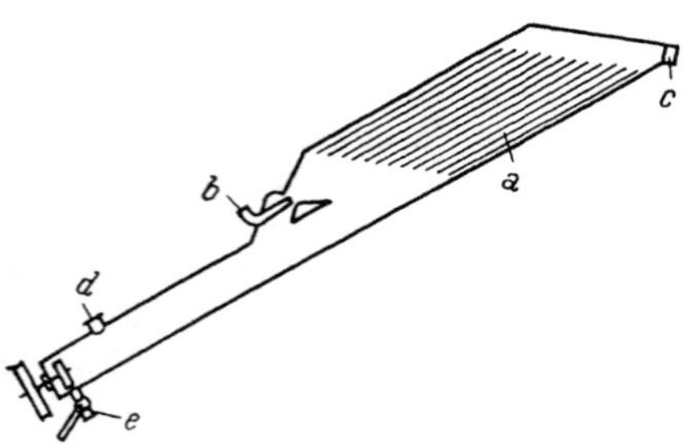

Abb. 127. Reinigungsröhre für Stärkemilch nach Knoblich.
a = Platten
b = Zufluß für Stärkemilch
c = Abfluß der Faser
d = Frischwasserzufluß
e = Abfluß der gereinigten und eingedickten Milch

für die Zentrifugen aber 20—22° Bé benötigt werden. Anstelle der zweiten Spülflut wird die gereinigte, geschwefelte Stärkemilch mit 10—13° Bé bei durchgehendem Betrieb kontinuierlich arbeitenden Eindick-Apparaten zugeführt, in denen die Stärke infolge der stark verminderten Strömungsgeschwindigkeit langsam zu Boden sinkt und dadurch auf 20 bis 23° Bé eingedickt mit Hilfe einer Schnecke ausläuft, während die letzten Faserteilchen mit dem Flüssigkeitsstrom oben abgeleitet werden können. Zur Entfernung der schwefligen Säure wird die Stärkemilch nochmals auf 17—19° Bé verdünnt und im Endrührwerk gesammelt. Nach einer Vorentwässerung in einer Siebschleuder auf 37—39% Wassergehalt — meist mit mechanischer Ausräumung —, an deren Stelle auch ein Zellenfilter treten kann — schließt sich über einen Elevator und eine Zufuhrschnecke die Trocknung der Stärke bis auf ca. 20% Wassergehalt in einem Ringetagentrockner oder in einem Vakuumschaufeltrockner (früher auch in Band- oder Tüchertrocknern) an. Hierbei gelangt die feuchte Stärke mittels einer Streumühle auf den obersten Ringteller. Die zu trocknende Stärke gelangt von Ringteller zu Ringteller durch einen Schlitzzwischenraum mittels eines feststehenden Abstreifers und wird mittels eines feststehenden Verteilerrechens gleichmäßig verteilt, und zwar so, daß eine gefurchte Oberfläche entsteht. (Vgl. Abb. 60.) Die Trocknungstemperatur muß unter der Verkleisterungstemperatur, also unter 55° liegen. (Beginn des Verkleisterns bei 58,7°, völlige Verkleisterung bei 62,5° bei Kartoffelstärke.) Die vom unteren Teller abfallende Stärke wird mittels Schnecke und Elevator dem Mischsilo und dann der Sichtanlage, z. B. Zentrifugalsichter, zugeführt (12er und 14er Seidengaze). Die groben Teilchen werden vor dem Absacken vermahlen und nochmals gesichtet. In USA. erfolgt das Trocknen in zyklonartigen Stromtrocknern in mehreren Stufen [1]).

Pülpe. Die ausgewaschenen Fasern (1,5 % des Kartoffelgewichts) enthalten je nach der Güte des Auswaschverfahrens noch 28 bis 55% gebundene und 0—10% freie Stärke in der Trockensubstanz. Sofern man die Pülpe nicht warm verfüttert oder nach in gemauerten Gruben erfolgter milchsaurer Gärung als Viehfutter ausgibt, wird sie meist in Schneckenpressen auf 70—75 % Wassergehalt vorentwässert und dann entweder in einem Schnellumlauftrockner oder in einem Trommeltrockner auf etwa 14% Wassergehalt getrocknet. Bei Vorhandensein einer Fruchtwassereindampfanlage wird das Konzentrat zugemischt und mit diesem gemeinsam fertiggetrocknet. Der bei der Hitzegerinnung des Fruchtwassers erzielte Dickschlamm wird mit dem Pülpepreßkuchen vor dem Pülpetrockner gemischt. Man kann hierdurch ein Mischfutter mit ca. 20% Eiweiß erzielen. Nach dem Sichten und dem Mahlen gröberer Bestandteile erfolgt das Absacken. Für Brennereizwecke eignet sich die Pülpe wenig. Absolut trockene Pülpe enthält ca. 45,4% Stärke, 49,6% Rohfaser, 3,3% Eiweiß, 1,6% Asche (Salze).

Sonstige Abfälle. Außer der Pülpe sind das Fruchtwasser und die Waschwässer der Bottiche und Fluten als Abfallprodukte zu bezeichnen. Wie bereits erwähnt, kann das aus der Reibselschleuder abfließende Kartoffelfruchtwasser mit 5—6% TS und 0,25% koagulierbarem Eiweiß unmittelbar zu Kartoffeleiweiß verarbeitet werden, sofern man es nicht zusammen mit dem Abwasser der Milchschleuder in eine Außengrube führt, worin die Stärke abgeschieden wird. Es kommt hierbei das Eindampfverfahren und die Hitzegerinnung in Betracht, wobei bei ersterem alle Inhaltsstoffe, bei letzterem nur das koagulierbare Eiweiß erfaßt wird. Beim Eindampfverfahren wird das Reibsel ohne Verdünnung mit Wasser in Vollmantelschleu-

[1]) Vgl. Beresford, H. and M. J. Aslett: Potato Starch Production in Idaho, Bulletin No. 259 (1945). — Reichenberg, H. E.: Chem. Engineering, **56**, 120 (1949).

dern zentrifugiert. Das Fruchtwasser wird bis auf 50% T.S. bei 45° im Verdampferraum und bei 55° im Heizraum eingedampft (Gewinn an Eiweiß beim Eindampf- und Koagulationsverfahren ca. 0,9%). Zum Ausflocken muß eine relativ große Wärmemenge aufgewandt werden, das Eiweiß mit 70%iger Reinheit ist in den üblichen Filtereinrichtungen nur schwer abtrennbar, da es eine schleimige Beschaffenheit hat. Beim Eindampfverfahren wird ein Dicksaft von 45—47% T.S. mit 40% Proteingehalt erzielt, der zur Würzegewinnung eingesetzt oder zur Erzeugung von Eiweißfutter oder von Eiweißpulver verwendet wird. Ein neueres Verfahren [1]) besteht darin, daß man das Fruchtwasser auf 10—12° Bé in zwei hintereinandergeschalteten Vakuumverdampfern eindickt und erst dann die Eiweißstoffe durch Erwärmen abscheidet. Man erhält hierdurch Produkte mit etwa 60% Eiweißgehalt, die sich gut filtrieren lassen. Alle diese Verfahren kommen nur in Großbetrieben in Betracht. Das Kartoffeleiweiß kommt in ernährungsphysiologischer Hinsicht dem Fleischeiweiß sehr nahe. Der verdünnte Kartoffelsaft wird meist auf Rieselwiesen zur Gewinnung eiweißreicher Gräser geleitet, wobei auch der Kali- und Phosphorsäuregehalt ausgenützt wird. Auch das Gerinnungsverfahren wird mit Berieselungsanlagen kombiniert verwendet, da bei ihm nur 50% der N-Substanzen gewonnen werden.

Erst recht ist die Verwertung der Nährstoffe aus den Pülpepressen, aus den Siebschleudern und den Fluten wegen der großen Verdünnung nur auf Rieselwiesen möglich. Man läßt aber vorher die Stärke in Außenbassins absitzen.

Im cbm Rieselwasser befinden sich 0,3 kg Stickstoff, 0,5 kg Kali und 0,09 kg Phosphorsäure. Abgesehen von dem Wasser für Schwemmrinnen und für die Wäsche fällt etwa 1 cbm Rieselwasser je 100 kg Kartoffeln an. Der zur vollen Düngung erforderliche Rieselwasserbedarf beträgt im Durchschnitt 1000 cbm je ha. Bei Grünlandnutzung sind 3—5 Schnitte möglich. Der größte Nutzen dürfte sich bei Frühgemüsebau ergeben (die Regnungsgenossenschaften zahlen ca. 60 Mark/ha). Das beim Schwemmen und Waschen der Kartoffeln anfallende Waschwasser leitet man in Absetzgruben. Die in den Klärgruben abgesetzte Erde wird nach der Kampagne zusammen mit dem Schlamm der Außenbassins kompostiert.

Rohstoffbilanz. Aus 100 kg Kartoffeln entstehen 75 kg Pülpe bzw. 3—6 kg wasserfreie Pülpe. Der Stärkeverlust richtet sich im wesentlichen danach, wieviel Stärke an die absolut trockene Pülpe gebunden wird, bei 40% gebundener Stärke und normaler Zerkleinerung ergeben sich folgende Verluste:

Gebundene Stärke (Reibe)	5,0%
Auswaschbare Stärke (Auswaschapp.)	0,4%
Verlust im Abwasser	0,6%
Verlust i. d. Trennschleuder	1,0%
Schlammstärke	0,5%
Verlust durch Zuckergehalt der Kartoffeln	1,0%
	8,5%

Dazu kommen noch Verluste durch faule Kartoffeln. Man rechnet je nach der Güte der Arbeit mit 20% (schlechte Arbeit) bis 7—10% (gute Arbeit) Stärkeverlust. Aus 100 kg Kartoffeln mit 18% Stärke können je nach Sorte 10—14 kg Stärke erster Qualität, 0,4 (Trennschleuder) bis 1,5—2,5 kg (Abtrennung des Fruchtwassers mittels Rohflut) Stärke zweiter Qualität aus dem Schlamm gewonnen werden. Im Ab-

[1]) Heyns, K., u. G. Graefe: Z. Lebensmittel-Unters. u. -Forsch. 89, 255 (1949).

wasser hinter den Außenbassins sollen nicht mehr als 0,1—0,12 g Stärke je Liter enthalten sein (0,6% der Stärke). Die sich im Außenbassin absetzende Stärke ist nur schwer aufzuarbeiten und muß aus diesem Grund getrennt verarbeitet werden. Verlust 0,26 g/Liter (1% der Gesamtstärke). Die Abwässer vom Eindicker, von der Entwässerungszentrifuge sowie Schlamm von der Flut werden in den Arbeitsgang zurückgeführt.

Nach O. Wolf[1]) ergibt sich bei der Kartoffelstärkeherstellung etwa folgende Rohstoffbilanz (%):

Tabelle 3.

In der Kartoffel enthalten %		Gewonnene Stärke abs. trocken	Pülpe abs. trocken	Abwässer und sonstiger Abfall
Wasser	75,0	—	—	—
Stärke	19,0	17,1	1,45	0,44
Faser	1,6	—	1,61	—
Eiweiß	2,0	—	0,11	1,89
Asche	1,2	0,05	0,05	1,10
Lösliche Kohlehydrate	1,05	—	—	1,05
Rohfett	0,15	—	—	—
Vom Gewicht der Kartoffel:	100,0	17,15	3,22	4,48
Bezogen auf Trockensubstanz:		69,0	13,0	18,0

Die Ausbeute ist im wesentlichen abhängig von:
der gleichmäßigen Beschickung der Anlage,
der Zerkleinerung,
der Auswaschstation.

Die Qualität der Stärke hängt ab von:
der Güte des Betriebswassers,
der Kartoffelwäsche,
der raschen Trennung des Fruchtwassers von der Stärke,
der richtigen Trocknung.

Kraftbedarf: 0,6—1,1 $\frac{\text{Psh}}{\text{Ztr.}}$ Kartoffeln für Naßstärke und etwa 50% mehr für Herstellung von Trockenstärke; nach anderen Angaben sind hierfür 1,8 bis 2,2 $\frac{\text{Psh}}{\text{Ztr.}}$ und 10 kg Dampf/h erforderlich.

Wasserbedarf: 4,5 cbm/to für die Schwemmanlage
6,5 cbm/to für die Kartoffelwäsche.

Kartoffelstärke wird in der Nahrungsmittelindustrie vorwiegend zur Herstellung von Puddingmehlen, dann von Suppenmehlen, zur Verdickung von Tunken, bei der Gemüsebereitung u. dgl. verwendet, außerdem zur Fabrikation von Dextrinen, Stärkezucker, Stärkesirup.

Bei Kleinstanlagen (1—1,5 to Kartoffelverarbeitung je Tag) verzichtet man weitgehend auf automatische Fördereinrichtungen und auf Reibsel- und Milchschleudern. Das Reibsel kommt unmittelbar auf zwei hintereinandergeschaltete Auswaschapparate und die Stärkemilch kommt auf zwei hintereinandergeschaltete

[1]) Vgl. Ernährung und Verpflegung 1, 18 (1949).

Fluten, zwischen denen sich eine Siebstation befindet. Auf die Pülpetrocknung wird verzichtet, eine Pülpegrube genügt.

In amerikanischen Stärkefabriken [1]) für süße Kartoffeln wird der Überlauf von den Fluten Zentrifugen zugeführt, dann erneut geflutet, die gewonnene Stärke auf die zweiten Fluten zurückgeführt, während der Überlauf filtriert wird und die Feststoffe dem Pülpetrockner zugeleitet werden. Nach der Zerkleinerung der süßen Kartoffeln wird Kalk zugeführt, wodurch Farbstoffe gelöst und das Ausflocken bestimmter Kartoffelbestandteile gefördert wird.

Ein besonderer Nachteil der Kartoffelstärkefabriken besteht darin, daß sie einen ausgesprochenen Saisonbetrieb darstellen, der höchstens 3 Monate jährlich in Betrieb ist. Man sucht dies neuerdings durch das Reibselauslaugeverfahren zu vermeiden, wobei die Kartoffeln gemahlen, vom Fruchtwasser befreit und in Reibselsilos gelagert werden. In USA. wurde gefunden, daß von süßen Kartoffeln 60—70% (im Gegensatz zu 12%) des Fruchtwassers entfernt werden können, wenn man zu den geriebenen Kartoffeln Spuren von Kohlenstofftetrachlorid oder einem anderen Fettlösungsmittel zugibt, wodurch die Zellwände sehr permeabel werden [2]).

Kartoffelsago. Das Rohmaterial für den deutschen Sago ist Kartoffelstärkemehl, mindestens superior oder hochfein, es kann auch prima Feuchtstärke vom Saugzellenfilter verwendet werden. Die Kartoffelstärke wird z. B. mittels Bürsten durch eine mit grobmaschigem Geflecht bespannte Siebtrommel getrieben. Die dadurch entstehenden Flocken werden in Trommeln, welche zur Vermeidung von Zusamenballungen mit einem Klopfwerk versehen sind, etwa 30 min gerollt und zum erstenmal in Sieben sortiert. Daraufhin werden die Kügelchen in von außen mit Dampf von ca. 3 atü beheizten Trommeln geringer Neigung etwa 15 min dextriniert. Die verkleisterten, aber noch weichen Kügelchen werden dann in bekannter Weise z. B. in Trommeltrocknern auf die handelsübliche Feuchtigkeit getrocknet und erneut in Sieben sortiert.

Quellstärke ist im Gegensatz zu gewöhnlicher Stärke in kaltem Wasser gut quellbar; sie wird dadurch hergestellt, daß man die Stärke zu Brei anrührt, sie durch Aufbringen auf heiße Zylinder verkleistern läßt und dann vermahlt oder man erwärmt die Stärke in Gegenwart von Wasser unter Zusatz geringer Mengen Alkalien, wodurch sie verkleistert, und trocknet sie. Offenbar genügt Erhitzen der Stärke mit sehr wenig Wasser, um die Kristallite im Stärkekorn so weitgehend zu zerstören, daß diese Stärke in kaltem Wasser quellbar wird. Quellstärken für Backhilfsmittel haben im allgemeinen ein niedriges, Quellstärken für Klebstoff ein hohes Wasserbindungsvermögen.

Lösliche Stärken und schließlich *Dextrine* entstehen dadurch, daß man die mit Säure besprühte Stärke längere Zeiten auf Temperaturen über 150° erhitzt. Sie bilden beim Auflösen in heißem Wasser keinen Kleister.

Speisestärke läßt sich im Gegensatz zum fadenziehenden Kleister der Kartoffelstärke leicht abstechen; sie wird dadurch hergestellt, daß man Kartoffelstärke mit verdünnter Salzsäure behandelt, wäscht und trocknet. (5 Sack Stärke werden bei 45° mit 1 cbm Wasser verrührt, mit 10 Liter konzentrierter Salzsäure versehen und 10 Stunden stehen gelassen. Das Wasser wird abgezogen, die Stärke mit Soda neutralisiert, mit frischem Wasser zentrifugiert und getrocknet.)

---

[1]) Paine, H. S., F. H. Thurber, R. T. Balch, u. W. R. Richee: Industr. Engng. Chem.: **30**, 1331 (1938).

[2]) Hopkins, E. F.: Science, **87**, 71 (1938).

Literatur.

KRÖNER, W.: Neuzeitliche Kartoffelstärkeherstellung, Beiheft „Verfahrenstechnik", 6, 183 (1940).

WOLFF, O.: Betriebskontrolle in Stärkefabriken, Berlin: Forschungsinstitut für Stärkefabrikation, 1946 und „Deutsche Bauerntechnik" 2, 5—12 (1948), 3, 1—5 (1949).

PAROW: Handbuch der Stärkefabrikation 1938.

HAUPT: Abfallverwertung der Stärke, Chemiker-Ztg. 377 (1935).

Anhang.

Roggenstärke. Die besonderen Schwierigkeiten bei der Herstellung von Roggenstärke bestehen im Gehalt des Roggens an gummiartigen, schleimhaltigen Stoffen, und im Gegensatz zu Mais und Weizen an kolloidlöslichen Eiweißstoffen. Die Stärke bleibt in einer schleimigen Suspension und läßt sich nicht in ausreichendem Maße separieren oder sedimentieren. Eines der Verfahren besteht z. B. darin, auf 100 kg Roggenmehl oder -schrot 300 Liter Wasser von 35⁰ zum Anrühren zu verwenden, denen 5—7 Liter einer 3,7%igen Salzsäure zugesetzt werden. Dadurch ergibt sich ein p_H-Wert von 5,5—6, wodurch die Viskosität der Suspension nach 3—4 Stunden Rührbehandlung bei dieser Temperatur auf einen Mindestwert sinkt und gleichzeitig unerwünschte Abbauvorgänge der Stärke vermieden werden. Die Suspension wird in Vollmantelzentrifugen geschleudert. Aus dem Feststoffring kann dann die Stärke von den Schalenbestandteilen nach den in der Stärkeindustrie üblichen Verfahren getrennt werden. Das durch Schleuderung abgetrennte Einquellwasser kann bei 45—60⁰ auf die Hälfte eingedampft und auf Walzen- bzw. Zerstäubungstrocknern getrocknet werden. Das Pulver ist für die Nährmittelindustrie geeignet. Das Verfahren läßt sich auch in Kartoffelstärkefabriken einfügen.

Nach einem anderen Verfahren wird die Suspension ohne Säurebehandlung durch Ausschleudern in eine flüssige und feste Phase getrennt und aus der festen Phase nach der in der Reisverarbeitung üblichen Weise die Stärke und der Kleber durch Alkalibehandlung erhalten, während die wasserlöslichen Extraktstoffe aus der flüssigen Phase gewonnen werden.

Literatur:

Veröffentlichungen der Arbeitsgemeinschaft Getreideforschung, 1, 33 (1946).

HEYNS, K.: Getreide, Mehl und Brot, H. 5/6, 43 (1947).

4. Weizenstärke.

Ausgangsmaterial Weizenmehl, vorzugsweise Type 550. Wegen des hohen Kleberpreises bevorzugt man Hartweizenmehl. (Abb. 128.) Der frühere Weg, von Weizenkörnern auszugehen, ist verlassen worden, da sich hierbei erhebliche Rückstände an Schalen und Keimen ergeben. Das Mehl wird in einer Knetmaschine in einen Teig verwandelt. Sie pflegt mit einem ausfahrbaren Reservetrog ausgerüstet zu sein. Der Teig steht etwa 1 h, damit die Endospermproteine hydratisieren. Darauf wird er in einen Auswaschapparat gebracht. Durch eine um 45⁰ (1 x/s) schwingende in Längsrichtung geriffelte Holzwalze wird der Kleber durchgewalzt, während die Stärke durch kräftige Wasserstrahlen ausgewaschen wird und als Stärkemilch durch Bronzesiebe abfließt. Bearbeitungsdauer im Sommer 20—40 min, im Winter länger, aber je nach dem Klebergehalt wechselnd[1]). Weiches Wasser gibt schwachen Kleber. Der reine Kleber (Mischung von Glutenin und Gliadin mit Beimengungen von Fett, Lezithin, Cholesterin), bleibt in Form eines zähen, plastischen Teiges

[1]) Vgl. Canad. Journ. of Res. Sec. F.: 23, 143, 155 (1945).

zurück (60—65% Wasser) und wird aus dem Apparat herausgenommen. Die Gewinnung des Weizenklebers beruht also auf der Unlöslichkeit des größten Teiles der Weizenproteine in Wasser, während die Gewinnung des Kartoffel- und des Maiseiweißes auf der Löslichkeit dieser Eiweißarten beruht.

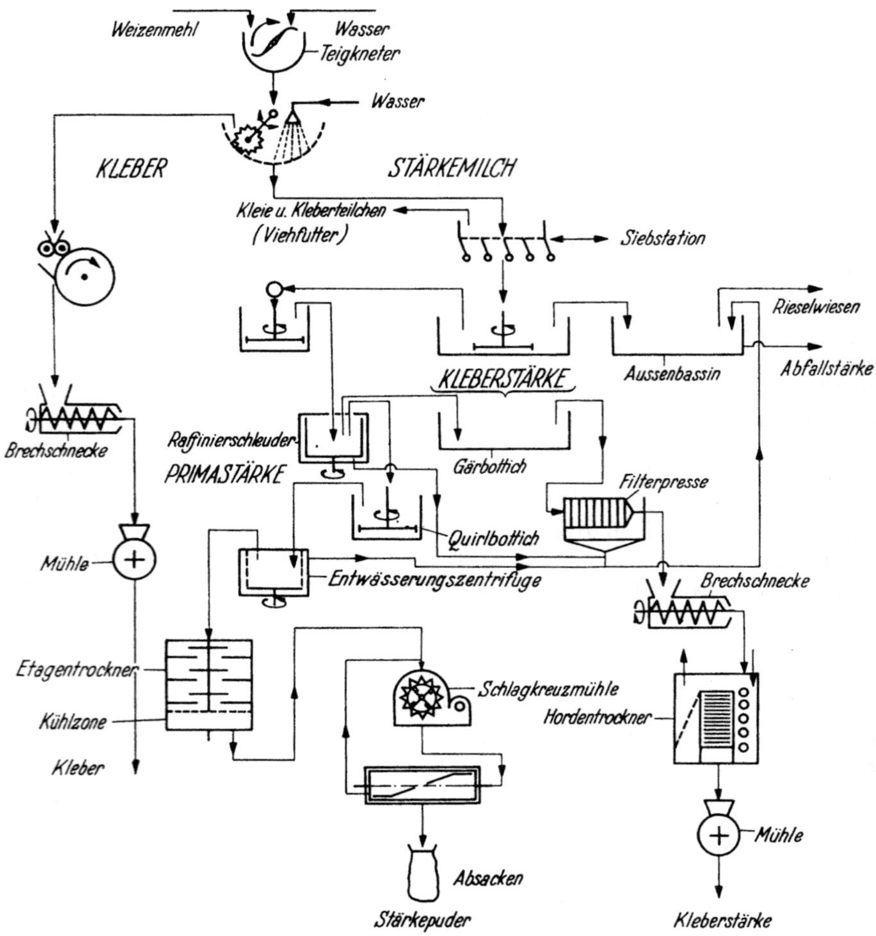

Abb. 128. Herstellung von Weizenstärke.

Die Stärkemilch mit etwa 4⁰ Bé kommt über ein Schüttelsieb in Bassins mit Rührwerk. Hier setzen sich die festen Teile in 8—10 h ab, worauf man das überstehende Wasser abziehen kann. Es gelangt in die Außenbassins, wo die freien Stärketeilchen nach dem Absetzen ein Zweitprodukt bilden (saure Stärke), das aufgequirlt zu Kleister (Glukose) u. dgl. verarbeitet wird. Das überschüssige Wasser der Außenbassins kommt auf Rieselwiesen. Der Absetzprozeß kann durch Verwendung einer Trennschleuder erheblich abgekürzt werden.

Der abgesetzte Stärkeschlamm wird auf ca. 14^0 Bé aufgequirlt, in einen Zentrifugenbottich gepumpt und von dort aus der Raffinierzentrifuge zugeleitet. Diese besitzt eine ungelochte Trommel, so daß sich das geschleuderte Material nach dem spezifischen Gewicht abscheidet. Die Primastärke setzt sich außen an, das Pflanzeneiweiß, das keine Bindekraft besitzt und eine graue Farbe aufweist, innen. Nach Beendigung der Abtrennung wird der Proteinschlamm von der Stärke abgewaschen und mit der abgesetzten Flüssigkeit durch Stöpsellöcher abgelassen. Die Primastärke wird erneut auf etwa 20° Bé in einem Quirlbottich verdünnt. Mit dieser reinen Stärkemilch werden dann die Entwässerungszentrifugen mit gelochter Trommel und Filterstoffeinlagen gespeist. Die Stärke mit etwa 38—40% Feuchtigkeit wird herausgeschält und mittels Schnecke und Elevator über ein Sieb zum Trocknen befördert. Trocknungszeit 5½ h bei 60° Lufttemperatur (ca. 40° in der Stärke) bei Verwendung eines Ringetagentrockners, ca. 15% Endwassergehalt. (Beginn der Verkleisterung bei 40°, völlige Verkleisterung bei 65—67,5°). Die Stärke wird in einer Schlagkreuzmühle vermahlen und im Umlauf mittels Zentrifugalsichter gesichtet und abgesackt. Das Ablaufwasser der Zentrifugen kommt in die Außenbassins.

Die Kleberstärke aus der Raffinierzentrifuge, welche eine sehr schmierige Beschaffenheit hat, muß einem 3—4tägigen Gärungsprozeß bei 30—35° C unterworfen werden, durch den das Eiweiß so verändert wird, daß eine Entwässerung auf Filterpressen möglich ist. Hierbei bilden sich feste Kuchen, die mittels einer Schnecke gebrochen und dann wie vorher oder auf Horden getrocknet werden. Die Kleberstärke, von graugelber Farbe, wird zu Stärkemehl verarbeitet.

Der in den Auswaschapparaten gewonnene Kleber wird in Vakuumtrocknern bis auf 5% W.G. getrocknet, oder aber in einem Hurell-Homogenisator (die Flüssigkeit wird durch Zentrifugalkraft durch den Spalt zwischen dem schnellaufenden Rotor und den feststehenden Ring gepreßt, wo sie zerrieben wird, vgl. S. 18) so verarbeitet, daß er einen schaumartigen Zustand annimmt und dann einem Zerstäubertrockner zugeführt. Wird der Weizenkleber nur zur Herstellung von Hydrolysaten verwendet, dann genügt eine Trocknung auf gewöhnlichen Zweiwalzentrocknern. Kleber, der bei niedrigeren Temperaturen als 44° getrocknet wurde, dient zum Verbessern eiweißarmer Mehle beim Backen.

Ausbeute, Verwertung: Durchschnittliche Ausbeute an Primastärke 50—60%, an Kleberstärke 12—18%, an Kleber 10—15%. Gesamtausbeute bei Hartweizenmehl Type 550 ca. 90%. Wasserbedarf ca. 10 : 1 im Vergleich zu Mehl.

Primastärke wird als Puddingstärke oder zur Herstellung feiner Backwaren verarbeitet, saure Stärke zu Glukose.

Kleberstärke dient zur Klebstoffherstellung, sowie für die Papier- und Textilindustrie.

Kleber dient als Zusatz bei der Herstellung von Teigwaren (Verbesserung von Mehlen), zur Herstellung von Diabetikerkost und auf Walzen getrocknet als Rohstoff für die Würzeherstellung, schließlich nach dem Vergären als Schusterleim, auch zur Herstellung von Mononatriumglutaminat (vgl. S. 254). Zusammensetzung: 5,1% Wasser, 79,8% Protein, 3,6% Stärke, 1,5% Asche, 7,8% Lipoide.

In USA. sind zur Gewinnung von Weizenstärke in letzter Zeit andere Verfahren entwickelt worden:

1. Der „Batterprozeß" besteht aus folgenden Stufen:

a) Wasser und Mehl werden im Verhältnis 1,1 bis 1,25 : 1 bei 25—40° durch kurzes Schlagen (1—3 min) vermischt. Das hydratisierte Gluten bildet dabei ein Netz, in welches die Stärkekörner eingeschlossen sind.

b) Der Schlagteig wird unter weiterem Schlagen mit so viel Wasser vermischt, daß das Verhältnis Wasser zu Mehltrockensubstanz etwa 4:1 wird. Hierdurch wird die Stärke aus dem Netzwerk herausgelöst.

c) Die dabei gebildeten Glutenpartikel werden mit Hilfe eines Vibrationssiebes, wobei sie sich zu größeren Klumpen zusammenballen, von der Stärke abgetrennt. Das Sieb wird berieselt, damit die Stärketeilchen vom Gerinnsel gewaschen werden.

d) Für geringere Ansprüche wird die Stärkemilch zentrifugiert, für höhere kommt sie auf Fluten, wodurch sich eine Primastärke mit 0,25—0,3% Eiweiß ergibt. Die Schwanzstärke (ca. 20%) hat 3—4% Protein. Das durch das Sieb gewonnene Gluten enthält nach dem Trocknen 70—75% Eiweiß und 15—20% Stärke. Durch Auswaschen des zerkleinerten Gerinnsels kann ein Gluten von 95% Reinheit gewonnen werden; das Waschwasser wird zu einem neuen Ansatz zurückgeführt.

2. Beim Alkaliprozeß wird die Eiweißlöslichkeit in verdünnten Alkalien ausgenützt. In einer 30/n Natronlauge (p_H 11,4 bis 11,7) erfolgt sie bei Raumtemperatur sehr rasch. Die Trennung erfolgt zweckmäßigerweise durch Fluten (1 Teil Mehl auf 12,5 Teile verdünnte Natronlauge). Die Tischstärke (70—80% der Gesamtmenge mit über 99% Reinheit) kann zur Gewinnung von Dextrose, die „Schwanzstärke" (16—26% der Gesamtmenge, 0,4—0,7% Protein) zur Herstellung von Glukosesirup verwendet werden.

Beim Abtrennen durch Zentrifugieren nimmt man 1 Teil Mehl auf 6 Teile Lösung. Die Stärke hat dabei nur eine Reinheit von 94—98%, da die Zelluloseanteile alkaliunlöslich sind. Die Proteine werden durch Ansäuren der Lösung ausgefällt, optimaler p_H-Wert 5,5 bis 6,0. Es werden 50—80% des Eiweißes mit einer Reinheit von 70—90% gewonnen. Es wird, da es seine Klebeeigenschaften verloren hat, vorzugsweise zur Herstellung von Mononatriumglutaminat verwendet. (Vgl. S. 254.)

Die Herstellung umfaßt folgende Stufen: Alkalizugabe, Fluten, Neutralisation der Tischstärke, Sieben, Fluten, Sieben, Filtrieren, Trocknen; für die Schwanzstärke: Zentrifugieren, Auswaschen der Stärke, Ausfällen des Eiweißes, Zentrifugieren des Eiweißes, Trocknen.

Der Alkaliprozeß hat den Vorteil, daß er auch bei Weichweizen angewandt werden kann, sowie bei Roggen, Gerste, Hafer u. dgl. möglich ist. Der „Batterprozeß" ist besonders einfach, ist aber auf Weizen mit einem Eiweißgehalt unter 6—7% nicht anwendbar. Der eingangs dargestellte „Auswaschprozeß" ist viel langsamer als der „Batterprozeß", die Auswaschapparate lassen sich nicht beliebig vergrößern, so daß in Großanlagen viele Auswaschmaschinen erforderlich wären. Außerdem ist er nur für Hartweizen geeignet.

3. Ein weiterer, in USA. bei der Verarbeitung von Weichwinterweizen eingeführter Prozeß ähnelt dem bei der Herstellung von Maisstärke üblichen Verfahren. Das Einweichen in Wasser mit 5% SO_2 erfolgt bei 38°. Die erzielte Stärke hat angeblich eine besonders gute Farbe und enthält weniger Eiweiß als die übliche Weizenstärke und ist deshalb besonders gut zur Hydrolyse geeignet. Das Gluten verliert allerdings infolge der SO_2-Behandlung seine teigbildenden Eigenschaften, bleibt aber als Proteinquelle.

Literatur.

DIMLER, R. J., H. A. DAVIS, C. E. RIST, and G. E. HILBERT: Cereal Chem., **21**, 5 430 (1944).
HILBERT, G. E., R. J. DIMLER, C. E. RIST: American Miller, **72**, (4): 32, 78 (1944).

5. Maisstärke.

Die Stärke des Maiskorns ist mit dem Zellplasma fest verkittet, es muß deshalb schweflige Säure zur Trennung der stickstoffhaltigen Stoffe des Maiskornes von der Stärke angewandt werden. Der gereinigte Mais wird bei 46—52° 36—60 Stunden unter Zugabe von 0,25% SO_2 unter täglich zweimaligem Umrühren (eventuell Verwendung von Druckluft) im Gegenstrom so lange geweicht, bis das Korn leicht gebrochen werden kann, ohne das sich ablösende Schildchen des Keimes zu stark zu verletzen (Abb. 129). Heute wird vorwiegend das kombinierte Milch- und schweflige Säureverfahren angewandt. Der p_H-Wert soll am Ende der Weiche 3,5 bis 4,5 betragen. Durch das Weichen werden die Schalen gelöst, das Klebereiweiß erweicht und lösliche Mineralstoffe sowie lösliche Kohlehydrate, Aminosäuren und andere Eiweißstoffe gelöst. Durch die SO_2-Zugabe wird ein mikrobiologischer Verderb vermieden, gleichzeitig ergibt sich eine weißere Stärke.

Daraufhin wird das Korn mit 42—50% WG. in Scheibenmühlen mit gegenläufigen Mahlscheiben oder in Walzenmühlen mit kannelierten Porzellanwalzen unter Zugabe von Quellwasser vorgebrochen. In der Mühle wird der Keim nicht zerdrückt, lediglich die Schale gelöst und teilweise das Endosperm abgetrennt. Der grobe Brei wird in den Maisentkeimer gepumpt, eine halbkreisförmige Wanne mit Rührwelle und Rührarmen, in welcher das Mahlgut kontinuierlich zu- und abfließt. Die ölhaltigen spezifisch leichteren Keime schwimmen auf der Stärkemilch, die durch stärker eingedickte Stärkemilch auf 8 bis 10,5° Bé eingestellt wird (33—36°) und laufen über. Die Keime kommen auf Trommelwäscher, auf welchen anhaftende Stärke abgewaschen wird, in eine Entwässerungspresse, werden bei 80° bis auf 4% Wasser getrocknet, vermahlen und nach erneuter Wasserzugabe bei 95° bis 122° gepreßt. Ausbeute 3—3,5%.

Der grobe Brei aus Stärke und Schalen kommt in einen zweiten Keimseparator und wird dann nach dem Ablaufenlassen der Flüssigkeit in Mahlgängen (Naß-Flachmüllerei) fein zerkleinert. Die freigelegte Stärke wird möglichst vorher entfernt, damit die Unterläufer nicht verschmieren. Nach amerikanischer Auffassung soll die Anwendung von Hammermühlen günstiger sein [1]).

Der feine Brei wird nun in Trommelsieben mit Aluminium- oder Kunststoffbespannung wie Nylon (grobe, Faser- und Schalenteile) und anschließend auf Schüttelsieben mit Seidenbespannung gründlich ausgewaschen. (In USA. wird gelegentlich in großen Bottichen verdünnte Natronlauge zugesetzt, wodurch das SO_2 neutralisiert, ein Teil des Klebers gelöst und suspendierte Teilchen koaguliert werden.)

Nach einem nochmaligen Vermahlen des verbleibenden Rückstandes kann dieser nochmals ausgewaschen werden. Die Stärkemilch mit etwa 7° Bé kommt zur Trennung von Kleber auf 34 m lange, geneigte (3—5‰) ca. 0,6 m breite Holzrinnen, sog. Stärketische, auf welchen sich die schwere Stärke absetzt, während der leichtere (vgl. Kartoffelstärke) Kleber in die Kleberabsetzbehälter überfließt. (In USA. werden anstelle der Stärketische in zunehmendem Maße zwei hintereinandergeschaltete Düsenseperatoren (Merco) verwendet [1]), wobei aus der Stärkesuspension von 12° Bé in der ersten Stufe eine ziemlich reine Glutensuspension, in der zweiten Stufe eine reine Stärkesuspension abgeführt werden kann. Vorteile: Zeitaufwand anstelle von Stunden wenige Minuten, bessere Trennung von Stärke und Gluten, Platzbedarf $^1/_{10}$.) Die oberflächliche Kleberschicht wird mittels eines Wasserstrahls abgeschwemmt. Die mit frischem, enthärtetem Wasser abgeschwemmte Stärke mit einer Konzentration

---

[1]) Taylor, R.: Chemical Industries, Febr. 1948. S. 54. Vgl. auch Hightower, H. V.: Food Industries, August 1949 und Crotogino: Die Stärke 1, 152 (1949).

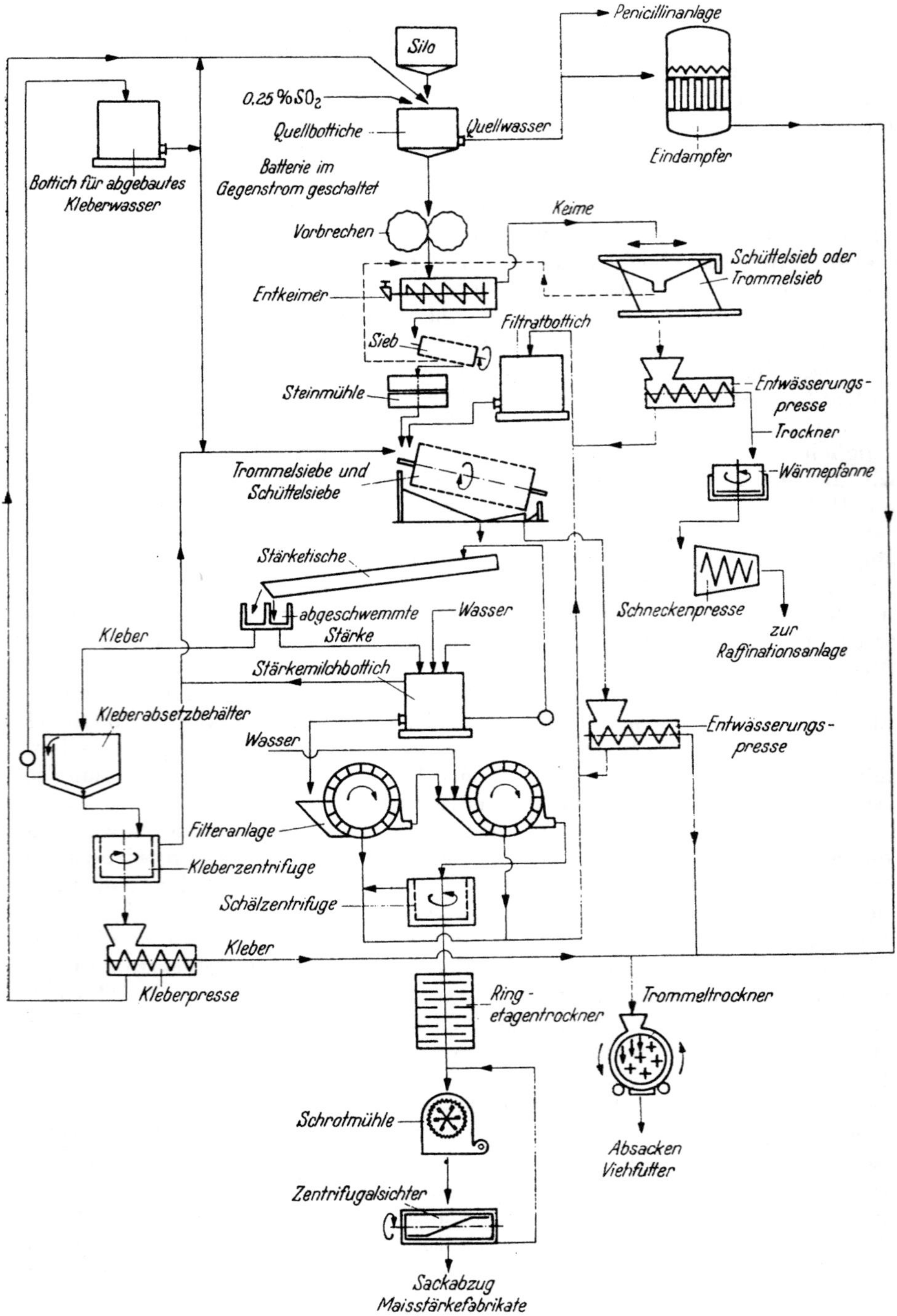

Abb. 129. Herstellung von Maisstärke.

von 15 bis 17⁰ Bé wird nach dem Passieren grober Seidensiebe zur Entfernung von Steinchen und Rost in einem Sammeltank, dem sog. Schwemmbottich, gesammelt und wird anschließend zweimal in Vakuumfiltern gewaschen, wobei als Düsenwasser enthärtetes Frischwasser zugegeben wird (42—45% WG.). Die gewaschene Stärke wird suspendiert und anschließend in einer automatischen Schälzentrifuge abgeschleudert. Dieses Produkt wird nun im Ringetagentrockner bei 50^0 Gutstemperatur (Beginn der Verkleisterung bei 55^0, Ende bei $62{,}5^0$) und einer Lufttemperatur von 75—80^0 $2^1/_4$ bis $3^1/_4$ h getrocknet, in Hammermühlen gepudert und nach dem Passieren eines Zentrifugalsichters abgesackt und findet für Speisezwecke in der Back-, Pudding-, Cremepulverindustrie sowie in der Zuckerwarenindustrie Verwendung.

Der *Kleber* von den Stärketischen, der in der Trockenmasse noch etwa 30—40% Stärke enthält, geht in den Kleberabsatzbehälter, in dem er etwa 8 h bleibt und dann mit etwa 48% Eiweiß in die Kleberzentrifugen, die er mit 72% Eiweiß verläßt. Die abgeschleuderte Stärkemilch wird vor den Schüttelsieben wieder zugeführt. Der Kleber wird in Kleberpressen (Schneckenpressen) häufig zusammen mit den feinen Fasern von den Schüttelsieben abgepreßt, in Trommel- oder Ringetagentrocknern getrocknet und abgesackt. Bei Verwendung von Merco-Zentrifugen wird die Eiweißlösung in Zentrifugen eingedickt und dann auf Drehfiltern mit Schnurabnahme unter Verwendung von Feinschalen als Filterhilfsmittel entwässert.

In USA. werden anstelle der Absitzbehälter neuerdings Dorreindicker verwendet. Das unlösliche Protein wird kontinuierlich entfernt.

Das *Filtrat vom Saugzellenfilter* wird dem Schwemmbottich, das abgesetzte Kleberwasser im Kreislauf dem Quellbottich immer wieder zugeführt.

Mais mit 15,4% Wasser ergibt 60—62% Stärke, 3,0% Öl, 6,0% Schalen, 3,0% Ölkuchen, 8,0% Kleber, 6,0% Trockensubstanz im Einweichwasser und verschiedene Abfälle. Die Ölkuchen können auch zu Würzen, Suppen und zu Nährmitteln verarbeitet werden.

Das Einweichwasser wird im Quellbottich in Großanlagen auf 4—6^0 Bé eingedickt, auf 18—25^0 Bé im Vakuumapparat gebracht und dem Trocknungsapparat für Futter zugeführt. Auch eine Verarbeitung zu Penicillin und Hefe kommt in Betracht. Maisquellwasser enthält eine Substanz, welche das Wachstum von Penicillium stark anregt. Schalen und Abfälle von den Sieben werden durch Schneckenpressen vorentwässert und dann mechanisch ebenfalls diesem Trockenapparat zugeführt; außerdem enthält dieses Futter den Kleber, die nicht zum Absitzen gelangte Stärke und feinste Faserteilchen. Verkauft wird z. B. das aus dem Keimlingspreßkuchen hergestellte Mehl, Glutenmehl, dem meist feine Rohfaser und etwas Konzentrat aus dem Einweichwasser beigemischt ist, Kleberfutter, welches außer der Kleie und Einweichwasserkonzentrat noch genügend Kleber enthält. Andere Futtermittel (für Pferde) bestehen aus Maizenafutter mit 15—20% Rübenmelasse. Das Gemisch wird getrocknet und 25% andere Zutaten zugemischt.

Die getrocknete Kleie enthält 20% Rohprotein und 3% Rohfett, das Glutenmehl 40—50% Rohprotein.

Kraftbedarf ca. 5 PS/t, Wasserverbrauch 0,75 cbm/dz Mais, Bedarf an schwefliger Säure 1 kg (66^0 Bé) je dz., davon $^2/_3$ zum Maischen, $^1/_3$ zum Bleichen der gefluteten Stärke.

Literatur.

Corn in Industry, Corn Industr. Res. Found., New York 1946.
KERR, R. W.: Chemistry and Industry of Starch.

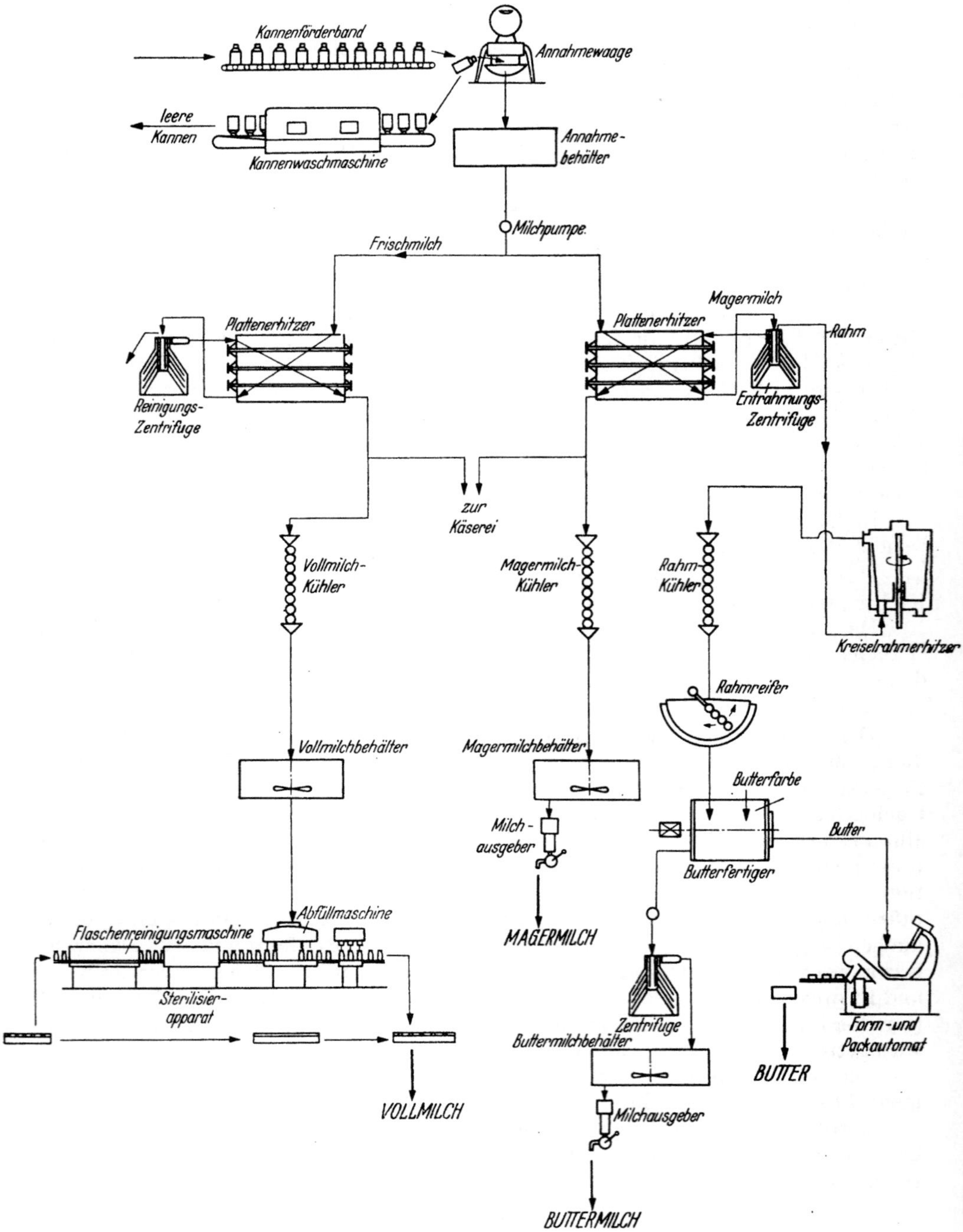

Abb. 130. **Herstellung von Magermilch und Butter.**

6. Milch, Butter (Abb. 130).

Haltbarmachung der Milch. Ablieferung der Milch zur Molkerei mittels Fuhrwerk, Auto oder Eisenbahn.

Güteprüfung der Vollmilch, da nach Güte bezahlt wird: Fettgehalt, Säuregrad, aber auch Schmutzgehalt.

Gewichtsmessung: Durch Neigungswaagen (Leuchtbild- oder Zeigerwaagen).

Lauf der Milchkannen:

Abladen an der Molkerei-Rampe,
Aufstellen auf Kannenrollbahn,
Auf dem Wege zur Waage Probeentnahme,
Auskippen der Kannen von Hand oder Kippvorrichtungen,
Kannen umgekehrt oder auf das Transportband der Längskannenwaschmaschine aufgestellt,
Abtropfen der Kannen,
Reinigen mit heißer Lauge oder neuerdings in USA. mit schwachen Säuren mit geringer Korrosionsneigung,
Heißwasser-Nachspülung,
Trocknung mit Heißluft,
Rücktransport zur Rampe mit Rollbahnen.

Trinkmilchbehandlung: Aus dem Waagebehälter zum Annahmebehälter.
Durch Milchpumpe und Rohrleitung zwecks Schmutzentfernung durch Reinigungsschleuder (Abb. 131)
Dann zum Erhitzer und
Kühlung.

Man unterscheidet:

Hochcrhitzung (Erhitzung auf 85°)
Kurzzeiterhitzung (Erhitzung auf 71–73° mit anschließender Heißhaltung für eine Zeitdauer bis 40 sec je nach Apparatetyp).
Dauererhitzung (Heißhaltung auf einer Temperatur von 63—65° während 30 min).

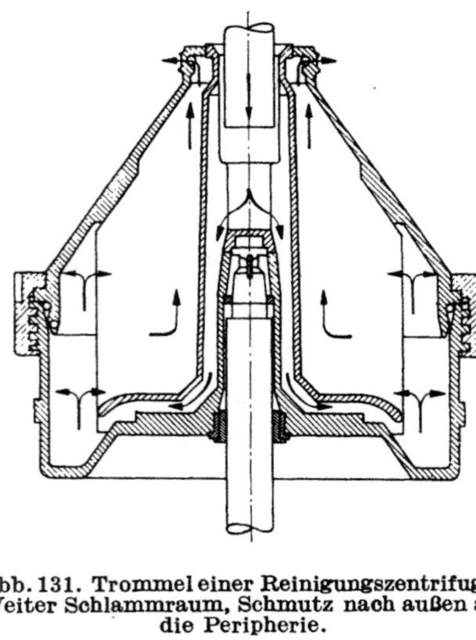

Abb. 131. Trommel einer Reinigungszentrifuge. Weiter Schlammraum, Schmutz nach außen an die Peripherie.

Bei der Dauererhitzung ist mit einer weitgehenden Schädigung von Vitamin B_1, B_2, C, K zu rechnen; auch betrieblich hat die Hocherhitzung Vorteile.

Als Hoch- und Kurzzeiterhitzer dienen die neuzeitlichen Plattenerhitzer, die Wärmeaustauscher (Wärmerückgewinn 50—70%) Erhitzer, Wasser- und Solekühler in einem einzigen Gerät vereinigen (Abb. 132 u. 133). Während die Hoch- und Kurzzeiterhitzer kontinuierlich arbeiten, hat der Dauererhitzer eine absatzweise Arbeitsform, die den Fluß der Milch im Betrieb stark hemmt. Durch das Pasteurisieren werden alle Schimmelpilze und Hefen, weiterhin pathogene Bakterien, mit Ausnahme der sporenbildenden Milzbrandbazillen und kochfester Sporen (Heu- und Kartoffelbazillen) abgetötet.

Den wärmetechnischen Vorteilen der geschlossenen Kühler steht die mangelnde Entlüftung der Milch (Stall- und Futtergeruch) als Nachteil gegenüber, sodaß der offene Berieselungskühler bevorzugt wird. Vor allem ist die rasche Abkühlung der Milch auf unter 10^0 wichtig, um das Wachstum thermophiler Bakterien zu hemmen.

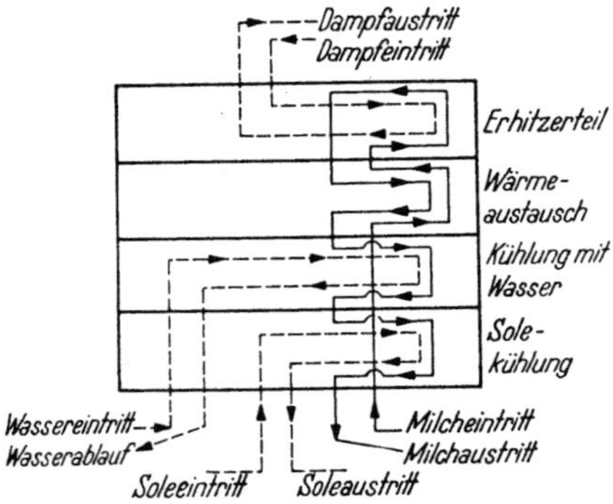

Abb. 132. Schema der Arbeit eines Plattenerhitzers.

Die erhitzte und gekühlte Vollmilch läuft zu Stapelbehältern. Aus diesen wird sie einer Flaschen-Füll- und Verschließanlage zugeleitet, zu der eine Flaschenreinigungsanlage gehört (Abb. 134). Das Waschen erfolgt in $3^0/_0$iger Sodalösung bei ca. 50^0, anschließend werden die Flaschen abgespritzt bzw. gebürstet und schließlich mit gechlortem Wasser sterilisiert. Bis zum Abtransport bleiben die gefüllten Flaschen in Flaschenkörben im Kühlraum.

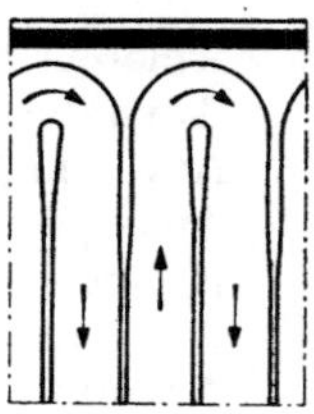
Abb. 133. Wirbelarme Stromlinienführung der Plattenkanäle.

Entrahmung der Vollmilch: Zur Entrahmung wird die Milch auf 45^0 vorgewärmt und der Entrahmungsschleuder zugeleitet. Höhere Entrahmungstemperaturen schaden dem Zinnüberzug der Stahlteller-Einsätze, niedrigere verschlechtern die Fettausbeute, da sich hierbei der Dichteunterschied zwischen Fett und Magermilch verringert. Der Fettverlust ergibt sich als Fettgehalt der Magermilch die noch 0,05% Fett enthält. Die Magermilch wird durch den Druck der Zentrifuge durch einen Plattenerhitzer gedrückt, wobei sie die Vollmilch vorwärmt, und gelangt über einen Flächenkühler zum Milchausgabeapparat zur Weiterverarbeitung. Sie wird teils den Milchlieferanten zu Futterzwecken zurückgegeben oder zu Käse oder Magermilchprodukten, wie z. B. eingedickter Magermilch oder Trockenpulver, weiterverarbeitet. Beim Entrahmungsvorgang wird die Vollmilch in der Trommel mit Hilfe von Tellereinsätzen in sehr dünne Schichten zerlegt, damit die Fettkügelchen in der zur Verfügung stehenden Zeit nur einen geringen Weg zurückzulegen haben und eine Wiedervermischung vermieden wird. (Vgl. Abb. 37). Der Dichteunterschied zwischen Fett und Magermilch wird unter dem Einfluß einer sehr hohen Zentrifugalbeschleunigung benutzt, um die Fettkügelchen auszuscheiden. Die Vollmilch wird durch ein Regelgefäß mit Schwimmer zugeführt, fließt

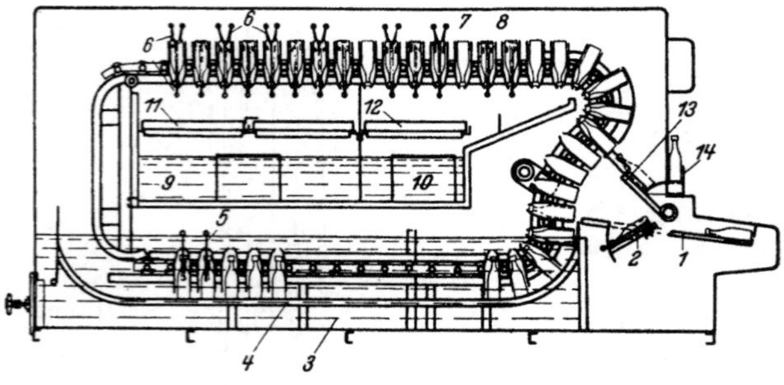

Abb. 134. „Phönix"-Längs-Weich- und Spritzmaschine.

1 = Aufgabe
2 = Entleerung und Vorspritzung
3 = Weichbottich
4 = Schleifrost
5 = Etikett-Abspülung
6 = Laugenspritzung
7 = Warmwasserspritzung
8 = Kaltwasserspritzung
9 = Bottich für Spritzlauge
10 = Bottich für Warmwasser
11 = Laugenfilter
12 = Warmwasserfilter
13 = Aufrichtschwinge der Abgabe
14 = Plattenkette zum Abführen der Flaschen

durch das Zuflußrohr nach unten; der Rahm steigt an der äußeren Wand des Verteilers in den Rahmschälraum, die Magermilch steigt zu der Wand des Trommelkörpers hoch, tritt in den Magermilchschälraum, wird von der Schälscheibe aufgefangen und ebenfalls schaumfrei und unter Druck abgeleitet. Zur Vermeidung des Einleitungsstoßes, der eine Zersplitterung der Fetteilchen zur Folge hat, wird die Flüssigkeit in unmittelbarer Nähe der Rotationsachse zugeführt. Grenz-Fettkügelchengröße etwa 1,8 μ Ø. Zentrifugenschlamm etwa 0,1% der Milchmenge. Verwertung zu Waschmitteln möglich.

Rahmvorbereitung zum Verbuttern im Butterfertiger. Der von der Zentrifuge ablaufende Rahm hat einen Fettgehalt von 25—30%. Er wird anschließend in einem Rahmkreiselerhitzer oder einem Plattenerhitzer auf 92—94° erhitzt, um auch die verarbeitungstechnisch schädlichen Keime zu vernichten, hierauf mittels Berieselungskühler auf Reifungstemperatur abgekühlt und in sogenannte Rahmreifer eingelassen. Dies sind doppelwandige Standgefäße mit einem soledurchflossenen Rührwerk. Während die Geschmackseigenschaften entscheidend von der richtigen Säurungstechnik abhängen, ist die Temperaturbehandlung des Rahms zusammen mit der Behandlung der Butter im Butterfertiger für die Konsistenzeigenschaften bestimmend. Nach Zugabe von 3—5% einer Reinkultur von Milchsäurebakterien, zu deren Herstellung bei 95—98° 3 min erhitzte, bis 25° S.H. ($p_H = 4{,}8$) gesäuerte Magermilch dient (Säurewecker), reift der Rahm bis zu einer sämigen Beschaffenheit. Nach Erreichung des gewünschten Säuregrads wird die Solekühlung angestellt und mit dem Herunterkühlen auf Temperaturen von 8° die Fortdauer des Säuerungsprozesses unterbrochen. Von der Güte der Reinkultur und der Rahmreifung hängt nicht nur die Qualität der Butter, sondern auch die Butterausbeute ab. Die zweckmäßigsten Daten hängen von der Fettbeschaffenheit ab, die nicht nur jahreszeitlich, sondern auch örtlich mit dem Futter und mit der Viehrasse starken Schwankungen unterliegt. Durchschnittlich wird man bei 16—18° etwa 7—10 Stunden rechnen und damit bei 20% Fettgehalt einen Säuregrad von 28 (Soxhlet-Henkel) erreichen. Bei zu kurzer Reifung wird der Geschmack zu wenig aromatisch, bei zu langer Reifung verschlechtert sich die Ausbeute und die Haltbarkeit. In wärmeren Ländern ist es häufig nicht möglich, die erforderlich tiefen Temperaturen einzustellen; hierbei hat das Joghurtbutter-Verfahren Vorteile, wobei für die Abkühlung des Rahms 22 Stunden zur Verfügung stehen [1]).

Butterungsvorgang. Der butterungsreife Rahm wird in den Butterfertiger geleitet, das ist ein liegender Holzzylinder mit einem Inhalt bis zu 10 000 Litern (Abb. 135a u. 135b). Dieser Zylinder darf nur zu 40—45% gefüllt werden, damit ein genügend großer Luftraum bleibt und nicht mehr Buttermasse erzeugt wird als die eingebauten Knetwalzen zu verarbeiten vermögen. Hier wird auch die Butterfarbe zugefügt. Die Butterungstemperatur beträgt bei Sauerrahm 8—12° im Sommer (Fett infolge des Weideganges weicher) und 12—15° im Winter, hängt aber auch vom Stadium der Laktationsperiode, vom Futter (harte Butter bei Rübenblattfütterung), sowie vom Fettgehalt des Rahms ab.

Bei der Rotation dieses Fasses wird der Rahm von der Wandung und den eingebauten Walzen bis zu einer gewissen Höhe mitgenommen. Dann fällt er auf den Spiegel zurück, wobei Luft in den Rahm hineingeschlagen wird. Diese Luft bildet in Gestalt von Bläschen neue Grenzflächen, an die sich Eiweiß und Lecithin anlagern. Es entsteht Schaum. Die weitere Bearbeitung führt neben Neubildung von Schaum

---

[1]) TODOROFF, A.: Die Milchwissenschaft, 2, 437 (1947).

gleichzeitig auch zum Platzen von Schaumbläschen. Die dabei eintretende Oberflächenverkleinerung (z. B. d^2 auf $\frac{d^2}{4}$) führt zu einer teilweisen Zerstörung von Fettkügelchen und damit zum Auftreten von freiem Fett, das schaumzerstörend wirkt. Nach etwa 35 min „bricht" der Schaum und in der Buttermilch schwimmen feinste,

Abb. 135 a. Schnitt durch einen Butterfertiger mit zwei Paar eingebauten Knetwalzen.

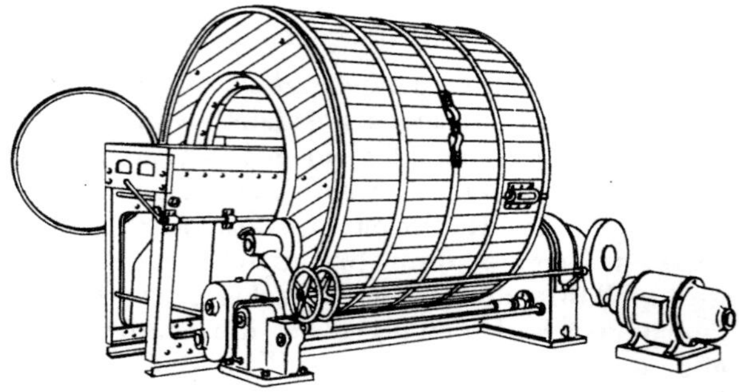

Abb. 135 b. Butterfertiger. Kurzer Typ mit einschiebbarem Knetwagen.

klebrige Butterkörnchen, die durch die Weiterbearbeitung zu hanfkorngroßen Butterkörnchen zusammengeführt werden. Überbutterte Butter ist salbig-schmierig und wenig haltbar. Für die Konsistenzeigenschaften der Butter ist die Menge und die Zusammensetzung des freien Fettes entscheidend.

Nun wird das Faß stillgesetzt und die Buttermilch in einen Buttermilchbehälter abgelassen (Fettgehalt 0,3—0,5%). Abschließend erfolgt ein mehrmaliges Waschen der Butter mit Wasser von 13—15°, um die intergranularen Buttermilchreste aus der Masse zu entfernen und die Kristallisation des freien Fettes einzuleiten. Hierdurch erhält die Buttermasse eine gewisse Formfestigkeit, die für das jetzt erfolgende Kneten der Butter erforderlich ist. Die Waschwassermenge entspricht etwa der abgelassenen Buttermilchmenge.

Das Faß wird wieder in Drehung versetzt und gleichzeitig auch die Rotation der eingebauten Knetwalzen eingeschaltet. Das Kneten hat den Zweck einer gleichmäßig feinen Verteilung des Wassers in der Butter und die Einstellung des Wassergehalts, der 20% nicht übersteigen darf (in andern Ländern 15%). Man kann zwischen Vorkneten, Hauptkneten und Schlußkneten unterscheiden. Die fertige Butter wird mittels Ausform- und Abpackmaschinen in $^1/_4$-, $^1/_2$- oder 1-Pfundstücke „ausgepfundet" oder in Kisten (25 kg) oder Fässer (50 kg) in Echtpergament „eingeschlagen". In Formmaschinen wird die Butter nach Art einer Strangpresse mit Hilfe einer Schnecke oder eines Kolbens durch eine Öffnung von den Abmessungen des Butterstücks gepreßt, der Strang wird durch einen mit Drähten bespannten Rahmen in Einzelstücke zerlegt.

Die Buttermilch wird nach nochmaligem Zentrifugieren teils zu Trinkmilchzwecken, teils zu anderweitiger Verarbeitung verwertet (Eiweiß- und Milchzuckergewinnung, Trockenbuttermilch, Buttermilchquark).

Anstelle des Rollbutterfertigers können auch kubische Butterfässer ohne Schlagleisten und ohne Knetwalzen verwendet werden, in welche gegebenenfalls Stangen zum Zerschneiden des Butterklumpens eingebaut sind. Auf diese Weise kann auch sogenannte flüssige Butter hergestellt werden, bei welcher nach dem Ablassen der Buttermilch ohne Waschen das Butterfaß mit warmem Wasser berieselt wird. Die abgekühlte Butter wird nachgehärtet.

Butterausbeute mit 16% Wassergehalt in kg ca. das 1,2 fache des Fettgehalts der Vollmilch (in %) abzüglich des Fettgehalts, der beim Entrahmen in der Milch verbleibt (0,1%) und in der Annahme, daß in der Buttermilch 0,5% Fett zurückbleiben.

Alle mit dem Rahm und der Butter in Berührung kommenden Apparate müssen gut verzinnt sein; besser ist die Verwendung von nichtrostendem Stahl oder Aluminium.

Kraftbedarf je 1 cbm Milch	10—30 kWh
Dampfbedarf je 1 cbm Milch	300—1000 kg
Gesamtwasserbedarf je 1 cbm Milch	4—9 cbm

Andere Butterungsverfahren. Während auf diese Weise Sauerrahmbutter hergestellt wird, gibt es neuerdings auch andere, und zwar kontinuierliche Verfahren zur Herstellung von Süßrahmbutter. Süßrahmbutter war von jeher die teuerste und auch feinste Butter. Das Sauerrahmverfahren erwuchs aus der großen Geschmacksempfindlichkeit der Süßrahmbutter und der unbefriedigenden Fettausbeute bei der Verbutterung süßen Rahms. Nachdem es heute gelungen ist, dieser Schwierigkeiten Herr zu werden, besteht kein zwingender Grund mehr, die Butter künstlich zu aromatisieren, um Geschmacksfehler der Milch zu übertönen. Für den Betrieb bedeutet die Möglichkeit einer kontinuierlichen Verbutterung eine außerordentliche Erleichterung neben Platz-, Kosten- und Personalersparnis.

Dr. Fritz erfand 1939 die erste kontinuierlich arbeitende Butterungsmaschine, die heute schon in vielen Betrieben arbeitet. Ein hochkonzentrierter Rahm von 48—50% Fett wird bei 90° pasteurisiert und auf 6—7° gekühlt. Man muß ihn mindestens 2—3 Stunden reifen lassen. Dieser Rahm wird einem liegenden Butterungszylinder (25 cm ∅, 50 cm Länge) zugeleitet, in dem ein Triebwerk mit 3000 U/min rotiert (Abb. 136). Der eintretende Rahm wird gezwungen, sich mit etwa 20 m/sec Umfangsgeschwindigkeit auf spiraliger Bahn über die Innenfläche des Zylinders zum offenen Austrittsende zu bewegen. Dabei erfährt er durch Schlag, Stoß, Reibung und Wirbelung fast augenblicklich die Umwandlung in Butterkorn und Buttermilch. Das Gemisch fällt in eine unter dem Ausfallschacht angeordnete Mulde, in der zwei gegeneinanderlaufende und ineinandergreifende Schnecken rotieren. Diese transportieren das Korn zum Mischkopf und pressen es. An den Preßraum schließen sich vier Mischräume an, die vom Preßraum und voneinander durch Lochwände mit vielen Öffnungen getrennt sind. Vor der ersten und nach der dritten Mischkammer sind regulierbare Lochscheiben angebracht. Dadurch wird die Buttermilch je nach dem gewünschten Wassergehalt ausgepreßt. Der Wassergehalt der Butter wird auch durch Änderung der Rahmtemperatur und der Durchlaufmenge reguliert. Die aus dem Mundstück strangartig austretende Butter wird unmittelbar einer Form- und Abpackmaschine zugeleitet, die sie in Gestalt fertigeingepackter ½-Pfund-Stücke verläßt. Die süße Buttermilch kann als Trinkmilch verwendet werden. Neben dem Wohlgeschmack hat sich eine überraschend große Haltbarkeit dieser Butter ergeben, die eine 12 monatige Lagerung im Kühlhaus ohne Gütebeeinträchtigung verträgt, da sie im Gegensatz zu Sauerrahmbutter nicht dazu neigt, fischig zu werden.

Kraftbedarf je 1000 kg Butter oder 15 m³ Vollmilch: 8 kWh. Kältebedarf 5000 kcal.

Bei der *Alfa-Butterung* wird durch zweimalige Entrahmung ein Rahm von mindestens 80% Fettgehalt erzeugt. Der aus der ersten Zentrifuge gewonnene Rahm mit ca. 30% Fett wird bei 90° pasteurisiert, auf 70—45° gekühlt und in der zweiten hermetischen Zentrifuge auf 80% Fettgehalt gebracht. Dann wird er in geschlossener Leitung durch einen Röhrenkühler geschickt, der drei Zellen aufweist, die im Kern eine Trommel mit aufgeschweißten Abschabeleisten haben. Durch rasche Temperatursenkung wird in der zweiten Zelle eine Temperatur von 12—8° erreicht, was die schwerstschmelzbaren Fettkomponenten in den Fettkügelchen zum Erstarren bringt.

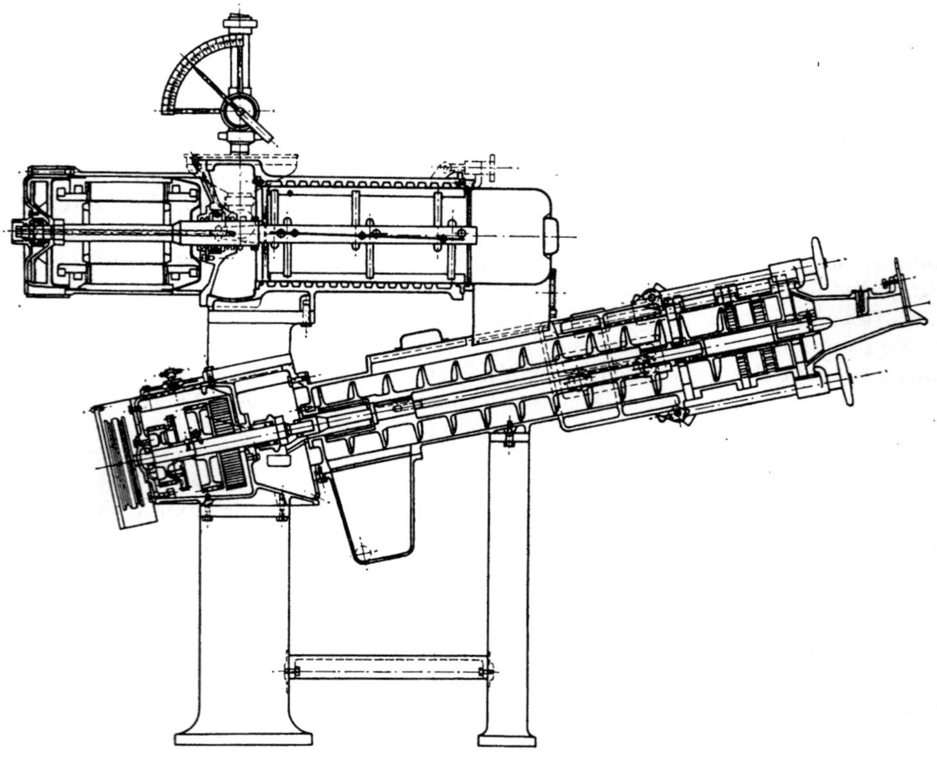

Abb. 136. Schnitt durch eine Fritzbuttermaschine mit Knetvorrichtung.

Es bilden sich von der Peripherie der Fettkügelchen ausgehend konzentrische kristalline Fettschichten, diese schrumpfen mit zunehmendem Wärmeentzug auf die unkompressible Kernflüssigkeit, die aus den leichterschmelzenden Fettarten (Butteröl) besteht, auf, bis die kristalline Schale reißt und ein Teil der Kernflüssigkeit nach außen tritt. Durch die Bewegung der sich aneinanderreibenden Fettkügelchen wird das Butteröl verteilt und hüllt Fettkügelchen und Buttermilchtröpfchen ein: die Phasenumkehr ist eingetreten, aus dem Rahm = Emulsion Fett-in-Wasser ist Butter = Emulsion Wasser-in-Fett geworden. Die Einstellung des Wassergehaltes erfolgt durch Regelung des Gegendruckes an der zweiten Zentrifuge mit einer Regulierschraube am Butterauslauf. Vorteilhaft an dem Verfahren ist seine Einfachheit, die feinkristalline Struktur des Fettes und der geringe Luftgehalt; nachteilig, daß Alfabutter leicht ausölt, also besonders temperaturempfindlich ist. Dies hängt damit zusammen, daß das freie Fett hierbei aus den leichtschmelzbarsten Fettkomponenten besteht. Im Gegensatz dazu ist Fritzbutter wenig temperaturempfindlich, aber empfindlicher gegen die Butterfehler schmierig oder bröcklig. Auch ist die Empfindlichkeit gegen mechanische Bearbeitung bei tiefer Temperatur nach der Kaltlagerung erheblich höher als bei Alfabutter.

Weitere Verfahren der Butterfertigung bestehen darin, den Schaum und die Butterbildung durch Einblasen von Gasen z. B. Kohlensäure (Verfahren J. Senn-Bern) zu erzeugen. Die Butterung wird durch einen intensiven Rührvorgang in einem rostfreien Stahlzylinder bei einer Propellerdrehzahl von 3000 Upm unterstützt. Je 100 kg Rahm ca. 1,3 kWh und 0,5 kg CO_2. Butterungszeit 1—1½ min. Das C.P.-Butterungsverfahren ist der Margarineherstellung nachgebildet. Nachdem durch eine zweite Zentrifuge der Fettgehalt des Rahms auf 75—80% Fett gesteigert wurde, passiert er bei 50° einen Emulsionsbrecher (Bauart einer Homogenisiermaschine), worauf Fett und Plasma voneinander getrennt werden. Das Butterschmalz mit 98% Fettgehalt fließt in eine Dreikolbendosierpumpe, bei der zwei Kolben die Fettmischung und ein Kolben Wasser, Salzlösung, Milch u. dgl. fördern. Die Emulsion vom Typus Wasser-in-Fett mit 60—66° wird in einer kontinuierlichen Eiscremegefriermaschine gekühlt und geknetet und verläßt diese mit 7—13°, worauf sie verpackt wird.

Literatur.

STROHECKER, R.: „Milch", Handbuch der Lebensmittelchemie III, Berlin: Springer 1936.
MOHR, W. u. A. EICHSTÄDT: „Butter" in Handbuch der Lebensmittelchemie III und IX, Berlin: Springer 1936, 1942.
ZAHN, O.: Handbuch der Milchwirtschaft, Band II, 2, Wien: Springer 1931.
PETERSEN, N.: Molkereizeitung 2, 195 (1948). SELL, W.: Milchwissenschaft 2, 310 (1947).
FRITZ, W.: Butterungsprozesse, neuere Erkenntnisse und Anschauungen, Die Milchwissenschaft 1, 2 (1946).

Anhang.

Sojamilch. Die Gewinnung erfolgt in der Weise, daß man das fein zerriebene Material mit der drei- bis zehnfachen Menge enthärteten Wassers etwa 1 Stunde quellen läßt, kocht, schnell auf 50° kühlt, filtriert und evtl. Geschmacksstoffe bzw. Emulgiermittel zugibt. Aus der Milch kann Trockenmilch, mittels Lab bzw. Calciumsalzen auch Quarg hergestellt werden, der in Ostasien den Ausgangsstoff für viele nahrhafte Produkte bildet.

7. Reinigung und Raffination der Speiseöle (Hartwachse).

Filtration. Die unlöslichen Verunreinigungen der pflanzlichen Öle bestehen aus Saatteilchen, welche fettspaltende Enzyme (Lipasen), Staub u. dgl. enthalten. Da bei Rohölen der Gehalt an Rückständen gering ist, können ohne weiteres Kammerfilterpressen verwendet werden. Gelegentlich werden auch kontinuierlich arbeitende Vakuumtrommelfilter sowie Anschwemmfilter verwendet, bei welchen auf eine Filtrationsschicht (dünne Schicht aus einem Filtrationshilfsmittel wie Asbest o. dgl.) filtriert wird. Gelegentlich wird eine bestimmte Menge eines Filterhilfsmittels (z. B. Kieselgur) dem Schlamm vor dem Filtrieren beigemengt, wodurch das Zusammendrücken des Schlammes verhindert wird (Abb 137).

Neutralisation, Waschen. Die löslichen Beimengungen der pflanzlichen Öle bestehen aus freien Fettsäuren, Phosphatiden, Farbstoffen, Schleimstoffen, Harzen u. dgl. Die den Ölen einen bitteren Geschmack verleihenden Schleimstoffe werden meist gemeinsam mit den Fettsäuren durch Laugenraffination entfernt, wobei die freien Fettsäuren in Seifen umgewandelt werden und die gebildete Seife die Fremdstoffe, sowie einen größeren Teil der Ölfarbstoffe mitreißt. Allerdings werden hierbei auch gewisse Anteile (0,2 bis 1%) des Neutralöles emulgiert. Die entstehende Emulsion wird durch Hitzeanwendung gebrochen, worauf eine Trennung der Komponenten durch Zentrifugieren oder Absetzen erfolgt. Tierische Fette, Erdnuß- und Baumwollöl erfordern einen geringeren Überschuß an Lauge über die Menge, die zur Neutralisation erforderlich ist. Entweder erfolgt die Neutralisation mit konzentrierten Laugen von etwa 15 bis 30° Bé oder — für nicht zu saure Öle — mit verdünnten

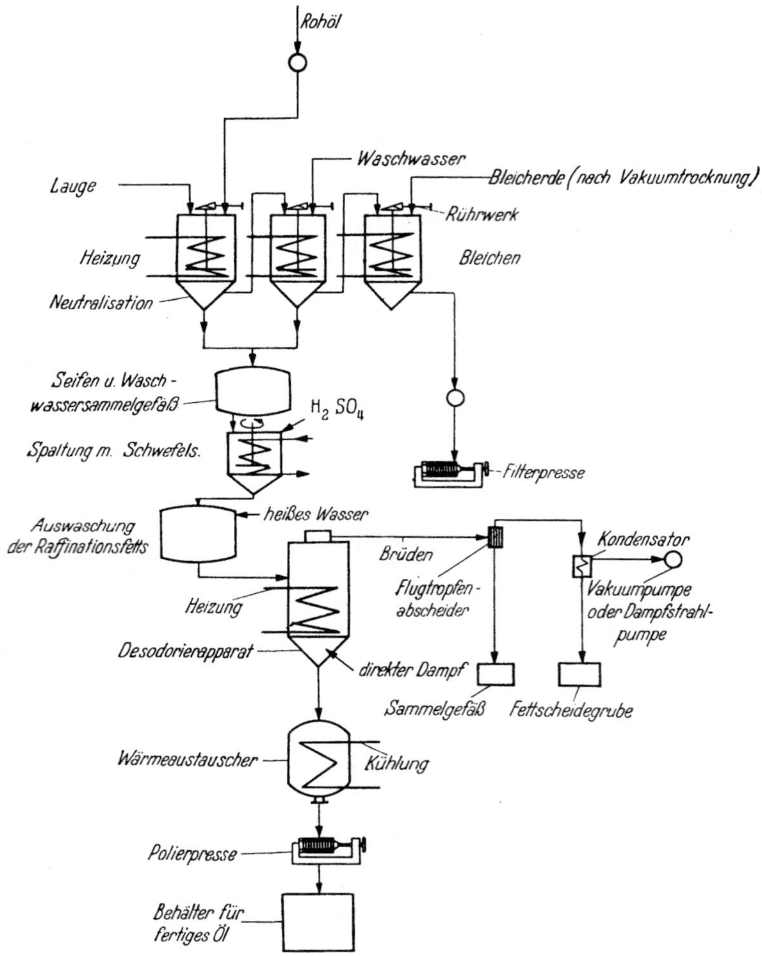

Abb. 137. Schema einer Raffinationsanlage für Speiseöle.

Laugen von etwa 5° Bé. Im ersten Fall beträgt die Temperatur 60 bis 66°, im zweiten Fall wird auf Öl von 95°, Natronlauge von 98 bis 100° gespritzt. Dauer der Einwirkung 10—45 min. Apparativ ist hierzu außer einem eisernen Auflösegefäß mit Wasser- und Dampfzuleitung und einem Laugendosiergefäß ein Behälter mit konischem Boden erforderlich. Das Gefäß besitzt bis zur Höhe des Ölstandes einen Heizmantel oder evtl. eine Heizschlange; der Apparat ist mit einem Gitterrührwerk mit zwei Geschwindigkeitsstufen und mit Brausen, welche an einer Ringleitung angebracht sind und die auf Sprühteller aufspritzen, ausgerüstet.

Die beim *erstgenannten Verfahren* gebildete Seife scheidet sich als kompakte dunkle Masse (sog. Soapstock) ab. Da bei 80 bis 90° die Dichtedifferenz und die Abnahme der Viskosität besonders groß ist, gelingt durch Absitzenlassen bei dieser Temperatur die Entölung des Seifenstockes am weitgehendsten. Immerhin muß man damit rechnen, daß 1 Teil Fettsäure 0,4 bis 1,5 Teile neutrales Fett mitreißt. Zweckmäßiger verwendet man zur Trennung Super-Zentrifugen mit hoher Drehzahl n und verringertem Radius r (Zentrifugalkraft ist prop. n^2/r, während die Beanspruchung der Trommelwandung prop. n ist). Der Seifenstock ist kein Handelsprodukt und wird, falls er nicht unmittelbar zur Seifenherstellung verwertet wird, in ausgesteinten oder in verbleiten Gefäßen mit verdünnter oder konzentrierter Schwefelsäure unter Umrühren und Erhitzen durch verbleite Heizschlangen zu einem Gemisch von Fettsäure und Neutralfett zerlegt und die Raffinationsfettsäuren mit heißem Wasser ausgewaschen.

Beim *Neutralisieren mit verdünnten Laugen* wird das Öl nach erfolgter Neutralisation zur Entfernung der suspendierten Seifenlösung mit heißem Wasser oder mit schwacher Salzlösung mehrmals abgebraust, anschließend werden die herausgelösten Seifenanteile gesammelt und mit Schwefelsäure gespalten. Durch Vorentschleimung (Aufkochen mit Wasser, Vorbehandlung mit Salz oder Salzlösung) erreicht man eine Ersparnis an Öl und Natronlauge und vermeidet Emulsionsbildung. Das noch im Öl zurückbleibende Wasser wird unter Rühren im Vakuum bei etwa 90 bis 100° in 1 bis 2 h verdampft. Üblicherweise wird für die Entsäuerung ein verschlossener Apparat eingesetzt, womit für das Neutralisieren, für das Waschen und das Trocknen ein einziger Apparat verwendet werden kann, anderenfalls verwendet man für das Trocknen einen getrennten Vakuumapparat. Das absatzweise Raffinieren von Ölen mittels Natronlauge hat den Nachteil einer langen Reaktionszeit und damit einer gewissen Verseifung des Neutralöles, der mangelhaften Trennung von Öl und Seifenstock durch Absetzen und einer mangelhaften Elastizität in der Prozeßführung. Die Refining Unicorporated NYC ist dazu übergegangen [1]), das Verfahren in der Weise kontinuierlich durchzuführen, daß Öl und Lauge kontinuierlich gemischt und nach einer Reaktionszeit von 3 min der Seifenstock in hochtourigen Zentrifugen nach einer Erwärmung im Schnellstromerhitzer bei etwa 70° abgetrennt wird. Nach Zumischung von heißem Wasser wird nach einer Zeit von 10 min zum Auflösen kleiner Seifeteilchen erneut zentrifugiert und schließlich das Öl in einem Sprühturm unter 30 mm Hg Vakuum auf 0,5% Wassergehalt kontinuierlich getrocknet. Als Folge der kurzen Reaktionszeit und der vollkommenen Abtrennung des Seifenstocks werden die Raffinationsverluste um 20—30% gesenkt. Derartige Anlagen haben in USA. weitgehend die absatzweisen Betriebsformen ersetzt. Neuerdings ist dieser Prozeß dadurch verbessert worden, daß man die Vorteile der Sodabehandlung mit denjenigen der Laugenbehandlung in geschickter Weise kombiniert hat. Die Sodabehandlung hat den Vorteil, daß das Fett nicht emulgiert wird, wodurch keine Verluste an Neutralöl auftreten, andererseits aber der Nachteil einer unvollständigen Neutralisation, so daß CO_2 entsteht, wodurch sich ein poröser Seifenstock bildet, der sich schlecht absetzt und, daß keine genügende Entfärbung erfolgt. Die Raffinationsverluste werden durch das kontinuierliche Verfahren gegenüber dem absatzweisen Betrieb um 40—50% gesenkt; es entsteht ein Öl mit weniger als 0,05% freien Fettsäuren.

---

[1]) JAMES, E. M.: Oil and Soap, **11**, 137 (1934).
TYLER, L. D.: Food Industries, **20**, 1456 (1948).
TYLER, L. D.: Food Industries, **20** 1618 (1948).

Eine Entsäuerung der Öle unabhängig vom Säuregrad kann auch durch *Wasserdampfdestillation* vorgenommen werden, da freie Fettsäuren im Gegensatz zum Neutralöl mit Wasserdampf flüchtig sind. Sie erfolgt kontinuierlich bei 250 bis 270° und 20 bis 25 mm Hg in wenigen Minuten oder aber absatzweise bei 200 bis 210° und 5 mm Hg. Das kontinuierliche Verfahren wird entweder in der Weise durchgeführt, daß in das auf 250° erwärmte Destilliergefäß überhitzter Wasserdampf und gleichzeitig durch Düsen Wassertröpfchen in das Öl eingeleitet werden oder aber dadurch, daß die freien Fettsäuren mit den Glyceriden des Cocosfettes umgeestert werden, wodurch die niedriger destillierenden Fettsäuren des Cocosöls in Freiheit gesetzt werden. Für die Wasserdampfdestillation, die für stark saure Öle angewandt wird, müssen die Öle entschleimt werden (Behandlung mit Salz oder Wasser). Meist wird den durch Wasserdampfdestillation vorentsäuerten Ölen eine Behandlung mit Laugen nachgeschaltet. Palmöl mit 5% Fettsäuregehalt kann auf diese Weise mit einem Raffinationsverlust von etwa 6% raffiniert werden, während der Verlust bei einer Laugenbehandlung 15 bis 20% betragen kann. Dagegen kann das Verfahren bei rohem Baumwollöl nicht angewandt werden, da infolge der hohen Temperaturen dunkle Farbstoffe entstehen.

Bleichen. Zum Entfärben der Öle werden Bleicherden (Fullererde, aktivierte Bleicherde) verwendet. Die Bleichung erfolgt entweder im gleichen Apparat wie das Neutralisieren und Waschen oder in einem hohen zylindrischen Behälter, der oben geschlossen sein muß, mit konischem oder gewölbtem Boden mit Rührwerk und Dampfmantel. Meist wird das Bleichmittel (etwa 2 bis 3% des Öles) eingerührt. Das Öl wird bei 75 bis 100° (amerikanische Abgaben 105 bis 116°) mit dem Entfärbungsmittel 20 bis 40 min — zur Verhinderung der Oxydation des Öles unter Luftleere — verrührt, bei 50 bis 60° behandelt und dann unverzüglich durch dampfbeheizte Filterpressen (festwerdende Öle) gedrückt. Die Filterpressen werden mittels Dampf oder Druckluft ausgeblasen; der Rest des in der Bleicherde verbleibenden Öles (25 bis 60% des Bleicherdegewichtes) wird durch Extraktion mit Benzin in rotierenden Apparaten entfernt. Keinesfalls dürfen Bleichrückstände offen liegen bleiben, da das auf der Bleicherde fein verteilte Öl zu Selbstentzündung neigt. Die entölten Rückstände werden entfernt. Auch das Bleichen der Öle wird in USA neuerdings kontinuierlich durchgeführt. Hierbei wird das Gemisch von Öl und Adsorptionsmittel bei 54° im Vakuum versprüht, um Wasser und Sauerstoff zu entfernen. Nach dem Aufheizen auf 105—115° erfolgt ein zweitesmal Versprühen im Vakuum. Das Gemisch passiert nun zwei hintereinandergeschaltete Filterpressen und wird auf 54° abgekühlt. Als Vorteile des Verfahrens werden angegeben: Größere Bleichwirkung, höhere Stabilität des Öles gegen Oxydation, Verringerung des Seifengehalts im Öl und dadurch geringere Katalysatorvergiftung beim Härten, Einsparung an Adsorbentien, bessere Geschmackserhaltung des desodorierten und gehärteten Öles, geringerer Zeitaufwand [1]).

Desodorierung. Die in den neutralisierten und gebleichten Ölen noch enthaltenen Geruchsstoffe werden durch Durchleiten von überhitztem Wasserdampf bei hohem Vakuum (15 bis 20 mm Hg, möglichst 6 mm Hg) entfernt. Als Heizquelle dient auch heißes Mineralöl oder eine Diphenyl-Diphenyloxydmischung mit einem Siedepunkt von 260°. Das Vakuum entspricht dem Wasserdampfpartialdruck des Kondensatorkühlwassers, kann aber durch Einschaltung eines Dampfstrahlejektors zwischen Desodorierapparat und Kondensator erhöht werden. Hierdurch wird ein stufenwei-

[1]) KING R. R., F. W. WHARTON: Journ. Am Soc. Oil Chem. Society, **27**, 389 (1949); US Pat. 2 428 082 1947.

ses Desodorieren mit Dampfersparnis möglich. Der Desodorierapparat besteht aus einem hohen, zylindrischen, völlig luftdichten Behälter, der mittels eines Dampfmantels oder einer Dampfschlange beheizt wird und einen Dom — mit Prallblech — zum Ableiten der Brüden hat. Bei den verwendeten hohen Temperaturen verflüchtigen sich die Aromastoffe (Aldehyde, Ketone, flüchtige Öle); durch das angewandte Vakuum wird eine Oxydation und eine Hydrolyse des Öles vermieden. Am Boden befindet sich eine Verteilungsvorrichtung für den eingeleiteten überhitzten Dampf von etwa 2 atü (ca. ½ kg je kg Öl) und — je nach der Art des Öles — mit 220 bis 245°, der auf das Öl von einer Temperatur von 160° trifft und expandiert. Der Vorgang dauert bei Baumwollöl bei 220° ca. 2½ h, bei 245° 1¼ h, bei anderen Ölen sind die Zeiten zum Teil erheblich länger. Auch zweistufiges Desodorieren ist üblich: 1. Stufe 20—30 mm Hg, 2. Stufe 10 mm Hg; Temperatur 149—160°, Zeit 6—8 h. Anschließend wird das Öl mittels eines Wärmeaustauschers abgekühlt. Dann wird es in einer Kammerpresse blankfiltriert. Bevor das Öl nicht 50 bis 60° erreicht hat, darf es mit der Luft nicht in Berührung kommen. Durch Wasserdampfdestillation neutralisierte Öle benötigen weniger Zeit zur Geruchlosmachung [1]).

Gesamter Dampfverbrauch ca. 0,7 bis 1,2 Tonnen je Tonne Öl, dabei 60 bis 70% für die Desodorierung. Ungefährer Verlust 0,5%.

Die Ausbeute an Raffinat ist abhängig vom Säuregehalt, z. B. für Olivenöl mit einer Azidität von 2,5% ergeben sich 93% Ausbeute, bei 20% nur noch 58% Ausbeute bei Neutralisation mit Lauge.

Die Verluste durch Nichtfette, emulgiertes Öl, Desodorieren und Bleichen liegen zusammen in der Größenordnung von 1 bis 1,6% je nach der Ölart und der Sorgfalt der Verarbeitung (Einstellen der erforderlichen Laugemenge, Bleicherdemenge, Vakuum beim Desodorieren u. dgl.). Wird bei Speiseölen stärker auf die Erhaltung der Wirkstoffe als auf die Farbe Wert gelegt, dann kann eine alleinige Desodorierung (Dämpfung) frisch gepreßter Öle als ausreichend angesehen werden.

Salatöle [2]), insbesondere Baumwollsaatöl, werden durch Auskristallisieren der festen Anteile bei niedrigen Temperaturen „entstearinierte", und zwar in Wannen, die in Räumen von 4 bis 7° aufgestellt sind. Die Kühlung muß langsam einsetzen, damit sich große Kristalle bilden, welche eine Filtration in Filterpressen mit ausreichender Geschwindigkeit zulassen. Bei 13° pflegen sich die ersten Kristalle zu bilden.

Die Temperatursenkung auf 7° soll 12 bis 18 h erfordern. Wenn die Kristallisationswärme abgeführt ist, soll der Kristallbrei noch 12 bis 14 h bei 6° stehen. Die Kristallisation bei noch tieferen Temperaturen kann durch Zugabe von 0,05% Lecithin verzögert werden.

Literatur.

Schönfeld, H.: Verarbeitung und Anwendung der Fette, Bd. II, Berlin: Springer 1937.
Bailey, A. E.: Industr. Engg. Chem., **33**, 404 (1941).
Hilditch, T. P.: Industrial Fats and Waxes, 2nd ed Baillière, London: Tindall & Cox 1941.
Ost-Rassow: Chemische Technologie, Leipzig: Jaenicke.
Schönfeld: Neuere Verfahren zur Raffination von Ölen und Fetten, Berlin: Allgemeiner Industrieverlag 1931.

---

[1]) Kontinuierliche Desodorierung vgl. Morris, C. E.: Journ. Oil Chem. **26**, 609 (1949).
[2]) Tyler, L. D.: Food Industr., **20**, 116, 1456 (1948).

8. Ölextraktion.

Durch Kaltpressung der Saaten gelingt es zwar, ein sehr reines Öl zu gewinnen, doch ist die Ausbeute gering; den Ölgehalt der Preßrückstände unter 20% zu senken, ist kaum möglich. Beim Warmpressen erreicht man zwar ohne weiteres Ölgehalte in den Ölkuchen von 5—6%, doch gehen dabei Schleimstoffe, Farbstoffe und Fettsäuren in die Öle über. Durch Extraktion sinkt der Ölgehalt des Schrotes auf 0,5% (Erdnuß, Soja) bis 1,2% (Palmkern). Bei der Extraktion werden störende Verunreinigungen aller Art mit ausgezogen. Bei ölreichen Saaten wird die Pressung der Extraktion häufig vorgeschaltet, da sonst der Verbrauch an Lösungsmitteln bzw. die Zahl der Extraktionsbatterien zu hoch wird. Die scharfe wirtschaftliche Grenze, wie weit man zweckmäßigerweise vorpreßt, hängt einerseits vom Energieverbrauch und den Arbeitslöhnen, evtl. vom Verschleiß an Preßtüchern und andererseits vom Benzinpreis ab, denn der Benzinverlust, bezogen auf das Saatgutgewicht, beträgt etwa 0,6% durch Öl, Schrot und Luft. Extraktionsanlagen sind erst von einer täglichen Kapazität von 50 Tonnen ab wirtschaftlich. Erdnüsse zerfallen leicht in feines Mehl, so daß sie auf die übliche Weise schwer zu extrahieren sind. Meist preßt man auf etwa 20% vor, so daß sich Pressen und Extrahieren gut ergänzt. Soja wird ohne Vorpressen extrahiert. Zur Extraktion verwendet man vorzugsweise Krackbenzin, welches wenig aromatische und ungesättigte Verbindungen enthält; es hat ein geringes Lösungsvermögen für Zellulose, Stärke und für eiweißhaltige Stoffe, Siedepunkt 65—85° (Abb. 138), für Soja auch Alkohol[1]).

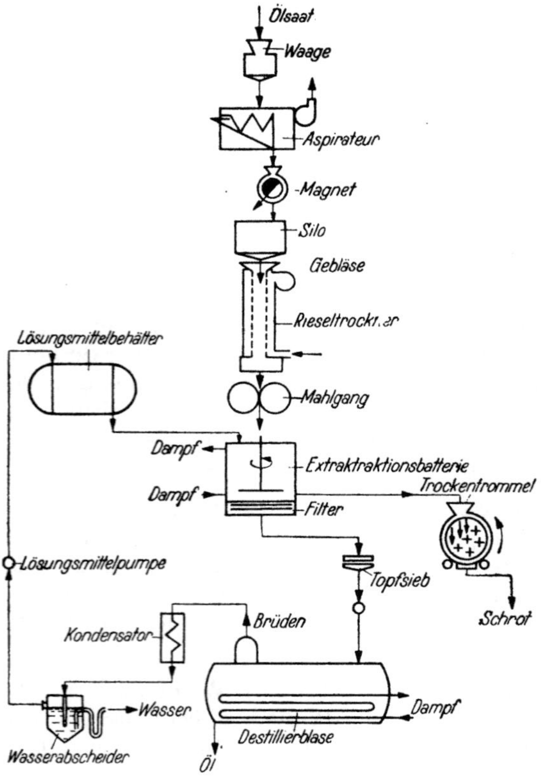

Abb. 138. Ölextraktion.

Wichtig ist eine sorgfältige Vorreinigung der Saat (vgl. Pressen). Da der Wassergehalt der Saat den Zutritt des Lösungsmittels zu den Kapillaren (Benetzung) erschwert, wird diese gelegentlich zuerst über Rieseltrockner geleitet (10—11% W.G.). Bei der anschließenden Zerkleinerung ist eine Blättchenform anzustreben. Durch zu feines Extraktionsgut verstopfen sich leicht die Siebböden, besonders wenn das Gut beim Dämpfen quillt (Erdnüsse).

Extraktion: Eine wirtschaftliche Extraktion arbeitet am besten nach dem Anreicherungsverfahren. Die Extraktionstemperatur soll so hoch gewählt werden wie das Gut sie zuläßt, um eine möglichst gute Diffusion zu erreichen; meist wird sie zwischen 50 und 60° gewählt.

[1]) PARDUN, H.: Fette und Seifen, **52**, 90, 1949.

Benzin und Saat kommen vorgewärmt in den Extraktionsapparat. Das Extraktionsmittel wird aufgerieselt. Weniger für Saaten als für Fischmehle werden rotierende Universalapparrate verwendet mit Heizmantel und mit Zuleitung der Flüssigkeit durch zentrale Achslager. Würde man so lange frisches Lösungsmittel durchleiten, bis alles Öl extrahiert ist, so würden am Ende nur noch sehr verdünnte Lösungen abfließen, aus welchen die Gewinnung des Öles viel Energieaufwand erfordert.

Deshalb verwendet man zweckmäßiger Batterieextraktoren, die nach dem Gegenstromprinzip arbeiten. Der Miszellaabfluß (Lösungsmittel-Ölgemisch) vom 1. Extraktor durchfließt z. B. den 2. und 3. Extraktor und geht dann in die Destillierblase; sobald im 1. Extraktor das Gut erschöpft ist, wird er ausgeschaltet und z. B. der 4. Extraktor eingeschaltet, der 5. wird gefüllt, der 6. ausgedämpft und der 2. Extraktor mit frischem Lösungsmittel beschickt. Dieser Vorgang geht schrittweise weiter (Abb. 139).

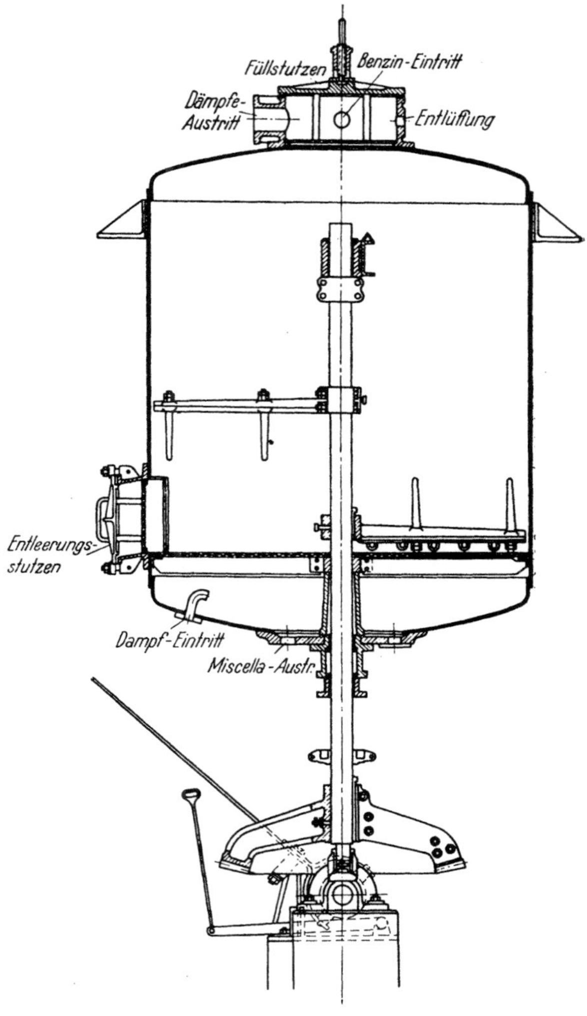

Abb. 139. Batterie-Extraktor (Schnitt). (Bauart Harburger Eisen- und Bronze-Werke).

Gelegentlich wird das mit Lösungsmittel getränkte Gut zur Verkürzung der Entölungszeit während der Behandlung wiederholt einer Pressung nach Art eines Schwammes unterworfen. Das Verfahren hat sich aber nicht durchgesetzt, da durch die mit der Zwischenbehandlung in Schneckenpressen verbundene Zerkleinerung des Gutes eine starke Verunreinigung des Benzin-Öl-Gemisches erfolgt, dessen Reinigung durch Filtration wegen des Gehaltes an schwer filtrierbaren Eiweißkörpern sehr schwierig ist. Moderne kontinuierliche Anlagen verwenden Siebkörbe (Abb. 140), die im Kreislauf herumgeführt und so besprüht werden, daß das frische Lösungsmittel mit dem schon am meisten ausgelaugten Rohstoff und das schon beladene Lösungsmittel mit dem frisch aufgegebenen Gut in Berührung kommt. Anstelle von Siebkörben werden auch Gurtförderer, geneigte Siebkörbe und insbesondere waagrechte, schräge und senkrechte Transportschnecken (Abb. 141), zum Teil Siebschnecken verwendet, die sowohl zur Förderung des Gutes als auch zum Durchrieseln des Lösungsmittels dienen. Wesentlich ist, daß mit der Fortbewegung keine Zerkleinerung der Teilchen verbunden ist, da feine Partikelchen die gleichmäßige Verteilung des Extraktionsmittels stören. Deshalb wurde neuerdings die Verwendung von Redlerförderern vorgeschlagen. Solche Anlagen lassen sich vorteilhaft mit kontinuierlichen Vorpreßanlagen und mit kontinuierlichen Pressen zur Befreiung von Lösungsmitteln und zum Ausdämpfen verbinden.

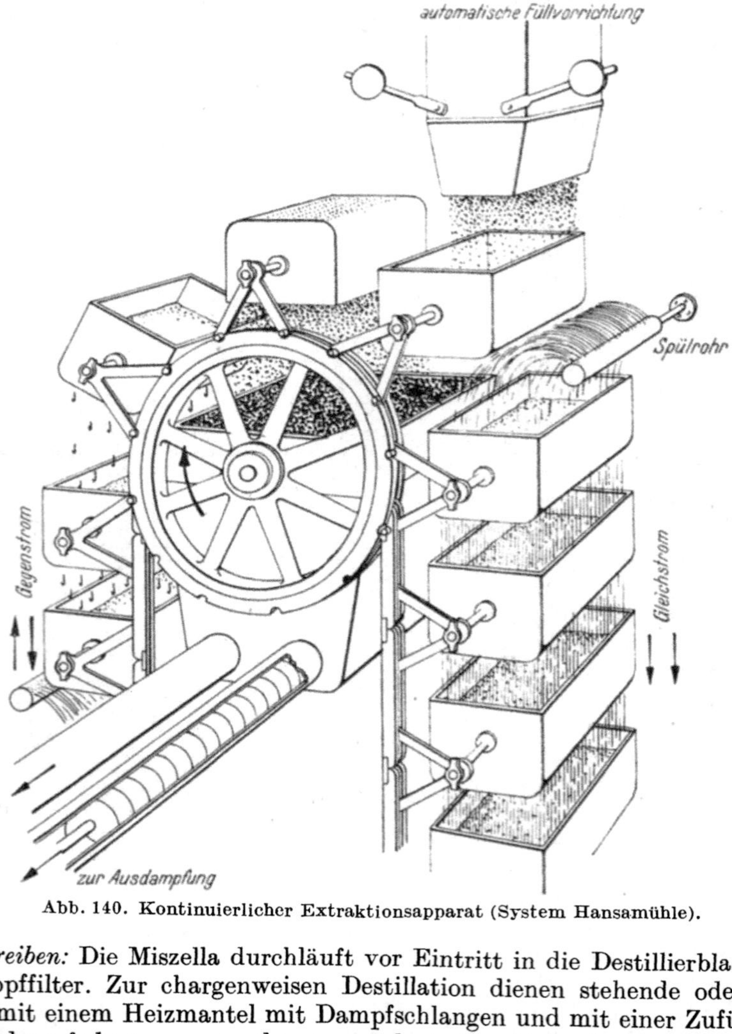

Abb. 140. Kontinuierlicher Extraktionsapparat (System Hansamühle).

Austreiben: Die Miszella durchläuft vor Eintritt in die Destillierblase ein einfaches Topffilter. Zur chargenweisen Destillation dienen stehende oder liegende Zylinder mit einem Heizmantel mit Dampfschlangen und mit einer Zuführung für Schnatterdampf; besser verwendet man mehrstufige Umlaufverdampfer (vgl. Zuckerindustrie). Zur kontinuierlichen Destillation dienen Destillierkolonnen, in welche die Miszella oben eintritt, das fertige Öl kontinuierlich unten austritt, nachdem es im untersten Teil mit direktem Wasserdampf zum Abtreiben der letzten flüchtigen Bestandteile behandelt wurde.

Lösungsmittelrückgewinnung: Die mit Wasserdampf vermischten Lösungsmitteldämpfe werden in Röhrenkondensatoren niedergeschlagen. Weiterhin wird das im Destillat enthaltene Wasser, das erheblich schwerer als Benzin ist und sich damit nicht mischt ($\gamma = 0{,}7$), in einem Wasserabscheider durch einen Schwanenhals abgehebert (Abb. 142). Das regenerierte Lösungsmittel wird in einem Behälter gesammelt. Die beim Füllen der Extrakteure in den Hohlräumen des Gutes befindliche Luft vermischt sich mit dem Lösungsmitteldampf. Die Wiedergewinnung der entweichenden Dämpfe erfolgt entweder durch Adsorption an aktive Kohle[1]) oder an Silika-Gel, oder aber mittels eines Dephlegmators mit Raschigringfüllung und Solekühlung (1m³ Luft enthält bei 20° ca. 300 g Benzin, bei —10° aber 120—130 g).

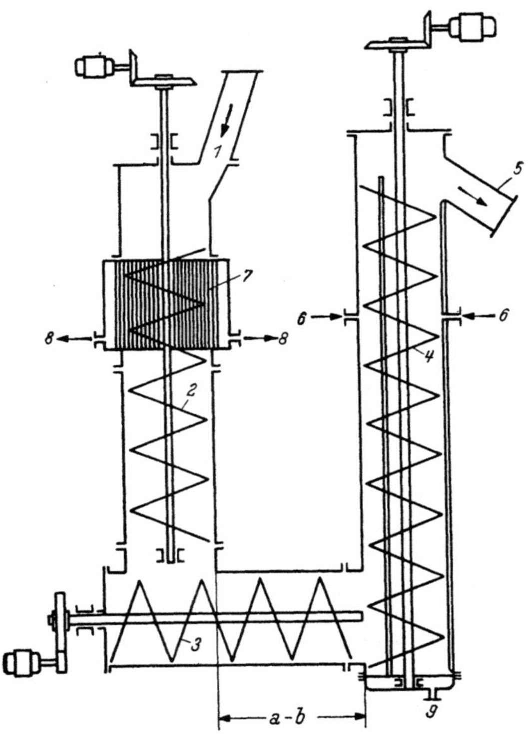

Abb. 141. Kontinuierlicher Extraktionsapparat (System Hildebrandt).

1 = Eintritt des Extraktionsgutes
2, 3, 4 = Extraktionsschnecken mit Einzelantrieb
a—b = Preßzone
5 = Austritt des Extraktionsgutes
6 = Lösungsmitteleintritt
7 = Vorfilter
8 = Miszella-Austritt

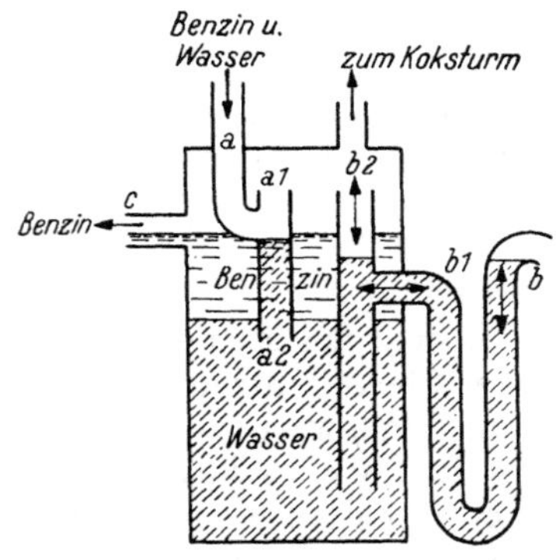

Abb. 142. Sicherheitswasserabscheider.

Das Benzin-Wassergemisch tritt hier durch das Rohr a ein, welches im Wasserabscheider ein oben und unten offenes, senkrechtes Querstück a_1 a_2 besitzt. Wenn in diesem Apparat bei a starker Unter- oder Überdruck entsteht, so wird nur das Wasser aus dem Rohre b b_1 eingesogen bzw. herausgeworfen, da sich der Druck auf dem kürzesten Wege a_1 b_2 b_1 b ausgleicht, ohne den übrigen Inhalt des Apparates zu stören.

Abfälle: Die Extraktionsrückstände müssen von Lösungsmittelresten völlig befreit werden, um sie als Futtermittel geeignet zu machen. Die Entfernung erfolgt bei einer Topfextraktion im Extraktor selbst bei laufendem Rührwerk, durch direktes Einblasen von überhitztem Wasserdampf, während bei allen kontinuierlichen Anlagen die Aufheizung im wesentlichen durch indirektes Aufheizen in einem beheizten Schneckensystem in 20—30 min und nachfolgender direkter, geringer Dämpfung in der letzten Phase erfolgt. Die Dämpfe werden in einem Kondensator niedergeschlagen. Bei Saatrückständen, die zu Verkleisterung neigen — wie Lein- und Erdnußrück-

[1]) SCHINDEL, E.: Chem. Apparatur, 27, 257 (1940).

stände — wird die Austreibung mit überhitzten Lösungsmitteldämpfen vorgenommen, zum Abschluß muß aber ebenfalls Dampfbehandlung vorgenommen werden. Der Rückstand wird, wenn erforderlich, in rotierenden Trommeltrocknern nachgetrocknet. Gesamte Behandlungszeit 100 min, dann je 10 min für Füllen und Entleeren. Lezithin kann aus dem Zentrifugierrückstand des Extraktionsöles z. B. von Soja durch Verrühren mit etwa 10% warmem Wasser, wobei es stark quillt, gewonnen werden. Es kann nach 3—4 stündiger Quellzeit abzentrifugiert und im Vakuum eingedampft werden. Beim Pressen bleibt das Lezithin in den Kuchen. Lezithin wird für Kuchenteige verwendet, um das Gluten geschmeidiger zu machen, sowie zur Verzögerung des Altbackenwerdens, für Teigwaren, um zu vermeiden, daß die langen Stränge nach dem Pressen abreißen, um die Viskosität von Schokolade zu verringern, für Tunken, um das Absetzen zu vermeiden, als Emulgator für Eiscrem und für eine Reihe von Fetten. Erforderliche Menge 0,2 bis 2% des Fettes. Das Extraktionsschrot geht über eine Kühlrinne, in dem es belüftet wird. Nach dem Absacken wird es als Schrot verkauft oder als Extraktionsmehl vermahlen bzw. zu Kuchen gepreßt.

Dampfverbrauch: ca. 0,55 bis 1 kg/kg Saat.

Literatur.

HEFTER, G.: Chemie und Gewinnung der Fette, Berlin: Springer 1936.
ULLMANN: Enzyklopädie der technischen Chemie, Band 4.
LÜDE, R.: Die Gewinnung von Fetten und fetten Ölen, Steinkopff 1948.
KARNOFSKY, G.: Journ. Amer. Oil Chem. Soc. **26**, 570 (1949).

9. Pektinherstellung.

Wesentlich bei der Pektingewinnung aus Preßrückständen von Zitrusfrüchten, Zuckerrübenschnitzeln und Äpfeln ist, durch eine kurzdauernde Heißwasserhydrolyse in Gegenwart von Säuren das unlösliche Protopektin auf möglichst schonende Weise in lösliches Pektin von hoher Gelierkraft überzuführen. Getrocknete Apfeltrester enthalten 8—16%, getrocknetes Zitrusalbedo 30—40%, getrocknete Rübenschnitzel ca. 27% und die Blütenkörbe von Sonnenblumen ca. 30% Pektin.

Apfelpektin (Abb. 143): Die bei der Süßmostherstellung anfallenden Preßkuchen aus zerkleinerten oder gemahlenen Äpfeln werden in einer Tresterschleuder zerkleinert. Das zerkleinerte Gut fällt in eine Elevatorgrube, von wo aus der Trockner (z. B. Trommeltrockner) durch Elevator oder Schnecke gleichmäßig beschickt wird. Sofortige Trocknung nach dem Abpressen ist qualitativ entscheidend. Trocknung mittels Luft ergibt ein helleres Pektin als Trocknung mit Verbrennungsgasen.

Die getrockneten Trester sind lagerfähig und besitzen 6 bis höchstens 10% Feuchtigkeit. Durch das Trocknen wird infolge teilweiser Zerstörung der Zellmembran die Pektinausbeute erhöht. Sie kann aber auch durch Naßvermahlung des Tresters gesteigert werden. Eine behelfsmäßige Konservierungsmethode bei Fehlen einer Trocknungsanlage besteht im Einmischen von 5%iger schwefliger Säure in einer Menge, die 10% des Trestergewichtes entspricht; man kann die Trester auch zur Haltbarmachung gefrieren.

Zur Pektinherstellung aus Apfeltrockentrestern werden die Trester in mit Rührwerk und Filterboden versehene Extraktionsbehälter befördert und mit Hilfe der etwa zehnfachen Menge eisenfreiem und nicht zu hartem oder enthärtetem Wasser von 35°, Schmutzteile und nicht gebundene wasserlösliche, stark abgebaute Pektine und lösliche Extraktstoffe, wie Zucker, Mineral-, Gerb- und kaltlösliche

Farb-Stoffe, entfernt. Dauer etwa 2—3 h. Der Kaltauszug wird gelegentlich eingedickt und als Apfelkraut verkauft. Nach dem Ablaufen des Schmutzwassers werden die nochmals abgepreßten Trester mit etwa der drei- bis zehnfachen Menge kochendem Wasser übergossen, die das Herauslösen bzw. Löslichmachen des Obstpektins beschleunigenden organischen Säuren (2—6 bzw. 7% 80%ige Milchsäure bezogen auf Trockentrester) zugesetzt und meist bei Temperaturen zwischen 90—100° ausgelaugt. Dauer 20 min bis 1 h. Ein bis zwei Wiederholungen (Kochungen) sind üblich. Die Gelierkraft eines dritten Absudes ist gering. Bei Gegenstromauslaugung sind Nachwaschungen unnötig. Man kann kontinuierliche Schneckenextrakteure (vgl. Ölextraktion) verwenden. Die Relation zwischen Temperatur, Zeit und p_H-Wert richtet sich nach der Art des Rohmaterials. Je stärker die angewendeten Säuren sind, desto niedriger muß die Extraktionstemperatur und desto kürzer müssen die Zeiten gewählt werden, da mit steigender Temperatur in Gegenwart von Säuren nicht nur die Hydrolyse des unlöslichen Protopektins verbessert, sondern auch der Pektinabbau (Pektolyse) verstärkt wird. Dies gilt insbesondere für die Verwendung von Mineralsäuren (5%ige wässerige SO_2-Lösung — Bleicheffekt —, Phosphorsäure, Salzsäure, Schwefelsäure — auch Gemische von H_2SO_3 und Milchsäure sind üblich —) da hierdurch leicht Schädigungen der Pektinstoffe eintreten können und nur der geübte Fachmann unerwünschten Abbau vermeiden kann. Die Temperatur- und Zeitangaben schwanken demnach beträchtlich. Auch Extraktionstemperaturen von 70—55°, Einwirkungszeiten von 12—16 h, p_H-Werte von 2 bis 1, trifft man. Die Extrakteure, welche aus Holz, Steingut oder aus rostfreiem Stahl bestehen und mit einer Dampfeinblaseleitung versehen sind, haben meist einen Siebboden (poröse Bodenplatte aus einem zusammengesinterten Gemisch von Bakelit und Quarz oder Siebplatten aus Nirosta), durch welchen der Extrakt abläuft. An den ersten Absud kann sich ein Auspressen der Trester in Packpressen anschließen, der Preßsaft wird den Auszügen beigefügt. Bei Verwendung von SO_2 muß der Extrakteur erneut gefüllt, mit Wasser von 75—80° versetzt und 2 h belüftet werden. Die von Pektin befreiten Trester dienen als Futtermittel oder können durch Vergärung nach Zusatz von anorganischen Stickstoffsalzen in einen wertvollen Dünger überführt werden. Der gewonnene Pektinsaft wird nach Abkühlung auf 50° von den Trübstoffen (Stärke, Eiweiß, mitgerissene Zellbestandteile) befreit, und zwar zur Entlastung der Filter durch kontinuierliche Zentrifugen, dann durch Behandlung mittels Entfärbungsmittel und Kieselgur, anschließende Filterung in Rahmenpresse und schließlich Abbau des Stärkeanteiles durch diastase-

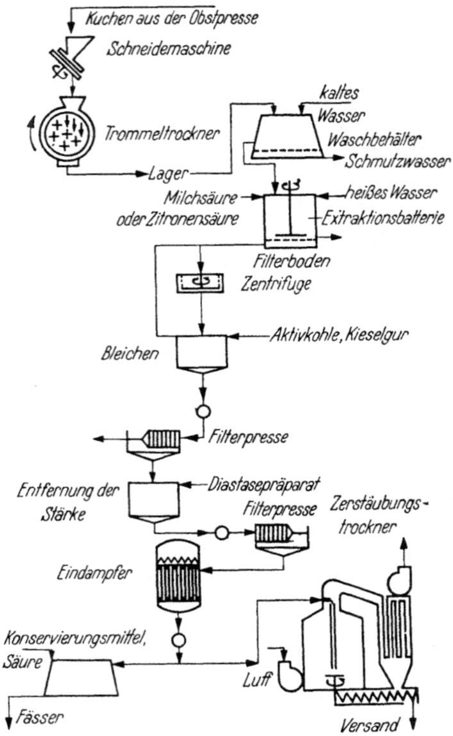

Abb. 143. Gewinnung von Apfelpektin.

haltige Enzympräparate[1]) (Protozym oder Pectinol Spez. 2) bei 40—50° und p_H 3,2 bis 3,3. Anschließend wird der Dünnsaft in mehrstufiger Vakuumverdampfung bei 90° abfallend auf 45—50° in etwa 40 min auf etwa 8—10% Trockengehalt eingedickt — je nach Gelierkraft —, in einem Kühlbottich mit Milchsäure, Zitronensäure oder Weinsäure versetzt, um für die Gelierung günstigere Säureverhältnisse zu schaffen (Verlangsamung des Gelierens zur Vermeidung des Klumpens bei der Geleeherstellung), mit 0,125% SO_2 oder mit 0,18% Natriumbenzoat oder 0,09% Nipagin oder 1% Ameisensäure (25%ig) konserviert und mit anderen Chargen gemischt, um Pektinkonzentrate mit standardisierter Gelierfähigkeit zu erhalten (mindestens 2,5% Pektinstoffe, wobei Pektingehalt mindestens 25% der Trockenmasse ist). Das p_H ist dann durchschnittlich 2,7—2,9. Sterilisierung ist im Gegensatz zu USA nicht üblich, da eine Haltbarkeit der Extrakte im offenen Anbruch (Fässer, Korbflaschen, Flaschen) gefordert wird. Gegebenenfalls werden die konzentrierten Pektinsäfte im Zerstäubungstrockner getrocknet. Dem Trockenpektin werden gegebenenfalls zur Erzielung einer besseren Löslichkeit vor bzw. nach dem Trocknen Beimengungen von Zucker zugegeben. Durch die Zuckerzugabe wird auch das Klumpen des Pektins vermieden (3- bis 6 fache Menge Zucker). In USA sind auch Walzentrockner üblich. Zur Verminderung des Aschegehaltes kann das Trockenpulver vermahlen und mit angesäuertem Äthylalkohol extrahiert werden.

Zitruspektin: Zitrusschalen werden bei 85° mit schwefliger Säure versetzt. Nach dem Klären wird das stöchiometrische Gemisch Aluminiumchlorid und Natriumkarbonat zugefügt. Nach dem Zentrifugieren wird das Pektin in Tanks mit denaturiertem, angesäuertem Alkohol ausgewaschen, auf den richtigen p_H-Wert eingestellt und bei 70° im Vakuum getrocknet. Bei der Herstellung von Pektin aus Grapefruitschalen werden Kationenaustauscher eingesetzt, welche Calcium und Magnesium aufnehmen, den p_H-Wert auf 2,7 senken und das Inlösunggehen des Pektins erleichtern, ohne daß das Pektin bei dem niedrigen p_H-Wert abgebaut wird[2]). Die Grapefruitschalen werden geschnitzelt und dreimal mit heißem Wasser ausgewaschen. Die gewaschene Schale wird mit Wasser und Zeokarb gemischt und 1 Stunde auf 90° erhitzt. Die Pektinlösung wird abzentrifugiert und kann dann ohne Anwendung von Fällungsmitteln getrocknet werden.

Außer Apfeltrestern und entsafteten Zitrusfrüchten dienen neuerdings auch Zuckerrüben und die Rückstände der Zuckerrübenfabrikation zur Herstellung von gelierfähigem Pektin. Auch die Blütenböden von Sonnenblumen und die beim Röstprozeß von Flachsstengeln freiwerdenden Pektinstoffe erscheinen für diesen Zweck ausreichend. Ausbeute etwa 3—4 Tonnen flüssiger Extrakt aus 1 Tonne Apfeltrester. Kohlenverbrauch 1½ (bis 4) Tonnen je Tonne Trockentrester. Materialien V2A, Stahlbehälter, die mit säurefesten Steinen ausgemauert sind, emaillierte Behälter, Leitungen aus Porzellan, Glas, Vinidur.

Rübenpektin. Die Herstellung von Rübenpektin entspricht im ersten Teil derjenigen von Apfelpektin, als Säure wird entweder Salzsäure oder ein Gemisch von Salzsäure und schwefliger Säure verwendet. Extraktionsdauer 16 Stunden, p_H 1, zweite Wasserfüllung bei niedrigeren Temperaturen 2½ Stunden und Mischung der beiden Extrakte. Bei 78° beträgt die Extraktionsdauer 9—10 Stunden. Bei Rübenextrakt wird gesiebt, aber nicht gefiltert. Nunmehr wird das Pektin, welches ein negativ geladenes Kolloid ist, durch ein positiv geladenes Kolloid, und zwar

---

[1]) Pilz-Amylasen, z. B. von Aspergillus oryzae, die den Vorteil einer starken Wirksamkeit bei niedrigem p_H haben.

[2]) Vgl. BOEHNER, H. L. and A. B. MINDLER: Industr. Engg. Chem., **41**, 450 (1949).

Aluminiumhydroxyd, gefällt. Gute Untermischung von 1% Aluminiumsulfat (½ Stunde stehen lassen) und Zugabe von Ammoniak um p_H 4 zu erreichen. Verweildauer etwa 2 Stunden. Die Flüssigkeit wird abgezogen. Man läßt nun kaltes Wasser zufließen, wobei das niedergeschlagene Aluminiumpektat mit hölzernen Paddeln von Hand gerührt wird. Evtl. wird die Waschung wiederholt. Der verbleibende Niederschlag wird in 1%iger Zitronensäure oder Milchsäure gelöst, wobei sich eine Lösung mit 8—12% T.S. ergibt. 2,6 Tonnen flüssiges Pektin werden aus 1,0 Tonnen getrockneten Rübenschnitzeln hergestellt. Ausbeute etwa 1% auf T.S. bezogen. Der Kohlenverbrauch ist erheblich kleiner als bei Apfelpektin, aber die Gelierkraft des Extraktes ist geringer. Das Rübenpektin wird häufig mit Apfelpektin verschnitten.

Niederveresterte Pektine. Die niederveresterten Pektine unterscheiden sich von den hochveresterten Pektinen durch einen geringeren Gehalt an Methoxylgruppen und durch die hierdurch erlangte Fähigkeit, zuckerfreie, calciumhaltige Gelees zu bilden, nicht nur Gelees in Anwesenheit von 60—65% Zucker und von Säure. Die Entesterung des Pektins kann durch Säuren, Alkalien bzw. verdünntes Ammoniak und auf enzymatischem Wege erreicht werden. Zu diesen drei Methoden kommt noch eine weniger bekannte vierte, bei welcher mit Ammoniak in alkoholischer Lösung oder mit konzentriertem Ammoniak in wässeriger Lösung gearbeitet wird und bei welcher ein Produkt von etwas abweichender Zusammensetzung entsteht.

Die alkalische Entesterung, welche schneller als die saure Entesterung verläuft, verlangt keine säurebeständige Ausrüstung. Die blanchierten und geschnittenen Zitrusschalen werden in warmes Wasser gegeben, wodurch Zucker und andere wasserlösliche Bestandteile ausgelaugt werden. Die Schale wird nun getrocknet und gestapelt. Nach einer Wasserzugabe von 30 : 1 werden die Schalen nach dem Waschen bei p_H 1,3 bis 1,4 bei 90—100° etwa 1 Stunde in einem kontinuierlichen Schneckenextrakteur extrahiert. Die Extraktionsflüssigkeit wird auf 35—40° abgekühlt und filtriert, weiter auf 13° gekühlt, worauf dann zum Zwecke der Verseifung in einem geschlossenen Rührbehälter so viel Ammoniak zugegeben wird, bis ein p_H von 10,5 erreicht wird. Nach einer 2½stündigen Entesterungszeit wird das Pektin mit Säure ausgefällt (p_H 1,2). Vor dem Trocknen wird in das nach Entwässerung in einem Siebzylinder abgepreßte Gelee zur Erhöhung der Löslichkeit noch Natriumbikarbonat bis zur halben Neutralisation eingemahlen. Man erhält auf diese Weise Produkte von rund 3,5% Methoxylgehalt.

Der p_H-Wert ist auf die Geleebildung bei niederveresterten Pektinen nicht von großem Einfluß. Man kann gute Gelees mit Milch bei p_H 6,5 und mit Obstsäften bei p_H 2,5 erzielen. Auch die Zuckerkonzentration spielt in den Calciumgeleen nur eine geringe Rolle, dagegen ist die Temperaturempfindlichkeit größer als bei den zuckerreichen Geleen der hochveresterten Pektine. Immerhin weisen die Gelees auch bei Temperaturen unter 0° eine gute Lagerfähigkeit auf und zeigen kein Flüssigwerden, wie die Gelees der hochveresterten Pektine.

Der Anwendungsbereich niederveresterter Pektine in der Lebensmittelindustrie ist noch wenig erschlossen: Gemüsegelees, Fruchtsalate, Überzugsmittel über viele hygroskopische Lebensmittel, Pastenfüllungen u. dgl. In der Pharmazie und Kosmetik verwendet man die neuen Stoffe zur Herstellung von Geleecrems und Dragees.

Pektin wird in der Lebensmittelindustrie bei der Marmeladen-, Konfitüren- und Geleeherstellung, außerdem im Bäckerei- und Konditoreigewerbe zur Erzeugung von Geleedecken, für Speiseeis, als Bindemittel für glasierte Früchte, als

Stabilisator für Emulsionen (Lebertran, Mayonaise) und zur Verzögerung des Trockenwerdens von Backwaren angewandt.

Ein Pektinzusatz von 10—16% der angewandten Mehlmenge zu Backwerk hat eine wochenlang anhaltende Frische zur Folge. Ähnliche Beobachtungen kann man bei der Frischhaltung von Marzipan- und Fondantmassen machen. Die Emulsionsbildung mit Fetten führt zum Verwendungsgebiet der Butter- und Schokoladencrems und sein Verhalten zu Eiweiß zur Herstellung standfester Schaummassen. Seine trubstabilisierende Wirkung wird bei der Herstellung von Fruchtsirup und von Mayonaisen ausgenützt.

Apfeltrester enthalten etwa 9% Apfelkerne, die eine Ölausbeute von 10% ergeben.

Literatur.

MEHLITZ, A.: Pektin, Braunschweig: Appelhans 1942.
RIPA, R.: Die Pektinstoffe, Braunschweig 1937.
Die Süßwarenwirtschaft, H. 358/59 (1942).
HOTTENROTH, B.: Pektine und ihre Verwendung, München: Leibnizverlag 1950.

10. Gelatine.

Die Knochen werden nach dem Sortieren in einem Backenbrecher einer Zerkleinerung auf Nußgröße unterworfen (Abb. 144). Die Gelatineausbeute bei Knochen aus Indien kann bis zu 20% höher sein, als bei Knochen aus anderen Ländern. Mit Ausnahme von indischen Knochen erfolgt nun eine Fettextraktion mittels Trichloräthylen oder Benzin z. B. in rotierenden Extrakteuren. Nach der Extraktion werden die Knochen einer trockenen Reinigung in einer Poliertrommel unterworfen, woran sich eine nasse Reinigung in einer Waschtrommel anschließt. Die entfetteten und gereinigten Knochen kommen in hintereinandergeschaltete Mazerationsbottiche. Die Mazeration erfolgt mittels 5—8%iger Salzsäure und dauert 8—10 Tage. Die Temperatur muß dabei unter 35° liegen. Der Prozeß ist beendet, wenn der Knochen weich und biegsam geworden ist. Durch die Säurebehandlung wird das unlösliche $Ca_3(PO_4)_2$ in das leicht lösliche $Ca(H_2PO_4)_2$ umgewandelt, daneben entstehen Chlorcalcium und Phosphorsäure. Anstelle von Salzsäure wird gelegentlich auch verdünnte schweflige Säure verwendet. Die Mazeration erfolgt grundsätzlich in der Weise, daß Knochen und Säure im Gegenstrom geführt werden.

Bei der Verwendung von geschnitzeltem Leimleder als Ausgangsrohstoff entfällt die Mazeration.

Die Mazerationslaugen (saure Phosphatlösung) kommen in Holzbottiche ähnlich den Mazerationsstanden, jedoch mit Rührwerk. Hier wird der phosphorsaure Kalk mittels verdünnter Kalkmilch ausgefällt. Die Reaktion erfordert eine genaue Kontrolle, damit kein Tricalciumphosphat entsteht. Der weiße Niederschlag von $CaHPO_4$ wird abzentrifugiert oder mit Steinzeugnutschen abgenutscht und z. B. in Hordentrocknern getrocknet. Er dient als Viehfutter. (Phosphorsaurer Futterkalk.)

Das Ossein, die bei der Mazeration zurückbleibende organische Substanz, wird in einer Art von „Holländer" im Rundlauf mit Wasser ausgewaschen. Daraufhin muß es bei der Verarbeitung auf Gelatine einem längeren Kalkungsprozeß unterworfen werden. Diese Behandlung, die innerhalb von 4—16 Wochen in einer Kalkmilch mit 2—4° Bé erfolgt, ermöglicht eine Quellung, Lockerung der Faser, Entfernung der Mucine, Verseifung der Fette und ergibt die „Sudreife", ohne die der Ausschmelzvorgang zu Gelatine, der ja bei möglichst niedrigen Temperaturen

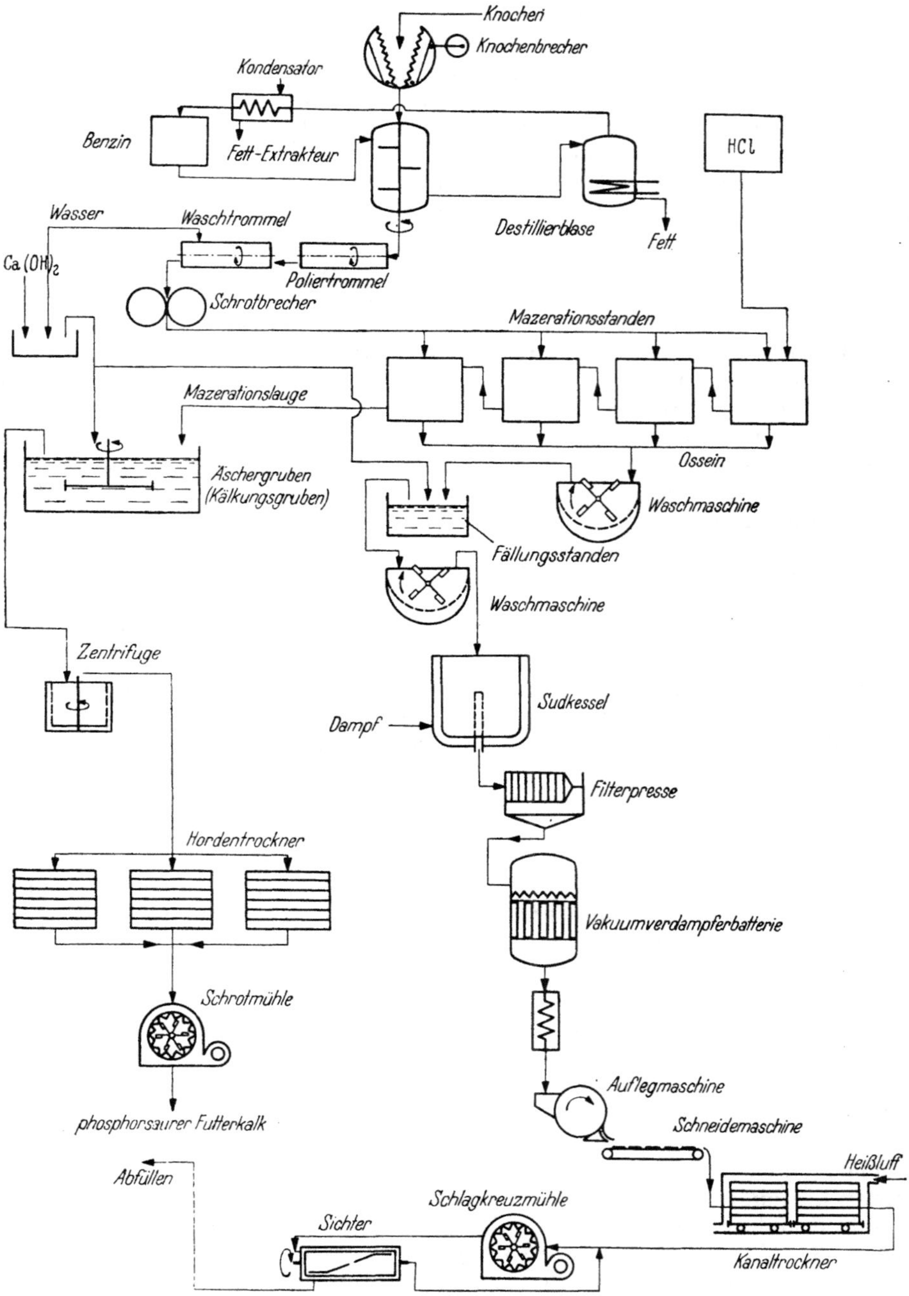

Abb. 144. Gelatineherstellung.

gerührt wird, nicht möglich wäre. Der erste Kalk wird verhältnismäßig rasch verbraucht. Das Material wird aus den Gruben herausgeschöpft und in umgekehrter Reihenfolge mit frischer Kalkmilch versehen. Diese Behandlung wird mehrmals wiederholt. Daraufhin erfolgt erneut eine Wasserbehandlung in einer Waschmaschine, die ein völliges Entfernen des Kalkes sowie der hierzu als Hilfsmittel benutzten Säure bewirken soll. Für die Dauer des Prozesses ist die Zusammensetzung des Waschwassers ausschlaggebend.

Häute werden gelegentlich in rotierenden Holztrommeln mit Kalkmilch versetzt und mit HCl angesäuert, erneut ausgewaschen und mit schwefliger Säure auf p_H 5,5 gebracht.

Das ausgewaschene Leimleder bzw. Ossein der Knochen wird in Extrakteuren ausgelaugt. Diese stellen große Wasserbäder dar, die vermittels einer Doppelwand indirekt mit Dampf beheizt werden. Bei der Extraktion verwandelt sich das Kollagen durch Hydrolyse in Gelatine. Damit keine anderen Stoffe außer Gelatine entstehen, muß möglichst schnell bei möglichst niedrigen Temperaturen gearbeitet werden. p_H-Wert 6,9—7,3. Der erste Abzug erfolgt unter Umständen schon bei 54—60°, manchmal erst bei 70°, dann wird frisches Wasser eingeleitet und die Temperatur um etwa 8° erhöht, der dritte Abzug erfolgt bei 90°, der letzte bei Siedetemperatur. Da die Extraktion mit reinem Wasser viel besser vor sich geht als mit Gelatinelösung, sind die erzielten Lösungen relativ dünn. Die einzelnen Abzüge mit ca. 4% Gelatine folgen innerhalb von 6—8 Stunden aufeinander. Aus 1 Tonne 60%igem Rohmaterial werden 4 cbm 4—6%iger Gelatinebrühe gewonnen. Eine höhere Konzentration würde beim Filtrieren Schwierigkeiten machen. Das verwendete Wasser muß einen niedrigen Salzgehalt haben, da die Gelierfähigkeit der Gelatine mit steigendem Aschegehalt sinkt.

Die letzten Chargen enthalten in zunehmendem Maße Verunreinigungen, welche durch Klären abgetrennt werden müssen. Dies erfolgt durch 0,5%iges Schwefeldioxyd. Man kocht 1 min auf, setzt Phosphorsäure zu, kocht erneut auf, gibt Alaun zu und kocht nochmals. Die Flüssigkeit bleibt nun stehen, die klare Gelatinelösung wird abgelassen. Die ausgelaugte und geklärte Gelatinelösung wird noch mittels eines Papiermassefilters in einer Filterpresse z. B. aus Aluminium oder aus rostfreiem Stahl blank filtriert und anschließend im Vakuum bei 30—35° auf 10—20% T.S. eingedampft. Die Anwendung höherer Konzentrationen ist nicht üblich, da sonst insbesondere bei Trocknung in größeren Dicken „Hautbildung" eintritt. Die eingedickte Gelatinelösung läuft durch einen Gegenstromkühler und wird gegebenenfalls noch mittels Wasserstoffsuperoxyd in alkalischer Lösung (Zusatz von Ammoniak) unter Erwärmen und Rühren gebleicht. Bisher wurde die Gelatine auf Tische aufgegossen, welche aus zwei Glasplatten bestehen, zwischen denen kaltes Wasser strömt, darauf abgeschält und in Tafeln geschnitten. Neuerdings wird die eingedickte Gelatinelösung auf gekühlte endlose Bänder geleitet, und zwar erfolgt die Kühlung entweder dadurch, daß ein Gummiband durch einen 20 m langen Kühltunnel geleitet wird, oder dadurch, daß eine Trommel, auf welcher ein Metallband aufläuft, von innen gekühlt wird. Am Ende des Bandes wird die Gallerte mittels Messer abgestreift, auf ein Förderband gelegt, mittels eines oszillierenden Messers in Stücke geschnitten und automatisch auf Horden gelegt. Auch Trocknung von Gelatine in „Nudelform" auf Bandtrocknern wird durchgeführt. Die Stränge werden mit Hilfe von Preßköpfen hergestellt (vgl. Teigwarenherstellung, Fleischwolf).

Die Gelatinetafel wird üblicherweise in Kammertrocknern bei 30—40° auf 10—14% Wassergehalt im Verlauf von 8—24 Stunden im Gegenstrom getrocknet. Die Netzbespannung besteht aus Aluminiumdraht oder aus rostfreiem Stahldraht.

Die Trockenkraft muß langsam einsetzen und langsam gesteigert werden. Bei zu raschem Trocknen, insbesondere bei Lösungen hoher Konzentration, erfolgt eine Hautbildung (vgl. S. 49), die den weiteren Ablauf der Trocknung verzögert. Gegen Ende der Trocknung kann die Temperatur ansteigen. Bei zu raschem Trocknen schrumpft auch die Gelatine zu stark, allerdings mit zunehmender Konzentration in abnehmendem Maße. Dieser Gesichtspunkt spielt aber nicht mehr die wichtige Rolle wie früher, da die Tafeln üblicherweise in Schlagkreuzmühlen zu Stücken von ½ bis 3 mm zerkleinert und in rotierenden Sichtern vor dem Abfüllen gesiebt werden. Deshalb sind auch Trockner nach Art von Walzentrocknern in USA im Gebrauch [1]). Im Gegensatz zu Gelatine, die nach dem Sprühverfahren hergestellt wird, ist gemahlene Gelatine kaum hygroskopisch. Wesentlich für die Gelatineherstellung ist größte Sauberkeit: alle Apparate müssen so konstruiert sein, daß sie sich leicht reinigen lassen, da Gelatine ein ausgezeichneter Nährboden für Mikroorganismen ist. Deshalb darf das Trocknen nicht zu lange dauern. Isoelektrischer Punkt bei saurer Vorbehandlung (Häute) p_H 7—8,2, bei alkalischer 4,7—5,0 (Knochen bzw. Häute).

Der Anfall an Futterkalk beträgt im Mittel ca. 50% der Knochenmenge. Außerdem entstehen bei der Mazeration etwas Kesselrückstände, die 4—6% N_2 enthalten und für Düngerzwecke eingesetzt werden können. Je Tonne Gelatine werden 5—6 Tonnen Kohlen benötigt.

Literatur.

GERNGROSS, O. u. E. GOEBEL: Chemie und Technologie der Leim- und Gelatinefabrikation, Dresden: Steinkopff 1933.

Edible Gelatine Manufacture, Food Manufact., **23**, 197 (1948).

III. Herstellungsverfahren, bei welchen thermische Prozesse überwiegen, insbesondere Trennung der gasförmigen von der flüssigen Phase.

A. Trocknen, Rösten.

1. Eingedickte und getrocknete Milch (Eiaustauschstoffe).

Die abgelieferte Milch wird gewogen, geprüft, auf den gewünschten Fettgehalt eingestellt, filtriert und kommt über einen Kühler in einen Lagertank (Abb. 145). Gegebenenfalls nach einer weiteren Filterung oder Passieren einer Schmutzzentrifuge wird die Milch zur Verringerung der Gefahr des Nachdickens und zur Abscheidung des Albumins in feinen Flöckchen (um Ausflockungen an den Heizregistern des Vakuumapparates zu vermeiden) kurzzeitig auf 82° erhitzt (bei 88° längere Haltbarkeit), und dann im Vakuum bei 55—57° im Verhältnis 2,5 bzw. 2,7:1 eingedampft (3—4 Stunden). Da mit dem Ansteigen der Trockenmasse auch der Säuregehalt ansteigt, wodurch ein Gerinnen eintreten kann, darf ein Säuregrad von 0,17 bis 0,18% nicht überschritten werden; überhaupt muß von bester keimfreier Milch ausgegangen werden.

---

[1]) Vgl. TOLMANN: Food Industr., **4**, 177, 1932.

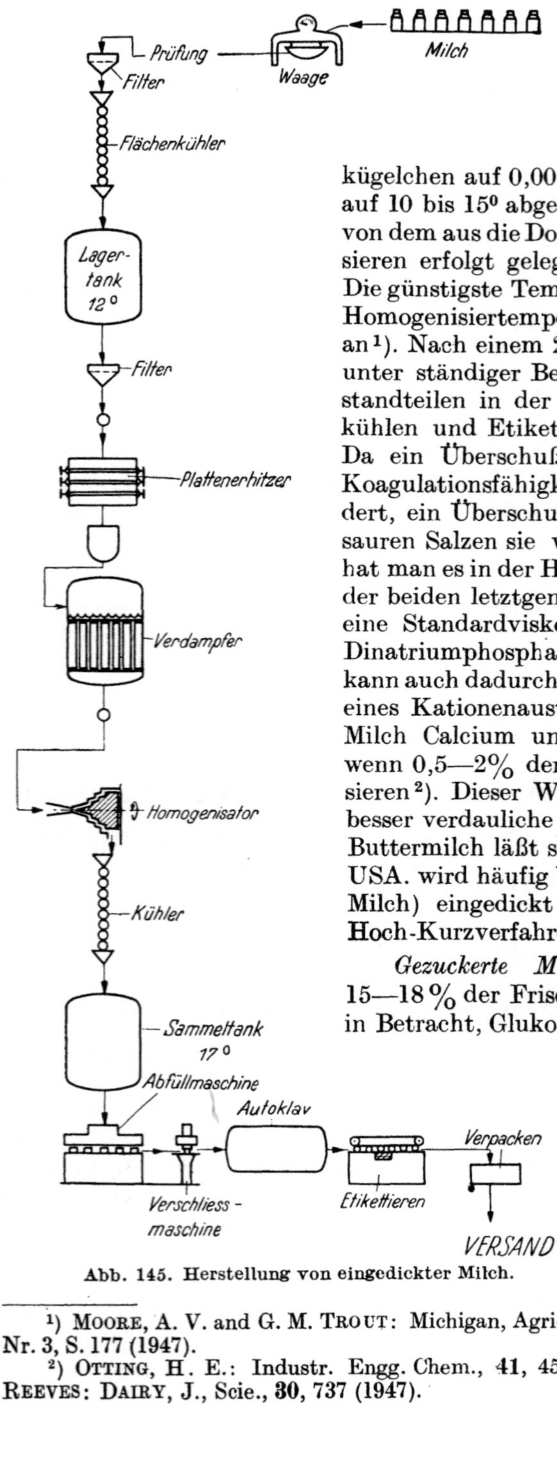

Abb. 145. Herstellung von eingedickter Milch.

Ungezuckerte Milch. Nach nochmaligem Filtrieren wird die Milch zur Vermeidung des Aufrahmens bzw. Ausbutterns homogenisiert (Verminderung des Durchmessers der Fettkügelchen auf 0,001 mm) und dadurch viskoser, rasch auf 10 bis 15° abgekühlt, gelangt in einen Abfülltank, von dem aus die Dosen gespeist werden. Das Homogenisieren erfolgt gelegentlich auch vor dem Eindicken. Die günstigste Temperatur ist 40—60°, bei niedrigeren Homogenisiertemperaturen steigt die Viskosität stark an[1]). Nach einem 20 min langen Sterilisieren bei 102° unter ständiger Bewegung, um das Ansetzen von Bestandteilen in der Dose zu vermeiden, raschem Abkühlen und Etikettieren werden die Dosen verpackt. Da ein Überschuß an Calcium und Magnesium die Koagulationsfähigkeit der Milch beim Sterilisieren fördert, ein Überschuß an phosphorsauren und zitronensauren Salzen sie wie auch die Viskosität vermindert, hat man es in der Hand, durch Zusatz von Spuren eines der beiden letztgenannten Salze vor dem Sterilisieren eine Standardviskosität einzustellen (ca. 12 bis 28 g Dinatriumphosphat je 500 l). Das Salzgleichgewicht kann auch dadurch eingestellt werden, daß man mittels eines Kationenaustauschers in einem kleinen Teil der Milch Calcium und Phosphor entfernt. Es genügt, wenn 0,5—2% der Milch den Ionenaustauscher passieren[2]). Dieser Weg wird auch beschritten, um eine besser verdauliche Säuglingsmilch zu erzeugen. Auch Buttermilch läßt sich auf 27—28% TS. eindicken. In USA. wird häufig bestrahlte (Vitamin D-angereicherte Milch) eingedickt und sterilisiert, evtl. nach dem Hoch-Kurzverfahren (vgl. S. 78).

Gezuckerte Milch. Die Zuckerzugabe beträgt 15—18% der Frischmilch. Es kommt nur Sacchorose in Betracht, Glukose beschleunigt das Dickwerden. Die Zuckerlösung wird 10 min abgekocht, der entstehende Schaum durch Abschöpfen beseitigt, gefiltert und in den Verdampfer dann eingesaugt, wenn die Milch 10 min bei einer Temperatur von 82° gehalten wurde, damit die Lipasen sicher abgetötet sind. Eine ungleich-

[1]) Moore, A. V. and G. M. Trout: Michigan, Agric. Exp. Station Quarterly Bull., Vol. **29**, Nr. 3, S. 177 (1947).

[2]) Otting, H. E.: Industr. Engg. Chem., **41**, 457 (1949), Josephson, D. V. and C. B. Reeves: Dairy, J., Scie., **30**, 737 (1947).

mäßige Vermischung und damit die Gefahr einer Milchzuckerausscheidung wird verringert, wenn man Zuckerlösung und Milch vor dem Verdampfer mischt. Infolge der höheren Viskosität der gezuckerten, eingedickten Milch findet ein Aufrahmen nicht statt, so daß das Homogenisieren entfällt. Ist in dem Fertigprodukt mehr als 46% Zucker enthalten, dann ist eine Sterilisierung des Fertigproduktes in der vorher sterilisierten Dose unnötig: in anderen Fällen erfolgt ein halbstündiges Sterilisieren bei 100°. In einer annähernd 30%igen Milchzuckerlösung ist eine Ausscheidung von Milchzuckerkristallen schlecht zu vermeiden. Es ist zu bedenken, daß Milchzucker im Vergleich zu Rohrzucker nur schlecht löslich ist und bei einer Milchzuckermenge von 12,5—15% nur 2 Teile Wasser auf 1 Teil Milchzucker treffen und deshalb bei Umgebungstemperatur Übersättigung vorliegt. (Vgl. Abb. 52.) Um möglichst feine Kristalle zu erhalten (Kristalle unter 10 μ erscheinen auf der Zunge noch nicht mehlig), kühlt man rasch ab und hält im Gebiet hoher Keimbildungsgeschwindigkeit bei 24 bis 26° bei kräftigem Rühren die Temperatur etwa 30 min. Gegebenenfalls impft man hierbei mit raffiniertem Milchzucker (Durchmesser 3—5 μ).

Trockenmilch. Bei der Herstellung von Vollmilchpulver hat sich ergeben, daß die Anwendung einer Pasteurisiertemperatur von 85° bis 88° für 10 min im Ganzen gesehen am günstigsten ist und auch ein besser lösliches Produkt ergibt als eine Pasteurisiertemperatur von 74°. Bei höheren Temperaturen ergibt sich ein Kochgeschmack, bei niedrigeren Temperaturen tritt eine talgige Geschmackskomponente in Erscheinung. Die Haltbarkeit des Pulvers ist aber eine um so längere, je höher die Temperatur der Vorerhitzung war. (Zerstörung der Lipasen.) Die Milch wird nach dem Eindampfen im Vakuum bei 60°, im Vakuumwalzentrockner bei 40 bis 50° oder im Zerstäubungstrockner getrocknet. Eine Voreindickung auf 40% T.S. soll bei Sprühmagermilch für die Löslichkeit günstiger sein als eine Voreindickung auf 20% T.S. Bei Verarbeitung in gewöhnlichen Walzentrocknern koaguliert das Kasein, wodurch dessen Löslichkeit ungünstiger wird. Ein Homogenisieren der Milch vor dem Trocknen ist nicht zweckmäßig, da die oxydativen Veränderungen um so stärker werden, je feiner die Milch zerteilt ist, doch wird es bei Magermilch bei 60° angewandt, da hierdurch die Löslichkeit zunimmt.

Die üblichen Löslichkeiten bei 40° liegen bei Milch, die auf dem Zweiwalzentrockner getrocknet wurde, bei 95 bis 100%, dagegen ist als Folge der langen Vorerhitzung im Milchsumpf die Kaltlöslichkeit schlecht. Beim Feinschicht-Einwalzentrockner mit Walzenauftragung kann sie dagegen Werte von 85 bis 94% erreichen. Der Zweiwalzentrockner hat aber den Vorteil größerer Leistung und eignet sich daher vorwiegend zur Herstellung einfacher Magertrockenmilch und süßer Labtrockenmolke, der Einwalzentrockner mit Doppelwalze kommt für hochwertigere Spezialprodukte in Betracht. Für ein gutes Produkt ist eine schnelle Trocknung unerläßlich. Außer Vollmilch wird Magermilch, Rahm, Buttermilch, Kasein, Molke und Milei G auf Walzentrocknern getrocknet. Bei Walzen aus Nickellegierungen läßt sich der getrocknete Film schlecht ablösen. Bei Magermilch ist die Anbrenngefahr größer als bei Vollmilch, die günstigste Voreindickung liegt hier bei 45—50% Trockenmasse, bei Vollmilch bei 50—60%; bei höherer Eindickung steigt die Schaumbildung und die Gefahr des Anbrennens, obwohl eine hohe Voreindickung erwünscht ist, da hiermit die Leistung des Walzentrockners steigt und der Dampfbedarf sinkt. Bei Zweiwalzentrocknung ist nur eine Eindickung auf etwa 30% T.M. zulässig, infolge der Gefahr der Hitzegerinnung im Milchsumpf. Dampfdruck 3 atü, Umfangsgeschwindigkeit 1,6 m/s, Schichtstärke bei Vollmilch 0,2 bis 0,5 mm.

Vakuumtrocknung von Milch ist aus betriebstechnischen Gründen wenig in Anwendung. Durch Vermahlen des Walzenmilchpulvers wird seine Löslichkeit nicht verbessert.

Das Versprühen der auf 60—70° vorgewärmten, voreingedickten Milch im Zerstäubungstrockner erfolgt entweder durch Zerstäuberscheiben, die mit einer Umfangsgeschwindigkeit von etwa 150 m/s rotieren und wobei die austretende Flüssigkeit wegen der hohen Relativgeschwindigkeit zur umgebenden Luft zerrissen wird oder durch Düsen, in welchen die Zerstäubung nach Art eines Parfumzerstäubers mittels niedrig gespannter Druckluft erfolgt, oder aber es erfolgt in Düsen die Zerstäubung mittels Flüssigkeitsdruck. (Vgl. S. 55.) Je höher die Turbulenz, desto höher kann die Eintrittstemperatur der Luft gewählt werden, ohne daß die Milch Schaden leidet (200—350°). Dampfbedarf für Versprühung von 1000 l Frischmilch/h: Vollmilch: Voreindickung 1:3 ca. 1260 kg/h ohne Brüdenkompression und 860 kg mit Brüdenkompression; Magermilch: Voreindickung z. B. 1:4, Dampfbedarf 1060 kg ohne Brüdenkompression. Energieverbrauch im Zerstäubungstrockner 6 KWh für 50 kg Wasserverdampfung. 60—70% des Milchpulvers wird im Innern des Turms gewonnen, der Rest aus dem Zyklon. Für die Haltbarkeit der Trockenmilch ist entscheidend, daß ihr Sauerstoffgehalt unter 1% liegt.

Wird die gezuckerte Kondensmilch soweit eingedickt (14—16% Wasser), daß eine schneidbare, plastische Masse entsteht, so ergibt sich Blockmilch.

Malzmilch. Es wird ein Gemisch von Milch, einem Auszug von vermälztem Weizenmehl mit oder ohne Zusatz von Kochsalz, Kalium- und Natriumbikarbonat eingedickt und getrocknet.

Literatur.

EBERLEIN, L.: Die neueren Milchindustrien, Dresden: Steinkopff 1937.
FARRELL, A. W.: Dairy Engineering, New York: Wiley & Sons 1942.
MIYAWAKI: Condensed Milk, New York: Wiley & Sons 1928.
HUNZIKER, O.: Condensed Milk and Milk Powder, La Grange, Illinois 1935.
WEIGMANN, H.: Handbuch der Milchwirtschaft II, Wien: Springer 1931.

Eiaustauschstoffe aus Milch. Der Schaum von Milch zeigt eine wesentliche Stabilität infolge Denaturierens der an der Grenzfläche Flüssigkeit-Luft absorbierten Eiweißstoffe. Die günstigste Schlagfähigkeit liegt zwischen 30 und 60°. Reines Kasein ist in neutralem Medium nicht schlagfähig, während es sowohl in schwach saurem wie auch in alkalischem Medium, wobei gleichzeitig eine Quellung des Eiweißes stattfindet, durchaus beständige Schäume zu bilden vermag. Ein vollwertiger Eiersatz muß ein gutes Schaumvermögen, eine gute Koagulierbarkeit durch Hitze und ein gutes Emulsionsvermögen (Eigelb) aufweisen. Während bei der Hitzekoagulation des Eies eine Wasseraufnahme stattfindet und die Bildung einer stark wasserhaltigen festen Gallerte auftritt, welche das Lockerungsvermögen des Natureies hervorruft, fehlt dies bei den Eiaustauschstoffen.

Herstellung von schlagfähigem Milcheiweiß [1]). Vakuumeindickung eines Gemisches von Labmolke und Magermilch im Verhältnis 4:1. Der Fettgehalt muß unter 0,01% liegen. Hydrolysieren mittels Calciumhydroxyd bei p_H 11 bis 12. Einwirkungszeit 2 bis 6 Stunden. Trocknen im Zerstäubungstrockner. Lufteintrittstemperatur 160°, Austritt 70°; durch Walzentrocknen wird das Schaumvermögen zerstört. Sichten mittels Zentrifugalsichter und Abpacken.

[1]) Vgl. DRP 613 124, 638 880, 696 602, 715 511, 727 955 und BIOS Bericht Nr. 14, London 1949 S. 90, 102.

Herstellung von Eigelbaustauschstoff [1]). Tierische Eiweißarten sind gute Emulgatoren. Einstellung eines p_H-Wertes von 8,0 mittels Ätzkalk, Zugabe von saurem Natriumpyrophosphat als Quellsalz bis p_H-Wert 6,7 bis 7,1, dann Zugabe von Farbe und Stabilisatoren, wie Johannisbrotkernmehl, ersatzweise Bohnenmehl, Tylose o. dgl. Einwirkungszeit ½ Stunde, bis das Erzeugnis sämig ist, dann Trocknen auf Walzen. Sichten mittels Zentrifugalsichter und Abpacken.

2. Trockenkartoffeln.

Die vom Waggon oder vom Lager kommenden Kartoffeln werden zunächst in einer Schwemmrinne (vgl. Zuckerrübe, Kartoffelstärke) von den gröbsten Verunreinigungen befreit, gelangen mittels einer Förderschnecke in die Trogwäscher und über eine Waage in eine Sortiertrommel (zur Verringerung der Schälabfälle) und von dort in die Bunker (Abb. 146). Die Kartoffeln werden in die mit Karborund ausgefütter-

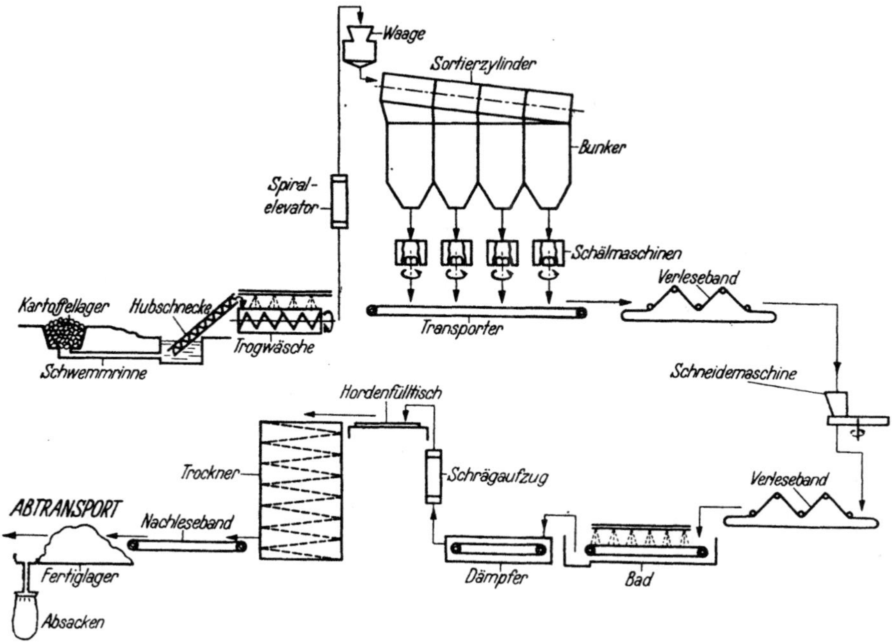

Abb. 146. Herstellung von Trockenspeisekartoffeln.

ten Behälter mit rotierendem Bodenteil unter Wasserzulauf geschält. Die Schalen werden abgeschwemmt. Durch Verwendung einer heißen Natriumhydroxydlösung (4%—10%, 90°, 2½—4 min) kann man den Schälverlust auf 7—20%, je nach dem Alter der Kartoffeln, verringern. Da diese Prozesse nicht fließend erfolgen, läßt sich eine Zwischenlagerung der geschälten Kartoffeln oft nicht vermeiden. Damit sie sich dabei nicht verfärben, werden sie in Wasserbottiche eingebracht, unter Zugabe von 0,1—0,001% Na_2SO_3 zum Wasser, ersatzweise 1—2% Kochsalz. Daran schließt sich

[1]) Vgl. DRP 613 124, 638 880, 696 602, 715 511, 727 955 und BIOS Bericht Nr. 14, London 1949 S. 90, 102.

ein Verleseband an, auf welchem die Kartoffeln laufend gewendet werden. In einer Schnitzelmaschine werden die geschälten Kartoffeln mittels rotierender Messer zu Scheiben von 5 mm Dicke (diese Dicke stellt einen Kompromiß dar, denn je dicker die Scheiben, desto länger die Trocknungsdauer, desto geringer andererseits die Auslaugung) bzw. in Streifen geschnitten, woran sich auf einem Verleseband das Auslesen brauner Stellen anschließt. Sorgfältiges Waschen der Kartoffeln ist für die Lebensdauer der Schneidemesser ausschlaggebend; es ist auch nötig, um die an der Oberfläche befindliche freie Stärke abzuwaschen, welche beim nachfolgenden Blanchieren verkleistert und die Scheiben zum Aneinanderkleben bringen würde. Stärkeverlust durch Waschen 10—20%, Ascorbinsäureverlust ca. 11%. Nunmehr werden die Scheiben in strömendem Dampf zur Inaktivierung der Enzyme etwa 3—4 min blanchiert. Beim Blanchieren in siedendem Wasser, das z. B. in einer rotierenden Trommel mit Transportschnecke erfolgen kann, ist es möglich, das Waschen der Scheiben fortfallen zu lassen. Wegen der Gefahr der Säuerung wird ein Blanchierbad höchstens 10—15 mal verwendet. Da man nach dem Blanchieren die Fehlerstellen besser sieht, wird häufig auch nach dem Blanchieren verlesen. Die Trockensubstanzverluste beim Wasserblanchieren belaufen sich auf 3,5—7%, beim Dampfblanchieren sind sie geringer. Die entsprechenden Ascorbinsäureverluste betragen 20 bzw. 15%. Abkühlen der Scheiben bzw. Streifen in Wasser führt zu weiteren Trockensubstanzverlusten und sollte vermieden werden.

Die Scheiben werden nun auf Aluminiumhorden aufgelegt und anfangs bei 85°, während der Hauptperiode der Trocknung bei höchstens 65° Eintrittstemperatur der Luft auf 7% Wassergehalt getrocknet. (Hordenturbinentrockner, Wechselluft-Wanderhordendarre, Hordenwagentrockner; Bandtrockner wegen Festkleben und Absplitterung weniger geeignet.) Die getrockneten Scheiben werden verlesen (Schalenreste, gefärbte Stellen) und abgesackt, der Grus wird durch Schüttelsiebe entfernt und kann z. B. für Bratlingspulver eingesetzt werden. Der Ascorbinsäureverlust beim Trocknen beträgt etwa 15—20%.

Die Verluste werden insbesondere bei länglichen Kartoffeln und solchen mit tiefen Augen erheblich geringer, wenn man nach dem Vorschlag von Heiss die ganzen Knollen blanchiert, worauf sie einen Flammenschäler nach Schulte passieren, wobei sie 7—9 sec einer Temperatur von 800° ausgesetzt werden. Dadurch wird die Schale gelockert und reibt sich unter Wasserzufuhr gegenseitig in einer rotierenden Waschtrommel ab. Auch das Nachdunkeln wird durch diesen Prozeß vermieden.

Die Schälabfälle: 15—35% des Frischgewichts bei der alten Methode gelangen in die Stärkefabrikation oder werden verfüttert (Schweinemast) oder nach dem Dämpfen siliert oder vermaischt (je nach Stärkegehalt). Auch eine Verwertung zu Futterflocken kommt in Betracht, wobei auch zu bedenken ist, daß Kartoffeln unter 3 cm Durchmesser von der Sortiertrommel in die Abfälle wandern. Sorten, die stark zu Schwarzfleckigkeit neigen, wie „Parmassia", sind zur Herstellung von Trockenkartoffeln nicht geeignet. Die stärkehaltigen Waschwässer (Blanchierbad, Schälmaschinen, Schneidemaschinen) werden im allgemeinen nicht ausgewertet. Gelegentlich wird die abfallende Feuchtstärke in Bottiche gesammelt und an Stärkefabriken verkauft. Die Abwässer müssen in Faulteiche geleitet werden.

Die Ausbeute beträgt üblicherweise 12 kg Trockenkartoffeln mit 14% Wassergehalt je 100 kg Frischware, während trotz der Verluste von 35% beim Schälen eine Ausbeute von etwa 18 kg zu erwarten wäre. Der Rest sind Verarbeitungsverluste. Mit Hilfe der Flammenschälung dürften sich 18—20 kg/100 kg Frischkartoffeln erreichen lassen (theoretisch ohne Abfälle höchstens 27,8 kg bei 75% Wassergehalt der Frischware und 10% Wassergehalt der Trockenware).

Höchstens als Behelfsverfahren ist die Trocknung von Speisekartoffeln in koksbeheizten Trommeltrocknern (Zuckerindustrie) ohne Blanchieren zulässig, unblanchierte Trockenkartoffeln sind im Geschmack und Aussehen nicht einwandfrei. Bis Mitte November kann notfalls eine Verarbeitung ungeschälter Kartoffeln in Betracht gezogen werden.

Energiebedarf ca. 200 kg Kohlen für 1 Tonne Frischkartoffeln.

„*Riced-Potatoes*“ werden dadurch hergestellt, daß die Kartoffeln geschält, in große Stücke geschnitten, in Dampf oder in Wasser gekocht und heiß durch die Öffnung einer „ricing“-Maschine gepreßt werden (Dicke der Fäden 2—3 mm). Diese besteht aus einem äußeren, gelochten Stabzylinder, der einen enganschließenden Innenzylinder umschließt, beide rotieren, zwischen beiden wird der Kartoffelbrei durchgedrückt oder aber es wird ein Fleischwolf verwendet. In 2—4 Stunden werden die Stränge auf Horden getrocknet und dann maschinell leicht gebrochen. Vermahlung würde zu einem zu starken Zellaufschluß und damit zu einer schleimigen Konsistenz des fertigen Breies führen. Durch Gefrieren des Breies vor dem Trocknen soll die Konsistenz weiter verbessert werden. Während „riced Potatoes“ nach dem Kochen noch 55% der Ascorbinsäure und — abgesehen von den Schälverlusten — noch 97% der Trockensubstanz enthalten, beträgt der Ascorbinsäuregehalt bei Kartoffelstreifen nach dem Waschen, Blanchieren und Kochen nur noch 10—15% (15—20% beim Dampfblanchieren) und der Trockensubstanzgehalt nur noch 70% (75% beim Dampfblanchieren) des Betrags der geschälten Kartoffeln.

Literatur.

HEISS, R.: Versuche über die Verringerung der Schälverluste bei der Verarbeitung von Kartoffeln, Angewandte Kochwissenschaft, Bd. **3**, Folge 10, 1943.

WAGER, H. G., R. G. TOMKINS, T. P. BRIGHTWELL, R. J.L. ALLEN and L. W. MAPSON: Food Manufact., **20**, 289, 321, 367, 375 (1945).

3. Kartoffelflocken.

Die Kartoffeln werden gründlich gewaschen (vgl. Kartoffelstärke) und gelangen nach dem Verwiegen über Bunker im oberen Stockwerk unmittelbar in die Dämpfer (Abb. 147 u. 148). Hier werden sie etwa 30 Minuten bei höchstens 0,5 atü soweit gedämpft, daß sie eben noch nicht breiartig sind. Über einen Behälter und eine Breischnecke kommt der Kartoffelbrei auf eine mit 5 bis 6 Umdrehungen je Minute laufende, innen mit Dampf von 6 atü beheizte Walze (zur Vermeidung von Verfärbungen möglichst aus nichtrostendem Stahl). Bei Verwendung eines Zweiwalzentrockners fallen die gedämpften Kartoffeln in den Schüttrumpf, in dem eine Rührwelle die Kartoffeln zerkleinert, worauf der Brei durch eine ein- und ausdrückbare Vollspiralschnecke dem Walzentrockner zugeführt wird. Der Brei fällt zwischen beide Walzen und wird durch mehrere Rührwalzen aufgerührt, um ein Anbrennen zu vermeiden. Die vier Auftragwalzen auf jeder Trockenwalze pressen den Brei an die Trockenwalzen. Nach etwa $^3/_4$ Drehung der Walze wird der getrocknete Schleier mittels eines Messers abgeschabt und gelangt in eine Kühlschnecke, die ihn gleichzeitig zerkleinert. Ein Becherwerk hebt das zerkleinerte Gut in einen Sortierzylinder, in den grobe Flocken und Zusammenballungen übergehen und erneut dem Trockner zufließen. Das Fertiggut wird nach dem Verwiegen entweder unmittelbar abgesackt oder es wird durch eine Schnecke oder pneumatisch auf Lager gefördert. Wassergehalt höchstens 12—13%. Futterflocken dienen als Futtermittel in den Sommermonaten, in denen die Schlempe

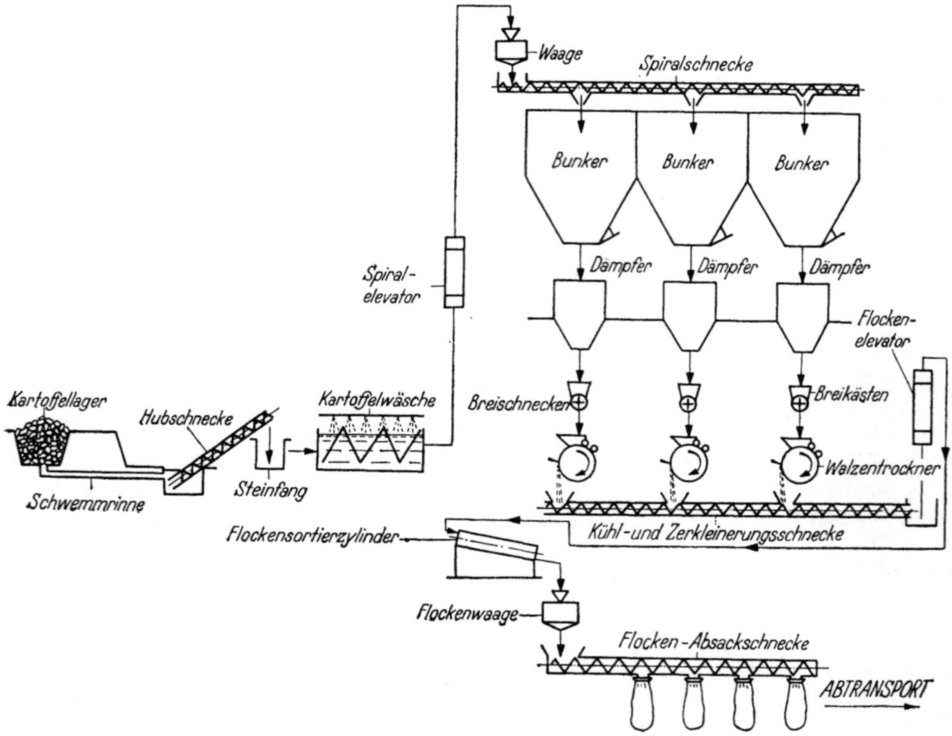

Abb. 147. Kartoffelflockenherstellung.

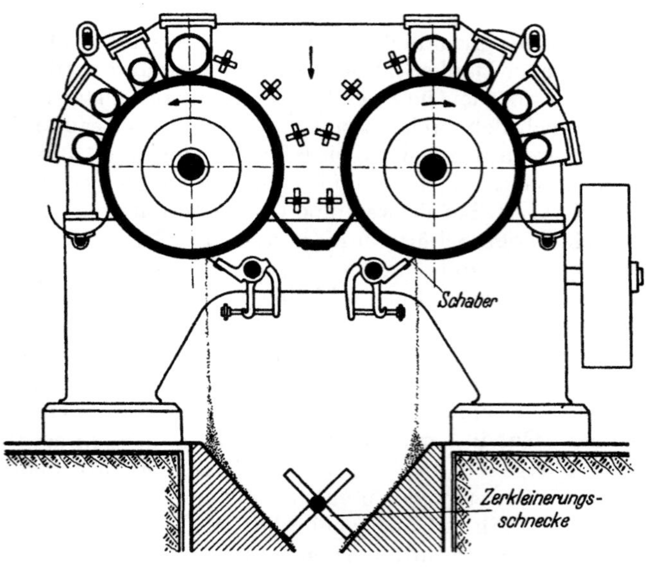

Abb. 148. Schema eines Zweiwalzentrockners (Büttner).

aus den Brennereien fehlt, gegebenenfalls als Rohstoff in der Spiritusindustrie und Hefefabrikation.

Bei der Herstellung von Backflocken kann zwischen Bunker und Dämpfer eine Schälmaschine (vgl. Trockenkartoffel) und eine Nachwäsche eingeschaltet werden. Es wird aber im allgemeinen so vorgegangen, daß man die Schalenzusammenballungen abschließend heraussichtet. Ein wesentlicher Teil der in den Kartoffeln enthaltenen Schalen, die vorwiegend an der unteren Auftragewalze anhaften, kann dabei von vornherein durch periodische Reinigung dieser Auftragewalzen von Hand ausgeschieden werden. Der Anteil der ausgeschiedenen Schalen läßt sich durch Verwendung von Auftragewalzen mit besonderem Haftvermögen, z. B. aus Holz, wesentlich erhöhen, so daß ein günstigeres Ausgangsprodukt für die Walzmehlherstellung geschaffen wird.

Zur Herstellung von *Kartoffelwalzmehl* (Kartoffelquellmehl) werden die durch die Bespannung des Sortierzylinders fallenden Flocken auf einer Riffelwalze vorgebrochen und auf zwei weiteren Walzen mit feinen Riffeln oder auf Glattwalzen fertig gemahlen. Als letzte Überstöße verbleiben die Schalenreste (Futtermittel). Einschaltung von Plansichtern mit Gaze 8—12. Kartoffelwalzmehl findet Verwendung im Haushalt, zum Strecken von Roggenmehlen und schließlich in aufgeschlossener Form als Backhilfsmittel.

In England wird bei der Herstellung von Kartoffelmehl für Speisezwecke besonders darauf geachtet, daß die Zellen nicht beschädigt werden, weil durch den dadurch verursachten Stärkeaustritt der Kartoffelbrei zu pastig wird. Man erreicht dies dadurch, daß die Trocknung in 2 Stufen durchgeführt und zwischen hindurch der halbgetrocknete Brei 2 bis $2\frac{1}{2}$ h bei möglichst tiefen Temperaturen unter gelegentlichem Rühren „konditioniert“ und dann gesiebt wird.

Dampfverbrauch: 0,14 t bis 0,16 t Steinkohle/t Kartoffeln, ca. 5 PS (entsprechend 1,1 t Dampf bei Verwendung von Abdampf zum Dämpfen).

Ausbeute: Bei einem mittleren Stärkegehalt von 18% beträgt die Ausbeute aus 100 Teilen Frischkartoffeln ca. 28%.

Literatur.

Englische Patente 537669, 566828, 542125.

4. Trockenei.

Vollei. Die Eier werden durchleuchtet, z. B. durch Berieseln mit Wasser gereinigt und mit Sand abgeblasen, geknickt, einzeln in Schalen eingelegt und besichtigt und durch ein Sieb gestrichen, in welchem das Keratingerüst weitgehend und evtl. Schalenbestandteile zurückbleiben (Abb. 149). Die verbleibenden Gerüstteile werden in einem Rührwerk zerschlagen, gegebenenfalls homogenisiert. Behelfsmäßig kann man eine Obstpassiermaschine verwenden. Mittels einer Pumpe wird die Eimasse auf die Zerstäuberscheibe eines Zerstäubungstrockners gebracht und das Trockenpulver — gegebenenfalls nach Absieben — dampfdicht verpackt. Es ist wichtig, daß der Trockenturm laufend geräumt wird; wegen der hohen Lufteintrittstemperatur (110° und höher) muß das Pulver rasch auf 25° abgekühlt werden. Zweckmäßigerweise wird die Eimasse vor dem Zerstäubungstrockner im Schnellstromerhitzer vorgewärmt. Die gesamte Anlage muß mindestens alle 24 h sterilisiert werden.

In älteren Anlagen (China) verwendet man zum Trocknen Schalen aus Aluminium oder Glas, welche in Horden eingeschoben werden; das Trocknen erfolgt bei

40—45°, jedenfalls unter der Gerinnungstemperatur des Albumins (52°) und dauert 30—32 h. Auch endlose Bänder, die durch Trockenkammern geführt werden, dienen zum Trocknen in dünnen Schichten bei einer Lufttemperatur von 60° in $1\frac{1}{2}$ bis 2 h. Die Fertigtrocknung erfolgt bei 40° in Horden in 2 bis 3 h. Auch Trocknung auf Vakuumwalzen wird angewandt.

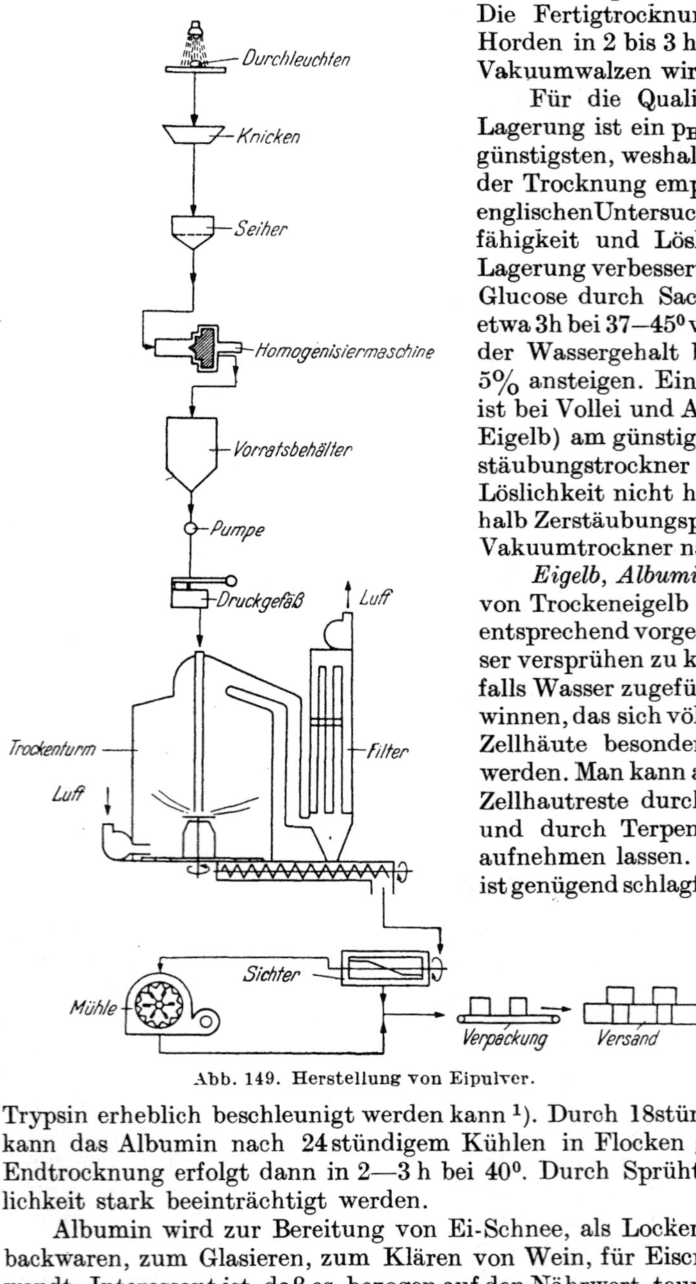

Abb. 149. Herstellung von Eipulver.

Für die Qualitätserhaltung bei der Lagerung ist ein p_H-Wert von 5,5—6,5 am günstigsten, weshalb eine Ansäuerung vor der Trocknung empfehlenswert ist. Nach englischen Untersuchungen soll die Schaumfähigkeit und Löslichkeit nach längerer Lagerung verbessert werden, wenn man die Glucose durch Saccharomyces apiculatus etwa 3h bei 37—45° vergärt. Keinesfalls darf der Wassergehalt bei der Lagerung über 5% ansteigen. Ein Wassergehalt von 1% ist bei Vollei und Albumin (nicht aber bei Eigelb) am günstigsten, kann aber im Zerstäubungstrockner ohne Beeinflussung der Löslichkeit nicht hergestellt werden, weshalb Zerstäubungspulver mit 3% W.G. im Vakuumtrockner nachgetrocknet wird.

Eigelb, Albumin. Bei der Herstellung von Trockeneigelb und von Albumin wird entsprechend vorgegangen. Um Eigelb besser versprühen zu können, wird gegebenenfalls Wasser zugefügt. Um Albumin zu gewinnen, das sich völlig klar löst, müssen die Zellhäute besonders sorgfältig abgesiebt werden. Man kann auch die Suspension der Zellhautreste durch Essigsäure zerstören und durch Terpentinöl die Dottermasse aufnehmen lassen. Nur das dünne Eiweiß ist genügend schlagfähig, weshalb das dicke Eiweiß in die Konsistenz des dünnen Eiweißes überführt werden muß. Dies erfolgt durch Fermentieren, welches durch Zugabe von Trypsin erheblich beschleunigt werden kann [1]). Durch 18stündiges Trocknen bei 60° kann das Albumin nach 24stündigem Kühlen in Flocken gebrochen werden. Die Endtrocknung erfolgt dann in 2—3 h bei 40°. Durch Sprühtrocknung soll die Löslichkeit stark beeinträchtigt werden.

Albumin wird zur Bereitung von Ei-Schnee, als Lockerungsmittel für Zuckerbackwaren, zum Glasieren, zum Klären von Wein, für Eiscrempulver u. dgl. angewandt. Interessant ist, daß es, bezogen auf den Nährwert, teurer als Trockeneigelb ist.

[1]) Balls and Swenson: Food Res., 1, 319 (1936).

5. Kaffee-Ersatz.

Bei Getreidekaffee unterscheidet man zwischen trockner und feuchter Röstung. Im ersten Fall entstehen Erzeugnisse, die äußerlich dunkel sind, innen aber noch einen mehligen Bruch aufweisen. Bei Anwesenheit von Wasser beim Röstvorgang er-

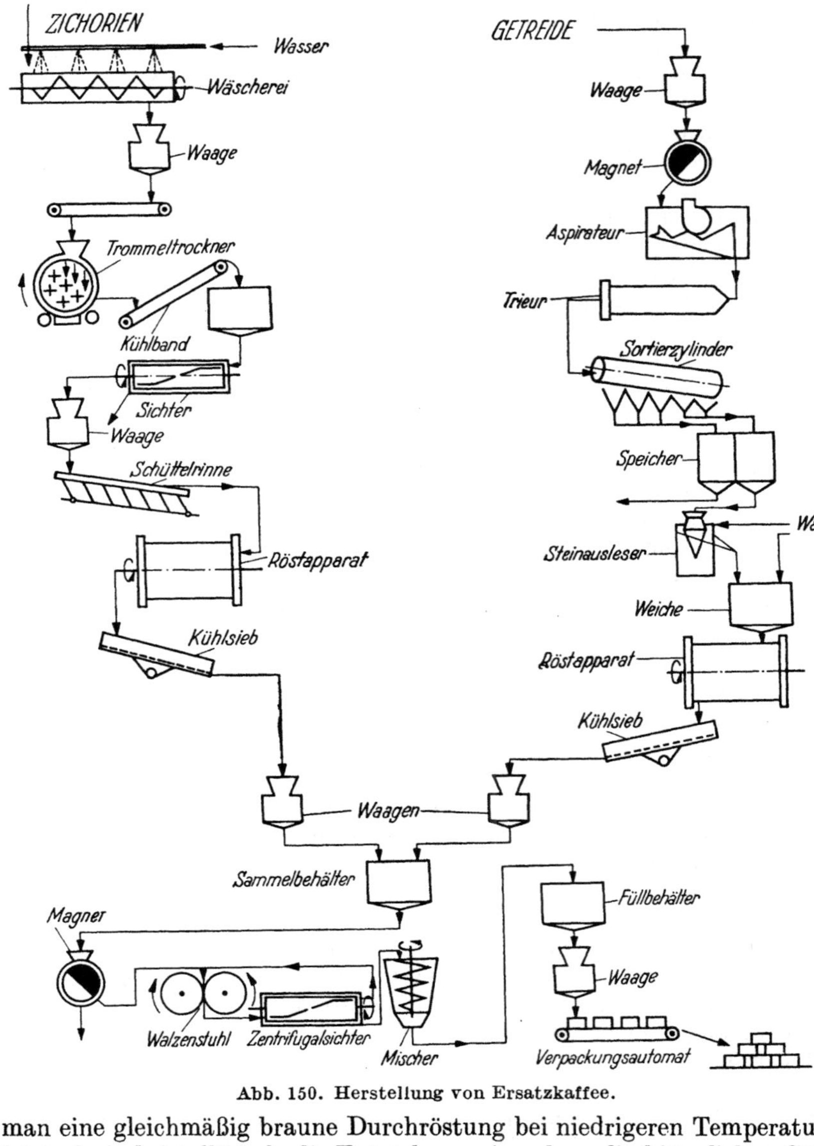

Abb. 150. Herstellung von Ersatzkaffee.

zielt man eine gleichmäßig braune Durchröstung bei niedrigeren Temperaturen; der Bruch ist glasig-kristallinisch, die Entstehung eines brenzlig-bitterlichen Geschmakkes wird hintangehalten.

Eine weitere Verbesserung entsteht dadurch, daß man durch Vermälzung die wasserunlösliche und relativ schwer zu karamelisierende Stärke in wasserlösliche Kohlenhydrate umwandelt (Abb. 150).

Getreideverarbeitung. Das ankommende Getreide wird gewogen, durchläuft einen Magneten und wird vor allem vom giftigen Unkrautsamen (Kornraden, Taumellolchsamen u. dgl.) gereinigt. Hierzu dient der Trieur, der zur Entfernung spezifisch leichterer und schwererer Verunreinigungen mit einem Aspirateur verknüpft ist. In einem Sortierzylinder wird das Getreide nach Dicke getrennt, da die verschiedenen Dicken unterschiedliche Weichzeiten bedingen. Nach nochmaligem Verwiegen wird das Getreide in Silos gespeichert und je nach seinem Wassergehalt hierzu nachgetrocknet. Das sich daran anschließende Weichen wird unter „Malzherstellung“ näher beschrieben. Vorher passiert das Getreide eine Steinschnecke. Wenn Gerste gekeimt ist (70% der Körner mit ½ Blatt Keimlänge), heißt das Produkt Malzkaffee. Die Weichdauer für *Gerstenkaffee* beträgt 72 bis 96 Stunden, je nach der Sortierung. Nach den ersten 6 Stunden wird das Wasser gewechselt, worauf sich ein Wasserwechsel in 12- bis 24stündigem Rhythmus anschließt. Der Endwassergehalt liegt zwischen 42 und 45% (vgl. Malz).

An das Einweichen schließt sich unmittelbar das Rösten in Trommeln oder in Kugeln, die direkt mit Koks beheizt werden, an. Die in einem Zuge durchgeführte Trocknung und Röstung ergibt besonders herzhafte Produkte. Verwendung finden auch rotierende Trommeln, die in der Weise mit Gas beheizt werden, daß die Gasflamme mittels eines Ventilators durch die Trommelachse geblasen wird, während das Röstgut in Schneckenwindungen der Trommel, in welche Schikanen eingesetzt sind, rotiert. Die Röstdauer beträgt $1^3/_4$ bis 2 Stunden, die Endtemperatur beträgt bei Gerstenkaffee 190—200°, bei Malzkaffee 170—180°, dabei dauert der eigentliche Röstvorgang nur wenige Minuten, der Hauptteil der Zeit ist zur Verdampfung des Einweichwassers erforderlich. Insbesondere bei Malzkaffee pflegt man Kandier- oder Glasiermittel zuzugeben. Meist läßt man das Gut über 160° heiß werden, röstet aus oder röstet fast aus, läßt das Röstgut etwas abkühlen und setzt Zucker zu. Das Fertigrösten erfolgt an Hand eines Farbmusters. Als Glasier- bzw. Kandiermittel werden außer Zucker, Dextrine, löslich gemachte Eiweißstoffe, Gelatine, Schellack u. dgl. verwendet. Kurz vor dem Ausbringen des Getreidekaffees gibt man in die Rösttrommel etwas Wasser, da sonst beim Ausbringen Gefahr besteht, daß das Röstgut anbrennt. Durch die plötzliche Dampfentwicklung werden Schalenteile, abgeriebene Teile u. dgl. ausgeblasen. Der Kugelinhalt wird auf ein Kühlsieb entleert, durch welches von unten her Raumluft geblasen wird. Eine rasche Abkühlung ist nötig, damit durch Weiterröstung keine brenzlichen Komponenten auftreten. Nicht eingeweichter Gerstenkaffee wird nur etwa 25 Min. geröstet. Wassergehalt nach der Röstkugel 0,1 bis 0,5%, nach dem Kühlsieb 1—1,5%. Da das Röstgut nach dem Rösten leichter geworden ist, ist hierbei eine Entsteinung besonders wirksam.

„Instant Postum“ wird dadurch hergestellt, daß man Weizen röstet und mit gerösteter Kleie und Rohrzuckermelasse mischt. Das Röstgut wird perkoliert, der Extrakt im Vakuum konzentriert, im Vakuumwalzentrockner getrocknet, nach dem Abkühlen gemahlen und unter Verwendung von Luftkonditionieranlagen in Blechdosen eingefüllt (Lit. US. Patent Nr. 2 166 797, 18. Juli 1939, Nr. 2 239 543, 22. April 1941).

Die Herstellung von Farbmalz unterscheidet sich von der des Malzkaffees insofern, als die Röstdauer 2½ bis $2^3/_4$ Stunden beträgt und eine Endtemperatur von 220° erreicht wird. Sofort nach dem Füllen der Röstkugel wie auch während des Brennprozesses wird Wasser zugegeben.

Zichorienverarbeitung. Die Zichorienwurzeln werden gründlich mit Wasser von Sand und Erde gereinigt (vgl. Kartoffeln, Zuckerrüben), quer geschnitzelt und die

Schnitzel in Trommeln oder Darren vorsichtig und langsam auf 9% Wassergehalt getrocknet. Beim Trocknen in Brocken ist eine Sortierung wichtig, da die kleinen Brocken schneller rösten. Nach dem Abkühlen gelangen sie in ein Rohgutmagazin. Von dort aus passieren sie einen Sichter, um den Grieß zu entfernen, welcher bei der Röstung verbrennen würde. Nach erneutem Verwiegen werden die zweckmäßigerweise nach Größe sortierten Trockenschnitzel in etwa 2½ Stunden bis zu einer Endtemperatur von 210° geröstet, wobei entweder vor dem Rösten oder gegen Ende als Würzzusatz Kochsalz, Sirup, Öl u. dgl. je nach der hergestellten Sorte zugegeben wird. Die Zichorie muß langsam und gleichmäßig geröstet werden, zu schnelles Rösten würde den Milchgehalt ganz oder teilweise zerstören. Nach dem Ausschlagen auf ein Kühlsieb und Verwiegen wird die geröstete Zichorie gemeinsam mit dem gerösteten Getreide über einen Magneten einem Walzenstuhl zugeführt. Daran schließt sich ein gründliches Mischen mittels Mischschnecke und das Abpacken in Verpackungsautomaten an. Das „Fermentieren" der Zichorie erfolgt durch Auslegen der fertigen Packungen auf Horden bei 20—25° und einer relativen Feuchtigkeit von 80—95%. Hierdurch soll dem an sich staubförmigen Gut ein festeres Gefüge, ein besseres Aussehen gegeben werden und weiterhin soll damit eine Art von Reifungs- und Aufschlußvorgang verbunden sein, insbesondere scheinen unerwünschte flüchtige Säuren abzudiffundieren.

Zur Ersatzkaffeeherstellung werden noch Zuckerrübenschnitzel verwendet, die eine starke Färbekraft besitzen. Die Röstung erfolgt ziemlich scharf. Bei Milocorn — einer Hirseart — ist zur Vermeidung eines bitteren Geschmackes ein vorheriges Weichen besonders wichtig.

Ausbeute. Weichverluste von Gerste 0,6—1,5%. Substanzverluste beim Mälzen 4—7%. Substanzverluste beim Rösten (fast ausschließlich Wasserverluste) 22 bis 25%. Extrakt: Gerstenkaffee und Malzkaffee 45—53%. Zichorie 60—75%. — Der beim Trocknen der Zichorie auf Trommeltrocknern im Staubabscheider anfallende Grieß kann wegen Staub- und Aschebeimengung nicht verwertet werden. Dagegen können die bei der Sichtung des Trockengutes abgesplitterten Teilchen gesondert geröstet werden.

Energieverbrauch für Kaffeemittel aus reinen Zichorienprodukten 70 kg Kohle (7000 WE) je 100 kg, Getreideprodukten 38 kg je 100 kg, Mischprodukte 48 bis 55 kg je 100 kg. Zur Verdampfung des Einweichwassers kann man in den üblichen Röstapparaten je kg 1000—1200 kcal rechnen.

Anmerkung. Der Bodensatz von Ersatzkaffee besteht aus ca. 13% Eiweiß, enthält also noch den Hauptteil des Getreideeiweißes, 63,5% Kohlenhydrate, ca. 20% wasserlösliche Substanz und auch noch etwas Fett (2%). Es ist vorgeschlagen worden, aus dem getrockneten Bodensatz, der noch einen Nährwert von 334 kcal/100 g aufweist, das Öl durch Extraktion weitgehend zu gewinnen; der Extraktionsrückstand kann bei der Herstellung von Phenolpreßmassen als Füllstoff anstelle von Holzmehl verwendet werden, doch ist dies in Anbetracht der Tatsache, daß nur 12% des Getreidenährwertes ausgenutzt werden, keine befriedigende Lösung. Besser erscheint die Verwendung von Kaffeesatz als Fettsparmasse.

Literatur.

Trillich, H.: Rösten und Röstwaren, München: B. Heller 1934.

6. Feinbäckerei

(insbesondere Keksherstellung).

Der Unterschied gegenüber Brot und Brötchen ist der Gehalt an Zucker und Fett, sowie im allgemeinen das schnellere Ausbacken. Man verwendet anstelle von Hefe im allgemeinen Backpulver und zwar vorwiegend Gemische von doppeltkohlensaurem Natron und Weinstein, woraus in feuchtem Medium Seignettesalz, Kohlendioxyd und Wasser entstehen. Hierbei erfolgt die Lockerung des Teiges erst im Backofen, nicht wie beim Hefegebäck zu einem erheblichen Teil vorher. Eine Teiglockerung wird auch durch Eiweißschaum und eine indirekte Lockerung durch Fett hervorgerufen, da dieses dem Entweichen des Wasserdampfes einen Widerstand entgegensetzt. Wesentlich für den Mürbungseffekt ist, eine zu weitgehende Verkittung der Stärke- und Eiweißteilchen zu vermeiden. Dies kann entweder dadurch erfolgen, daß man das Verkleisterungswasser rasch entzieht (Waffeln) oder Triebmittel verwendet und mit starker Backhitze arbeitet (Keks, Zwieback), oder durch Fett bzw. fetthaltige Zusätze um die Stärkekörner Filme bildet (Keks). Bei Lebkuchen erfolgt ein teilweiser Feuchtigkeitsentzug durch zuckerreiche Zutaten[1]). Feine Mehle liefern im allgemeinen weniger mürbes Gebäck als griffige Mahlerzeugnisse bzw. Vollkornschrot, weil diese weniger zum Verkleben und Verquellen der Stärketeilchen neigen.

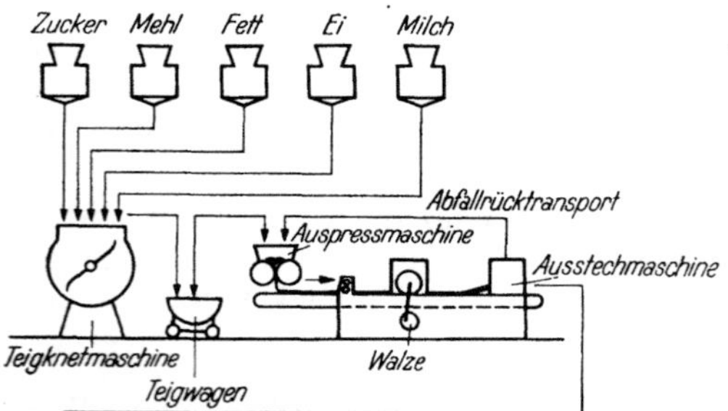
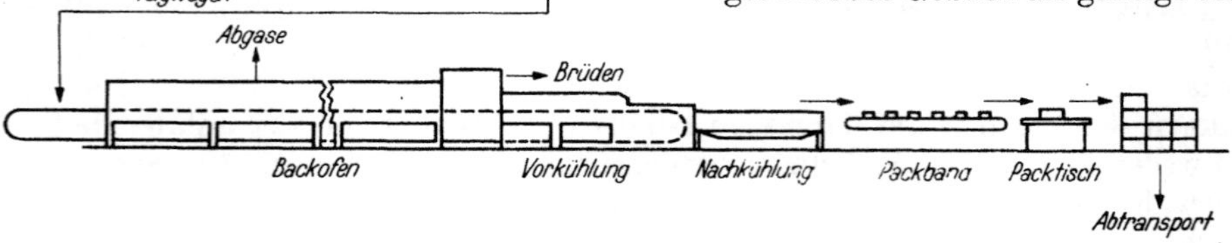

Abb. 151. Hartkeksherstellung.

Als Rohstoff wird kleberarmes bzw. kleberschwaches Weizenmehl verwendet. Roggenmehl bäckt naß und zäh und wird verwendet, um die Teigbindung zu verbessern. Gerstenmehl und Malzmehl ergeben rissige Gebäcke. Kartoffelmehl bäckt kurz, macht das Gebäck aber schnell trocken. Maismehl bäckt schön weiß, ergibt aber ebenfalls leicht ein trockenes Gebäck. Kastanienmehl und Bucheckernmehl haben nur geringe Backfähigkeit und färben das Gebäck dunkel. Der Mürbungseffekt wird bei Keksen außerordentlich erhöht, wenn das Fett in Form einer 10- bis 20%igen Emulsion in den Teig verarbeitet wird.

Bei der Herstellung von *Keksen* (Abb. 151) werden zunächst Zucker, Mehl, Fett, Ei und Milch in einer *Knetmaschine* gemischt. Daraufhin kommt der fertige Teig mittels *Teigwagen* in den eigentlichen Verarbeitungsprozeß, der damit beginnt, daß der Teig entweder ausgewalzt und ausgestochen oder aber mittels geriffelter Walzen so durch Schablonen gepreßt wird, daß er in langen Bändern austritt (Auspreß-

---

[1]) ROTSCH, A.: Zucker- und Süßwarenwirtschaft, 2, H. 2, 2 (1949).

maschine, Queenpreßmaschine), welche dann durch eine Schneidewalze oder noch im hängenden Zustand in kurze Teile geschnitten werden. Bei der Herstellung von sogenannten „Dropsbiskuits" wird der Teig (angeschlagene Masse) durch die Tüllen einer Tüllenplatte gepreßt, wodurch eine geringe Menge Teig an den Tüllen hängen bleibt, die durch ein nach unten bewegtes Backblech abgerissen wird.

Bei der Herstellung von Hartkeksen wird üblicherweise so vorgegangen, daß der von der Teigwalze bzw. neuerdings von der Auspreßmaschine fertiggestellte Teig zur weiteren Verarbeitung dem *Schichtwalzwerk* der Ausstechmaschine übergeben wird; dieses ist mit einer Stelleinrichtung versehen, um dem Teig die genaue Stärke zu geben. Beim Verlassen des Schichtwalzwerkes legt sich der Teig auf ein *Transporttuch*, das ihn unter der rotierenden *Bürstenwalze*, evtl. noch unter *Riffelwalzen* hindurch zum Ausstecher führt. Dort werden die Kekse ausgestochen, mittels Abstreifer vom Abfall sortiert, der zum Teig zurückgeführt wird. Wegen der Teigspannung müssen runde Keks oval ausgestochen werden. Die Kekse legen sich selbsttätig auf die Backbleche, die mit Stearin oder mit einer Trennemulsion eingefettet sind, wobei eine Bürste das Überschlagen vermeidet. Die Ausstecher sind schwenkbar, um sie rasch reinigen zu können. Hartkekse dürfen nicht an der Luft trocknen, bevor sie in den Ofen kommen, da sich sonst beim Backen Blasen ergeben, wogegen Anisplätzchen und Russisch-Brot vorher bei 50° ca $1\frac{1}{2}$ h abgetrocknet werden müssen. Queenteige müssen sofort verarbeitet werden, da durch Lösen des Zuckers der Teig sonst zu weich und zäh wird.

An Hilfsmaschinen werden Doppelwalzen mit eingravierten Mustern zur Herstellung von Bretzeln, Spekulatius, Biskuits u. dgl., Überziehmaschinen und Glasiermaschinen (vgl. Pralinenherstellung), verwendet, während Russisch-Brot auf Blechen mit eingestanzten Formen gebacken wird.

Der feste Teig wird in einem nicht zu heißen Ofen scharf gebacken (Backofen vgl. Brotherstellung mittels Kettenbackofen). Backtemperatur 200—220° für braune Lebkuchen, 180° für Russisch-Brot 260—280° für Hartkekse. Backdauer dabei 4—6 min. Damit der Keks im Aussehen nicht zu stumpf wird, werden Wrasen gegeben. Die Abkühlung darf vor allem bei unregelmäßig geformten Gebäcken nicht zu rasch erfolgen, da sich sonst Risse ergeben.

Das Glasieren von Pfefferkuchen, Lebkuchen u. dgl. erfolgt mit einer Maschine, welche aus einer Walze besteht, die in einen Auffangbehälter taucht und die Glasiermasse auf eine Bürstenwalze überträgt, an die die zu glasierenden Gebäckstücke mittels Hand gehalten werden.

Zwieback wird dadurch hergestellt, daß der mit Hefe angesetzte Teig nach $\frac{1}{2}$stündigem Gären in den üblichen Maschinen abgepfundet, ausgerollt wird und auf flachen Blechen unter Schwaden nochmals 20 min bei fast 30° gärt. Die Backdauer beträgt 15—20 min bei 220 bis 250°. Nach dem Abkühlen werden die Zwiebackkuchen mittels paralleler Bandsägen geschnitten und die auf Bleche aufgelegten Zwiebackstücke bei 180° etwa 16 min geröstet und dann verpackt. Höher gehärtete Fette ergeben im allgemeinen eine zartere Porung und ein höheres Gebäckvolumen. Oberflächenaktive Stoffe wie Lecithin, Monoglyceride erhöhen bei Backwaren ganz allgemein Lockerung und Mürbe.

Literatur.

KIETZ, E. R.: Die Biskuit- und Keksfabrikation, Nordhausen: Killinger.

7. Knäckebrot.

Es wird aus 90% Vollkorn-Roggenmehl und 10% Brotmehl hergestellt.

Das Mehl wird gesiebt, gemischt und aufgelockert und über eine automatische Waage in die Knetmaschine befördert. Mehl, Sauerteig, Hefe, Salz und Wasser werden in der Knetmaschine ca. 20 min gemischt und geknetet (Abb. 152).

Der Teig wird sehr weich gehalten (Wassergehalt 50—60%), die Gärzeit beträgt 100—120 min. Der Teig wird automatisch oder von Hand mit einer Schöpfkelle in den Trichter der sogenannten Aufschlagmaschine befördert. In diesem Trichter ist ein Schneckengetriebe angebracht, welches den Teig noch einmal durcharbeitet und nach den Teigwalzen bringt. Die Teigwalzen legen den Teigfladen auf ein Transportband. Hier wird der Fladen von unten nach oben automatisch mit etwas Streumehl belegt, das Mehl mit Bürsten grob abgestrichen, alsdann mit einer Igelwalze bearbeitet und durch einen schwingenden Ausstecher gestanzt. Durch Querband und Rücklauf transportiert die Maschine die Abfallstreifen zurück in den Vorratsbehälter. (In Schweden erfolgt das Zerkleinern des fertigen Brotes durch Zersägen.) Von hier aus passieren die einzelnen Fladen automatisch den Gärofen und nach Ablauf des zweiten Gärungsprozesses (Dauer 20 bis 30 min) den Backofen.

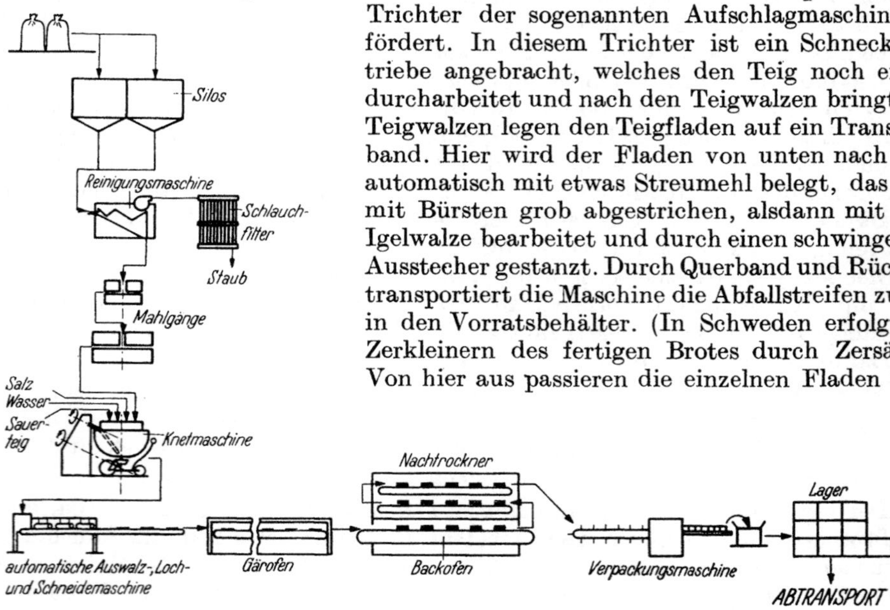

Abb. 152. Herstellung von Knäckebrot.

Die Fladen werden nun 10 min mit einer Anfangstemperatur von ca. 230°, die während des Backprozesses um 100° gesenkt wird, gebacken; die Brottemperatur überschreitet 100° nicht. Auch hier erfolgt der Transport automatisch auf einem Netzband. Die Beheizung erfolgt meist elektrisch unter Ausnützung des Nachtstromtarifes (ca. 1 kWh je kg Mehl).

Nach dem Abbürsten des noch anhaftenden Streumehles werden die Fladen auf Horden gelegt und wandern auf diesen durch einen Trockenofen, in welchem sie auf ca. 6% WG. bei 45° nachgetrocknet werden. (Dauer 2½—5 h.)

Nach dem Verlassen des Trockenofens und dem Aussortieren von Bruch wird die erforderliche Anzahl von Platten auf ein Transportband der Verpackungsmaschine gelegt, um dort zuerst in dampfdichtes Papier, anschließend in einer Faltschachtel verpackt zu werden, woran sich das Verpacken in Wellpappekartons anschließt.

Der Bruch kann zu Nährmitteln verarbeitet werden.

Literatur.

Ulrich, O.: Getreide, Mehl und Brot, 2, 29 (1948).

Anhang.

Vereinigung und Trennung der flüssigen und gasförmigen Phase. Fetthärtung.

Der wesentliche Unterschied zwischen flüssigen und festen Fetten besteht in einem höheren Gehalt an Glyceriden der ungesättigten Fettsäuren der ersteren. Da sich die flüssigen ungesättigten Fettsäuren von den festen, gesättigten Fettsäuren durch einen Mindergehalt von Wasserstoffatomen unterscheiden, kann man durch Anlagerung von Wasserstoff an die ungesättigten Fettsäuren „gehärtete Fette“ herstellen. $—CH:CH— + H_2 = \cdot —CH_2 \cdot CH_2— +$ Wärmetönung. Gleichzeitig treten noch sterische oder strukturelle Verschiebungen der Doppelbindung auf (Selektivität der Härtung); es entstehen Isofettsäuren. Zur Hydrierung sind Nickelkatalysatoren nötig, welche auf verschiedene Weise hergestellt werden, z. B. durch Zusatz von Nickelformiat zu einer Ölsuspension oder in Form des auf einem Träger wie Kieselgur niedergeschlagenen Nickels. Wesentlich ist eine absolut gleichmäßige und möglichst gute Verteilung des Katalysators im Öl (genügende Rührwirkung), ein sofortiger Ersatz des dauernd verbrauchten Wasserstoffanteils und eine gute Gasabsorption.

Apparativ unterscheidet man zwei Verfahren: Starkes Rühren des Öl-Katalysator-Gemisches unter Durchleiten des Wasserstoffs und Zerstäuben des Öl-Katalysator-Gemisches in einer Wasserstoffatmosphäre.

Temperatur (100—250° je nach Ölart), Druck (0,3 bis 4 atm), Intensität der Mischung, Katalysatorkonzentration und Spezifität des Katalysators sind für die Hydriergeschwindigkeit maßgebend, und zwar steigt sie mit wachsender Temperatur bis zu einem Maximum, dessen Lage von dem Gehalt an höher ungesättigten Glyceriden abhängt. Sowohl die Selektivität wie auch die Isoölsäurebildung (Margarineherstellung) werden durch hohe Temperaturen, mäßig aktive Katalysatoren und niedrige Wasserstoffdrücke begünstigt. Die Geschwindigkeit steigt mit wachsendem Wasserstoffdruck, und zwar käme man bei hohen Drücken mit niedrigen Härtungstemperaturen aus, bei welchen Vitamin A und D im Gegensatz zum jetzigen Verfahren geschont würden. Dies hat aber nur theoretische Bedeutung, da bei sinkender Temperatur die Selektivität abnimmt, d. h., daß unselektiv gehärtete Fette neben höher schmelzenden Stearoglyceriden bei gleichem Schmelzpunkt reicher an öligen Bestandteilen sein werden als selektiv gehärtete. Viel Tristearin enthaltende Fette ergeben eine „grießige“ Margarine. Das zu härtende Öl muß von oxydierten

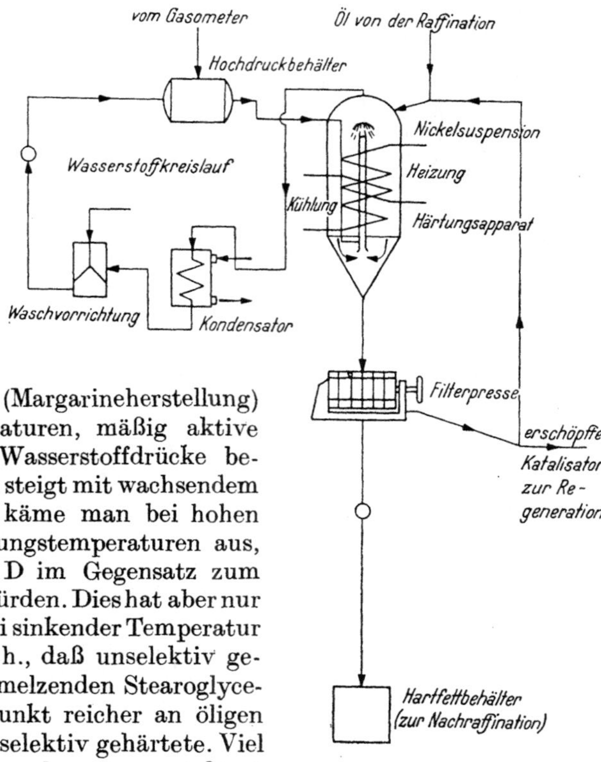

Abb. 153. Fetthärtung.

Fettstoffen, Schwefelverbindungen, größeren Mengen freier Fettsäuren (bis auf 3%) und von Schleimstoffen gereinigt werden, da sie als Katalysatorgifte wirken (Abb. 153). Meist wird man die Rohöle mit verdünnten Laugen neutralisieren, das Öl mit Wasser auswaschen und mit ½—1% Bleicherde vor der Härtung bleichen bzw. die Öle raffiniert anliefern. Rapsöl wird vor dem Härten gebleicht, aber nicht neutralisiert; Sojaöl wird mit Aktivkohle behandelt und vor dem Härten nicht neutralisiert. Die Suspension des Katalysators in Öl (0,05—0,1% Katalysator) wird in den völlig evakuierten Härtungsapparat gepumpt, der mit einer Kühlschlange, einer Heizschlange, einem Taifun-Rührwerk und einer Verteilerdüse ausgerüstet ist (Abb. 154). Das Gas perlt von unten nach oben. Mehrere Autoklaven werden zu einer Batterie zusammengeschaltet. Manchmal ist eine Härtung in zwei Stufen bei verschiedenen Temperaturen vorteilhaft. Die Hydriertemperatur kann beim Trägerkatalysator erheblich tiefer sein als bei Verwendung von Reinnickel, doch hat sich aus Gründen einer höheren Selektivität eine stärkere Annäherung der Temperaturen ergeben. Im ersten Fall beträgt sie 180° bei einem Wasserstoffdruck von 3—4 atm und einem Dampfdruck von etwa 10 atm. Die Hochdruckhärtung hat keine spezifischen Vorteile ergeben. Bei dem „Formiatverfahren" verwendet man Temperaturen von 215—220°. Die beim Hydrieren ungesättigter Öle auftretende positive Wärmetönung kann durch eingebaute Kühlschlangen abgeführt werden (Anwärmung des zu härtenden Öles). Nach vollendeter Härtung wird auf 80—100° abgekühlt, in einer Filterpresse vom Katalysator getrennt und anschließend nochmals durch ein heizbares, offenes Ölfilter geleitet. Härtungszeit 2—4 Stunden.

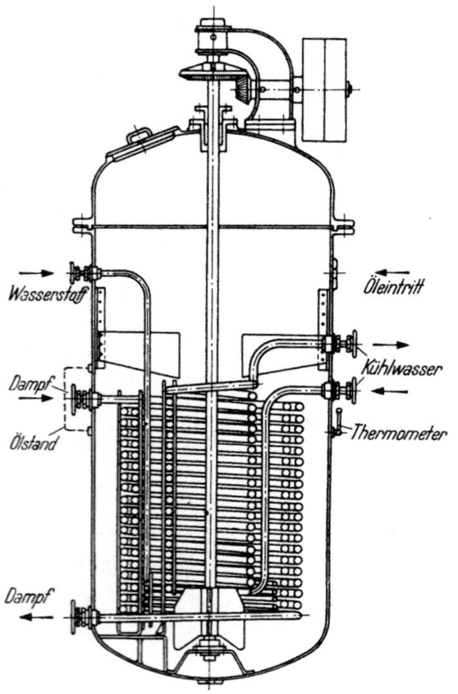

Abb. 154. Autoklav zur Ölhydrierung.

Zur Vermeidung einer Vergiftung der Katalysatoren muß der Wasserstoff vor der Wiederverwendung zur Abscheidung der Feuchtigkeit in einen Kondensator geleitet werden, worauf man das Gas zur Beseitigung der Fettnebel in einen Gasreiniger leitet, die noch verbleibenden sauren Verunreinigungen in mit Ätznatron gefüllten Türmen absorbiert. Weitere Verunreinigungen können durch Aktivkohle entfernt und noch vorhandene Aldehyde durch Polymerisation beseitigt werden. Der Wasserstoffverbrauch richtet sich nach der Höhe des Schmelzpunktes, der eingestellt werden soll und nach der Art und Qualität des zu härtenden Öles (3—15 cbm je 100 kg Öl). Der unwirksam gewordene Katalysator wird regeneriert. Er ist bis zu fünfzigmal verwendbar; üblicherweise wird 5% abgezogen und erneuert.

Da sich bei der Härtung der Öle etwas Fettsäure bildet und ein sog. Härtungsgeruch entsteht, ist eine erneute Raffination mit verdünnter Lauge, Trocknung, Bleichung und Desodorierung erforderlich. Bei der Desodorierung hält man die

Temperatur des Hartfettes auf 160—165°. Optimale Selektivität bei Backfetten wesentlich geringer als bei Margarine, stets soll der Katalysator möglichst wenig Isoölsäure bei bestimmter Fettsäurebildung ergeben.

Der Energiebedarf ist davon abhängig, ob der Wasserstoff elektrolytisch oder nach dem sogenannten Schachtverfahren erzeugt wird. Bei letzterem 45 KW/Tonne Hartfett [1]).

Literatur.

SCHÖNFELD, H.: Verarbeitung und Anwendung der Fette, Bd. II, Berlin: Springer 1932.

SCHMIDT, O.: Z. Elektrochem., **1933**, 824.

Industr. Engg. Chem., **32**, 1189 (1940); Oil and Soap, **16**, 24 (1939); Journ. Am. Oil Chem., **26**, 596 (1949).

B. Eindampfen, Sterilisieren, Gefrieren.

1. Tomatenverarbeitung.

Tomatenpulver (Abb. 155). Die Anlieferung der vollreifen Früchte erfolgt zweckmäßigerweise in Schwemmkanälen; sie werden zunächst auf ein Verleseband aufgeworfen, wo die verschimmelten und unreifen Tomaten ausgelesen werden. Es ist zweckmäßig, die Tomaten beim Verlesen zu drehen, was z. B. durch das Gewicht aufgelegter Rohrstücke geschehen kann. Daraufhin kommen sie in eine Grobwäsche, in welcher die Tomaten im Wasser hin- und herbewegt oder mittels Siebschöpflöffeln, Paddeln o. dgl. durch ein Wasserbad geführt werden und in eine Nachwäsche (Bespritzen mit Wasser von hohem Druck aus Brausen z. B. im Elevator). In Italien erfolgt das Waschen auf einem endlosen Band aus Drahtgeflecht, das von unten und oben mit Wasser besprüht wird. Auf einem Nachleseband wird die Entfernung der Stiele und Stielböden vorgenommen, weil sie einen krautartigen Fremdgeschmack erzeugen würden.

Die Form, in der bei der Weiterverarbeitung vorgegangen wird, ist unterschiedlich. Durchzusetzen scheint sich der Weg, die Tomaten z. B. durch einen Wolf mit 12—15 mm Lochweite oder mittels einer mit 200—250 Touren rotierenden Sägeblattreibe oder mittels eines sogenannten Molochs (gegen ein festes Reibeisen rotierender Flügel) zu zerkleinern, den entstehenden Brei in einem Rührwerkserhitzer mit rotierender Rohrspirale auf 60° zu erhitzen, zu homogenisieren und möglichst nach einer Vorkonzentrierung auf 16% T. S. in einem Luftstrom bei 60° zu zerstäuben. Anstelle des Homogenisierens kann auch eine Vor- und Nachpassierung erfolgen (siehe Konzentrat).

Bei der Herstellung von Walzenpulver wird die Endeindickung in einem Kugelverdampfer mit Rührwerk bei 50—60° auf etwa 28% T.S. getrieben. Das erzielte Trockenpulver wird gesichtet und wegen seiner Hygroskopizität möglichst in Dosen eingelötet. Endwassergehalt ca. 2,5%.

Konzentrate. Tomatensaft 4,5—8% T.S.; Vorkonzentrat 12—18% T.S.; Konzentrat bis 28% T.S.; Doppelkonzentrat 28%; Dreifachkonzentrat 36% T.S.

Das Kochen der mittels Wolf oder zwischen zwei Walzen zerkleinerten Tomaten hat sich nicht als zweckmäßig erwiesen, da hierdurch die ganze Zellulose in das Konzentrat hineinkommt. Es ergibt sich eine blaßrote Farbe und eine schmierige Konsistenz. Nur vollreife Ware kann auf 80° erwärmt werden, dagegen nicht unreife Tomaten, weil sich unreife Teile nach dem Erhitzen nicht aussondern lassen. Man verwendet hierzu

[1]) Herstellungsverfahren für Wasserstoff: Vgl. SHADE, F. H.: Food Manufacture, **24**, 317 (1949).

meist rotierende Schnellstromerhitzer. Vorerhitzte Tomaten sollen beim Eindicken leichter anbrennen. Für das Entmarken ist wichtig, daß vermieden wird, daß die noch

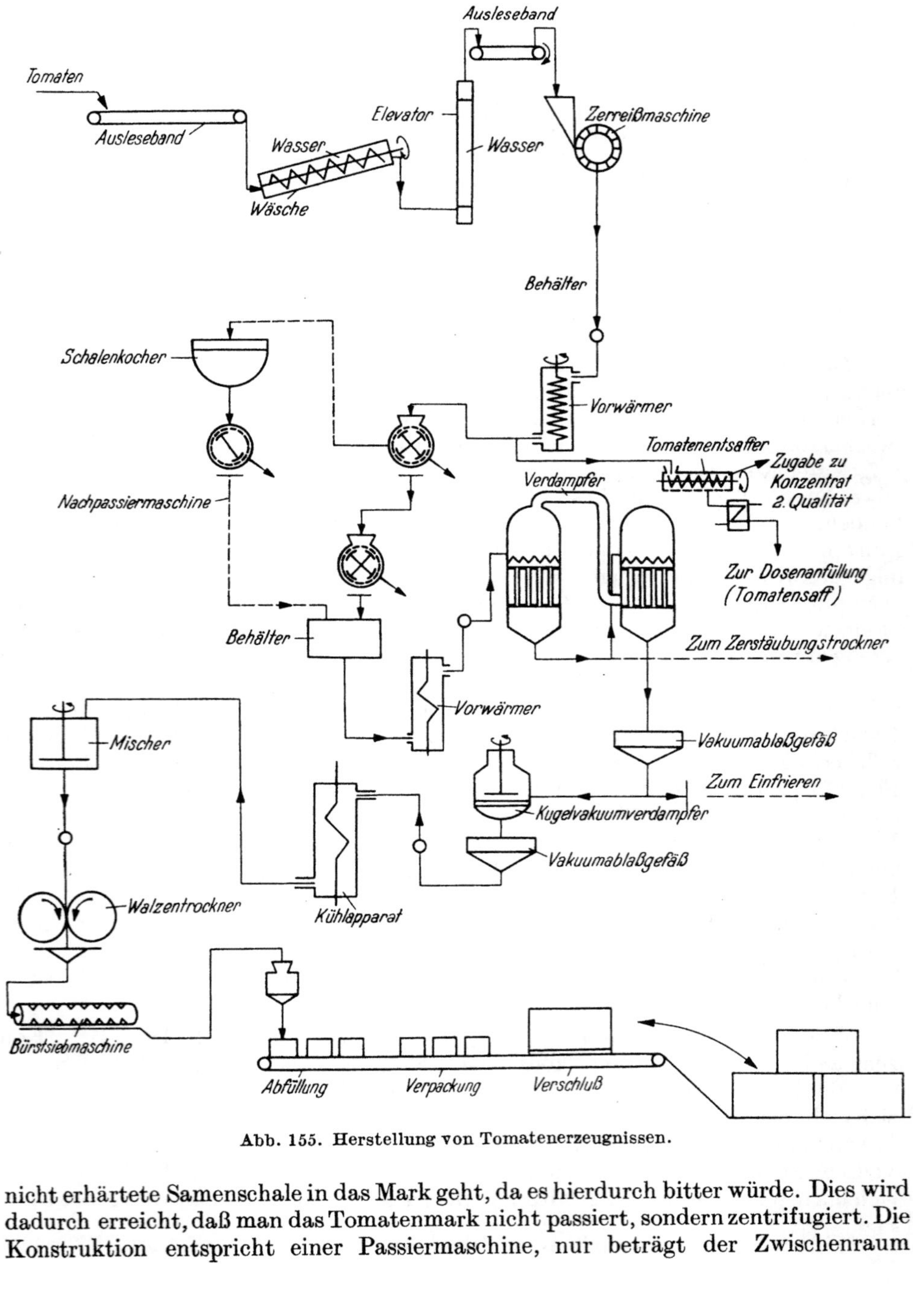

Abb. 155. Herstellung von Tomatenerzeugnissen.

nicht erhärtete Samenschale in das Mark geht, da es hierdurch bitter würde. Dies wird dadurch erreicht, daß man das Tomatenmark nicht passiert, sondern zentrifugiert. Die Konstruktion entspricht einer Passiermaschine, nur beträgt der Zwischenraum zwischen den Schlagleisten und den Siebblechen (Lochdurchmesser 1,2 mm) 5—8 mm und das Siebblech umfaßt die ganze Peripherie; Zahl der schräggestellten Schlagleisten 4 statt 2 (Drehzahl 700 gegen 350). Eine Feinmarkmaschine mit 0,8 mm Lochdurchmesser muß nachgeschaltet werden. Gegebenenfalls wird eine Entsamungsmaschine dem Dämpfer vorgeschaltet, die nach dem Prinzip einer Siebschleuder arbeitet. Man kann in diesem Fall auf die Feinmarkmaschine verzichten. (Samen 25% T.S., Schalen 40—42% T.S.) Im Gegensatz zu der Heißzerkleinerung, bei welcher beim Zerkleinerungsprozeß nur wenig Luft in das Pulp kommt, die Pektine geschont werden (Herstellung von Tunken) und eine hohe Ausbeute erzielt wird, steht die Kaltzerkleinerung, die aus folgenden Arbeitsgängen besteht: Waschen, Dämpfen, Enthäuten, Vorzerkleinerung mittels Fingerwalze (Mangler), Pulpen, Kochen, Feinpassieren (Finisher), Nacherhitzen, Zerstäubung in einem Sieb zur Abscheidung grober Bestandteile (Strainer), Füllen der Dosen. Die Feinpassiermaschine besteht aus rotierenden Bürsten, welche das Mark durch ein Sieb streichen (n = 500/min). In neueren Anlagen scheint in USA gemäß Abb. 155 verfahren zu werden. Es wird aber auch Passieren nach dem Erhitzen der ganzen Tomaten angewandt.

Ausbeute. Auf 100 kg Mark mit 4% T.S.: Vorkonzentrat (16% T. S.) 25 kg, Doppelkonzentrat (28% T.S.) 14 kg, Dreifachkonzentrat (36% T.S.) 11 kg. Da Frischdampf von 3 atm 133° hat und die dadurch bedingte Oberflächentemperatur der Heizrohre auch bei erheblich niedrigerer Verdampfungstemperatur zu qualitativen Schädigungen des Gutes führen kann, erfolgt das Eindampfen am besten bei 35—38° mit Vakuumdampf von 75—80° kontinuierlich auf die Endkonzentrationsstufe von 16% T.S. Einfachkonzentrat wird in $^1/_1$ Dosen 20 min bei 105°, in $^1/_4$ Dosen 10 min sterilisiert, Konzentrat schnellgefroren. Gelegentlich wird auch Konzentrat in Autoklaven mit rotierenden Dosen sterilisiert. Üblicherweise wird dieses aber vor dem Einfüllen in gereinigte Dosen 5—8 min z. B. in einem waagrechten Zylinder mit beheizter Wand und Transportschnecke auf 90° erhitzt, ein Sterilisieren in gewöhnlichen Autoklaven ist ohne Wertminderung wegen der sich aus den ungünstigen Wärmedurchgangsverhältnissen infolge des zähen Inhalts ergebenden langen Sterilisierzeit nicht möglich. Dreifachkonzentrat wird entsprechend mit 80° in ausgedämpfte Fässer eingefüllt, im Vakuumverdampfer wird bereits das erforderliche Salz eingeführt. Die Auslese schimmelnder und gärender Früchte ist bei nichtsterilisierten Konzentraten besonders wichtig. Über 16% T.S. verwendet man Vakuumrührwerksverdampfer.

Pelati. Zur Herstellung von Pelati sind Sorten mit festem Fleisch erforderlich (San Marzano, Pearson), die alle 2 Stunden vom Feld zur Fabrik kommen. Die Tomaten werden nach dem Waschen und Sortieren 30—60 sec in heißem Wasser abgebrüht und in kaltem Wasser abgeschreckt, worauf man die geschälte Frucht mittels Druck von Daumen und Zeigefinger in die Dose gleiten läßt. Die härteren Stielböden müssen entfernt werden. Neuerdings soll das Schälen auch maschinell erfolgen. Der Doseninhalt wird vor dem Verschließen auf 75° erhitzt (Exhaustieren). Zweckmäßig ist, die Dosen im Autoklaven zur Verringerung der Sterilisationszeit mit 20—30 Touren/min — z. B. in einem Zylinder mit Spiraleinsatz — rotieren zu lassen; bei 500 g Dosen mit exhaustiertem Inhalt reicht dann bei 100° eine Sterilisationszeit von 8 min. Der Abfall von Pelati wird Konzentrat 2. Qualität, evtl. auch bei der Herstellung von Tomatenpulver zugegeben. Das gleiche gilt für den beim Entsaften entstehenden Abfall von 38—40%, der im Verhältnis 1 : 3 zu Konzentrat 2. Qualität verarbeitet wird. Aus Tomatenschalen lassen sich durch Behandlung der Schalen mit Alkalien und anschließender Fällung durch Säuren Harze gewinnen (It. Pat. 382 778 vom 16. 5. 40). Aus den Tomatensamen (5% Samenteile) lassen sich durch Pressung 11—12%, durch Extraktion 20—24% Öl gewinnen. (Seifenherstellung.)

Ketchup. Die Herstellung entspricht derjenigen von Konzentrat mit 8—10% T.S. In manchen Fällen dient das Rohpulp, in anderen Fällen das Konzentrat als Ausgang. Die Gewürze, meist heiße Essigextrakte (Extraktionszeit 2—3 Stunden beim Siedepunkt), sowie Salz (3—4%) und Zucker (10—15%) werden vor Abschluß des Konzentrierens zugegeben. Damit sich das Ketchup nicht absetzt, erfolgt nochmaliges Passieren durch ein Sieb mit 0,5 mm Lochdurchmesser bei 50—60° oder Homogenisieren. Pasteurisieren der heißgefüllten Flaschen bei 82° 45 min. Wenn das Ketchup mit annähernd Siedetemperatur in die sterilisierten Flaschen eingefüllt wird, ist Pasteurisieren nicht nötig, doch darf dabei die Temperatur nicht unter 71° fallen.

Tomatensaft. Vorwiegend werden kleine, mittelfrühe Sorten verwendet, die rot und aromatisch sind, reif, aber nicht überreif. Gründliches Waschen der Tomaten ist besonders wichtig. Vorwiegend werden Wäscher mit scharfem Wasserstrahl verwendet (20—30 atm), wobei die Tomaten auf einem Band in eine leicht geneigte, rotierende, aus Röhren bestehende Trommel gelangen. Stärker setzt sich das Waschen auf einem Metallband unter einem Wasserdruck von 30 atm durch. Ungeeignete Tomaten werden anschließend ausgelesen. Die Stielböden und die Fruchtachse in Fortsetzung der Stielböden sind ausgesprochen bitter und müssen daher zusammen mit den grünen Stellen, welche beim Erhitzen dem Saft eine bräunliche Färbung geben, nach dem Waschen entfernt werden. Man unterscheidet im wesentlichen zwei Verfahren: Cold break layout: Die Früchte werden blanchiert und dann entsaftet. Hot break layout: Die Früchte werden gekocht und dann entsaftet. Damit möglichst wenig Luft in den Saft kommt, erfolgt das Zerreißen vor dem Entsaften vorzugsweise mit dem Wolf, oder mittels einer Fingerwalze. Daran kann sich ein Vibrationssieb zum Ausscheiden grüner Stellen anschließen. Zur Verbesserung der Ausbeute und zur Verringerung der Gefahr des Absetzens wird das vorzerkleinerte Gut unverzüglich in einem rotierenden Vorwärmer auf 60—65° angewärmt. Auch Temperaturen zwischen 82 und 88° werden angewandt. Hierdurch ergeben sich viskosere, weniger zum Absetzen neigende Säfte als beim Kaltverfahren, während bei diesem der natürliche Geschmack besser erhalten bleibt. Nun folgt der Tomatenentsafter (Abb. 156). Dieser besteht aus einer Schnecke mit gleicher Steigung und geringen, gegen das Ende zu flacher werdenden Vertiefungen, die mit 400 U/min. innerhalb eines Siebes mit einer konischen Lochung von 0,5 bzw. 0,7 mm rotiert. Das Auspressen erfolgt darin so weit, daß der Saft nur wenig Zellulose enthält, aber noch eine rote Farbe hat. Ausbeute 65—70%.

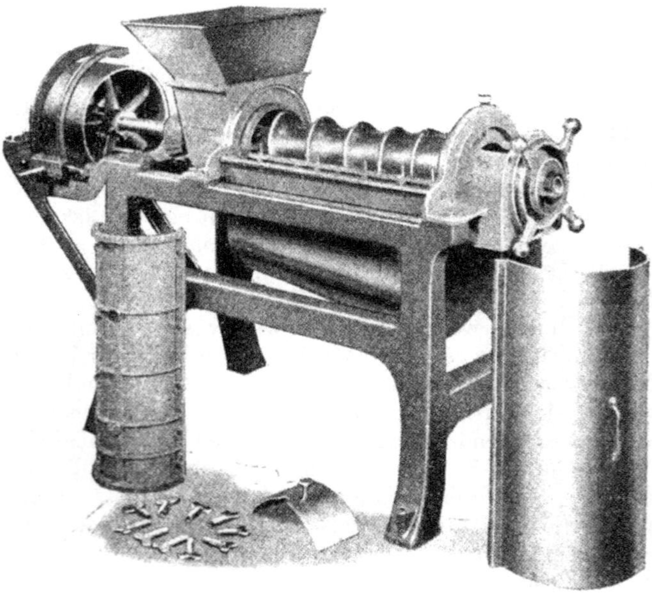

Abb. 156. Tomatenentsafter.

Die Nachschaltung einer Samentrennschleuder ist empfehlenswert. Bei zu starkem Pressen ergibt sich ein roher Geschmack, auch die Farbe leidet. Auch Vibrationssiebe mit hoher Schwingungszahl werden verwendet. Die üblichen Passiermaschinen sind nicht geeignet, weil hierdurch zuviel Luft in den Saft geschlagen wird, die nachträglich nur noch unvollkommen entfernt werden kann. Dagegen verwendet man auch Walzen, welche die vorzerkleinerten Früchte gegen ein sie umgebendes Zylindersieb pressen. Umdrehungszahl der Welle, an welcher die Walzen befestigt sind, 120/min. Der Saft wird nun in den Entlüfter gedrückt (Vakuumbehälter aus rostfreiem Stahl mit kaskadenartigem Einbau), weil sonst das Vitamin-C nicht erhalten bleibt. Neuerdings scheint sich in USA stärker ein kombiniertes Dämpf- und Kaltentsaftungsverfahren einzuführen, bei welchem die ausgelesenen Tomaten 3 min gedämpft, zerkleinert, bei 48° entsaftet und der Saft entlüftet wird, da diese Säfte besonders Vitamin-C-reich sind. Der entlüftete Saft wird zweckmäßigerweise im Schnellstromerhitzer auf 121° erhitzt, auf 94° (88°) nach 42 sec abgekühlt, in die Dosen abgefüllt, diesen gedreht, 1—(3) min auf dieser Temperatur gehalten und auf 38° durch Wasseraufspritzen gekühlt. In anderen Anlagen wird der entlüftete Saft bei 88° pasteurisiert, in Dosen gefüllt, Salz zugefügt, die Dosen 20 min bei 100° sterilisiert und dann gekühlt. Eine dritte Ausführungsform besteht darin, daß der vorgewärmte Saft bei 300—400 atm homogenisiert, nochmals auf 70° nachgewärmt, in Flaschen oder Dosen gefüllt, unter Vakuum verschlossen und 30 min bei 75° oder 20 min bei 82° pasteurisiert wird, worauf sofort die Abkühlung erfolgt. Homogenisierte Säfte werden aber als Getränke als zu dick empfunden, außerdem ist Homogenisieren mit einer Luftzufuhr verbunden, auch eine leichte Geschmacksbeeinflussung ist möglich. Zweckmäßiger als Vakuumabfüllung ist die Sättigung des Inhalts mit Kohlensäure. Die Saftförderung erfolgt üblicherweise mit Zahnradpumpen. Die Verarbeitung muß in kürzester Frist erfolgen; lange Kochdauer und hohe Erhitzungstemperaturen führen zur Zerstörung des Lycopins und zur Bräunung. Eisen und Kupfer (Braunfärbung) müssen vermieden werden, zweckmäßiger ist die Verwendung von V2A-Stahl, Stahlemaille, Nickel bzw. Nickellegierung, ersatzweise Aluminium.

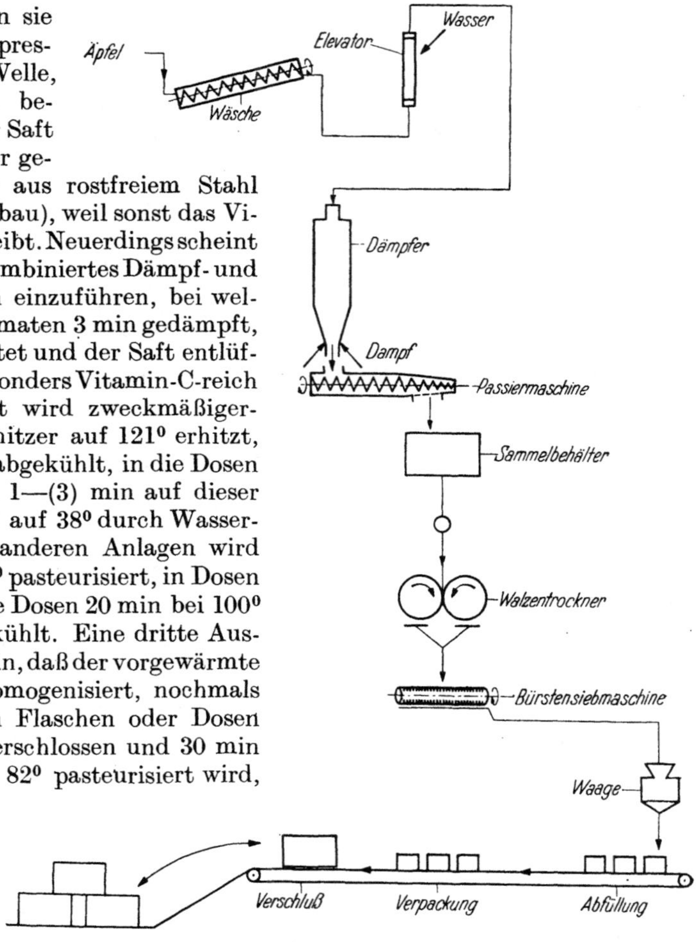

Abb. 157. Herstellung von Apfelpulver.

Apfelpulver (Abb. 157). Das Verfahren ist erheblich einfacher. Die Äpfel werden gewaschen, geschnitten, gedämpft, die entstehende Pülpe passiert. Das Dämpfen kann in einem Schacht erfolgen oder aber in einer Kochschnecke (vgl. Gemüsekonservierung). Der Brei muß vor der Trocknung im Zerstäubungstrockner unbedingt homogenisiert werden. Die Trocknung erfolgt bei höchstens 100° Lufteintrittstemperatur. Apfelsaft läßt sich im Zerstäubungstrockner nicht trocknen, wesentlich ist der Gehalt an Zellulose und Pektin. Das Trockenpulver wird abgesackt und bei Walzentrocknung vorher gesichtet. Um eine Bräunung zu vermeiden, ist eine kontinuierliche Verarbeitung des passierenden Gutes erforderlich; dies gilt wegen der Hygroskopizität des erzielten Pulvers auch für den Verpackungsvorgang.

Anhang. Ähnlich wie Tomaten- und Apfelpulver können auch Fruchtpulver aus gewaschenen und zum Teil gekochten und zerkleinerten Früchten im Zerstäubungstrockner hergestellt werden (Pflaumen, schwarze Johannisbeeren, Hagebutten). Die Fruchtpulver dienen zur Herstellung von Trockenmarmelade, von Pralinenfüllungen, zur Speiseeisbereitung, zur Aromatisierung von Puddingen und für Konditoreizwecke.

Literatur.

CLIFCORN, L. E., G. T. PETERSON: Continental Can Co., Bull. **12**, 1947.
CRUESS, W. V.: Food Manufact., **23**, 158 (1948).
FIEDLER, K.: Gewerbsmäßige Tomatenkonservierung, Braunschweig: Serger & Hempel.
CRUESS, W. V.: Commercial Fruit and Vegetable Products, New York: McGraw-Hill 1948.
RAUEN, H.: Angew. Chem., **60**, 100 (1948).
ATKINSON, F. E., u. C. C. STRACHAN: Fruit Prod. Journ. **28**, 366 (1949).
ANON: Food Industrie **21**, 92 (1949).

2. Zuckerwaren.

Der Kristallzucker wird in einem Auflösekessel mit beheiztem Mantel mit der entsprechenden Menge Wasser versetzt; 25—30 Liter Wasser zu 100 kg Zucker. Das Wasser muß möglichst neutral sein und darf nur geringe Spuren von Salzen enthalten, jedenfalls darf es nicht „hart" sein. Die Auflösung erfolgt beim Kochen der Zuckerlösung. Auch der Stärkesirup und gegebenenfalls Säure zum Invertieren werden hier zugesetzt. Die Bonbonglukose verringert die Gefahr des Auskristallisierens der z. B. bei Hartkaramellen vorliegenden übersättigten Zuckerlösung. Man kochte früher in offenen Kesseln. Übliche Kochtemperaturen sind:

Konservenguß	100° C
Fondant, Karamelbonbons	112—118°
Nougat	121—131°
gezogene und gepreßte Zuckerwaren	132—143°
Seidenware	142°
Malzbonbons	140°
Karamel	170°

Bei Mangel an Bonbonglucose (ca. 45 kg für 100 kg Zucker) ist es nicht richtig, im Kochkessel selbst zu invertieren, da sich dann der invertierte Anteil des Rohrzuckers schlecht beherrschen läßt. Zweckmäßigerweise invertiert man in einem eigenen Gefäß z. B. mittels Wein-, Phosphor- oder Zitronensäure völlig, neutralisiert auf pH 5 und gibt 14 bis 22% Invertzucker — bezogen auf das fertige Bonbon — zur etwa 80%igen Zuckerlösung zu oder man invertiert mittels Weinstein bei pH 3,5 auf den angegebenen Inversionsgrad und verzichtet dann auf das Neutralisieren. In der Kochmaschine findet eine Nachinversion statt, die aber bei pH 5 nur etwa 1%, bei pH 4 etwa 7% bei einer Endtemperatur von 130° C beträgt. Im zweiten Fall muß deshalb die eigentliche Inversion früher abgebrochen werden. Bei niedrigeren pH-Werten ist eine sachgemäße Kochung nicht möglich, die Bonbonmasse wird zu weich, die Ware zu hygroskopisch. Bei zu niedrigem Invertzuckeranteil wird die Masse zu fest, und es besteht Gefahr, daß der Zucker in der Kochmaschine auszukristallisieren beginnt. Die Kochmaschine, welcher die Zuckerlösung über einen Seiher und einen Zwischenbehälter zugeführt wird, besteht aus einer in einem Dampfdom befindlichen Kupferschlange und einem herausziehbaren Abnahmekessel, der evakuiert wird. Zur Entleerung wird der Zuckerlösungsstrom abgesperrt, das Vakuum im Abnahmekessel aufgehoben, worauf dieser auf Schienen herausgefahren und gekippt werden kann. (Abb. 158 und 159.) Der fertig gekochte Zucker wird auf eine von innen gekühlte Platte gegeben und Säure (Weinsäure oder Zitronensäure) zugegeben, außerdem Farbe, Aroma und gegebenenfalls Askorbinsäure. Auf der Kühlplatte wird die kalte Seite jeweils nach innen zusammengeschlagen (Abb. 160). Nunmehr kommt die Masse auf den Wärmetisch bis zur Verarbeitung. Bei Herstellung von Seidenware wird an der Wand des Arbeitsraumes ein Ziehhaken angebracht, über welchen der Sud geworfen wird; die Enden desselben werden erneut über den Haken geworfen usf., bis man eine feine, fasrige Struktur erhält. Das Verfahren ist auch maschinell durchgebildet, hierbei wird der Zucker über einen fingerartigen Zieharm gelegt und durch die hin und her gehende Bewegung dieses Zieharmes und durch die gleichzeitig rotierende Bewegung eines kleinen Zieharmes der Zucker gezogen.

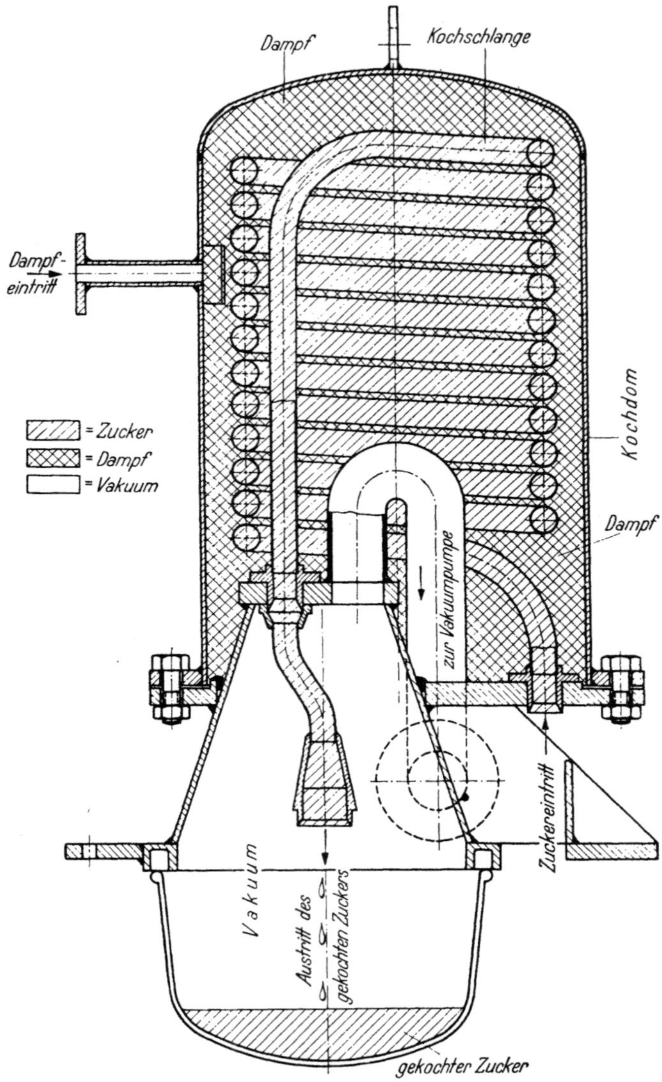

Abb. 158. Kochmaschine (Hansella).

Die weitere Verarbeitung vom Wärmetisch aus kann auf folgende Weise geschehen:

a) Preßware wird in der Weise hergestellt, daß der mit Aroma, Säure und Farbe versetzte Zucker im Melangeur durchgeknetet und in die Preßmaschine gebracht wird.

Dort wird er durch den sog. Karozug automatisch über eine Brücke und Vorwalze dem Preßwalzenpaar zugeführt, geformt und auf einer Kühlbahn weitergeformt.

b) Flüssiggefüllte Kissen, Waffeln, Stangen, Tabletten u. dgl. durch konische Vorbereitung des Zuckerstranges, der um einen Dorn gelegt wird. Die vier Rollwalzen des Strangformers mit jeweiliger Richtungsumkehr formen den Zuckerkegel zu einem gleichmäßig dicken Strang. Die Füllung wird durch ein Füllrohr zugegeben, sobald der Zuckersatz ausgezogen wird. Über den vorerwähnten Strangautomaten wird der gefüllte Strang der Plastikmaschine zugeführt, worin mittels Führungsschienen die Teilung und Prägung des Zuckerstranges auf etwa $^1/_3$ des Einsatzumfanges mittels Prägestempel, Innenring und Klappen stetig erfolgt. Nach dem Kühlen und Absieben erfolgt das automatische Einwickeln. Gute Preßware muß hinsichtlich sauberer Prägung an Plastikware herankommen (Abb. 161).

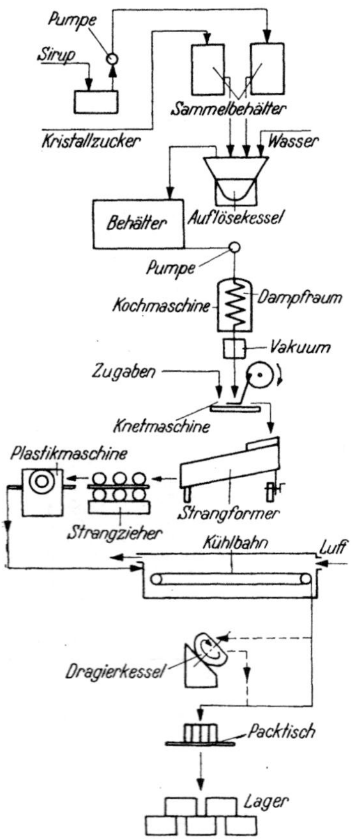

Abb. 159. Herstellung von Dropsen.

Die Blumenmuster in sog. Rocks werden dadurch hergestellt, daß auf dem Wärmetisch die verschieden gefärbten Zuckerstränge von Hand auf die richtige Dicke gebracht, dem Muster entsprechend zusammengelegt und der dicke Strang wie vorher beschrieben ausgezogen wird. Die Stücke werden durch eine automatische Schneidevorrichtung abgeschnitten. Kugelförmige Hartkaramellen werden entweder dadurch hergestellt, daß der ausgezogene Strang zwischen drei rotierenden Formmessern geprägt wird oder dadurch, daß die abgeschnittenen Stücke automatisch durch zwei senkrecht zueinander stehende Bewegungsvorrichtungen gerollt werden.

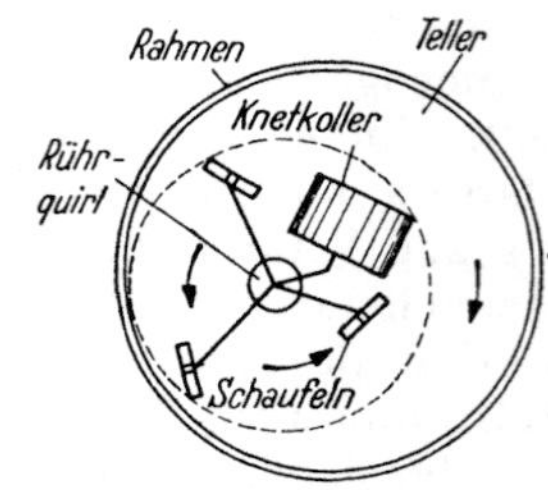

Abb. 160. Tellermischer.

Zur Herstellung von Toffees werden Fett und Milch homogenisiert, mit Glucosesirup bei schnellaufendem Rührwerk gemischt, Zucker zugegeben und das Ganze bei 120° im Kessel mit Rührwerk gekocht. Nach der Zugabe von Aromastoffen wird die Masse mit einem Wassergehalt von 6—12% auf dem Kühltisch ausgestrichen und auf 30—35° abgekühlt. Die weitere Verarbeitung erfolgt in Ausziehmaschinen, welche die ausgekühlte Masse aufnehmen, ausziehen, formen, in Stückchen schneiden und gleichzeitig umwickeln. In Kesseln der Zuckerindustrie ist die Heizung häufig in den Propeller des Rührwerkes eingebaut, weil hierdurch ein Ankleben der Zuckermasse an den Propeller vermieden wird.

Anhang.

Dragees, Dragieren (Warm- und Kaltdragieren). Zum Dragieren werden aus einem Stückchen Kupferblech getriebene oder aus glasemailliertem Stahl hergestellte

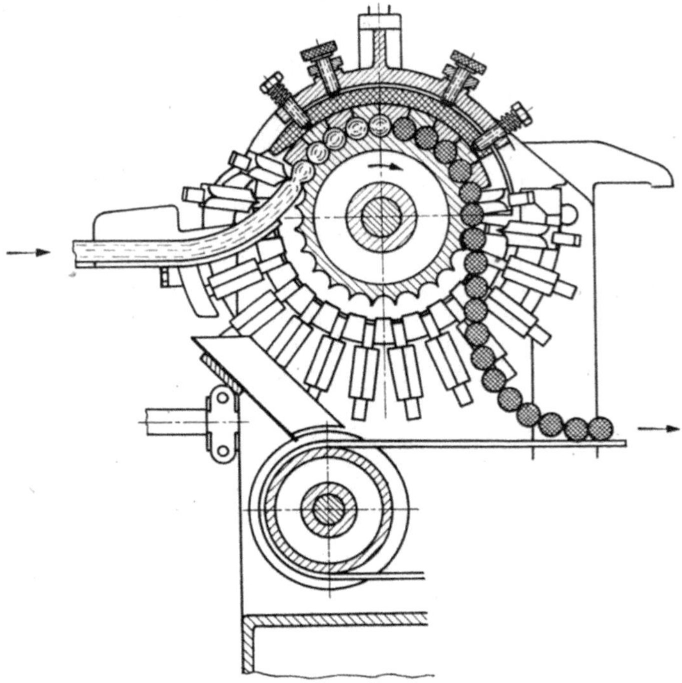

Abb. 161 a.

Abb. 161 b. Plastikmaschine (Hansella).

Kessel von 1—1,2 m Durchmesser verwendet. Die Hauptachse des mit etwa 20 U/min rotierenden Ellipsoides ist nun etwa 45—60° (bezogen auf die Waagrechte) geneigt. Auf die zu überziehenden Körper wird beim Kaltdragieren eine kleine Menge mit Aromastoffen und Gelatine oder Gummiarabicum versetzte Zuckerlösung (2,6 kg Gummiarabicum, 10 kg Wasser, 60 kg 64%ige Zuckerlösung, 6 kg Bonbonglucose 45°Bé) aufgetragen und soviel Puderzucker aufgestreut, bis die Ware wieder trocken ist (Klappern der Einlagen). Auf diese Weise wird Lage auf Lage gesetzt. Bei einigen Drageearten (z. B. Erdbeeren) muß der Kessel insbesondere bei der letzten Lage durch Gas beheizt werden, die Lagen werden dabei dünner. Bei der letzten Lage wird gegebenenfalls Farbe zugegeben, und zwar nachdem die Decken in der Wärmekammer gut erhärtet sind. Beim Warmdragieren wird übersättigte, heiße Zuckerlösung (83 bis 87%) aufgetragen und unter Einblasen von trockener Luft von Lage zu Lage so lange gewartet, bis die Schicht wieder getrocknet ist. Es ist wesentlich, daß jede Lage vor dem Aufbringen der nächsten Lage völlig getrocknet ist, da sich sonst Flecken bilden [1]).

Nach einer Zwischenlagerung zum Trocknen werden die Dragees mit Auftragzucker, dem Talkum zugesetzt werden kann, angefeuchtet; hierzu werden Spuren von Glanzmasse (Wachs und Öl) zugegeben [2]). Bei Schokoladedragees wird die Politur dadurch erreicht, daß man langsam rotierende Dragierkessel verwendet, die mit Segeltuch ausgeschlagen sind, das mit Bienenwachs imprägniert ist.

Fondants. Kochen des Zuckers 10—15 min auf 120 bis 135° unter Zugabe von Bonbonglucose (ca. 6 : 1) wie bei Hartzuckerbonbons und Durcharbeitung des Sudes (Wassergehalt 11—14%) unter Zuhilfenahme von altem Fondant oder Kristallisationskeimen. Die Fondantmasse wird um so weicher, je mehr Bonbonglucose bzw. Invertzucker sie enthält und je höher der Wassergehalt ist. Zur Vergleichmäßigung des Wassergehalts ist eine kurze „Reifungsperiode" üblich (die bei Verwendung von Invertase — vgl. S. 115 — wegfällt). Nach Erwärmung auf 60°, Zugabe von Aroma und Farbe. Im Gegensatz zu Hartzuckerbonbons sind hier Zuckerkristalle in den Sirup eingebettet. Die Bearbeitung erfolgt nach der Abkühlung auf 60° in der sog. Tabliermaschine mittels einer mit ca. 350 U/min rotierenden Schnecke oder eines Schlagflügelwerkes in einem Zylinder, dessen Wandungen im Gegenstrom gekühlt werden, um die Kristallisationswärme abzuführen (vgl. Temperiermaschine in der Schokoladenindustrie). Der heiße Sirup wird darin durch einen Kaltluftstrom erfaßt, durch das Schlagwerk gegen die Zylinderwandungen geschleudert und fortbewegt. Eine Temperatur von 33—34° muß in 3—5 min erreicht werden. Bei zu langsamer bzw. unvollkommener Kühlung ergeben sich aus der übersättigten Lösung zu große Kristalle, welche sich in einem sandigen Produkt auswirken. Automatische Anlagen umfassen eine Kochmaschine, der Sirup wird auf einer von innen gekühlten Walze rasch abgekühlt und wird durch eine Abstreichvorrichtung in die Einfüllöffnung einer kontinuierlichen Schlagmaschine gebracht, wo er in Form von Fondant kristallisiert. Die Temperaturregelung erfolgt zweckmäßigerweise automatisch [3]). Früher erfolgte das Schlagen der Fondantmasse auf einer kalten Marmorplatte von Hand (Tablieren). Die Erzielung einer „speckigen" Ware (kleine Kristalle, die in einer gesättigten Zuckerlösung dispergiert sind) kann durch Zugabe von Gelatine oder Eiweiß erleichtert werden. Das Gießen erfolgt mittels Gießmaschine, in Formen, die in Weizenpuder eingedrückt werden. Darin bleibt die Masse 12—24 h. Das Auspudern erfolgt mittels Maschinen.

---

1) FOOD Manufacture **23**, 583 (1948).
2) HAUPT, W.: Zucker- und Süßwarenwirtschaft, August 1948.
3) STATER, L. and J. MEYER: Food Industries, **21**, 1376 (1949).

Geleewaren werden unter Verwendung von Agar-Agar, gegebenenfalls von Fruchtmark, hergestellt und in Weizenpuder gegossen.

Kandieren von Zuckerwaren bezweckt das Überziehen mit einer kristallisierten Zuckerschicht. Hierzu wird Zucker gekocht, bis er 33—34 Bé aufweist. Bei 20° werden die Bonbons auf Gittern 8—14 Stunden in der Lösung belassen.

Pfefferminzpastillen. Der gepulverte Zucker wird in einem Mischer mit Gelatine, etwas Stearin, Pfefferminzöl, Gummiarabicum und Wasser vermengt. Der sich bildende Teig wird granuliert, d. h. mittels Schaber über rotierende Reibesiebe geführt. Das Granulat wird im Bandtrockner getrocknet, gemahlen, gepreßt und die Komprimate maschinell eingewickelt.

Nährstangen. Nach dem Mischen der Rohstoffe wird die Masse mit Hilfe einer Schneckenpresse durch rechteckige Öffnungen gedrückt (vgl. Queenpresse) und der Strang mittels Messer automatisch abgeteilt. Die Einzelstücke werden getrocknet, passieren die Überziehmaschine (vgl. Schokolade), und werden eingewickelt.

Kaugummi. 14% Chicle-Gummi (von Achras sapota), 14% billigere Austauschstoffe für Chicle — wie z. B. Pontianak, Gutta Kalian oder Gutta Sch, Candelilla-Wachs — 14% Dextrose, 1% Karamelpaste, 57% Puderzucker und Aromastoffe. Die Bestandteile werden gemischt, zu Streifen ausgewalzt, dann quaderförmig in die gewünschte Größe geschnitten, getrocknet und verpackt [1]).

Literatur.

SCARBOROUGH, N. F.: Sweets Manufacture, London: Leonard Hill 1937.
STROUD, J.: Confectionery Problems, Chicago: The National Confectioners Assoc. 1930.
RICHMOND, W. L.: Candy Produktion, Chicago 1948.

3. Marmelade (Gelee).

Marmelade besteht aus Fruchtgeweben, die in einem verhältnismäßig festen, pektin-zuckersauren Gel eingebettet sind, während bei Gelees das Pektin durch Kochen mit Wasser ausgezogen wird, worauf der Extrakt durch Pressen und Filtern von den Feststoffen getrennt wird. Er wird dann mit Zucker verkocht.

Pulp- bzw. Markgewinnung (Halbfabrikate). Ein Förderband bringt die Äpfel vom Lagerplatz oder vom Eisenbahnwagen zur Waschmaschine. Bereits auf dem Förderband findet eine Sortierung statt. Bei Beeren müssen Stiele, Blüten u. dgl. entfernt werden. Das Putzen wird meist von Hand vorgenommen (vgl. Fruchtsäfte). Stachelbeeren werden unter Wasserzufluß in Karborundmaschinen behandelt. Die Äpfel gelangen in die Obstwaschmaschine, z. B. eine in Wasser rotierende Lattentrommel, und kommen dann mittels eines Elevators, der mit einer Brause versehen ist, in einen Silo und von dort aus, evtl. geschnitzelt oder halbiert, in den Dämpfkanal, in dem die Rohware weichgedämpft wird. Auch aus Pflaumen, roten und schwarzen Johannisbeeren, Stachelbeeren, Pfirsichen, Apfelsinen und Ananas wird gekochtes Fruchtmark hergestellt. Durch das Kochen können die Pektinverluste bei der Lagerung erheblich eingeschränkt werden. Himbeeren werden erhitzt und dann passiert, viele Beerenfrüchte werden aber nur zerquetscht und nicht gekocht. Beerenobst wird ebenfalls in Lattentrommeln oder aber mit Hilfe eingeblasener Luft gewaschen; das letztgenannte Verfahren hat den Nachteil, daß der Sand immer wieder hochgewirbelt wird, so daß ein gründliches Nachbrausen erforderlich ist. Wichtig an der Obstwaschanlage ist der Steinfang, da Steine die Passiermaschine beschädigen können. Nach be-

[1]) Vgl. HOAR, H. M., U. S. Dep. Commerce, Trade Inform. Bull. **197** (1924).

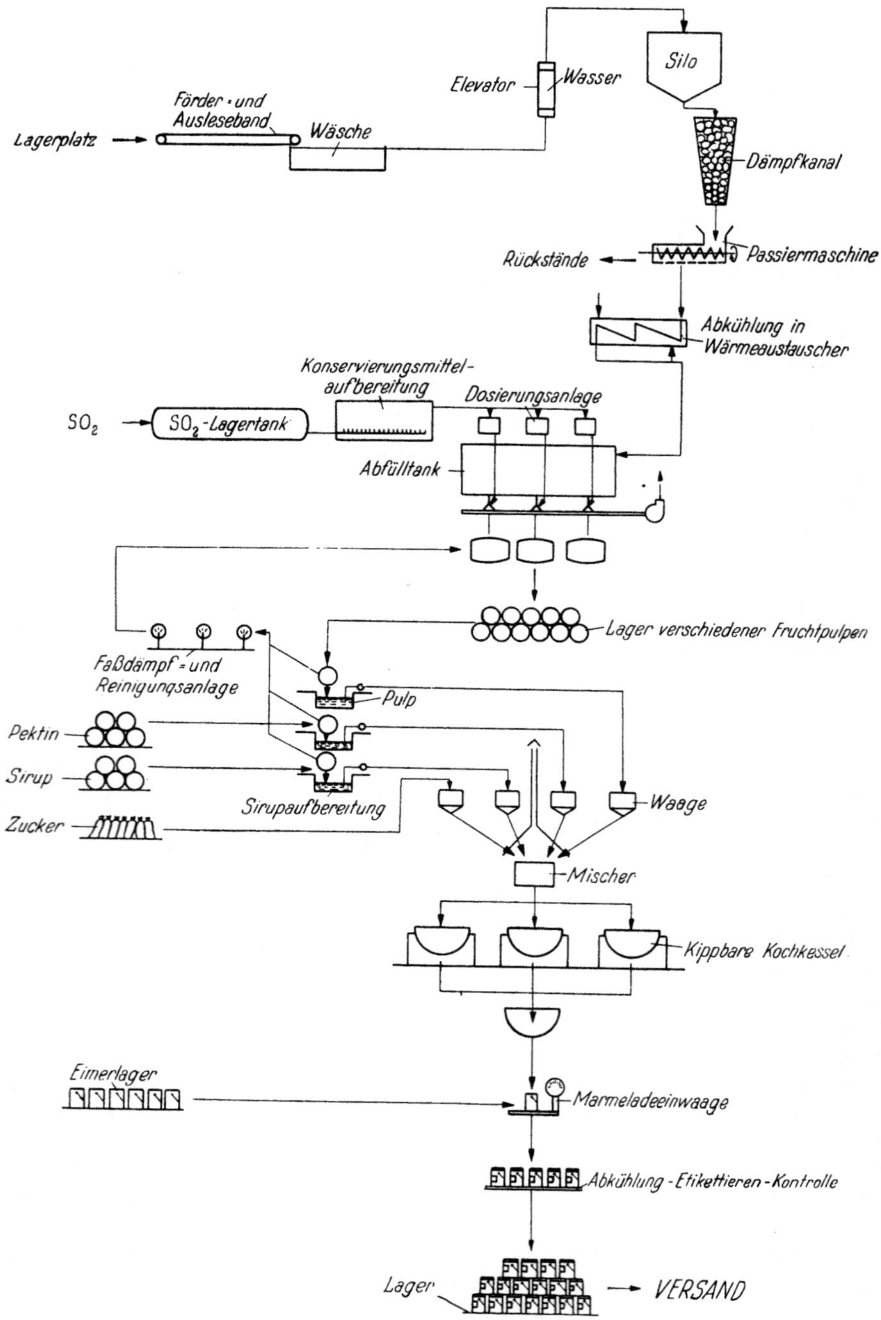

Abb. 162. Herstellung von Marmelade.

endetem Dämpfprozeß gelangt das Gut entweder direkt in den Lagerbehälter (Pülpe) oder in die Passiermaschine (Abb. 162). Auch Gefriermark wird in USA neuerdings vor dem Gefrieren gedämpft. Die Konstruktionen beruhen alle darauf, daß die Masse mittels rotierender Reibevorrichtungen durch ein metallenes Sieb bestimmter Lochung getrieben wird, wodurch auch Kerne, Schalen u. dgl. abgesondert werden. Für Beeren werden Schläger mit Bürsten, für Kernobst Gummischläger verwendet (Tourenzahl 350 bzw. 500/min). Zum Passieren wird auch eine Schnecke mit 1400 U/min verwendet. Nachteilig an den mit Schlägern ausgerüsteten Maschinen ist die starke Luftwirbelung. Pflaumenmus wird im allgemeinen nicht passiert und ohne Zucker eingekocht (Wassergehalt höchstens 47%). Empfehlenswert ist eine Abkühlung des Fruchtbreies vor dem Abfüllen in Lagertanks. Da die Zugabe von Schwefeldioxyd in kaltem Zustand erfolgt, kann man zwischen Passiermaschine und Dosieranlage einen Wärmeaustauscher einbauen. Als Lagerbehälter dienen Fässer oder große Betontanks mit ausgekachelten Wänden, unter Verwendung von säurefestem Kitt. Fruchtmark als Fertigerzeugnis z. B. für Speiseeis wird in Dosen sterilisiert. Zur ausreichenden Haltbarmachung werden folgende SO_2-Konzentrationen benötigt:

Aprikosen, Pfirsiche, Erdbeeren und Himbeeren	2000,
Birnen	1000,
Äpfel, Zitronen und Orangen	1500,
Kirschen	3000 Teile/Mill. (0,3%).

Als Konservierungsmittel für Obstpulp wird außer schwefliger Säure auch Natriumbisulfat, Kaliumpyrosulfit, Benzoesäure bzw. deren Salze verwendet und zwar für 100 kg Pulp etwa 1,8 Liter 6%ige schweflige Säure oder 250—300 g Natriumbisulfit oder 100—200 g benzoesäurehaltige Mittel. Preißelbeeren brauchen kein Konservierungsmittel, bei Heidelbeeren verwendet man keine schweflige Säure. Zitrusfrüchte werden in Salzlösungen eingelegt, der Endsalzgehalt in den Früchten bzw. Schalen soll 8% betragen.

Ohne Vorkochen werden die für Konfitüren vorgesehenen Früchte in Fässer gefüllt und mit Konservierungsmittel versehen.

Hagebutten werden in Quetschmühlen mit 5—6 mm Walzenabstand gequetscht, auf Siebtrommeln von Kernen befreit und die Härchen mittels Wasserbrause abgeschwemmt. Anschließend erfolgt die übliche Verarbeitung: Dämpfen, Passieren u. dgl.

Der *Rohwarenverbrauch* errechnet sich aus folgenden Pulpefaktoren:

100%: Himbeeren, Stachelbeeren, Brombeeren, Preißelbeeren, Orangen, Äpfel, Quitten, Hagebutten, Ebereschen ohne Dolden.
95%: Heidelbeeren, Birnen, grüne Tomaten.
90%: Johannisbeeren mit Kernen.
85%: Erdbeeren, Johannisbeeren ohne Kerne, Kürbis, Pflaumen, Mirabellen.
80%: Rhabarber, Holunder.
75%: Kirschen, Aprikosen.
70%: Pfirsiche.
60% Schlehen, Ebereschen mit Dolden.

Kochen. Der Kochprozeß dient zur Konzentration, zum Sterilisieren, zur gründlichen Durchmischung und Auflösung der Bestandteile. Er verursacht teilweise Inversion des Rohrzuckers (30—50% sind erstrebenswert), teilweise Hydrolyse des Pektins und Aromaverluste. Sobald das SO_2 durch Kochen entfernt ist, stellt sich die frühere Farbe annähernd wieder ein. Das Kochen der Marmelade erfolgt bei einem Dampfdruck von höchstens 4 atm (= 151°). Da schon ein halbstündiges Kochen die Gelierkraft herabsetzt, kocht man nur Chargen in Ansätzen von höchstens 100 kg, die 15—30 min Kochzeit beanspruchen, in offenen, doppelwandigen, linsenförmigen oder halbkugeligen Kesseln mit Kippvorrichtung, bis ein Trockensubstanzgehalt von 63—65% erreicht ist bei Mehrfruchtmarmelade, bei welcher mindestens 58% T. S. vorgeschrieben ist, und von 68—70% bei Einfruchtmarmelade, welche mindestens 65% T.S. haben muß. Auf diese Weise wird auch das Aroma am besten erhalten. Häufig werden die Früchte erst nach dem Aufkochen, welches nach 6—8 min erfolgt, mit dem erforderlichen Zucker versehen, und zwar in solcher Dosis, daß das Gut nie zu kochen aufhört; kurz vor Beendigung des Kochens stellt man den Dampf ab und setzt die zum Gelieren erforderliche Menge Pektin, Stärkesirup, Farbe und schließlich Säure hinzu, worauf man nur kurz aufwallen läßt. Durch den Wassergehalt der vier Beigaben erzielt man die vorgeschriebene Trockensubstanz und erhält eine schnittfeste Marmelade. 5% (Konfitüren und Einfruchtmarmeladen) bis 12% (Mehrfrucht- und gemischte Marmeladen bzw. Konfitüren und Einfruchtmarmeladen unter Deklaration) Glukosesirup verringern die Süße (Backmarmelade), ergeben einen besseren „Glanz" sowie eine dickere Konsistenz und vermindern die Gefahr des Auskristallisierens von Zucker bei der Lagerung in ähnlicher Weise wie eine Teilinversion beim Kochen.

Der Unterschied zwischen Gel und Sol besteht darin, daß in ersterem die einzelnen Makromoleküle nicht mehr frei diffundieren können, sondern durch sogenannte „Haftstellen" zu einem feinen Netzwerk verbunden werden. Die Pektinmoleküle werden zur Ausbildung dieser Haftstellen dadurch nähergebracht, daß durch die Säure ein Zurückdrängen der Dissoziation der Pektin-Carboxyle erfolgt, wodurch deren negative Aufladung sinkt, und daß der Zuckerzusatz das Pektinteilchen weitgehend dehydratisiert. Je höher der Polymerisationsgrad des Pektins ist, um so mehr Haftstellen darf man erwarten, desto fester wird das Pektin. Bei hohem Zuckergehalt kann die Gelstärke auch mit zunehmendem Veresterungsgrad des Pektins anwachsen, da dann auch seine Löslichkeit und Dispergierbarkeit steigt. Vom Veresterungsgrad hängt auch die Geliergeschwindigkeit ab. Festigkeit und Zähigkeit hängen von der Zucker- und Wasserstoffionenkonzentration ab. Säure macht die Pektin-Fibrillen zäher, so daß sie den Zuckersirup in den Zwischenräumen zwischen den Fibrillen festhalten können. Niedriger Säuregehalt macht die Fibrillen schwach. Bei zuviel Säure wird das Gelnetz des Pektins hydrolysiert („Bluten"). Je mehr Zucker vorhanden ist, desto weniger Wasser muß getragen werden, dadurch wird das Gelee fester. Das p_H-Optimum liegt bei handelsüblichem Pektin etwa zwischen 2,9 und 3,3, bei einem Extraktgehalt von 60% um etwa 0,3 p_H Einheiten tiefer als bei 65%. Es wird durch Zusatz von Weinsäure oder von Milchsäure eingestellt. Der Bedarf an Fremdpektin richtet sich nach dem Pektingehalt der verwendeten Früchte und der „Qualität" des Pektins. Reich an Pektin und Säuren sind z. B. saure Äpfel, Johannisbeeren, Limonen, Zitronen, Pflaumen, Grapefruit, Sauerkirschen, Stachelbeeren, saure Orangenarten, Preiselbeeren. Hoch im Pektin-, aber niedrig im Säuregehalt sind Quitten und unreife Feigen. Dagegen weist Rhabarber einen niedrigen Pektin- und einen hohen Säuregehalt auf. Reife Birnen und reife Pfirsiche haben sowohl einen niedrigen Pektin- wie auch einen niedrigen Säuregehalt; Trauben enthalten nur wenig Pektin, aber oft ein sehr hochwertiges, so daß man Traubengelees ohne Pektinzusatz herstellen kann. Der p_H-Wert der Früchte liegt zwischen 1,7 (Limone), 2,2 (Zitrone) und 3,6 bis 4,2 (Birne). Das p_H Optimum der Gelierung wird durch Art und Alter der Früchte beeinflußt. Das Kochen kann auch in Vakuumapparaten bei etwa 65° erfolgen, sie haben aber den Nachteil, daß sich der Kochprozeß weniger gut überblicken läßt und die Marmelade dabei leichter überschäumt. Auch die Aromaverluste dürften etwas größer sein. Einfruchtmarmeladen dürfen auf mindestens 45 Teile Obstfruchtfleisch höchstens 55 Teile Verbrauchszucker enthalten, dabei einen Pektinzusatz von höchstens 12% im Endprodukt. Der Höchstwassergehalt im Endprodukt darf nicht größer sein als 35%. Bezüglich Einzelheiten der Rezepturen muß auf Spezialliteratur verwiesen werden. Die gekochte Marmelade wird in Eimer oder mittels Füllmaschine in Gläser abgefüllt. In die Eimer wird die Marmelade heiß gefüllt, dann ohne Deckel ausgekühlt, worauf der Inhalt mit einer mit Alkohol oder mit 10%iger Benzoesäure (bzw. Natriumbenzoat oder Ameisensäure oder Nipagin) getränkten Pergamentpapierscheibe abgedeckt und der Eimer nach dem Abkühlen verschlossen wird. Auf diese Weise wird ein Kondensieren von Feuchtigkeit auf dem Deckelinnern vermieden. Durch Abdecken mit besonders geschmeidigen, luftdichten Folien, wie z. B. Zellglas, dürfte es möglich sein, auf die Imprägnierung mit konservierenden Flüssigkeiten verzichten zu können. Da schon bei dem langsamen Abkühlen in großen Eimern im sauren Milieu die Pektinhydrolyse fortschreitet, wird empfohlen, entweder erst die vorher rasch abgekühlte Marmelade abzufüllen, oder das Abfüllen der heißen Marmelade in mehreren Abschnitten vorzunehmen. Die in Gläser gefüllte Marmelade läßt man zur Selbststerilisation umgestürzt erkalten oder man erhitzt sie in siedendem Wasser etwa 20 min. Die Herstellung von Hartmarmelade erfolgt entsprechend. Häufig werden hierfür sogenannte Sollichkochvorlagen verwendet, in welchen das Kochen in geschlossenen Kesseln mit Rührwerk erfolgt. Das Entleeren erfolgt in ein unter dem Kochkessel befindliches evakuiertes Gefäß, in welchem momentan eine starke Nachverdampfung und damit auch Abkühlung erfolgt.

Energiebedarf für 100 kg Fertigware ca. 12 kg Kohle, Ausbeute etwa 82—86% der Einwaage an Fruchtmark, Pektinextrakt, Zucker usf. nach dem Kochen, so daß im allgemeinen nur wenig verdampft zu werden braucht. Die Passierabfälle sind gering und umfassen im wesentlichen die Kerne, die der Extraktion bzw. Essenzfabriken zugeleitet werden (vgl. Fruchtsäfte), bei Zwetschgen beträgt der Abfall ca. 20%, bei Kirschen ca. 25%. Die Steine von Zwetschgen, Aprikosen, Pfirsichen können zur Herstellung von Aktivkohle verwertet werden. (Vgl. S. 224.)

Gelees. Die Früchte werden vor der Extraktion gekocht, und zwar sehr saftige Früchte, wie Beerenfrüchte, ohne Wasserzusatz. Die Früchte werden möglichst vor dem Kochen zerquetscht, Zitrusfrüchte werden in dünne Stücke zerschnitten und die 2—3fache Menge Wasser zugegeben. Die Kochzeit schwankt zwischen 3 min für Beeren und 30—60 min für Orangen. Je kürzer die Kochzeit, desto besser. Zum Kochen werden glasemaillierte Kessel, sowie Kessel aus rostfreiem Stahl oder aus Nickel verwendet. Der Saft wird in Kelterpressen ausgepreßt, bei wertvolleren Früchten wird der Preßkuchen in Wasser gequollen und erneut gepreßt. Der Preßkuchen dient als Viehfutter; sein Wert als Dünger ist gering, doch kann er mit Kalk neutralisiert zur Auflockerung schwerer Böden verwendet werden.

Zweckmäßig ist die Zugabe von diastasehaltigen Enzympräparaten wie Clarase (1 Teil auf 6000—8000 Teile Saft) bei 30—40°, um die Stärke abzubauen; nach etwa 1 Stunde Temperaturerhöhung auf 72°. Der Saft wird mit $^1/_{10}$ bis 1% Diatomeenerde als Filterhilfsmittel vermischt und in Filterpressen abgepreßt. Das heiße Filtrieren muß vor der Zuckerzugabe erfolgen, da sonst die Zähigkeit zu groß wird; dagegen soll eine evtl. erforderliche Konzentrierung des Saftes wegen des Ausfallens unlöslicher Stoffe vor dem Filtrieren vorgenommen werden. Auch Zentrifugieren des Preßsaftes ist möglich. Nach einer Messung des p_H-Wertes und dessen Einstellung mittels Wein-

oder Zitronensäure auf einen p_H-Wert von 2,9—3,3 erfolgt die Zugabe von Pektin und Zucker. Bei zu hohem p_H-Wert bildet sich das Gelee zu langsam und wird weich, bei zu niedrigen p_H-Werten wird das Gelee zu fest und es sondert sich Flüssigkeit ab (Syneräse), bei einem p_H-Wert über 3,5 erfolgt keine sichere Geleebildung. Syneräse wird auch verursacht durch zu wenig Zucker, zu wenig Pektin und bei zu schnellem Gelieren. Das nachfolgende Kochen muß so kurz wie möglich sein, damit das Pektin nicht zerstört wird; andererseits nimmt mit steigender Kochzeit die Inversion zu und die Neigung zum Kristallisieren von Saccherose ab. Um auf diesen Vorteil nicht verzichten zu müssen, kann man einen Teil der Zuckerlösung vorher invertieren oder Bonbonglucose zugeben. Das Kochen erfolgt in Kupferkesseln, die zweckmäßigerweise innen verzinnt oder versilbert sind. Auch Kessel aus Nickel, Monelmetall oder rostfreiem Stahl sind im Gebrauch. Um schnelles Kochen zu erreichen, dürfen die Kessel nur einen kleinen Inhalt aufweisen. Der Endpunkt wird mittels Refraktometer (65—68% T.S.) oder auf Grund des Siedepunktes bestimmt, der 4,5° über dem von Wasser bei gleichem Barometerstand liegen soll. Die Säurezugabe, wenn überhaupt erforderlich, erfolgt erst kurz vor dem Abfüllen, damit eine Pektinschädigung bzw. ein vorzeitiges Gelieren vermieden wird. Weinsäure gibt festere Gelees als Zitronensäure bei gleichem p_H. Um gleiches p_H 3,1 zu erreichen, braucht man beim gleichen Rohstoff die gleichen Mengen an Zitronen-, Wein- und Milchsäure (67%ig), jedoch nur etwa 15% an Phosphorsäure (85%ig). Beim Abfüllen mit einer Temperatur von 85—100° ist kein Pasteurisieren erforderlich. Beim Abfüllen bei erheblich tieferer Temperatur ist bei 82° eine Pasteurisierzeit von etwa 30 min notwendig. Jede Bewegung des in Bildung begriffenen Gerüstes verhindert die spätere Bildung eines festen Gelees. *Geleefrüchte* werden entsprechend hergestellt, z. B. 100 kg Fruchtsaft, 75 kg Rohrzucker, 75 kg Stärkesirup, 3,25 kg Trockenpektin, 1,25 kg Zitronensäure. Das Trockenpektin wird mit der Hälfte des Zuckers vermischt und dem kochenden Saft zugegeben, worauf die zweite Hälfte des Rohrzuckers und der Stärkesirup zugegeben werden und auf 105° gekocht wird. Daraufhin wird die Säure zugegeben und die Masse vergossen. Die Stücke wälzt man in Zucker und läßt sie oberflächlich trocknen. —Die kontinuierliche Geleeherstellung befindet sich in Entwicklung[1]).

Literatur.

SERGER-HEMPEL: Konserventechnisches Taschenbuch, Braunschweig: Serger & Hempel.
MORRIS, T. N.: Principles of Fruit Preservation, London: Chapman & Hall 1946.
HOTTENROTH, B.: Industrielle Obst- und Gemüseverwertung **35**, 115 (1950).

4. Gemüsekonservierung.

(Beispiel Bohnen.)

Vorbehandlung. Neuerdings beginnt sich eine Bohnenpflückmaschine einzuführen, die aus einem mit Gummi bespannten Walzenaggregat besteht, von welchem jedes Walzenpaar etwas schneller läuft als das vorhergehende, wodurch erreicht wird, daß das erste Walzenpaar festhält und das nachfolgende abreißt (Abb. 163).

Blätter, Stiele, Strünke werden durch Siebe bzw. Gebläsewind entfernt. Die Bohnenschoten gelangen in die Bohnenköpfmaschine. Handauslese fleckiger Bohnen. Bohnen mit Fäden müssen von Hand verarbeitet werden. Die Bohnenköpfmaschine besteht aus einer mit 30—40 Umdreh/min, 4 m langen, rotierenden Trommel mit spiralig angeordneten, zahlreichen Löchern von 6—8 mm Durchmesser. Eine im Innern derselben angebrachte Schneckenwindung mit Hubleisten zwingt die Bohnen zu einer dauernden Wendung, außen angebrachte Messer schneiden die Spitzen ab.

[1]) REICH, G. T.: Food Technology, **3**, 383 (1949).

Bei neueren amerikanischen Ausführungen (Chrisholm-Ryder) sind drei Messerreihen mit je 11 Messern, die einzeln durch Federn angedrückt werden, angeordnet. Die Öffnungen sind nicht rund, sondern wellenförmig. An das Köpfen kann sich eine Dickensortierung anschließen, wozu ein rotierendes Sieb mit Latten (220 U/min) dient. Daran schließt sich das Waschen an, welches entweder in Gabelwaschmaschinen erfolgt, welche die Handwäsche nachahmen, oder mit Hilfe von Druckluft. Weit verbreitet in der Konservenindustrie sind rotierende Trommelwäscher, die mit Sieben

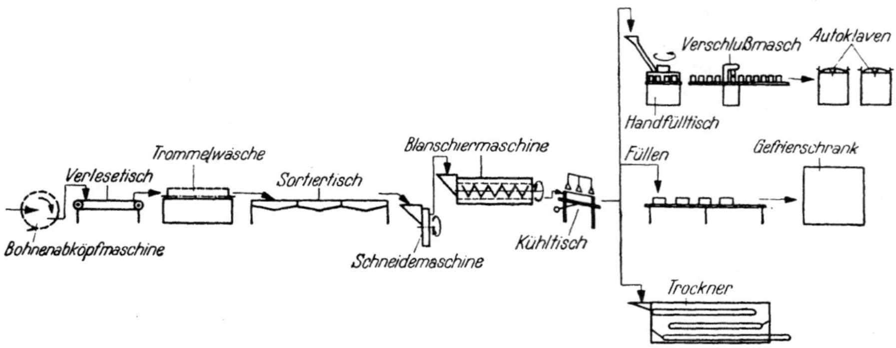

Abb. 163. Verarbeitung von Bohnen. (An Stelle der Schneidemaschine kann auch ein Bohnenbrecher, sowie ein Zentrifugal-Dicken-Sortierer eingefügt werden.)

oder Latten und mit einer Leitspirale ausgerüstet sind. Der Abstand der Spritzdüse vom Gemüse ist für die Wirkung entscheidend und wichtiger als die absolute Wassermenge. Außerdem wird die Waschwirkung von der Geschwindigkeit und Schichthöhe des durchlaufenden Gutes und von der Wassermenge beeinflußt. Nunmehr werden die Bohnen nach Durchlauf eines Auslesebandes maschinell gebrochen oder mittels rasch rotierender Messer (Bohnenturbine) oder mittels einer mit 200 Umdr/min rotierenden Messerwalze, die durch einen Schütteltisch gespeist wird, geschnitten; das Schneiden kann in Längs- oder Schrägschnitten erfolgen. Beim Schrägschnitt wird bei der vorbeschriebenen Maschine vor die Messerwalze eine Schneckenzuführungswalze eingesetzt, welche die Bohnen der Messerwalze schräg zuführt. Zum Trocknen bestimmte Bohnen werden längs geschnitten, um eine geringere Trockenzeit zu erreichen. Sie werden zu diesem Zweck in Kanälen den rotierenden Messern zugeführt. Geschnittene Bohnen können in einer Art Trieur sortiert werden. Eine rotierende Trommel ist in drei Sektoren abgeteilt, welche Löcher mit 20, 32 und 45 mm enthalten, die außen durch ein Drahtnetz abgedeckt sind. Im ersten Sektor fallen Bohnen bis zu einer Länge von 18 mm, im zweiten von 18 bis 29, im dritten von 29 bis 41 mm in getrennte Rinnen. Noch längere Stücke gehen in den Überlauf. Die vorbereiteten Bohnen werden nun blanchiert, weil durch sperriges Gemüse das Dosenvolumen nicht ausgefüllt werden könnte, außerdem unblanchierte Bohnen bitter schmecken würden und zu lange Sterilisierzeiten erfordern. Die Zeitdauer des Blanchierens beträgt je nach der Gemüseart 3 bis 6 min. Es erfolgt zweckmäßigerweise nicht in Blanchierkesseln, weil sich darin die Zeitdauer nur schlecht einhalten läßt, wodurch die Auslaugeverluste leicht zu hoch werden, sondern in Blanchiermaschinen (Abb. 164). Dies sind mit Heißwasser gefüllte lange Wannen, durch die das Gemüse mittels einer mit regelbarer Drehzahl rotierender, gelochter oder geschlitzter Trommel, die mit einem Schneckengang versehen ist, gefördert wird. Das Bad wird durch Heizschlangen erwärmt (Kochschnecke wird angewandt für Mohrrüben, Karotten, Sellerie, Rote

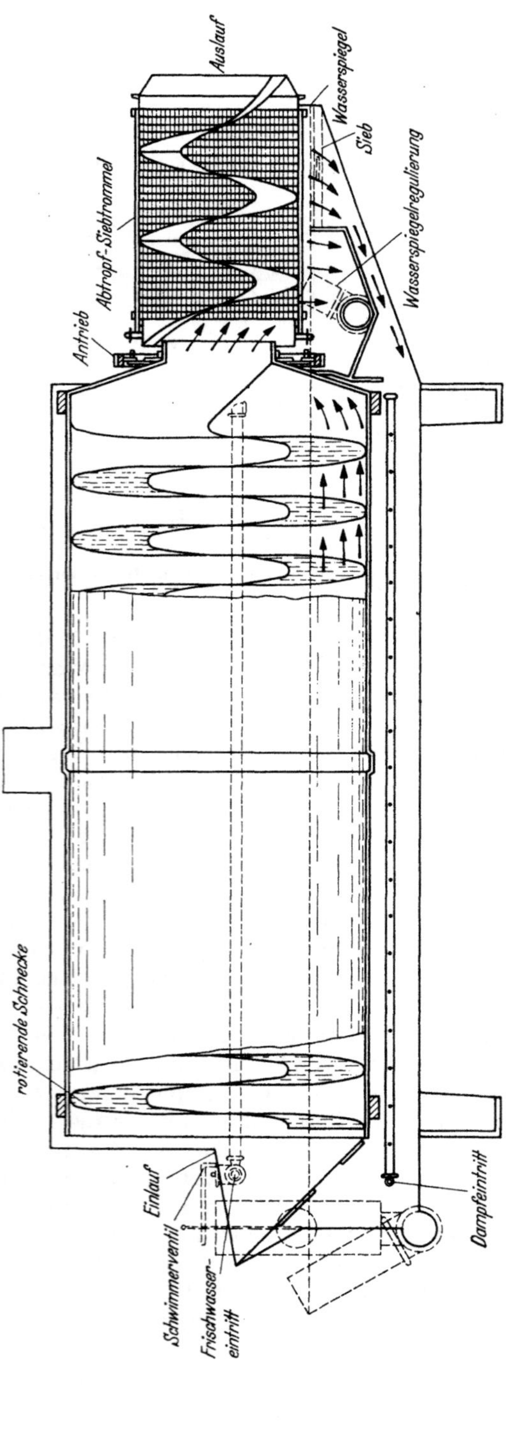

Abb. 164. Wasserblanchierapparat.

Rüben, Kartoffeln usw.). Auch Fließbänder, auf welche durch zahlreiche gelochte Rohre Dampf auf das Gemüse von oben und unten strömt, sind im Gebrauch. Zur Verringerung des Auslaugeverlustes soll die Wassermenge gering gehalten werden. Je nach dem Verwendungszweck kann sich an das Blanchieren ein wasserbesprühtes Kühlbad anschließen, wodurch auch Schleimbestandteile von der Oberfläche abgespült werden.

Konservierung. Das vorbeschriebene Blanchierverfahren ist für sämtliche Konservierungsverfahren: Sterilisieren, Gefrieren, Trocknen, gleich; da es aber beim Gefrieren und Trocknen weniger auf die Geschmeidigkeit des Gewebes ankommt als auf die Inaktivierung der Enzyme, wird man bei diesen Verfahren bei vielen Gemüsearten mit kürzeren Blanchierzeiten auskommen.

Dosenbohnen werden von Hand z. B. auf einem rotierenden Handfülltisch in Dosen gefüllt, worauf die Weißblechdosen mit 1—2½prozentigem kochendem Salzwasser (Schwarzblechdosen mit kochendem Wasser) aufgefüllt werden. Vor dem Verschließen werden diese zweckmäßigerweise *exhaustiert*, d. h. zur weitergehenden Entfernung der Luft bei 75 bis 90° durch einen dampfbeheizten Kasten geführt. Bezüglich des Dosenverschlusses vgl. S. 77. Die eigentliche Sterilisationszeit ist bei Bohnen 15 min, die Sterilisiertemperatur 115—118°; die zweckmäßigste Steig- und Fallzeit beträgt je 6 bis 10 min.

Trockenbohnen werden je nach der Art des Trockenapparates auf Hordenbleche oder auf Bänder aufgelegt und bei einer Temperatur von 75° getrocknet. Die Trockenbohnen mit einem Wassergehalt von etwa 7% werden entweder unmittelbar möglichst dampfdicht verpackt oder bei etwas höherem Wassergehalt bei einem Druck von 200 bis 300 atm in Blöcke gepreßt und dann möglichst dampfdicht eingesiegelt.

Gefrierbohnen werden in innengewachste Kartons gefüllt und entweder zwischen kalten Platten oder in rasch bewegter Luft auf Bändern, Horden o. dgl. durchgefroren. Die Weiterbehandlung in der Gefrierkette erfolgt wie bei Gefrierobst (vgl. S. 219).

Verarbeitung anderer Gemüse: Spargel werden 2—4 Stunden in Wasser eingeweicht, von Hand geschält und dann geschnitten. Blanchierzeit für Gefrierspargel in Wasser 120—360 sec je nach Dicke, und zwar Stiele länger als Spitzen; vorzugsweise verwendet man aber hierbei in USA Dampfblanchieren. Zur Verarbeitung von Spargeln sind folgende Maschinen im Gebrauch: Dickensortiermaschine, in welcher Drahtseile nach dem Ende der Maschine zu auseinanderlaufen; das zu sortierende Gut wird durch diese Bahnen getragen, Spargelschneidemaschine, in welcher die Spargel durch mehrere Messer in bestimmte Längen geschnitten werden. Beim Rotieren des Tisches werden infolge der verschiedenen Messerlängen die einzelnen Stücke durch verschiedene Ausfallschächte abgeleitet. Zum Füllen der Dosen wird eine $2^1/_4$%ige Salzlösung verwendet.

Karotten werden nach dem Waschen entweder roh in Karborundschälmaschinen (vgl. Kartoffeln) abgerieben oder aber etwa 7 min mittels Kochschnecke gekocht und hierauf die Schale in einer entsprechenden Maschine, die anstelle von Karborund mit Bürsten ausgerüstet ist, abgerieben. Sehr alte Karotten werden unter Zugabe von 1% Soda 1—2 min in einer Kochmaschine mit Kochschnecke gebrüht, worauf sich die Schale leicht abstreifen läßt[1]). Dies kann außer durch Bürsten in einer Karottenputzmaschine erfolgen, einer sich drehenden geneigten Trommel aus Drahtgewebe; worauf die Schalen durch Abbrausen mit kaltem Wasser entfernt werden. Darauf erfolgt ein Nachputzen von Hand. In USA. haben sich automatische Schälmaschinen für Wurzelgemüse eingeführt. Es sind zwei Typen im Gebrauch: schräge Zylinder, welche mit Dampf von 2—5 atm gespeist werden und in welchen langsam eine Schnecke rotiert. Die In- und Abfuhr erfolgt durch rotierende Ventilkammern. Hierdurch wird die Schale gelockert, so daß sie in einem rotierenden Wäscher mit Lattenbelag von 16—20 mm Abstand, wie vorher beschrieben, entfernt werden kann. Eine andere Methode besteht darin, daß das Wurzelgemüse rasch rotierende Karborundwalzen mit immer feinerem Belag passiert (Abb. 165). Bei Pariser Karotten erfolgt ein Sortieren z. B. mittels rotierender Siebe. Möhren werden maschinell in Streifen geschnitten (vgl. Kartoffeln). Trocknung bei 65°.

Spinat muß besonders gründlich gewaschen werden. Üblicherweise wird nur Schnittspinat verwendet. Die Entfernung von Schmutz bereitet bei Spinat besondere Schwierigkeiten: gelegentlich wird damit begonnen, den Spinat über Rüttelsiebe gleiten zu lassen, wodurch der lose Schmutz und Insekten entfernt werden. Daran schließt sich ein langes Wasserbad an, in welchem der Spinat durch Düsenwasser ausgewaschen wird. Der Schmutz sinkt durch einen falschen Boden und erreicht eine Zone geringer Wassergeschwindigkeit, in welcher er sich absetzt. Zweckmäßigerweise schaltet man mehrere solcher Wäscher hintereinander. Auch hintereinandergeschaltete Trommel-Lochsiebwaschmaschinen sind im Gebrauch, doch rollen sich darin die Blätter leicht. Häufig schaltet man dem langen Waschtank einen Trommelwäscher nach, in welchem der Spinat kräftigen Wasserstrahlen ausgesetzt

---

[1]) In USA. erfolgt das Schälen von Möhren, Kartoffeln, Rüben und Kürbissen mittels Laugenbad (Frühkartoffeln und Möhren mit 3—5%, Temperatur 90°, Zeit 1 min, Rüben und alte Kartoffeln, Kürbisse 7—10% und bis 10 min). Die Einrichtungen hierzu umfassen ein Laugenbad, eine Waschtrommel und ein Neutralisationsbad mit 2—3% Zitronensäure.

wird. Daran schließt sich ein Ausleseband an. Das Blanchieren erfolgt in Dampf oder in kochendem Wasser; im letzteren Fall wird er zwischen zwei Bändern durch das heiße Wasser geführt. Eine Blanchiertemperatur von 80⁰ hat sich für die Farbe als

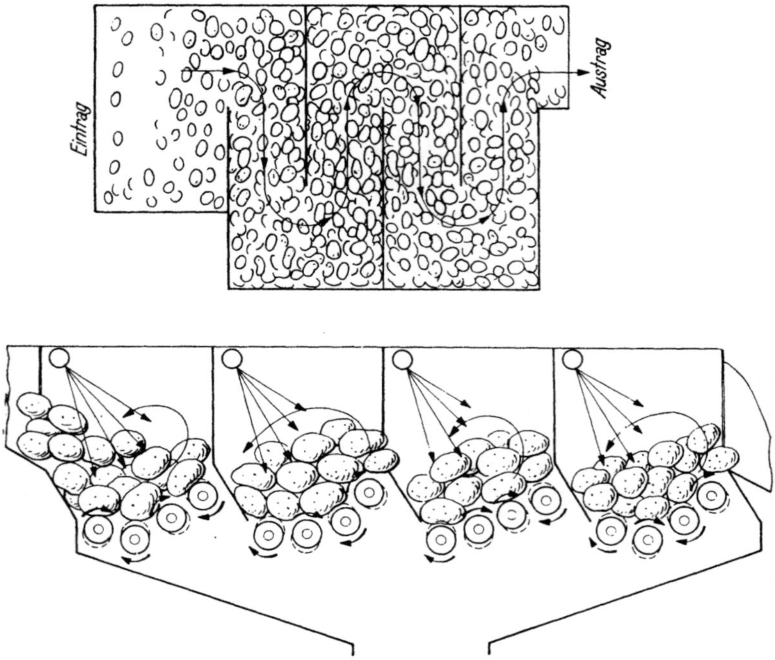

Abb. 165. Kontinuierlicher Gemüseschäler (Food Machinery Corp.).

am günstigsten erwiesen. Die bei der Dosenkonservierung übliche Zerkleinerung erfolgt mittels Wolf oder mittels Passiermaschine. Gefrierspinat wird 1—3 min in Dampf blanchiert, je nachdem, ob es sich um Frühjahrs- oder um Herbstspinat handelt. Trocknungstemperatur 55⁰. Die Dosen werden bei etwa 65⁰ (oder kalt mit Vakuum) exhaustiert und in heißem Wasser in einem rotierenden Kocher auf 82⁰ vorgewärmt.

Das *Dreschen der Erbsen* erfolgt nach Möglichkeit schon auf dem Feld, und zwar werden die abgewelkten Erbsensträucher in einen mit 8—15 Touren/min rotierenden Siebzylinder geworfen, in welchem schräge Schlagleisten mit regelbarer Umdrehungszahl (150—200 U/min) rotieren, wodurch die Hülsen aufplatzen, die Körner fallen durch Siebe auf ein schräges Band, von welchem sie abrollen. In den Erbsen*löchte*maschinen, in denen nicht die ganzen Sträucher, sondern nur die Schoten und damit kleinere Volumina zu verarbeiten sind, werden die Schoten zwischen den Schlagleisten zweier verschieden schnell rotierender Trommeln aufgeschlagen; die Umdrehungszahl der Innentrommel ist regelbar. Die Körner fallen durch eine Siebtrommel auf ein Ausleseband (vgl. S. 28). Die leeren Schoten werden von der Trommel seitlich ausgeworfen. Nach dem Dreschen erfolgt eine Nachreinigung mittels Aspirateur. In USA werden die Samen der schwarzen Nachtschattengewächse, der Ackerdistel und der unechten Kamille, welche wegen gleicher Größe und gleichem spezifischem Gewicht nur durch Handverlesung entfernt werden können, gelegentlich durch Flotation (Kiefernöl als Schäumer, starke Belüftung) entfernt. Die Sortiermaschine (vgl. Getreide) ist ein schräggestelltes, mit 6—8 U/min rotierendes Sieb, dessen Abschnitte zunehmende Lochweiten besitzen. Am Einlauf ist ein Staubsieb mit länglichen Löchern zur Entfernung von Hülsenresten angebracht. Auch Rüttelsiebe werden zum Sortieren der Erbsen verwendet. Der Sortierung wird eine Wäsche nachgeschaltet; hierbei werden die Erbsen in einer Stufenrinne von schweren Schmutzteilen befreit, in einem Wassertrog Blätter und Blüten durch eine Schnecke nach außen befördert und in einer Siebtrommel mit einer Spritzvorrichtung durchgewaschen. Bei richtig arbeitendem Aspirateur erscheint ein einfaches Nachwaschen ausreichend. Neuerdings hat man in USA damit begonnen, mit Hilfe von Photozellen [1]) grüne Erbsen von irgendwie verfärbten Erbsen automatisch zu trennen. Das Problem wurde apparativ dadurch gelöst, daß die Erbsen einzeln, während sie von den pneumatischen Saugnäpfen der Greiferscheibe gefaßt sind, an einer Ulbrichtschen Kugel vorbeigeführt wurden (Abb. 166). Das in einer bestimmten Richtung reflektierte Licht wird durch halbdurchlässige Spiegel auf 2 Photozellen verteilt. Der einen Photozelle ist ein Rotfilter, der anderen ein Grünfilter vorgeschaltet. Jede Photozelle steuert (über einen Doppelkanalverstärker) ein Plattenpaar einer Braunschen Röhre. Das Gebiet des zulässigen Rot/Grünverhältnisses ist darauf mit einer Maske abgedeckt. Mißfarbige Erbsen (oder Bohnen) verursachen einen Schirmlichtfleck außerhalb des abgedeckten Bereichs und lösen damit über eine weitere Photozelle einen Auswerfer aus. Die weitergehende Trennung der Körner kann durch Salzgräder in einer Salzlösung erfolgen, wobei sich die überreifen Erbsen infolge ihres verschiedenen spezifischen Gewichtes von den reifen Erbsen abscheiden. Zu diesem Zweck werden in einem trichterförmigen Einlauf die Erbsen unter der Oberfläche der Salzlösung zugeführt. Die Sole wird von unten tangential zugeführt, so daß eine leichte Aufwärtsströmung unter langsamer Rotation der Erbsen entsteht. Die leichten und die harten Erbsen werden in rotierenden Sieben von der Sole getrennt. Man schaltet gelegentlich zwei solcher Maschinen hintereinander und beschickt die erste mit Sole von einem spezifischen Gewicht 1,04 und die zweite mit Sole von spezifischem Gewicht 1,07. Blanchierzeit für Gefrier- und Trockenerbsen 30 bis 60 sec, je nach Sortierung und Sorte. Zum Blanchieren von Gemüseerbsen darf nur Wasser von höchstens 3° Härte verwendet werden. Trocknung bei 65°. In USA beginnt sich für das Blanchieren von Erbsen ein Rohrblancheur durchzusetzen. Das 5,5 m lange Rohr ist von einem

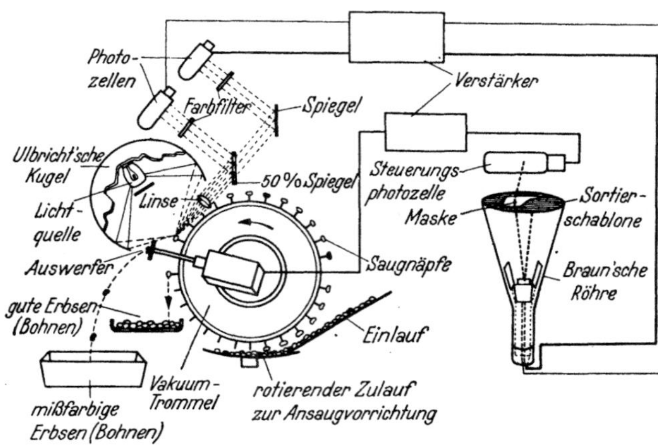

Abb. 166. Automatische Farbsortierung von Erbsen, Bohnen, Linsen (Elektronic Mach.Co.).

---

[1]) Food Manufacture **24** (1949), S. 149. Vgl. Prospekt der Electronic Machine Co., Grand Rapids, Mich.

Dampfmantel umgeben; das Rohr wird mit kochendem Wasser beschickt. Die Erbsen werden vom Wasser durch Siebe befreit.

Nach dem Blanchieren sollen die Erbsen in Trommelsieben nochmals nachgewaschen werden. Erbsen werden üblicherweise nicht exhaustiert, aber die Dosen mit heißer Aufgußflüssigkeit gefüllt.

Die *Sterilisierzeiten* sind bei breiigem Gut, welches geringere Konvektionsströmungen aufweist als Aufgußflüssigkeit, länger, bei Spinat in $^1/_1$ Dosen z. B. 30 min bei 122°, bei 12 min Steig- und Fallzeit; während bei Erbsen und Spargeln die Haltezeit nur 14—18 min bei 118° bei einer Steig- und Fallzeit von je 6 min beträgt. Kohlenbedarf 6,5—13 kg für 100 1/1-Dosen.

Zum *Trocknen* von Gemüse dienen folgende Trocknerbauarten: Schranktrockner (die mit Gut belegten Horden werden durch Türen oder Klappen in übereinanderliegende Öffnungen eingeschoben), Kammertrockner (Gut auf Hordenwagen) oder Kanaltrockner (im Gegensatz zum vorhergehenden Fall erfolgt das Ein- und Ausbringen der Wagen auf gegenüberliegenden Schmalseiten), Bandtrockner (Gut wird auf Bändern getrocknet, meist fällt das Gut von einem Band zum nächsten), Turbinentrockner (Gut wird auf Horden ausgebreitet, die in eine endlose Förderkette eingelegt werden, welche im Trockenturm eine Spiralsäule bildet). Grundsätzlich sind alle diese Bauarten zum Trocknen von Gemüse geeignet, sofern eine hinreichende Einstellbarkeit der Trockentemperaturen und eine genügende Gleichmäßigkeit der Belüftung erzielt wird. Doch sind Trockenflächenbedarf, Preis, Kraftbedarf, Dampfverbrauch, Arbeitsstundenbedarf und Eisenbedarf verschieden. Der Wärmebedarf schwankt zwischen 0,8 und 2,4 kg Dampf je kg Naßgut, durchschnittlich liegt er bei 1,6 kg/kg. Empfehlenswert sind Konstruktionen, die im ersten Teil im Gleichstrom, im Trocknungsschwanz im Gegenstrom arbeiten. (Vgl. S. 50.)

Abfallverwertung. Die Kernausbeute beträgt bei Erbsen nur 30 bis 40%. Die Schalen können getrocknet und an die Nährmittelindustrie weitergegeben werden, falls eine stetige Verarbeitung möglich ist. Bei Mangel an Trocknungsanlagen kommt z. Z. nur eine Verwertung als Viehfutter in Betracht. Dies gilt auch für die Dreschabfälle, die ein ausgezeichnetes Silagefutter ergeben, insbesondere, wenn sie mit Maisabfällen vermischt werden.

Bei Spargeln sind die Schälverluste, zunehmend mit abfallender Sortierung 28 (I. Sorte) bis 45% (IV. Sorte). Die Spargelschalen werden nach gründlichem Waschen getrocknet und als Spargelschalen oder gemahlen (Sieb 0,3 mm) als Spargelschalenmehl an die Nährmittelindustrie verkauft. Die verholzten Stiele können ausgekocht und aus dem gewonnenen Extrakt durch Vakuumeindickung oder Ausfrieren ein Konzentrat hergestellt werden. Außerdem ist Spargelsaft ein gutes Nährmedium für Antibiotica.

Die Möhrenabfälle (Schalen, Köpfe, Spitzen) betragen 20—30%; eine Verwertung ist nur als Viehfutter möglich, da z. Z. des Möhrenanfalls die Trocknungsapparate anderweitig Verwendung finden.

Holzhaltige Kohlrabischeiben, der innere Strunk und junge Kohlrabiblätter können zu Kohlrabibrei verarbeitet werden.

Auch bei Blumenkohl beträgt der verwertbare Abfall etwa 30%, während bei den nicht angeführten Gemüsen die Abfälle unter 10% betragen, einige können siliert oder eingesalzen, der Rest muß als Viehfutter verkauft werden. Die Abfälle enthalten 3—9% Kohlehydrate und 1—3% Eiweiß bei Wassergehalten von 85—94%.

Aus den Abfällen lassen sich auch Futtermehle herstellen mit Eiweißgehalten bis 43% (Spargelkohl), Karotingehalt bis 810 γ/g in Spargelkohl, Vitamin E bis

1240 γ/g in Rhabarber. Spargelkohl-Rübenblattmehl ist Alfalfa in der Kückenfütterung überlegen, Karottenblattmehl gleich und Erbsendreschabfälle etwas unterlegen. Wenn man den Spreiteteil abtrennt, kann man den Rippenteil viel wirtschaftlicher trocknen, wobei man ihn vorher in kleine Stücke zerhackt, was z. B. mittels einer Hammermühle geschehen kann.

Kraftbedarf. Z. B. für 1000 kg Körner/h etwa 5 PS (Dreschmaschine) und etwa 11 PS (Löchtemaschine); für 1000 kg Bohnen etwa 8 PS (Köpfmaschine).

Literatur.

CRUESS, W.V.: Commercial Fruit and Vegetable Products, New York: McGraw-Hill Co. 1948.
HEISS, R.: Dtsch. Lebensmitt.-Rdsch., **45**, 57 (1949).
GOERLING, P.: Ind. Obst- u. Gemüseverwertung **35**, 118 (1950); MOHR, W. S. 103.

5. Konservierung von Obst.

Zur Erhaltung der Güte empfindlicher Kühlgüter ist es notwendig, daß sie nach der Produktion möglichst rasch abgekühlt werden und möglichst bis zum Verbrauch auf diesem Temperaturniveau bleiben.

Kühlen (Abb. 167). Damit das wenig haltbare Weichobst (Erdbeeren, Himbeeren u. dgl.) in einwandfreier Beschaffenheit ohne Verluste durch Verschimmeln vom

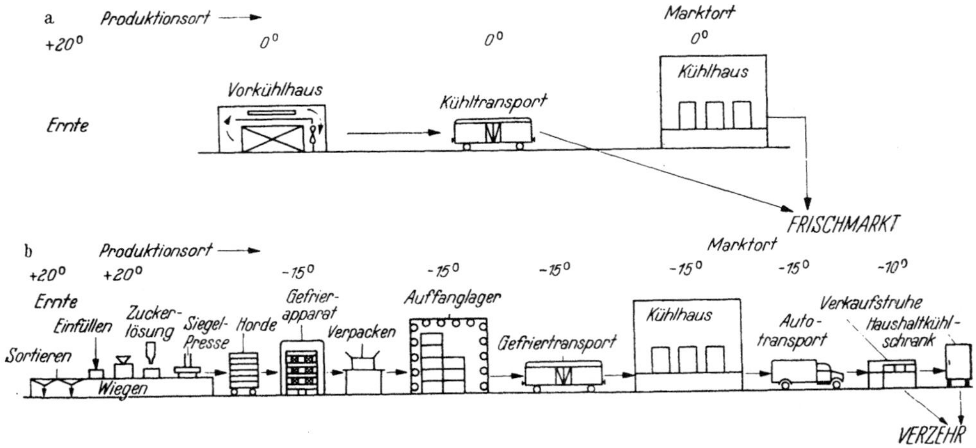

Abb. 167. Kühlkette für Weichobst und für Gefrierobst.

Produktionsort zum weit entfernten Frischmarkt kommt, muß es am Produktionsort durchgekühlt werden. Dieses erfolgt zweckmäßigerweise auf Hordenwagen, welche in Kühlschleusen hineinpassen, in welchen eine Luftgeschwindigkeit von etwa 2 m/sec herrscht. Das durchgekühlte Gut kommt in Kühlwagen, die zweckmäßigerweise mit Deckeneisbunkern ausgerüstet sind. Die Eismenge muß der Außentemperatur, der Wärmeleitzahl der Isolierung und der Transportdauer angepaßt sein. Vom Kühlwaggon aus kommt die Ware unmittelbar zum Frischmarkt, gegebenenfalls auch über ein Kühlhaus des Verbrauchsorts. Bei weniger empfindlichen, aber lang lagernden Erzeugnissen wie Kohl, Zwiebeln, Äpfeln entfallen Vorkühlung und Kühltransport; zum Ausgleich von Angebot und Nachfrage findet aber eine Speicherung im Kühlhaus bis zum Frühjahr statt.

Sterilisieren, Gefrieren. Aus dem frisch geernteten Obst werden überreife, verfaulte und verschimmelte Früchte, sowie Blättchen u. dgl. aussortiert. Die Größensortierung erfolgt mittels Vibrationssieben mit entsprechenden Löchern, und zwar werden üblicherweise die großen Früchte zuerst entfernt. Je nach der Fruchtart wird entkernt (Kirschen), halbiert und entsteint (Aprikosen, Pfirsiche, Zwetschgen), entkelcht (Erdbeeren), entstielt (Kirschen, Trauben, Stachelbeeren, Ebereschen, Johannisbeeren), geschält und geschnitten (Melonen, Rhabarber) und mit wenig Ausnahmen (Himbeeren, evtl. Brombeeren) gewaschen (vgl. Marmelade). Pfirsiche werden nach dem Halbieren von Hand oder mittels Maschinen dadurch enthäutet, daß sie 1—10 min mit 2—8%iger[1]) Natronlauge bei 65° auf einem Band von beiden Seiten oder auf einer Trommel besprüht werden. Die Mittellamelle der Haut besteht aus Pektinsubstanzen, welche in Laugen sehr gut löslich sind. Die Parenchymzellen sind dagegen ziemlich resistent. Bei manchen Pfirsicharten reicht die Dampfbehandlung allein. Die Schalen werden in Trommelwäschern mit kaltem Wasser entfernt, woran sich ein Ausleseband und ein Neutralisationsbad (2—3% Zitronensäure) anschließen (Abb. 168).

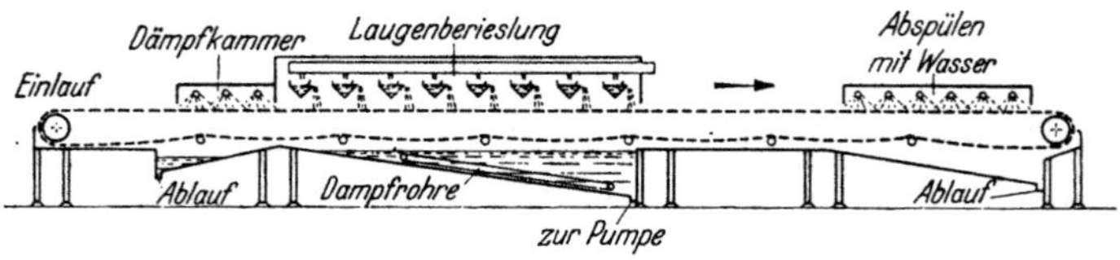

Abb. 168. Schema einer Laugenschälanlage.

Pflaumen werden durch Einstecken der Früchte in halbrunde Öffnungen auf laufenden Schienen entsteint. Sie werden durch feststehende Messer gezogen, welche die Früchte aufschneiden, wobei ein Quersteg am Messer den Kern zurückhält.

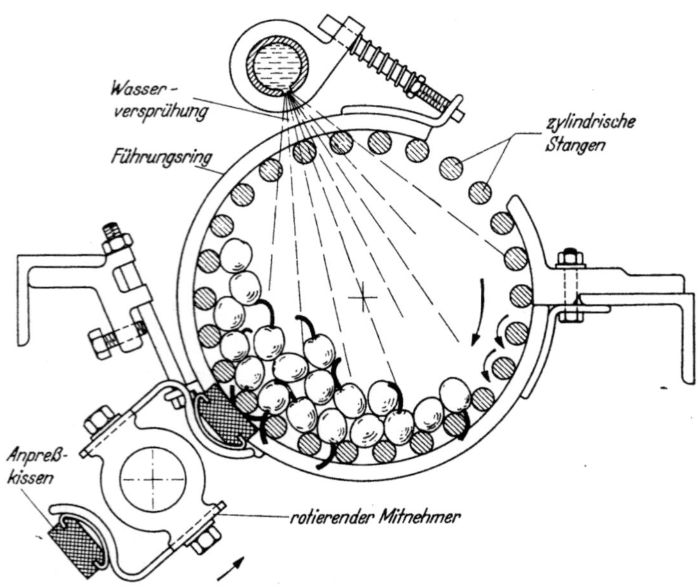

Abb. 169. Maschine zum Entstielen von Kirschen.

Kirschen werden von Hand oder maschinell entstielt (Abb. 169). Die maschinelle Entstielung beruht darauf, daß der Umfang eines leicht geneigten Zylinders aus Gummiwalzen besteht, die an der untersten Stelle mit einem Zahnrad (cogwheel) in Berührung kommen. Von den Kirschen, die dem Innern des Zylinders, der mit 20 bis 30 U/min rotiert, zugeführt werden, werden die Stiele abgezogen. Eine andere Ausführungsform besteht in zwei sich gegenläufig drehenden Hartgummiwalzen, über welchen ein Vibrationssieb schwingt. Die Kirschen

---

1) Woodroof, J. G., S. R. Cecil and E. Shelor: Food Industr. **20**, v. 20. 6. 1948.

kommen durch die Siebbewegung in eine Lage, daß die Stiele durch das Walzenpaar abgezogen werden können. Das Entsteinen der Sauerkirschen erfolgt automatisch in einer Maschine, in der die Kirschen in die Löcher einer Trommel fallen und ausgestanzt werden. Der ablaufende Saft kann zur Herstellung von Kirschsirup verwendet werden (Abb. 170).

Äpfel werden maschinell geschält und das Kernhaus ausgestochen. Beim maschinellen Schälen wird ein gefedertes Messer an die sich drehende Frucht herangeführt, welches die Schale in Streifen abschält. Schale und Kernhaus können zur Pektin- und zur Geleeherstellung verwendet werden. Die Apfelscheiben werden — um ein starkes Erweichen zu vermeiden — entweder in 1,5%iger $CaCl_2$-Lösung blanchiert (Eindosen) oder 10 min in 1%ige $CaCl_2$-Lösung getaucht und mit 33%igem Sirup verpackt (Gefrieren). Die Tauchlösung soll zur Vermeidung von Verfärbungen 0,5‰ SO_2 enthalten. Nach der $CaCl_2$-Behandlung werden die Scheiben abgespült. Statt $CaCl_2$ wird auch Calciumlactat verwendet. An Stelle der SO_2Behandlung können die Scheiben auch 90 sec mit Dampf blanchiert werden.

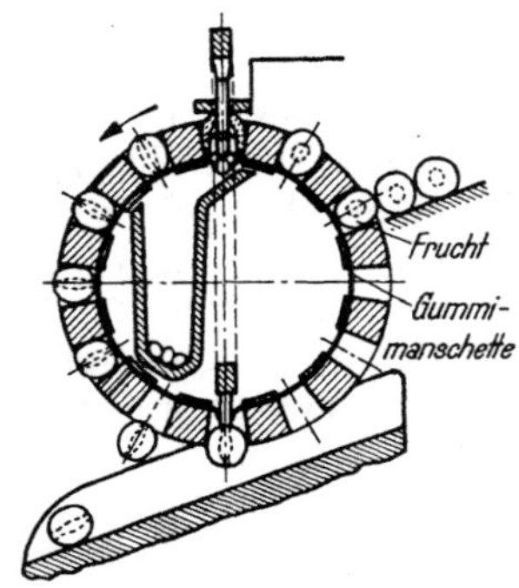

Abb. 170. Kirschenentkernmaschine.

Birnen werden von Hand oder maschinell geschält, nach der Größe sortiert und in 1—2%ige Salzlösung eingelegt, da sie sich rasch bräunen. Die Abfälle betragen 30—35% und können vergoren werden.

Das Putzen der in drei Größen sortierten Stachelbeeren erfolgt durch rotierende Schmirgelscheiben nach Art der Kartoffelschälmaschinen unter Wasserzulauf. Auch durch Bürsten werden maschinell Kelche und Stiele entfernt. Sie werden weiterhin durch mit Stacheln versehene Walzen gestichelt, damit die Zuckerlösung besser eindringt. Unterhalb dieser Nadelwalze befindet sich eine Vorrichtung, die die gestichelten Früchte von den Nadeln abstreift.

Vor dem *Sterilisieren* werden die mit Zuckerlösung versehenen Früchte im allgemeinen, je nach Art der Früchte, bei 77—95° 4—6 min exhaustiert. Die Zeit richtet sich nach der Fruchtart und der Dosengröße. Höhere Temperaturen und kurze Zeiten sind ungünstiger als längere Zeiten (10 min) und niedrigere Temperaturen (75—85°). Auch kaltes Exhaustieren mittels Vakuumverschlußmaschinen wird angewandt.

Die Behandlung der *Gefrier*früchte entspricht weitgehend derjenigen der Dosenfrüchte. Quitten, Äpfel, Aprikosen, Pfirsiche und Birnen werden in Dampf oder in Zuckerlösung blanchiert und geschält. Erdbeeren werden häufig mittels Messerwalzen mit leichtgezahnten Messern in Scheiben geschnitten. Nach dem Einlegen in Packungen und Wiegen derselben werden die meisten Früchte mit zweckmäßigerweise vorgekühlter Zuckerlösung (30—60%ig, je nach Fruchtart) übergossen oder mit Zukker vermischt (z. B. Erdbeere) und die Packung verschlossen, meist unter Verwendung einer Backenpresse mit elektrisch beheizten Backen. Aprikosen, weiße Trauben, Pfirsiche und Birnen müssen unbedingt in Zuckerlösung eingefroren werden. Gefrorene Früchte für Backzwecke (z. B. Apfelschnitten, Pfirsiche, Aprikosen) werden gelegentlich mit Natriumbisulfit (0,4%) 2—4 min behandelt, damit ein Nachdunkeln nach dem Auftauen vermieden wird. Bei Aprikosen und Pfirsichen gibt man der Zuckerlösung zur Vermeidung des Nachdunkelns 0,1% Ascorbinsäure zu. Gefrierdauer 2—3 Stunden bis zu einer Innentemperatur der Ware von —15 bis —20°. Die durchgefrorenen Packungen kommen je nach der Bautype des Gefrierapparates kontinuierlich oder absatzweise in die Packstation, in welcher sie in Umkartons eingelegt werden. Von einem Auffanglager gehen die Gefriertransporte zu den Kühlhäusern an den Hauptverbrauchszentren. Den stark isolierten Kühlwaggons wird eine der Transportdauer entsprechende Menge Trockeneis beigegeben. Die Lagerung im Kühlhaus erfolgt bei —15 bis —17° bis in die obstarme Zeit. Von ihm werden die in den Lebensmittelgeschäften stehenden Gefriertruhen, aus denen der Verkauf erfolgt, regelmäßig beliefert.

Zitronen- und Orangen*püree* wird hergestellt, indem man die Früchte wäscht, die Stielenden ausschneidet, schnitzelt, passiert, das Püree mit Zucker 5 : 1 mischt und einfriert. Birnen werden mittels 10%iger NaOH geschält (10 min, 70°).

Trocknen. Für das Trocknen von Obst hat sich in USA. die künstliche Trocknung weitgehend durchgesetzt. Der Nachteil der künstlichen Trocknung, daß die Trockenfrucht nicht durchscheinend wird, kann durch Dämpfen behoben werden. Für die Trocknung von Äpfeln werden weitgehend einfache Darren nach Art der Malzdarren verwendet, für die anderen Früchte meist Tunneltrockner. Bei nichtgeschnitzelten, größeren Früchten (Birne, Pfirsich, Pflaume) besteht die Gefahr der Oberflächenverhärtung, weshalb sie anfangs nicht zu scharf getrocknet werden dürfen. Man macht deshalb weitgehend von der Luftumlauftrocknung Gebrauch, während bei Trauben, Äpfeln und Nüssen vorwiegend mit reiner Frischluft getrocknet wird. Bei Gleichstromtrocknung erfolgt die Trocknung anfangs schneller als bei Gegenstromtrocknung, es besteht aber anfangs die Gefahr des Saftaustritts, weshalb man dieses Verfahren z. B. bei Pflaumen nicht anwenden kann. Bei reiner Gegenstromtrocknung besteht am Ende der Trocknung andererseits die Gefahr des Karamelisierens, so daß man es bei Pflaumen auch nicht anwendet. Während man im allgemeinen zuerst im Parallelstrom und dann im Gegenstrom trocknet (Äpfel), wählt man deshalb bei Pflaumen den umgekehrten Weg. Die Luftgeschwindigkeit in Tunneltrocknern wählt man zwischen 1 und 2,5 m/sec, die Belegung bei Äpfeln und Birnen 10 kg/m², bei Kirschen 12,5 kg/m², bei Pfirsichen 14,5 kg/m², bei Pflaumen und Trauben 20 kg/m². Die Trocknungszeiten betragen dabei bei Gegenstromtrocknung 8 Stunden (Äpfel), 8—12 Stunden (Kirschen), 24 Stunden (Pfirsiche und Trauben). Soweit die Früchte geschwefelt werden, dürfen sie keinesfalls mit Eisen in Berührung kommen. Wenn nicht rostfreier Stahl für Horden oder dgl. verwendet wird, muß man Holzroste verwenden. Eine ausreichende Schwefelung umfaßt folgende Aufgaben: Die Absorption einer genügenden Menge Schwefel durch die frisch geschnittenen Früchte, die Vermeidung größerer Schwefeldioxydververluste während der Trocknung, die Lagerung bei niedrigen Temperaturen und mäßiger Feuchtigkeit möglichst unter Luftabschluß. Je kürzer die Trocknungszeit ist, desto besser bleibt der Schwefelgehalt erhalten. Frisch geschwefelte Früchte müssen so rasch wie möglich zur Trocknung gelangen. Den Schwefel verbrennt man zweckmäßigerweise auf Metallbehältern von ca. 25 cm Durchmesser (Abb. 171).

Äpfel. Die Äpfel werden ausgelesen, gewaschen, maschinell geschält und das Kernhaus entfernt. Wenn die Abfälle, die 28—30% betragen, für Ernährungszwecke weiterverwendet werden sollen, müssen die Spritzrückstände durch warme Waschung von etwa 3 min Dauer mit 1½—3%iger Salzsäure vor dem Schälen entfernt werden. Bei Anspritzen reichen 30 sec. Die geschälten Äpfel werden häufig in eine 20%ige Salzlösung oder in eine 0,5%ige Sulfitlösung zur Vermeidung des Nachdunkelns eingelegt. Es wird auch empfohlen, die ganzen Früchte vor dem Schnitzeln 45—90 min zu schwefeln oder nach dem Schnitzeln 30—40 min. Auch eine 2—3 min lange Tauchbehandlung in 3—4%iger schwefliger Säure wird angewandt. Die Schnitzel sind 6 mm dick, Würfel haben 12 mm Kantenlänge. Gelegentlich werden auch sehr dünne, besonders rasch trocknende Schnitzel mittels Sauerkrautschneidmaschinen hergestellt. Das Trocknen in Malzdarren erfordert 7—12 Stunden bei einer Temperatur in der Schicht von 65°. Bei der Tunneltrocknung wendet man Anfangstemperaturen von 63—75° an. Endwassergehalt 22%, Trocknungszeit 4—6 Stunden.

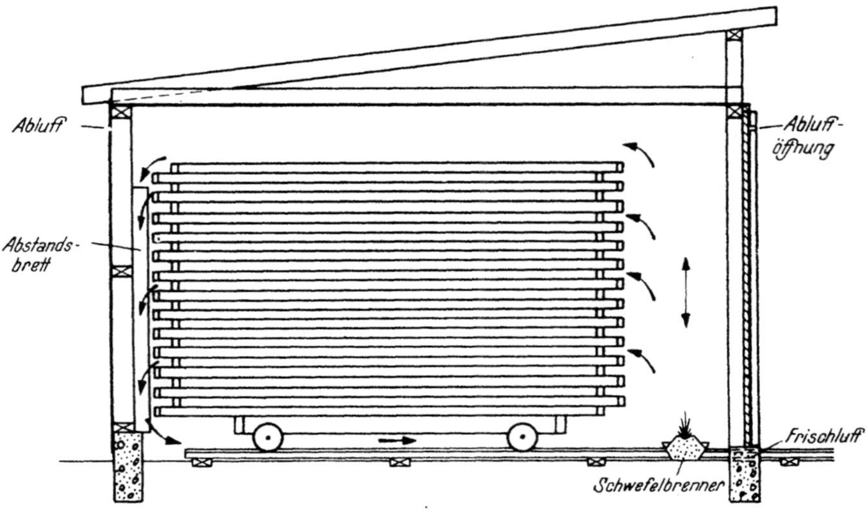

Abb. 171. Längsschnitt durch eine Schweflungs-Kammer.

Vor dem Abpacken werden die Schnitzel nochmals auf 2‰ SO_2 45 min in einer 15 cm starken Schicht auf einem Band nachgeschwefelt und dann feine Teile abgesiebt. Ausbeute 7—10: 1.

Birnen. Nach dem Schälen — gegebenenfalls unter Zuhilfenahme eines Laugebads — und der Entfernung des Kernhauses erfolgt eine Zerteilung in vier oder in 8 Segmente oder sie werden geschnitzelt. In Kanada werden die halbierten Birnen 10—15 min in Dampf blanchiert. Schwefeln 8—10 Stunden. Anfangstrocknungstemperatur 55°, Endtemperatur 60°, Endwassergehalt 30%. Trocknungszeit für Schnitzel 6 Stunden, für halbierte Birnen 26—30 Stunden. Ausbeute 6,1—8,3: 1. Die Trocknung erfolgt im Gegenstrom.

Pfirsiche. Die Früchte werden halbiert, entsteint und wie vorher beschrieben laugengeschält. Das Schwefeln dauert 4—5 Stunden, kann aber durch vorhergehendes 2—6 min dauerndes Dampfblanchieren (Abkühlen auf 50°) erheblich verkürzt werden. Trocknungstemperaturen wie bei Birnen, Trocknungszeit 14—20 Stunden, Endtemperatur 70°, Endwassergehalt 18—22%. Vor dem Nachschwefeln werden sie evtl. kurz abgewaschen. Ausbeute 5,3—7: 1. Schwefelgehalt 2—3,4‰.

Aprikosen werden 2—4 min in Dampf blanchiert bei 90°, zur Vermeidung von Saftverlusten beim Schwefeln, 40 min vorgetrocknet, dann bei 40° 3—3½ Std. geschwefelt (40 kg Schwefel je t Frucht) und bei einer Endtemperatur von 72° auf 17—18% Wassergehalt in 9½ Std. getrocknet. [1])

---

[1]) PHAFF, H. J., R. L. PERRY and E. M. MRAK: Food Industr., **17**, 150, 234, 516, 600, 634 (1945).

Kirschen. Sie werden in 1/4—½%ige kochende Natronlauge getaucht bis die Schalen Sprünge aufweisen und dann abgewaschen oder entsteint, 2 min in kochenden, 20—26%igen Zuckersirup getaucht und dann 15 min mit 3% SO_2 geschwefelt. Die Trocknung erfolgt im Gegenstrom, Anfangstemperatur 60°, Endtemperatur 75°, Trocknungszeit 8—12 Stunden, Endwassergehalt 10—25%. Ausbeute 4—5, 5: 1.

Pflaumen. Auch die vollreifen Pflaumen werden 10 sec in 0,25%ige, kochende Natronlauge getaucht oder auch nur in kochendes Wasser. Das Tauchen erfolgt automatisch mittels rotierender Siebtrommel oder auf einem Transportband. Unreife Pflaumen können durch Salzgrader (5% NaCl) abgetrennt werden. Das Trocknen erfolgt zweistufig. Anfangstemperatur 44—54°, Endtemperatur 72°—77°, oft aber bei 90°. Endwassergehalt 17—24%, Trocknungszeit 16—24 Stunden. Ausbeute 3,3 bis 3,8: 1. Pflaumen werden vor dem Verpacken zur Entfernung der äußeren Zuckerschicht kurz mit Dampf behandelt oder in heißes Wasser getaucht. Durch 4 min langes Blanchieren der Trockenpflaumen bei 30% Wassergehalt erfolgt Inaktivieren der Enzyme und damit bessere Haltbarkeit.

Trauben. Sie werden je nach Dickschaligkeit in 1/4—3%ige, heiße Natronlauge getaucht. Schwefeln wird im allgemeinen nicht angewandt, gelegentlich wird eine 3—4stündige Schwefelung durchgeführt. Das Trocknen erfolgt entweder zweistufig, wobei im Gegenstromabschnitt 72° zulässig sind oder völlig im Gegenstrom, wobei anfangs Temperaturen von 44—49°, gegen Ende solche von 72° angewandt werden. Endwassergehalt 5%, Trocknungszeit ca. 20 Stunden.

Walnüsse. Die Trocknung erfolgt in Silotrocknern bis zu 1 m hoch bei 45°, bis zu einem Endwassergehalt von 8—10%, damit Ranzigwerden gehemmt wird.

Abfallverwertung.

Steinfrüchte. Kernausbeute aus den Steinen in %:

Aprikosen	23—25
Pfirsiche	7
Kirschen	28
Pflaumen	10—15.

Die Steine werden zwischen Walzen so zerkleinert, daß die Kerne möglichst unbeschädigt bleiben. Die Kerne werden mit Hilfe einer Salzlösung abgetrennt.

Ölausbeute aus den Kernen in % nach dem Zerkleinern und Erhitzen:

Aprikosen	33
Pfirsiche	25
Pflaumen	30
Kirschen	30.

Es ist im allgemeinen zweckmäßig, das Öl zu raffinieren.

Aus Aprikosen- und Pfirsichkernen und deren Preßkuchen (vgl. S. 103) wird mittels Hydrolyse das Amygdalin durch Emulsin bei 50° (1 h) in Glucose, Benzaldehyd und Blausäure gespalten. Das Bittermandelöl (0,7% aus Pfisichkernen, 0,8—1,6% aus Aprikosen, 0,3—0,4% aus Pflaumen, 1% aus Kirschkernen) wird mittels Wasserdampfdestillation übergetrieben und dient als Aroma; die Blausäure wird durch Erhitzen mit Kalk, einem Eisensalz und Behandlung mit Natriumbisulfit entfernt. Der übrigbleibende Kuchen (31% Eiweiß) dient dann als Viehfutter. Pfirsich- und Aprikosenhäute werden zur Herstellung von Aktivkohle verwendet. Aus den Schalen kann man durch trockene Destillation Essigsäure, Aceton und Holzkohle herstellen.

Kernfrüchte. Apfelschalen und Kernhäuser können gewichtsmäßig 35% des Frischgewichtes ausmachen. Sie werden zur Herstellung von Essig, Pektin, Gelee, Essenzen und zur Bereitung von Diätpulver verwendet. In USA werden daraus gewonnene Konzentrate in der Zigarettenindustrie anstelle von Glycerin eingesetzt. Apfelschalen dienen zur Herstellung von deutschem Tee.

Birnenabfälle ergeben beim Vergären außer Alkohol Vitamin B_1, Glycerin, Aceton, Butylalkohol, Amylalkohol und Mannit. Ein sehr guter Essig mit 4,5% Essigsäure kann ebenfalls daraus hergestellt werden. Außerdem kann man die Abfälle zur Konzentratgewinnung verwenden.

Südfrüchte. Die Kernpartien von Ananas dienen zur Saftgewinnung, die Randzonen und sonstigen Abfälle zur Gewinnung von Alkohol, Zitronensäure und getrocknetem Viehfutter.

Die Kerne von Grapefruits werden zur Ölgewinnung verwendet (ca. 4,7% Kerne, daraus 28—35% Öl).

Literatur.

Gefriertaschenbuch, Berlin: VDI-Verlag 1944, Beiträge von PLANK, R.: S. 8, KAESS, G.: S. 56 und HEISS, R.: S. 77.

HEISS, R.: Die Aufgaben der Kältetechnik bei der Bewirtschaftung Deutschlands mit Lebensmitteln, RKTL Heft 77, Teil A, Berlin: Beuth-Vertrieb 1939.

PERRY, R. L., E. M. MRAK, H. J. PFAFF, G. L. MARSH u. C. D. FISHER: Fruit Dehydration, California Agricultural Experiment Station, Bulletin 698 (1946).

More about Canadian Dehydration Methods, Nr. 5, Food in Canada, Toronto 1943.

CRUESS, W. V.: Commercial Fruit and Vegetables Products, 3. Aufl., New York 1948.

PHAFF, H. J. and E. M. MRAK: Sulfur House Operation, Calif. Agric. Exp. Sta., Circular 382, April 1948.

SANBORN, N. H.: in Proceedings of the First Industrial Waste Utilization Conference, Purdue University, 1944.

LONG, J. D., E. M. MRAK u. C. D. FISHER: Bulletin 636, Univ. of California (1940).

PHAFF, H. J. and E. M. MRAK: Western Canner u. Packer, August 1949.

Dickfrüchte. Dickfrüchte werden dadurch hergestellt, daß man die gewaschenen Früchte zum Teil nach 20minutenlangem Kochen in einer Zuckerkläre mit 17—25° Bé — je nach der Weichheit der Frucht — (Orangen, Limonen, Kirschen; weiche Kirschen und weiche Aprikosen 25°, harte Kirschen, feste Aprikosen 17°, Ananas 22° Bé) bei etwa 40° C einlegt, z. B. 45 kg Zucker, 68 Liter Wasser, 56 g Zitronensäure, 17 g Farbe. Sobald das Diffusionsgefälle gering wird, erhöht man die Konzentration der Lösung auf 20—22° Bé und laufend weiter, bis 37—40° Bé erreicht sind (Zitrusfrüchte). Die Zeiten zum „Ziehen" liegen jeweils zwischen 24 und 48 Stunden. Von 28° Bé ab wird zur Verhütung des Auskristallisierens von Zucker Stärkesirup in Mengen von 25—50% des Gesamtzuckers verwendet. Die „Ziehzeiten" liegen dann bei 4 Tagen. Vor dem Einlegen werden die Früchte meist blanchiert, um das Schnurren während der Behandlung zu vermeiden und die Diffusion zu erleichtern. Auch in den Zwischenstufen der Behandlung werden die Früchte zur Beschleunigung des Diffusionsprozesses jeweils 1—2 min aufgekocht. Der Prozeß wird durch Trocknen der Früchte auf 20—23% Wassergehalt, nachdem sie kurzzeitig zur Entfernung der klebrigen Oberflächenlage in kochendes Wasser eingetaucht werden, bei 50 bis 60° vervollständigt. In Vakuumapparaten wird die Zuckerkläre wieder eingedickt. Die fertigen Früchte werden glasiert, um sie unempfindlicher gegen den Feuchtigkeitsgehalt der Atmosphäre zu machen. Zu diesem Zweck werden sie in einer bei Umgebungstemperatur übersättigten Zuckerlösung mit mindestens 80% T.S. kurz aufgekocht, worauf die abkühlende Lösung beimpft wird und man die Bildung der ersten Kristallkeime abwartet. Die Früchte kommen bei 50° auf Abtropfsiebe und werden getrocknet. Neuerdings ist vorgeschlagen worden, die kandierten Früchte kurzzeitig in warmes Wasser und dann 2 h in eine 20%ige Glucoselösung mit 1% Trockenpektin bei 50° zu tauchen; nach dem Abtropfen auf einem Monelmetallsieb und Trocknen bei 60° beträgt der Wassergehalt 20%. Diese Ware ist durchscheinend. Kristallisierte Früchte werden dadurch hergestellt, daß man die aus der Lösung mit 39° Bé herauskommenden Früchte 12 Stunden in eine Saccharoselösung mit (37—)41° Bé bei 20—30° einlegt.[1]) Der Trockensubstanzgehalt der kandierten Früchte soll zwischen 78 und 82% T.S. liegen. Die Gesamtdauer des Prozesses kann 6 Wochen betragen.

Halbe Zedernschnitten (Zitronat) oder Orangenschalenhälften werden mit Salzwasser (15% Salz, 2‰ SO_2) 8—10 Tage behandelt und „gehärtet", wobei der Salzgehalt der Lösung auf 8% sinkt. Kandierte Orangen- und Zitronenschalen werden aus den mit Salzwasser konservierten Hälften hergestellt und in Scheiben geschnitten. Das Salz muß vor dem Kandieren mit Wasser ebenso ausgewaschen werden wie die schweflige Säure von eingepulpten Früchten (15 min Aufkochen in Wasser, dann 12 h unter Wasserwechsel stehen lassen). Daraufhin werden sie in Zuckerlösung von 25° Bé gekocht; man läßt dann in dem abgekühlten Sirup einen Tag lagern. Das gleiche wird mit 28, 30, 33 und 37° Bé wiederholt. Anfangs kann zur Verbesserung der Farbe etwas Weinsäure zugegeben werden; der Prozeß dauert etwa 10 Tage, worauf die Früchte einige Wochen im Endkonzentrat verbleiben. Von 30—35° Bé ab muß Glucosesirup in einem Anteil von 10—25% der gesamten Trockensubstanz zugegeben werden. Der Prozeß wird auch verkürzt durchgeführt [1]).

Da die Herstellung von Dickfrüchten sehr lange Zeit dauert, sind Schnellverfahren in der Einführung begriffen. Diese bestehen entweder darin, daß man die vorgekochten Früchte in einer aus Rohrzucker und reduzierendem Zucker bestehenden Lösung von 30° Brix im Vakuum kocht und laufend so viel Lösung einzieht, daß die Früchte bedeckt bleiben. Wenn 65° Brix erreicht sind, trocknet man wie vorher. Ein neueres amerikanisches Verfahren besteht darin, daß man die Früchte in einer Zuckerkläre von 30° Brix so lange kocht, bis sie genügend weich sind und dann sofort in einer Lösung aus 50% Saccharose und 50% reduzierendem Zucker von 75—80° Brix eine Stunde lang ohne zusätzliche Erwärmung hohem Vakuum aussetzt. Nach einer Ziehdauer von einem Tag wird das Verfahren mit Lösung gleicher Konzentration wiederholt und nach einer erneuten Abgleichzeit wie vorher getrocknet [2]).

6. Fischverarbeitung.

Für die Verarbeitung ist der Hering bei weitem der wichtigste Fisch (Abb. 172). Der angelieferte Hering wird in einer schwach geneigten, in Wasser tauchenden Trommel mit Schlitzen, in welche zentral gestellte Bürsten eingebaut sind, um Waschwasser und Fische bei der Drehung in schaukelnder Bewegung zu halten, durch Aneinanderreiben der Fische entschuppt. Durch eine gesteuerte Klappe werden die Fische schubweise entleert. Im allgemeinen werden die Fische geköpft, von Eingeweiden befreit und entgrätet. In größeren Betrieben erfolgt dies maschinell, und zwar werden sie auf einem Drehtisch im Glattschnitt durch rotierende Kreismesser geköpft, der Länge und Breite nach abgetastet und damit der Größe des Fisches nach ein dünner Bauchstreifen proportional zum Fisch und die Bauchflossen abgeschnitten. Der Fisch läuft jetzt am Schwanz gezogen seinen kreisförmigen Weg weiter und kommt

[1]) Williams C. T.: Food Manufacture, **24**, 446 (1949).
[2]) Yang R. and W. V. Cruess: Fruit Prod. J. **26**, 229, 248 (1949).

zu einem Arbeitsteil, der den Bauch aufschneidet und ihm, gleich hinter der Schwanzwurzel beginnend, die Hauptgräte samt den Seitengräten entnimmt. Eine anschließend vorhandene Putzvorrichtung (Schmirgelscheibe) reinigt das Fischinnere von der schwarzen Bauchhaut, so daß ein einwandfrei ausgeweideter, völlig entgräteter, gewaschener und gereinigter Hering die Maschine verläßt. Mit der gleichen Maschine kann man auch den Hering aufgeschnitten, ohne Kopf und Eingeweide, wie ihn die Braterei erfordert, verarbeiten. In einer ähnlichen Maschine können „Kippers" hergestellt werden, wobei der Hering mit dem Kopf vom Rücken her aufgeschnitten wird, so daß die Gräte auf einer Seite liegt, ausgehäutet und ausgeweidet wird. Eine besondere Vorrichtung entnimmt gleichzeitig dem aufgeschnittenen Kopfteil die Kiemen. Eine weitere Bearbeitungsmaschine ist die „Nobbingmaschine", durch welche vom Fisch der Kopf abgenommen wird unter gleichzeitiger Herausnahme des Magensacks und Darms ohne Laich. „Gibbing" (Entfernung der Kiemen und Eingeweide) kann zur Zeit noch nicht maschinell durchgeführt werden[1]).

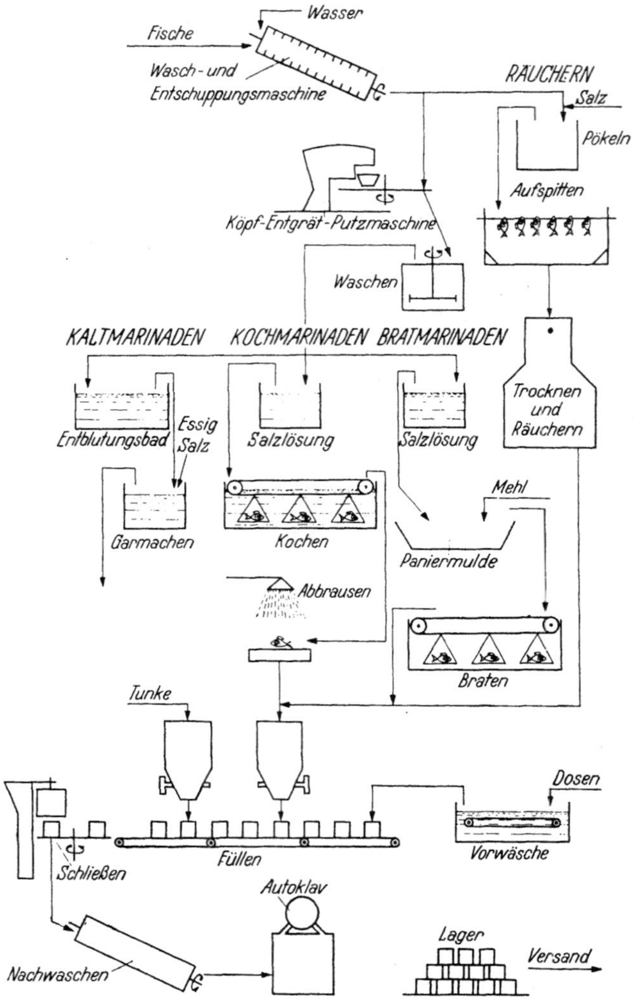

Abb. 172. Fischverarbeitung.

a) Präserven.

Räuchern. Nicht salzgare Fische werden durch ein Salzbad so viel vorgesalzen, wie für den Genuß nötig ist; es dauert 1½—2 Stunden bei Salzgehalten zwischen 10% (Schellfisch), 15% (milde Salmräucherung), 6—8% (Bücklinge, bis zu 2 Stunden). Das Salzbad muß möglichst keimfrei sein. Aus Vorratsgründen gesalzener Fisch wird in Bottichen gewässert. Gesalzene Ware wird nach dem Wässern kalt geräuchert. Aale werden mittels Sägemehl entschleimt oder in festem Salz mit Besen bearbeitet.

[1]) Maschinen zum Köpfen, Entweiden, Entgräten, Filetieren, Enthäuten, vgl. WILLE, O: Der Fisch, Bd. III, S. 209—224, Hamburg 1949.

18—25 Heringe werden auf Stangen aufgespittet, welche durch die Kiemen und das Maul oder durch die Augen gezogen werden. Stückfisch wird aufgehängt. Die Fische dürfen sich nicht berühren. Die Räucheröfen besitzen Gleitschienen zur Aufnahme der Rahmen, auf welche die Eisenstäbe (Spitten) gelegt werden. Neuerdings werden auch automatisch arbeitende Öfen mit konstanter Luftgeschwindigkeit gebaut. Vorteilhaft daran ist die gleichmäßige Trocknung und Räucherung der Fische und die geringe Handarbeit. Der Durchlauf erfolgt dabei mittels Ketten oder mittels Hordenwagen (z. B. Spiralbandtrockner von Büttner), die Luftbewegung mittels Ventilator, der Rauch wird von außen eingeblasen (Abb. 173).[1])

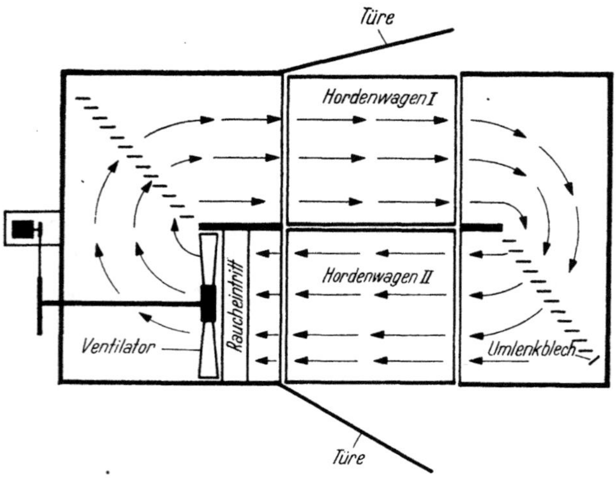

Abb. 173. Fisch-Trocknungs- und Räucherungsanlage mit bewegter Luft (Kanada).

Die *Kalträucherung* wird bei 25—28° vorgenommen, da sonst der Fisch zu weich wird. Die Räucherdauer beträgt 36 bis 48 Stunden, wobei Holzrauch mittels Sägemehl oder Holzbriketts erzeugt wird, welche niemals mit Flamme brennen dürfen. Nach dem Abkühlen erfolgt Verpacken in gut abgelagertem Fichtenholz. Kaltgeräuchert werden Lachshering, Kippers, Lachs, Schellfisch, Heringsbückling.

Bei der *Heißräucherung* unterscheidet man folgende Phasen: Antrocknen, Garmachen, Dämpfen. Antrocknen ist notwendig, damit die Haut eine pergamentartige Beschaffenheit erhält und bei den weiteren Prozessen nicht platzt. Die Gesamträucherdauer beträgt bei Bücklingen etwa 3 Stunden, wobei die halbe Zeit auf das Garmachen entfällt. Hierbei ist die Feuerungstüre und Rauchklappe offen, das Feuer (Buche, Eiche, Erle, Birke, in Form von Scheiben, Hackspänen oder Holzbriketts) brennt lebhaft. Eine halbe Stunde nach dem Einschieben des letzten Rahmens erfolgt Wenden und Platzwechsel, sowie Schließen der Türen und Rauchabzug. Nachdem wird die Glut durch feuchte Holzwolle oder durch Gemische von Holzspänen und Holzwolle (Eichenholz) abgedeckt und Feuerungstüre und Rauchabzug werden geschlossen. Wenn zu wenig Rauch entsteht, wird Wasser auf die Glut gespritzt. Die Temperatur darf während des Hauptteils des Prozesses 80° nicht überschreiten, da sich sonst die Haut ablöst und die Gräten zu brüchig werden. Völlige Abkühlung vor dem Verpacken ist wichtig. Heiß geräuchert werden: Bücklinge, Sprotten, Makrelen, Schollen und Flundern, sowie Stückfisch. Bei Aalen erfolgt das Dämpfen und Garmachen gleichzeitig.

Beim Heißräuchern ist die gewichtsmäßige Ausbeute etwa 65—75%, der Holzbedarf beträgt ca. 1 Festmeter je Tonne. Das Abtropffett kann wieder gewonnen, neutralisiert und zentrifugiert werden, insbesondere wenn das Feuer vorgezogen wird. Herstellung von hard smoked herring, red herring, bloaters, kippered herring, sprats (Sprotten) vgl.[2])

[1]) Vgl. hierzu auch CUTTING, C. L.: The Brit. Fish. Manual and Directory, 1948 und HEISS, R.: „Der Fisch" Band IV, Hamburg 1950.

[2]) JARRIES, N. D.: Smoked Herring, US. Dep. Interior, Fishery Leaflet **196**, Oktober 1946.

Schellfisch (Finnan haddock). 10%ige Salzlösung erwies sich als am günstigsten. Die Fische bleiben über Nacht zum Abtropfen und Vortrocknen hängen. Die Räucherung dauert bei 38° und 60% rel. Feuchtigkeit 4 Stunden (Canada), in Deutschland wird bei etwa 60° geräuchert. Die Gewichtsverluste betragen 17% durch Salzen, Abtropfen und Vortrocknen und 26% beim Kalträuchern bei 65—75% rel. Feuchtigkeit (47,5% beim Heißräuchern). Der Salzgehalt im Endprodukt beträgt 2—2,5%. Die Verderblichkeit ist die gleiche wie von Frischfisch; die Salzung erfolgt nur aus Geschmacksgründen, dies gilt auch trotz des Phenolgehaltes des Rauches.

Milde Salmräucherung. Von rotem Salm erster Qualität, der nicht gequetscht sein darf, wird der Kopf entfernt; die Haut erhält 3—4 Schnitte, worauf er ausgenommen wird. Nach dem Herauslösen der Rückengräte werden die beiden Hälften gewaschen und Hautlappen, Blutklümpchen und Grätenreste entfernt. ½—1stündige Kühlung in Eiswasser. Salzung bei einer Konzentration von 60—70%, mit Salzmesser gemessen [1]). Nach Abtropfen Trockensalzung bis zu 15% Salz des Fischgewichts oder Naßsalzung mit 90%iger Sole (Salzmesser). In den ersten 3 Wochen bei 0—1° 30% Gewichtsabnahme. Dauer der Salzung bis zu 90 Tagen. Nun schließt sich Abwaschen in Eiswasser an oder in gekühlter Salzlösung. Sortieren und erneutes Verpacken in Fässer mit Sole von 95% (Salzmesser). Temperatur 1 bis —2°. Vor dem Räuchern wird der Fisch über Nacht mit 2—3maligem Wasserwechsel in Wasser getaucht, abgebürstet und gestapelt, damit das Wasser abläuft. Zeitdauer 10—48 Stunden. Nach einer Trockenperiode von 2—3 Tagen kommt der Salm bei Temperaturen unter 35° bis zu einer Woche in den Rauch, wenn die Ware nicht für den direkten Konsum bestimmt ist.

Kaltmarinaden (Präserven). Nach dem Waschen, Köpfen, Ausweiden und Entgräten kommt der Hering zunächst in das sogenannte „Entblutungsbad". Dieses enthält 3—5% Salz, dient zur Nachreinigung, Lösung des Blutfarbstoffs und zur Festigung des Fleisches. Zum Entblutungsbad können auf 100 Liter 60—80 g Wasserstoffsuperoxyd 30%ig zugegeben werden, es wird dadurch eine bessere Entblutung und eine hellere Fleischfarbe erreicht. Kann aus Platzmangel kein Entblutungsbad angewendet werden, so kann Wasserstoffsuperoxyd auch dem Garbad zugesetzt werden, man nimmt dann eine höhere Konzentration, auf 100 Liter Garbad 100 g Wasserstoffsuperoxyd 30%ig. Bei weicher Rohware bleibt diese mehrere Stunden in einem solchen Bad, evtl. mit höherem Salzgehalt. Salzhering muß dagegen gewässert werden. Das Garmachen erfolgt in Heringstonnen, die von Zeit zu Zeit gerollt werden. Zeitdauer 6—8 Tage bei 15—18°. Temperatur 10—15°, nach Möglichkeit 1 Teil Fisch auf 1 Teil Bad. Je niedriger die Konzentration, desto besser ist das Aroma, desto geringer aber die Haltbarkeit. Bei mehr als 10% Salz wird der Fisch hart. Üblich sind 6 Teile Essig und 8 Teile Salz bei einem Verhältnis Fisch : Bad von 2 : 1. Der Wasserverlust (und Proteinverlust) liegt zwischen 10 und 20%. Gebrauchte Bäder können durch Behandeln mit Wasserstoffsuperoxyd, Zentrifugieren und Filtrieren über Aktivkohle wieder verwendungsfähig gemacht werden. Die Verpackung erfolgt mit Aufguß (0,8—2% Essig, 2—4 % Salz, Süßstoff, Gurken und Zwiebeln).

Kochmarinaden. Hierbei wird die konservierende Wirkung durch Essig, Salz, Wasserentzug und Hitze erreicht. Die Fische (Aal, Muscheln, Garnelen) werden 1½ bis 3 Stunden mit einer 10%igen Salzlösung behandelt und dann 10—20 min bei 80—85° gekocht. Die mit Fischen bepackten, viereckigen Körbe mit Sieben durchwandern mit Hilfe endloser Rollenketten dabei ein Heißwasserbad, dem 4% Essig

---

[1]) Baumégrade × 4 entspricht etwa der Salzmesserablesung.

und 6—8% Salz beigegeben werden. Nach dem Abkühlen durch Abbrausen wird bei 40° der Geleeaufguß zugegeben.

Bratmarinaden. Die Fische (Hering, Schellfisch, Wittling) werden ½—2 Stunden in eine 10%ige Salzlösung eingelegt. Nach dem Abtropfen werden sie in Paniermulden eingeschüttet und dann 20—45 min belassen, worauf eine zweite Behandlung mit Mehl erfolgt. Das Mehl muß eine gute Kleberqualität aufweisen, um genügend zu haften und zu binden. Die Bratzeit beträgt 5—15 min, die Öltemperatur 170—180°, die Innentemperatur des Fisches erreicht 100°. Es werden Gemische von Ölen und Hartfetten verwendet. Die Fische werden in um eine horizontale Achse rotierenden Sieben in heißes Öl getaucht; Beheizung mittels Gas oder Heizrohren, in denen erhitztes Mineralöl umläuft, im unteren Teil des Bratbehälters; sonstiger Aufbau des Bratherdes wie beim Kochherd. Bei der Wellbratpfanne fällt das abfallende Paniermehl auf das unbeheizte Wellental eines Wellblechs. Bei der Drehkreuz-Tauchpfanne tauchen die mit Fischen belegten Siebe in den ölgefüllten Behälter ein.

Gasverbrauch etwa 0,1 cbm je kg Fisch. Das Verpacken erfolgt nach dem Abkühlen mittels eines Aufgusses von 2,5—5% Essig und 1—6% Salz. Verlust beim Braten etwa 3% Wasser, Fettaufnahme 0,5%. Die Dosen dürfen nicht sofort geschlossen werden, sondern erst nach einer gewissen Quellzeit.

Außerdem werden noch *Ölpräserven* hergestellt, welche durch Einlegen salzgarer, zum Teil geräucherter Fische (z. B. Lachs) in Öl hergestellt werden und *Anschoven*. Letztere sind aus Sprotten bzw. aus Heringen hergestellte Präserven, die mit wenig Salz unter Zugabe von Zucker, Gewürzmischungen und Konservierungsmittel bei kühler Lagerung einen Reifungsprozeß durchmachen. Der Reifungsprozeß dauert etwa 2 Monate. Seelachs wird dadurch hergestellt, daß man die Lachsfilets 3—4 Wochen in Salz aufschichtet, nach dem Waschen in hauchdünne Schnitten schneidet, diese in Farblösung taucht und in Öl verpackt.

b) Dosenkonserven.

Bei der Herstellung ist jeweils eines der vorbeschriebenen Vorbehandlungsverfahren nötig, um dem Fisch Wasser zu entziehen, da andernfalls beim Sterilisierungsvorgang, der mit einem Schrumpfen verbunden ist, sich das ausgeschiedene Wasser mit dem Aufguß vermischt. Bei „Kippered Hering" und Sardinen wird Trocknung und Räucherung kombiniert angewandt. Behandlung mit Salzwasser ist nötig, um das Fleisch zu festigen und weil sonst der Geschmack zu fade wäre.

Folgende Vorbehandlungsverfahren werden angewandt:

Vordämpfen der Fische in Wagen in einem Dämpfschrank bei 80—100°, Nachtrocknen und Abkühlen (Magerfische).

Vorräuchern 50—75 min bei 120° (Sprotten); Kalträuchern bei Magerfischen und Kippers. Für kontinuierliche Räucherung von Heringen empfiehlt sich eine kontinuierliche Vorbehandlung mittels versprühter Sole. Die Räucherdauer beträgt bei solchen Heringsfilets nur 15—20 min.

Kochen in Salzwasser (Trawlhering) ohne vorzupökeln bei 80—90° ca. 12 min (evtl. auch Vorkochen in Essig-Salzlösung, z. B. für Seeaal in Gelee).

Vortrocknen in heißer Luft von ca. 100°.

Braten in Öl bei 160—180° (Fett- und Magerfische). In Öl 5 min erhitzen bei 90—110° nach scharfem Vortrocknen bei 25—30° (kleine Heringe).

Die Dosen werden mit Aufgußflüssigkeit vorgefüllt, gepackt, maschinell mit Tunke aufgefüllt und verschlossen. Darauf werden die Dosen in einer Waschtrommel (nach Art der Kochschnecke) mit Warmwasser abgewaschen, gelangen in einen Überdruckautoklaven (ca. 50 min bei 112°) und nach dem maschinellen Nachwaschen der Dosen zum Versand. Durch die Hitzesterilisierung werden die Fischgräten weich, wodurch man Fischkonserven als gute Kalkquellen ansehen kann.

c) Gefrieren (Abb. 174).

Der angelandete, frische Fisch (vorzugsweise Kabeljau) wird gewaschen und von Hand oder maschinell filetiert. Das Alter des in Eis vorgelagerten Fisches darf eine Woche nicht überschreiten. Die Filetiermaschine packt den auf eine Rutsche gelegten Fisch am Schwanzende und schneidet die Gräte vom Beginn des Blutsacks

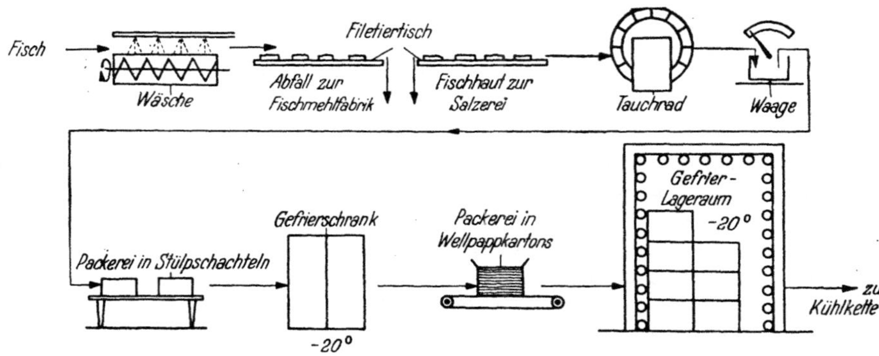

Abb. 174. Herstellung von schnellgefrorenem Fischfilet.

bis zum Kopfende heraus. Fisch und Gräte verlassen getrennt die Maschine. Die Filetiermaschine besteht aus einer umlaufenden Trommel, die an der einen Seite einen Schlitz hat, in den das Filet mit dem Schwanzende hineingezogen wird. Auf der anderen Seite ist ein Messer im Winkel gegen die Drehrichtung gestellt, welches die Haut vom Fleisch ablöst. Die Filets werden 2—3 min in ein Bad mit etwa 15% Kochsalz (Lösen von Myosin, verringerte Gefahr des „Strohigwerdens" beim Lagern), z. B. mit Hilfe eines Tauchrads kurzzeitig eingetaucht, gewogen und in bestimmten Gewichtseinheiten in wetterfestes Zellglas eingeschlagen und in die Böden von Kartons eingelegt. In dieser Verpackung, die zur Vermeidung von Ausbauchungen in Rahmen eingesetzt wird, erfolgt das Schnellgefrieren in etwa 2½ Stunden bei —30° Plattentemperatur. Nach dem Ausfrieren werden die Deckel aufgesetzt, die Einzelkartons in Umkartons eingelegt und diese bei etwa —20° eingelagert (vgl. hierzu Kühlkette). Fettfischfilets werden zweckmäßigerweise vor dem Gefrieren in eine etwa 1%ige Askorbinsäurelösung bzw. in eine Lösung von 0,02—0,5% Propyl- bzw. Äthylgallat 1 min getaucht.

d) Fischpaste (Abb. 175).

Die Fische werden ausgenommen, gewaschen und gekocht. Die Zerkleinerung erfolgt zuerst durch einen Wolf, dann durch einen Kutter, und schließlich erfolgt ein feines Schleifen mittels Walzen, damit kleine Gräten nicht mehr im Gaumen wahrnehmbar sind. Nach der Beigabe von Gewürzen und kräftigem Durchrühren werden die Dosen abgefüllt und sterilisiert.

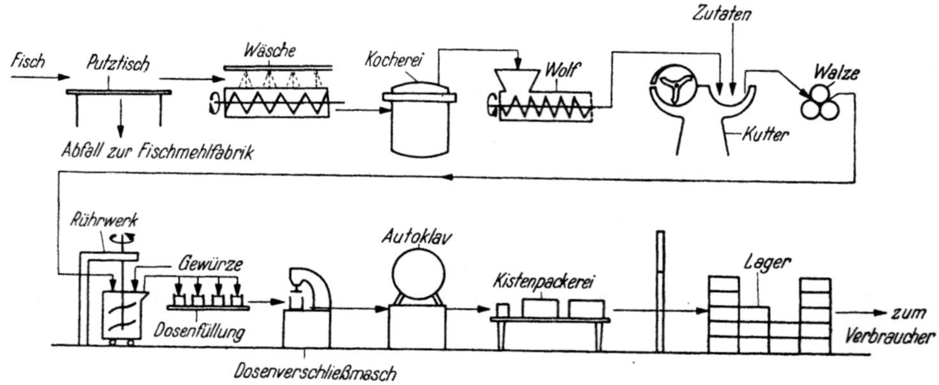

Abb. 175. Herstellung von Fischpaste.

e) Trocknen.

Das Trocknen von Fischen erfolgt in Trommeltrocknern. Es werden Kopf, Eingeweide, Flossen, Rückengräte entfernt, woran sich ein Kochen von 7—10 min in Dampf bei einem Druck von 0,4—0,8 atü anschließt. Nicht vorgekochter Fisch trocknet langsam und quillt schlecht. Daran anschließend erfolgt ein Vermahlen des Fisches. Die Trocknungsdauer beträgt 3 Stunden bei 82°, abfallend auf 60°. Für eine sechsmonatige Lagerung muß der Wassergehalt unbedingt unter 5% liegen. Verpakkung in Dosen möglichst mit inerten Gasen. Bei zu hoher Feuchtigkeit bzw. zu langer Lagerung wird der Trockenfisch zu schnell zäh-trocken, dunkel und nimmt einen Karamelgeschmack an. Wenn eine zweijährige Lagerzeit angestrebt wird, muß der Wassergehalt unter 1% liegen, was durch Vakuumtrocknung erreicht werden kann, gewisse Lagerveränderungen sind aber trotzdem nicht zu vermeiden. Der B_1-Verlust bei der Trocknung beträgt 50%, der B_2-Verlust 65%. Verwendung des Trockenfischs als Fischsalat, Fischklopse usw.

f) Abfallverwertung.

Für die Gewinnung von Fleischabfällen gekochter Fische (von Gräten, Köpfen, Flossen, insgesamt $^1/_4$—$^1/_3$ des gesamten Fischgewichts) werden Trommeln nach Art der Zentrifugalsichter verwendet. Verwendung zu Eiweißhydrolysaten (hoher Lysingehalt). Fischmehl aus Fettfischen wird dadurch gewonnen, daß die Fische in offenen Kesseln mit Dampf bei 0,35—0,7 atü 15—20 min gekocht, mittels Schneckenpresse abgepreßt, die ablaufende Flüssigkeit filtriert und zentrifugiert und der zerkleinerte Preßkuchen mit etwa 50% W.G. in Trommeltrocknern getrocknet wird. In Südafrika werden Tunneltrockner verwendet, die besonders billig und anpassungsfähig sein sollen. Das aus der Presse ablaufende Wasser-Trangemisch läuft über ein Vibrationssieb, das Öl abzentrifugiert; die zentrifugierte Preßflüssigkeit wird in Vakuumverdampfern auf 50% T.S. eingedickt. Das Konzentrat wird vor der Trocknung wieder zugefügt. Aus Preßwasser wird Fischleim dadurch gewonnen, daß der p_H-Wert auf 4 gebracht und dann Formaldehyd zugegeben wird, worauf man die Flüssigkeit 45 min erhitzt. Aus dem Filtrat werden mittels Dialyse bei 90° die Salze entfernt. Kabeljauhäute ergeben 34% Leim und 14% Fischmehl, Kabeljauköpfe 7% Leim und 16% Fischmehl. Weiterhin dienen Fischabfälle zur Herstellung von Kunsthorn und von Schlageiweiß (vgl. S. 182). Die trypsinartigen Enzyme der Pankreas (Pylovic caeca) von Schellfisch, Kabeljau und Makrelen dienen zur Herstellung von Lederbeizen. Depotinsulin wird aus Heilbutt- und Haipankreas hergestellt. Aus der Milch verschiedener Fische, insbesondere Salm, werden Protamine gewonnen, die z. B. für die Penicillinherstellung wichtig sind. Salmin, das Protamin der Salmmilch, hat bakterizide Eigenschaften und wirkt blutstillend. Bei der Hydrolyse ergeben sich 85% Arginin. Fischrogen und Fischmilch sind reich an Leucin und Isoleucin. Der antiperniciöse Anaemiefaktor kann aus Lebern von Schellfischen, Kabeljau bzw. von Weißfischen dadurch gewonnen werden, daß man den wässrigen Extrakt bei p_H 4,5 auf 70° erhitzt, filtriert, im Vakuum konzentriert und die aktiven Körper mittels 96%igem Alkohol ausfällt und trocknet. Aus Heringsschuppen kann Perlenessenz hergestellt werden. Großflächige Häute frischer Fische dienen zur Lederherstellung. Aus den Schalen von Krustentieren kann Chitin gewonnen werden, welches als Appreturmittel, zur Herstellung von Klebemitteln, Farben, Wursthüllen, Verwendung findet. Phospholipoide, wahrscheinlich Lecithin, kann aus Salmeieröl (Schokoladenindustrie) gewonnen werden. Squalen, welches sich im Unverseifbaren des Haiöls befindet, soll eine gute Beize für synthetische Faserstoffe abgeben. Anwendungsgebiete für Fischöle sind: Anstreichmittel für Holz, welches Seewasser ausgesetzt ist, Linoleum, Ölkleider, Patentleder, Ölseide, Drucktinten u. dgl. Durch Kondensation mit Phenol entstehen Substanzen, welche mit leicht alkalischem Wasser stabile Emulsionen ergeben.

Fischeiweiß. Stockfisch wird mit etwas mehr als der doppelten Menge Wasser und mit 2% Natriumphosphat versetzt und etwa 1 Stunde erwärmt. Anschließend wird die Masse mit etwa 2% (bezogen auf das Fischgewicht) Eisessig (Entfernung des Bindegewebes) und 35%igem Wasserstoffsuperoxyd auf 70—80° 1 Std. in einem Rührwerkskessel erhitzt. Nach dieser Behandlung wird die Masse ½ Std. in einem Trommelsieb mit fließendem Wasser gewaschen und das überschüssige Wasser abzentrifugiert oder abgepreßt. Aus dieser Masse mit etwa 40% Wassergehalt wird das Fett extrahiert und das Lösungsmittel im Vakuumtrockner abgedampft. Nach dem Vermahlen wird das Erzeugnis in verdünnter Natronlauge (2,7%ig) gelöst und bei 80° solange, z. B. in einer Petzholdconche, homogenisiert, bis die Viskosität befriedigt. Nach dem Ausfällen des Eiweißes mit Essigsäure(isoel. Punkt p_H 4,5) erfolgt Sprühtrocknung bei ca. 130° Lufteintritts- (und ca. 60° -austritts-) Temperatur. Ausbeute bei Trockenfisch ca. 50%, bei Frischfisch ca. 14%. Proteingehalt ca. 94%. Das schlagfähige Eiweiß ist völlig geruchlos, wenn es aus frischen Fischen hergestellt wurde.

Literatur.

LÜCKE, F.: Fischindustrielles Taschenbuch, Braunschweig: Serger u. Hempel.
TARR, H. L. A.: Food Technology, 2, 268 (1948).
WILLE, O.: Der Fisch III, Hamburg: Keune 1949.

7. Fleischverarbeitung (Schweineschlachtung).

Schlachtung (Abb. 176). Die Schweine werden von der Wartebucht aus mittels Wechselstrom (elektrische Zange) elektrisch betäubt. Anschließend werden sie an den Füßen hochgezogen, entblutet und gleiten nach 6—10 Min. in einen tiefer gelegenen Brühbottich, der mit einer Entnebelungsanlage versehen ist. Das Entbluten erfolgt zweckmäßigerweise mittels eines Hohlmessers in ein mit Rührwerk versehenes Gefäß (hygienisch einwandfreie Absaugung). Beim Ausschlachten von Schweinen empfiehlt sich die Anwendung von Rachenkolben oder Schlundklemmen, um eine Verunreinigung der Lunge zu vermeiden. Dauer des Brühens 4—6 min bei 56—62°, mög-

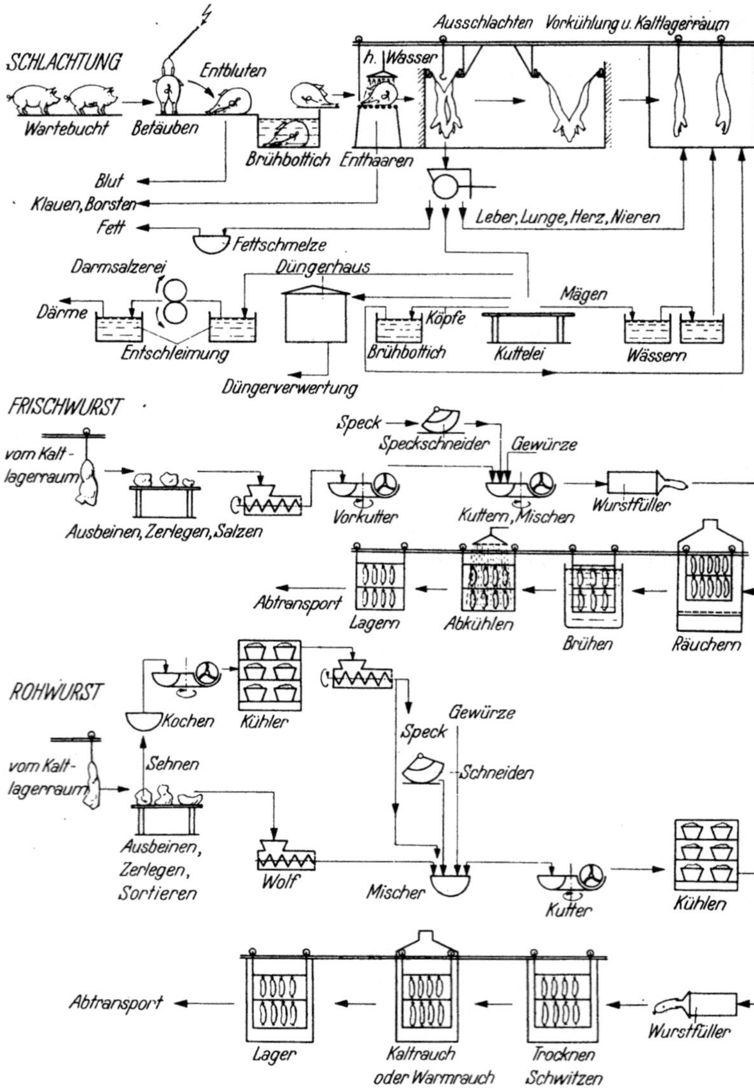

Abb. 176. Schweineschlachtung und Herstellung von Dauerwaren.
(Bei der Herstellung von Konsumdauerwurst wird anstelle des Kutters vor dem Kühler ein Fleischwolf verwendet).

lichst in weichem Wasser. Bei einer längeren Verweilzeit kann das Fett zu schmelzen beginnen. Nach dem elektrisch betriebenen Auswerfen aus dem Brühbottich ist es möglich, die Haare mit Hilfe von Schabern auf Schabetischen aus Rohren oder mit Hilfe von Enthaarungsmaschinen zu entfernen. Das Enthaaren mittels Maschine erfolgt dadurch, daß das Schwein mittels Gitterrechen aus dem Brühbottich in eine gitterförmige Aufnahmemulde geworfen wird. Unter Berieselung mit heißem Wasser wird das Schwein in seiner ganzen Länge mit Gummischlägern bearbeitet, welche durch die Zwischenräume der gitterförmigen Mulde schlagen und an deren Ende kleine Metallstücke befestigt sind. Die Schläger rotieren um 1 oder 2 Wellen mit 150 Umdrehungen in der Minute. Die feineren Haare werden mit Schabemessern entfernt. Bei zu langem Brühen löst sich die Schwarte, so daß ein maschinelles Enthaaren nicht mehr möglich ist (Abb. 177).

Nach dem Abbrausen beginnt die eigentliche Ausschlachtarbeit. Das Schwein wird dabei an den Hinterfüßen vom Enthaarungstisch abgenommen, am Flaschenzug zu einem der rechtwinklig zu den Enthaarungstischen angeordneten Schlachtständer auf Schienen gerollt, worauf in die Sehnen der Hinterbeine Haken so eingehängt werden, daß die Beine gespreizt sind, worauf der Flaschenzug abgenommen wird. Die sogenannten „Pendelhaken" sind in Gleitrohren verschiebbar. Nach dem Spalten hängen sich die beiden zusammengehörigen Hälften stets an gleichnumerierten Haken gegenüber; die Eingeweide für die tierärztliche Kontrolle und die Flomen hängen an einem Nebenhaken. Vom Ausschlachtplatz gelangen die Hälften zum Abhängeplatz und dann zum Vorkühlraum und zum Kaltlagerraum, in dem eine Zwischenlagerung bei —0,5° und einer relativen Feuchtigkeit von 80% bis zum Verkauf stattfindet. Die Abkühlung auf 0 bis 2° sollte in 18 bis 24 Stunden beendet sein.

Beim Schlachten fallen als Nebenprodukte Blut, Innereien, Därme, Haare, Fett, neuerdings evtl. die Haut der Schweine an, die der Leder-

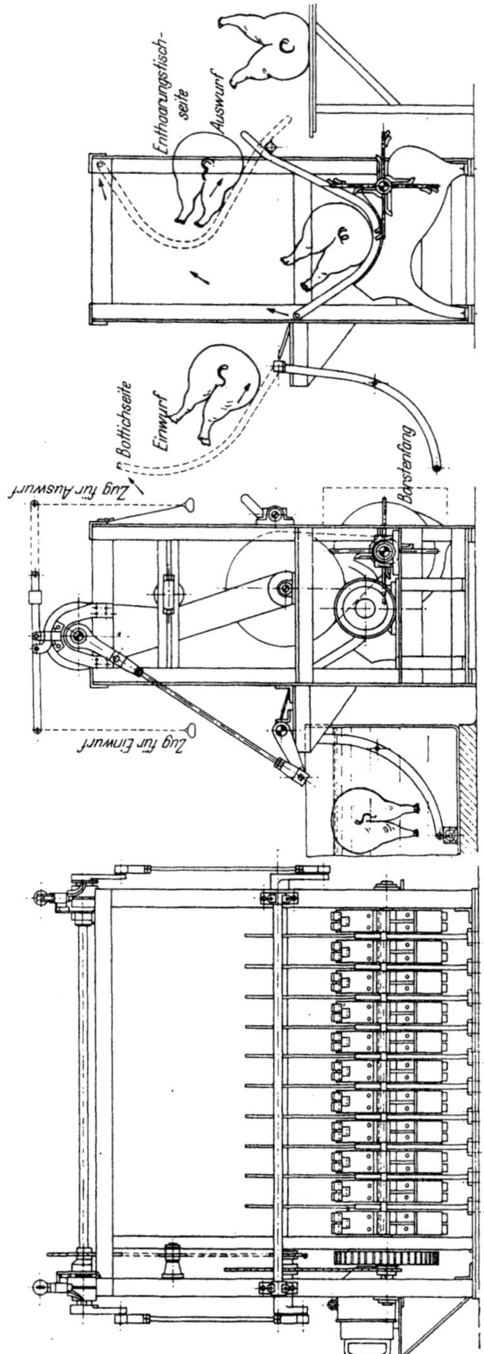

Abb. 177. Schweineenthaarungsmaschine (H. Wickel, Bielefeld).

gewinnung zugeführt wird. Schlechte Borsten können für Polsterzwecke verwendet werden. Die Kaldaunen werden in der ebenfalls mit einer Entnebelungsanlage ausgerüsteten Schweinekuttelei zunächst von Fetteilen gereinigt, der Inhalt der Eingeweide in den Düngerraum entleert, die Därme von Hand in Wasser umgestülpt und durch Schaben und Spülen in kaltem und heißem Wasser von Darmschleim gesäubert. Anstelle des Schabens von Hand werden Darmentschleimungsmaschinen angewandt, bei welchen ein Kneten des Darmes mittels Knetwalzen mit Gummimessern erfolgt, wodurch der an der Darmwandung haftende Darmschleim losgefräst wird und dann leicht ausgestreift werden kann. Ohne Maschine kann der Darmschleim nicht genügend gelöst werden, es sei denn, daß man einen Fäulnisprozeß von 18—24 h bei 24^0 zuläßt, wodurch sich ein qualitativ schlechteres Produkt ergibt.

Nach dem Sortieren werden die Därme eingesalzen.

Die entleerten Mägen werden in einen Brühbottich gebracht und auf Schabetischen von den Zotten befreit; in Darmwäschereien für Schweine entfallen aber Brühbottiche und Schabetische. Die Därme werden in gesalzenem Zustand in Fässer verpackt. Auch die behaarten Köpfe und die abgeschlagenen Klauen werden in einem Brühbottich gereinigt. Die Schweineblase wird ebenfalls umgestülpt, gereinigt, von Fett befreit und entweder aufgeblasen getrocknet oder eingesalzen.

Der Dünger wird in Bunkern gesammelt, mittels Transportschnecke zwischen Walzen gebracht, dann abgepreßt; während der abgepreßte Dünger mit ca. 70% W.G. nach Lagerbunkern gefördert wird, läuft das Abpreßwasser in die Kanalisation.

Bei Herstellung von Bacon wird zwischen Enthaarung und Ausschlachtung das Sengen und Brausen zwischengeschaltet.

Das anfallende Schweineblut wird in einer Schale aufgefangen, in welche ein Gerinnungsverhütungsmittel, z. B. Phosphatfibrisol, eingebracht wird, und dann in einer Tellerzentrifuge zentrifugiert, worauf aus dem oberen Ablaufrohr des Separators das helle Plasma, aus dem unteren das dunkle Blutkörperchenkonzentrat abläuft[1].)

Das Plasma wird z. B. der Brühwurst beigegeben; das Schweineblut wird aber nach einem Fibrisolzusatz unmittelbar zur Blutwurstgewinnung eingesetzt. Leider wird das Rinder- und Pferdeblut bisher nur wenig ausgenützt. (Arzneipräparate, Kunsthorn, Knöpfe, Futtermittel, Blutalbumin, Dickungsmittel zur Herstellung von Süßwaren, Klebstoffe.)

Wichtig für eine saubere Blutgewinnung von *Rind* und *Kalb* ist, daß die Blutsatte richtig in die Schlachtwunde eingesetzt wird. Die Haltbarmachung erfolgt durch Gefrieren, Trocknen oder durch chemische Konservierung. Das Trocknen von Blut zu Blutmehl erfolgt im Zerstäubungstrockner, für Futtermittel in Vakuumschaufeltrocknern.

Der monatliche Wärmebedarf je kg Schlachtgewicht dürfte etwa 600 kcal. sein. Beim Schwein beläuft sich der Unterschied zwischen Lebendgewicht und Schlachtgewicht auf 28% und setzt sich aus folgenden Verlusten zusammen: Blut 3%, Borsten und Klauen 1,8%, Magen voll 3,8%, Därme voll 7%, Blase voll 1,4%, Herz, Leber, Lunge, Milz 3,2%, Kopf, Hirn, Zunge 4,8%, Wärmegewichtsverluste 3%. Das Schlachtgewicht setzt sich zusammen aus 12% Knochen, 3% Fett und 57% Fleisch mit Speck.

Beim Rind beläuft sich der Unterschied zwischen Lebendgewicht und Schlachtgewicht auf 49%, und zwar Blut 2,5%, Füße 1,5%, Kopf 2,5%, Euter, Genitalien 1%,

[1]) Rinder- und Pferdeblut läßt sich leichter separieren als Schweineblut, frisches Blut leichter als nach einiger Lagerung (Hämolyse). Man rechnet mit 60—70% Plasma und 30—40% Blutkörperchen.

Netz 0,5%, Haut 7,5%, Därme 6%, Magen 10%, Lunge, Leber, Herz, Nieren 6%, Rückenmark 0,1%, Schweif 0,8%, Fett 6%, Putzfleisch 1,5%, Wärmegewichtsverlust 3%. Das Schlachtgewicht setzt sich zusammen aus 12,5% Knochen, 5% Fett, 33,5% Fleisch. Die Sauberkeit der Schlachtung wird gefördert, wenn die Tiere nach der Ankunft entweder abgebraust oder gebadet werden. Die Enthäutung der Großtiere erfolgt mit elektrisch betriebenen Rundmessern. Die Betäubung erfolgt dabei mit Bolzenschußapparaten. Das Eindringen von Futter in die Lunge wird durch einen Luftröhrenschnitt vermieden.

Wurstwaren (Rohwürste, Koch-, Brüh- und Bratwürste): Man kann bei der Wurstherstellung folgende Gruppen unterscheiden: roh, geräuchert, gekocht, geräuchert und gekocht, gebrüht, gebraten, getrocknet.

Die aus dem Kaltlagerraum kommenden Hälften von Schweinen bzw. Rinderviertel werden zunächst in Streifen zerlegt. Die Abfälle werden sortiert in weiche Teile, welche zu Kochwurst, und in festere Teile, welche zu Brühwurst verarbeitet werden. Die weitere Zerkleinerung erfolgt im Fleischwolf und schließlich bei der Herstellung von Brühwurst und Leberwurst nach nochmaliger Durchkühlung im Blitz (Kutter). Gleichzeitig werden Gewürze, Wasser, Speckstücke, Plasma u. dgl. zugesetzt. Speckstücke werden im Speckschneider geschnitten. Die Gatter des Speckschneiders bestehen aus zwei Sätzen von runden (roher Speck) oder von hin und her gehenden Messern (gebrühter Speck), die in ihren Achsen senkrecht zueinander stehen. Der Ladekasten wird mit dem Schneidgut gefüllt; der Vorschubkolben schiebt das Material in den Messerkasten; durch das obere Messergatter wird das Gut in Platten, durch das untere in Streifen aufgeteilt. Beim Austritt des Speckes befindet sich ein schnell rotierendes Abschneidemesser, welches die Speckstreifen in Würfel schneidet. Die Wurstmasse befindet sich in einem Vorratsbehälter, der durch Kolbendruck belastet ist und einen Meßzylinder füllt. Ein Kolben drückt dessen Inhalt in den Natur- oder Kunstdarm. Die Füllmaschine kann so gebaut sein, daß nach Beendigung des Stopfvorganges der Fülltrichter und damit der Darm abgedreht wird. (Vgl. Abb. 8.)

Bei der Herstellung von *Brühwurst* wird möglichst schlachtwarmes, bindiges bzw. leimiges Fleisch verwendet. Das Kuttern erfolgt unter Wasserzugabe, woran sich die Kühlung des Bräts anschließt. Die Kutterschüssel muß bei Brüh- und Kochwurst zumindest $^3/_4$ voll sein, damit ein glattes, bindiges Brät entsteht. Das Räuchern erfolgt von 40^0 ansteigend bis auf 80^0. Der Räucherprozeß erfordert 35—45 Min. Die Würste nehmen hierdurch eine hellgelbe bis braune Farbe an und werden darauf kurz bei 80^0 gebrüht. Die abgekühlte Wurst wird häufig in mäßig warmem Rauch nachgeräuchert.

Zu Fleischkäse und Pasteten wird ein Backprozeß eingeschaltet. Beim Heißräuchern wird Dampf als Energiequelle verwendet; der Rauch wird durch unvollkommene Verbrennung von Sägemehl hergestellt. Hickorysägemehl ist am besten für Fleisch, aber auch Eiche, Buche, Birke, Walnuß sind geeignet. Es entstehen dabei Essigsäure, Formaldehyd, Azeton, Phenole u. dgl. Das Räuchern kann z. B. in einem mit Paternoster ausgerüsteten Räucherturm vorgenommen werden.

Rohwurst (streichfähige, frische Rohwurst; schnittfeste, frische Rohwurst; Dauerwurst wie Zervelatwurst und Salami):

Das Fleisch wird von größeren Sehnen, Häuten u. dgl. befreit. Darauf wird das Fleisch in wolffertige Stücke geschnitten. Fleisch und Speck dürfen nur in gefrorenem Zustand verarbeitet werden. Bei wässerigem Rindfleisch ist Vorsalzen nötig. Der Speck wird im Speckschneider in Plättchen zerschnitten, Schwarten und Sehnen werden völlig weich gekocht, worauf sie bei der Herstellung von Konsumdauerwurst durch die feine Scheibe des Fleischwolfes gegeben werden. Daraufhin kommt die Masse zur Abkühlung, worauf sie nochmals durch die feine Scheibe des Fleischwolfes gegeben und dem Rindfleisch beigemengt wird. Alles zusammen wird je nach der Wurstart gekuttert und passiert nochmals die feine Lochscheibe des Fleischwolfes. Beim Kuttern darf eine Temperatur von 10° nicht überschritten werden.

Das zerkleinerte Wurstgut wird luftfrei geformt und 2—5 Tage im Kühlraum aufbewahrt, dann beim Einfüllen in die Füllmaschine festgedrückt, damit die Luft entweicht. Die Wurst kommt nun in den Rohwursttrockenraum.

Trocknen und Kaltrauch (Salami). Temp. 12—16° bei 60—70% rel. Feuchtigkeit 1—1½ Tage, dann 9—12° bei 65—75° rel. Feuchtigkeit 20—60 Tage;

oder Schwitzen und Kaltrauch: Temp. 25—27° bei 90—100% rel. Feuchtigkeit 1—1½ Tage, dann 20—24° bei 80—90% rel. Feuchtigkeit 1—4 Tage im Kaltrauch,

oder Warmrauch: Temp. 24—28° bei 80—90% rel. Feuchtigkeit 3—4 Tage.

Dabei ist vor allem wichtig, daß die Trocknung von innen nach außen erfolgt; die Darmporen müssen möglichst lang offen bleiben. Erfolgt das Trocknen zu rasch, so wird der Kern grau, es ist auch möglich, daß sich die Wurstmitte vom Rand ablöst und hohle Stellen entstehen.

Die Wurst muß sich samtartig anfühlen. Die Trocknung ist beendigt, wenn das Wurstgut rosa durch den Darm schimmert und die Wurst griffig ist. Die weitere Reifung der Wurst erfolgt bei 15° und 75% relativer Luftfeuchtigkeit.

Kochwurst wird aus vorgekochtem Fleisch einschl. (ungekochtem) Speck bzw. aus gekochten Organen, aus gesalzenem Blut, Leber u. dgl. zubereitet und nach dem Spritzen in Wasser von etwa 80—85° eingelegt, bis eine Innentemperatur von etwa 65° erreicht ist, unter öfterem Wenden abgekühlt und dann bei nicht zu hohen Temperaturen geräuchert. Die Kochzeit richtet sich nach dem Durchmesser der Wurst. Die Räuchertemperatur richtet sich nach der Wurstart und kann zwischen 32 und 80° liegen.

Sonstige Verarbeitungsverfahren.

Beim Salzen bzw. Pökeln des Fleisches werden die Fleischstücke mit einer Mischung von Kochsalz und Salpeter eingerieben oder in einer Kochsalzlake von 18 bis 22° Bé mit etwa 0,5—1% Kalisalpeter, bezogen auf die Kochsalzmenge (oder ein Gemisch von Natriumnitrat und Natriumnitrit) — und evtl. etwas Zucker (bis 2%) — eingelegt. Durch Zugabe von Zucker kann man mehr Salz zugeben, ohne daß dies subjektiv in Erscheinung tritt. Die Naßbehandlung dauert etwa 6—7 Wochen; die Trockenpökelung dauert mehrere Monate, das Pökelgut wird sehr zart. Das Fleisch muß von der Lake ganz bedeckt sein und während der Salzung öfter umgepackt werden [1]). Mit dem Salzwasser gehen Extraktstoffe, Kalisalze und phosphorsaure Salze und in geringem Umfange Eiweiß verloren. Der Pökelprozeß kann dadurch verkürzt werden, daß man durch eine Injektionsnadel die Salzlake von vornherein in die inneren Partien der Fleischstücke bringt. Bei Schinken mit Knochen wird Pökellake (32 Teile NaCl, 8 Teile Zucker, 0,5 Teile Kaliumnitrat und 100 Teile Wasser) [2]) in die Hauptarterie eingeimpft (ca. 8% des Gewichtes) und dann der Schinken in eine etwas schwächere Lake eingelegt oder trockengepökelt. Der Pökelprozeß dauert dann nur 3—5 Tage. Hierdurch entfällt die Gefahr, daß infolge der langen Diffusionszeit das Fleisch um den Knochen sauer wird. Das Pökeln erfolgt bei 2—3°;

---

[1]) Vgl. KALLERT, E.: Wissenschaft u. Praxis, **1**, 2 (1949).
[2]) U.S. Pat. 195 1436.

bei höheren Temperaturen steigt zwar die Diffusionsgeschwindigkeit, aber die Gefahr des Verderbs steigt schneller. Die Gewichtsänderung bei der Trockenpökelung von Schinken beträgt —9%, bei Arterienpökelung —6% und bei Naßpökelung —3% nach dem Räuchern. Da Fleisch mit einem Salzgehalt von 5—6% noch nicht haltbar ist, muß ihm durch Trocknung noch weiter Wasser entzogen werden, weiterhin müssen durch Rauchgase die Oberflächenkeime abgetötet werden. Man verwendet hierzu meist das Kalträucherverfahren. Vor dem Räuchern werden die Fleischstücke abgewaschen und getrocknet. Roher Schinken wird üblicherweise bei 27—35° mit Buchenholz 6—10 Stunden mild geräuchert. Gekochter Schinken wird aber bei 71° etwa 16 Std. geräuchert. Fleisch für Wurstherstellung kann auch dadurch gepökelt werden, daß das zerkleinerte Fleisch mit Pökelsalz oder mit Pökellake versetzt wird. Infolge der kurzen Diffusionswege ist die Pökelzeit sehr kurz. Entbeinter Schinken ohne Knochen wird nach dem Pökeln 12—20 h bei 25° geräuchert, mittels hydraulischer Pressen in Formen gepreßt, die Dosen evakuiert, bei 85° 4 h gekocht; sicherer ist eine fraktionierte Sterilisation mit einer viertägigen Zwischenpause.

Fleischkonserven: Auf die verschiedenen Rezepturen von Fleisch- und Wurstkonserven kann in diesem Zusammenhang nicht eingegangen werden. Maschinell ergeben sich keine neuen Arbeitsgänge. Die Sterilisationszeiten richten sich nach den Dosengrößen, der Empfindlichkeit des Inhaltes (Brühwürstchen) und den Wärmedurchgangsbedingungen des Füllgutes. Die Sterilisationstemperaturen liegen üblicherweise zwischen 115 und 121° (1 atü), die Sterilisationszeiten bei $^1/_1$ Dosen und diesen Temperaturen zwischen 30 und 60 Min., dazu kommen noch Steig- und Fallzeiten von 8—10 Min. Bei breiartigen Mischungen müssen die Dosen öfters umgedreht werden, damit sich Fett und Gallerte gleichmäßig verteilen. Zunehmende Bedeutung erfährt das Eindosen entbeinter Schinken, da es hierbei nicht nötig ist, sie so stark zu salzen und zu räuchern als bei offener Lagerung.

Gefrierfleisch. Das Einfrieren der Schweinehälften (bzw. Rinderviertel) erfolgt in einem kalten Luftstrom, auf Stellagen oder an Transportbahnen locker gehängt, vorzugsweise in Tunnels mit hoher Luftgeschwindigkeit. Einfrierdauer für Rinderviertel 3—5 Tage, für Schweinehälften 2—4 Tage; Rinderviertel brauchen in der Gefrierschleuse einen Tag. Beim Gefrieren in Ziegelform werden die Knochen ausgelöst, das entbeinte Fleisch in gewachste Kartons gefüllt, die sich auf Aluminiumblechen in Eisenrahmen befinden und vorzugsweise in Plattenapparaten eingefroren. Gefrierzeit 2½ bis 3 Stunden. Nach dem Verpacken der Ziegel in Umkartons erfolgt der Transport in den Gefrierlagerraum.

Corned-beef-Extrakt. Das entbeinte Fleisch kommt in Metallkörben in Heißwassertanks. Hierin werden in 20 min die am besten löslichen Extraktstoffe entfernt. Die Flüssigkeit wird für weitere Chargen verwendet, bis sie sich genügend mit Extraktstoffen angereichert hat (Gegenstrom). In mehrstufigen Vakuumverdampfern wird sie von 5% T.S. auf etwa 65% T.S. eingedickt. Die Resteindickung auf 82% T.S. erfolgt vorsichtig in offenen Pfannen mit Rührwerk. Während der Lagerung wandelt sich langsam Kreatinin in Kreatin um, welches weniger löslich ist und deshalb leicht in Kristallform ausfällt.

Man kann auch das Fleisch im Wolf zerkleinern, darf aber beim Extrahieren keine zu hohen Temperaturen anwenden, weil der Extrakt sonst zuviel Gelatine enthält. Der Extrakt wird gefiltert und wie vorher angegeben eingedickt. Der Rückstand wird als Kükenfutter verwertet (Lit. Food Manufacture, 1930, S. 227).

Knochenbrühe u. dgl. Suppen in Pastenform werden von der Fleischwarenindustrie aus konzentrierter Knochenbrühe und aus Extrakten aus Schwarten und

Fleischteilen unter Zugabe von Fett, fetthaltigen Geweben, Salz, Gewürzen und Tomatenmark hergestellt. Knochenbrühextrakt kommt als eingedickte Paste oder in Pulverform in den Handel. Die beste Ausbeute wird mit gespanntem Dampf im Autoklaven erzielt.

Abfallverwertung.

Alle Labgewinnungsverfahren beruhen darauf, den schleimfreien Extrakt mit Kochsalz zu sättigen.

Labverwertung. Am gehaltreichsten sind die Mägen ganz junger Gangkälber. Die frischen Mägen werden nach Entleerung und Reinigung getrocknet, wodurch sie ihr Quellungsvermögen einbüßen, so daß bei der nachfolgenden Extraktion nur noch wenig in Lösung geht. Die Mägen werden aufgetrennt, die Fundusdrüsenzone herausgeschnitten und, soweit Normlab hergestellt werden soll, in 1 cm breite Streifen geschnitten und diese mit Kochsalz gemischt. Nun wird saure Molke, die in bestimmter Weise beimpft wird, zugegeben und die notwendige Menge zu Kugeln geballt und diese langsam getrocknet. Bei Herstellung von Labextrakt mit bestimmter gegebener Labstärke werden die gereinigten, getrockneten Fundusdrüsen fein zerschnitzelt mit dem halben Gewicht Kochsalz und Borsäure oder einem anderen Antiseptikum versetzt und dieses Gemisch bei 28° 4—6 Tage ständig gerührt. Das Rührwerk kann sich mit den Schnitzeln innerhalb eines Diaphragmas befinden. Die Schnitzel werden zentrifugiert, die Extraktflüssigkeit wird durch Erhöhung des Salzgehaltes auf 10% und durch Zugabe von Salzsäure ($p_H = 4{,}8$) geklärt, worauf eine Nachbehandlung in Filterpressen erfolgt. Nach F. Chemnitus[1]) erfolgt die Fällung der Schleimstoffe durch Zugabe von Chlorcalcium, das man durch eintägiges Rühren auflöst und durch Zugabe der stöchiometrischen Menge Natriumsulfat; durch Bildung von Calciumsulfat in statu nascendi werden die Schleimstoffe abgeschieden. Eine nachträgliche Abstumpfung der Lablösung auf p_H 5,3—6,3 wird empfohlen. Labpulver wird dadurch hergestellt, daß man die schleimfreie Lösung mit Kochsalz sättigt und bei 28° 1½—2 Tage rührt. Der kochsalzhaltige Niederschlag wird mittels Filtrierpapier abgefiltert, mit Hornspateln abgekratzt, auf Tonhorden ausgebreitet, bei 30° getrocknet, in Kugelmühlen fein gemahlen und durch Zusatz von Kochsalz in der Mischmaschine auf die gewünschte Stärke eingestellt. Die Verwendung von Eisen ist in Labgewinnungsanlagen nicht möglich.

Aus den Abfällen können folgende *Hormonpräparate* hergestellt werden:

Aus der Bauchspeicheldrüse von Säugetieren und Fischen:
das Insulin (Regelung des Zuckerstoffwechsels).

Aus der Schilddrüse:
Thyroxin (Regelung von Herztätigkeit und Stoffwechsel).

Aus der Nebenschilddrüse (Ephitelkörperchen):
Parathormon (Regelung des Kalkstoffwechsels und der Nervenerregbarkeit).

Aus der Nebenniere von Rindern:
aus dem Mark: Adrenalin (Steigerung des Blutdruckes)
außerdem: Extrakte der Nebennierenrinde (Kohlehydrat- und Mineralstoffwechsel).

Aus den Hypophysenvorderlappen:
Hormone zur Förderung der Laktation (Prolaktin), zur Steuerung der Keimdrüsentätigkeit (Prolan A und B) und zur Steuerung der Schilddrüse.

---

[1]) Chemiker Ztg. **53**, 705 (1920).

Aus Hypophysenhinterlappen Oxytocin als Geburtswehen auslösendes Hormon. Hormone zur Steigerung des Blutdrucks und zur Regelung der Konzentrationstätigkeit der Niere.

Stierhoden, Ovarien von Rind und Schwein (Sexualhormone).

Das Einbringen in die Gefrierräume muß spätestens 3 h nach der Entnahme der Drüsen erfolgen. Das Gefrieren erfolgt in nichtrostenden Metallpfannen. Der Transport darf nur in gefrorenem Zustand erfolgen.

Bluteiweiß (Eiaustauschstoff). Blut wird mit 1% Natriumzitrat gemischt und zentrifugiert. Nach dem Kühlen auf 0° wird das Plasma im Zerstäubungstrockner bei 160° Eintrittstemperatur und 60 bis 65° Austrittstemperatur getrocknet. Die roten Blutkörperchen werden mit 2 bis 3% flüssigem Ammoniak versetzt, in Fässer gefüllt und dienen zur Hydrolyse. Aus dem weißen Plasma werden unter Zugabe von Stärke, Johannisbrotkernmehl, Eiaustauschmittel gewonnen (Pleonora) [1].

Knochenentfettung. Durch die Entfettung der Frischknochen soll der durchschnittliche Restfettgehalt unter 3% gesenkt werden. Fett aus frischen Knochen ist für die menschliche Ernährung gut geeignet. Die Knochen passieren einen Knochenbrecher, gelangen von dort in einen Vorentfetter, in welchem sie der Einwirkung von Dampf ausgesetzt sind (6 h bei 92°), und in den Nachentfetter, der z. B. aus einem rotierenden Zylinder aus scharfkantigen Eisenstäben besteht und in dessen Achse Dampf und Wärme zugeführt wird, um eine Temperatur von etwa 65° einzustellen. Dauer der Nachbehandlung 30 bis 35 min. Die entfetteten Knochen werden bei 30° getrocknet, wenn sie der Beinwarenindustrie zugeführt werden sollen, sonst bei höchstens 45°. Das Knochenfett wird etwa 2 h bei 75° erhitzt und dann zentrifugiert. Die Knochenbrühe reichert sich bei mehrfacher Verwendung an und kann zur Herstellung von Suppen und Würzen weiterverwertet werden. Zur Verstärkung des aus Knochen gekochten „Fond" dienen Hefe- oder Fleischextrakt oder Suppenwürzen.

Literatur.

HEISS, R.: Öffentliche Schlacht- und Viehhöfe, Berlin: Springer 1932.

GRÜTTNER: Taschenbuch der Fleischwarenherstellung.

HEISS, R.: Verfahrenstechnische Untersuchungen über die Frischhaltung von Fleisch, Beiträge zur Vorratstechnik von Lebensmitteln, Dresden: Steinkopff 1944.

HEISS, R.: Untersuchungen über die Verbesserung der Lagerungsfähigkeit von argentinischem Kühlfleisch. Beiheft Kälteind:. Reihe 3, H. 9 (1938).

WELLICH, W.: Fleischverarbeitung, Hütte, Bd. IV.

8. Speiseeis.

Rahmeis (Speiseeis.) Der Herstellungsprozeß beginnt mit dem Mischen der Grundsubstanzen: Rahm, kondensierte Vollmilch, Milchpulver, Zucker, Stabilisierungsmittel (Abb. 178). Als Stabilisatoren verwendet man insbesondere Gelatine (0,25 bis 0,40%) bzw. Natriumalginat (0,30%). Sie bewirken eine geschmeidige Struktur, eine rasche Viskositätssteigerung und eine gute Schlagmasse, d. h. sie verhindern das Ablaufen des ungefrorenen Sirups aus dem auftauenden Eis, verzögern das Kristallwachstum bei der Lagerung, vermeiden die Bildung scharfkantiger Kristalle und verhindern das Gerinnen des Milchkaseins im Magen. Meist in Kombination mit einer der beiden Substanzen werden angewandt: Quittensamenschleim, Agar-Agar, Irish Moos, Johannisbrotkernmehl, (Fruchteis:) Pektin, Tragant, Gummiarabicum, da sie

[1] Vgl. BIOS Bericht Nr. 14, London 1949.

allein nicht die erforderlichen Eigenschaften hervorrufen. In der gleichen Weise wird Methylcellulose bzw. besser Natriumcarboxymethylcellulose (0,2%) eingesetzt. Durch Überdosierung mit Stabilisatoren ergibt sich eine zu langsame Volumenzunahme beim Schlagen, eine zu feste Struktur und ein zu langsamer Abschmelzvorgang. Es werden auch fertige Stabilisatoren, bestehend aus Zucker, Stärke, Gelatine und Agar-Agar verkauft. Zur Verbesserung der Emulsion und der Schaumstabilität dienen 0,3% getrocknetes Eigelb (wirksames Prinzip Phospholipoid-Protein-Kombination). Zur Verringerung der Eigelbzugabe und zur Erzielung eines steifen, trocknen Aussehens werden Mono- und Diglyzeridgemische sowie Fettsäureester des Sorbits verwendet, insbesondere bei sehr fetten Gemischen, Kasein wirkt überdies selbst als Fettemulgator. Mit Erhöhung des Fettgehalts und durch Gelatine, welche anscheinend die Unterkühlungsfähigkeit verringert, in gewissen Grenzen durch Erhöhung des Zuckergehalts und der fettfreien Trockenmasse, wird die Kristallstruktur feinkörniger, außerdem natürlich durch schnelles Gefrieren. Das Gefüge und der Geschmack scheinen bei 14% Fett und 10—12% fettfreier Milchtrockenmasse am besten zu sein. (Nach amerikanischen Angaben: 8—12% Butterfett, 14—16% Zucker, 10—12% Milch-Trockensubstanz.) Empfohlen wird für Fruchteis Rohrzucker und wasserfreie Glucose im Verhältnis 3:1. Zuviel Zucker ergibt einen zu süßen Geschmack, senkt den Gefrierpunkt, verzögert die Volumenzunahme beim Schlagen und bewirkt eine zu weiche Konsistenz, die Stabilität wird verschlechtert. Einzuführen scheint sich in USA. die Zugabe von getrocknetem Maissirup, weil er ohne Erhöhung der Süße und ohne Erniedrigung des Gefrierpunktes mehr Feststoffe unterzubringen gestattet. Als Geschmacksträger werden Früchte, Nüsse, Schokolade, Aromastoffe (Vanille) meist erst im Reifer zugegeben, außerdem Farben.

Zuerst kommen bei 25° Milch und Rahm in den Mischer, dann wird unter ständigem Rühren Kondensmilch beigefügt. Bei Erreichung von 33° gibt man mit Zucker vermischtes Eigelb und bei 46° die anderen Erzeugnisse dazu und pasteurisiert das Gemisch 30 min bei 70—75°, wobei sich gleichzeitig alle Milchzuckeranteile auflösen, die Lipasen inaktiviert werden und die Schlagfähigkeit verbessert wird. Übersteigt der Anteil des Milchzuckers 6% und sind die Kristalle größer als 15—30μ, dann schmeckt das Rahmeis sandig. Die Kristalle bestehen aus einem Gemisch von α-Hydrat und β-Anhydrid. In Eiscreme, die mehr als 12% fettfreie Trockensubstanz aus Milch enthält, kann die Gefahr des Sandigwerdens bei der Lagerung verringert werden, wenn man einen Teil der nichtfetten Bestandteile einen Ionenaustauscher passieren läßt [1]). Nach dem Filtrieren des Gemisches zur Entfernung von Sedimenten wird bei 70—80° und Drücken von 200 atm homogenisiert, wodurch eine stabilere Emulsion und eine größere Geschmeidigkeit der Masse erzielt wird, die Fetteilchen zerkleinert, die sich in einem späteren Prozeß bildenden Luftbläschen verkleinert und die zum Reifen erforderliche Zeit verringert werden (1,2 bis 1,6 PS je 100 Liter). Bei hohem Fettgehalt empfiehlt sich zweistufiges Homogenisieren (180 bzw. 120 atm), weil sonst das Fett zusammenklumpt. Die Klumpungsgefahr wird durch Zugabe von Zitraten und Phosphaten, sowie von Eigelb verringert, durch Verwendung von ansaurer Milch wie auch durch zu hohen Gehalt an Calcium- und Magnesiumsalzen (Lactationsperiode) erhöht. Beim Homogenisieren sollen die Fetteilchen auf 1—4μ zerkleinert werden. Nunmehr wird die Mischung durch einen Platten- bzw. zur Vermeidung von Infektionen vom Raum abgeschirmten Flächenkühler auf eine Temperatur von + 4° gebracht. Vom Kühler läuft die Mischung zum „Reifer". Dies kann ein einfacher, innen emaillierter, außen isolierter, gekühlter Behälter sein, in welchem die

---

[1]) Vgl. OTTING, E. H.: Industr. Engg. Chem., **41**, 457 (1949).

Mischung vier (bis 24 Stunden) verbleibt, um die durch das Pasteurisieren zerstörte Viskosität durch „Altern" wieder herzustellen. Vermutlich findet eine Hydratation der Proteine statt und das Butterfett verfestigt sich, wodurch die Schlagfähigkeit verbessert wird. Wahrscheinlich werden durch eine leichte Säuerung, ähnlich wie bei Schlagsahne, die Quelleigenschaften von Kasein und Lactalbumin günstig beeinflußt. Die Zweckmäßigkeit des Alterns ist umstritten, wenn das Gefrieren schnell, d. h. in 5—7 min, erfolgt, ist es nicht so wichtig als bei langsamerem Gefrieren; mit Ausnahmen von Schokoladeneis reicht dann eine Alterungszeit von vier Stunden. — Vom Reifer kommt die Mischung nach Zugabe von Farbe, Nüssen, Aromen, Früchten u. dgl. in den Gefrierapparat, einen Zylinder aus rostfreiem Material, in welchem die Eiscreme mittels eines Mantels, in welchem Kältemittel bei —20 bis —30⁰ verdampft, auf —3 bis —4⁰ gefroren wird. Dabei werden 30—40% des Wassers ausgefroren. In dem halbgefüllten Zylinder rotieren mit 175 bis 250 U/min Schabmesser mit schräggestellten Gleitflächen, welche das halbgefrorene Material von der Wärmeaustauschfläche abschaben (Abb. 179) und gegenläufig schlagen. Wenn die Masse steif ist, wird die Kältequelle abgestellt, die Mischung durch gegeneinanderlaufende Schläger mit Luft vermischt, bis Schaum mit genügender Schwellung erzeugt ist, der zusammen mit dem Kristallbrei ein Gerüst bildet; dabei scheint eine Temperatur von —3,2⁰ am günstigsten zu sein. Je höher die Temperatur, desto größer ist die Schwellung; je höher der Fettgehalt, desto schlechter ist sie; durch Zugabe von Eigelb wird die Erreichung des gewünschten Schwellungsgrades beschleunigt, durch Zugabe von Walzenmilchpulver verlangsamt. Die Verweildauer beträgt ca. 5—6 min, davon entfallen 2—3 min auf das Gefrieren, 3—5 min auf das Schlagen.

Neuerdings werden in USA. fast ausschließlich kontinuierliche Rahmeis-Gefrierapparate verwendet. Bei einer Ausführungsform (Vogt) wird die erforderliche Luftmenge dem Gemisch vor dem Gefrierapparat dosiert zugegeben (Abb. 180). In der neuesten Ausführung wird das halbgefrorene Rahmeis beim Ausfließen aus einer Öffnung

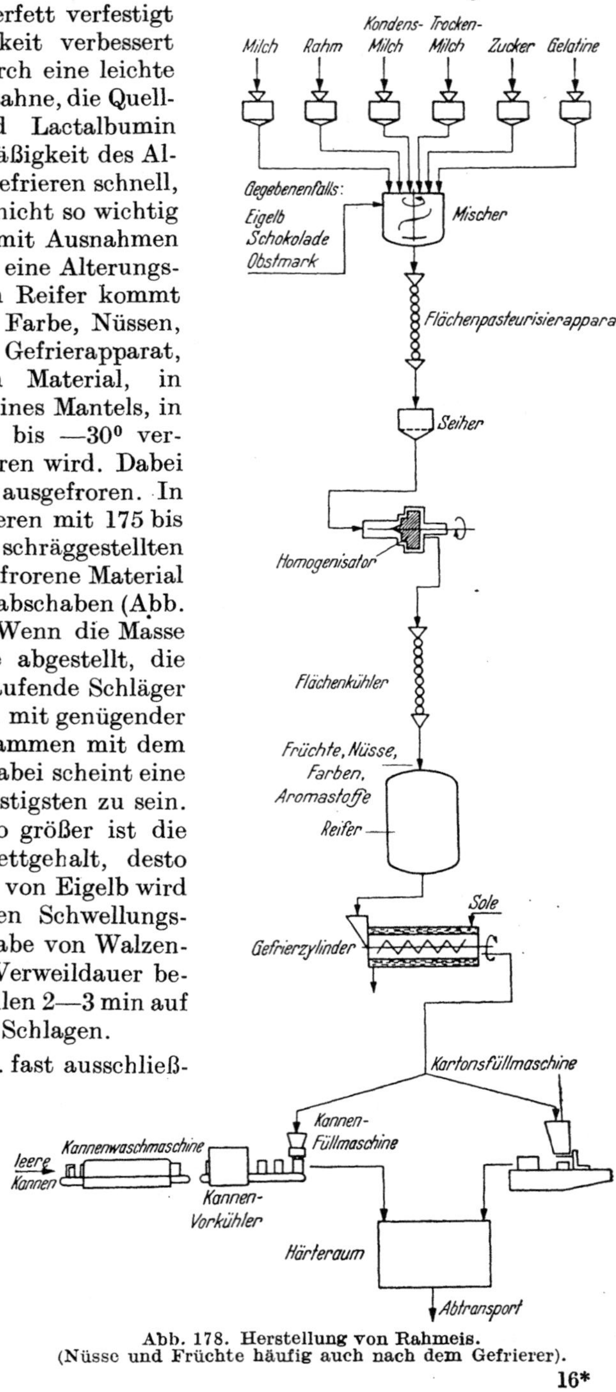

Abb. 178. Herstellung von Rahmeis.
(Nüsse und Früchte häufig auch nach dem Gefrierer).

mit entsprechenden Abmessungen mittels hin und her gehender Messer sofort geschnitten; die Stäbchen fallen auf ein Stoffband, welches einen Kühltunnel passiert. Infolge der hohen Luftgeschwindigkeit werden die Stäbchen in diesem Tunnel in 18 min auf —23° gebracht und anschließend automatisch in Echtpergament oder in Metallfolie verpackt oder aber in einer Schokoladeüberziehmaschine mit flüssiger Schokolade übergossen. Das Transportband wird von unten gekühlt. Bei einer anderen Ausführung (Creamery Package Manufacture Co) saugt die Rahmeispumpe nach dem Gefrierapparat soviel mehr Masse als die Zubringerpumpe zum Gefrierapparat an, wie der erwünschten Schwellung entspricht. Die Schwellung ist dabei proportional zum Luftdruck im Gefrierzylinder. Der Schläger ähnelt hierbei dem Schläger beim absatzweisen Gefrieren, während beim Vogt-Gefrierapparat das Gemisch mittels eines Kratzers durch ein von außen mittels direkter Verdampfung gekühltes Rohr oder durch den Zwischenraum zwischen zwei gekühlten Zylindern gefördert wird. Die Gefrierdauer liegt unter 1 min, der Reifungsprozeß

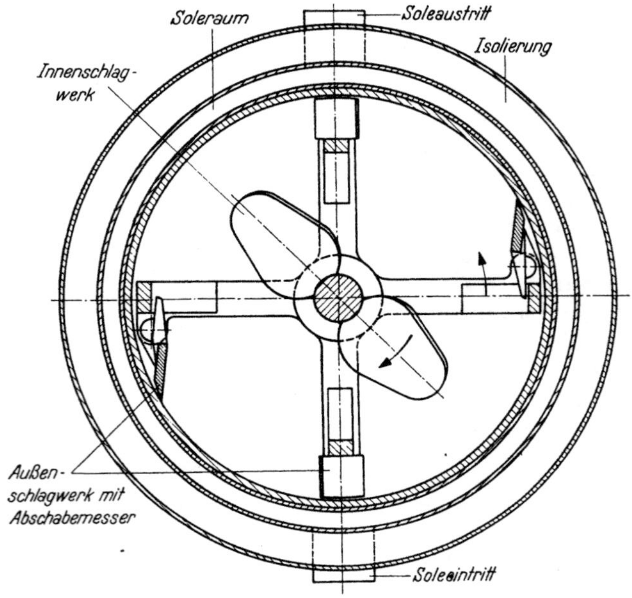

Abb. 179. Querschnitt durch einen Eiskremerzeuger (Schröter).

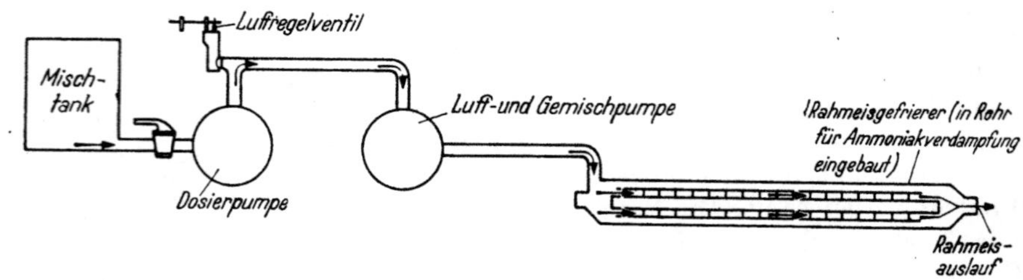

Abb. 180. Überlaufsystem des kontinuierlichen Vogt-Justand-Freezer.

kann eingespart werden. Der besondere Vorteil des kontinuierlichen Gefrierens ist der, daß das Rahmeis bei tieferen Temperaturen abgezogen werden kann, wodurch sich eine größere Geschmeidigkeit ergibt. Das Rahmeis hat dauernd das gleiche spezifische Gewicht (Schwellung), es können auf einfache Weise aus verschiedenen Lagen bestehende Packungen durch Vereinigung der Ströme von verschiedenen Gefrierzylindern bei entsprechender Ausführung der Austrittsöffnung hergestellt werden, und es bereitet keine Schwierigkeiten, die Früchte nach dem Gefrierapparat zuzugeben. Anschließend wird die Eiscreme, deren Volumen um annähernd 100% angeschwollen ist, in vorgekühlte Kannen gefüllt und in Härteräumen bei —22 bis —30° in bewegter Luft fertiggefroren. Die Durchgefrierzeit soll 6—12 Stunden, höchstens 24 Stunden, betragen. Zweckmäßigerweise wird man so vorgehen, daß man in kleinen Packungen in einem der üblichen Schnellgefrierapparate (vgl. Gefrierkette) in bewegter Kaltluft oder zwischen kalten Platten einfriert. Die Lagerung der fertigen Eiscreme erfolgt bei —22°; bei höheren Lagertemperaturen nimmt die „Sandigkeit" des Rahmeises sehr rasch zu, weil der Anteil der α-Lactose auf Kosten der β-Lactose wächst. Tafelfertig ist es bei —6,5 bis —9°. Durch Schwankungen in der Lagertemperatur vergrößern sich die Kristalle. Eine bisher noch nicht aufgeklärte Erscheinung ist das „Schrumpfen" von Rahmeis beim Lagern; das Zusammenfallen der „Zellwände" tritt um so leichter auf, je feiner das Gerüst ist, d. h. die Luftbläschen und die Eiskristalle sind. Rahmeis darf nicht mit Kupfer und Eisen in Berührung kommen, auch die Verwendung von Nickel ist nicht ratsam. Zweckmäßigerweise werden alle Apparate aus rostfreiem Stahl hergestellt oder sind emailliert.

Literatur.

TURNBOW, G. D., P. H. TRACY u. L. A. RAFFETTO: The Ice-Cream Ind., Wiley: New York 1947, insbesondere vgl. S. 400: Fehler von Rahmeis und deren Behebung.

Süßwarenwirtschaft, Spezialheft 360: Nährmittel (Eiscremepulver).

Eiscremerezepturen vgl. auch S. BLUMENTHAL, Food Products, Chemical Publishing Comp., 210, 1947.

HUMPHRISS, E.: Ice Cream Industr., März 1947, 33.

LEIGHTON, A., u. A. LEVITON: Industr. Engg. Chem., **31**, 779 (1939).

Anhang.

Gewöhnliches Speiseeis wird aus Milch(-pulver), Zucker, Glucose, Agar bzw. Gelatine und Essenzen, Zitroneneis aus Zitronensaft, Wasser und Zucker hergestellt. Bei etwa 25% Zuckergehalt des letzteren beginnt die Mischung bei —2,5° Eis abzuscheiden, bei —15° bei einer Konzentration der Zuckerlösung von annähernd 62% beginnt sie Zucker abzuscheiden, bei noch tieferen Temperaturen erfolgt die Abscheidung der Zitronensäure in Form eines Hydrats; bei —17° ist das Eis völlig durchgefroren. Zur Vermeidung des Auskristallisierens von Zucker bei der Lagerung wird Glucosesirup zugegeben.

Bei der Herstellung von gewöhnlichem Konditoreis genügt die Verwendung eines Rührwerkpasteurisierapparates, eines Kühlers, eines Zwischengefäßes und des Gefrierapparates, in welchem man hierbei eine 30—40%ige Schwellung erhält. Diese niedrige Schwellung wird am besten mit Pektin oder mit Stabilisatorkombinationen erreicht. Homogenisiermaschine und Reifegefäße entfallen. Das Abfüllen erfolgt ebenfalls in Kannen oder Behälter, die nachgehärtet werden, oder es werden in besonders konstruierten Formen „Eisstengel" o. dgl. hergestellt, die in einem Soletank zum Gefrieren gebracht und nach dem Herausnehmen in Papier gewickelt werden.

Kältebedarf etwa 80 kcal/Liter Speiseeis, davon 40 kcal/Liter für den Härteraum.

Eiscreme-Rohmassen: Eigelb mit Zucker, Trockenmilch, Butterfett, Alginat; das Gemisch wird entlüftet, im Vakuum von Wasser befreit und bei 63—65° ½ Stunde pasteurisiert. Bei Fruchteis werden fein zerteilte Früchte, Zucker, Tragant verwendet. Schokoladendessert besteht aus Zucker, Kakao, Gelatine, Wasser, Salz, Spuren von Glyzerin, Cumarin, Karamel und Vanillin. Eiscremepulver bestehen aus Puderzucker, Stärke, Gelatine, weißem Acaciagummi und Karayagummi oder aus einem Gemisch von Butterfett, Sahne, Sojaproteinen und Gelatine, das homogenisiert und einer Sprühtrocknung unterworfen worden ist.

C. Kristallisieren.

1. Rübenzucker.

Transport, Reinigung und Zerkleinerung der Rüben. Die Reife der Rüben beginnt Ende September. Der Zuckergehalt steigt bis Mitte Oktober, um bereits Anfang November und im Dezember schnell abzufallen (Abb. 181).

Anfuhr der geköpften Rüben durch Fuhrwerk oder mittels Eisenbahnwagen. Für die unmittelbare Verarbeitung erfolgt die Entladung aus dem Waggon am besten

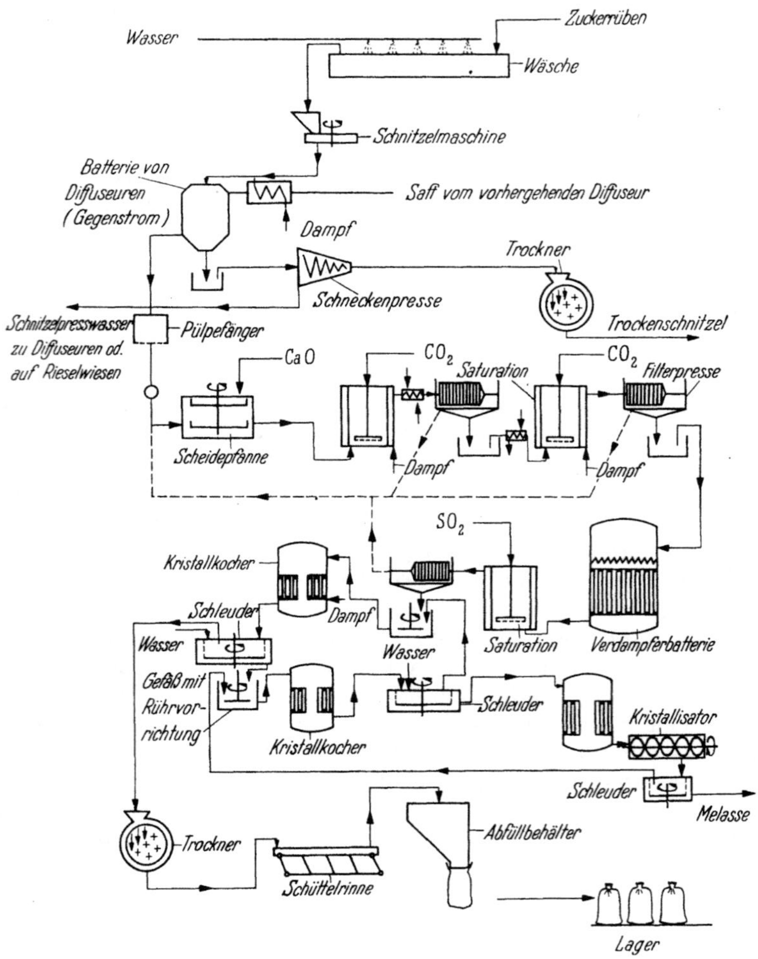

Abb. 181. Herstellung von Rübenzucker.

durch einen kräftigen Wasserstrahl, womit gleichzeitig eine Vorreinigung erreicht wird, sonst Trockenentladung durch Kippvorrichtungen oder durch Greifer. Lagerung in Rübenkellern, aus denen sie abgeschwemmt werden können, gegebenenfalls auch durch Einmieten. In den Mieten ist die Gefährdung durch Frost und durch Wärme größer.

Die Rüben gelangen durch eine Schwemmrinne (Neigung 8—10 mm/m) in das Fabrikgebäude. Die Rüben werden durch einen starken Wasserstrahl von den Haufen in die Rinnen gespült (Fallwasser der Kondensatoren), Steine und Sand werden dabei abgeschieden. Nun werden die Rüben mit Hilfe eines Hubrades, einer Mammutpumpe mit Preßluft oder besser einer Schlauchradpumpe zusammen mit dem Schwemmwasser in die Quirlwäsche mit Steinfänger gefördert, worin sich die Rüben anhäufen, gegenseitig abreiben und im Gegenstrom zum Frischwasser durch schraubenförmig gestellte Schläger vorwärtsbewegt werden.

Ein Becherwerk bringt die Rüben evtl. über ein Schüttelsieb von anhaftendem Wasser befreit über eine schiefe Ebene zur selbständig wirkenden Waage. Vorher wird noch ein Elektromagnet zwischengeschaltet. Aus der Waage fallen die Rüben in die Schnitzelmaschine, in welcher sie durch ihr eigenes Gewicht auf eine waagrechte Hobelscheibe gedrückt werden. Die auswechselbaren Messer besitzen eine rinnenförmige Form, um den Schnitzeln eine große Oberfläche zu geben (Dicke 2—3 mm, Breite 4—7 mm). Die Rippenmesser werden durch geeignete Vorrichtungen laufend in geschärftem Zustand erhalten. Die Verwendung zu dünner Schnitzel hat den Nachteil, daß aus ihnen zuviel feste Bestandteile aus dem Mark gelöst werden, welche in der weiteren Verarbeitung stören. Von den Schnitzelmaschinen fallen die Schnitzel auf Fördervorrichtungen (Schurren, Gurte, Schnecken, Förderrechen) und dann in die Diffuseure. Die Rübenschwänze werden mittels Schlauchradpumpen der weiteren Verarbeitung (Auslaugung, Trocknung) zugeführt.

Saftgewinnung. Werden die Zellen auf Temperaturen über 60^0 erwärmt, so löst sich der Plasmaschlauch von der Zellwand ab, wodurch erst ein ausreichender Stoffaustausch möglich wird. Günstigste Temperatur 77 bis 78^0, normale Diffusionsdauer 70—90 min. Höhere Temperaturen bewirken ein Aufquellen (Verlangsamung des Saftstromes) und einen zu raschen Abbau der Pektinstoffe. Dies gilt auch für zu lange Diffusionszeiten, wobei auch der p_H-Wert tiefer als 6,0 absinkt, wodurch die störende Bildung von Invertzucker ebenfalls zunimmt. Insbesondere sind unreife oder zu lange gelagerte Rüben gefährdet.

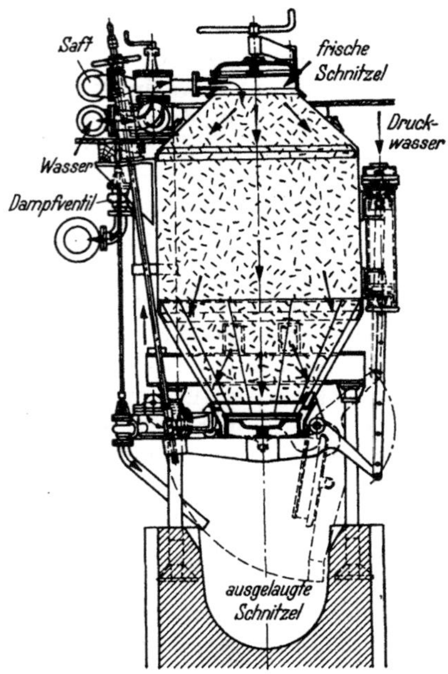

Abb. 182. Schnitt durch einen Diffuseur mit Schnitzelschwemme.

Zur Ausführung der Diffusion dient eine aus 10—16 Diffuseuren bestehende Batterie (Abb. 182). Wichtig ist ein möglichst großer freier Durchgang der unteren Siebe und eine lockere Füllung, sowie die Verwendung gleichmäßiger, glatter, dünner Schnitzel, da musige Teile, die auch bei zu hoher Diffusionstemperatur entstehen, Anlaß zur Nestbildung geben und den Saftstrom verlangsamen. Die Menge der in Lösung gehenden Pektinstoffe und schwer löslichen Kalisalze wächst mit der Zahl der Diffusionsgefäße.

Der Saftstrom erfolgt im ersten Diffuseur von unten nach oben, sonst meist umgekehrt. Zwischen den einzelnen Gefäßen erfolgt eine Vorwärmung mittels Röhrenerhitzern, die mit Brüdendampf gespeist werden. Die Auslaugung erfolgt im Gegenstrom durch Durchströmen der ganzen Batterie in der Weise, daß das am meisten angereicherte Wasser mit den frischen Schnitzeln und die Rübenschnitzel nacheinander mit immer schwächerer Zuckerlösung und schließlich die schon ausgelaugten Schnitzel mit reinem Wasser (Kondensatorfallwasser) in Berührung kommen (10. Diffuseur z. B. 0,25% Zuckergehalt). Der dichtere Saft wird durch den dünneren verdrängt. Der ablaufende Rohsaft hat 13—15% Zucker (105—120 kg Rohsaft aus 100 kg Rüben).

Die ausgelaugten Schnitzel (0,2—0,4% Zucker) werden in die Schnitzelschwemme entleert, aus welcher sie mittels des Schnitzelbaggers oder mittels Kreiselpumpen in die Verteilungsvorrichtung über den Schnitzelpressen gelangen. Die Pressen sind mit Siebmantel versehen; häufig preßt man kalt und nur auf Trockengehalt von 10% ab. Für das Pressen dürfen die Schnitzel nicht zu weich sein, weshalb die Temperatur in den Diffuseuren 80° nicht überschreiten darf.

Das von den ausgelaugten Schnitzeln eingeschlossene Wasser sowie das Preßwasser (ca. 0,5% Zucker) wird über die entleerten, ausgelaugten Schnitzel und dann durch feingelochte Siebe u. dgl. (Pülpfänger) von Rückständen befreit, worauf es bei Diffusion mit Rücknahme der Disffusionswässer in einem Sammelkasten mit frischem Brüdenwasser vermischt und über ein geschlossenes Absetzgefäß in die Batterie gedrückt wird. Ohne Rückführung läuft das Diffusionswasser auf Rieselwiesen. Die darin enthaltenen Kleinlebewesen werden vorher bei 105° abgetötet. Ein Nachteil des Rücknahmeverfahrens ist die verstärkte Korrosion der Eisenteile. Vorteilhaft ist, daß die Plasmolyse in den Diffuseuren früher beginnt und die Ausflockung der Kolloide verbessert wird. Eingeführt haben sich auch stetige Auslaugeapparate in Trogbzw. Trommelform, durch welche die Schnitzel mittels einer Schnecke oder mit Hilfe von Transportarmen transportiert und beim Überwerfen von Kammer zu Kammer leicht gepreßt werden. Die Schnitzel werden vorher auf 80° gebrüht und während der Diffusionsdauer von 40—75 min (je nach Verfahren) bei dieser Temperatur gehalten. Bei diesen Verfahren ist die Beschaffenheit der Schnitzel ohne Einfluß auf den Betrieb; nachteilig ist aber das Fehlen eines kontinuierlichen Saftstromes und das Fehlen einer Filterung durch die Schnitzelschicht.

Beim Brühverfahren nach Steffen, das sich mehr und mehr einführt, kommen die Schnitzel mit der 4—9 fachen Menge Wasser in einen Brühtrog, der auf einer Ausgleichstemperatur von 75—80° gehalten wird, indem der stetig durch einen Vorwärmer, die Schnitzelschwemme und den Trog umlaufenden Saft auf geeignete Temperaturen angewärmt wird. Hierdurch erfolgt eine rasche Koagulation der Plasmamasse. Nach dem Brühtrog werden die Rübenscheiben unter teilweiser Abpressung durch eine Schnecke aus dem Saft gehoben und heiß in eine Schnitzelpresse gebracht, die sie auf 30% Trockensubstanz (10% Zucker) abpreßt. Zuckergehalt der Trockenschnitzel 35—40%, stickstofffreie Extraktstoffe ca. 66%. Der abgepreßte Saft gelangt wieder in den Brühsaft und wird stetig abgezogen. Vorteil: Reinere Säfte, höhere Konzentration, einfache Anlage, Ersparnis an Kohlen, größere zu verarbeitende Menge, kein Abfallwasser der Diffusion (Zuckerverluste). Nachteil: Schlechtere Ausbeute (Schnitzel sind zuckerreicher), die aber durch Kombination mit dem absatzweisen oder mit dem stetigen Diffusionsverfahren (siehe oben) behoben werden kann. Solche kombinierte Anlagen sind je nach der Marktlage (hohe Futtermittelpreise oder hohe Zuckerpreise) sehr anpassungsfähig. In USA wird das beim Steffenverfahren entstehende Brühwasser außerdem zur Herstellung von Mononatriumglutaminat verwendet (vgl. S. 254).

Die Schnitzel werden durch Einsäuern oder vorzugsweise in Trommeltrocknern mit Koks- oder Braunkohlenfeuerung (Abgastemperatur 80—120°) durch Trocknung haltbar gemacht (Temperatur am Trommeleingang 650—680° bei direkter Feuerung, 420—450° bei Trocknung mit Abgasen aus dem Kesselhaus). Aus 1000 kg Rüben ergeben sich etwa 70 kg Trockenschnitzel mit 6,5% Rohprotein und mit 56% stickstofffreien Extraktstoffen. Viehfutter und Ausgangsrohstoff für Ersatzkaffee. Die Rübenköpfe und Rübenblätter werden in Schneidewölfen nach dem Waschen zerkleinert.

Saftreinigung. (*Scheidung und Saturation des Rohsaftes.*) Der aus der Diffusionsanlage fließende Saft ist trüb, dunkelgrau und fließt trüb durch das Filter. Zunächst werden im Pülpefänger Fasern abgefangen, da hierdurch das spätere Filtern durch Tücher erschwert würde. Vor der Eindickung müssen die kolloidalen Eiweiß- und Pektinstoffe ausgeflockt, die Salze in nicht lösliche Verbindungen überführt und die Aminoverbindungen zersetzt werden, da die gelösten Stoffe den Zucker an der Kristallisation hindern und schließlich ist eine Neutralisation zum Schutz des Zuckers vor Inversion erforderlich. Zum Ausfällen von Stoffen, die in kalk-alkalischen Säften unlöslich sind, wird der Rohsaft in mit Brüdendämpfen der Verdampfer beheizten Wannen oder mittels Schnellstromvorwärmer auf 70—80° erwärmt und mit Kalk versetzt. Man unterscheidet die Kalkmilch- (20° Bé) oder nasse *Scheidung* und die Trockenscheidung. Bei der Trockenscheidung wird frischgebrannter Kalk (2%) durch eine Siebtrommel oder durch eine Bandschnecke im Gleichstrom durch einen Trog bewegt. Zur Herstellung der Kalkmilch wird der Schlußteil des Absüßwassers der Filterpressen verwendet. Die Dauer der Scheidung soll bei 70—75° 15 min nicht überschreiten, da sonst der Kalk zu lange auf ausgefällte oder ausgeflockte Stoffe einwirken kann. Es empfiehlt sich die Trennung der Scheidung in eine Vor- und in eine Hauptscheidung, wobei in der Vorscheidung bei 40—50° beim isoelektrischen Punkt die Hauptmenge der Kolloide ausgeflockt werden soll. Vor der Hauptscheidung wird eine Stabilisierungspause eingelegt. Um einen gut filtrierbaren Schlamm und helle Säfte zu gewinnen, soll der p_H-Wert in der Hauptscheidung 12,3 betragen.

Da der überschüssige Ätzkalk nicht abfiltriert werden kann, muß er durch Einleiten von Kohlendioxyd als $CaCO_3$ als kristalliner Niederschlag ausgefällt und außerdem das Calciumsaccharat in Saccharose und $CaCO_3$ zerlegt werden, sonst ginge der Zuckerkalk im Schlamm verloren; gleichzeitig sollen die durch die Scheidung ausgefällten Schleimstoffe so verändert werden, daß sie ihre voluminöse Beschaffenheit verlieren und dadurch leicht zu filtrieren sind (Saturation). Besondere Schwierigkeiten bereiten Säfte aus erfrorenen und aus faulen Rüben, die reich an schwer koagulierbaren Pektin- und Eiweißstoffen sind. Beim Einleiten von Kohlendioxyd entstehen unter Zuckerabspaltung kondensierte Gallerten, die sich an den kohlensauren Kalk anlagern und zu Klümpchen zusammentreten, während die Sole am isoelektrischen Punkt ausflocken und dann zu dem gefällten Calciumcarbonat treten. Außer den Kolloidstoffen werden Phosphorsäure, Oxalsäure und Farbstoffe abgeschieden. Das Einleiten von Kohlendioxyd in die auf 85—90° erwärmte Flüssigkeit darf nicht im Überschuß erfolgen, damit nicht der kohlensaure Kalk wieder gelöst wird (Calciumbicarbonat).

Kohlendioxyd wird in die Behälter, die wegen des Schäumens einen höheren Steigraum aufweisen müssen, mit Hilfe einer gelochten Rohrschlange ebenso wie der geschiedene Saft von unten eingeleitet und mit Hilfe eines Umlaufrohres umgewälzt. Die Aufwärmung erfolgt mittels Schnatterdampf oder mit Hilfe eines Schnellstromvorwärmers, nicht mittels Heizschlange, welche verkrusten würde. Die Saturation erfolgt meist in zwei Stufen. Der Scheidesaft wird hierdurch zunächst gallertartig und schäumt; bei weiterer Saturation erfolgt Verflüssigung und Aufhören des Schäumens und man erhält einen Saft, aus dem sich der Niederschlag schnell und leicht absetzt und der leicht zu filtrieren ist. Die Saturation soll möglichst rasch in wenigen Minuten vor sich gehen, um eine gute Farbadsorption und eine leichte Filterung zu erreichen; der p_H-Wert sinkt auf 10,8 (Thymolphtaleinpapier).

Der 100° heiße Schlammsaft (Vorwärmen) wird ungeklärt mittels Schlammpumpen in Rahmen- oder Kammerpressen gedrückt. Laufzeit 1—2 Stunden, Druck 2 bis 4 atm, Absüßen 15—20 min mit reinem heißem Brüdenwasser (Kondenswasser von den Verdampfern). Die Pressen haben den Nachteil, daß sie diskontinuierlich arbeiten; das Auspacken erfordert viel Handarbeit. In USA werden deshalb hierfür Vakuumzellenfilter eingesetzt. Der Preß- oder Scheideschlamm kommt in Absetzgruben und wird für kalkbedürftige Böden als Düngemittel verwendet. Aus 1000 kg Rüben entstehen 80 kg Scheideschlamm. Verlust im Schlamm 0,1—0,2% Zucker auf Rüben berechnet. Eine restlose Entzuckerung würde eine unverhältnismäßig hohe Wassermenge und einen zu hohen Kohlenverbrauch bedingen. Eine gewisse Verbesserung würde sich durch hydraulisches Auspressen ergeben. Das Absüßwasser kann zum Kalklöschen verwendet werden.

Der von den Schlammpressen ablaufende Dünnsaft fließt zur weiteren Verringerung der Trübungen und des Aschegehalts (Steinansätze in den Verdampferröhren), nachdem er mit 0,1% Kalk versetzt wurde, in die Pfannen zur zweiten Saturation; er wird vorher in einem mit Brüdendämpfen beheizten Schnellstromvorwärmer auf 100° nacherhitzt. Die Nachsaturation erfolgt stetig in zwei Pfannen; es sind Filterpressen mit dichtgewebten Baumwolltüchern oder Beutelfilter nachgeschaltet, welche zur Ausscheidung feinster Teilchen bei niedrigem Druck betrieben werden. Scheideschlammenge ca. 0,1% des Rübengewichts. Eine eventuelle dritte Saturation wird im allgemeinen mit geringen Mengen schwefliger Säure durchgeführt, weil hierdurch die Säfte heller werden und der Invertzucker nicht karamelisiert. Es wird zum drittenmal filtriert.

In USA. sind z. B. Großversuche im Gang, mit dem Ziel, Scheidung und Saturation durch eine Folge von Kationen- und Anionenaustauschern zu ersetzen. Hierdurch soll eine höhere Ausbeute von Zucker höherer Reinheit und eine für Nahrungszwecke verwertbare Melasse erzeugt werden [1]).

Eindicken des Dünnsaftes. Um den Dicksaft herzustellen, müssen aus dem klaren Dünnsaft je 100 kg Rüben etwa 100 kg Wasser verdampft werden. Hierzu werden Umlauf- oder Durchflußverdampfer verwendet, welche zu mehrstufigen (vierstufigen) Anlagen zusammengesetzt werden, womit die Ausnützung des Dampfes steigt. Die größte Luftleere hat der letzte Körper, der erste Körper zeigt noch Druck; durch die steigende Luftleere saugen die einzelnen Körper den Saft an (Gesamttemperaturgefälle bis zu 65°). Dabei ist jeweils der Verdampfer als der Oberflächenkondensator des vorhergehenden Dampferzeugers anzusehen. Aus wärmewirtschaftlichen Gründen (Entnahme von Brüdendampf für Vorkoch- und Anwärmzwecke) werden in zunehmendem Maße Druckdampfanlagen angewandt, wobei die erste Stufe mit Abdampf von etwa 2 atü und die dritte Stufe mit 0,1—0,2 atü beheizt wird, woran sich ein Ausgleichverdampfer anschließt. Um die Inversion niedrig zu halten, wird $p_H = 9$ gewählt; auch der Dünnsaft, dessen Zähigkeit noch gering ist, darf niemals eine höhere Temperatur als 125° annehmen. Aus dem Dicksaftkörper wird der Dicksaft mit 70° (bei Druckverdampfung 85—100°) abgezogen, zur Erreichung einer genügenden Dünnflüssigkeit zum Kochen erhitzt, in einer Pfanne mit schwefliger Säure oder Kohlen-

[1]) VISSER, W., G. S. v. d. VLIES u. H. J. WATERMANN: Chimie et Industrie **61**, **4**, **337**.

säure saturiert und durch Filterpressen oder durch Beutelfilter bei 80° gereinigt. 100 kg Rüben ergeben etwa 25—30 kg Dicksaft.

Kristallisation. Der gereinigte Dicksaft mit 65° Ball wird zunächst im Kristallkocher bei 70—80° weiter eingedickt (ca. 10 kg Wasser je 100 kg Rüben sind abzudampfen), bis er in einem bestimmten Maße übersättigt ist und die Kornbildung beginnt. Durch Nachziehen des ungesättigten Dicksaftes werden die kleinsten Kristallkörnchen wieder aufgelöst und durch weitere Wärmezufuhr weiter eingedampft und dabei der nicht mehr in Lösung zu haltende Zucker an die gebildeten Kristalle angelagert, bis die fertige Füllmasse erreicht ist. Die Kristallisation wäre theoretisch bis zur Wasserfreiheit möglich, praktisch ist dies aber nicht durchführbar, da die Zähigkeit der zu kochenden Masse zu groß würde, was die Dampfbildung erschwert und örtliche Flüssigkeitsüberhitzungen hervorrufen würde, die zu Verfärbungen führen würden. Wesentlich ist die Vermeidung von Feinkorn, da sich die kleinen Kristalle beim Zentrifugieren an die Trommelwand legen und das Ausfließen des Sirups verhindern. Hierzu muß eine bestimmte Übersättigungszahl (Verhältnis der in der übersättigten Zuckerlösung enthaltenen Zuckermenge zur Zuckermenge im Sättigungszustand bei gleicher Temperatur) eingehalten werden. Außerdem muß beim Kochen auf Korn für eine lebhafte Bewegung des Dicksaftes gesorgt werden, um den schädlichen Einfluß der Zähigkeit auf den Wärmeübergang auszugleichen. Kristallisation und Wasserverdampfung müssen gleichen Schritt halten, sobald die Keimbildung eingetreten ist, damit die Bildung neuer Keime unterbunden wird. Zum Verkochen des Dicksaftes auf Füllmasse werden Vakuum-Kochapparate stehender Bauart mit weitem Umlaufrohr verwendet. Von der Kornbildung ab genügt eine Kochdauer von 4 Stunden. Die weitere Verarbeitung der aus dem Dicksaft gekochten Füllmasse wird durch 1—2stündiges Abkochen mit Ablaufsirup von den vorhergehenden Suden eingeleitet (Lösen von Kristallmehl).

Anschließend wird die 75—80° heiße Füllmasse mit 6—7% Wassergehalt zur Abkühlung — wobei der Löslichkeitskurve entsprechend weiter Zucker ausfällt — in dauernder Bewegung bei geringer Übersättigung in Kristallisiermaischen abgelassen (vgl. S. 46); die Abkühlung bis auf 40—50° kann mittels Kühlrohre in 2—4 Stunden erreicht werden, ohne daß im Übermaß Sirup zwischen den Kristallen eingeschlossen wird, üblich sind aber Abkühlzeiten von 15—24 Stunden. Durch die Rührarme der Sudmaische wird die Füllmasse gleichmäßig durchgemischt, Knollen zerdrückt und gleich oder später mit dem Dicksirup innig gemischt, da man sie sonst kaum fördern könnte. Erschwert wird die Kristallisation durch die im Saft enthaltenen Nichtzuckerstoffe, die sich im Saft so weit anreichern, daß eine weitere Gewinnung durch Kristallisation unmöglich ist (Melasse). Zur Förderung von Füllmassen dienen Wasserringpumpen.

Das Ausschleudern des Sirups erfolgt bei 40—45° mittels einer Siebschleuder mit Bronzesieben, welche die 2—4 mm großen Zuckerkristalle zurückhalten. Der aus den Schleudern ausgepackte Rohzucker muß zunächst abgekühlt, in Trommel- oder Schüttelsieben bzw. in Vibratoren in verschiedene Korngrößen getrennt werden, um dann lose mittels Förderriemen oder Becherwerken oder gesackt mittels Bühnen auf Lager gebracht zu werden. Die Vermahlung erfolgt mittels Walzenstühlen.

Nacharbeit. Die weitere Verarbeitung auf sogenannten *Weißzucker* erfolgt in der Weise, daß der Rohzucker in der Schleuder mit fein verteiltem, reinem Wasser [1]) oder mit Dampf oder zuerst mit Wasser, dann mit Dampf, gewaschen („gedeckt")

---

[1]) Das Wasser darf möglichst keine Elektrolyte enthalten.

wird (Affination), wodurch alle Nichtzuckerstoffe und der Invertzucker ausgewaschen werden. Der Kristallbrei wird darauf abgeschleudert.

Wesentlich ist, daß aus dem Ablaufsirup des 1. Produktes (Ablauf I) aller gewinnbare Zucker in Form nicht zu kleiner Kristalle gewonnen wird. Zunächst wird der Sirup eingedickt, dann unter Zusatz von Kristallisationskeimen auf Korn verkocht und die Füllmasse in Kristallisiermaischen geleitet, welche mit Rührwerken ausgerüstet sind, um den Austausch in der Konzentration herbeizuführen und in welchen die Nachproduktfüllmasse 1½—2 Tage gerührt wird. Zum Verkochen bei 85—90° dienen die gleichen Kochapparate wie bei Dicksaft, aber wegen der größeren Zähigkeit ist eine längere Dauer erforderlich. Sowohl hier wie in den Kristallisiermaischen ist dabei gute, gleichmäßige Bewegung Voraussetzung. Um die Kristallisation des Zuckers aus Säften, die eine Reinheit von 96 haben, bis zu einer wirklichen Melasse durchzuführen, werden je nach der wirtschaftlichen Lage zwei bis drei Verkochungen durchgeführt.

Der Ablauf II von Rohzucker II der Zuckerfabrikation mit einer Reinheit von höchstens 60 (Mittel 58—60), aus dem Zucker in Kristallen nicht mehr gewonnen werden kann, ist die *Melasse*. Sie wird zur Herstellung von Mischfuttermitteln (Kleie, Trockenschnitzel, Malzkeime), von Bäckereihefe und von Spiritus sowie zur Herstellung von Zitronen-, Milch- und Gluconsäure bzw. Glycerin verwendet. Die unmittelbare Verwendung von Melasse für Lebensmittel ist wegen ihres Betaingehaltes bedenklich. Die Hauptmenge des nichtkristallisierbaren Zuckers kann nach dem Strontian-Entzuckerungsverfahren oder besser nach dem Ausscheidungsverfahren (Ausfällung von Calciumsaccharat durch fein zermahlenen Ätzkalk und Verwendung des Saccharats bei der Scheidung) gewonnen werden. Die übrigbleibende Schlempe wird zu Schlempekohle verarbeitet. Die Ausbeute aus 100 kg Rüben mit 17% Zuckergehalt beträgt 14 kg 96%igen Rohzucker I, 1—2 kg 92%igen Rohzucker II und 2,2—2,6 kg Melasse (außerdem 7 kg Trockenschnitzel, 7—8 kg Scheideschlamm). Der in der Zuckerrübe enthaltene Zucker wird bis auf ca. 2,8—3% gewonnen. Weitere 1,8—2% bleiben in der Melasse. Der Rest geht in den Schwimmwässern, bei der Auslaugung, bei der Saftreinigung und beim Verkochen als Nahrungsmittel verloren.

Üblicherweise wird Dampf von 20—40 atm erzeugt, der im Gegendruckbetrieb die erforderliche elektrische Energie liefert. Mit dem Gegendruck wird die erste Stufe der Eindampf-Anlage beheizt und mit Brüdendampf aus verschiedenen Stufen der Eindampf-Anlage die Kochstation, die Vorwärmer und die Diffusionsbatterie. Mittlerer Dampfverbrauch 45 kg/100 kg Rüben zur Herstellung von Rohzucker; zur Herstellung von Weißzucker in einem Arbeitsgang 65 kg/100 kg. In Ländern mit billigerem Strom führt sich nach den Vorschlägen der Firma Escher-Wyss der Weg ein, bei der Vor- und Endkonzentrierung Wärmepumpen einzusetzen. Eindampfanlage und Kochstation werden damit energiemäßig unabhängiger; Abdampf wird für die Diffusionsbatterie und die Vorwärmer benötigt. Dampfverbrauch 18—19 kg/100 kg Rüben, zusätzlich 6 kWh Fremdstrom. Für Zuckerfabriken, die auf Brennstoffbasis arbeiten, beschränkt man die Anwendung der Wärmepumpe auf die Eindampfstation, während Kochstation, Diffusionsbatterie und Vorwärmer mit Turbinenabdampf von 3 atm beheizt werden. Mittlerer Dampfverbrauch 25—35 kg/100 kg Rüben. In beiden Fällen ergeben sich ein einfacheres Dampf- und Kondensatnetz, kleinere Heizflächen und eine Beschränkung der Temperatur des Zuckersaftes auf ca. 100°. Kraftbedarf 1,2—1,6 PSh/100 kg Rüben, Abwasser 0,9 m³/100 kg Rüben, davon der größte Teil Schwemmwasser. Dampfbedarf zum Decken ca. 1—3% des Rübengewichts. Zuckerverluste durch Überreißen in Eindampfapparaten höchstens 0,01%.

Anhang.

Will man den Zucker *raffinieren*, so wird der Rohzucker mit reiner gesättigter Zuckerlösung gemischt, die gemaischte Masse wird in Zentrifugen ausgeschleudert und mit Wasser oder Dampf so lange gedeckt, bis der Zucker rein weiß wird. Die „Affinade“ wird in Pfannen mit Rührwerken gebracht und hier mit heißem Wasser geklärt. Im Gegensatz zur Weißzuckerarbeit wird also bei der Raffinade der Zucker „umgelöst“. Die Lösung wird erneut mit Calciumhydroxyd (p_H 7,3—7,6) bei 80° behandelt unter gleichzeitigem Einblasen von Luft, um eine gute Durchmischung zu erzielen. Die Rückstände werden durch Saturieren oder durch Filterhilfen entfernt. Mittels einer Klärpumpe kommt die Kläre bei 80—90° in ein Vorfilter, in einen Behälter, in welchem Entfärbungskohle (Pflanzenkohle) eingerührt wird, in eine Filterpresse und schließlich zum Abscheiden feinster Kohleteilchen in ein Beutelfilter. Das Vorkochen der Kläre (ca. 60° Brix) entspricht dem des Dicksaftes. Der Sud ist nach etwa einer Stunde fertig. Die langsam abgekühlte Raffinadefüllmasse mit einem Wassergehalt von 10—11% wird ca. $^3/_4$ Stunden zentrifugiert, und zwar entweder in Brotform- oder in rechteckigen Einsätzen, in welche die Raffinadefüllmasse auf 36° abgekühlt und Decksirup durchgedrückt wird. (Abb. 183 und 184.) Die Brotformen werden gestürzt, dann die Spitze abgedreht und nach erfolgter Trennung mit einem Bodenfräser der Boden geebnet. Die Trocknung in Trockenstuben erfolgt bei 30—55° in acht Tagen oder in Trockenapparaten mit bewegter Luft. Die Zuckerplatten werden nach dem Trocknen durch Streifensägen in Streifen gesägt und dann gekippt (gegossene Würfel) oder die Füllmasse wird auf 2—2½% Wasser abgeschleudert, zerrieben, mittels einer Strangpresse zu Würfelstangen gepreßt und nach dem Trocknen bei 55° und Abkühlen zu Würfeln gekippt (Preßwürfel). Man kann dabei auch von in Trommeltrocknern (Granulatoren) getrockneten Zuckerkristallen ausgehen. Die Verarbeitung des ersten Ablaufsirups erfolgt entsprechend; der Ablauf des zweiten Produkts wird zu Farinezucker verarbeitet. Der Melasseanfall beträgt 8—10% auf Einwurf gerechnet. Puderzucker entsteht durch Vermahlen von Zuckerkristallen unter Zugabe von etwas Maisstärke. Der Dampfverbrauch für 100 kg raffinierten Zucker beträgt je nach dem Endprodukt (Würfel, Kristallzucker, gemahlene Raffinade) um 200 kg, der Kohleverbrauch 18 bis 32 kg, Kondenswasser 2,0—3,5 m³, Frischwasser 0,6 m³, Knochenkohle 35—75 kg.

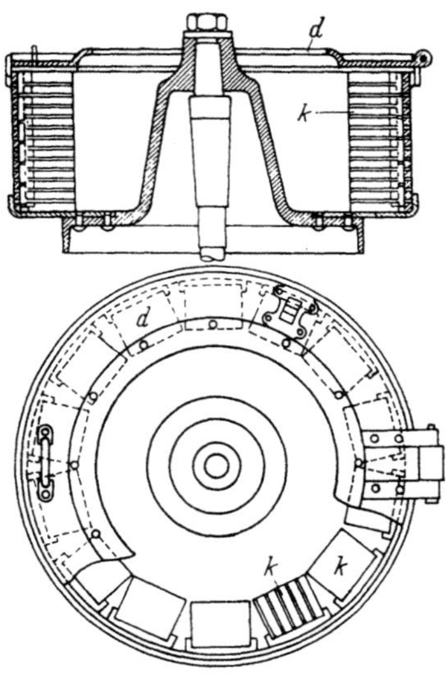

Abb. 183. Zentrifuge zur Erzeugung von Stangenzucker (Braunschweiger Maschinenbauanstalt, Braunschweig).
d = aufklappbarer Deckel k = Einsatzkästen

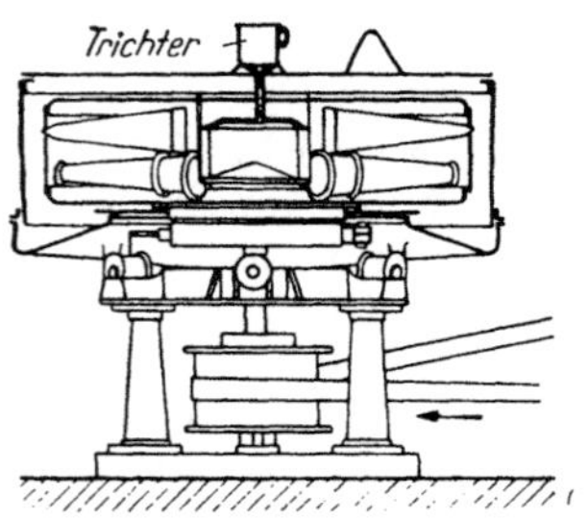

Abb. 184. Zuckerbrotzentrifuge.

Die Erzeugung von *Rohrzucker* entspricht derjenigen des Rübenzuckers, nur wird der Rohrsaft meist nicht durch Diffusion, sondern durch Pressen des durch rotierende Messer in kurze Stücke geschnittenen Rohres in Dreiwalzenstühlen gewonnen. Das Pressen und die Mazeration erfolgt mit Wasserzusatz mit zunehmendem Druck in Dreiwalzenstühlen. Die Reinigung des Rohsaftes erfolgt mit CaO (auf p_H 8,0—8,4). Der gereinigte Saft wird nach dem Kochen und Filtrieren wie bei Zuckerrüben auf Korn verkocht. Die Melasse (ca. 4%) ist sehr reich an Invertzucker. Durch ihre Vergärung erhält man Arrak und Rum. Die Preßrückstände werden verheizt oder zu Karton verarbeitet.

Literatur.

CLAASEN, H.: Die Zuckerfabrikation, Magdeburg: Schallehn und Wollbrück 1943.
WOHRYZEK, O.: Zucker, in Ullmans Enzyklopädie der technischen Chemie, Band X.
SCHIEBL, K.: Wärmewirtschaft in der Zuckerindustrie, Dresden 1939.
STROHMANN-SCHANDER: Handbuch der Zuckerfabrikation 1931.
DAVIES, J. G.: Principles of Cane Sugar Manufacture, Rodger, London 1938.
FAIRRIE, G.: Sugar, FAIRRIE, Liverpool 1926.

Anhang.

Herstellung von *Mononatriumglutaminat* aus Steffen-Melasse:

Die Melasse wird auf 5—6% Zucker verdünnt, mittels Ätzkalk Calciumsaccharat hergestellt und dieses durch Filtrieren entfernt. Durch das Steffenfiltrat wird CO_2 geleitet, das entstehende Calciumcarbonat wird durch Filtern entfernt und die klare Lösung auf 65% T.S. in Mehrfachverdampfern eingedickt. In ihm liegt die Glutaminsäure nicht als Protein, sondern als Anhydrid (Pyrrolidon-α-Carbonsäure) vor, sie kann daher ohne Gefahr des Racemisierens durch alkalische Hydrolyse gewonnen werden. Die Hydrolyse wird mit 50%iger NaOH durchgeführt. Die Hydrolysierdauer beträgt etwa zwei Stunden. Nach einer Behandlung mit HCl wird erneut konzentriert. Das Konzentrat kommt in einen Verdampfer mit Zwangsumlauf, worin Kalium- und Natriumsalze ausgeschieden und anschließend abzentrifugiert werden. Das Zentrifugat wird auf p_H 3,2, den isoelektrischen Punkt der Glutaminsäure, eingestellt und in gummibelegten Kristallisierwannen abgekühlt. Der Kristallisierprozeß dauert 6 Tage. Der Inhalt gelangt in einen Dorr-Eindicker, dessen Überlauf in Filterpressen. Die Rohkristalle aus den Zentrifugen und den Filterpressen werden mit Wasser zur Entfernung anorganischer Salze gewaschen und erneut zentrifugiert. Daraufhin werden sie in heißem Wasser gelöst und nach erneuter p_H-Einstellung mittels Aktivkohle gereinigt und nochmals zur Kristallisation gebracht. Die Glutaminsäurekristalle werden in Natronlauge gelöst und erneut mit Aktivkohle behandelt. Nach dem Eindicken im Vakuumverdampfer kristallisiert nur reines Mononatriumglutaminat aus, welches abzentrifugiert und getrocknet wird.

Literatur.

MANNING, P. D. V., R. W. SHAFER u. F. H. CATTERSON: Chem. Engg. Progr., **44**, 491 (1948).

2. Kochsalzgewinnung.

Die Gewinnung erfolgt durch bergmännischen Abbau der Steinsalzlager, durch Verdunstung von Meerwasser, durch Sonnenwärme und durch Eindampfen der durch Auslaugen von Salzlagern gewonnenen Salzsolen (Siedesalz).

Steinsalz. Das losgeschossene Salz wird mittels Schüttelrutschen in Förderwagen geladen und in diesen zutage gefördert. Die ankommenden Wagen werden in einem

Kreiselwipper auf ein grobes Schwingsieb entleert, das große Stücke einem Backenbrecher zuführt. Nach Verlesung auf einem endlosen Band wird das Mahlgut auf feinere Schwingsiebe geleitet, welche die gröberen Bestandsteile Walzenstühlen mit geriffelten Hartgußwalzen zuleiten. Zwischen Brecher und Feinmahlung wird häufig noch eine Grobmahlung mittels Rundbrecher eingeschaltet.

Siedesalz. Die Gewinnung erfolgt in offenen Flachpfannen mit etwa 30 cm Standhöhe durch Verdunsten des Lösungswassers bei Temperaturen bis 95° C je nach der gewünschten Korngröße. Bei der Salzbildung durch Verdunstung tritt das Salz in Krusten an der Oberfläche des Bades auf, da dort die stärkste Übersättigung herrscht. Bei völliger Ruhe der Flüssigkeit führt das Verfahren zu ,,Kristallskeletten". Besonders große Kristallgebilde können durch oberflächenspannungserhöhende Lösungsbestandteile (Magnesiumsalz, Kalialaun) gewonnen werden. Die gebildeten Salzkristalle werden etwa alle 4 Stunden (in modernen Anlagen auch kontinuierlich) durch Salzkrücken, Salzbagger oder Salzraker vorsichtig abgezogen. Je nach dem Gipsgehalt der Sole wird alle 14 Tage bis 8 Wochen der sich an den Heizflächen ansetzende Salzstein, der etwa 95% NaCl enthält, abgeschlagen und zu Viehsalz oder auch zu Düngesalz verarbeitet. Zunächst fallen bei unreinen Solen die schwerlöslichen Salze wie Gips aus, während die leichtlöslicheren wie Chlorcalcium, Chlormagnesium, Natriumsulfat und dgl. sich in der Mutterlauge konzentrieren. Das aus der Pfanne ausgezogene Salz kommt auf eine geneigte Ebene oder in Traufwagen mit gelochtem Boden; man läßt etwa 12 h lang die am Salz haftende Sole abtropfen; sie strömt in die Siedepfanne zurück. Das Salz, welches noch 20—30% Flüssigkeit enthält, wird in modernen Werken zentrifugiert. Durch das Zentrifugieren sinkt der Feuchtigkeitsgehalt auf 2—2,5%. In der Regel wird dann das geschleuderte Salz thermisch fertiggetrocknet. Das Trocknen geschieht in älteren Anlagen auf sog. Dörrherden, welche von den Rauchgasen der Feuerung durchströmt werden und auf welchen das Trockengut mehrmals umgeschaufelt wird. In neuzeitlichen Anlagen arbeiten Trommel-, Ringetagen- oder Bandtrockner. Das fertiggetrocknete Salz wird auf Schwing- oder Trommelsieben gesiebt und dann über automatische Waagen abgesackt oder über Paketiermaschinen in Pakete gefüllt. In Werken mit guter Wärmewirtschaft erfordert 1 kg getrocknetes Salz einen Wärmeaufwand von etwa 2600 kcal. Auf Kosten der häufig erwünschten grobkristallinen Struktur des Salzes ist auch ein kontinuierliches Sieden in geschlossenen Verdampfern möglich. Der Wärmebedarf einer im Dreifacheffekt geschalteten Eindampfung beträgt etwa 40 v. H. desjenigen des offenen Pfannenbetriebes. Wird die Verdampfung mit einer Brüdenverdichtung verbunden, so ist 1 t Salz ein Energieverbrauch von ca. 200 kWh zugeordnet (Abb. 185).

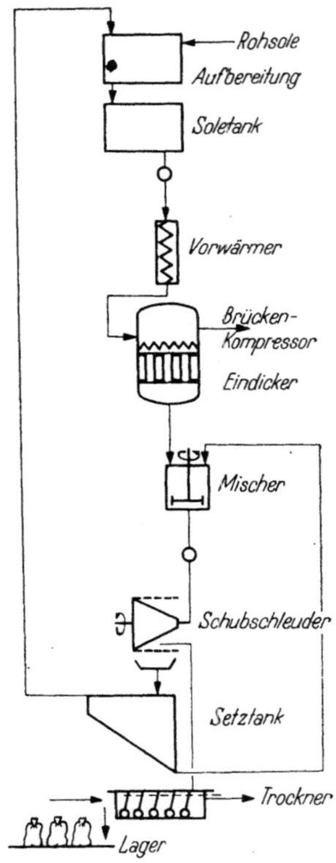

Abb. 185. Kontinuierliche Herstellung von Siedesalz.

Um auch in geschlossenen Verdampfern ein möglichst grobes Korn zu erzielen, wird das primär ausgefallene Salz durch Umwälzpropeller wiederholt in die metastabile Verdampfungszone zurückgepumpt.

Wichtig für einen störungsfreien Betrieb der modernen Hochleistungsumwälzverdampfer ist eine möglichst weitgehende Vorbehandlung der Sole, d. h. ihre Befreiung von inkrustierenden Salzen wie Calciumsulfat, Calciumcarbonat u. dgl.

Das schalige Pfannensalz löst sich etwas leichter als das würfelförmige, wie es in den Verdampfern gewonnen wird. Da die Zunge den Salzgehalt einer Speise nicht „mittelt", sondern die Beurteilung nach den salzigsten Teilen vornimmt, ist eine gleiche Teilchengröße wichtig (z. B. Butter). Durch Verwendung von sehr reinem Salz verringert sich die Salzungszeit z. B. von Fischen und von Fleisch. Ca, Mg und Sulfationen verringern die Permeabilität. Spuren von Kupfer und Eisen beschleunigen den Fettverderb.

Literatur.

FÜHRER: Handbuch der Salzerzeugung.

BALTZ VON BALZBERG: Die Siedesalzerzeugung von ihren Anfängen bis auf ihren gegenwärtigen Stand, Berlin: Ernst & Sohn 1896.

PHALEN: Technology of Saltmaking in the United States.

3. Milchzucker (Laktose).

Herstellung des Rohmilchzuckers (Abb. 186): Ausgangsprodukt ist Molke, vorzugsweise Labmolke, da sie um 0,7% mehr Milchzucker (4,4%) als Sauermolke enthält und salzärmer ist, da der größte Teil des Kalkes mit dem Kasein ausgefällt ist. Gute, frische Labmolke soll eine Acidität von 4 cm^3 n/10 NaOH auf 20 cm^3 Molke nicht überschreiten. Zur Vermeidung von Verlusten durch Milchsäuregärung verwendet man 0,01 bis 0,025% Formalin 40%. Sie wird mit Hilfe von etwas Chlorcalcium und Soda oder von Natriumcarbonat auf einen p_H-Wert von 5,0—4,8 (isoelektrischer Punkt) abgestumpft und mittels direktem Dampf auf 95° bis 98° erhitzt, wobei sich das Albumin in Form großer Flocken im Verlauf von 15 bis 20 min ausscheidet. Nur die Hälfte des Stickstoffs liegt in koagulierbarer Form vor. Ein Abtrennen mittels Zentrifugen ist möglich, wenn die Koagulation bei 40—42° bei p_H 4,2 vorgenommen wird. Das Albumin hat dann höchstens 60% W.G. Eine zu starke Alkalizugabe führt zu einer Karamelisierung beim Erhitzen, eine zu geringe aber zu stärkerer Schaumbildung. Das Molkeneiweiß (Ziger) wird ebensowie Quark verwendet, es kann durch Salzen oder Räuchern vorübergehend haltbarer gemacht oder hydrolysiert werden. Die enteiweißte Molke wird eventuell über eine Filterpresse, einen Ionenaustauscher zur Entfernung von Mineralsalzen, vorsichtig einem Zweistufenverdampfer zugeführt, in welchem die Eindampfung bei 60—70° zunächst auf 20° Bé und nach dem Abfiltern von Milchsalzen in einer Filterpresse, auf 30—35° Bé (56—66% Trockensubstanz) erfolgt, bis sich die ersten Milchzuckerkristalle zeigen. (Gesamtlöslichkeit bei 70° 44% T.S.) Zur Vermeidung des Schäumens kann jetzt etwas Salzsäure zugegeben werden. Das Kristallisieren erfolgt in halbrunden, doppelwandigen Wannen, die ein langsames Abkühlen auf 20° zulassen und mit einem langsam laufenden Rührwerk versehen sind (vgl. Rübenzucker). Das Kristallisieren dauert etwa 24 h. In einer mit einem kräftigen Leinentuch ausgelegten Zentrifuge wird die Trennung des Zuckers von der Melasse vorgenommen und gleichzeitig durch Aufsprühen von Wasser abgedeckt. Der mehr oder weniger gelbliche Rohzucker verläßt die Zentrifuge mit 12—14% Wassergehalt. Die Melasse mit 15° Bé enthält noch eine Menge Milchzucker, weshalb man sie zusammen mit dem Waschwasser immer wieder der frischen Molke zusetzt. Gelegentlich wird auch die Melasse zur Herstellung von Milchsäure verwendet und der nach der Vergärung zurückbleibende Rückstand als Düngemittel verwertet. Bei anschließender Raffination ist Trocknung unnötig.

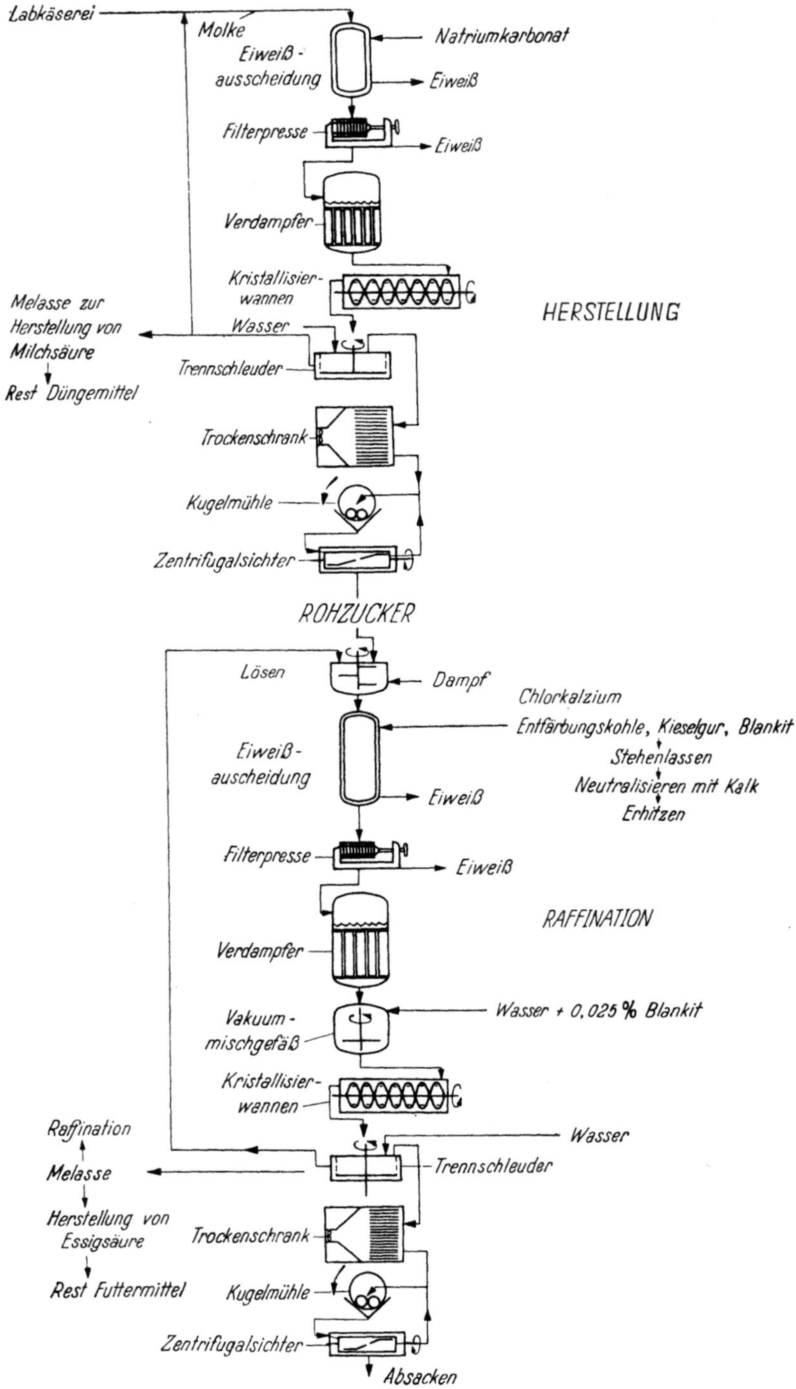

Abb. 186. Herstellung von Milchzucker.

Die Trocknung des Rohzuckers wie auch des Molkeneiweißes (75% Wassergehalt) erfolgt in Horden oder in einem Ringetagentrockner, Rohmilchzucker wird zur Penicillingewinnung verwendet (konstantes Säuremilieu, Adsorption von B_2).

Raffination des Rohzuckers. Die Herstellung des reinen Milchzuckers ist im wesentlichen ein Lösungsprozeß mit nachfolgender Filtration und Kristallisation. Das Lösen erfolgt unter stetem Rühren bei 75—80° C auf 20—50% TS. Dabei muß das im Milchzucker noch enthaltene Albumin abgeschieden werden, wenn nicht eine schlechte Ausbeute in Kauf genommen werden soll, auch die Phosphate müssen gefällt werden. Eine Grundbedingung für das sichere Ausscheiden der Eiweißverbindungen ist vor allem die Abstumpfung der vorhandenen freien Milchsäure mit Soda auf einen Säuregrad von 3 bis 5. Zur Entfärbung werden 0,5 bis 1% Knochenkohle, 0,1% Kieselgur und 0,025% Blankit verwendet. Daraufhin filtriert man über die zuvor durch Dämpfen erwärmte Filterpresse. Die hellgelbe, absolut klare Lösung wird gegebenenfalls in einem Vakuumverdampfer eingedampft und bei einer Konzentration von 50% Trockensubstanz, also in stark übersättigtem Zustand, in die Kristallisiermaischen abgelassen, nachdem man kurz zuvor noch einmal 0,025% Blankit mit wenig Wasser angerührt in das Vakuum eingezogen hat. Bei höheren Konzentrationen würde der Sud beim Abkühlen sofort erstarren; in USA wird im Verdampfer bis auf 40—45° Bé gekocht, bis genügend Kristalle entstehen und dann in die Kristallmaische abgefüllt[1]). Die Kristallisation dauert 1—18 h. Nach dieser Zeit kann der auf 18—20° abgekühlte Brei in die mit einem Leinenbeutel ausgelegte Trennschleuder eingebracht werden, man deckt mit kaltem Wasser. Das Ablaufwasser wird zum Ansetzen neuer Lösung verwendet. Die erzielte Melasse wird erneut gelöst und ebenso behandelt wie der Rohzucker; erst wenn die Nichtzucker überwiegen, ist das Auskristallisieren der Melasse nicht mehr lohnend und man verwertet sie mit 70% Trockensubstanz gemeinsam mit Weizen- oder Roggenkleie zu Futtermitteln. Das Mischen erfolgt in einer auf 75° geheizten Knetmaschine. Man kann auch die Melasse zu Essigsäure verarbeiten und den Fabrikationsrest als Futtermittel verwerten. Der Filterschlamm (15—20% der Rohzuckermenge) enthält viel Phosphorsäure und Stickstoff (Zuckerverlust 3,5%). Er dient getrocknet als Füllmaterial für die Filterpressen bzw. nach Behandlung mit Schwefelsäure als Düngemittel (Superphosphate). Die Trocknung der Raffinade erfolgt bei höchstens 75°. Die Vermahlung muß im abgekühlten Zustand erfolgen; hierzu dienen Stiftmühlen, an welche sich eine Zentrifugalsichtmaschine anschließt.

1 t Milchzucker benötigt ca. 5—6 t Kohle von mittlerer Qualität.

Die Ausbeute an Milchzucker beträgt ca. 4% (Rohzucker) bzw. 2,4% (Raffinat), bezogen auf Labmolke. Getrocknetes Molkeneiweiß 7—8%. Um die Löslichkeit, Süßkraft und Verdaulichkeit des Milchzuckers zu verbessern, wird er durch Erhitzen einer 60%igen Lösung auf knapp über 93,5° während einer halben Stunde erhitzt. Hierdurch ergeben sich etwa gleiche Teile α- und β-Laktose, welche während des Trocknens fast reine β-Laktose ergeben, deren Wassergehalt bei der Lagerung 1% nicht überschreiten darf. Das Trocknen erfolgt durch Aufsprühen auf einen Vakuumwalzentrockner. Zur Feuchtigkeitsstabilisierung der β-Laktose wird Dextrin verwendet, welches mitgetrocknet wird. Bei 0° ist die β-Form etwa 7mal so löslich wie die α-Form, daher kann man beim Kristallisieren bei niedrigen Temperaturen nur die α-Form erwarten.

Literatur.

KNOCH, C.: Handbuch der neuzeitl. Milchverwertung, Berlin: P. Parey.

UNGNADE, O.: Milchzucker. Seine Fabrikation, Untersuchung und Verwendung, Hildesheim: Verlag der Molkerei-Zeitung.

EBERLEIN, L.: Die neueren Milchindustrien, Dresden: Steinkopff.

[1]) STRINGER, W. E.: Food Industr., **11**, 72 (1939).

D. Schmelzen.

1. Tierische Fette.

Schweineschmalz und Rindertalg. Neutral Lard = aus Netz- und Gekrösefett wie Premier Jus bei 40—50° in wasserbeheizten Kesseln ausgeschmolzen.
Leaf Lard = aus Liesen mit Dampf unter Druck.

Choice kettle rendered Lard = aus Liesen und Rückenspeck, in dampfbeheizten, mit Rührwerk versehenen, offenen Kesseln bei 110 bis 130°. Beim Schmelzen in horizontalen, geschlossenen, außenbeheizten Kesseln mit Rührwerk spricht man von Dry rendered Lard. Manchmal wird der Prozeß im Vakuum durchgeführt.

Prime Steam Lard = Fetteile im Verhältnis, in dem sie sich im Schwein finden. Im allgemeinen unter Druck in Gegenwart von Wasser ausgeschmolzen.

Wesentlich ist rasche Verarbeitung, da roher Schweinespeck und das Fettgewebe des Rindes rasch einen unerträglichen Geruch annehmen (Abb. 187). Schweinefettgewebe muß vor dem Schmelzen abtrocknen, während Rinderfettgewebe vor dem Naßschmelzen eventuell gewaschen wird. Nach dem Abtropfen wird das geschnittene Rohfett im Wolf (Messerkranz mit Zubringerschnecke vor einer Lochscheibe) zerkleinert, um die Zellen zu öffnen. Beim Talgwolf rotieren Messer auf einer Welle und zerkleinern in Wechselwirkung mit feststehenden Gegenmessern das eingebrachte Material.

Man unterscheidet folgende Schmelzverfahren:

Schweineschmalz. Schmelzen über offenem Feuer, in dampfbeheizten offenen Gefäßen, in Autoklaven, im Vakuum (Trockenschmelzen), unter Einleitung von Dampf (Naßschmelzen). Das Schmelzen über offenem Feuer bzw. in dampfbeheizten offenen Gefäßen ergibt ein dunkles Schmalz mit schlechter Haltbarkeit.

Rindertalg. Naßschmelzen, z. B. in der Hinko-Schmelzanlage (kontinuierliches Schmelzen unter Warmwasserzugabe in langen Behältern mit Förderschnecke), Trockenschmelzen (im Vakuum).

Das *Trockenschmelzen* von Schweinefettgeweben erfolgt in dampf- bzw. in heißwasserbeheizten, mit Rührwerk versehenen, meist stehenden Kesseln, Dauer 2—3 Stunden bei max. 110°. Wegen der Schwierigkeit, alle Kondenstöpfe dicht zu halten, ist man dazu übergegangen, Druckwasser bis 200° als Wärmeträger zu verwenden. In Vakuumapparaten dauert das Schmelzen bis zur Wasserfreiheit etwa 1½ Stunden. Das Fett schmilzt aus Schweinefettgewebe schlechter aus als aus Rinderfettgewebe, doch ist bei ersterem die Temperaturempfindlichkeit geringer.

Das Pressen der Grieben erfolgt bei etwa 40 atü bei 76—80°. Das aus den Grieben hierbei abfließende Schmalz hat einen leichten Bratengeschmack und dient zur Aromatisierung des Schmalzes. Es werden auch Schneckenpressen verwendet (vgl. Pressen von Ölsaaten), vorzugsweise bei nassen Grieben.

Naßschmelzen. Beim Dampfschmalz werden das Fettgewebe und die Rückstände der Neutrallardgewinnung in einem Rührwerkautoklaven mit einem Dampfdruck von 3—4 atü aufgeschlossen, so daß infolge Sprengung der Zellen eine feine Zerkleinerung hierbei nicht so wichtig ist. Kochdauer etwa eine Stunde. Da der hierbei ge-

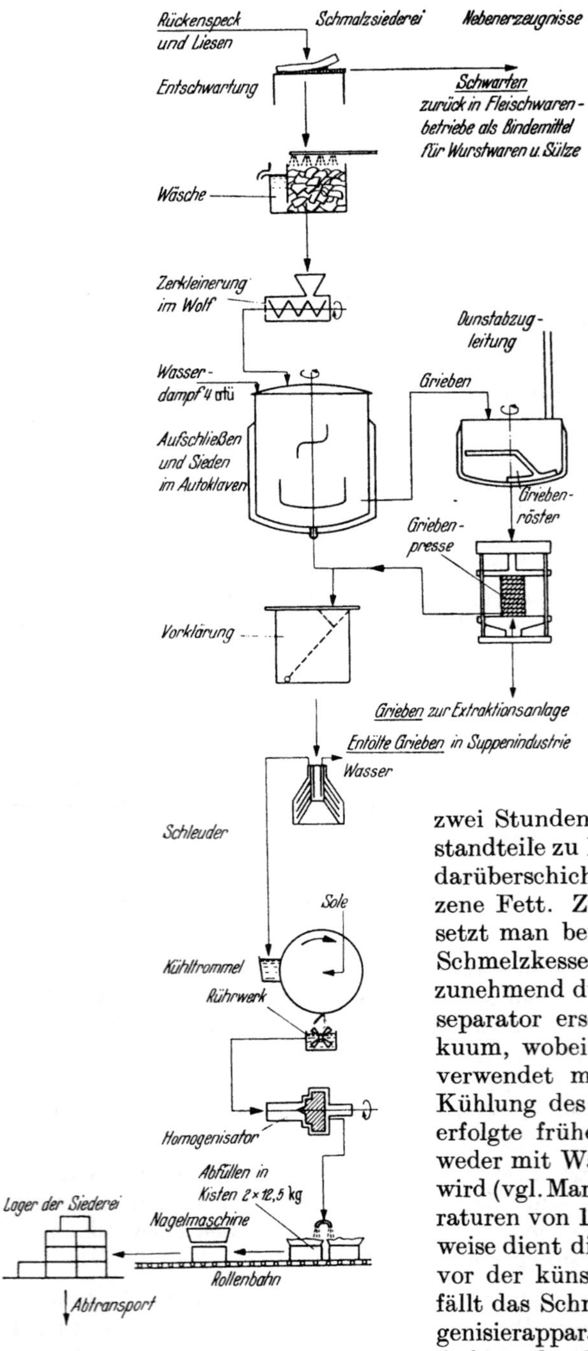

Abb. 187.
Herstellung von Schweineschmalz.

wonnene Griebenschlamm nicht preßfähig ist (Verleimen während des Pressens, widerlicher Geschmack des Fettes beim Erwärmen), muß im Griebenröster, einem doppelwandigen Rührwerkskessel, mit trockenem Dampf von etwa 3 atü in etwa 2 Stunden entemulgiert, d. h. der letzte Wasserrest ausgetrieben werden (Temperatur mindestens 75°). Das Rösten ist beim Ausschmelzen im Vakuum unnötig. Naßgrieben sind höchstens 5 Tage haltbar, Trockengrieben mehrere Monate.

Das Trockenschmelzen hat vor dem Naßschmelzen eine Reihe von Vorteilen: Daß es schneller geht, wertvollere Produkte ergibt, weniger Maschinen, Dampf und Arbeit erfordert, geruchloser und sauberer ist; allerdings kann die Farbe des Fettes dunkler ausfallen.

Das ausgeschmolzene Fett wird durch ein Filter geführt und in erwärmten, doppelwandigen Absetzbehältern bei 45—60° zwei Stunden geklärt, wobei sich die festen Bestandteile zu Boden setzen und sich das Wasser darüberschichtet; oben steht das ausgeschmolzene Fett. Zur Beschleunigung des Absetzens setzt man beim Naßschmelzen Salzwasser von Schmelzkesseltemperatur zu. Die Klärung wird zunehmend durch Zentrifugieren in einem Tellerseparator ersetzt; beim Ausschmelzen im Vakuum, wobei das Wasser wegverdampft wird, verwendet man einen Kammerseparator. Die Kühlung des Schmalzes von etwa 50° abwärts erfolgte früher in einer Kühltrommel, die entweder mit Wasser bzw. mit Kühlsole beschickt wird (vgl. Margarine), wobei sich Schmalztemperaturen von 17 bzw. 5° ergeben. Zweckmäßigerweise dient die Wasserkühlung zur Vorkühlung vor der künstlichen Kühlung. Im letzten Fall fällt das Schmalz in Flocken an, das im Homogenisierapparat zur Erzielung eines einheitlichen Gefüges durchgearbeitet und unter einem Druck von 2 atü in Kisten oder Pakete gepreßt wird, die zur Überbrückung von Saisonschwankungen ins Kühlhaus kommen. Eine rasche Kühlung verhindert die Trennung der Oleine von Palmitinen und Stearinen mit höherem Schmelzpunkt, verringert die Dauer der Luftberührung und ergibt eine höhere Zahl von Kristallisationszentren und dadurch eine salbenartige, feste Konsistenz (Schmelzpunkt 33—38°). In neuartigen Betrieben wird das heiße Fett über einen mit Wasser gekühlten Flächenkühler oder durch einen Plattenkühler und über ein Zwischengefäß anschließend in einen Abfüllapparat geleitet, der das Fett mittels einer Schnecke durch ein mit Leitungswasser gekühltes Rohr im Gegenstrom drückt und gleichzeitig dosiert. Dieser Weg ist durch das Votator-System vervollständigt worden. In Abb. 188 ist eine Anlage zur Erzielung eines sahnigen, gehärteten Fettes dargestellt [1]). Das Fett mit einer Temperatur von 40° wird aus

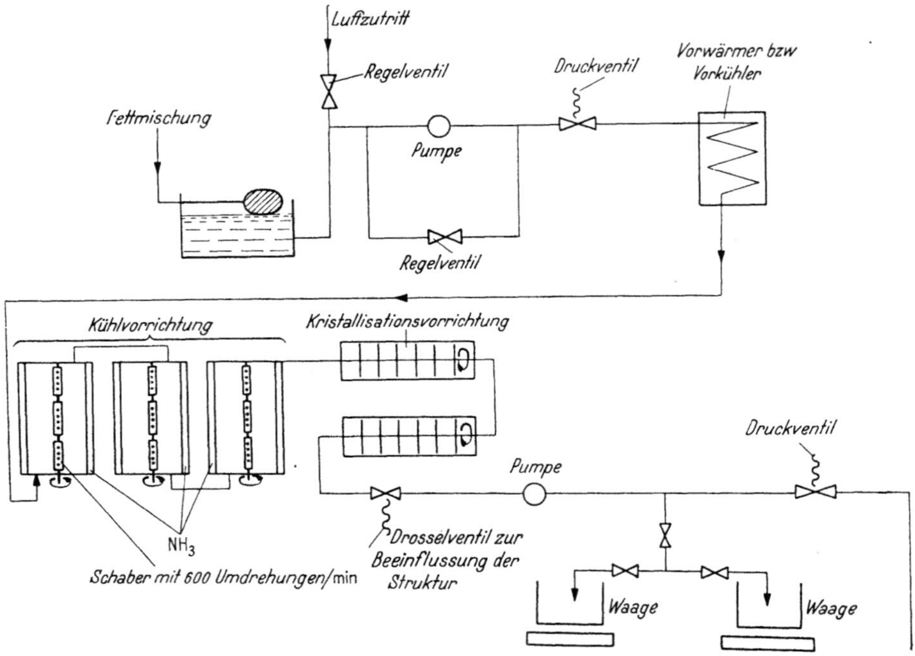

Abb. 188. Votator-Kristallisieranlage für Kochfett.

einem durch Schwimmer geregelten Behälter mittels einer Pumpe (zusammen mit etwa 13% Luft) eingesaugt und nach einer Vorkühlung in einem Votatoraggregat auf 17° abgekühlt (Abb. 189). Durch eine Umlaufpumpe kann der Mengenstrom um 40% verringert werden. In einer nachgeschalteten Kristallisationseinrichtung, einer Röhre mit Schlägern, kristallisieren die Fetteilchen in 3—4 min im wesentlichen aus. Das Fett wird an der Einfüllstelle durch ein Zerstäuberventil ausgestoßen. Infolge der Kristallisationswärme steigt die Temperatur des Fettschaumes auf 24 bis 27° an. Das Backfett wird halbflüssig in Pergamentbeutel abgefüllt, in welchen es innerhalb 24 Stunden nachhärtet. Durch den Luftgehalt soll die Gefahr des Ausölens bei höheren Temperaturen vermindert werden; bei Schweinefett (processed) ist Stickstoff erforderlich.

---

[1]) Vgl. Prospekt der Girdler Corp. Louisville, KY.

Da die Griebenpreßkuchen neben 70—80% Eiweiß aber noch 5—10% Fett enthalten, müssen sie vorgebrochen, grob gemahlen und zusammen mit dem Zentrifugenschlamm in einem Extraktionsgefäß extrahiert werden. Das durch die Extraktion gewonnene Schmalz bedarf einer Nachraffination (vgl. Ölraffination). Schweinegrieben werden auch dem Schweineschmalz zugemischt (Griebenschmalz).

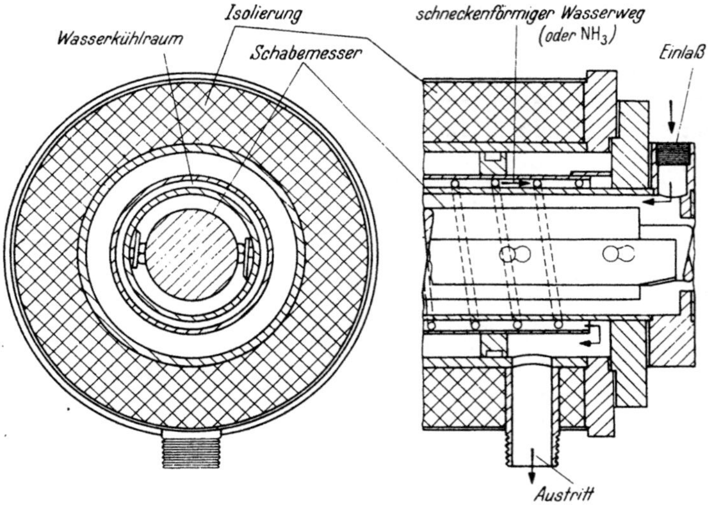

Abb. 189. Längs- und Querschnitt durch einen Votator-Fettkühler. (Großausführung ohne schneckenförmigen Wasserweg, lediglich mit NH_3-Verdampfung im Ringeraum).

Das Griebenmehl sowie die Zentrifugenrückstände werden durch Säuren aufgeschlossen und das gewonnene, tierische Eiweiß in der Suppenindustrie verarbeitet.

In USA werden mit Schweineschmalz noch folgende Prozesse eingefügt[1]):

1. Bei Fehlfarben Bleichen mit 0,25% Fullererde bei 72—83° 30 min lang und Filtration.
2. Desodorisierung: Durchleiten von Wasserdampf bei 200° und 8,0 mm Hg 2—4 Stunden lang.
3. Zur Erhöhung des Schmelzpunktes: Beimischung von 4—8% „lard flakes" (gehärtetes Schweineschmalz).
4. Bessere Emulgiereigenschaften: Zugabe von kleinen Prozentsätzen von Mono- und Diglyzeriden, Lecithin.
5. Erhöhung der Lagerfähigkeit: Zugabe von Spuren von Antioxydantien wie N.D.G.A. (oder Propylgallat).

Die Herstellung von *Rinder- und Hammeltalg* erfolgt durch Trocken- oder Naßschmelzen. Verwendet wird in erster Linie der sogenannte „Rohkern" (Nierenfett, Herzfett, Milzfett) und der sogenannte „Rohausschnitt", das Gewebefett. Bei der Herstellung von Premier Jus (Schmelzpunkt 45—46°) darf eine Temperatur von 50°, wenn ein Kleben am Gaumen vermieden werden soll, nicht überschritten werden, deshalb wird auch keine direkte Heizung angewandt, aber Naßschmelzen durch vorsichtiges Anwärmen mit Wasser. Überdies wird bei Ausschmelztemperaturen

[1]) Vgl. VIBRAND, F. C.: Food Industr., **20**, 855 (1948).

über 70° das Fett weiß und ist wenig haltbar. Das Fett wird abgezogen und kommt in einen weiteren Behälter unter Zusatz von Salz oder eine Salzlösung von 10—15° Bé bei 50° zum Absetzen, falls nicht im Vakuum der Rest des Wassers abgedampft wurde. Das heiße Fett wird im Tellerseparator bzw. Kammerseparator (Vakuumeindampfung) geschleudert. Das Premier Jus wird nun in 1—2 Tagen auf 29—33° abgekühlt, wobei Tristearin und andere hochschmelzende Glyceride kristallisieren unter Freiwerden von Wärme und das Oleomargarin flüssig bleibt. Das Kristallisieren muß langsam erfolgen, damit große Kristalle entstehen. Das Fettgemisch wird in Etagenpressen bei niedrigem Druck durch Tücher gepreßt, in denen der Preßtalg verbleibt. Oleomargarin ist flüssig bei 32—35°, völlig fest bei 5—10° und dient als Backfett für Zwieback und Biskuits, Oleostearin zum Verschneiden für Backfette für Spezialmargarine (Schmelzpunkt 24—29°, Preßtalg 33—40°).

Die Grieben werden bei 70° ausgeschmolzen und ergeben Speisetalg. Man läßt noch etwa 20 min absitzen, ein Vorgang, der beim Naßschmelzen durch Aufstreuen von Salz beschleunigt werden kann. Hierauf kann man Schmalz und Grieben trennen. Das Erhitzen über freiem Feuer setzt das Gut der Gefahr des Anbrennens aus.

Man erhält aus einwandfreiem Rohtalg etwa 60—65% Premier Jus, 10—12% Primatalg und 2—5% zweite Sorte. Oleomargarine fällt aus Premier Jus zu 50 bis 60% an.

Ausbeute bei Schweinefett bis zu 93% bei Verwendung abgetrockneter Liesen (Kesselschmalz bei Mickern 60—65%, bei Speck 75—80% und schließlich bei Neutrallard 70—80%).

Dampfbedarf ca. 60% des Rohmaterialgewichts.

Literatur.

VIBRANS, F. C.: Journ. Am. Soc. Oil Chem. **26**, 575 (1949).

2. Lebertran.

Ausgangsmaterial sind vor allem Lebern von Hochseedorsch, aber auch Lebern von Schellfisch, Seelachs, Seehecht, Merlan, Lengfisch und Pollack können verwendet werden. Die Lebern sollen unbedingt binnen 2 Stunden zur Verarbeitung kommen (Abb. 190). Nach dem Entfernen der Gallenblase und nach dem Waschen wird die frische Fischleber 3—5 min mit direktem Dampf von 1,1 atü angekocht. Nach dieser Zeit wird die Dampfzufuhr gedrosselt und bei 90° 20 min weitergekocht, worauf der Dampf abgesperrt wird und die Masse 30 min stehenbleibt, damit der Tran nach oben steigt und die Rückstände (Leberkraxen) abgelassen werden können. Der Tran wird durch eine Dekantiervorrichtung in den Tranvorratsbehälter abgefüllt; die Leberkraxen gehen über Bord oder werden sterilisiert und können dann an Land zu Brotaufstrichen u. dgl. verarbeitet werden. Dampfbedarf ca. 0,5 kg Dampf je kg Leber. Ein anderes an Bord übliches Verfahren besteht darin, die Trangewinnung wie vorgeschrieben vorzunehmen, aber die Kraxe mittels einer Pumpe über einen Sammeltank einer Zerkleinerungsmaschine zuzuführen und die zerkleinerte Masse einem Schlammseparator zur Gewinnung des restlichen Öls zuzuleiten. Der Rückstand geht über Bord.

Man kann das Ausschmelzen auch indirekt in rotierenden, mit Warmwasser beheizten Trommeln vornehmen und nach dem Schmelzen des Tranes bei 60° diesen durch eine Vakuumpumpe abziehen. Man verwendet zum Ausschmelzen auch Kessel mit Doppelmantel und Rührwerk, häufig als zweite Kochung, wobei man einen braunen Tran erhält. Bei 75° dauert der Vorgang etwa 2 Stunden. Auch Ausschmelzen in Kohlensäureatmosphäre, sowie im Vakuum wird angewandt, um Oxydation zu vermeiden. Zur Inaktivierung der fettspaltenden Enzyme ist eine Temperatur von mindestens 70° erforderlich. Bei Temperaturen von 70—80° erhält man besonders helle Trane von gutem Geschmack. Man kann die Leberkraxen nach dem Abpressen und Trocknen auf Walzen in Extraktionsanlagen weiter entölen, wodurch ein hochwertiges Lebermehl (70—75% Proteine) entsteht.

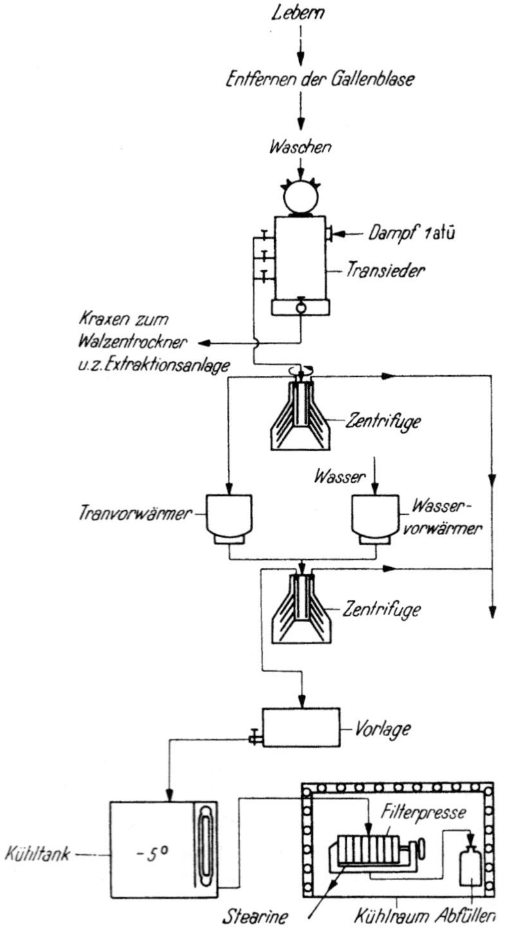

Abb. 190. Herstellung von Lebertran.

Da aus Lebern mit niedrigem Fettgehalt wie Heilbutt (ca. 20%) Leberöle mittels Dampf nicht gewonnen werden können, beginnt sich im Ausland in zunehmendem Maß der Weg einzuführen, die Leber zu hydrolysieren und die entstehende Emulsion zu zentrifugieren. Der Abbau wird vorwiegend mit Alkalien bei p_H 8—9 und 85° gelegentlich auch mit Pepsin durchgeführt. Vorteilhaft für stark ölhaltige Lebern (Kabeljau bzw. Hai) ist an diesem Verfahren, daß sich auch aus älteren Lebern ein neutrales, da raffinierteres Öl ergibt und die Ausbeute verbessert wird. Wenn die Lebern vor der Alkalizugabe zerkleinert und auf 60° erwärmt werden, beträgt die Ausbeute 95%. Arbeitsgang für hochvitaminhaltige Leberöle: Zerkleinern, Hydrolysieren mit NaOH, Filtrieren, Desodorisieren im Vakuum, Standardisieren je nach Vitamin-A- und D-Gehalt.

Folgende Spezialverfahren sind in England im Gebrauch: die rohen Lebern werden zu 13% ihres Gewichts mit ausgelaugten, getrockneten Zuckerrübenschnitzeln vermischt. Nach wenigen Minuten kann das Öl bei geringem Druck in einer Spindelpresse oder dgl. (U.S.Pat. 2134163) abgepreßt werden. Ein anderes Verfahren besteht darin, daß die Lebern zu „kolloidaler Feinheit" vermahlen werden, in hohe Tanks kommen, stetig warmes Wasser (50°) zuströmt und mit einer bestimmten Geschwindigkeit gerührt wird. Nach langer Zeit bricht die Emulsion und das freie Öl kann abgezogen werden. (Anwendungsbereich: hoher Öl- und niedriger Vitamin-A-Gehalt).

Die in den Rückständen verbleibenden Vitamine können durch Extraktion mit einem „Waschöl" und erneutes Zentrifugieren gewonnen werden. Mittels Molekulardestillation läßt sich Vitamin A auf das 5—50 fache konzentrieren.

Der rohe Dampfmedizinallebertran muß einer Reinigung und Entstearinierung unterworfen werden. Hierzu wird der geklärte Tran unter Zulauf von warmem Wasser zunächst zentrifugiert und dann in einem Kühltank langsam 2° gebracht. Bei dieser Temperatur wird er durch eine Filterpresse gedrückt, die in einem gekühlten

Raum steht, und dann abgefüllt, wobei der Rest der Stearine in den Filtertüchern zurückbleibt (Erstarrungspunkt —3°). Hier schließt sich das Abfüllen an; zur Erhaltung des Vitamin D müssen die Flaschen völlig gefüllt werden. Das „Stearin" soll in nicht zu kleinen Kristallen auskristallisieren; zweckmäßigerweise setzt man Kieselgur als Kristallisationszentren zu. Der Betrag der gewinnbaren Stearine hängt stark von der Geschwindigkeit der Kühlung ab, da hiervon die Kristallstruktur und die Filtrierfähigkeit abhängen. Bei allen diesen Verfahren sind ungeschützte Eisenteile zu vermeiden, da hierdurch das Vitamin A zerstört wird. Eine gute Vitamin-A-Erhaltung wird mit 0,04% Isobutylgallat und 0,02% Zitronensäure erzielt. Zur Erzielung eines geschmack- und geruchlosen Öles ist Vakuumdestillation bei 1 cm Hg und 80° vorgeschlagen worden. Vitamin-A-haltige Öle müssen vor Licht geschützt werden.

Literatur.

Fishery Leaflet 233, Washington 1948.

3. Butterschmalz.

Die Butter wird mit Hilfe eines dampfbeheizten Schmelzrostes in einer Wanne geschmolzen und entweder in dieser selbst oder in einem nachfolgenden Klärkessel bei 70—75° geklärt. Dabei bilden sich in kurzer Zeit von oben nach unten folgende Schichten: Schaum, Klarfett, Emulsion, Wasser. Mit Hilfe eines Schwenkrohres wird das Fett abgehebert und unter Zulauf von heißem Wasser zentrifugiert. In Tellerschleudern werden mit dem zugeführten Wasser Schmutzstoffe und die koagulierten Eiweißstoffe entfernt. Die Emulsionsschicht muß zweimal durch Tellerschleudern separiert werden. Das leichtere Schmalz fließt darin in dem schwereren Wasser nach innen. Die Steiglöcher liegen außen. Die Wasserschicht wird unmittelbar in eine Klärwanne abgelassen, in welche auch das in der Tellerschleuder abgetrennte Wasser strömt. Darin scheiden sich Fettreste ab, welche erneut dem Kreislauf zugeführt werden. Der Wassergehalt wird durch das Schleudern auf etwa 0,5% gesenkt (Abb. 191).

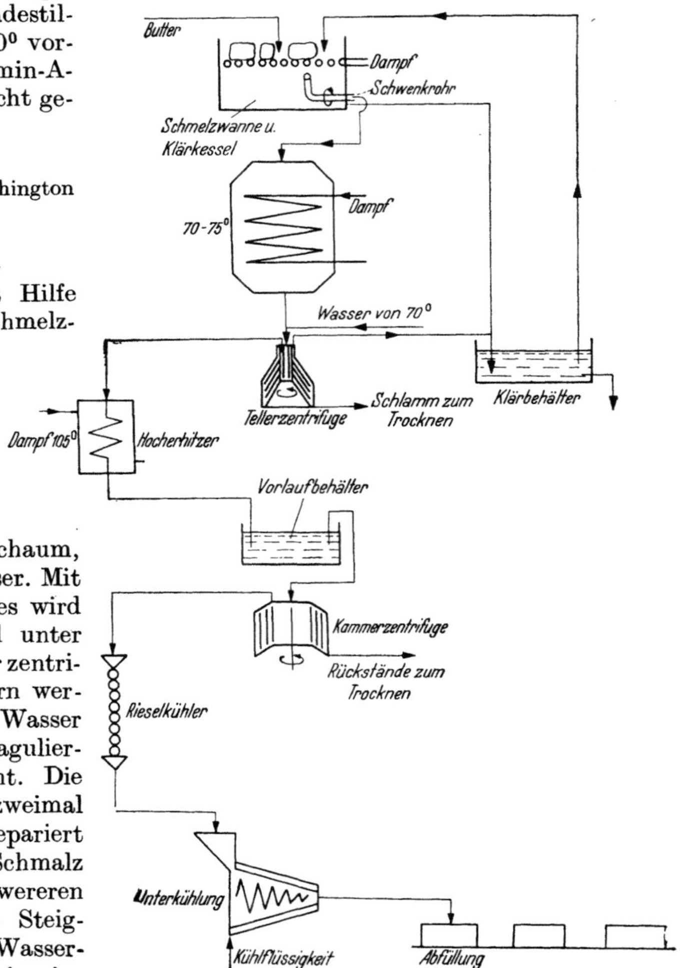

Abb. 191. Herstellung von Butterschmalz.

Nunmehr wird das schon weitgehend gereinigte Schmalz auf 103 bis 105° erhitzt, und zwar entweder in einem Rührwerksbehälter oder mittels eines Durchlauferhitzers, und in einem nachgeschalteten Auffangbehälter nachverdampft. Der Wassergehalt sinkt hierdurch auf mindestens 0,3 %. In der nun folgenden Kammerzentrifuge werden noch die letzten Eiweißspuren entfernt und der Trocknung zugeführt. Es folgt nun eine Vorkühlung z. B. in einem wassergekühlten Plattenkühler oder Rieselkühler auf 30—40° und daran anschließend unmittelbar beim Abfüllen eine Unterkühlung auf 18—22°. Schmelzpunkt von Butterfett 25—28°. Die bei der Kristallisation innerhalb von 3—5 min freiwerdende Wärme hat zur Folge, daß die Temperatur des unterkühlten Butterschmalzes von 20—22° auf 27—28° in den üblichen Blöcken ansteigt. Abschließend kommen die Blöcke zum Kühlhaus oder zur Laderampe.

Die aus der Zentrifuge strömende Wasser-Fett-Emulsion läßt man zusammen mit dem abgeschöpften Schaum in einem Vorlaufbehälter absetzen, worauf sich ein zweimaliges Zentrifugieren der Emulsion anschließt; das angefallene Fett wird zur Schmelzwanne zurückgeleitet. Die wenigen Zentrifugierrückstände können getrocknet und als Viehfutter verkauft oder aber extrahiert werden.

Soll Butterschmalz aus älterer Butter hergestellt werden, dann empfiehlt es sich, das Schmelzen im Vakuum vorzunehmen, weil hierdurch die Entfernung der Geruchs- und Geschmacksstoffe vollständiger ist.

Literatur.

KIEFERLE, F.: Dsch. Molkereiztg., **62**, 735 (1941).

4. Schmelzkäse.

Reinigung und Zerkleinerung. Als Rohmaterial dient Tilsiter, Emmentaler, Holländer, Limburger, Chesterkäse u. dgl. Erfahrungsgemäß gibt eine zweckmäßige Mischung von jungen und älteren Hartkäsen der gleichen Sorte ein Erzeugnis von bester Güte. Üblicherweise ist der Anteil an jüngerem Käse höher als der an älterem. Bei der Herstellung von Cheddar werden der Milch gelegentlich Gewebestücke vom Euter zugegeben, wodurch Buttersäure abgebaut wird und sich höhere Fettsäuren bilden. Bei Weichkäse bevorzugt man mittelreifes Material, ein zu hoher Anteil an reifem Weichkäse gibt leicht einen bitteren Geschmack; in der Schmierschicht von Weichkäsen sind außerdem gasbildende Anaerobier häufig. Das Ausgangsmaterial muß einwandfrei sein; bei Vorhandensein anaerober Sporenbildner (Bact. amylobacter, Bact. sporogenes, Bact. putrificus) kann Treiben und Blähen eintreten und der Schmelzkäse ungenießbar werden. Bei Käsen mit Rissen und Sprüngen in der Rinde ist Vorsicht am Platz. Geblähte Käse sind für die Schmelzkäseindustrie ein gefährlicher Rohstoff. Sporenbildner können allenfalls durch zweimaliges Erhitzen abgetötet werden. Durch den Schmelzprozeß sinkt die Keimzahl um 2—3 Zehnerpotenzen, eine Sterilisation tritt aber nicht ein; während der Lagerung setzt eine rege Vermehrung insbesondere der Milchsäurebakterien ein.

Der zu verschmelzende Käse muß außer aus geschmacklichen Gründen seinem Fett- und Wassergehalt entsprechend so ausgewählt werden, daß sich ein Fertigprodukt mit bestimmtem Fettgehalt in der Trockenmasse ergibt. In unmittelbarer Nähe der Lagerkeller (—2 bis —3°) wird die Wasch- und Reinigungsanlage für den Käse vorgesehen (Abb. 192). Bei Hartkäsen wird die Rinde vor dem Abschaben durch Heißdampf weich gemacht. Ist bei Käsen nach Limburger Art die Rinde hart, so muß diese aus Geschmacksgründen völlig entfernt werden. Paraffinierte Käse werden mit Drahtbürsten gereinigt. Der Verlust durch Reinigen und Abschaben ist bei Käse mit tadelloser Rinde gering; ist dagegen die Rinde gespalten und sind Schimmel- und Faulstellen da, so ist der Verlust größer. Man wird im Mittel mit 5—6% Abfall rechnen müssen. Bei Verwendung von Quarg treten im Sommer größere Verderbsverluste dazu. An das Reinigen schließt sich das Zerschneiden der Laibe, die Zerkleinerung mittels Wolf und das Mahlen des Schmelzgutes mittels Dreiwalzenmühle an. Zwischen den mit verschiedenen Geschwindigkeiten laufenden, geschliffenen Walzen aus grünem Porphyr oder aus Granit werden auch die Rindenbestandteile vermahlen. In USA pflegt man den Cheddarkäse nur zu schnitzeln und die Schnitzel 5 min in einem mit Schnecke versehenen Mischer mittels direktem Dampf zu schmelzen.

Schmelzen und Abfüllen. Das Gut wird, wenn mit kleinen 10 l-Schmelzkesseln gearbeitet wird, in einen Vormischer geleitet, in welchen die Schmelzsalze, Käsefarbe, evtl. Gewürze (Kümmel, Ziegerklee, Paprika, Senf, Tomaten, Lauch, Gewürznelken) und evtl. Wasser bzw. Molkencrem, Molkensirup oder Molkenpulver bei Käsezubereitung, sowie Polyphosphate (Metaphosphat in Mischungen mit Ortho- und Pyrophosphaten) entweder eingestreut oder in Wasser gelöst zugegeben werden.

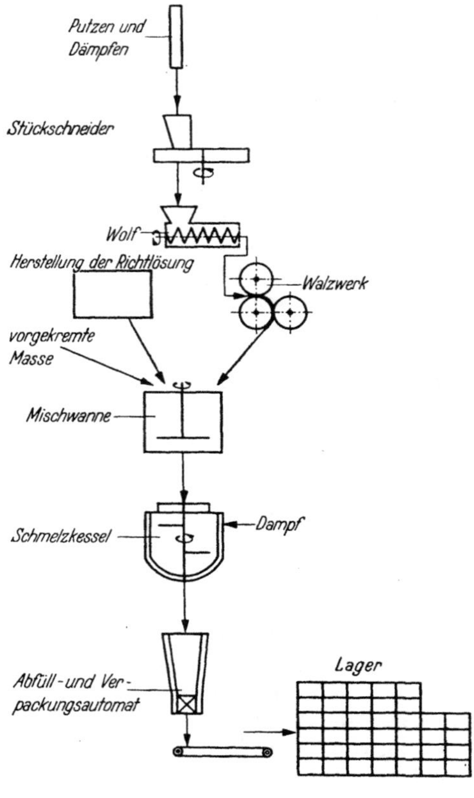

Abb. 192. Herstellung von Schmelzkäse.

Schmelzsalze auf Metaphosphatbasis (Joha-Schmelzsalze) haben lt. nachstehender Tabelle ein p_H von im Durchschnitt über 6.

Joha-Salze (Markenbezeichnung)	p_H-Wert
Joha 4	6,8
Joha S 4 SS	6,3—6,4
Joha S 9	8,4
Joha neutral	10,4
Joha p 9	8,4
Joha PO	9,6

Der Schmelzmeister muß hierbei auf Grund des p_H-Werts des Käses (5,5—6,5) das richtige Schmelzsalz auswählen. Der optimale p_H-Wert des Schmelzkäses liegt bei 5,7—6 (Emmentalerkäse p_H 5,6 bis 5,8).

Zur Erreichung einer guten Dispersion werden auch Natriumzitrate angewandt. Für Schnittkäse wird häufig Zitrat in Form einer 3-n-Richtlösung bevorzugt, für

Weichkäse Dinatriumphosphat, ebenfalls in Mischungen mit Salzen höher molekularer Phosphorsäuren. Ein Zuviel an Richtlösung kann in Bezug auf den Verlauf der Schmelzung, die Konsistenz und den Geschmack ebenso schädlich sein, wie ein Zuwenig. Die Neutralisation der Zitronensäure (p_H-Einstellung der Schmelzmasse) erfolgt mit Natriumcarbonat.

Die Schmelzsalze ermöglichen unabhängig von der Art und Mischung der zur Verarbeitung kommenden Käse die Dispergierung eines Teils des Kaseins, welches in ein Eiweiß-Sol übergeführt wird, um zu erreichen, daß sich durch Verringerung der Oberflächenspannung gemäß dem Gesetz von Gibbs, ein Film um die Fetteilchen bildet. Weiterhin ergibt sich eine der Denaturierung gegenläufige Quellung des Kaseins durch die hydrophilen Gruppen COOH und NH_2. Würde man Käse ohne Verwendung eines Schmelzsalzes erhitzen, so würde das Eiweiß weitergerinnen, schrumpfen und die Eiweißhüllen wären nicht mehr in der Lage, die Fettkügelchen einzuhüllen, während beim Schmelzen in Gegenwart einer Richtlösung die gequollenen Eiweißstoffe dem Fett gegenüber ausgezeichnete Schutzkolloide vorstellen. Die Plastizität des Caseins ist sehr wichtig, da es sämtliche anderen Bestandteile zusammenkleben hilft.

Wird Käse mit sauren Zusätzen etwa $^1/_2$ Stunde hoch erhitzt und gerührt, so tritt eine starke Quellung ein. Mit dieser vorgecremten Masse (ca. 20% — Keimbildner) kann eine weitere Charge Käse im normalen Schmelzverlauf spontan in gecremten Zustand gebracht werden. Diese Kondensationserscheinung läßt sich mit Hilfe der beiden Größen — der Keimbildungs- und Wachstumsgeschwindigkeit der gebildeten Keime — befriedigend klären. Der hierdurch gewonnene Käse ist nach dem Erkalten streichfähig.

Der Inhalt der Vormischer gelangt in die mit einem Rührwerk ausgerüstete, mittels Doppelwand beheizte Schmelzmaschine, in welcher die Kochung (Solvation) in Deutschland vorwiegend durch unmittelbares Einblasen von Dampf (2,5 atü) aus einer Rohrleitung mit Düse vorgenommen wird. Manchmal wird nur ein Teil des Käses mit den Zugaben gekocht und dann erst die ganze Menge zugegeben. Temperatur 75—95°, vom Fettgehalt abhängig. Dauer 4—5 min, je nach Füllgewicht und ob es sich um Weich- (72—76°) oder Hart- (67°) Käse handelt. Länger dauernde Einwirkung von 70° wirkt deutlich farbverändernd auf Schmelzkäse, da der Milchzucker leicht karamelisiert und wohl auch Melanoidinbildung erfolgt. Die Verwendung von Vakuum ist nicht mehr üblich, nachdem man erkannt hat, daß hierdurch zuviel Aromastoffe abgeführt werden. Die Abfüllapparate sind mit einem Heizmantel versehen, im Abfülltrichter bleibt der Käse weitere 15—20 min lang bei 60—70°. Für die Dosierung gibt es zwei Bauarten: Entweder saugt ein Kolben eine bestimmte Käsemasse aus dem Abfülltrichter an, die durch ein Mundstück ausdosiert wird, wobei ein Dreiwegehahn Vorratsbehälter, Meßzylinder und Füllmundstück verbindet, oder der geschmolzene Käse wird durch einen schneckenförmigen Rührer in eine Füllwalze mit zwei Auskerbungen gepreßt; beim Umlauf der Füllwalze gelangen diese Auskerbungen unter den Fülltrichter und entleeren durch ein Mundstück. Größere Blöcke werden in einseitig lackierte Aluminiumfolie (Blockkäse) in einem Halbautomaten, kleinere Stücke vollautomatisch in lackierte Aluminiumfolie oder in doppelseitig gewachstes Zellglas bzw. in Aluminiumtuben abgefüllt, verschlossen, etikettiert und verpackt, worauf die Überführung in die Lagerräume erfolgt. Das enge Anliegen der Folie und ein guter Verschluß sind für die Haltbarkeit des Käses entscheidend. Durch heißes Abfüllen wird schnelles Verschließen und nachträgliches Zusammenpressen erreicht. Das Abkühlen des warmen Käse soll nicht zu schroff erfolgen, da sonst die Gefahr der Kondenswasserbildung in kleinen Verpackungshohlräumen erhöht wird. Der Wert eines „Nachpasteurisierens“ von Tuben und Dosen ist umstritten, da die

Sporen der Gasbildner sehr hitzestabil sind; gegebenenfalls ist vorsichtiges, fraktioniertes Sterilisieren erfolgreicher. Mit Sicherheit haltbar ist aber nur Schmelzkäse, dessen Ausgangsmaterial einwandfrei war. Gelegentlich werden Schmelzkäse geräuchert (Käseschinken) oder aber es wird geräucherter Käse geschmolzen.

Material V2A-Stahl, Nickel, Zinn, Aluminium, Silumin. Für Richtlösungen: Vernickelte Kessel, Holz- und Steinzeugbottiche oder emaillierte Gefäße. Verzinntes Kupfer ist nicht geeignet.

Käsepulver. Zur Herstellung von Schmelzkäsepulver muß man durch Zusatz vorgecremter Käsemasse gequollene Masse verwenden. Die geschmolzene Käsemasse (z. B. nicht zu magerer Tilsiterkäse) wird über einen Einwalzentrockner (6 atü) geleitet, Walzendurchmesser 1 m, Umfangsgeschwindigkeit ca. 3 m/sec, Schichtdicke ca. 1 mm. Der getrocknete Käsefilm wird mittels Schnecke in einen Sichter geleitet. Zweckmäßigerweise wird das Käsepulver so stark gepreßt, bis die Kanten genügend fest sind; es werden entweder die Einzelwürfel in Pergamentersatzpapier verpackt und der Umkarton mit einem dampfdichten Einsatzbeutel (wetterfestes Zellglas, Duplopapier) versehen (Großverbraucher) oder die Einzelwürfel werden unmittelbar in dampfdichtes Papier verpackt (Kleinverbraucher).

Abfälle, Ausbeute. Die Käseabfälle können an Ort und Stelle hydrolysiert werden oder aber sie werden nach Haltbarmachung durch Einfrieren an Suppenwürzenfabriken abgegeben. Auch eine Verwendung als Schweine- oder Hühnerfutter bzw. notfalls als Düngemittel ist in Betracht zu ziehen.

Die Ausbeute richtet sich nach dem Wassergehalt des Enderzeugnisses, der höchstens 67% betragen darf. Auf die Härte des Schmelzkäses hat der Wassergehalt großen Einfluß. Schmelzkäse mit über 46% Wassergehalt (Streichkäse 50—56%) haben die Beschaffenheit von Weichkäse. Harte Blockemmentaler haben etwa 40% Wassergehalt; halbharte Schmelzkäse liegen im Wassergehalt dazwischen. Je langsamer gekühlt wird, desto fester wird der Käse. (Im Vergleich dazu enthält Limburger mit 40% Fett i. T. 58—62% Wasser, Tilsiter mit 40% Fett i. T. etwa 43% und Emmentaler mit 45% Fett i. T. etwa 36% Wasser.) Schmelzkäsepulver hat 25% Fett i. T. und ist mit Wassergehalten bis zu 7% lagerfähig.

Dampfbedarf für eine 100-Liter-Schmelzmaschine ca. 80—120 kg Dampf. Energiebedarf 5—10 PS, je nach Konsistenz.

Literatur.

KIEFERLE, UMBRECHT: Die Schmelzkäseindustrie, Kempten 1940.

MEZGER, O. u. I. UMBRECHT: Handbuch der Lebensmittelchemie, Bd. III, Berlin: Springer 1936.

GRATZ, O.: Die Technik der Schmelzkäseherstellung, Kempten: Verlag Südd. Molkereiztg. 1931.

BUTENSCHÖN, H.: Die Herstellung von Schmelzkäse, Hildesheim 1931.

TEMPLETON u. SONOMER: J. Dairy, Sci., **15**, 155 (1932).

E. Hydrolyse.

1. Stärkezucker (Glukose).

Ausgangsprodukt ist Kartoffel- oder Maisstärke. Wesentlich für einen guten Stärkezucker ist ein reines Ausgangsprodukt, frei von Stickstoffverbindungen. 1,6% Protein stören zwar den Hydrolyseablauf nicht, verursachen aber Schäumen, Trübung und Bitterkeit. Bei der Herstellung entstehen zunächst Dextrine, dann Maltose und schließlich Glukose: $(C_6H_{10}O_5)_n + nH_2O = n(C_6H_{12}O_6)$. Nur in sehr verdünnter Lösung verläuft die Verzuckerung glatt. Es ergibt sich 92% reduzierender Zucker, die restlichen Stärkesubstanzen sind Reversionsprodukte (Gentiobiose, Isomaltose).

Die Stärke wird zu einer Milch von 18—24° Bé (Sirup) bzw. 10—12° Bé (kristallisierter Stärkezucker) in einem Quirlbottich angerührt und gelangt in den innen verbleiten (oder aus Phosphorbronze bestehenden) mit Schnatterdampf von unten beheizten Konverter (Abb. 193). Hierin erfolgt die Hydrolyse bei etwa 2 atü, meist mit Hilfe von stark verdünnter Salzsäure (2 l konzentrierte Salzsäure auf 1000 l Stärkemilch 22° Bé). Die Handhabung der Hydrolyse erfolgt verschiedenartig: Zunächst wird in den Apparat Wasser eingelassen, dann etwa die Hälfte bis $^2/_3$ der Salzsäure zugegeben und nachdem der Inhalt siedet, die mit dem Rest der Säure gemischte Stärkemilch in solcher Menge zugegeben, daß der Siedezustand bleibt, worauf der Konverter geschlossen und ein Druck von $1\frac{1}{2}$—$2\frac{1}{2}$ atm für 5—15 min aufrechterhalten wird. Der Fortgang des Abbaus wird durch die Erythrodextrinreaktion überprüft. Es entsteht hierdurch ein vorwiegend dextrinhaltiges (40—50%) Produkt, welches erhebliche Anteile Maltose und geringere Anteile Dextrose enthält. Für Bonbonsirup (43 bzw. 45° Bé) wird 32—36% reduzierender Zucker angestrebt, bei höheren Prozentsätzen kleben die Bonbons leicht. Gelegentlich wird auch im Quirlbottich die Stärkemilch in dünnem Strahl in die Salzsäure eingeleitet und dann erst in den Konverter überführt. Der aus dem Konverter ausgeblasene Dünnsaft kommt in mehrere hochgelegene Neutralisationsbottiche, die aus Holz bestehen und mit einem Rührwerk versehen sind. Die Lösung kann aufgesprüht werden. Bei Herstellung des Sirups mittels Salzsäure erfolgt die Neutralisation auf p_H 4,8—5,2 mittels kalzinierter Soda, von welcher eine dünne Lösung (8° Bé) hergestellt wird. Bei Verwendung von Schwefelsäure ist die Neutralisation schwieriger durchzuführen. Es entsteht leicht eine bräunliche Färbung; der Niederschlag ist unlöslich und nicht wie bei der HCl-Hydrolyse Kochsalz, welches den Vorteil hat, die Pressen nicht zu belasten. Da Gips wegen seines negativen Temperaturkoeffizienten der Löslichkeit in kurzer Zeit die Wärmeaustauscher verkrustet, verwendet man zum Neutralisieren am besten Bariumcarbonat; das entstehende Bariumsulfat ist völlig unlöslich. Sirup, der mittels H_2SO_4 hergestellt wurde, ist aber weniger hygroskopisch. Knochenkohle zeichnet sich durch eine stark entkalkende Wirkung aus, was für die Verarbeitung in Säften wichtig ist, die mittels H_2SO_4 und $CaCO_3$ gewonnen wurden. Zur Ausfällung phosphorsaurer Salze, welche die Hygroskopizität des Sirups erhöhen, wird gelegentlich nach der Neutralisation und Filtration nochmals mittels Oxalsäure auf einen niedrigen p_H-Wert heruntergegangen und nochmals neutralisiert und filtriert. Wenn die Lösung zu alkalisch bleibt, wird der Sirup in den Kohlefiltern zu farbig, wenn sie zu sauer ist, wird sie nach dem Filtrieren nicht klar. Beim Neutralisieren kocht ein erheblicher Teil des Eiweißes und des Fettes (Fettsäuren) aus, welches nach oben steigt. Beide können auch ohne vorherige Neutralisation durch ein Bentonitfilter entfernt werden. Nach dem Mischen mit aktiver Kohle erfolgt eine Filtration über ein Sweetlandfilter. Anstelle der Neutralisation mit Na_2CO_3 verwendet man zur Herstellung salzfreier Sirupe neuerdings in USA bei der Dextrose-Herstellung 3 Anionenaustauscher und 1 Kationenaustauscher mit einer abschließenden Anwendung von Knochenkohle. Hierdurch sinkt der Gehalt an Eiweiß und Hydroxymethylfurfurol, die Ausbeute steigt (90% anstelle von 82%) und die Anlagekosten zum Regenerieren entfallen [1]. Der Arbeitsgang besteht darin, daß die Glucose nach dem Passieren des Sweetlandfilters den Ionenaustauschern zufließt, während der

---

[1]) Highton, H. V.: Food Ind. **21**, S. 1036 (1949); Rogge, R. H.: Ind. Eng. Chem. **40**, 2070 (1949).

Filtrationsrückstand mit Kohle nochmals ein Vakuumdrehfilter passiert. Es empfiehlt sich die Verwendung von Gefäßen aus V2A-Stahl oder eine Gummibelegung.

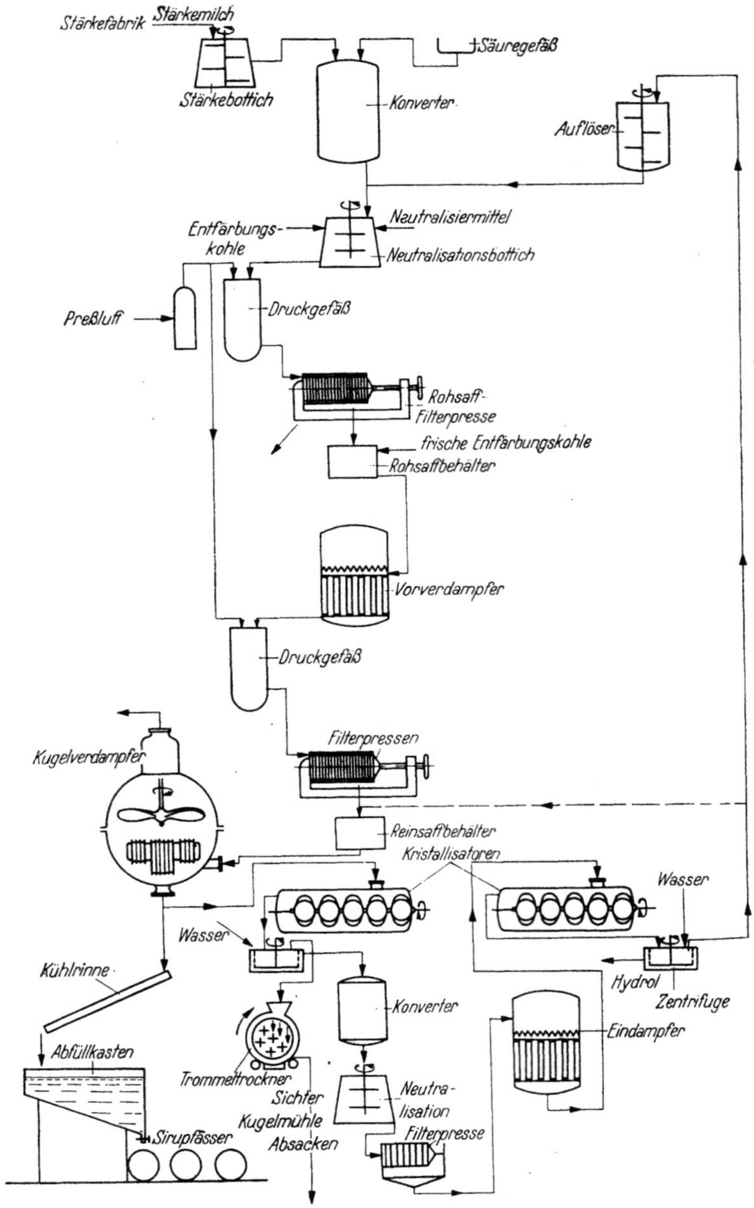

Abb. 193. Herstellung von Glukosesirup und von Glukose.

Der neutralisierte Dünnsaft kommt durch natürliches Gefälle (2—3 m) mittels Hochbehälter oder aber mit Hilfe eines Druckgefäßes (Montejus) (Abb. 194) mit

65—75° in die Rohsaft-Filterpresse I (ev. Sweetlandpresse) um dort von Verunreinigungen befreit zu werden. Das Druckgefäß wird jeweils unter Verdrängung der darin enthaltenen Luft gefüllt und mittels Preßluft der Inhalt herausgedrückt. Nun erfolgt portionsweise die Zugabe von Aktivkohle und Kieselgur (Entfernung von Farb-, Geschmacks- und Riechstoffen), beginnend im Neutralisationsgefäß, dann im Saftbehälter, der dem zwei- bis dreistufigen Vorverdampfer oder einem Schnellstromverdampfer vorgeschaltet ist. Da sich bei der Eindampfung noch einige Salze abscheiden, wird nach erneutem Zusatz von Entfärbungskohle vor dem Endverdampfer der Verdampfersaft in die Filterpresse II geleitet und hierin bei 80—85° wasserklar filtriert. Der im Reinsaftbehälter gesammelte Dicksaft wird nach Zugabe einer Spur schwefliger Säure (um ein Nachgilben beim Lagern zu vermeiden) oder einer Natriumsulfitlösung von 8° Bé im einstufigen Fertigverdampfer auf 42—45° Bé (85% T.S. Bonbonsirup, Kapillärsirup, halbweißer Sirup) fertig eingedickt. Über eine Kühlrinne und gegebenenfalls einen Sammeltank wird der fertige Sirup in Fässer abgefüllt. Bei Verwendung von Pflanzenkohle, die wesentlich stärker entfärbt als Knochenkohle, hat sich dieses Arbeitsverfahren bewährt, die in den Filterpressen anfallende Kohle wird nach dem Absüßen weggeworfen. Sie kann auf der Halde Brände verursachen; man kann die verbrauchte Aktivkohle mit Koksabtrieb zu Briketts verpressen. Bei der kostspieligeren Verwendung von Knochenkohle, die bei der Verwendung von H_2SO_4 erforderlich ist und blanke Säfte liefert, wird der Saft über in senkrechten, zylindrischen Gefäßen befindliche Knochenkohlefilter oder durch Beutelfilter geleitet. Die frische Knochenkohle wird zuerst zum Reinigen des Dicksaftes, dann zum Reinigen des Dünnsaftes verwendet und nach dem Absüßen in einem Glühofen regeneriert. Zur Schonung der Knochenkohle wird bei Mais als Rohstoff der neutralisierte Dünnsaft, der Rohproteine und Fett enthält, vorher zentrifugiert. Der Kohlenverbrauch beträgt eine Tonne Kohle je Tonne Zucker. Regenerierung durch Auswaschen mit Wasser, Säurewaschung, Na_2CO_3-Waschung und Erhitzen auf 500°. Stärkesirup bleibt farblos, wenn er aus erstklassiger Stärke hergestellt, destilliertes Wasser verwendet und entweder säureextrahierte Kohle oder Knochenkohle angewandt wird.

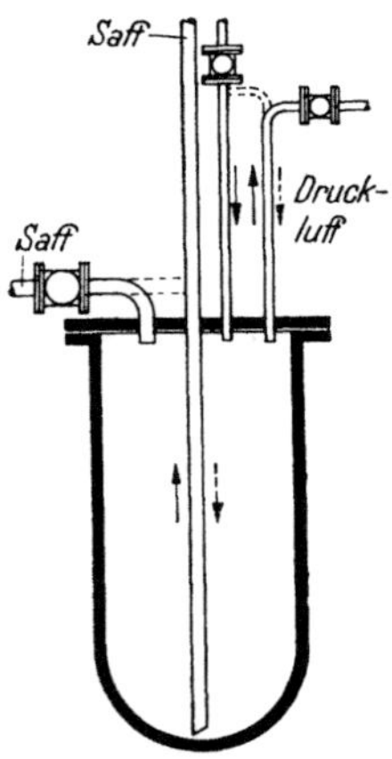

Abb. 194. Druckfaß.

Stärkesirup läßt sich im Zerstäubungstrockner in ein Pulver mit 50% Dextrin, 30% Maltose und 20% Glukose verwandeln. Caramelsubstanzen werden am meisten von aktivierter Kohle und am wenigsten von Knochenkohle adsorbiert. Gemäß dem US-Patent 2 433 818 (1945) wird Glucosesirup in Tropfen von 15—40 Mikrons bei 200—270° Lufttemperatur am besten zerstäubt. Das Erzeugnis ist sehr hygroskopisch und wird deshalb zweckmäßigerweise mit Saccharose oder Dextrose vermischt.

Zur Herstellung von *Maltose*sirup [1]), der als Backhilfsmittel verwendet wird, wird der Abbau der Stärke durch Einwirkung von verdünnter Säure so geleitet, daß der Gehalt an Dextrinen den Gehalt an Dextrose erheblich übersteigt, worauf nach der Neutralisation und Abkühlung eine Nachverzuckerung bei 56—62° mit einem Diastaseauszug erfolgt, bis der Maltosegehalt 32% i. T. beträgt. Zur Abrundung des Geschmacks als Brotaufstrichmittel und um eine höhere Viskosität zu erreichen, wird vor dem Endverdampfer Apfelpulver zugegeben.

---

[1]) Vgl. DRP. H 154 474, Klasse 2 c, 2/02.

Durch enzymatischen Abbau wird sog. *Sweetose* hergestellt. Verwendet werden durchweg Gemische von α- und β-Amylase (Pilz-, Bakterien-, Pankreas- und Malzamylasen). Während bei einer Verzuckerung über 42% reduzierende Zucker hinaus bei der Säurekonversion leicht ein bitterer Geschmack auftritt, enthält Sweetose 63% reduzierende Zucker (bei 43° Bé: 9,9% Dextrine, 41,0% Maltose, 30,6% Dextrose, 0,3% Asche). Sie ist süßer, weniger viskos und hygroskopischer als gewöhnlicher Stärkesirup und wird für Weichkaramellen und in Konditoreien verwendet.

Bei der Herstellung von *Stärkezucker* bleibt der Saft länger im Konverter, um auch die anfangs entstehenden Dextrine möglichst weitgehend zu verzuckern (Alkoholreaktion). Man verwendet auf 1000 Liter Stärkelösung von 10° Bé 4,1 kg HCl von 18° Bé und konvertiert 22—25 min bei einem Druck von 3,2 atm. Es entstehen dann 91—92% reduzierender Substanzen mit 86% Dextrosegehalt. Das Neutralisieren erfolgt bei $p_H = 4{,}8$—$5{,}2$, wobei gleichzeitig unlösliche Proteine, Fettsäuren u. dgl. entfernt werden. Ein Kochen auf Korn, wie es in der Rübenzuckerindustrie üblich ist, ist nicht möglich, da Übersättigung außer durch Verdampfen auch durch Unterkühlen erreicht werden muß. Der Dicksaft mit etwa 42° Bé wird in Kühlern auf eine, die Sättigungstemperatur nur wenig unterschreitende Temperatur abgekühlt, darauf in Kisten eingegossen und mit Glucosekristallen bzw. Zuckerspänen beimpft, es erfolgt ein Abfüllen in Formen, die nach dem Kühlen nach einigen Tagen durch Umwenden entleert werden. Sind die Blöcke genügend hart, so erfolgt ein Zerschneiden in kleine Stücke mit Hilfe von Raspelmaschinen (70 und 80%iger Stärkezucker).

Kristallisierter Stärkezucker enthält in der Trockensubstanz 99,9% Dextrose. Er wird dadurch hergestellt, daß der Dicksaft mit 40—42° Bé (der aus besonders reinem Ausgangsmaterial und nach sorgfältiger Neutralisation hergestellt wurde) in liegende, mit einem Heiz- bzw. Kühlmantel und einem sehr langsam rotierenden Rührwerk versehene Kristallisiermaischen geleitet wird, denen etwa $^1/_4$ der Füllung von der vorhergehenden Füllung als Saat zugegeben wird. Eine sehr langsame Abkühlung (vgl. Rübenzucker) ist wesentlich: Bei zu hohen Temperaturen löst sich die Saat, bei zu niedrigen Temperaturen wird zuviel Mutterlauge eingeschlossen (Temperatur 55→24°). Beim diskontinuierlichen Prozeß kann man so vorgehen, daß man einen Teil der Glucose bei 25—30° kristallisieren läßt und dann etwa die sechsfache Menge mit einer Temperatur von 57—60° zugibt. Nach einer gewissen Kristallisierzeit, wobei man die Temperatur auf Raumtemperatur absinken läßt, wird neue Lösung mit 57—60° zugegeben. Die Glucosekristallisation läßt sich auch kontinuierlich durchführen [1]). Die langsame Rührbewegung ist erforderlich, um den bereits kristallisierten Inhalt in der Mutterlauge in Schwebe zu halten; hierdurch wird eine Verarmung der Lösung an Festsubstanz in der Nähe der Kristalloberfläche vermieden. Die Kristallisationsdauer beträgt 3—4 Tage. Die herauskristallisierende Dextrose wird in Zentrifugen gewaschen (gedeckt), aufgeschleudert und als Monohydrat getrocknet. Der ablaufende, auf 16—18° Bé verdünnte Sirup wird, nachdem er einen Konverter passiert hat, um die Disaccharide zu spalten, neutralisiert, filtriert und eingedickt Kristallisatoren zugeführt. Die entstehenden Kristalle werden wiederum zentrifugiert und unter Besprühen mit Wasser abgedeckt. Der entstehende zweite Ablaufsirup (Hydrol) wird abgeführt. Die entstehenden Kristalle werden nach dem Konverter erneut dem Prozeß zugeführt, wobei das Waschwasser aus der ersten Zentrifuge zum Auflösen der Kristalle dient. Das Endprodukt, sogenannte Cerelase mit 8—9% Wasser, wird zu wasserfreier Dextrose auf folgende Weise verarbeitet [2]): Sie

---

[1]) Vgl. B.Pat. 607 124. ROSGE, R. H.: Ind. Eng. Chem. **41**, 2070 (1949).
[2]) Vgl. Industr. Engg. Chem., **28**, 764 (1936).

wird mit Wasser auf 28—30° Bé verdünnt, mit aktivierter Holzkohle 30 min bei 71° behandelt, filtriert, bis zur Kristallbildung im Vakuumverdampfer eingedickt, mit Anhydridkristallen beimpft, die Übersättigung durch Zugabe einer Zuckerlösung von 30° Bé verringert, bei anwachsender Übersättigung weitergekocht und schließlich die Füllung zentrifugiert. Während Glucose mit 1 Mol Wasser in feinen Nadeln kristallisiert, die sich nur schlecht abschleudern lassen, fällt das Anhydrid körnig an. Es bildet sich bei Temperaturen über 52° und bei einem Trockensubstanzgehalt über 73% aus der Mutterlauge. Der p_H-Wert soll nicht über 5,0 liegen, da sonst ein alkalischer Abbau der Dextrose möglich ist. Das Decken erfolgt mit heißem, destilliertem Wasser, das anschließende Trocknen mit sorgfältig gefilterter Luft von 100° und abschließend mit Kühlluft. Das Endprodukt mit 0,05% Wasser wird gesiebt und abgefüllt. Bei Verwendung von Ionenaustauschern entsteht kein Hydrol.

Glucosesirup wird wegen seines hohen Gehalts an kristallisationsverhindernden Dextrinen (Amylosen) vorwiegend in der Zuckerwarenindustrie verwendet (Bonbons, Fondants, Cremeartikel, Marzipan, Zuckerkoleur), und zu Marmeladen, Obstkonserven, Likören. Es sind Entwicklungen in Gang gekommen, die Hydrolyse kontinuierlich vorzunehmen. Nach dem Mischen von Stärke, Säure und Wasser wird das Gemisch mit Frischdampf aufgewärmt und passiert von unten nach oben einen Wärmeaustauscher, der aus rostfreiem Stahl oder einer Kupfer- (95%) Zinn-Legierung besteht mit einer Geschwindigkeit von 0,12 bis 0,45 m/sec. In einer Art Zyklon wird Dampf und Hydrolysat getrennt. Die Durchlaufzeit beträgt bei Dextrosegewinnung (90% Dextr. E.) ca. 13 min bei 160° (Säure 0,03 n). Nach anderen Angaben wird eine 96—97%ige Hydrolyse bei 170° mit 1% H_2SO_4 erreicht [1]). Das Verfahren hat den Vorteil geringerer Anschaffungskosten und Erzielung eines gleichmäßigeren Erzeugnisses, ist aber in erster Linie zur Dextrosegewinnung geeignet.

Aus technischem Stärkezucker wird *Caramel* dadurch hergestellt, daß man Stärkezucker ½—1 Stunde bei 198° (Rohrzucker bei 180—190° C) schmilzt und zur Reaktionsbeschleunigung und zur Vertiefung der Farbbildung 1—3% Soda zugibt. Unter Verlust von Wasser und Kohlensäure tritt Kondensation zu hochmolekularen Verbindungen auf. Praktische Ausbeute 87—89%. Nach dem Abkühlen der Masse auf Blechen wird diese in Stücke zerschlagen und in Kugelmühlen gemahlen. Zusatz von ca. 50% heißem Wasser und filtrieren: „Couleur". Er dient zum Färben von Essig, Likören, Zucker- und Konditoreiwaren, Bier, Limonaden und wird bei der Herstellung von Malzextrakten, Kaffeezusatz, Malzbonbons und von Caramelspeisen verwendet. Durch Rösten unter Zugabe von Mineralsäuren erzielt man Dextrine.

Literatur.

PREUSS, E.: Die Fabrikation des Stärkezuckers, Leipzig: Jänecke 1925.
Corn Industries Research Foundation, Corn in Industry 1941.

Anhang.

Fruktose (Fruchtzucker) kann aus einer Reihe inulinhaltiger Pflanzen wie Artischoken, Dahlienwurzeln, Zichorie und Topinambur hergestellt werden. Die Artischoken werden nach der Ernte gewaschen, geschnitzelt und zwecks Koagulation der Proteine getrocknet. Die Extraktion der Schnitzel erfolgt wie bei Rübenzucker. Der Extrakt mit 35—50% T.S. wird mittels schwefliger Säure auf einen p_H-Wert von 1,5 gebracht und dann eine Stunde auf 80° erhitzt, um die Polysaccharide zu hydrolysieren. Dann wird mittels gepulvertem Calciumhydroxyd der p_H-Wert auf 7,5 ge-

[1]) DLOUHY, J. E., u. A. KOTT: Chem. Engg. Progr., **44**, 309 (1948).

bracht. Der aus Calciumsulfat und koagulierten Eiweißstoffen bestehende Rückstand wird abfiltriert; das Filtrat wird mit Kalk bei 15° behandelt, um das Calciumsalz des Fruchtzuckers zu gewinnen. Dieses wird abfiltriert, gewaschen und bei 15° saturiert. Die Fruchtzuckerlösung wird durch Filtration von Calciumcarbonat befreit. Im Vakuumverdampfer wird die Lösung mit 20—25% Fruktose bei 70° auf etwa 40% eingedickt. Sie wird nochmals mit Holzkohle filtriert und weiter auf 90% eingedickt. Dieser Sirup wird in Kristallisatoren geleitet, der entstehende Kristallbrei zentrifugiert. Ausbeute 6% der frischen Artischoken.

Literatur.

EICHINGER, J. W., J. H. MCGLUMPHY, J. H. BUCHANAN u. R. M. HIXON: Industr. Engg. Chem., **24**, 41 (1932).
PROFFITT, M. J.: Industr. Engg. Chem., **27**, 1266 (1935).
GOLOVIN, BRYCKHANOVA u. J. FRIDMAN: Sugar Industr. (UdSSR), **3**, 140 (1929).
DYKINO, KLEIDERER, HENBAUM, HARDY u. ENGLIS: Indust. Engg. Chem., **25**, 937 (1933).

2. Kunsthonig.

Als Ausgangsmaterial dienen kristallisierte oder aufgelöste Saccharose, Saccharose in Form von Raffinade, von Weißzucker oder gegebenenfalls auch von Rohzucker. Die Spaltung erfolgt nach der Gleichung

$$C_{12}H_{22}O_{11} + H_2O = C_6H_{12}O_6 \text{ (Glukose)} + C_6H_{12}O_6 \text{ (Fruktose)},$$

und zwar durch Erhitzen einer 75%igen Auflösung von Saccharose in Wasser mit geringen Mengen von Salzsäure, Schwefelsäure, Phosphorsäure, Weinsäure, Zitronensäure, Ameisensäure oder Milchsäure.

Wasser (150 Liter) wird in einem doppelwandigen, mit Dampf beheizten Kessel erhitzt und unter Rühren der Zucker zugegeben (500 kg). Bei 80° werden z. B. 500 ccm 25%ige Salzsäure zugegeben und eine Temperatur von 80—100° so lange gehalten, bis die Inversion die gewünschte Stärke hat. Eine 99%ige Inversion wird bei 80° in 20 min, bei 90° in 8 min und bei 100° in 2,5 min bei p_H 1,8 erreicht. Nach dem Kochen wird die gebildete Schaumschicht abgenommen. Die Feststellung, wieweit die Inversion fortgeschritten ist, wird mit Hilfe des Saccharimeters durchgeführt. Die Unterbrechung der Inversion geschieht durch Abstellen der Heizung und durch Überpumpen der Lösung in einen Holzbottich, wobei die Temperatur auf 40—50° gesenkt wird. Hierbei wird der Säureüberschuß durch Natriumbicarbonat in wässeriger Lösung neutralisiert. Das Neutralisationsgefäß darf nur bis zu etwa $^3/_4$ gefüllt werden, damit ein Überschäumen infolge der sich bildenden Kohlensäure vermieden wird. Sobald keine Kohlensäurebläschen mehr in der Lösung sind, erfolgt die Färbung und die Aromatisierung des Kunsthonigs. Nach dem Abschäumen wird am nächsten Tag bei 30° 2—3% fertiger Kunsthonig fein geschabt oder durch einen Wolf gemahlen, gründlich untermengt und dann abgefüllt. Mit dieser Impfmasse muß die Ware dann mehrere Tage kühl und vor Erschütterungen geschützt aufbewahrt werden, damit das sehr lockere Kristallgewebe die nötige Festigkeit behält.

Eine zu große Säurezugabe führt zur „Überinversion", einem Angriff der Säure auf die leicht weiterveränderliche Fruktose, wodurch sogenannte Reversions-Dextrine entstehen und der Sud braun und mehr oder weniger bitterschmeckend wird. $nC_6H_{12}O_6 = (C_6H_{10}O_5)\,n + nH_2O$. Während bei der Inversion wegen des Wasserverbrauchs der Reaktion die Konzentration der Lösung von 75% auf 79% steigt, führt die vorerwähnte Reversion zu einer Ausbeuteverminderung im Verhältnis 75 Teile Saccharose zu 71 Teile Dextrin.

Ob der Kunsthonig fest oder flüssig wird, hängt davon ab, wie weit man die Inversion führt. In festem Kunsthonig sind noch 0—4%, in flüssigem 10—20% Saccharose, wodurch die Löslichkeit des Gemisches Saccharose — Invertzucker gegenüber der reinen Invertzuckers erhöht wird. Ein Gemisch aus 45% Invertzucker und 34% Saccharose (21% Wasser) ist bei 30° ein Gemisch maximaler Löslichkeit. Ein Zucker-Invertzuckergemisch mit 21% Wasser ist bei niedrigeren Temperaturen stets fest, wenn eine Unterkühlung vermieden werden kann, während reine Saccharosesirupe über 66% (bei 15°) harte Kristalle und reine Invertzuckersirupe über 75% Trockenmasse, weiche, schwammige Massen und über 78% einen schnittfesten, aber streichfähigen Kunsthonig bilden (Kristallisationsbeginn ebenfalls bei ca. 66% bei 15°).

Als Hilfsmittel bei der Herstellung eines flüssigen Kunsthonigs für den Winter kann bis zu 20% Stärkesirup verwendet werden, der selbst nicht kristallisierbar ist und dessen hoher Gehalt an Stärkedextrinen auch den Invertzucker am Ausscheiden verhindert, andererseits zur Vermeidung von zu langsamem Kristallisieren fester Traubenzucker.

Süßkraft von Invertzucker: ca. 0,8—0,9 derjenigen von Rohrzucker.

Literatur.

Süßwarenwirtschaft, Spezialheft 351, Kunsthonig.

3. Suppenwürze.

Suppenwürzen werden durch Eiweißhydrolyse gewonnen.

Ausgangsmaterial sind Eiweißträger, deren Wert für die Hydrolyse durch ihren Proteingehalt bestimmt ist.

Proteingehalt %:

75—90 (Horn-, Blut-, Fisch-, Fleischmehl, Weizenkleber, Reiskleber, trockener Griebenkuchen, trockener Knochenbrüheextrakt),

45—60 (Erdnußkuchenschrot, Maiskleber, Süßlupinenschrot, Johannisbrotkernkeimmehl, Baumwollsaatmehl, Trockenkartoffeleiweiß, pastenförmiger Knochenbrüheextrakt, Trockenhefe),

30—40 (Sojaschrot, Leinkuchenschrot, Sonnenblumenschrot, Rapsschrot, Senfkuchenschrot).

Mit Eiweißträgern mit noch niedrigerem Eiweißgehalt erhält man Rohwürzen mit sehr niedrigem spezifischen Gewicht, außerdem viele Rückstände; die Ausnützung der Säure ist schlecht. Der mittlere Eiweißgehalt soll 50% sein, in einem solchen Gemisch sind Eiweißträger mit einem Eiweißgehalt über 30% brauchbar. Fette sind insbesondere bei der Filtration lästig, da sie die Filtriereinrichtungen verstopfen. Auch Rohstoffe mit hohem Mineralsalzgehalt (z. B. Mehle aus Fischgräten, Flossen, Fischköpfen) beeinflussen die Zusammensetzung der Würze ungünstig. Kohlenhydrate ergeben eine bittere Geschmackskomponente.

Der Wert der Proteine (vorwiegend Globuline bei Ölsaaten, Zein, Glutin, Elastin, Kollagen, Proteide wie Casein) für die Würzegewinnung ist unterschiedlich und hängt weitgehend vom Gehalt an Glutamin- und Asparaginsäure und damit vom NH_3-Stickstoff ab, weil das Auftreten von Ammoniak auf Glutamin- bzw. Asparaginsäureamid zurückzuführen ist. Stets ist durch geeignete Mischungen aus geschmacklichen Gründen anzustreben, daß im Hydrolysat alle Aminosäuren enthalten sind.

Gemische von Weizengluten, extrahiertem Sojamehl und Kasein sollen die geschmacklich besten Hydrolysate ergeben. Eine süße Geschmacksrichtung ergeben: Glycin, Alanin, Prolin, Leucin, Serin, Phenylalanin; Methionin und Cystein ergeben nach dem Erhitzen einen stark brenzlichen Geschmack, Valin und Tyrosin sind leicht bitter. Tryptophan wird durch Säurehydrolyse zerstört.

Zur Herstellung von Suppenwürze (Abb. 195) verwendet man fast ausschließlich Salzsäure zur Spaltung der Eiweißträger. Es ließe sich aber auch reine Schwefelsäure gebrauchen, nur muß dann das Neutralisieren mit Calciumbasen erfolgen; das sich bildende Calciumsulfat bleibt im Filter, die Rohwürze wird salzfrei. Die Geschwindigkeit des Ablaufes der Hydrolyse hängt von der Art der Eiweißträger, der Säurekonzentration und von der Temperatur ab. Bei höheren Konzentrationen und Temperaturen verläuft die Hydrolyse schneller, bei allzu niedrigen Konzentrationen schmecken die Hydrolysate brenzlich und sind von dunkler Farbe; dies gilt auch für allzu hohe Temperaturen. Die Säurekonzentrationen schwanken zwischen 20 und 30%. Hydrolyse mit 25%iger Salzsäure ist vorteilhafter als mit 15%iger. Der höchste Aminosäurengehalt ist bei Myceleiweiß im ersten Fall nach 10, im zweiten nach 20 h erreicht, wobei im ersten Fall der Ammoniakstickstoff niedriger ist. Bei Kochung unter atmosphärischem Druck verwendet man 20—22%ige Salzsäure mit einem Siedepunkt von 105—110°. Die Zeitdauer liegt zwischen 9 und 12 h. Doch werden auch Zeiten von 8—24 h bei 100°, von 10 h bei 120° angewandt. Sie hängen auch von der Art des Eiweißträgers ab; der höchste Gehalt an Aminostickstoff ergibt sich bei Soja erheblich schneller als bei Raps- und Maisschrot.

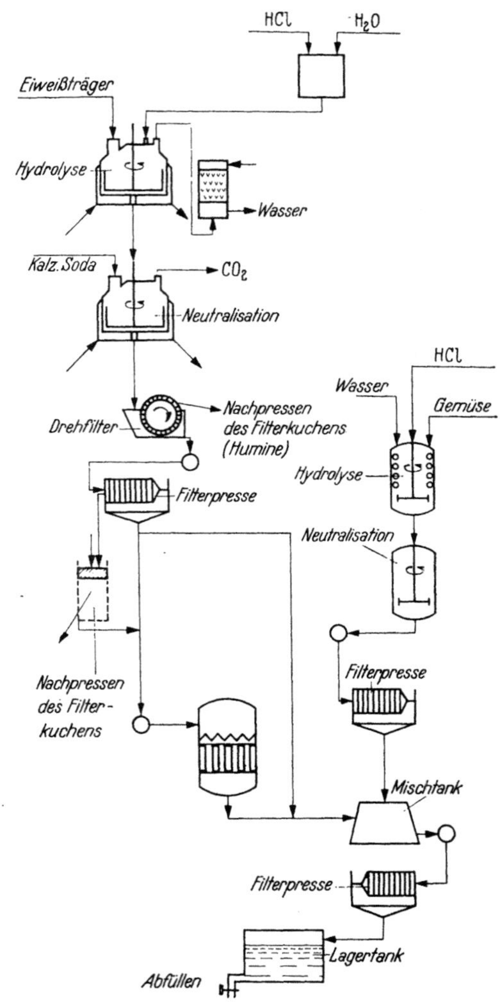

Abb. 195. Herstellung von Suppenwürze.

Beim Erhitzen im Autoklaven wird ein Druck von 1,5—2 atü angewandt, Dauer 2—6 h. Auch Drücke von 2½ atm und Zeiten zwischen 1 und 12 h findet man. Mit 18 bis 20%iger Salzsäure ergibt sich eine vollständige Hydrolyse bei 0,7 atü und 114° in 5 Stunden. Im allgemeinen ist es besser, etwas länger zu arbeiten und sicher zu sein, daß der Abbau beendet ist (Probe mit Phosphat-Wolframsäure), doch ist zu bedenken, daß der Aminostickstoffgehalt infolge langsamer Zerstörung der Aminosäuren nach Durchschreiten eines Maximums wieder abnimmt. Das Verhältnis von

Aminostickstoff zu Gesamtstickstoff zeigt ein Maximum bei 4 atü. Das Verhältnis Eiweißträger zu Säurewassergemisch legt man so fest, daß das spezifische Gewicht der Würze bei 1,25—1,27 liegt. Vorzugsweise arbeitet man in Autoklaven, da sie den Vorteil kürzerer Kochzeiten, die Erzielung von konstantem spezifischen Gewicht und den Fortfall der Geruchsbelästigung mit sich bringen. Die Beheizung erfolgt indirekt, die Behälter sind mit Rührern ausgerüstet. Der Eiweißträger wird zur Salzsäure langsam zugegeben. Das dünnflüssige Hydrolysat wird durch ein Tauchrohr abgesaugt oder durch ein Ablaufventil abgelassen. Das Neutralisieren erfolgt im allgemeinen in eigenen Neutralisationsbottichen. Man verwendet hierzu zylindrische, mit Rührwerk versehene säurefeste Behälter. Das Tempo der Zugabe von Natriumkarbonat richtet sich nach der Schaumbildung durch Freiwerden von Kohlensäure. Temperatur 80°, p_H-Wert am Ende 5,5 bis 6,0. Die Filtration des neutralisierten Hydrolysates erfolgt — gegebenenfalls nach einer längeren Sedimentierdauer — unter Überdruck in Rahmenfilterpressen bei 70—80°, neuerdings vorwiegend in Saugzellenfiltern. Die Filterkuchen halten große Mengen von löslichen Aminosäuren fest und müssen deshalb ausgewaschen werden. Für neutralisierte Lösungen werden Baumwolltücher verwendet. Die ausgewaschenen Rückstände werden noch ausgepreßt. Die Blankfiltration der Würzen erfolgt vorwiegend in Anschwemmfiltern (Asbest, Kieselgur) oder Schichtenfiltern. Die Würze wird in Vakuumverdampfern im Verhältnis von etwa 2 : 1 eingedickt. Die Verdampfer können mit einem Rührwerk ausgerüstet werden. Aus ihnen wird unmittelbar abgefüllt.

In USA wird nach der Hydrolyse filtriert, dann das Filtrat destilliert, bis 50% HCl entfernt sind, mit Wasser bis zu dem gewünschten spezifischen Gewicht verdünnt, Aktivkohle zugegeben, aufgekocht, die Aktivkohle abgefiltert und dann mit Natriumcarbonat auf p_H 5,2 bis 5,4 neutralisiert.

Zur Abrundung des Geschmackes werden Auszüge aus Gemüse und Küchenkräutern hergestellt. Die Rezepturen sind stark abweichend: u. a. sind darin Selleriewurzel, Tomaten, Zwiebeln, Blumenkohl, Spargel, Pilze, Lorbeerblätter, Knoblauch, Muskat, Petersilie und Karotten enthalten. Man zerkleinert und erhitzt in einem Porzellan-, Steinzeug- oder Emaillekessel, gibt 15% Salzsäure von 20° Bé zu und erhitzt langsam, bis sich die Masse bräunt. Man beläßt das Gemisch 2 h bei der gleichen Temperatur, verdünnt mit $^1/_4$—$^1/_3$ Wasser und kocht noch ½ bis 1 h. Dann neutralisiert man mit einer konzentrierten Sodalösung, filtriert und engt bis zur Sirupkonsistenz im Vakuum ein. Eine andere Möglichkeit besteht darin, sie mit Salz zu versehen, nach 8 h auszupressen und erneut 8 Tage auszuziehen, woran sich eine Klarfiltration und Konservierung mit 0,1% Natriumbenzoat anschließt, oder man dämpft 48 h nach der Salzzugabe $2^1/_4$— 4 h lang und filtriert. Höhe des Zusatzes liegt unter 5%.

Die Rohwürzen werden mit den Auszügen in zylindrischen Kesseln mit Rührwerk gemischt, evtl. nochmals filtriert und dann in Behältern gespeichert. Beim Lagern setzen sich Niederschläge aus Aminosäuren und deren Salzen ab, außerdem Kochsalz und Calciumsalze, hauptsächlich Phosphate. Vor dem Abfüllen ist eine nochmalige Filtration mittels Klärfilter erforderlich. Die Abscheidungen kann man auf Aminosäuren verarbeiten.

Bei der Hydrolysatgewinnung darf die Würze vor dem Abstumpfen nicht mit Eisen in Berührung kommen, welches korrodiert und den Suppenerzeugnissen eine dunkle graue Farbe gibt. Zur Förderung der Säure dienen Steinzeugpumpen, Rohrleitungen aus Steinzeug, Glas, Porzellan. Material für die Autoklaven und Kochkessel: Überzüge aus säure- und temperaturbeständigen Emails oder verkittete Schutzauskleidungen aus säurefesten Steinzeugplatten oder Kohlenstoffplatten oder

2—4 mm starke Überzüge aus Hartgummi. Die Filterpressen werden aus Eisen gummiert oder aus Holz hergestellt.

Die Ausbeute liegt stets tiefer, als sich auf Grund der im Eiweißträger vorhandenen Stickstoffsubstanz erwarten ließe: Einige Aminosäuren, wie Tyrosin, sind schwer löslich und verbleiben im Rückstand. Da keine reinen Proteine verwendet werden, entsteht immer ein gewisser Anteil von Huminsubstanzen (insbesondere bei Tryptophan, Tyrosin). Weiterhin bildet sich Ameisensäure.

Zur Herstellung von 100 kg Rohwürze mit einem spezifischen Gewicht von $\gamma = 1{,}25$—1,27 benötigt man etwa 80—90 kg Eiweißträger mit rund 50% Stickstoffsubstanz und 80—100 kg Salzsäure von 20—21° Bé. Der Bedarf an kalzinierter Soda beträgt etwa die Hälfte der Säuremenge.

Die Würzerückstände bestehen im Mittel zu 30—50% aus Wasser, zu 10—30% aus Kochsalz, zu 10—30% aus Fett und zu 2,5—3,5% aus Stickstoff, weiterhin sind geringe Mengen von Kalium und Phosphate darin enthalten. Man kann die Fettsäuren durch Extraktion gewinnen und zu Seifen verarbeiten. Als Düngemittel sind die Rückstände wegen des hohen Salzgehaltes nur bedingt für leichtere Böden brauchbar. Die Würzerückstände können 30—50%, bezogen auf Gesamthydrolysat, betragen. Je höher der Proteingehalt des Ausgangsmaterials ist, desto geringer ist der Rückstand an Huminsubstanzen (bei 56% ca. 20% Rückstände, bei 93% nur 2% Rückstände).

Alkalien ergeben eine rasche Hydrolyse, doch wird das Verfahren wenig angewandt, da sich eine Razemisierung der Aminosäuren ergibt, Arginin und Cystin werden völlig abgebaut (dagegen im Gegensatz zur Säurehydrolyse Tryptophan nicht angegriffen, außerdem ist die Bildung von Huminstoffen nur gering). Der Geschmack ist weniger ansprechend als bei Säurehydrolyse.

Die *enzymatische* Hydrolyse mittels Pankreastrypsin bzw. Papain ist wenig im Gebrauch, da sie nicht vollständig genug abläuft.

Getrocknete Brühprodukte können im Sprühtrockner hergestellt werden. In USA erfolgt dabei die Neutralisation in drei Stufen bei 60, 40 und 30% T.S. Zur Verringerung der Hygroskopizität werden 15—25% Stärke bei 49° C zugegeben.

Zur Herstellung von *Mononatriumglutaminat*[1]) wird Weizen- bzw. Maisgluten im Autoklaven mit Rührwerk mit 34%iger Salzsäure bei 125—130° einige Stunden hydrolysiert. Infolge mitlaufender Nebenreaktionen zwischen Tryptophan und Kohlenhydraten entstehen Huminstoffe. Die Glutaminsäure kann man aus dem abgekühlten Filtrat auskristallisieren lassen oder man neutralisiert das Hydrolysat teilweise, filtriert und befreit es durch fraktionierte Kristallisation von Salzen und anderen Aminosäuren (Tyrosin, Leucin, Isoleucin). Nach dem Abfiltrieren wird das Filtrat auf p_H 3,2 eingestellt; das Kristallisieren in gummibelegten Kristallisiermaischen dauert 5—6 Tage. Nach dem Abzentrifugieren werden die Rohkristalle zur Entfernung von anorganischen Salzen mit Wasser behandelt, in Natronlauge gelöst, mit Aktivkohle entfärbt und die Lösung filtriert und bei höchstens 70° konzentriert. Das ausfallende Mononatriumglutaminat wird abzentrifugiert und getrocknet.

Anhang.

Kochfertige Suppen. Kochfertige Suppen sind Gemische von 50—75% Getreide (Mehl, Grieß, Graupen, Flocken, Teigwaren), bis 10% Trockengemüse, 4—12% geschmolzenem Fett, vorzugsweise Premier Jus, 10—20% Suppenwürze, 7—10% Salz und 1—3% Gewürzen, evtl. Hefeextrakt, Tomatenmark.

---

[1]) Vgl. US Pat. 2 463 877, 8. 3. 1949 und S. 254.

Das Mehl wird in Flach- oder in Resonanzschwingsieben gesiebt. Die Mehle werden häufig in mit Rührwerk versehenen Pfannen leicht geröstet und sofort auf Kühlsieben abgekühlt. Zum Trocknen von Mehlen werden Vakuumschaufeltrockner verwendet. Trockengemüse wird in Schlagkreuzmühlen zerkleinert. Für klare Suppen verwendet man die grießigen, für legierte Suppen die pulverförmigen Passagen. Die präparierten Erbsen werden auf Riffel- und Glattwalzen zerkleinert und die einzelnen Passagen wie bei Roggen vermahlen. Auch kleine Erbsen und zweite Sorte können zur Vermahlung kommen.

Das Mischen erfolgt in einer Mischmaschine mit beheizbarem Trog, in welcher das Gut durch Schaufeln oder Schnecken bewegt wird. Teigwaren, die keinem Druck ausgesetzt werden dürfen, werden in Fallmischern (Sechskantern, Kegel- bzw. Doppelkegeltrommeln) gemischt. Die eingedickte Würze wird erwärmt zugegeben. Zuerst werden die Getreide- bzw. Leguminosenrohstoffe, dann die übrigen Zutaten durch Düsen zugegeben. Der Mischvorgang dauert 10—45 min bei Raumtemperatur. Die Entleerung erfolgt in Transportmulden. Da feuchte und fettreiche Suppen zur Klumpenbildung neigen, werden sie über Plansiebe geführt, worauf sie über Füllschnecken den automatischen Pressen zugeleitet werden. Dabei preßt der obere Stempel die Suppenmasse leicht an, gleichzeitig bewegt sich der untere Stempel nach oben. An der Preßstelle wird der Druck gehalten, der Preßling langsam ausgehoben und abgeschoben, der Stempel gereinigt, worauf sich der untere Stempel senkt und die Matrize erneut gefüllt wird. Die Preßlinge werden in Spezialpapiere eingeschlagen, etikettiert und dann die Würfel von einer Stangenpackmaschine eingewickelt. Lose Suppen werden in Beuteldosiermaschinen abgefüllt. Bei Verwendung von Faltschachteln kommen die Beutel auf eine Klopfbahn, durch welche der Inhalt gleichmäßig verteilt wird.

Literatur.

SCHILLER, K.: Suppen, Soßen, Würzen und Brüherzeugnisse, Stuttgart 1950.

IV. Biochemische Technologie.

1. Hefeextrakt.

Ausgangsmaterial ist üblicherweise die in Brauereien nicht verwertbare Bierhefe, Branntweinhefe bzw. Trockenhefe. Die Hopfenharze der Bierhefe werden durch Salzbildung mit schwachen Alkalien entfernt. Hierzu wird sie mit der vierfachen Menge einer 2—3%igen abgekühlten Sodalösung bzw. einer 0,2%igen Ätznatronlösung oder einer 1%igen durchgekühlten Ammoniumcarbonatlösung übergossen, gut durchgerührt und dann mit Salzsäure neutralisiert und gründlich gewaschen. Das Entbittern und Auswaschen wird durch Verwendung von Separatoren erheblich erleichtert.

Man unterscheidet im wesentlichen drei Verfahren zur Herstellung von Extrakt:

Bei der *Plasmolyse* wird die Hefe als 8%ige wässrige Suspension angerührt, diese erwärmt und bei 60—70° 2 Stunden oder bei 100—110° 10 min stehen gelassen. Das Rühren kann z. B. mittels rotierender Heizschlangen erfolgen. Häufig werden die Zellen durch Einleiten von Dampf bzw. von kochendem Wasser bei 100—110° zum Platzen gebracht, wobei sich der Inhalt nach außen ergießt. Man kann der Hefe vor der Autolyse 10 ccm konzentrierte Essigsäure auf 100 kg abgepreßte Hefe zusetzen, wodurch das Verfahren beschleunigt wird. Der Auszug wird sofort in Tellerzentrifugen von den Zellwänden befreit, welche bitter schmecken. Nach dem Abschleudern werden die Zellhäutchen nochmals in etwa 8%iger Suspension auf 100° erhitzt und erneut abgeschleudert und gepreßt. Der klare Auszug wird nach Zugabe von etwa

18% Kochsalz und Pflanzenauszügen in kontinuierlichen Vakuumapparaten z. B. bei höchstens 60° zu einer Paste mit einem Wassergehalt von 25—28% eingedampft. Der übrigbleibende Schlamm mit etwa 16% T.S. (ca. 10% der Extraktausbeute) wird nach dem Trocknen auf Walzen als Viehfutter verwendet, oder nach dem Trocknen mit 30%iger kochender Salzsäure 36 Stunden hydrolysiert und nach dem Neutralisieren und Filtrieren bei 55—60° im Vakuum zu Brühpaste eingedickt.

Die Plasmolyse kann auch in der Weise ausgeführt werden, daß die angerührte Hefe mit 10—18% Kochsalz, bezogen auf Trockensubstanz, versetzt wird, wobei schnell Verflüssigung eintritt. Man läßt das Gemisch über Nacht stehen, erhitzt es z. B. durch Einleiten von Dampf auf 100° und läßt es bei dieser Temperatur 2 Stunden stehen, worauf man die ungelösten Rückstände noch heiß abpreßt oder abzentrifugiert. Der Preßrückstand wird erneut mit heißem Wasser ausgezogen. Die weitere Behandlung erfolgt wie oben. Man kann auch so vorgehen, daß man die angerührte Hefe eine Stunde bei 50° stehen läßt, dann erst das Salz zugibt und dann im Autoklaven auf 120° erhitzt. Die Rezepturen sind stark abweichend. Manchmal wird die Hefe mit 2—3% Salz 12—14 h bei 10° stehen gelassen, dann 24 h bei 30—50°, dann die gleiche Zeit bei 50—55° und schließlich bei 60—65°, worauf nach Wasserzugabe bei 80° die Enzyme inaktiviert werden und mehrmals zentrifugiert wird. Oder die Temperatur der mit 1—4% Kochsalz versehenen Hefe wird in 24 h auf 50—56° erhöht, dann auf 90—100°, schließlich mehrmals zentrifugiert und der Rückstand mehrmals ausgewaschen. Der normale Wassergehalt der Hefe (75—76%) reicht zur Plasmolyse aus. Beim *Autolyseverfahren* wird der Zellinhalt durch enzymatische Vorgänge freigelegt [1]).

Die Herstellung von Extrakt durch *Hydrolyse* mit arsenfreier Salzsäure (auf 100 kg im Verhältnis 1 : 3 mit Wasser angerührte Trockenhefe ca. 20 kg 33%ige Salzsäure) ergibt keinen vollwertigen Extrakt, sondern eine Hefewürze mit verringertem Gehalt an Vitaminen, Glutathion u. a. Das salzsaure Gemisch wird bis zu 4 Tagen bei Temperaturen zwischen (35°—) 80°, je nach der Heferasse, der Hydrolyse unterworfen. Nach Beendigung der Hydrolyse (die mit einer Entbitterung verbunden ist) wird die stark saure Flüssigkeit mittels Soda in kleinen Mengen neutralisiert. Darauf folgt eine Klärung durch mehrtägige Lagerung, worauf die Flüssigkeit abgeschleudert wird. Rückstände dienen als Viehfutter. Weitere Behandlung wie vorher.

Vor dem Eindicken werden jeweils dem Extrakt zur Abrundung des Geschmacks noch Auszüge von Gemüsen (Möhren, Tomaten, Kohl, Pastinaken) und von Küchenkräutern (Sellerie, Petersilie, Zwiebeln, Porree), die durch Auskochen oder durch Autolyse gewonnen werden, sowie kleinste Menge von Majoran, Thymian, Liebstöckel u. dgl., im ganzen bis zu 20% beigefügt (vgl. Suppenwürzen). Aus Bierhefe können außerdem Glutathion, Hefenucleinsäure, Glykogen und Vitaminextrakte gewonnen werden.

Literatur.

SCHÜLEIN, D.: Die Bierhefe als Heil-, Nähr- und Kräftigungsmittel. Dresden: Steinkopff.
VOGEL, H.: Die Technik der Bierhefeverwertung. Stuttgart: F. Enke 1939. Basel: Wepf 1949.
DILLER, H.: Hefeextrakte. Z. Lebensmittel-Unters. u. Forsch., 83, 206 (1942).
DRP. 27. Sept. 1923 Nr. 441 457, Verein der Spiritusfabrikanten.

---

[1]) BUGUIN, L.: Annales de Zymologie 9 (1935).

2. Holzzuckergewinnung.

Holzzuckerhefe. Torula utilis, ein unechter Sproßpilz, der keine endogenen Sporen zu bilden vermag, gedeiht auf rein organischen Nährsalzen und kann die wichtigsten Vitamine ohne Stellhefenführung selbst bei häufiger Fortzüchtung synthetisieren. Der Gehalt an Phosphorsäure kann auf 1,5—2% herabgedrückt werden. Diese Wuchshefe vergärt schwer vergärbare Hexosen z. B. Galaktose, Pentosen und darüber hinaus auch Azetaldehyd und Essigsäure.

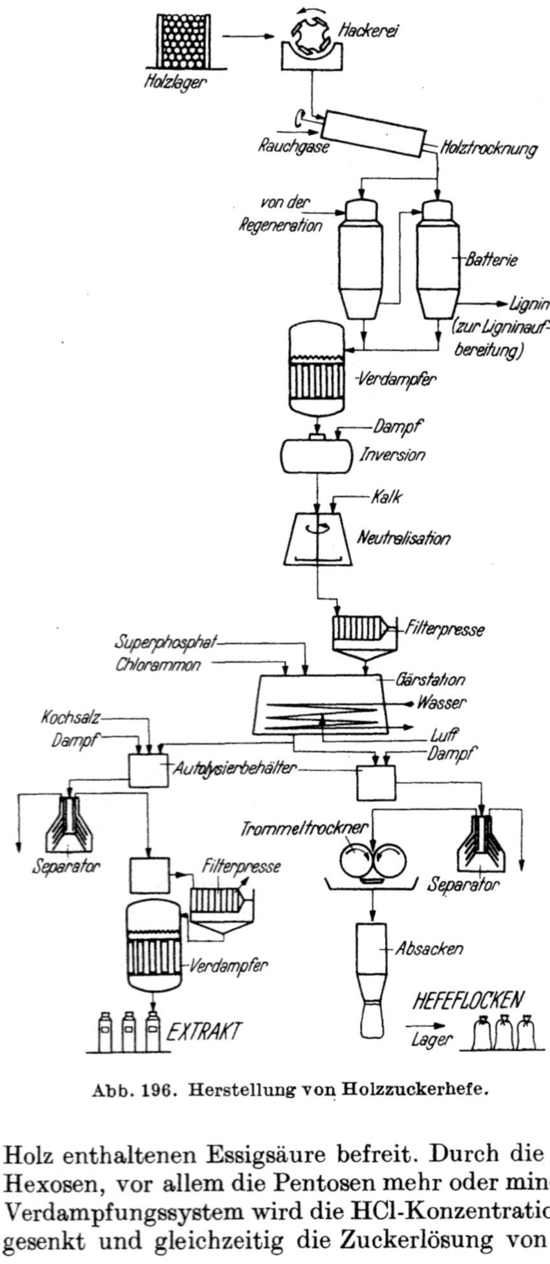

Abb. 196. Herstellung von Holzzuckerhefe.

Summengleichung für die Holzhydrolyse:

$$(C_6H_{10}O_5)_n + H_2O =$$
$$= n \cdot (C_6H_{12}O_6) \text{ (d-Glukose)}$$

Bergius-Rheinau-Verfahren (Abb. 196). Das Holzhydrolyseverfahren geht vom Holz bzw. von Holzabfällen aus, auch Hafer- bzw. Reisschalen, Sonnenblumen, Maisstengel und Stroh sind geeignet. Das Holz wird zu Spänen zerhackt, in mit Abgasen beheizten Trommeln bei 40° auf 5% Wassergehalt getrocknet und bei normalem Druck in zwei Batterien mit je 14 Säurekammern hydrolysiert. Die Aufschlußgeräte sind gummiert und mit in Säurekitt verlegten, säurefesten Steinen ausgelegt. Die erste Kammer enthält kalte, 28—30%ige Salzsäure, deren Gehalt in den folgenden Kammern steigt, so daß die letzte Kammer eine Salzsäurekonzentration von 42 Gewichtsprozenten aufweist. Die Hydrolyse dauert 55 Stunden. Die benötigte, hochkonzentrierte Salzsäure (48—50 Volumprozente) kann nicht fertig bezogen werden, sondern muß im Betrieb selbst in einer Chlorverbrennungsanlage mittels Leuchtgas erzeugt werden; sie wird in einem Spezialapparat von der im Holz enthaltenen Essigsäure befreit. Durch die starke Salzsäure werden die Nicht-Hexosen, vor allem die Pentosen mehr oder minder abgebaut. In dem nachfolgenden Verdampfungssystem wird die HCl-Konzentration durch Vakuumdestillation auf 4% gesenkt und gleichzeitig die Zuckerlösung von 28 auf 64% konzentriert. Das HCl-

Destillat (sog. Kondensatsäure), welches etwa 40 volumprozentig ist[1]), wird mit HCl-Gas über Raschigringen in Kontakt gebracht; die konzentrierte Säure geht zu den Diffuseuren zurück. (Die Kondensatsäure aus den Verdampfern kann man gegebenenfalls in den sogenannten „Tantalofen" leiten; das hierdurch gewonnene HCl-Gas dient im sogenannten „Regenerationsbetrieb" zusammen mit dem aus gekaufter Säure gewonnenen HCl-Gas zur Anreicherung der vorgelegten, sogenannten „Waschsäure" aus der Waschbatterie auf 48—50 Volumprozente.)

Die 64%ige Zuckerlösung wird mit Wasser auf 20% verdünnt; nach dem Neutralisieren und Filtrieren wird der Zucker auf Korn gekocht, nach dem Reinigen, Entfärben, Wiedereindampfen und Kristallisieren als reiner Traubenzucker in den Handel gebracht (vgl. S. 273). Der Ablauf nicht kristallisierender Zucker (Mutterlauge) wird auf 3% red. Zucker verdünnt, in Gärbottiche gepumpt, mittels HCl bzw. NH_3, auf p_H 4,5 gebracht und unter Beifügung von Nährsalzen (4% N_2) auf Zucker berechnet in Form von Ammoniumphosphat und 1% Phosphat (als Superphosphat) zum Wachstum der beigegebenen Torula utilis verwendet. Der Gärfettbedarf ist hierbei hoch (ca. 4% bezogen auf Trockenhefe), wenn man die Luftverteilung mit Hilfe der in der Preßhefefabrikation üblichen Luftverteiler vornimmt. Die Hefezellen werden nach einer Gärdauer von etwa 10 h in Zentrifugen mehrmals abgeschleudert, dazwischen gewaschen (vgl. Preßhefe) und auf Zweiwalzentrocknern bei 180—200° getrocknet. Aus 100 kg absolut trockenem Nadelholz können 60—65 kg Holzzucker, der zu 60% aus Glukose, der Rest aus Pentosen und anderen Hexosen besteht, gewonnen werden.

Das anfallende Lignin (30—33% der Nadelholztrockensubstanz) wird gemahlen und nach dem Auswaschen der Säure entweder brikettiert und verfeuert oder zur Humusverbesserung eingesetzt. Da Lignin ein hohes Adsorptionsvermögen für Ammoniak hat, wird es häufig, ähnlich wie Torf als Stallstreu verwendet. Auch zur Gewinnung aktiver Kohle sowie als Bindemittel für Holzfaserplatten ist es geeignet. In jüngster Zeit sind erfolgreiche Versuche unternommen worden, aus dem Lignin harzartige Kondensationsprodukte herzustellen.

Beim *Scholler-Tornesch-Verfahren* werden Sägemehl, nicht getrocknetes Holz, Hobelspäne u. dgl. mit 0,4 bis 0,6%iger Schwefelsäure unter einem Druck von anfangs 2—3 atü, gegen Ende 10 atü, 14 h (10—20 Schübe) bei 135° ansteigend auf 190°, hydrolysiert. Die 38 m hohen Perkolatoren mit 3 m ∅ bestehen aus Stahl, sind mit Blei ausgelegt, der Boden besteht aus perforierten Ziegeln. Das Sägemehl wird mittels Dampf auf ca. $^1/_3$ seines Schüttvolumens komprimiert. Die Säure wird nach dem Perkolationsverfahren schubweise eingepumpt und der sich bildende Zucker so rasch aus dem Reaktionsraum entfernt, daß er keine Zeit findet, sich wieder zu zersetzen. Die entstehende, im Durchschnitt 5%ige leicht vergärbare Traubenzuckerlösung (anfangs 12%ig, gegen Ende 1—2%ig) wird mit Calciumcarbonat bis p_H 4,5 bzw. 5 neutralisiert, der Gips abfiltriert, die klare Würze dient zum Ansetzen der Nährhefe. Die Hefemilch wird bei 70° thermoautolysiert, um die Zellen zu zerstören und hierdurch Filterkuchen mit 12% T.S. pumpfähig zu machen. Da die Würze infolge der Hydrolyse bei hohen Temperaturen Giftstoffe (z. B. Furfurol) enthält, muß sie an das Milieu erst gewöhnt werden. 100 kg Tannenholz ergeben 21,2 kg Trockenhefe (12,2% Rohprotein) bzw. 10 kg Traubenzucker, 10 l Alkohol und 10 kg Hefe, bei einem Kohlenverbrauch von 75 kg. Das Lignin wird mit 1—2 Wasserschüben von Säure befreit und durch plötzliche Öffnung infolge der Druckentlastung (vgl. Henzedämpfer) zerrissen. Aus Laubhölzern können durch Perkolation mit heißem Wasser

[1]) 400 g HCl / 1 Säure.

Gerbstoffe gewonnen und anschließend eine Hydrolyse der Holz-Kohlenhydrate durchgeführt werden, wodurch die Pentosen getrennt der Verhefung und die Hexosen der Glukosegewinnung zugeführt werden können.

Die *Sulfitablauge* enthält 3—4% verwertbaren Zucker bei Verarbeitung von Buchenholz. Die in solchen Abwässern besonders reichlichen Pentosen sind (im Gegensatz zu den Hexosen) für die Spritgewinnung ungeeignet. Auch die in der Sulfitablauge enthaltene Essigsäure kommt zum Hefeaufbau als vollwertiger Kohlenstoff- und Energieträger in Betracht. Man bläst die heiße Sulfitlösung mit Luft durch und entfernt hierdurch die flüchtigen Säuren, neutralisiert mit Kalkmilch oder kohlensaurem Kalk, klärt und verwendet sie zur Erzeugung von Torula utilis. Infolge des Gehaltes an gärungshemmenden Stoffen ist eine Verdünnung auf 2,5—3,5% erforderlich. Beim Aufbau herrschen die oxydierenden Reaktionen vor. Der Sauerstoff muß daneben durch Zuckeratmung die Energie für die endotherme Zellsynthese liefern. Bei dem lebhaften Hefewachstum entstehen erhebliche Wärmemengen, die durch Kühlwasser abgeführt werden. Wärmetönung je kg gebildete Hefe bei Buchenablauge 4600 kcal.

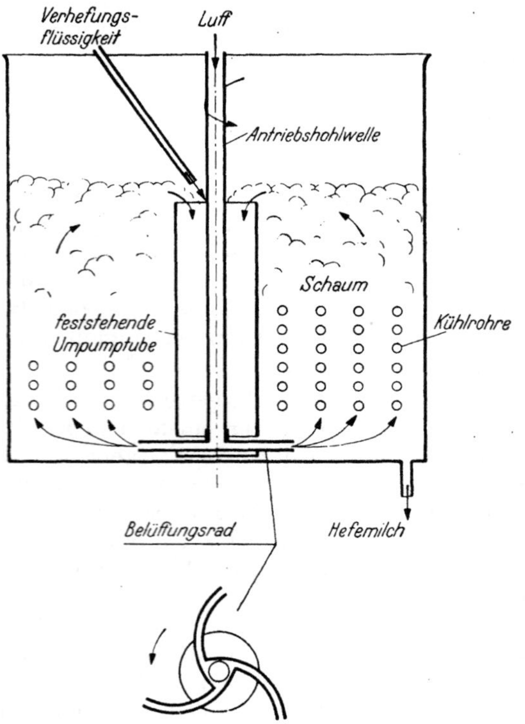

Abb. 197. Clausbelüfter.

Da die Torula zu den „obligat aeroben" Pilzen gehört, ist ein Wachstum ohne Sauerstoff nicht möglich. An Nährsalzen sind Magnesium, Stickstoff, Kali und Phosphorsäure erforderlich. Der optimale p_H-Wert liegt bei 4,9; der p_H-Wert muß unter 6 bleiben. 32—36° sollen nicht überschritten werden, jede Temperatursteigerung verschlechtert die Hefeausbeute.

Da die Sulfitablauge besonders stark schäumt und deshalb der hohe Gärfettbedarf die Hefequalität beträchtlich verschlechtert, wird in den Gärbütten mit 8 m Ø und 5 m Höhe mittels Schaumgärung gearbeitet. So saugt der sog. Clauslüfter (Abb. 197) durch die Hohlwelle Außenluft an und verteilt sie fein. Die Bütte ist bis oberhalb der Umpumptube mit Schaum gefüllt, dieser wird stetig umgewälzt. Die Verhefungsflüssigkeit wird kontinuierlich über die Umpumptube zugegeben, die Hefemilch am Büttenboden abgezogen.

Wenn der Saftstand zu niedrig ist, erfolgt keine genügende Belüftung, wenn er zu hoch ist, steigt der Kraftbedarf stark an. Auch mittels des Schollerschen Gärautomaten gelingt es ohne Gärfett zu arbeiten. Das Umwälzen des schaumigen Gemisches erfolgt durch Mammutpumpenwirkung mit Hilfe feinverteilter Luft, wobei sich die frisch belüftete Maische in starkem Strahl auf die Schaumdecke der Verhefungsbütte ergießt und dabei den Schaum zerschlägt. Nach dem Belüftungsprinzip von Seidel, eines Mitarbeiters Schollers, bestehen die Belüftungskörper aus einem Paket gezahnter Ringe, durch deren Zahnung die Luft feinverteilt austritt (Abb. 198 und 199). Eine dem Zulauf frischer Ablauge entsprechende Menge verhefter Lauge fließt kontinuierlich aus dem Gärautomaten ab. Die Durchsatzmenge wird so gewählt, daß sich bei Buchenablauge beim Waldhofverfahren eine Verweilzeit von 5 Stunden ergibt. Luftbedarf 8—10 m³ je kg Hefe beim kontinuierlichen Verfahren (gegen 25—50 m³/kg Hefe beim Zulaufverfahren). Die verhefte Schlempe gelangt zur

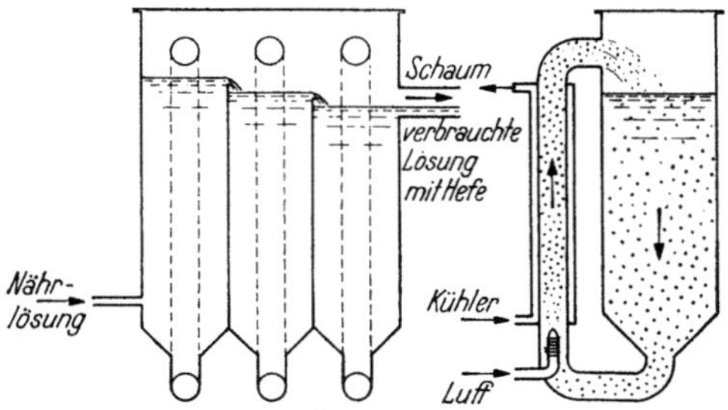

Abb. 198. Gärautomat (Scholler).

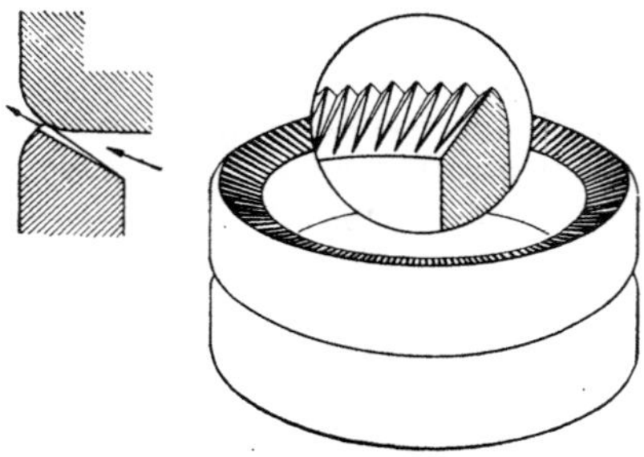

Abb. 199. Belüftungsvorrichtung (nach Scholler-Seidel).

Entlüftung in eine Entlüftungszentrifuge, welche die entlüftete Schlempe den Separatoren zupumpt. Nach dreimaligem Waschen (Senkung auf 1% T.S.) und erneutem Zentrifugieren ergibt sich ein Hefekonzentrat mit 10—15% Hefe. Vakuumfilter sind weniger geeignet. Die Hefepaste wird durch Thermoautolyse verflüssigt und in einem Vakuumeindickapparat auf etwa 30% Trockensubstanz eingedickt. Darauf wird auf Walzentrocknern oder in Zerstäubungstrocknern trockene Hefe mit 5—8% W.G. erzeugt. Aus 100 g Glucose entstehen theoretisch 59 g Hefe (praktisch 40 g) und 40 g CO_2; 1 m³ Ablauge ergibt 12 kg Trockenhefe. Vom Kocher ab sollen alle Teile aus V2A-Stahl hergestellt sein. Gegenüber Bierhefe ist nur der B_1-Gehalt und der Glutathiongehalt geringer. Auch die Herstellung von Fetthefe mit 18—20% Fettgehalt gelingt aus Torula mittels des kontinuierlichen Belüftungsverfahrens nach Waldhof in etwa 10—14 h, allerdings mit geringerer Ausbeute, auf Zucker bezogen. Die Eiweiß- und Fettausbeuten verlaufen gegensinnig. Schließlich kommt als Rohstoff für die Fettgewinnung auch der Schimmelpilz Fusarium bulbigenum und andere Myzelpilze [1] in Betracht. Die Nährstofflösung wird im Verlauf einer Wachstumsperiode von 40 Stunden zugelassen. Das Öl wird durch Extraktion gewonnen, außerdem werden Mannit, Phosphatide und ein schlagfähiges Eiweiß gewonnen.

Schließlich sei noch das Eiweißschlempeverfahren erwähnt, das für die landwirtschaftlichen Kartoffelbrennereien Bedeutung erlangen kann. Hierbei wird die Kartoffelstärke verzuckert, dann aber nicht zu Alkohol vergoren, sondern durch Wuchshefe in ein eiweißreiches Futtermittel übergeführt.

Literatur.

LECHNER, R.: Verhefung der Pentosen, Z. angew. Chem., **53**, 163 (1940).
LUERS, H.: Chemie und Technologie der Landwirtschaftlichen Gewerbe, Berlin 1944.
SCHMIDT, E.: Eiweiß- und Fettgewinnung über Hefe aus Sulfitablauge, Z. angew. Chem., **59**, 16 (1947).

---

[1]) Vgl. BERNHAUER, K.: Biochem. Z., **319**, 94 (1948).

3. Preßhefe.

Als Ausgangsmaterial der Preßhefe (Branntweinhefe, Bäckerhefe) dient Melasse, die noch etwa 47% Saccharose enthält. Rohzuckermelasse ist besser geeignet als Raffinationsmelasse, da sie weniger nicht vergärbaren Zucker (Raffinose) besitzt. Da die Hefe nur 1,8% Stickstoff enthält und vom Stickstoffgehalt der Melasse (1,5—1,9%) nur 25—35% assimilierbar sind, muß je 100 kg Hefe noch 1,215 kg Ammoniakstickstoff z. B. in Form von Ammonsulfat oder von Ammoniakwasser zugeführt werden. Ammonphosphat, Ammoniakwasser bzw. Diammonphosphat enthalten 20,9, 18,7 bzw. 21,1% Stickstoff. Ersatzweise können auch Malzkeime als Stickstoffträger verwendet werden. Außerdem werden 0,8—1,2 kg Phosphorsäure benötigt (die Melasse enthält nur 0,025% P_2O_5) und in Form von Superphosphat oder besser von Diammonphosphat zugesetzt. Letzteres enthält 53,7% Phosphorsäure. Mit 100 kg Melasse werden 0,037 kg Magnesium zugeführt. Die noch erforderlichen 0,013 kg sind im allgemeinen im Betriebswasser enthalten, sonst ist die Zugabe von Magnesiumsulfat erforderlich. Außer Melasse kann jedes stärkehaltige Material (Roggen, Mais, Gerste) nach Verzuckerung als Ausgangsprodukt dienen.

Vorbehandlung. Die Melasse kommt von einem heizbaren Vorratsbehälter in den Kochbottich (Abb. 200). Sie wird auf 15° Balling verdünnt und mittels Zusatz von Schwefelsäure zum Verdünnungswasser auf einen Säuregrad von etwa 2 eingestellt. Durch die Säuerung sollen wilde Hefen und schädliche Bakterien vom Gärsubstrat ferngehalten werden. Bei diesem Säuregrad wird das Rohmaterial in einem mit einem Rührwerk versehenen Bottich bei 65° ½—1 Stunde oder je nach Keimgehalt auf 80 bis 100° meist durch Einblasen von Dampf erhitzt. Bei höheren Temperaturen kommt man mit kürzeren Zeiten aus, hierdurch scheint der assimilierbare Stickstoff weniger geschädigt zu werden. Man kann hieran eine Filtration anschließen, besser aber ist, die Schmutzstoffe in Zentrifugen abzuscheiden. Evtl. läßt man erst mit der Melasse dem Separator die Menge Wasser, die zur Verdünnung der Melasse erforderlich ist, zufließen. Die so gereinigte Würze fließt in einen Sammelbehälter.

Vergärung. Die Herstellung der obergärigen Stellhefe erfordert besondere Aufmerksamkeit. Die Reinzuchthefe wird auf dem Weg: Freudenreich-Kölbchen — Pasteurkolben — Carlsberg-Kolben zunächst auf Malzextrakt organisch ernährt und dann zur Gewöhnung an Melasse auf einer sterilisierten Mischung von Melasse, Malzkeimen, Malz und Phosphorsäure Zug um Zug auf größere Behälter überführt, die Malzbestandteile abgeläutert und nach jeder „Stufe" des Sproßvorganges separiert. Nach der 3. Stufe wird die „Originalhefe" abgepreßt, größere Bottiche angesetzt (Stellhefe) und mit deren Hilfe die Verkaufshefe gewonnen.

Bei den Kulturhefen mit starken Wuchseigenschaften (und insbesondere bei unechten Hefen wie Torula) läßt sich der Stoffwechseltyp: Atmung (Vermehrung) oder Gärung durch Förderung oder Abschluß des Luftzutritts regeln.

Zunächst wird Wasser von etwa 28° vorgelegt, dann erfolgt die Zugabe der Stellhefe (ca. 15—20% der Gesamtmelasse), von etwa $^1/_8$ der Melasse und von $^1/_8$ des Stickstoffs als Ammonsulfat und $^1/_8$—$^1/_{10}$ des Diammonphosphats. Konzentration der Melasse 1,5%. Durch Zugabe von Schwefelsäure wird der Säuregehalt auf 0,15—0,2 eingestellt ($p_H = 4{,}7$—$4{,}8$). In dem 7 m hohen Gärbottich wird nun die Würze durch fein verteilte Luft zu Schaum verwandelt. Die Luftzufuhr erfolgt vorwiegend durch gelochte Rohre, weiterhin durch gelochte, rotierende Lüfter (Vogelbusch) oder auch durch gelochte Glocken, die mit 20—30 Touren je min rotieren. Auch Kerzen aus unglasiertem Porzellan, gepreßtem Ton, Steinzeug oder aus gesintertem Glas sind im Gebrauch. Stündlich prüft man Ballinggrade, Säuregrade, p_H- und Formolgrad.

Sobald bei der Formolprobe nach Sörensen der Gehalt auf 0,15—2° gesunken ist, gibt man Stickstoff in Form von Ammonsulfat zu, wenn das p_H nicht unter 4,3—4,4 gesunken ist, sonst als Ammoniakwasser bzw. Salmiak. Das Diammonphosphat läuft

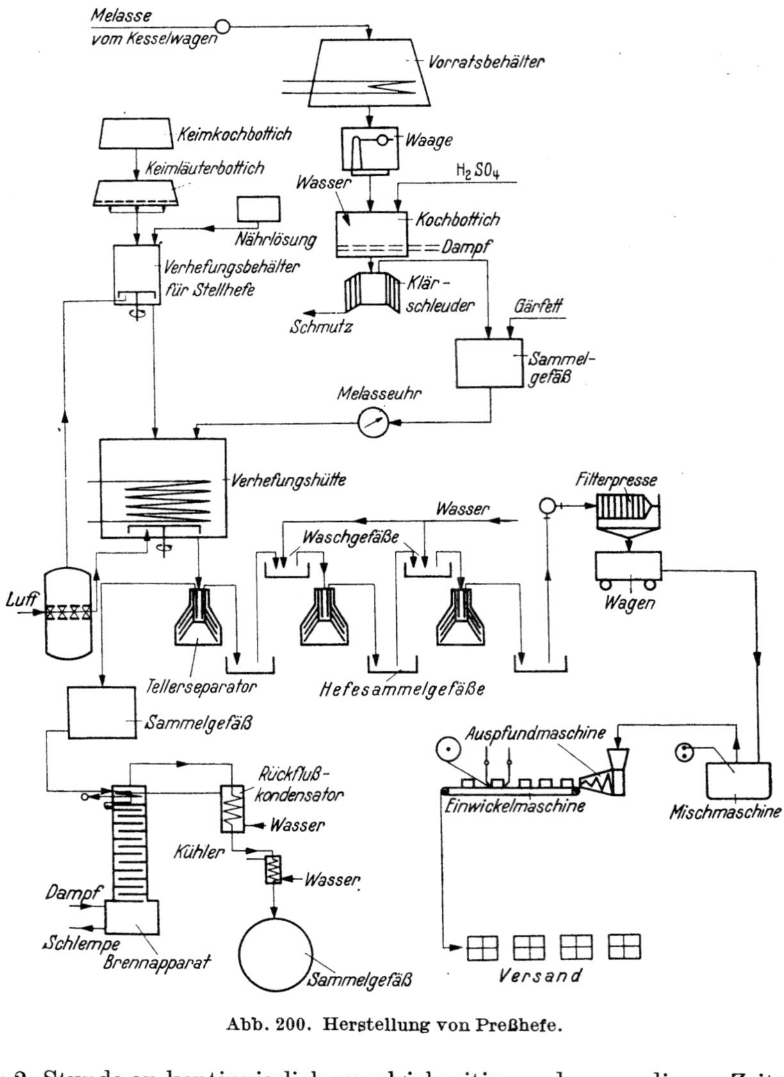

Abb. 200. Herstellung von Preßhefe.

von der 2. Stunde an kontinuierlich zu, gleichzeitig werden von diesem Zeitpunkt an die fehlenden $^7/_8$ der Melasse mit der in Wasser gelösten Anstellhefe kontinuierlich zugegeben (Zulaufverfahren). Zur Verringerung des Schäumens wird Gärfett zugegeben. Es besteht zu $^1/_4$ aus Wollfettabfällen, zu $^1/_4$ aus Fettsäuren, zur Hälfte aus Mineralöl, Wasser und Alkohol. Vom Sammelbehälter aus wird der Zufluß zur Verhefungsbütte geregelt.

Die beim Hefewachstum entstehende Wärme ($C_6H_{12}O_6 + 6\,O_2 \rightarrow 6CO_2 + 6H_2O +$ 1350 Kalorien), welche die Hefe instand setzt, energieverbrauchende Umsetzungen in größerem Umfang durchzuführen, wird durch ein Kühlsystem abgeführt: Die günstigste Temperatur liegt bei 33°, doch werden Anfangstemperaturen von 24—26°, Endtemperaturen von 30° angewandt. Dauer der Gärung 6—12 Stunden. Zum „Ausreifen" der Hefe erfolgt eine 1—2 stündige Nachgärung ohne Belüftung bei stark verringertem Melassezulauf um der Hefe die Möglichkeit zu geben, den noch vorhandenen anorganischen Stickstoff zu verarbeiten. Hauptgärung: ca. 80 m^3/m^3 Würze.

Bedarf an regenerierter Stellhefe für 200 kg Melasse ca. 1 kg. Eine kontinuierliche Vergärung ist wegen der Infektionsgefahr noch nicht möglich. Um bei hoher Ausbeute eine Hefe von guter Qualität zu erzeugen, ist bei langer Gärführung bei großer Stellhefenmenge eine kräftige Belüftung nötig.

Verarbeitung. Zur Trennung der gebildeten obergärigen Hefe von der vergorenen Würze werden Trennschleudern verwendet; die separierte Hefe kommt in ein Waschfaß, in dem sich mindestens so viel Frischwasser befindet, wie sich dicker Hefebrei ergibt und welcher mit einem Rührwerk versehen ist. Waschwasser und Hefe sollen einen p_H-Wert $= 4{,}4$ haben. Der Inhalt des Zwischenbehälters wird erneut zentrifugiert, gewaschen und zum drittenmal zentrifugiert. Je nach dem Alkoholgehalt des Zentrifugenablaufs wird dieser gebrannt oder in die Kanalisation abgeführt. Die alkoholische Würze der ersten Hefeseparatorstation kommt in den Brennapparat zur Herstellung von 94%igem Alkohol. Der Ablauf der zweiten und dritten Zentrifuge wird nicht verwertet. Zweckmäßigerweise wird er für Berieselungszwecke ausgenützt; er enthält nur geringe Mengen organischer Nichtzuckerstoffe, aber reichlich Salze. Der gewaschene Hefebrei — evtl. nach einer Abkühlung auf einem Rieselkühler — wird in einer Kammerfilterpresse bei 10 atm auf 70% Wassergehalt (68—74%) gebracht. Daran schließen sich Mischmaschinen an, welche die Preßkuchen unter Wasserzusatz (74—76%) gleichmäßig durchkneten, ohne der Hefe zu schaden, da die Hefe aus den einzelnen Filterkammern nicht den gleichen Wassergehalt hat.

Daran schließt sich die Form- und Teilmaschine an, die aus einem Konus besteht, in welchem eine Schnecke die Hefemasse durch ein viereckiges Mundstück drückt, auf einen mit einem beweglichen Abschneidemesser versehenen Schlitten auflegt und weiterschiebt. Die Lagerung erfolgt in Transportfässern bei + 4°. Der Eiweißgehalt der Hefe beträgt 38—42%, bei der Alkoholgewinnung, d. h. bei Erhöhung der Gärung gegenüber der Atmung, wird die Hefe eiweißreicher. Fettgehalt 2—5% i. Tr. Erwähnenswert ist der Gehalt an Aneurin, Laktoflavin, Nikotinsäureamid, Glutathion u. a.

Backfähige Trockenhefe darf nicht tiefer als auf 10—14% W.G. getrocknet werden, da sonst die Lebensfähigkeit erlischt.

Ausbeute aus 100 kg Melasse 10—80 kg Hefe und 30—0% Alkohol. Einer hohen Hefeausbeute steht eine niedrige Alkoholausbeute gegenüber. Bei reiner Hefeherstellung entstehen 4—5% Alkohol. Praktische Energieausbeute dabei 63—67% (gegen 93—86% bei der alkoholischen Gärung). Der Rest geht hauptsächlich durch Wärmeentwicklung verloren. Theoretisch müßten aus 100 kg Melasse 100 kg Hefe gewonnen werden.

Energiebedarf 1—1,5 kg Steinkohle für 1 kg Hefe.

Literatur.

VOGELBUSCH, W.: Z. VDI, **83**, 1267 (1939).

LUERS, H.: Chemie und Technologie der Landwirtschaftlichen Gewerbe, Berlin: P. Parey 1944.

LUERS, H.: Hefe, Nürnberg: H. Carl 1949.

4. Molkenverhefung.

Bei der Herstellung von Nährhefe aus Molke wird folgender Arbeitsgang eingehalten:

Die aus der Käserei kommende Sauer- oder Süßmolke (4,5—5,4% Milchzucker, p_H-Wert 4,2 bzw. 6,4) wird 10 bis 20 Minuten bei 90° erhitzt, und zwar möglichst nahe am isoelektrischen Punkt des Eiweißes bei p_H 4,7—5,0, da dann die Koagulation am vollständigsten ist. Nach dem Absitzen des Albumins (0,5 bis 0,7%) leert man die klare Molke kontinuierlich über einen Kühler in die Verhefungsbütte. Das Albumin wird durch Filter von der anhaftenden Molke befreit und dies ebenfalls in die Verhefungsbütte geleitet.

Die zum Hefeaufbau notwendigen Kalium-Magnesiumsalze und Phosphate sind in der Molke mehr als ausreichend vorhanden. Da aber von der Hefe nur rund 400 mg Molkenstickstoff assimilierbar sind, werden noch bis zu 1800 mg Stickstoff je Liter zusätzlich benötigt. Dieser wird sowohl in Form des Stickstoffes der Ammonsulfatgruppe (Verbindungen, die bei der Assimilation nicht assimilierbare Säure zurücklassen) wie auch des Stickstoffs der Harnstoffgruppe (in der Maische bleibt keine nicht assimilierbare Säure) zugegeben, je nach dem p_H-Wert der Maische, dessen Optimum bei 4,2 bis 4,4 liegt.

Die Verhefung erfolgt kontinuierlich in der Verhefungsbütte in etwa $3^1/_3$ bis $3\frac{1}{2}$ Stunden bei 33°. Luftbedarf je Gramm zugewachsener Hefe 7,5—8,1. Beim Waldhofverfahren wird die „Schaumgärung" angewandt, wobei die Maische mit Hilfe eines Propellers, welcher die Atmungsluft selbsttätig aussaugt, als Folge des Fettgehaltes der Molke (0,05 bis 0,3%) völlig zerschäumt wird (vgl. S. 284). Emulsion-Volumen etwa das $2\frac{1}{2}$fache des Flüssigkeitsvolumens. Durch einmaligen Zusatz von Stellhefe (Torula utilis) entwickelt sich das Hefewachstum. Gärfett wird nicht benötigt; es entsteht kein grobblasiger Schaum.

Nunmehr wird die Hefe von der Maische in einer Kammerzentrifuge abgeschleudert. Filtrieren ist nicht möglich, da die kolloidal gelösten Substanzen die Filter verstopfen.

Will man die in der Maische enthaltenen Nährstoffe möglichst vollständig ausnützen, so wäscht man die Hefe nicht und trocknet sie zusammen mit dem Molkeeiweiß in einem Zweiwalzentrockner. Ausbeute 32 bis 37 g Hefe je Liter Molke. Restmolke enthält noch 1,2% Trockensubstanz. Die Hefeausbeute ist bei Süß- und Sauermolke ziemlich gleich, was darauf zurückzuführen ist, daß die Milchsäure ebenso wie der Zucker von der Hefe restlos assimiliert wird.

Energiebedarf 0,6 bis 0,8 kWh/kg Hefe einschließlich Trocknung beim Waldhofverfahren.

Die Molkenhefe enthält 52 bis 57% Eiweiß, bis zu 8% Fett und 3,5 bis 4% P_2O_2. Bedarf an Ammonsulfat 3g/l.

Literatur.

Molkentagung des Instituts für Lebensmittelforschung München; Beiträge von NEUMANN.

5. Spiritusherstellung.

Durch die Brennereiheferassen werden Glukose, Fruktose, Saccharose und Maltose vergoren, dagegen nicht Dextrine, Laktose und Raffinose. Aus einem Mol Traubenzucker entstehen 2 Mole Alkohol und Kohlendioxyd, aus einem Mol Malzzucker je 4 Mole. Als Rohstoffe werden Kartoffeln, Mais, Reis, Hirse, Rüben, Mohrenhirse, Melasse und Obst bzw. Obsterzeugnisse verwendet. Die stärkehaltigen Rohstoffe enthalten im allgemeinen die zur Ernährung der Hefe erforderlichen Stickstoffsubstanzen und Mineralstoffe.

Vorbehandlung. Nach dem Waschen in den üblichen Trogwäschern und Wägen muß die in der Kartoffel enthaltene Stärke in eine lösliche, leicht angreifbare Form übergeführt werden. Diese Verkleisterung, Verflüssigung und beginnende Hydrolysierung der Stärke erfolgt im Henzedämpfer, einem stehenden, kegelförmigen Kessel (Abb. 201 und 202). Gesamte Dämpfzeit ca. $1\frac{1}{2}$ Stunden. Nach dem Andämpfen und

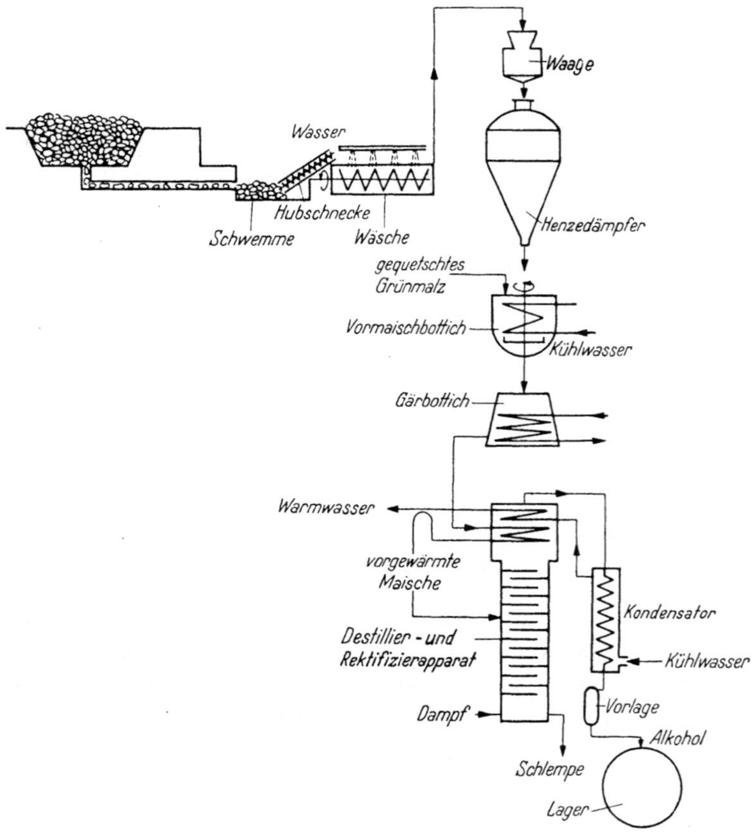

Abb. 201. Herstellung von Alkohol aus Kartoffeln.

Ablaufenlassen des Fruchtwassers bei gewöhnlichem Druck steigert man diesen auf $2\frac{1}{2}$—3 atm. Bei 3 atm läßt man den Druck etwa 10 min stehen. Gegen die Prallglocke des Vormaischbottichs wird der Inhalt des Dämpfers ausgeblasen. Durch die plötzliche Druckentlastung und durch das Durchpressen durch das Ausblaseventil wird eine genügende Trennung der Zellen erreicht. Gegebenenfalls kann man auch von rohen Kartoffeln ausgehen, die in Sägeblattreiben zerrieben werden. Das Kartoffelreibsel wird bei 60—65° mit etwas Grünmalz verflüssigt, 20 min auf 80° erhitzt und dann mit der Hauptmenge des Malzes bei 55° C und dann bei 60—62° C abgemaischt, hierauf 30—45 min lang verzuckert.

Im Vormaischbottich wird die verkleisterte Stärke in gärungsfähigen Zucker (Maltose) mit Hilfe der Diastase des Malzes verwandelt. Erzeugung von Langmalz vgl. S. 324. Gleichzeitig muß erreicht werden, daß keine schädlichen Mikroorganismen aufkommen können, was dadurch möglich ist, daß die Hefe an höhere Konzentrationen mancher Antiseptika gewöhnt werden kann bzw. dagegen weniger empfindlich ist als Bakterien. Durch Erhitzen der Maische kann der Anfangskeimgehalt an Bakterien nur gesenkt werden, da schon bei 65° die Verzuckerungskraft der Diastase verringert wird. In den Vormaischbottich wird etwas gequetschtes Grünmalz (ca. $^1/_3$ der Menge) und Wasser eingebracht, um die Diastase schon während des Ausblasens auf dem kurze Zeit flüssig bleibenden Stärkekleister zur Entwicklung bringen zu können, das Rührwerk in Gang gesetzt und Kühlwasser durch die Kühlschlange gedrückt, worauf das Ausblasen des Dämpfers beginnen kann. Das Ausblaseventil wird so weit geöffnet, daß an keiner Stelle des Bottichs eine Temperatur von 53—56° C überschritten wird. Das Ausblasen erfolgt gegen eine Prellkapsel, die Dampfabsaugung durch einen Ventilator, die Frischluftzuführung durch einen Schlot von außen. Anstelle des Ventilators wird auch ein Dampfstrahlexhaustor angewandt. Während des Ausblasens wird partienweise der Hauptteil des Grünmalzes (3—4 Portionen), im ganzen 1,3—3 kg je 100 kg Kartoffeln zugegeben. Nach dem Abstellen von Kühler und Rührwerk Dauer der Verzuckerung 15—20 min, je nach der Malzmenge, Gesamtdauer des Prozesses 1—1½ Stunden, wobei durch Jodreaktion nachzuprüfen ist, daß (im Gegensatz zur Brauerei) am Ende des Prozesses noch etwas Diastase wirksam bleibt, da stets etwas schwer vergärbares Dextrin (sogenanntes Grenzdextrin) zurückbleibt, welches während der Gärung noch verzuckert werden kann. Gegen Ende der Vermaischung steigert man die Temperatur auf 60° C, um die vegetativen Formen der Bakterienarten, die durch das unsterilisierte Malz hereingekommen sind, abzutöten. Man kann sich aber der optimalen Verzuckerungstemperatur von 55° stärker annähern, wenn man zu Beginn des Kühlens der Maische etwas Formalin zugibt oder aber besser das Grünmalz in formalinhaltigem Wasser einweicht. Der Extraktgehalt der süßen Maische bewegt sich um 19—21° Balling; in einer solchen Dünnmaische ist die Vergärung besser als in Dickmaischen mit über 22° Balling.

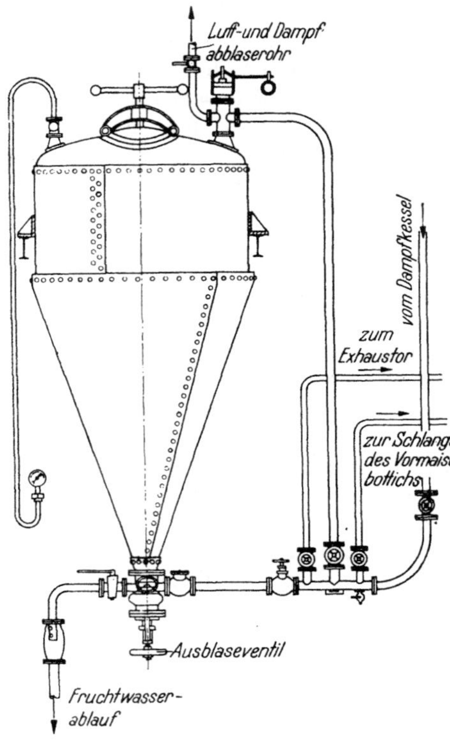

Abb. 202. Konisch-zylindrischer Henze-Dämpfer (A. Wagener, Küstrin).

Nach der Verzuckerung muß der Inhalt des Maischebottichs durch Kühlwasser oder durch einen Gegenstromkühler von der Verzuckerungstemperatur möglichst rasch (½—¾ Stunden) abgekühlt werden, damit die für die Entwicklung von Bakterien optimale Temperaturzone rasch durchschritten wird. Bei 25—30° C wird die Hefe zugegeben, die beim weiteren Kühlen mit der Maische gut vermischt wird und nac

Erreichung der Anstelltemperatur (16—22°) in den Gärbottich übergepumpt wird. Durch den Hefezusatz und das Nachspülwasser wird die Maischekonzentration um 2° Balling erniedrigt, z. B. von 20 auf 18° Balling.

Bei der Herstellung von *Kornbranntwein* wird feingeschrotetes Material mit der 2—3 fachen Menge Wasser angeteigt, nach der Zugabe von etwas Schwefelsäure das Schrot auf 62—65° C erwärmt und dann mit 4—6° feingeschrotetem Darrmalz 30 min verzuckert. Roggen kann wegen seines Gehaltes an Rohkorndiastase auch unter Selbstverzuckerung ohne Malz verarbeitet werden.

Bei der Gewinnung von Alkohol aus *Sulfitablauge* (allerdings für technische Zwecke) ist naturgemäß die Vorbehandlung eine andere. Vor allem muß die heiße Lauge in einem Neutralisationsturm mit frischgelöschtem Kalk und Calciumcarbonat, neutralisiert werden. Nach 4—5 stündiger Neutralisation und ausreichender Klärung durch Abstehen, wird die Lauge in einem Kühlturm gekühlt, woran sich die Vergärung anschließt. Sie dauert 70—80 Stunden. Der abgesetzte Kalkschlamm wird wieder für die Neutralisation eingesetzt.

Gärung. $C_6H_{12}O_6 = 2C_2H_5OH + 2CO_2 + 28$ kcal. Die Gärbottiche enthalten eine Kühlschlange. Die nach Zugabe der Mutterhefe wegen der Nachverzuckerung der Dextrine 3 Tage dauernde Gärung zerfällt in eine Vorgärung mit langsam steigender Temperatur (Anstelltemperatur 17—20°) und starker Hefevermehrung (24 Stunden), eine Haupt- und eine Nachperiode. Hauptgärung bei 28—30°, sehr intensive Kohlensäure- und Alkoholentwicklung, so daß ein Rührwerk unnötig ist, Abnahme der Maischekonzentration; lange Nachgärung (ca. 30 Stunden) bei sinkender Temperatur bis 25°, bei welcher der Rest der Dextrine durch Diastase abgebaut wird, bei etwas höherer Temperatur. Die Diastasewirkung darf durch Säurebildung in der Maische nicht gestört werden. Da im Gärbottich erhebliche Alkoholverluste durch Verdunstung entstehen, sind jetzt völlig geschlossene, emaillierte Gärkessel üblich, in welchen sich allerdings die Kühlschlange schlecht reinigen läßt, daher Außenberieselung. Kohlendioxyd strömt durch Kohlensäurewäscher, dessen Inhalt mit der reifen Maische destilliert wird. In neuzeitlichen Großbetrieben werden das kontinuierliche Gärverfahren sowie auch das bakterienfreie Gärverfahren angewandt. Bei ersterem wird ein kleiner Teil der Hauptmaische aus dem Gärbottich abgezweigt und im Vormaischbottich wieder zugegeben; bei letzterem wird der Inhalt des Henzedämpfers in den Gärkessel ausgeblasen, bei 80° die Stärke des Malztrebers und der Kartoffel verflüssigt und dann bei 55° ein mit Formalin behandelter Diastaseauszug zugegeben. Der Vormaischbottich entfällt.

Die Herstellung des *Hefeansatzes* erfolgt unter Verwendung der betreffenden süßen Maische (z. B. 65 Liter) und von feinzerquetschtem Grünmalz (z. B. 2 kg mit 10 Liter Wasser), was beides auf 62,5° C 1—1½ Stunden nachgemaischt wird, worauf eine Reinzucht von Milchsäurebakterien (Bazillus Delbrücki) zugegeben und die Maische bei 50—56° 20—24 Stunden stehengelassen wird, bis sich ein Säuregrad von 1,2 bis 1,5° einstellt. Hierauf wird die Hefemaische zur Abtötung der Mikroorganismen auf 75—80° 15 min erhitzt. Nun erfolgt eine rasche Abkühlung, die Zugabe (z. B. ½ kg) der Reinzuchthefe (stark vergärende, obergärige Hefemasse) und Vergärung bei 29—30° C auf 4—6° Ball, bei 15—20° C Anstelltemperatur. Die entstehende Hefe dient als Anstellhefe (5—7 fache Menge der Aussaat). Sie wird bereits im Vormaischbottich zugegeben, wenn 30° erreicht sind und zusammen mit der süßen Maische auf 17—21° heruntergekühlt. Die Säuerung kann auch mit Hilfe technischer Säuren, z. B. Schwefelsäure unter Zugabe von Hefenährstoffen, vorgenommen werden, wobei Pasteurisieren entfällt und die Zeitdauer auf die Hälfte abgekürzt wird.

Anstelle von Malz kann auch bei verflüssigter Stärke mit stärkeverzuckernden Schimmelpilzen (Mucor Delemar oder Amylomyces Rouxii oder Mucor Boulard: Abbau der Stärke über Maltose bis zur Glucose) bei Konzentrationen von 14° Ball im Reingärverfahren gearbeitet werden.

Beim *Amyloverfahren* werden die Kartoffeln gewaschen, auf einer Sägeblattreibe zerrieben, mit Wasser von 60° und 0,5—1% Grünmalz versetzt, rasch auf 73° aufgewärmt, 30 min lang verflüssigt, gedämpft, woran sich das Einleiten in den geschlossenen Gärkessel anschließt; bei 38—39° Vergären mit den Amylase liefernden Schimmelpilzen, 24 stündiges Belüften und daraufhin Vergärung mittels Hefe unter Belüften. Alkoholausbeute 66 Liter auf 100 kg Stärke. Vorwiegend nicht in der Kartoffel-, sondern in der Mais- und Reisbrennerei angewandt.

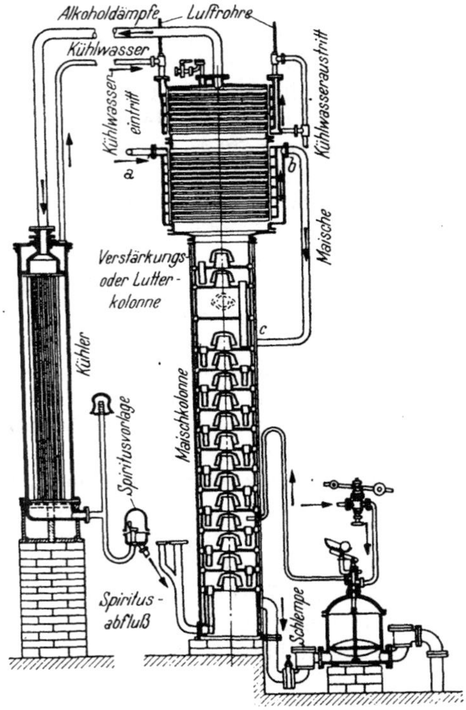

Abb. 203. Einteiliger, kontinuierlicher Destillierapparat.

Destillation. Die Trennung des Alkohols von der Maische beruht auf der Verschiedenheit der Siedepunkte von Äthylalkohol (78,3°) und Wasser (100°) und auf der Tatsache, daß sich das Leichtflüchtige bis zum „ausgezeichneten Punkt" (95,5 Gew-% Alkohol) der Siede- bzw. Kondensationskurve im Dampf anreichert.

Bei der Herstellung von Qualitätsbranntwein (Kognak, Obstbranntwein, Rum, Arrak) verwendet man nur eine Destillierblase mit Doppelboden und Kühler, da hierbei eine weitgehende Reinigung von flüchtigen Geschmacksstoffen nicht erwünscht ist. Es wird so oft destilliert (meist zweimal) bis der Branntwein die gewünschte Stärke aufweist. Eine Maische mit 10% Alkohol ergibt nach der ersten Destillation einen 28%igen Rauhbrand, nach der zweiten Destillation einen solchen von 50% (Feinbrand). Die geschmacklich schlechteren Vor- und Nachlaufanteile werden vom zweiten Destillat abgeschieden. Insbesondere im Vorlauf finden sich Azetaldehyd und Ester, Methylalkohol auch in späteren Fraktionen. Der Vorlauf schmeckt scharf, der Nachlauf fuselig. Bei der Herstellung von Kognak aus guten Weinen wird nur einmal destilliert, der Nachlauf wird gesondert aufgefangen.

Ein neuzeitlicher, kontinuierlicher Kolonnenapparat besteht anstelle der Blase aus der Abtriebssäule, weiterhin der Verstärkersäule zur Anreicherung der Alkoholdämpfe, dem Dephlegmator und dem Kondensator (Abb. 203). Die Arbeitsweise eines zweiteiligen Apparats ist folgende:

In die *Abtriebssäule*, die eine große Zahl von Glockenböden, Siebböden oder Füllkörpern enthält, strömt von unten nach oben Dampf, im Gegenstrom die vorgewärmte Maische. Die (gelegentlich) filtrierte Maische wird im Dephlegmator auf etwa 75° vorgewärmt, bevor sie in die Abtriebssäule strömt und wirkt dabei kondensierend. Die Schlempe wird kontinuierlich durch einen automatischen Schlempeheber in den Schlempesammelbehälter gedrückt. Bei den meisten kontinuierlichen Apparaten dient zur Regelung des Schlempeablaufs ein Schwimmerregulator, in welchem durch die einfließende Schlempe ein Schwimmer gehoben wird und bei einer gewissen Füllhöhe das mit ihm verbundene Ablaufventil öffnet, so daß die Schlempe periodisch abfließt. Die *Verstärkersäule* wird ebenfalls von unten nach oben von Dampf durchströmt, im Gegenstrom fließt das vom Dephlegmator abtropfende, an Schwersiedendem angereicherte Kondensat (Lutter) aus den Dämpfen der Abtriebssäule. In den Böden wird von oben nach unten der Alkoholgehalt geringer und die Temperatur höher, während sich der aufsteigende Dampf dem Siedediagramm entsprechend mit Leichtflüssigem anreichert. Das Kondensat in der Verstärkersäule wird durch den in diese Säule eintretenden Dampf völlig entgeistet und aus der untersten Kammer abgelassen. Die von der Abtriebssäule entweichenden Dämpfe gelangen, soweit sie nicht im Dephlegmator kondensiert werden, zusammen mit den Dämpfen der Verstärkersäule in den Kondensator.

Bei Verwendung zweiteiliger, kontinuierlicher Destillierapparate wird die Schlempe durch den Lutter, d. h. den im Dephlegmator niedergeschlagenen Teil der Dämpfe nicht verdünnt, da die Maischesäule getrennt ist, doch sind zweiteilige Kolonnenapparate teuer und schwerer zu bedienen als einteilige Apparate.

Da der Rohspiritus je nach den verwendeten Materialien noch unerwünschte Geschmacks- und Geruchsstoffe enthält, ist er zur Herstellung feiner Spirituosen noch nicht geeignet. Hierfür ist eine erneute Rektifikation nötig, wobei der an Aldehyd und Estern reiche Vorlauf, dann der Sekundasprit (technische Zwecke), der Feinsprit und schließlich der an Fuselölen reiche Nachlauf in getrennten Vorlagen abgefangen werden. (Ausbeute in kontinuierlichen Anlagen 90—92% Feinsprit.) Die chemische Reinigung durch die Rektifikation wird durch die mechanische Reinigung (Filtration über Holzkohle) unterstützt.

Die Schlempe wird im heißen Zustand, nicht unter 50°, an gleichen Tage verfüttert. Gelegentlich wird die Schlempe auch separiert und auf Walzentrocknern unter Beigabe von Kartoffelreibseln zu Schlempeflocken getrocknet. Besondere Bedeutung hat dieses Verfahren bei der Amyloschlempe.

Ausbeute. Theoretisch aus 100 kg reiner Stärke 71,54 Liter Weingeist, aus 100 kg reiner Saccharose oder Maltose 67,77 Liter Weingeist, praktisch nur 60—62 Liter wegen mangelhaftem Aufschluß und weil Zucker auch zum Aufbau der Hefezellen verbraucht wird und Alkoholverluste durch Verdunstung entstehen. Aus 100 kg Kartoffeln mit 18% Stärke ergeben sich etwa 120 Liter Maische und 11,6—12,4 Liter absoluter Alkohol. Unvergärbare Extraktstoffe bei Kartoffelmaischen 0,2—2° Ball, ähnlich Kernobstmaischen, dagegen bei Kirsch- und Zwetschgenmaischen 4 und 6° Ball. Menge an Kartoffelschlempe 100—140 Liter aus 100 Liter Maische, je nach der Art des Destillierapparates. 3—10 Liter 50%igen Obstbranntwein aus 100 kg unverdorbenem Material. Kartoffelschlempe enthält etwa 1,2% Rohprotein, 0,1% Fett und 3,1% stickstofffreie Extraktstoffe (94,3% Wasser). Getreideschlempen, insbesondere Maisschlempen, sind nährstoffreicher. Obstschlempen sind säurereich und für Futterzwecke nur in geringen Beimischquoten brauchbar (vgl. S. 131). Energieverbrauch einschließlich Dampfmaschine ca. 20 000 kcal für 100 kg Kartoffeln, davon ca. 8000 kcal für das Destillieren. Wasserbedarf 4—8 Liter Wasser je Liter Maische.

Anhang.

Die Gewinnung von Obstbranntwein, Beerenbranntwein, Weinbrand (Traubenmaische oder aufgespritete Brennweine), Rum (Rohrzuckermelasse) erfolgt wie zuvor beschrieben, nur daß die Vorbehandlung in der Vergärung erheblich einfacher ist, da

Dämpfen und Vermaischen entfällt. Man überläßt die zerquetschten, vollreifen Früchte meist der Selbstvergärung; allerdings werden auch Reinhefen (Weinhefen), z. B. bei Kirsch- und Zwetschgenbranntwein zugesetzt. Da Hefe gegen die luftbedürftigen Essigbakterien sehr empfindlich ist und die Vermehrung der Hefe auf Kosten der Alkoholausbeute geht, muß die Gärung unter Luftbeschluß durchgeführt werden. Vergorene Wein- und Obsttrester werden zweckmäßigerweise abgepreßt und der Saft gebrannt. Günstige Gärungstemperatur für Obst ist 20—25°, günstiger p_H-Wert 4,5. Dauer der Gärung: 1—4 Wochen. Zusatz von Ammoniumsalz als Hefenährstoff erfordern Heidelbeeren und gerbstoffreiche Birnen, evtl. auch Vogelbeeren und Wacholder (vgl. S. 314). Wacholderbranntwein wird durch Vergären der etwa 30% Invertzucker enthaltenden, zerquetschten Beeren mittels Reinzuchthefen gewonnen. Verarbeitung von Fallobst kann infolge bakterieller Prozesse Akrolein ergeben.

Weinbrand und Rum (aus Rohrzuckermelasse) nehmen durch das Lagern des Destillats, 4—10 Jahre in Eichenfässern, aroma- und farbbildende Gerbstoffe auf. Zur Herstellung von amerikanischem Whisky (Mais, Roggen) lagert der Rohwhisky in innen angekohlten Eichenfässern. Durch die mindestens zweijährige Lagerung, insbesondere durch die Einwirkung des durch die Poren des Fasses eindringenden Luftsauerstoffs, machen scharfschmeckende Geschmacksnuancen einem lieblichen, abgeglicheneren Aroma Platz. Schottischer Whisky wird dadurch hergestellt, daß Malz dem Rauch von Torffeuer ausgesetzt wird. Durch Ozon und Anwendung höherer Lagertemperaturen, sowie durch das Katadynverfahren kann eine künstliche Alterung von Branntweinen erreicht werden.

Je nach der Art der Liköre werden ätherische Öle oder auch Kräuterauszüge (gewonnen durch Maceration = langdauernde Kaltextraktion, Digestion = Heißextraktion oder durch Destillation, wenn die Aromastoffe flüchtig sind) kalt zugegeben; oder es wird mit Kräutern, die in den Helm des Destillierapparates eingebracht werden, (Gin) destilliert und verschiedene Fraktionen abgenommen. Anschließend wird ungeblauter, granulierter Zucker oder eine mittels Invertase teilweise invertierte Saccharoselösung zugegeben und filtriert. Vorwiegend wird Maceration mit kaltem Alkohol meist in Verbindung mit Destillation angewandt (Kümmel, Chartreuse, Benedictiner etc.). Beerenbranntweine lassen sich ausschließlich aus vergorener Beerenmaische nicht wirtschaftlich herstellen, so daß die vermahlenen Beeren mit Feinsprit übergossen und dann gebrannt werden. Auf 100 Liter Rauhbrand aus gesunden Obstmaischen sind gewöhnlich 1—1½ Liter Vorlauf abzuscheiden. Die Menge des Mittellaufs beträgt ⅓ der Rauhbrandmenge, die Nachlaufmenge ¼ der Rauhbrandmenge. Fast die Hälfte des Rauhbrands bleibt als Rückstand in der Blase.

Literatur.

Maercker-Delbrück: Handbuch der Spiritusfabrikation, Berlin: Parey 1908.
Foth, G.: Die Praxis des Brennereibetriebs, Berlin: Parey 1935.
Rüdiger, M.: Der landwirtschaftliche Brennereibetrieb, Stuttgart 1941.
Wüstenfeld, H.: Trinkbranntweine und Liköre, Berlin: Parey 1931.
Büttner, A.: Branntweine in Handbuch der Lebensmittelchemie VII.
Luers, H.: Chemie und Technologie der landwirtschaftlichen Gewerbe, Berlin: Parey 1944.
Malenke. E.: Der praktische Brenner, Freising-Weihenstephan 1949.

6. Gärungsessig.

Gärungsessig wird nach zwei Verfahren hergestellt: Verfahren mit in Ruhe befindlichen Maischen (Orleans-Pasteurverfahren) und Verfahren mit in Bewegung befindlichen Maischen (Schnellessigverfahren — Boerhave-, Rundpumpverfahren). Man unterscheidet Spritessig, Weinessig, Kräuteressig, Obstessig, Malzessig, Getreideessig, Zuckerrübenessig, Melasseessig, Molkenessig, Essig aus Kartoffeln, Honigessig. Der größte Teil des in Deutschland erzeugten Essigs ist Spritessig (Kartoffel- bzw. Melassesprit). Im Gegensatz zum Gärungsessig wird der Destillationsessig durch trockene Destillation des Holzes gewonnen; synthetischer Essig wird aus Acetylen hergestellt.

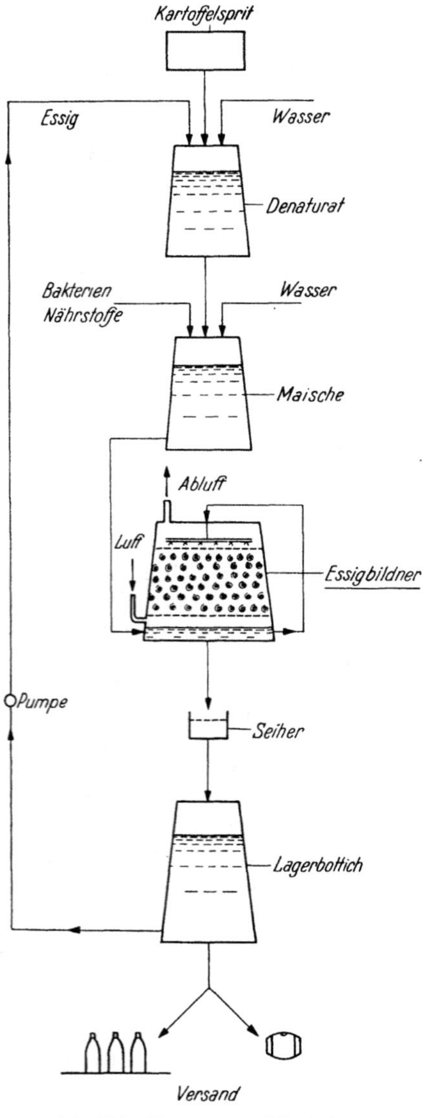

Abb. 204. Gärungsessigfabrikation.

Das am weitesten verbreitete Schnellessigverfahren nach Schützenbach beruht darauf, daß alkoholische Lösungen, denen gegebenenfalls geringe Mengen von Nährsalzen (insbesondere N-haltige Verbindungen und Phosphate) zugegeben werden, bei Luftzutritt im Dunkeln von den Essigsäurebakterien zu Essigsäure oxydiert werden. Hierzu benötigt man Standfässer, die mit porösem Füllmaterial (Buchenholzspäne) gefüllt sind, welche eine große Oberfläche für die Oxydationstätigkeit der Bakterien (Essigmutter) ergeben. Bei dieser biologischen Oxydation wird immer etwas Essigester gebildet. Durch die bei der Gärung entstehende Wärme (ca. 2000 kcal/l Alkohol) entsteht ein Konvektionsstrom von unten nach oben, der sowohl eine ausreichende Sauerstoffzufuhr, wie auch, in Verbindung mit der durch die Wandung abgeführten Transmissionswärme, eine genügende Temperaturkonstanz ermöglicht. Zur gleichmäßigen Maischeverteilung dient ein waagrechter, mit einem Tuch bespannter Siebboden (Handaufguß) bzw. ein Spritzrad oder ein Spritzkopf (kontinuierliches Verfahren).

Maischemenge und -zusammensetzung werden so eingestellt, daß in einmaligem, höchstens nach zwei- bis dreimaligem Durchlauf der gesamte Alkohol umgesetzt ist. Aufgußmaische 7—11% Säure, 2—4% Alkohol; ca. 3 Liter Alkohol/m³ Späne u. Tag werden umgesetzt. Die Säuerung ist nötig, um die Entwicklung der Essigbildner zu unterstützen und das Wachstum unerwünschter Bakterien zu unterdrücken. Raumtemperatur 16—24°, Wärmeoptimum im Essigbildner 27—33°, gegebenenfalls Verwendung von Reinzucht-Essigsäurebakterien. Genaue Temperaturbeobachtung und Analysen des Ablaufessigs auf Alkohol- und Säuregehalt. Bei 15% Säure stellt der Essigpilz seine Tätigkeit ein. Es entstehen auch andere Substanzen wie Furfurol, Acetylmethylcarbinol und Aldehyde, welche dem Essig seinen charakteristischen Geschmack verleihen.

Diese primitiven Essigbildner lassen sich nicht beliebig vergrößern, da dann die Beherrschung der Wärmeabfuhr Schwierigkeiten bereitet. Man wird dann die Konvektionsströmung durch eine zwangsläufige Luftumwälzung ersetzen und die überschüssige Wärme durch einen Gegenstromkühler abführen. Für *Großraumbildner* (Abb. 205) ist nur das Rundpumpverfahren geeignet. Der Kartoffelsprit wird so weit verdünnt, daß eine Maische mit etwa 10—12% Alkohol und 1% Säure entsteht, welche so lange umgepumpt wird, bis der Alkohol in Essigsäure umgewandelt ist, was 8—10 Tage dauert. Die Temperatur der umgepumpten Maische sowie Aufgußmenge und Luftzufuhr können automatisch geregelt werden. Luftbedarf ca. 4 m^3/Liter Alkohol; umgesetzt werden 5—8 Liter Alkohol je Tag und m^3 Spaninhalt (Abb. 204).

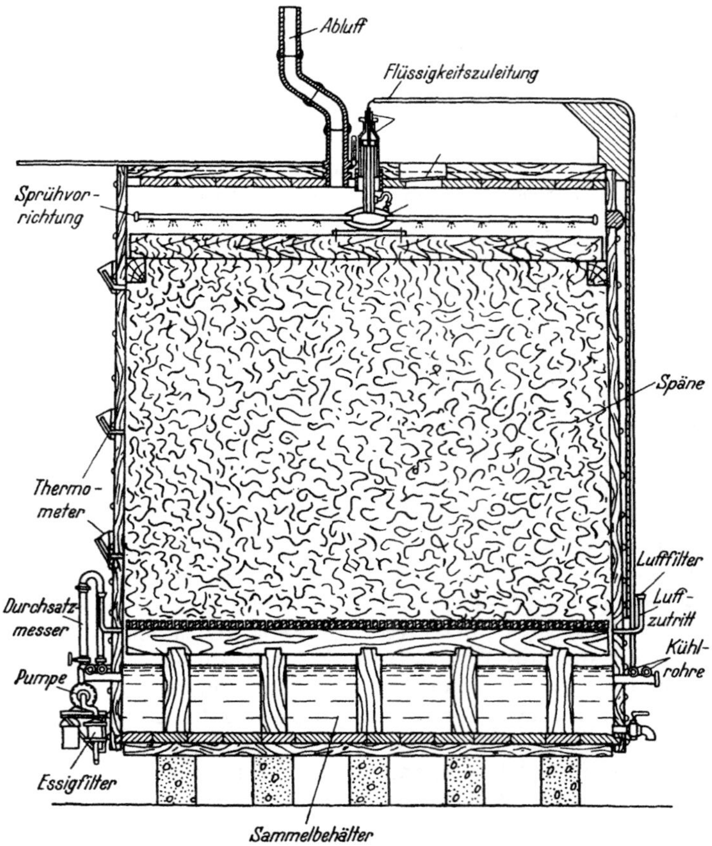

Abb. 205. Querschnitt durch einen Frings-Essiggenerator.

In die Abluftleitung von Großanlagen werden gekühlte Steingutrohre zur Rückgewinnung der flüchtigen Anteile, insbesondere der aromabildenden Ester, eingebaut. Ausbeuteerhöhung durch eine solche Kondensationsanlage ca. 5%. Die theoretische Ausbeute nach der summarischen Gleichung $CH_3CH_2OH + O_2 = CH_3COOH + H_2O + 116$ kcal von 130 kg Essigsäure aus 100 kg reinem Alkohol wird nicht erreicht (Verdunstung, Verluste durch CO_2-Bildung, evtl. Auftreten von Acetaldehyd $C_2H_5OH + 3O_2 = 2CO_2 + 3H_2O$). Deshalb darf die zugeführte Sauerstoffmenge nicht zu hoch sein. Praktische Ausbeute aus 1 g Alkohol nur etwa 1,26 g Essigsäure; benötigte Luftmenge 2,4 Liter.

Frischer Essig ist herb, anscheinend infolge Anwesenheit von höheren Alkoholen, Acetaldehyd und Säuren. Erst durch sechsmonatige Lagerung bildet sich, speziell in Essig aus Früchten, ein „Bouquet“ aus; nur bei den langsamen älteren Verfahren ist eine Alterung unnötig. Bei Essig, der aus reinem Alkohol gewonnen wurde, ist eine Alterung sinnlos. In Glasbehältern läuft sie nicht so vollständig ab wie in kleineren Holzbehältern. Die Klärung des Essigs erfolgt mittels Kasein, Tannin und Gelatine, Spanischer Erde oder Bentonit. Daran schließt sich das Filtern in Filterpressen aus Aluminiumbronze oder aus säurefestem Steingut an, wobei man Infusorienerde als Filterhilfsmittel verwendet. Die Klarfiltration erfolgt in Seitzfiltern. Ohne Seitzfilter wird nachträgliches Wachstum von Schleimessigbakterien durch kurzzeitiges Pasteurisieren bei 60—66° verhütet. Die Flaschen müssen möglichst voll gefüllt werden. Als Werkstoffe verwendet man Holz, Hartgummi, Vinidur, rostfreien Stahl, hochwertige Bronzen, säurefestes Steingut.

Literatur.

WÜSTENFELD, H.: Lehrbuch der Essigfabrikation, Berlin: Parey 1930 Deutsche Essigindustrie 1941, **45**.
FERING, H.: Deutsche Essigindustrie **41** 207 (1940).
WAGNER: Herstellung von Essigsäure, Gärungsessig, Buttersäure und Milchsäure 1928. Food Industr., **7**, 277 (1935).

Anhang.

Zitronensäure. Zitronensäure wird aus 15—25%iger Rohrzuckerlösung oder aus verdünnter Melasse mit 15—25% Zucker durch Vergärung mittels Aspergillus niger (XXII) bzw. Aspergillus Wentii gewonnen nach der Summengleichung:

$$C_{12}H_{22}O_{11} + H_2O + 6\,O = 2C_6H_8O_7 + 4\,H_2O\,.$$

Es wird empfohlen, die Melasse wegen des Eisengehalts mit 0,0018% Kaliumferrocyanid zu behandeln, weiterhin wird sie mit Wasser verdünnt, worauf Diatomeenerde zugegeben wird und das Ganze über Nacht stehenbleibt. Das Nährmedium wird nun bei 121° ca. 15 min sterilisiert, während des Abkühlens rinnt es in sterile, übereinandergestellte flache Schalen. Beim Kochen werden 1,5—1,8% Agar und H_2SO_4 zur Einstellung des p_H-Wertes auf 6—7 und Phosphorsäure zugemischt. Anschließend wird der p_H-Wert mittels HCl auf 1,6—2,2 eingestellt. Die besten Zitronensäurebildner sind Stämme, die bei niedrigem p_H gutes Wachstum zeigen (p_H 1,4). Die Luft (achtfacher Luftwechsel) wird auf 26—28° eingestellt und mittels Ölfilter gereinigt. Bei zu tiefer Temperatur wird zuviel Gluconsäure gebildet. O_2 oder O_2-Luftgemische fördern den Vorgang. Nach der Beimpfung werden die Kulturen 7—10 Tage bebrütet. Beimpfung von $^1/_4$—$^1/_2$ der Oberfläche erwies sich für eine gute Keimung als erforderlich. Am Ende beträgt die titrierbare Säure 7—8%, der p_H-Wert sinkt auf 1,4. Bis zu 60% des Zuckers werden vergoren (wovon 85—90% bei der Reinigung wirklich gewonnen werden). Wichtig ist eine rasche Gewinnung der Pilzdecke, das richtige Verhältnis zwischen Schichthöhe (ca. 8 cm) und Flüssigkeitsvolumen und die Wahl der Nährlösung in der Weise, daß die Myzelentwicklung eingeschränkt wird (gewisse Nährsalze im Minimum). Der Gehalt an $MgSO_4 \cdot 7H_2O$ darf 0,25 g/Liter nicht unter- und soll 2 g/Liter nicht überschreiten. Geeignete Konzentration der Stickstoffquelle $(NH_4)NO_3$ 1,6—3,2 g/Liter; es ist für die Säurebildung nötig, den Stickstoff nicht in der für das Wachstum optimalen Konzentration anzuwenden. Äußerst wichtig ist, daß $Fe^{\cdots}$ zu 1g/Liter vorhanden ist, KH_2PO_4 muß mit 1 g/Liter beteiligt sein. Das Myzel wird mit Filterpressen ausgepreßt und kann z. Z. noch nicht weiterverwertet werden. Die Nährlösung wird auf 80—90° erhitzt, Calciumoxyd zugegeben (400 kg CaO auf 1000 kg Zitronensäure). Mit Hilfe keramischer Filter wird Calciumzitrat von der Flüssigkeit getrennt. Dem Calciumzitrat wird die stöchiometrische Menge H_2SO_4 in einer 20%igen Lösung zugegeben. Der entstehende Gips wird abfiltriert und die Zitronensäurelösung bei 50° im Einfachverdampfer auf 70—80% eingedickt. Das Kristallisieren erfolgt in Emaillepfannen, die Kristalle werden abzentrifugiert. Zu beachten ist, daß die Aspergillusstämme die Neigung haben, rasch zu degenerieren.

Bei der Herstellung aus Zitronen (auch Ananas wird verwendet) werden die Früchte maschinell geschält, mit rotierenden Messern zerschnitten, in Schneckenpressen gepreßt, der Preßkuchen wird in Wasser getaucht und erneut gepreßt. Der Preßsaft enthält ca. 4% Zitronensäure. Da der Saft schlecht zu filtrieren ist, läßt man ihn 5—10 Tage gären, kocht ihn mit Infusorienerde und filtriert in Sweetlandfiltern oder in Filterpressen. Das Filtrat wird erneut erhitzt und mit Kalkwasser zu 90% neutralisiert, die restlichen 10% mit $CaCO_3$, da eine völlige Neutralisation mit $Ca(OH)_2$ Kristalle mit dunkler Farbe ergibt. Das entstehende Calciumzitrat wird in Vakuumfiltern bei möglichst hohen Temperaturen abfiltriert, da es hierbei unlöslicher als bei niedrigen Temperaturen ist. Schwefelsäure mit 66° Bé wird im stöchiometrischen Verhältnis mit dem Zitrat gemischt und der entstehende Gips in Vakuumfiltern abgeschieden. Das Filtrat wird nahe dem Siedepunkt auf 25° Bé eingedampft, der entstehende Niederschlag wird erneut abgefiltert und das Filtrat im Vakuum auf 37—39° Bé (bei 50°) weiter eingedickt. Die konzentrierte Lösung gelangt in Kristallisatoren, die aus Blei oder Monelmetall bestehen; zur Erzielung großer Kristalle ist eine Kristallisationszeit von 3—5 Tagen (13—15°) erforderlich. Die Kristalle werden in einer Siebschleuder abzentrifugiert und mit kaltem Wasser abgedeckt. Aus der Mutterlauge können erneut Kristalle gewonnen werden, die restliche Mutterlauge kommt verdünnt mit Wasser in die Neutralisationsbottiche.

Die Kristalle werden in Wasser aufgelöst, je nach den Verunreinigungen wird gelöschter Kalk (H_2SO_4-Überschuß), H_2S (Blei-, Kupfer-, Zinn-, Antimonsalze), Ferrocyankalium (Eisen, Nickel), weiterhin 1—2% Aktivkohle zugegeben, gekocht, gefiltert und das Filtrat im Vakuum in glasemaillierten Kochern auf 36—37° Bé eingedickt. Das Konzentrat wird erneut durch Filterpressen zur Entfernung des noch entstandenen Gipses geleitet, worauf es in die Kristallisatoren gelangt, die in gekühlten Räumen aufgestellt werden. Nach dem Zentrifugieren erfolgt Trocknen in Vakuumschaufeltrocknern und gegebenenfalls Vermahlen und Sieben.

Ausbeute: Aus 1000 kg Zitronen ca. 16—19 kg Zitronensäure (und 4—4,5 kg Zitrusöl).

In der Lebensmittelindustrie wird Zitronensäure vorwiegend zur Bonbonerzeugung und für Getränke verwendet.

Literatur.

WILSON, C. P.: Industr. Engg. Chem., **13**, 554 (1921).

BERNHAUER, K.: Gärungschemisches Praktikum, Berlin: Springer 1939.

ANGERMAIR M.: Dtsch. Lebensmitt. Rdsch., **45**, 90 (1949).

SHU, P., u. M. J. JOHNSON: Industr. Engg. Chem., **40**, 1202 (1948) and US.Pat. 2 353 71 (1944), sowie U.S. Pat. 2400 14.3 (1946).

DOELGER, W. P. and S. C. PRESCOTT: Industr. Engg. Chem., **26**, 1142 (1934).

Gärungsmilchsäure wird aus Melasse oder aus Brennereimaische durch Verzukkern mit Malzdiastase nach Ansäuern oder aus Kartoffelstärke nach Behandlung mit Malz oder Hydrolyse mit 0,1% H_2SO_4 hergestellt und verläuft summarisch nach der Formel: $C_6H_{12}O_6 = 2C_3H_6O_3 + 28$ kcal. Die 15—20%ige Lösung wird bei 80° sterilisiert, mit Calciumhydroxyd bzw. Calciumcarbonat auf p_H 5—6 gebracht, bei 45 bis

49^0 in einem mit Rührwerk, Heiz- und Kühlschlangen versehenen Gärbottich mit Lactobac. Delbrückii beimpft und die entstehende Milchsäure ständig mit Calciumhydroxyd bzw. Calciumcarbonat auf p_H 5—6 neutralisiert, da sonst die Tätigkeit der Milchsäurebakterien bei 1,8% Milchsäure aufhören würde. Gärungsbeginn nach 6—8 Stunden und Dauer 6—8 Tage bei 48—50^0. Etwa alle 2 Stunden wird die Kreide aufgerührt. Das Wachstum der Milchsäurebakterien wird durch Pantothensäure und Nicotinsäureamid stimuliert.

Die erzielte 10%ige neutralisierte Calciumlactatlösung wird in offenen Eisenkesseln auf 30% eingedickt, aus dem ausgefallenen und durch Filtern abgetrennten Calciumlactat wird mit H_2SO_4 Milchsäure quantitativ freigesetzt. Der Gips wird zusammen mit Filterkohle und Bakterienschleim in Filterpressen entfernt. Überschüssige Schwefelsäure wird mit Bariumhydroxyd entfernt. Das Filtrat wird im Vakuum auf 50—80% eingedickt. Kupfer- und Eisenspuren werden durch Natriumferrocyanid entfernt. Die gereinigte Lösung wird in emaillierten Tanks aufbewahrt. In der Lebensmittelindustrie wird die Genußmilchsäure als Ersatz für Wein- und Zitronensäure in Limonaden, Essenzen, Eiscreme, Fruchtsirupen, bei der Herstellung von Pektin, in USA zur Verbesserung der Verdaulichkeit von Kindernährmitteln u. dgl. verwendet.

Milchsäure kann auch aus Molke hergestellt werden. Die pasteurisierte Molke wird mit Lactobacillus bulgaricus beimpft. Die Vergärung erfolgt bei 43^0 in etwa 24 Stunden; alle 6 Stunden wird $Ca(OH)_2$ zugegeben, um den Säuregehalt unter 0,6% zu halten. Die vergorene Molke wird auf 96^0 erhitzt, um das Lactalbumin zu koagulieren. Nach etwa 10 min kann man das Calciumlactat dekantieren, worauf man die Lösung auf 0,1% Alkalität einstellt, Diatomeenerde als Filtermittel und Entfärbungskohle vor dem Filtrieren zusetzt. Die klare Lösung wird auf 0,05% Säuregehalt angesäuert, erneut ein Filterhilfsmittel und Aktivkohle zugegeben, worauf man nach dem Absetzen erneut filtriert. Die Flüssigkeit wird im Vakuum auf 15^0 Bé eingedickt und gelangt dann in Kristallisierwannen. Das Calciumlactat kristallisiert nach 10—12 Stunden bei 10—$15{,}6^0$ aus, woran sich das Zentrifugieren und Abdecken anschließt. Die Kristalle werden wieder aufgelöst und die Lösung wird nach dem Reinigen erneut zum Kristallisieren gebracht.

Literatur.

Bernhauer, K.: Gärungschemisches Praktikum, Berlin: Springer 1939.
Olive, T. P.: Chem. & Metall. Engg., **43**, 480 (1936).
Burton, L. V.: Food Industr., **9**, 571, 634 (1937).
Smith, L. and H. V. Claborn: Industr. Engg. Chem. (News Ed.), **17**, 370, 641 (1939).
Anon: Industr. Engg. Chem. **41**, 16 A (1949).

7. Sauerkraut.

Das Schema der Milchsäuregärung lautet:

$$C_6H_{12}O_6 \longrightarrow 2C_3H_6O_3 + 28 \text{ kcal.}$$

Außer Glukose werden von den Milchsäurebakterien auch Maltose, Laktose, Fruktose, Mannit, Sorbit u. dgl. vergoren. Entwickeln sich die Milchsäurebakterien nicht rasch genug, so nehmen die Buttersäurebakterien ihre Tätigkeit auf. Am gefährlichsten ist dabei Clostridium tyrobutyricum. Da die Buttersäure eine schwächere Säure ist als Milchsäure, tritt, wenn die Buttersäuregärung einmal begonnen hat, ein für das Wachstum der Milchsäurebakterien ungünstig hohes pH ein. Außer Buttersäurebakterien vermögen mit abnehmendem Säuregrad auch Fäulnisbakterien aus ihren Sporen auszukeimen.

Der Kohl wird geputzt, der Strunk maschinell herausgebohrt, die Krautköpfe durch rotierende Messer (Abb. 206) gehobelt, unter Zusatz von 2—2¼% Salz (Flüssigkeitsaustritt), damit die Gärung in Gang kommt. Wesentlich ist ein guter Luftabschluß, der durch Beschweren erreicht wird. Zusätzlich streut man eine dicke Lage Salz auf die oberste Schicht. Auch die Gefäßwandungen sollen luftundurchlässig sein. Schimmelpilze und Kahmhefen benötigen nämlich Luftsauerstoff und durch Luftabschluß wird ihr Wachstum unterdrückt (Abb. 207).

Abb. 206. Messer einer Kohlschneidemaschine.

Zunächst findet eine Art von Vorgärung statt, welche durch die verschiedensten aeroben Bakterien in die Wege geleitet wird. Vorherrschend ist Leuconostoc mesenteroides, welches Milchsäure und Essigsäure, Alkohol, CO_2 aus Glukose, Mannit aus Fruktose bildet. Die entstehenden Aromastoffe werden diesem Prozeß zugeschrieben. Selbsterwärmung und Kohlensäureentwicklung sind die auffallendsten Zeichen dieses Stadiums, wobei bei 18° ein Verlust von etwa 10% der stickstoffreien Extraktstoffe stattfindet. Bei einer optimalen Temperatur von 25° erreicht die Vorgärung nach etwa zwei Tagen ihr Maximum, höhere Temperaturen als 30° sollen aber nicht angewendet werden, weil sonst der Vitamin-C-Gehalt zu stark zurückgeht und das Kraut zu weich evtl. sogar schleimig wird. Andererseits kann eine zu tiefe Anfangstemperatur ebenfalls zu Fehlgärungen führen. In den ersten Tagen der Sauerkrautgärung wird zur Bereitung des Milieus für die Bildung von Milchsäurebakterien Sickersaft gebildet und damit die Luft ausgetrieben, soweit sie nicht bereits durch Kohlensäure verdrängt war.

Der anschließende Prozeß ist die Milchsäure-Gärung. Die beste Temperatur hierfür wäre 30°, doch wendet man zweckmäßigerweise Temperaturen zwischen 18 und 21° ab, da bei 30° das Wachstum aromabildender Organismen gehemmt ist. Bei Temperaturen unter 15° werden unliebsame Bakterien nicht genügend durch Säuerung unterdrückt. Der Hauptträger der Milchsäurebildung scheint Streptobacterium acetylcholini zu sein, daneben vor allem Skreptobacterium casei; von amerikanischer Seite werden angegeben: Lactobacillus cucumeris, welcher durch Lactobacillus pentoaceticus (gasbildend) abgelöst wird. Lactobacillus pentoaceticus bildet Milch- und Essigsäure, Alkohol, Mannit und CO_2 aus dem Restzucker. Die Hauptphase des Gärungsprozesses würde bei 25—30° etwa 7 Tage dauern, vom Einschneiden an gerechnet; nach Ablauf der Gärung soll ein p_H-Wert von 4,2 erreicht werden. Durch die Säuerung wird die Konservierung bewirkt. Praktisch dauert der Prozeß 3—4 Wochen, je nach den Temperaturbedingungen. Um ein Fortschreiten der Säuerung zu unterbinden, kann nach Erreichung des gewünschten Säuregrades der Sickersaft abgelassen und durch Leitungswasser ersetzt (oder aber Konservierungsmittel zugegeben) werden. Jeden-

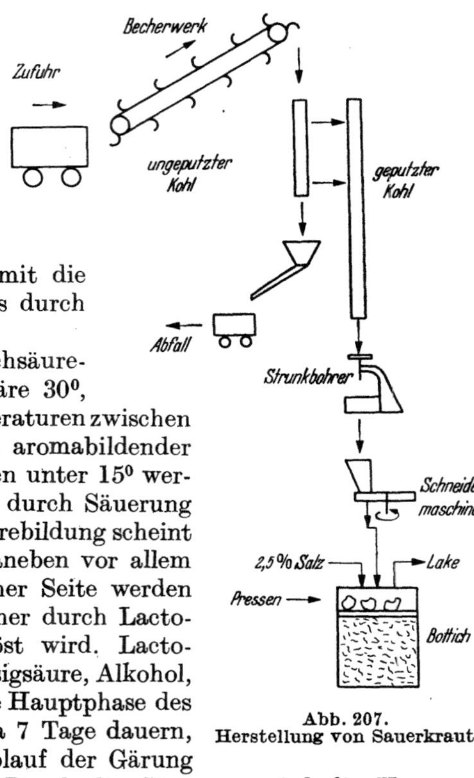

Abb. 207. Herstellung von Sauerkraut.

falls soll während der Lagerung eine Temperatur von 10° nicht überschritten werden.

Versuche, die Krautqualität durch Zugabe von Reinkulturen zu verbessern, hatten bisher nur wenig Erfolg. Pederson rät davon ab, da die auf diese Weise erreichte Beschleunigung der Milchsäurebildung auf Kosten des Aromas geht. Wichtiger ist, die erforderliche Salzmenge, Temperatur, Ausgangsqualität einzuhalten und die Anlagen sauber zu halten. Je höher die Salzzugabe, um so fester wird das Kraut und um so größer wird die Bildung von Sickersaft. Erfahrungsgemäß wird bei höheren Salzkonzentrationen als 2,5% — evtl. auch als Folge ungleichmäßiger Verteilung — das Wachstum der Gärungsbakterien gehemmt. (Gefahr von Verfärbungen durch Hefen.) Der Vitamin-C-Gehalt eines guten Krautes soll etwa 15 mg/100 g betragen. Außer einer Aufbewahrung in Fässern erfolgt auch Sterilisieren in Dosen. Das Exhaustieren erfolgt bei 70°, das Sterilisieren bei 100°.

Literatur.

EICHHOLTZ, F.: Sauerkraut und ähnliche Gärerzeugnisse, Die Wissenschaft, Braunschweig: Vieweg 1941.

Verschiedene Arbeiten von C. S. PEDERSON, New York State Agr. Expt. Station (1930), (1931), (1932), (1933), (1938), (1943), (1946), (1949).

LE FEVRE: The Commercial Production of Sauerkraut, US. Dep. Agr. Circ. 25 (1928).

PRESCOTT, S. C. and C. G. DUNN: Industr. Microbiology, New York 1940.

ETCHELLS, J. L., I. D. JONES, and M. W. LEWIS, US Dep-Agric. Wash. Bull. No. 947, Okt. 1947.

Anhang.

Pickles. Zur Herstellung von Salzpickles werden die Gurken gewaschen, gewogen, in Tanks eingelegt und mit einer 8—(10)%igen Salzlösung übergossen. Durch diese hohen Salzkonzentrationen werden proteolytische und pektolytische (Vermeiden des Weichwerdens) Bakterien unterdrückt. Die Salzkonzentration wird jede Woche durch Salzzugabe um 0,7% bis (0,5%) erhöht, bis eine 15,9%ige Lösung erreicht ist. Eventuell wird 1% Zucker, am besten Glukose, zur Förderung der Milchsäuregärung zugegeben, da Gurken erheblich weniger Zucker enthalten als Kraut. Die Pickles müssen mit Sole überdeckt sein. Die Zugabe von Bakterienkulturen aus anderen Gärbottichen ist zweckmäßig. Die eiweißabbauenden Bakterien werden im Verlauf der Gärung langsam durch säurebildende Bakterien verdrängt. Der gesamte Vergärungsprozeß dauert etwa 6 bis 9 Wochen. Die Salzpickles werden je nach dem Verwendungszweck gewässert (saure Pickles, Dill-Pickles, süße Pickles). Pickles, die mit weniger Salz vergoren wurden, haben kürzere Haltbarkeitszeiten.

Literatur.

PETERSEN, L. W., FAVILLE, FABIAN, E. E. W., et al.: The Fruit Prod. J., **28**, 205 (1949).

8. Bierbrauerei [1]).

Maischen. Zweck des Maischens ist, die unlöslichen Bestandteile des Malzes (Stärke) durch die während des Keimens gebildete Diastase in lösliche Verbindungen (Zucker, Dextrine) überzuführen, die hochmolekularen Eiweißstoffe abzubauen und die so entstandenen löslichen Stoffe möglichst weitgehend zu extrahieren und quantitativ zu erfassen. Abgesehen von der Malzqualität ist die Zusammen-

[1]) Mit doppeltem Sudwerk und Anwendung des Dreimaische-Verfahrens (vorwiegend für dunkle Malze). Untergäriges Bier.

setzung der Maische von der Temperatur, der Maischekonzentration und dem p_H-Wert abhängig.

Das Optimum des Eiweißabbaus liegt bei 48—50°.
Das Optimum der Verzuckerung liegt bei 50—63°.
Das Optimum der Verflüssigung liegt bei 70°.

Bei höheren Temperaturen bilden sich vorwiegend Dextrine. Bei 85° hat die diastatische Kraft ihre Wirkung eingebüßt, bei 45° ist die Schädigung nur gering. Daraus wird klar, wie sehr das Enderzeugnis von der Temperaturführung abhängt.

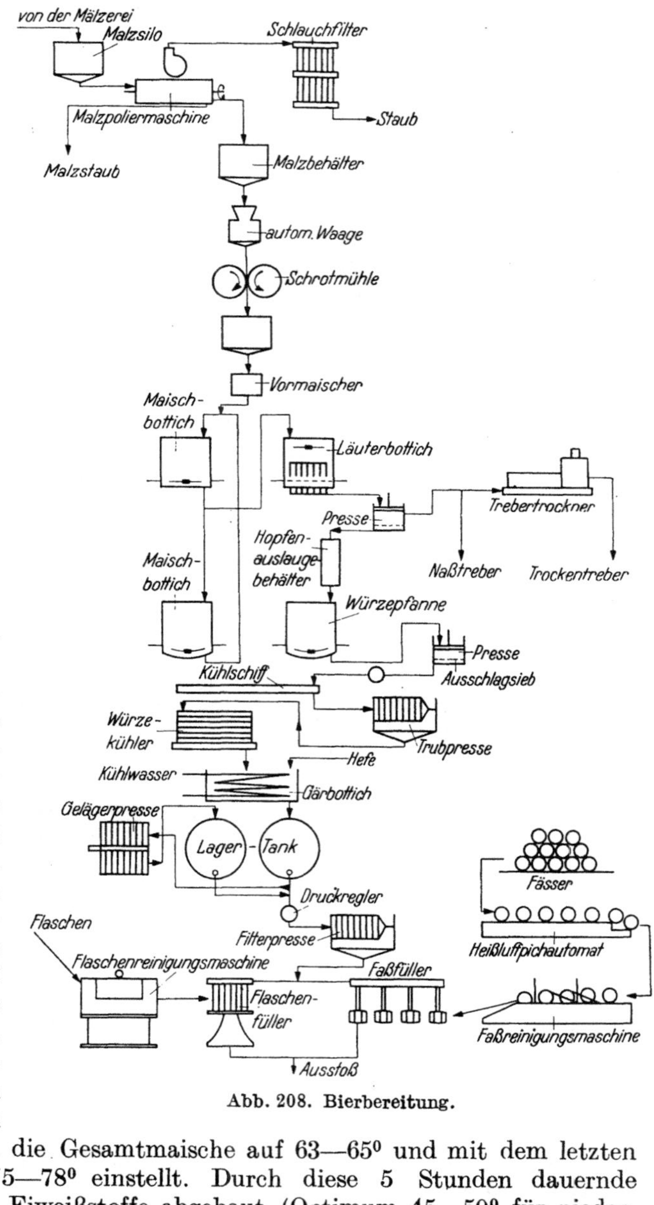

Abb. 208. Bierbereitung.

Nach dem Schroten des Malzes wird dieses in einem mit Rührwerk versehenen Maischbottich mit Wasser bei 35—37° vermengt (Abb. 208). Gelegentlich wird zur Verbesserung der Ausbeute bei der Herstellung dunkler Biere bzw. bei diastaseschwachen Malzen ein Vormaischbottich vorgeschaltet, in dem das Malz in kaltem Wasser 6—12 Stunden verbleibt. Man zieht dann nach dem sogenannten Dreimaischverfahren $^1/_3$ aus dem Maischebottich ab und bringt dieses in einer mit Rührwerk versehenen Maischpfanne langsam auf 65—70° (dunkles Malz 20—45 min, helles Malz 15—20 min) und dann zum Sieden, worauf dieser Teil in den Maischbottich zurückströmt. Die Temperatur des Inhalts steigt hierdurch auf 50—54°. Von dieser Maische wird erneut $^1/_3$ abgezogen und in 30—40 min auf Kochtemperatur erhitzt und 30 min (dunkel) bzw. 20—25 min (hell) erhitzt, wodurch sich die Gesamtmaische auf 63—65° und mit dem letzten Drittel (Abmaischen) auf 75—78° einstellt. Durch diese 5 Stunden dauernde Behandlung werden gelöste Eiweißstoffe abgebaut (Optimum 45—50° für niedermolekularen Stickstoff und 65—70° für hochmolekularen, für Schaumhaltigkeit wichtigen Stickstoff), Malzzucker gebildet, schlecht aufgeschlossene, unverkleisterte Stärke durch Kochen aufgeschlossen und durch Diastase zu Dextrin abgebaut (Optimum der Verflüssigung bei 70°) und dadurch eine gute Extraktausbeute erreicht. Bei 85° ist die diastatische Kraft erloschen und zwar ist die Betaamylase bereits gegen Temperaturen über 60° empfindlich, die Alphaamylase dagegen weniger [1]). Die Restdextrine werden aus Schaumhaltigkeitsgründen erhalten und nicht weiter abgebaut. Beim sogenannten „Eiweißrastverfahren" (für schlecht gelöste Malze), bei welchem eine ½—¾stündige Rast bei 47—50° eingeschaltet wird, und noch vollständiger beim sogenannten Infusionsverfahren, berücksichtigt man diese Tatsache dadurch, daß man bei letzterem langsam — mit Enzympausen — die Temperatur der Maische auf 75—78° steigert, ohne zu kochen; hierdurch wird der enzymatische Abbau verbessert, wenn auch durch den Wegfall des Kochens bei nicht gut gelösten Malzen die stärkeführenden Membranen nicht aufgesprengt werden; die Extraktausbeute wird hierdurch jedenfalls nicht verbessert. Beim Dreimaischverfahren beträgt dagegen die diastatische Kraft, die bei 35° zu 100 angenommen sei, nach dem Beimischen der ersten Kochmaische z. B. 61, nach der Beimischung der zweiten Kochmaische 27 und beim Abmaischen nur noch 7. Man sieht, daß ebenso wie das Mälzen auch das Maischen eine Sache der Erfahrung ist; jedenfalls wird man helle, diastasereiche Malze anders maischen, als dunkle, diastasearme Malzsorten. Bezüglich der übrigen Maischverfahren für helle Malze, wie Zweimaischverfahren, Einmaischverfahren, Hochkurzmaischverfahren, Digestionsverfahren, Schmitzsches Verfahren, Maischverfahren mit sortiertem Schrot, sei auf Spezialliteratur verwiesen [2]).

Die Trennung der Würze von den unlöslichen Bestandteilen des Malzes erfolgt in 30—40 cm Höhe im Läuterbottich (Abb. 209), in dem in kleineren Betrieben auch

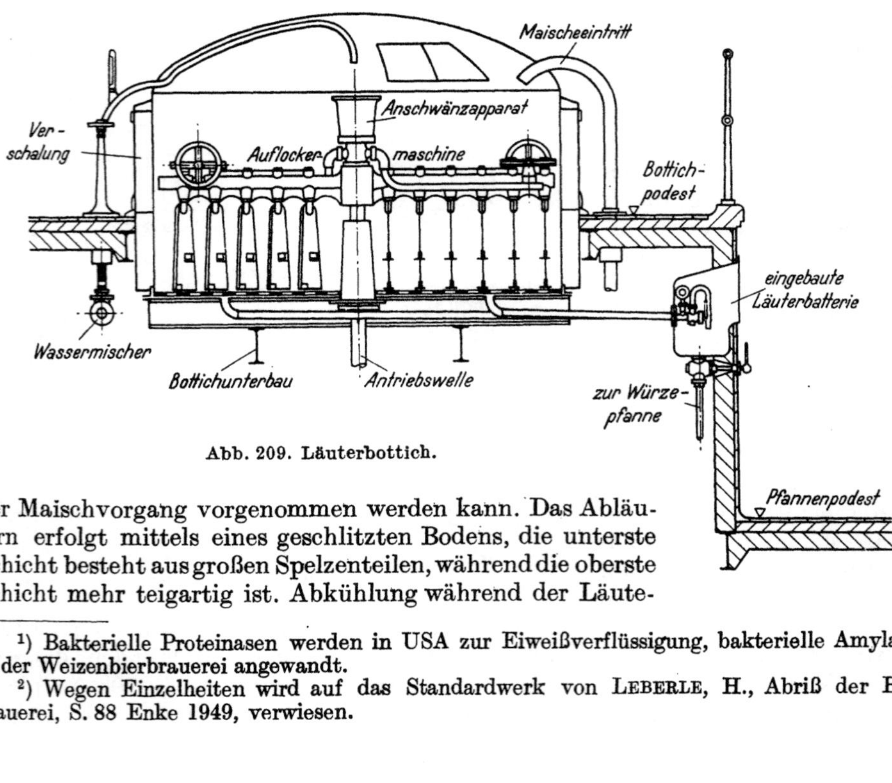

Abb. 209. Läuterbottich.

der Maischvorgang vorgenommen werden kann. Das Abläutern erfolgt mittels eines geschlitzten Bodens, die unterste Schicht besteht aus großen Spelzenteilen, während die oberste Schicht mehr teigartig ist. Abkühlung während der Läute-

[1]) Bakterielle Proteinasen werden in USA zur Eiweißverflüssigung, bakterielle Amylasen in der Weizenbierbrauerei angewandt.

[2]) Wegen Einzelheiten wird auf das Standardwerk von LEBERLE, H., Abriß der Bierbrauerei, S. 88 Enke 1949, verwiesen.

rung ist zu vermeiden. (Ablauftemperatur der Würze 70—75°.) In neuzeitlichen Anlagen verwendet man vielfach Maischefilter (mit geringem Überdruck arbeitende Rahmenfilterpressen), da die Läuterdauer dabei kürzer ist (1½—2½ Stunden). Außerdem kann man hiermit auch Feinschrot verarbeiten (im Läuterbottich aber nur Grobschrot) und mangelhafte Malze besser verarbeiten. Nachteilig ist jedoch der Verschleiß an Filtertüchern und die Mehrarbeit beim Austrebern und Reinigen der Filter. Dauer des Durchlaufs 20—40 min, worauf mit Dampf oder Druckluft die in den Trebern noch enthaltene Würze entfernt und dann sofort Anschwänzwasser mit etwa 80° hinterhergedrückt wird. Durch Verbesserung der Läuterbottiche (ununterbrochene Läuterung, verbesserte Auflockerungsmaschinen, Läuterdruckregler, Quellgebietsabschluß u. dgl.) scheint sich die Entscheidung jetzt wieder zu ihren Gunsten zu wenden. Der Läuterdruckregler nach Jakob besteht aus einem Manometer zur Anzeige des statischen Druckes im Läuterbottich und einem Anzeigegerät für den Gesamtdruck, abzüglich der Druckverluste durch den Treberwiderstand sowie durch sämtliche Widerstände durch Richtungsänderung, Reibung u. dgl. Der Läuterhahn des Druckreglers wird so weit geöffnet, daß der Unterschied zwischen den beiden Skalen 10 cm beträgt. Bei zu hohen Werten muß die Treberschneidmaschine in Tätigkeit gesetzt werden.

Bei Verwendung eines Läuterbottichs bleibt die Würze mit der erreichten Endtemperatur von 75° ½—1 Stunde stehen; in dieser Zeit setzen sich die Treber ab. Das zur Auslaugung nötige Wasser wird den Trebern durch „Anschwänzapparate", perforierte, sich drehende Kupferrohre zugeführt. Die Treber werden mit einer rotierenden Treberaufhackvorrichtung, die sich während des Anschwänzens mittels einer hydraulischen Hebe- und Senkvorrichtung in die Treberschicht hinabbohrt, ohne Störung der Schichtenbildung aufgelockert und so lange mit heißem Wasser ausgezogen (angeschwänzt), bis das ablaufende Glattwasser (Treber-Auslaugewasser) nur mehr geringen Extraktgehalt (0,1—0,5%) enthält. Läuterdauer 3—4 Stunden. Ist der Raum unter dem Senkboden ungeteilt, so spricht man von „offenen", ist er entsprechend den Bottichanstichen unterteilt, von „geschlossenen" Quellgebieten.

Die Malztreber werden nach dem Vorpressen entweder in Muldentrocknern getrocknet, meist aber als Mastfutter für Rindvieh (Milchvieh) und Schweine frisch verwertet. Sie sind wenig haltbar aber durch silieren zu konservieren.

Hopfen, Kochen, Kühlen. Die klare Würze kommt nun zum Kochen in die Braupfanne. Üblicherweise erfolgt die Hopfenzugabe zur kochenden Würze. Zur besseren Ausnützung des Hopfens kann die Würze auch in den Hopfenentlaugungsapparat eingeführt werden, durch den auch die Nachgüsse geleitet werden. Er wird als Druckgefäß (Montejus, vgl. S. 272) ausgeführt. Je nach dem Biertyp schwankt für 12—13%ige Biere die Menge der Hopfenzugabe zwischen 150 und 550 g/Hektoliter. Die Ausnutzung der Bitterstoffe ist nur etwa 30%. Das Kochen der Würze erfolgt um sie zu konzentrieren, zu sterilisieren, um die Enzyme abzutöten, um die Bitterstoffe des Hopfens zu extrahieren und sie in Verkochungsprodukte umzuwandeln, und um das hitzekoagulierbare Eiweiß möglichst grobflockig auszufällen; die Kochdauer von 1½—2½ Stunden ist durch alle diese Gesichtspunkte mit Ausnahme der Inaktivierung der Diastase und der Sterilisierung verursacht.

Eine grobflockige Zusammenballung des Bruches ist nur durch hohe Verdampfung und durch richtige Pfannenform zu erreichen. Bemerkenswerte Pfannenkonstruktionen waren die „Zusatzkochapparate", welche außer der Mantelheizung z. B. ein vertikal gestelltes Rohrsystem enthalten und von einem Mantel umgeben sind, der mit einer Haube abschließt, aus welcher Arme herausragen, welche durch die hochsteigende Würze nach dem Prinzip des Segnerschen Wasserrades rotieren. Die modernere Entwicklung ging dahin, eine doppelte Beheizung des Bodens und Mantels einzuführen, worauf der nach innen hochgezogene Pfannenboden (Abb. 210) und die Beheizung des mittleren Bodenteils mit hochgespanntem (4—5 atü) und des seitlichen Bodenteils mit niedriger gespanntem Dampf (2—2½ atü) folgte. Hierdurch ergibt sich eine bessere Konvektionsströmung (Hochleistungspfannen). Durch Druckkochung ist es möglich, wegen der schnell eintretenden guten Bruchbildung den Kochprozeß erheblich abzukürzen und Brennstoff zu sparen. 45 min wird offen gekocht dann 20 min bei einem Überdruck von 0,2—0,3 atü.

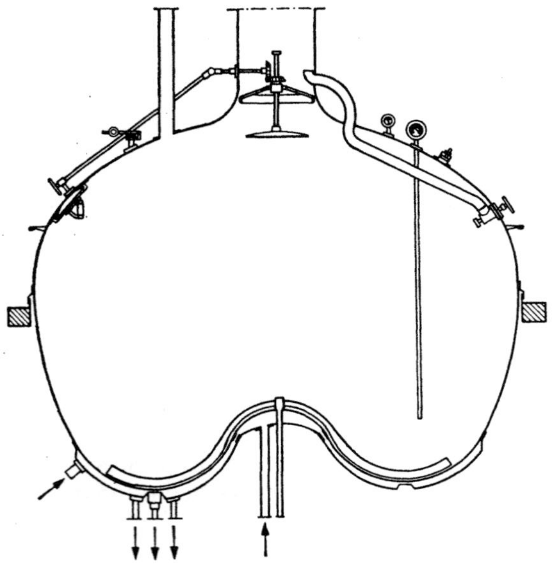

Abb. 210. Pfanne für Überdruckkochung (Ziemann).

Die heiße Würze mitsamt dem Bruch und den Hopfentrebern wird nach beendigtem Kochen im Hopfenseiher vom ausgekochten Hopfen getrennt und zum Kühlschiff oder Setzbottich hochgepumpt. Die in den Hopfentrebern verbleibende Würzemenge wird durch Auslaugen mit heißem Wasser unter gleichzeitigem Auspressen gewonnen. Es muß nun der Trub entfernt werden, da er die Hefe verschmiert, Bierverluste verursacht, die Klärung in den Lagerkellern hemmt und einen herben Geschmack verursacht. Im Kühlschiff erfolgt im Verlauf von 2—4 Stunden durch Verdunstung eine gewisse Abkühlung der Würze, was für die Vollkommenheit der Trubabscheidung (Heißtrub) wichtig ist; die Sauerstoffzufuhr als Folge der Belüftung (mit Hilfe von Staubfilter — vgl. S. 38) bewirkt eine unerwünschte, oxydative Dunkelfärbung des Bieres, die mit der Verdunstung einhergehende Konzentrierung (½—1%) deckt etwa den dadurch hervorgerufenen Verlust, daß die der Temperatursenkung auf 50—60° entsprechende Wärmemenge nicht ausgenutzt werden kann. Die Würze wird über einen Rieselkühler oder durch einen Plattenkühler geführt, der sie in zwei Stufen, und zwar zuerst mittels Leitungswasser, dann mittels künstlich gekühltem „Süßwasser" aus einem sogenannten Süßwasserkühler als Kältespeicher, auf die Anstelltemperatur (5—6°) abkühlt. Die Menge an Kalttrub beträgt 5—15% der Heißtrubmenge. Bei dem Jakobschen Heißfiltrationsverfahren verzichtet man auf ein Kühlschiff, filtriert die heiße Ausschlagwürze blank und kühlt sie in einem Plattenkühler. Man kann auch dem Plattenkühler einen Separator nachschalten und bei Temperaturen unter 40—50° einen Teil des Feintrubes ausschleudern. Völlige Entfernung des Kalttrubes führt aber zu einer verzögerten Gärung. Moderne Brauereien sind jedenfalls dazu übergegangen, das teuere Kühlschiff, welches mit steriler Luft gekühlt werden soll, durch Kammerschleudern oder durch Filterpressen zu ersetzen. Als Nachteil der Filterpresse wird angesehen, daß sie den Kalttrub zu weitgehend entfernt. Um eine genügende Sauerstoffaufnahme für die Gärung zu erzielen, reicht es völlig aus, wenn man die aus dem Plattenapparat abfließende kalte Würze frei in den Anstellbottich oder Gärbottich einfließen läßt.

Der im Kühlschiff verbleibende Trub (1—2% des Malzgewichts) enthält 60 bis 70% Eiweiß; er wird durch eine Trubpresse oder durch eine Trubwürzezentrifuge entfernt. Die hieraus gewonnene Würze (2—3%) wird meist sterilisiert. Die Hopfentreber wandern meist in die Abfallgrube, gelegentlich werden sie als Düngemittel verwendet. Neuerdings wurde vorgeschlagen, sie als Zusatz bei der Herstellung von Pappe zu verwerten.

Gärung. Im Gärkeller wird in einem Anstellbottich von Saccharomyces cerevisae aus einer Reinzucht zur Spaltung des Zuckers in Alkohol und Kohlensäure zugegeben. Die Hauptgärung bei 5—6° mit vorübergehendem Anstieg auf 8—9° (untergäriges Bier) erfordert im Anfangsstadium der Gärung eine Wärmeabfuhr mit Hilfe von in die Gärbottiche eingehängten Taschenkühlern mittels Süßwasser. Außerdem wird die Gärkellerluft gekühlt. Dauer der Hauptgärung 8—10 Tage: Alkoholgehalt dann 2—3,5%, vom Gehalt der Stammwürze abhängig. Hefebedarf 0,5 Liter dickbreiige Hefe auf 1 Hektoliter Würze. Vor dem „Fassen" des Bieres wird die dünne braune Decke auf der Oberfläche, bestehend aus Eiweiß, Gerbstoff, Harz, mittels eines durchlöcherten Löffels entfernt. Von der im Gärbottich verbleibenden Hefe wird die mittlere helle Schicht (Kernhefe) nach dem Seihen und Waschen zum weiteren Anstellen verwertet; das sogenannte Ober- und Unterzeug besteht größtenteils aus toten Zellen, vermischt mit Verunreinigungen, z. B. den Hopfenharzen, welche auch die Farbe bedingen und Trub. Die Hefeernte beträgt das 3—5fache der Aussaat, eine Würzekonzentration von 11—13% vorausgesetzt. Die Hefe wird gewaschen und in einer Filterpresse abgepreßt, in USA zentrifugiert (Schälrohrzentrifuge). Geschlossene Gärgefäße ermöglichen die Gewinnung der entstehenden Kohlensäure.

Der Grad der Vergärung im Lagerfaß hängt vom Charakter des Bieres ab; der scheinbare Endvergärungsgrad beträgt 60—80%, der Kohlensäuregehalt des Jungbieres 0,2%, gegen 0,3—0,4% beim Ausstoß. Wichtig ist auch die Entbitterung des Bieres durch Ausscheidung von Hopfenharz, die „Reifung" des Bieres (Sauerstoffeinflüsse, Absetzen der Hefe und Eiweißflocken, Bildung höherer Alkohole, Säurezunahme) und die Klärung. Auf die Hefevermehrung wirken schon 0,7% Alkohol hemmend, während die Gärung erst durch 4—5% stark gehemmt wird und durch 10—12% zum Stillstand kommt. Das Jungbier wird auf das Lagerfaß, unter Zwischenschaltung eines geschlossenen Kühlers übergepumpt. Dauer der Lagerung je nach Bierart 6—16 Wochen, meist 6—8 Wochen, bei 0— + 1°. Der Kohlensäuregehalt wird durch Aufsetzen eines Spundapparates nach oben begrenzt; Spunddruck meist 0,3 atü. Als Lagerfässer dienen gepichte Holzfässer oder entsprechend oberflächengeschützte Tanks. Gärtanks aus Aluminium oder aus Beton mit Überzügen aus Pech. Das Faßgeläger, das aus Hefe und Eiweißkörper besteht, wird auf der Gelägerpresse von Bier befreit und zur Viehfütterung verwendet.

Abfüllen. Eine Faßfüllanlage besteht aus folgenden Apparaten: Sammellaterne (Verschneidebock), Druckregler, eventuell Tiefkühlapparat, Filter, eigentlicher Abfüllapparat. Zur Verhinderung von Kohlensäureverlusten ist es wichtig, daß das Bier beim Abfüllvorgang weder Druck- noch Temperaturschwankungen erleidet, vor allem keine Temperatursteigerung und keine Druckentlastung erfährt. Deshalb läßt man das Bier aus dem Lagerfaß nicht absaugen, sondern setzt dies unter einen geringen Überdruck (0,4—0,5 atü bei 1°), mit dem es der Pumpe, dem sogenannten Druckregler, über den Verschneidebock zuströmt; nirgendwo darf der Bierstrom gedrosselt werden. Das Abfüllgefäß — Flasche oder Faß — wird zu Beginn des Abfüllens ebenfalls mit gefilterter Luft vom gleichen Druck gefüllt (sogenannte isobarometrische Abfüllung), das Einfüllrohr reicht bis zum Boden des Gefäßes. Hierdurch ist ein schaumloses Füllen ohne Kohlensäureverluste möglich. Die Luft wird in das Sammelgefäß gedrückt. Selbstverständlich müssen die Abfüllgefäße gekühlt werden, was durch kaltes Ausspritzwasser am Ende der Reinigung erfolgt, außerdem findet das Abfüllen in einem gekühlten Raum statt. Zwischen Druckregler und Abfüllapparat ist ein Massefilter (und ein Biervorratskessel) eingeschaltet, um dem Bier den nötigen „Glanz" zu verleihen. Durch Verwendung eines schaumlos arbeitenden, hermetisch geschlossenen Klärseparators kann man den Druckregler einsparen und benötigt weniger Filtermaterial. Tropenbier wird noch bei 60—70° etwa ½—1 Stunde pasteurisiert, hierbei wird bisweilen zwischen Druckregler und Filter ein Kühlapparat (Ausfällung von Eiweißstoffen, Temperatur —2 bis —4°) eingeschaltet. Beim Pasteurisieren darf der Hohlraum in der Flasche nicht kleiner sein als 2,5%, weil sonst zu hohe Drücke auftreten, und möglichst auch nicht über 3%, weil sonst zuviel Kohlensäure aus dem Bier austritt.

Die Brauerei enthält noch eine Faßpicherei (Mammutpeche, Steramitpeche), selbsttätige Faßreinigungsmaschinen und Flaschenreinigungsmaschinen (vgl. Süßmost).

Abfälle. Aus 100 kg lufttrockener Gerste fallen außer dem Bier an [1]):

		Kcal (verdaulich) in Prozenten des Nährwertes der Gerste
Schwimmgerste	0,4 kg	0,46 %
Malzkeime	4 kg	4,6 %
Biertreber	20 kg	23,9 %
Hefe und Geläger	1 kg	1,7 %
Trub	0,3 kg	0,35 %

Brauereitreber: Trebertrockensubstanz hat 23—27,5% Eiweiß, 43—48,5% stickstoffreie Extraktstoffe, 7—10% Fett, 14—20% Rohfaser, 4—5,5% Mineralstoffe. Extrakttreber und Brennereitreber sind nährstoffreicher. Aus 100 kg Malz entstehen etwa 125—130 kg Naßtreber (26 kg Trockentreber). Die Trockensubstanz von 100 kg Gerste findet man in gut geführten Mälzereien und Brauereien zu 65% im Extrakt wieder, ca. 24 kg gehen als Treber, der Rest als „Trockensubstanzschwund" beim Mälzen einschließlich der Keime verloren. Hefeausbeute 3—5 fache Menge der Aussaat. Die Verwertung der Brauhefe, soweit sie nicht im eigenen oder fremden Betrieb verwendet wird, geschieht durch Weiterverarbeitung auf Hefeextrakt, Nährhefe, Suppenwürze und dgl. Der Trub findet keine praktische Verwertung, gelegentlich ist seine Verwendung zur Herstellung von Suppenwürze versucht worden [2]).

Bierverluste durch Einschluß in Hefe, durch Faßgeläger, Filter, zusammen 2%, Gärkellerschwund 2,5—3%, Lagerkellerschwund 1,5—2%, insgesamt 6—7%. (In modernen Betrieben sind 3% erreichbar.)

Alle Würzeleitungen sollen aus Kupfer sein, da eiserne korrodieren. Gärgefäße bestehen aus Aluminium oder V2A-Stahl, emailliertem Eisen oder aus mit Kunststoffen imprägniertem Beton.

---

[1]) Vgl. FINK, H.: Wochenschrift für Brauerei 1937.
[2]) DEVREUX, Z. ges. Brauwesens, **64**, 133 (1944).

Literatur.

LUERS, H.: Grundriß der Bierbrauerei, Berlin: Parey 1949.
LUERS, H.: Chemie des Brauwesens, Berlin: Parey 1929.
LEBERLE, H.: Die Bierbrauerei I. u. II. Teil, Stuttgart: Enke.
SCHÖNFELD, F.: Handbuch d. Brauerei u. Mälzerei, Bd. III, Berlin: Parey 1935.
HIND, H. L.: Brewing Service and Practice, London: Chapman and Hall; New York: Wiley 1940.
FEHRMANN, K.: Phönix-Handbuch, I, Nürnberg 1947.

9. Wein.

Vorbehandlung. Die vollreifen Trauben, die beim Schneiden sorgfältig von faulen Beeren gesäubert werden, werden in Traubenmühlen zerquetscht (vgl. Obstsäfte). Die Kämme und Traubenstiele werden dabei entfernt, was insbesondere für Rotwein, wegen dessen höheren Gerbstoffgehalt, wichtig ist (vgl. Süßmoste). Daran schließt sich das Pressen in Korbpressen bei etwa 15 atm. Vor Eintritt der Gärung wird dem Most 3—6 g schweflige Säure je 100 Liter zugesetzt zur Erreichung einer reintönigen Gärung (Hemmung säureabbauender Bakterien) und zur Vermeidung von Verfärbungen. Lagert man dabei den Most einige Tage kühl, dann lagern sich in dieser Zeit schleimige Trüb- und Faulstoffe ab. Dem Most wird Reinzuchthefe (Saccharomyces cervisiae var, ellipsoideus Hansen) zugegeben, und zwar in der Weise, daß man diese als Anstellhefe in sterilisierten Most gibt und den Ansatz bei 18—22° 24 bis 48 h stehen läßt. Es ist üblich, den Ansatz gleich beim Mahlen der Trauben auf die Maische zu geben. Die echte Weinhefe hat den Vorzug, daß sie sich im Gegensatz zu Kahmhefen, Schimmelpilzen und Essigbakterien auch unter Luftabschluß und bei Anwesenheit von Kohlensäure weiter zu vermehren vermag. Schimmelpilze können bei Anwesenheit von Alkohol nicht gedeihen.

Gärung. Der von der Kelter abfließende Wein durchläuft zunächst ein engmaschiges Sieb und gelangt über eine Bütte in die Gärfässer, die bei 12—15° im Gärkeller aufgestellt sind und vorher sorgfältig gereinigt und geschwefelt werden. Das Schwefeln dient zur Unterdrückung fremder Erreger, die an sich schon durch die saure Reaktion des Mostes weitgehend unterdrückt werden, so daß sich die Weinhefen stark vermehren können. 2—4 Tage nach dem Maischen beginnt die Gärung. Infolge der bei der Spaltung des Zuckers freiwerdenden Wärme steigt die Temperatur. Das Gärungsoptimum liegt bei 24—28°, bei Kaltgärhefen etwas niedriger. Die Hauptgärung dauert 5—8 Tage, worauf die Fässer mit gleichartigem Wein aufgefüllt werden. Das Eindringen von Luft wird durch einen Gärtrichter vermieden. Der entstandene Alkohol bewirkt eine Hemmung der Vermehrung der wilden Apiculatushefen, bei 6—8% Alkohol auch der Weinhefen, und erst nach der allmählichen Anpassung an die veränderten Verhältnisse setzt eine langsame Nachgärung (bis 15—18% Alkohol) ein, in deren Verlauf der Restzucker vergoren wird. Diese dauert einige Wochen, kann aber bei Ausleseweinen mit hohem Zuckergehalt mehrere Monate dauern. Sobald sich größere Mengen Alkohol gebildet haben, fällt auch der Weinstein aus, da die Übersättigung in Bezug auf Weinstein mit steigendem Alkoholgehalt steigt. Nach Abschluß der Nachgärung hat sich der Wein geklärt und der klare Jungwein kann von der Hefe getrennt werden. Man verwendet hierzu Klärseparatoren, wodurch verhindert wird, daß der Wein mehrere Wochen bis Monate in trübem Zustand stehen muß, wodurch er den unangenehmen Geschmack verschlammter Rückstände annehmen kann. Bei Gärstockungen muß die vollständige Vergärung des Zuckers durch Aufrühren der Hefe, durch Lüftung des Weines und gegebenenfalls durch Aufwärmen sichergestellt werden. Wichtig ist die Vermeidung von Temperatursenkungen, weil hiermit eine „Schockwirkung" auf die Hefe verbunden ist.

Im Gegensatz zur Gärführung bei Weißwein läßt man bei der *Rotwein*bereitung zur Erreichung farbkräftiger Weine sofort auf das Maischen die Gärung folgen; das Keltern erfolgt erst nach beendeter Hauptgärung. Die Gärtemperatur liegt hierbei auch höher. Bei der offenen Gärung in aufrecht stehenden Fässern hebt die Kohlensäure die Trester in die Höhe, wobei sie den sog. „Hut" bilden. Zur Vermeidung von Essigsäuregärung muß er alle zwei Stunden unter die Flüssigkeit getaucht werden oder aber er wird am Hochsteigen durch Lattenroste gehindert, wodurch aber die Farbstoffe schlechter ausgelaugt werden. Dies gilt auch für die Gärung in geschlossenen Fässern. Nach etwa acht Tagen wird der Jungwein mit Hilfe eines sog. Wirzrohres abgelassen (Wirzwein) und die Trester auf der Kelter ausgepreßt (herberer Preßwein). Der rote Jungwein macht in Fässern, die mit Gärröhrchen versehen sind, eine Nachgärung durch, bis die letzten Zuckerreste vergoren sind und die Hefereste sich abgesetzt haben. Das Ausziehen des Farbstoffes kann dadurch verbessert werden, daß bei einem Teil der Trauben durch kurzzeitiges Erhitzen die äußeren Zellschichten zerstört werden. Da der Farbstoff erst in einer alkoholhaltigen Flüssigkeit genügend löslich ist, wird gelegentlich auch die frische Maische mit bereits vergorenem Wein gleicher Herkunft versetzt. Bei der Vergärung verbraucht die Hefe Zucker für ihre eigene Lebenstätigkeit: während theoretisch aus 100 g Trauben- bzw. Fruchtzucker 51,4 g Alkohol entstehen müßten, kann man deshalb praktisch nur mit etwa 47,5 g Alkohol rechnen.

Der günstigste Zeitpunkt für den Abstich des Weines, d. h. der Trennung von der Hefe, ist eine Sache der Erfahrung. Er erfolgt zwischen Mitte Dezember und Ende Januar (säurereiche Rieslinge). Nach 2—3 Monaten folgt der 2. Abstich. Weitere Abstiche nimmt man nur bei Qualitätsweinen vor. Der Abstich erfolgt mittels Kohlensäuredruck oder mittels Pumpe. Beim ersten Abstich gibt man 3—6 g (zuckerhaltige Weine und Moste aus angefaultem Lesegut) SO_2, beim 2. Abstich 2 g SO_2 pro Hektoliter zu, um den Wein vor dem Braunwerden zu schützen. Dem Umfüllen geht jeweils ein Ausschwefeln der Fässer voraus.

Lagerung. Jeder Wein bedarf zum weiteren Ausbau (Bildung von Bouquetstoffen) einer Lagerung im Faß, deren Dauer sich je nach der Traubensorte zwischen 8—10 Monaten (Tischweine) und mehreren Jahren (Ausleseweine) bewegt. Der Alterungsvorgang, insbesondere das „Firnwerden" hängt mit dem Eindringen des Luftsauerstoffes durch die Faßporen zusammen, sowie mit der Abscheidung von Weinstein, Calciumtartrat, Eiweiß und Gerbstoffen, sowie mit dem Säureabbau (Aufspaltung der Äpfelsäure in Milchsäure und Kohlensäure durch bestimmte im Hefetrub vorkommende Bakterien). Die Bouquetstoffe werden aus Eiweißstoffen der Traube enzymatisch gebildet. Der Schwundverlust muß durch Auffüllen mit artgleichem Wein ausgeglichen werden. Schwundverluste bei jungen Weinen 2—5%, bei späterem Ausbau 0,1 bis 0,2%. Die Lagerung erfolgt vorzugsweise in Fässern aus altem, abgelagertem Eichenholz, während sich Tanks mit einer Auskleidung von Glasemaille wohl für die Gärung, nicht aber für den Ausbau eignen.

Klärung. Mit dem zweiten Abstich verbindet man gewöhnlich eine Schönung bzw. eine Filtration.

a) Kaliumferrocyanid beseitigt Metallverbindungen und adsorbtiv durch das entstehende Berlinerblau Eiweißtrübungen (Blauschönung). Durchführung 4—8 Wochen vor der voraussichtlichen Abfüllung.

b) Durch Zugabe von Gelatine werden die Gerbstoffverbindungen ausgeflockt und mit ihnen die Trübungsteilchen zu Boden gerissen, was insbesondere für Rot- und Obstweine wichtig ist, da für Weißweine eine Blauschönung auszureichen pflegt. Zufuhr von SO_2 in Form von schwefliger Säure, von Kaliumpyrosulfit oder durch Bomben bzw. Ampullen. Die Zugabe der erforderlichen Menge Tannin erfolgt nach Auflösung im Wein einige Stunden vor Zusatz der Gelatine.

c) Filterung mittels Asbestfilter, entweder im Anschwemmverfahren oder als Schichtenfilter. Entkeimungsfilter sind allein für Weine, die beim Abfüllen auf Flaschen noch vergärbaren Zucker enthalten.

Das Abfüllen auf Flaschen erfolgt mittels Flaschenabfüllfilter. Infolge der Blauschönung und der Fortschritte der Filtertechnik ist man nicht mehr darauf angewiesen, die Weine jahrelang in Fässern zu belassen.

Verbesserung des Weines: Falls wegen ungünstiger Witterung die Weine nicht so stark ausreifen, daß daraus harmonische Weine mit genügendem Alkoholgehalt entstehen, muß eine Zuckerung bzw. eine Entsäuerung erfolgen. Aus praktischen Gesichtspunkten gibt man der Herbstzuckerung den Vorzug. Die Zuckerung mit Trokkenzucker erfolgt bei Säuregehalten unter 10 g im Liter; Zuckerwasser steigender Konzentration verwendet man bei höheren Säuregehalten. Reicht die Zugabe von Zuckerlösung nicht aus, so muß eine Entsäuerung mit kohlensaurem Kalk durchgeführt werden; diese Entsäuerung erfolgt beim ersten Abstich.

Zu den Weinverbesserungen gehört auch das Verschneiden der Weine.

Anhang.

Konzentrierte Süßweine werden hergestellt

a) durch Vergären der Trockenbeeren oder getrockneter Beeren (Beispiel Tokaier-Essenzen),
b) durch gleichzeitiges Vergären des Mostes eingetrockneter und des Mostes normaler Trauben (Beispiel Szamaroder),
c) durch Ausziehen getrockneter Beeren oder Trockenbeeren durch Most und Vergären des Auszuges (Beispiel Malaga),
d) durch Ausziehen getrockneter Beeren oder Trockenbeeren durch Wein,
e) durch Vergären eingedickten Mostes (Beispiel Vini cotti).

Bei *gespriteten Dessertweinen* wird durch Alkoholzusatz die Gärung zum Stillstand gebracht; sie werden folgendermaßen hergestellt:

a) Zusatz von Alkohol (oder gespritetem Most) vor Beendigung der Gärung gewöhnlicher Trauben (Beispiel Portwein);
b) verwendet man dabei Trockenbeeren oder getrocknete Beeren, so ist dies der Herstellungsweg z. B. für Samos;
c) in Mischung mit gewöhnlichem Most oder gewöhnlichem Wein;
d) Zusatz von Alkohol, daneben auch von gespritetem oder eingekochtem Most zu gewöhnlichem Wein (Beispiel: Madeira, Sherry, Taragona, Marsala);
e) Verschnitte von Erzeugnissen, die nach den vorgenannten Verfahren hergestellt wurden, mit eingekochtem Most (z. B. brauner Malaga).

Fast alle diese Weine erfordern einen sehr langen Ausbau, da die Vergärung wegen des hohen Zuckergehaltes nur sehr langsam vor sich geht. Bei dem sog. „Überhefeverfahren" wird die Erscheinung ausgenützt, daß die an den Wandungen eines Fasses haftende Sherryhefe aus dem Luftraum Alkohol- und flüchtige Säuredämpfe entnimmt und verestert. Hierdurch können in 2—4 Wochen aus Weinen mit über 16 Volumenprozenten Alkohol Weintypen mit ausgesprochenem Südweincharakter dargestellt werden. Zu diesem Zweck wird das Faß auf etwa $^1/_3$ entleert, das Hefedepot aufgerührt, ein Stopfen mit einem kurzen und einem langen Rohr eingeführt, das Faß um 180° gedreht, durch langsames Herausziehen des kurzen Rohres der Wein abgelassen, der Stopfen mit den Rohren entfernt, die Hefe etwas antrocknen gelassen, das Faß in eine Normallage gedreht und vorsichtig bis zum Hefegewölbe mit Wein aufgefüllt.

Schaumweine (Abb. 211). Hierbei werden die Trauben nicht gemahlen, sondern unversehrt abgepreßt. Der im Herbst gekelterte Most wird nötigenfalls unter Verwendung von Reinzuchthefen der alkoholischen Gärung unterworfen, der Trub abgestochen. Um den geschönten und filtrierten Stillwein in ein moussierendes Getränk umzuwandeln, muß er eine zweite Gärung durchmachen. Um einen Alkoholgehalt im Sekt von 10 ½–12% und einen Kohlensäuredruck von 4½—5½ atm. zu erzeugen, muß nunmehr Zucker und Reinhefe zugegeben werden, welche sich bei so hohen Alkoholgehalten und Drücken vermehren kann. Man benötigt erfahrungsgemäß etwa 23—26 g Zucker je Liter. Die Zugabe des sog. Likörs, einem Gemisch von Kandiszucker und Wein, erfolgt in der Cuvée. ,,Cuvée" bedeutet die Zusammenstellung von Weinen aus den verschiedenen Weinbaugebieten zu der standardisierten Markenqualität.

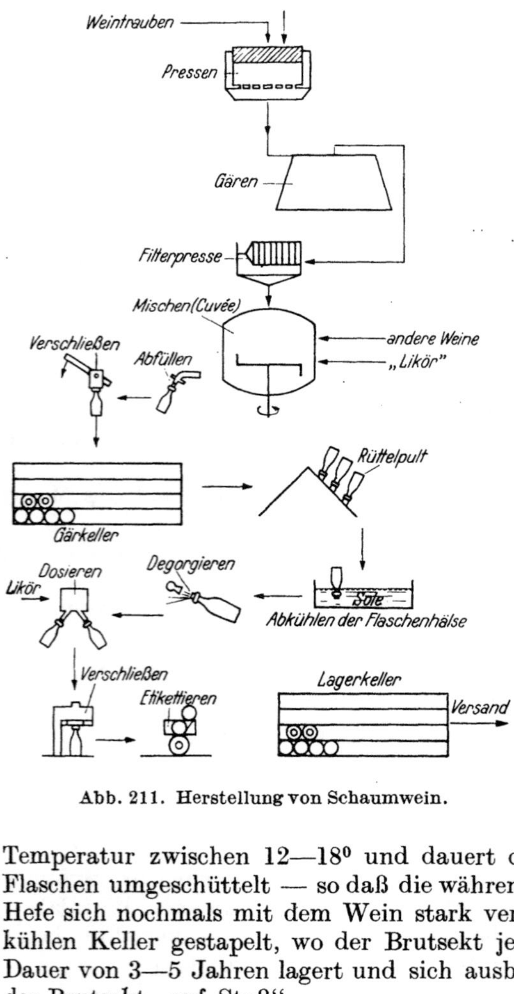

Abb. 211. Herstellung von Schaumwein.

Nachdem die Cuvée wie vorstehend mit Reinzuchthefe und Füllungslikör angesetzt ist, erfolgt die Abfüllung meist vermittels automatischer Füllmaschinen und die Verkorkung und Verschließung mit automatischer Kork- und Agraffiermaschine unter Verwendung von Stahlbügeln.

Die zweite Vergärung in der Flasche erfolgt am besten bei einer Temperatur zwischen 12—18° und dauert ca. 2—3 Monate. Danach werden die Flaschen umgeschüttelt — so daß die während der Gärung in der Flasche abgesetzte Hefe sich nochmals mit dem Wein stark vermischt — und werden dann in einem kühlen Keller gestapelt, wo der Brutsekt je nach Qualität und Marke bis zu einer Dauer von 3—5 Jahren lagert und sich ausbaut. In diesem Stadium befindet sich der Brutsekt ,,auf Stoß".

Bevor nun der Sekt die letzte Phase seiner Entwicklung (Fertigstellung) durchmacht, muß die in der Flasche befindliche schleimige Hefe heruntergeschüttelt werden. Dies geschieht, indem die Flaschen auf sogenannte Rüttelpulte mit dem Kopf nach unten mit einem Winkel von etwa 40° zur Waagrechten gesteckt werden. Hat sich der Wein in der Flasche vollständig geklärt, dann beginnt der eigentliche Rüttelprozeß, indem die Flaschen täglich mit der Hand etwas nach links und rechts unter leicht vibrierender Bewegung gedreht werden. Dieser Vorgang dauert ca. 6—8 Wochen. — In Frankreich, dem Mutterlande des Champagners, hat man sich schon die erdenklichste Mühe gegeben, für diesen Rüttelvorgang eine Maschine zu konstruieren, jedoch ist dies bis heute noch niemand erfolgreich gelungen, da die Hefe jeder Cuvée infolge ihrer besonderen Beschaffenheit individuelle Behandlung erfordert.

Wenn die Hefe restlos auf den Korken gerüttelt ist, wird sie entfernt. Dieser Vorgang, genannt „degorgieren", ist einer der schwierigsten in der Schaumweinbereitung. Durch den Druck der Kohlensäure, die sich während der Gärung entwickelt, fliegt der Korken nach Entfernung des Bügels mit der auf dem Korken gefrorenen Hefe heraus und der helle Wein bleibt zurück. Um die Hefe auf dem Kork zu gefrieren, wird die Flasche mit dem Hals in eine Kühlsole von —20 bis —25° gehängt.

Nach Abspritzen der Hefe wird der Schaumwein je nach der Geschmacksrichtung dosiert, d. h. es wird dem Brutsekt ein Likörsatz (in Wein aufgelöster Kandiszucker) beigegeben in Höhe von 10—30 g je Flasche. Die Dosierung erfolgt meist mit halbautomatischen Dosiermaschinen.

Nachdem die Flaschen zum zweiten Male mit dem Versandkorken und einem Bügel oder Draht verschlossen sind, kommt der Sekt nochmals auf Lager, damit sich der beigegebene Likör (Zucker) mit dem Wein harmonisch verbindet.

Für den Fertigsekt wird im allgemeinen eine Lagerdauer von 3—6 Monaten genügen.

Geringwertige Schaumweine werden nach einfacheren Verfahren (Imprägnierverfahren) hergestellt, und zwar dadurch, daß völlig ausgebaute Weine, häufig pasteurisiert, mindestens aber sehr gut gefiltert, bei niedrigen Temperaturen — ähnlich wie künstliches Mineralwasser — mit Kohlensäure imprägniert auf Flaschen gefüllt werden. Die zweite Gärung und damit Zuckerzusatz und Degorgieren entfallen, doch wird der Zusatz von Likör, um den Wein süßer zu machen, das Verkorken und Verdrahten, ebenso wie bei der eigentlichen Schaumweinherstellung durchgeführt. Das Verfahren wird auch fast stets bei Fruchtschaumweinen angewandt. Da Obstweine sehr alkoholarm sind, muß der Weinmischung (Cuvée) so viel Zucker zugesetzt werden, daß 10½% Alkohol erreicht werden.

Einen Zwischenweg zwischen Degorierverfahren und Imprägnierverfahren stellt das Tankgärverfahren dar, nach welchem der kohlensäurehaltige Wein in großen, druckfesten, emaillierten Stahltanks hergestellt und anschließend in Flaschen abgefüllt wird. Die Gärung dauert 3—4 Wochen bei Drücken bis 7 atm. Daraufhin wird der Wein abgekühlt und bei —4° eine Woche gelagert, wobei sich Hefe, Gerbstoffe und Weinstein absetzen. Der Wein wird unter Druck kalt gefiltert und in Flaschen abgefüllt.

Obst- und Beerenweine. (Pfirsiche, Preißelbeeren, Holunderbeeren, Erdbeeren, Stachelbeeren, Himbeeren, Äpfel, Birnen u. dgl.).

Die Herstellung unterscheidet sich von derjenigen der Traubenweine nicht, doch neigen sie infolge ihres geringen Gehaltes an Alkohol und Säure stärker zu Fehlern und Krankheiten, auch erfolgt die Gärung langsamer, so daß sich die Verwendung geeigneter Reinhefen in reichlicher Menge unmittelbar nach dem Keltern sowie häufiges Schwefeln empfiehlt. Zur Erzielung einer reintönigen Gärung und zur Verbesserung allzu saurer Säfte wird bei Beerenweinen die stufenweise Zuckerung angewandt. Bei stickstoffarmen Fruchtsäften (Heidelbeeren, Preißelbeeren, Hagebutten,

Rhabarber) ist ein Zusatz von Ammoniumphosphat erforderlich. Auch Dessertweine mit geringem Alkoholgehalt lassen sich mit Hilfe von Entkeimungsfiltern ohne Gefahr einer Nachgärung herstellen. Bei Apfel- und Birnenweinen ist ein Zusatz reiner Milchsäure erlaubt. Der Wirkungsgrad der Umsetzung des Zuckers in Alkohol ist etwa 78—83%.

Abfälle. Auf 100 l Traubenmaische rechnet man 15—26 kg Trester. Von den Traubentrestern (50% Beerenhülsen, 25% Kerne, 25% Kämme) wird aus den Kernen Öl extrahiert (10—20% des Kerngewichtes). Hierzu werden die Trester zerrissen, mit Hilfe gelochter Siebe und Ventilatoren gesichtet und die Kerne getrocknet und gemahlen (vgl. S. 128). Rotweintrester werden durch Abbrennen der vergorenen Trester zu Tresterbranntwein verarbeitet, wobei aus dem Schlempewasser Weinstein abgeschieden werden kann (7—9 Liter 50%iger Branntwein aus 100 kg Trestern mit hohem Gehalt an Fuselöl und Önanthester). Weiterhin verwendet man die Trester zur Herstellung von Haustrunk, wobei die frischen Trester (30 kg) mit Wasser (60 bis 66 l) übergossen, nach zwei- bis dreitägigem Stehenlassen abgekeltert, das Tresterwasser (100 l) mit Zucker (8—12 kg) versetzt und vergoren wird. Die verarbeiteten Trester besitzen noch einen gewissen Wert als Futter- und nach Kompostierung als Düngemittel, werden aber auch zu Leuchtgas und zu Frankfurterschwarz verarbeitet. Die nach der Gärung sich absetzende Hefe (5,8% des vergorenen Saftes) dient zur Bereitung von Hefepreßwein (Filtrieren der in der Hefe noch enthaltenen 50—60% Wein), Hefewein (Zuckerzusatz zum Hefetrub und Vergären, Herstellung verboten) und von Hefebranntwein, der aromatischer als Tresterbranntwein ist (Destillieren des Hefetrubes ca. 11—20 l 50%iger Branntwein aus 100 l Hefetrub). Sobald der Alkohol abdestilliert ist, geht das schwer flüchtige Weinöl über (Kognaköl für Weinbrannterzeuger). Nach Entfernung von Alkohol und von Weinstein (10% des Hefetrubs) ergibt die getrocknete Hefe ein ausgezeichnetes Futtermittel (24—30% Rohprotein, 12% Fett).

Literatur.

VOGT, E.: Abschnitt Wein im Handbuch der Lebensmittel-Chemie, Bd. VII; Berlin: Springer 1938; Weinchemie und Weinbereitung, Wiesbaden: Verlag J. Steiner und R. Bechtold.

BABO, A. v. u. E. MACH: Handbuch des Weinbaues und der Kellerwirtschaft, Berlin: Parey 1927.

KROEMER, K. u. G. KRUMBHOLZ: Obst- und Beerenweine, Braunschweig: Serger & Hempel 1932.

HEIDE, C. von der: Vgl. Ulmanns, Enzyklopädie der technischen Chemie.

RHEINBERG, H.: Die Herstellung von Schaumwein und Obstschaumwein, Leipzig: Jänecke 1913.

KLING, M. u. Chr. SCHÄTZLEIN: Die Verwertung der Weinrückstände, Leipzig-Wien: Hartleben.

10. Bäckerei.

Zunächst wird das Mehl gesiebt (Flachschüttelsiebe, Zentrifugalsichter), um Unreinheiten zu entfernen und um das Mehl aufzulockern und zu durchlüften, woran sich das aus backtechnischen Gesichtspunkten (Ausgleich von Mehlfehlern) erforderliche Mischen z. B. mit Hilfe einer Paddelschnecke, anschließt (Abb. 212). Das Mischen kann auch vor dem Sieben vorgenommen werden. Weizenmehle mit schwachem, weichem Kleber ergeben ein kleines unansehnliches Gebäck. Dem Roggenmehleiweiß fehlen weitgehend die Substanzen, die dem Teig Halt und Elastizität geben, weshalb der Teig nicht so zäh wird, um die lebhafte CO_2-Entwicklung durch

Hefe zu vertragen. Die Roggenmehlstärke vermag weiterhin nicht soviel Wasser zu binden, als zur vollständigen Verkleisterung der Stärke nötig ist, außerdem wird sie von Diastase leichter angegriffen. Zur vollständigen Verkleisterung der Stärke ist die drei- bis fünffache Wassermenge erforderlich, während zu Roggenmehl nur die ½fache Wassermenge zugeführt werden kann, ohne daß der Teig seine Formbarkeit einbüßt.

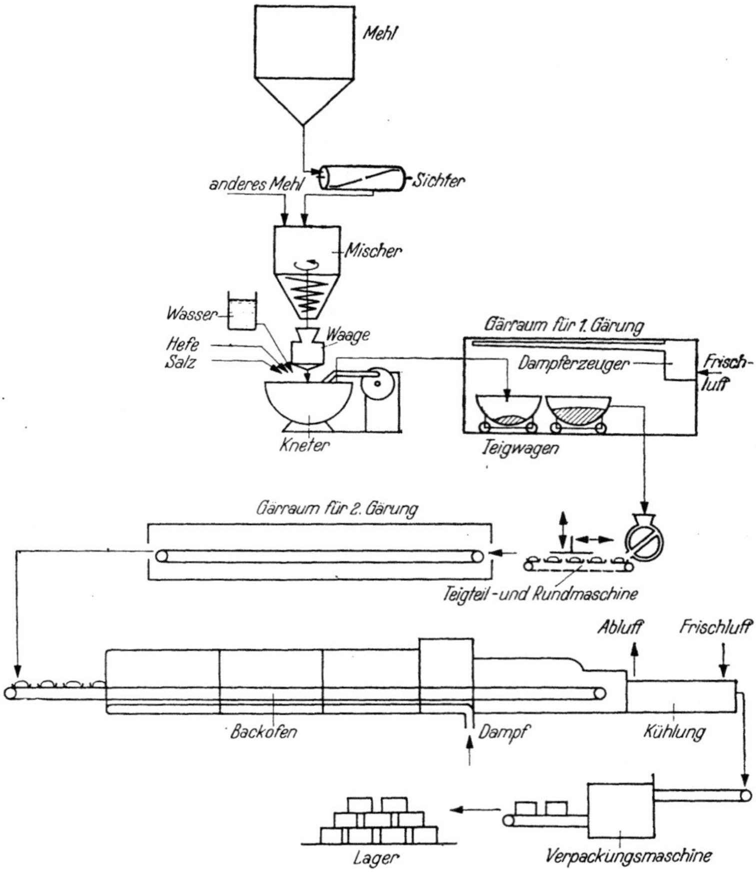

Abb. 212. Brotherstellung.

Das Mehl soll auf 30° temperiert und mit Wasser von höchstens 45° so gemischt werden, daß sich eine Teigtemperatur von 27—29° ergibt, und zwar ist es zweckmäßig, die richtige Teigkonsistenz je nach der Qualität des Mehles durch langsames Zumischen von Mehl zu feuchtem Teig zu erreichen. Der Wasseranteil darf nicht zu niedrig und nicht zu hoch sein; er ist entscheidend. In dem Wasser verteilt man das Salz (ca. 1,5% der Mehlmenge), welches aus Geschmacksgründen zugesetzt wird und gleichzeitig dem Teig mehr „Stand" gibt, also fester macht, aber die Lockerungsfähigkeit etwas behindert. Auch das Lockerungsmittel (Sauerteig oder bei Weißbrot Hefe) wird ihm beigegeben. Mit dem Kneten wird die Aufgabe verfolgt, eine gleichmäßige Verteilung der Stoffe zu erreichen, die Quellung, an welcher das Klebereiweiß besonderen Anteil hat, zu fördern und bei Sauerteigen eine Durchlüftung des Teiges zu erzielen. Knetdauer mit Knetmaschinen 10—15 min, aber von der Beschaffenheit des Mehles abhängig. Durch zu langes Kneten wird der Teig schmierig und wenig dehnbar. Zum Kneten dienen Knetbehälter mit einem Trog, der um seine vertikale Achse rotiert. Der meist mit Zacken versehene Knetarm macht eine auf- und abwärtsgehende, sowie eine Dreh- oder Schwenkbewegung. Ob derartige Maschinen mehr als Kneter oder als Mischer anzusehen sind, hängt davon ab, ob der Teig gegen den Bottich-Boden bzw. die Wandung drückt[1]). (Abb. 213.)

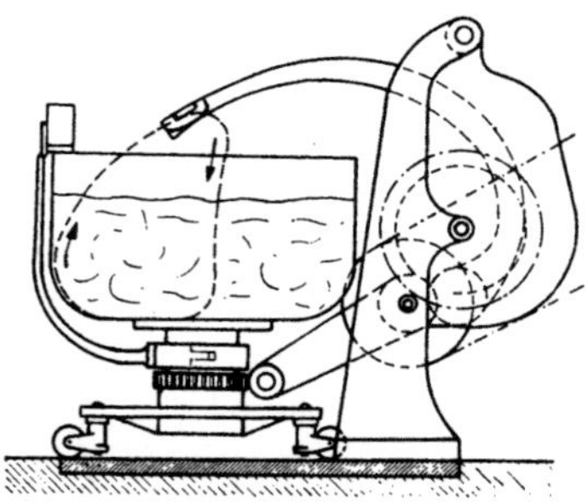

Abb. 213.
Viennara-Knetmaschine (Längsschnitt).
(Werner & Pfleiderer, Stuttgart).

Teiglockerung. Die Teigbereitung einschließlich des Vorteigs bezeichnet man als Teigführung. Unter direkter Teigführung versteht man bei Weizenmehl die Verarbeitung ohne Vorteig (Hefestück), unter indirekter Teigführung die Verarbeitung mit Vorteig, der je nach Bedarf groß oder klein sein kann.

Bei hartem Kleber kann eine proteolytische Wirkung erwünscht sein, bei weichem Kleber (deutscher Weizen) würde die Standfestigkeit zu stark leiden. Die Aufgabe einer richtigen Teigführung besteht darin, zu erreichen, daß der *höchste Trieb* in das Stadium fällt, wo der Kleber das beste *Gashaltungsvermögen* hat.

Eine Beeinflussung ist möglich durch die Mehlvorbehandlung in der Mühle, durch geeignete Mehlmischung und schließlich durch Chemikalien, die sowohl kleberhärtend, also teigfestigend (Bromate) oder triebfördernd (Persulfate, Malzextrakt, Rohrzucker, Traubenzucker) wirken. Durch Zugabe von Malzextrakt wird die Induktionsperiode der Diastasewirkung und damit die Gärung verkürzt, es sinkt der Hefeverbrauch, steigt das Gebäckvolumen, das Klebergerüst bleibt stabiler, außerdem ergibt sich eine bessere Farbe der Kruste. Die Art des Malzextraktes richtet sich nach der Kleberbeschaffenheit und seiner peptolytischen Kraft. Häufig werden bei Weizenmehlen Kombinationspräparate verwendet. Selbstverständlich ist auch die Art der Hefe sowie die Temperatur der Teigführung, die Knetdauer und Knetgeschwindigkeit und die Wasserzugabe von Einfluß. Bezüglich der Quellung des Kleber-Stärkekomplexes in ihrem zeitlichen Verlauf bei Weizenmehlen muß auf Spezialliteratur verwiesen werden, da ihre Erläuterung den Rahmen dieser Darstellung übersteigt. Für die Hefeernährung im Teig liegt die optimale Temperatur bei 30 bis 35°, der enzymatische Eiweißabbau verläuft bei 40 bis 50° am besten.

Die Grundaufgabe besteht darin, durch Reinzuchthefe als Folge der Wirkung diastatischer Fermente Zucker, Maltose bzw. Stärke in Alkohol und Kohlendioxyd aufzuspalten; die sich bildenden Gase lösen sich im Teig und schieben sich zwischen die Teigteilchen. Zusätzlich wird man versuchen, durch sogenannte Vorteige, bei denen nicht die Hefegärung, sondern die Hefefortpflanzung ausgenützt wird, Hefe zu sparen, wobei also die Hefe als Gesamtorganismus ausgenützt wird. Roggenmehl muß mit wenig Ausnahmen unter Verwendung eines Sauerteigs verarbeitet werden; hierbei entwickelt sich die Hefe in Symbiose mit Milchsäurebakterien, wobei die Hefe als Erreger der alkoholischen Gärung und die Milchsäurebakterien als Produzenten der für die Hefe günstigen Säurekonzentration wirken, das Wachstum unerwünschter

[1]) Schema von Bauarten vgl. DIERKS, F.: Getreide, Mehl und Brot **3**, 196 (1949).

Bakterien zurückdrängen und das Eiweißgerüst im Roggenmehl steifen. Wenn die Säuerung richtig geführt wird, ergibt sich eine gute Quellung der Stärke und ein gutes Gashaltungsvermögen. Die Säurewirkung fördert die Verquellung des Roggenmehl Eiweißsystems und verändert die Eiweißstoffe des Roggenmehls so, daß sie sich wie die Weizenkleber verhalten und ein widerstandsfähiger, zäher Teig entsteht.

In USA wird Vitamin-Brot mittels bestrahlter Hefe hergestellt.

Direkte Teigführung (Weizengebäck). Hierbei wird die Hefe ausschließlich zur Gärung eingesetzt. Man benötigt etwa 2—2,5% Hefe auf Weizenmehl bezogen bzw. 30—40 g Hefe auf 1 Liter Flüssigkeit. Die „Angärung" dauert 30—60 min bei 26 bis 28°. Während der Angärung arbeitet man den Teig zweckmäßigerweise einmal gut durch. Um den ohnedies schwachen Kleber der weichen deutschen Weizenmehle nicht noch mehr zu schwächen, verwendet man mit Vorteil dabei dieses Verfahren:

Indirekte Teigführung. Hier dient die Hefe zur Gärung und zur Fortpflanzung. Die Hefe (6—8 g/Liter Vorteigflüssigkeit) wird nur mit einem Teil des Mehles verarbeitet. Der „Vorteig" (25—30% des Gesamtteiges) wird bei 25—27° angegoren und mit neuem Mehl und neuem Wasser versetzt. Temperatur bei der Hauptteigbereitung 26—28°. Gesamtdauer des Prozesses 1—9 Stunden, je nachdem ob eine kurze indirekte oder eine lange indirekte Führung gewählt wird. Hefebedarf etwa 15—20 g je Liter Flüssigkeit. Anwendung: Hefegebäck aus Roggen, kleberstarken Auslandsweizen (harter Kleber). Bei letzterem gegebenenfalls Beimischung von Roggenmehl, um den Teig lockerungsfähig zu machen.

Sauerteigführung (Roggenbrot).

Mit einer kleinen Menge von Anstellgut wird eine möglichst große Teigmenge hergestellt. Man kann dies nicht auf einmal, sondern nur in Stufen durchführen, da man das richtige Verhältnis der Milch- bzw. Essigsäure und Hefe erreichen muß.

Anstellsauer: wird einem reifen Vollsauer entnommen (z. B. 300 g), Hefezüchtung.

Anfrischsauer: Zugabe von z. B. 400 g Mehl und 300 g Wasser. Zweck: Hefevermehrung. Temperatur 25—28°. Beste Hefevermehrung bei 25—26°, beste Milchsäurebildung bei 35°.

Grundsauer: Zugabe z. B. von 12 kg Mehl, 6 Liter Wasser. Zweck: Milchsäurebildung. Wichtigste Stufe der Sauerteiggärung. Dauer: 5—6 Stunden bei 27—28°.

Vollsauer: Zugabe z. B. von 26 kg Mehl und 15 Liter Wasser. Zweck: volle Gärwirkung. Hefevermehrung sekundär. Dauer 4 Stunden bei 28—32°.

Die sich daraus ergebenden 100 kg Teig (28—30°; Lockerung) können aber auch mit völlig abweichenden Gärführungen je nach den Roggenmehltypen erreicht werden. In Großbetrieben wird grundsätzlich vom Grundsauer zum Vollsauer gesäuert. Bei Roggenmehlen darf der Diastasegehalt nicht zu hoch sein, und die Stärke muß sich leicht verkleistern lassen. Im ersten Fall kann sich in der äußeren Schicht kein genügend viskoser Kleister bilden und die Gärgase entweichen; im zweiten Fall bildet er sich zu spät, so daß die Schicht zu wenig dehnbar ist und rissig wird.

Auch bei Roggenbroten ist eine Art direkter Teigführung möglich: Hierzu sind sog. „Fertigsauer" in Gebrauch; zu deren Herstellung wird das Mehl-Wassergemisch steril mit Sauerteigreinkulturen angesetzt, die entstandene Sauerflüssigkeit abgetrennt, mit Quellmehl gemischt und auf Walzen getrocknet. Es wird also hierdurch die Teigsäuerung fabrikmäßig durchgeführt und dem Bäcker nur die Teiglockerung überlassen. Die Fertigsauer werden dem Mehl zugemischt und unter Verwendung eines Hefevorteigs verarbeitet. Hierdurch kann die Gärdauer auf zwei Stunden begrenzt werden, um Sauerfehler in der heißen Jahreszeit zu vermeiden.

Der frisch bereitete Teig, der feucht und klebrig ist, wird etwa 15 min stehen gelassen, damit er trockener und elastisch wird (1. Gare); daraufhin wird der Teig nochmals durchgewirkt, um ihn homogen zu machen, d. h., eine gleichmäßige Verteilung der Poren zu erreichen; anschließend wird er in die erforderlichen Stücke geteilt (Abb. 214). Zum Wirken dienen eine oder auch zwei gegeneinanderwirkende Schnekken, welche den Teig durch ein Mundstück herauspressen. Der Teigstrang gelangt dann in einen zylindrisch ausgehöhlten zeitweise rotierenden Drehkörper, aus dem er nach einer Umschwenkung durch einen Kolben auf ein Band herausgepreßt wird. Halbautomatische Teigteil- und Wirkmaschinen für Weißbrot bestehen aus einem Teilkopf mit Teigumfassungsring, welcher auf den Teigrücken gepreßt wird, worauf man die Wirkplatte in Rotation versetzt.

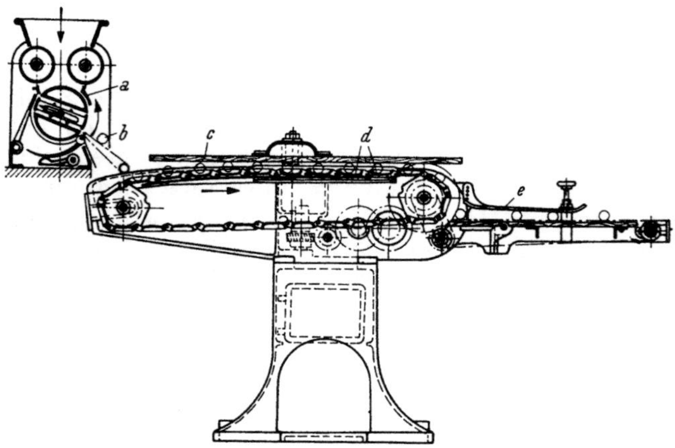

Abb. 214. Teigteil- und Wirkmaschine (Haagen & Rinau).
Einzelteile der Maschine:
a = Einfülltrichter für den Teig
b = vom rotierenden Teigzylinder abgeteiltes Teigstückchen
c = schwingende Wirkplatte
d = Wirknäpfchen zu endlosem Band vereinigt, wirken das Teigstückchen b mit Schluß nach unten und geben dem Teigstückchen kugelähnliche Form
e = Langformer (Brötchen)

Die abgeteilten und geformten Teigstücke werden nun auf „Reife" oder „Endgare" bei 32—35° gestellt. Gärreife in 25—30 min bei Kleingebäck. Man unterscheidet feuchte Gare (relative Feuchtigkeit ca. 75%), welche im Ofen die Krustenbildung fördert, aber Streumehl erfordert, und trockene Gare, die ohne Feuchtigkeitsregelung erfolgt; am Ende der Gärzeit ist der Teig abgetrocknet; die abgesteifte Oberfläche bildet dabei im Ofen den Boden des Gebäcks. Die Erkennung des richtigen Lockerungsgrades erfordert viel Erfahrung. Wird die Gärung zu weit geführt, so verliert der Teig seinen Halt.

Backen. Der Backprozeß hat die Aufgabe, den Teig haltbar, wohlschmeckend und verdaulich zu machen. Im Ofen wird die Lockerung zunächst durch die Ausdehnung des Kohlendioxyds verstärkt. Bis zu Temperaturen von 60 bis 65° ist zudem die CO_2-Produktion sehr hoch. Die verquollene Stärke verkleistert und dextriniert unter Wasserabgabe, bei 60—70° beginnt auch das Klebereiweiß zu gerinnen. Die Dextrine der Kruste zersetzen sich in Röstprodukte und karamelartige Substanzen. Gleichzeitig wird durch die Weiterführung der Enzymwirkung der Hefe (bei 60—65°) sowie durch die weitere Ausdehnung des CO_2 und durch Wasserdampfbildung die Lockerung des Teiges vervollkommnet. Die Temperatur im Innern des Ofenraums beträgt bei freigeschobenem Roggenbrot 230—250°, bei Weizenbrot 220—230°, die Temperatur im Innern des Brotes übersteigt aber nie 100°. Backdauer für Weizenbrot 40 bis 60 min, für 2-kg-Brote 75 min, für 3—4-kg-Brote 1 ½ Stunden. Um eine glänzende glatte Oberfläche zu erzielen, werden die Brote vor dem Einschießen bzw. unmittelbar nach Beendigung des Backprozesses mit Wasser bestrichen. Die Führung des Backprozesses soll bei Großbrot zweckmäßigerweise so vor sich gehen, daß der vollgare, weiche Teig zunächst scharf gebacken wird, womit eine schnelle Krustenbildung mit Dextrinierung

(Mitwirkung der Milchsäure) und Röststoffbildung erreicht wird und dann ein langsames Ausbacken erfolgt, wobei die relative Feuchtigkeit (Zuführung von Wrasen) hoch sein muß. Bei Vorhandensein von zwei Öfen bringt man bei freigeschobenen Broten den ersten auf 400°, den zweiten auf 260°. Im ersten Ofen verbleiben die Brote 5 min ohne Wrasenbildung. Man kann aber auch so vorgehen, daß man sofort feuchte Hitze gibt und nach dem Aufgehen der Brote und der Verdunstung von Wasser den überschüssigen Wasserdampf abführt. Wird mit zuviel Wrasen gebacken, so wird die Oberfläche des Roggenbrotes zu weich und reißt auf. Im allgemeinen ergeben die Öfen aber nur eine Temperatur von 300°, so daß das sogenannte „Vorbacken" nicht möglich ist. Man regelt die Luftfeuchtigkeit im Ofen durch Öffnen bzw. Schließen von Ofentür und „Zug". Berühren sich die Teige mit den Seitenflächen, so spricht man von angeschobenen Broten, werden sie in Abständen von 3—10 cm aufgelegt, von freigeschobenen Broten, die allseitig mit einer Kruste versehen sind. Wegen des ungleichmäßigen Temperaturfeldes in Einschuß- und Auszugöfen müssen die Brote umgesetzt werden. Die Brote werden, sobald sie aus dem Ofen kommen, mit Wasser bestrichen und können nach einer kurzen Zwischenkühlung im Backraum (sonst Springen der Kruste) im Luftstrom so weit abgekühlt werden, daß die Innentemperatur unter 30° liegt.

Bei indirekter Heizung ist die Temperatur im allgemeinen etwas niedriger als bei direkter Heizung. Eine dritte Möglichkeit ist das sogenannte Horlebeckverfahren, wobei die Brote in Backformen (Schnittbrote) in Wasserdampf von geringem Überdruck bei 100° „gesotten" werden. Dieses Verfahren entspricht dem altbewährten Pumpernickelverfahren. Die Kohlenersparnis kann hierbei bei Schwarzbroten bis zu 50% betragen, der Gehalt an löslicher Stärke und an Maltose steigt, auch die Ofenausnützung wird besser, dagegen wird der Nachteil eines krustenlosen Brotes eingetauscht.

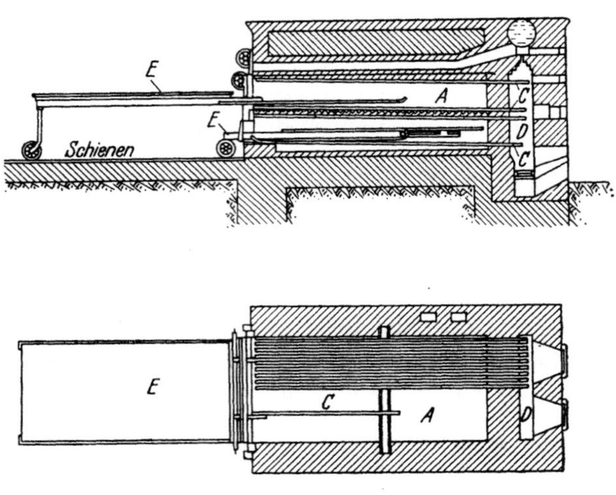

Abb. 215.
Wasserheizungsbackofen (Werner & Pfleiderer, Cannstatt).
A = übereinanderliegende Backräume
E = ausziehbare Herde
C = Wasserheizungsröhren
D = Feuerungsschacht

Man unterscheidet bei den Öfen mit indirekter Heizung: Unterzugs- oder Kanalöfen, Patent-Unterzugs-Dampfbacköfen, Mammutöfen; nach der Art der Ofenbelegung werden unterschieden: Einschieß- und Auszugöfen, und zwar als Eindeck-, Zweideck- und Dreideck-Backöfen (Abb. 215). Beim Einschießofen werden die Backwaren mittels Schlag- oder Brotschieber geschoben, beim Auszugofen wird die ganze Herdplatte auf einem Fahrgestell aus dem Ofen gezogen und direkt belegt. Die verfahrenstechnisch günstigste Form ist der Backautomat, bei welchem die Teigstücke auf Backplatten liegen, die auf einer endlosen Kette kontinuierlich durch den Ofen laufen, der mit Dampf, Gas oder elektrisch, oder (Bräunung?) mit infraroten Strahlen, beheizt wird. Er kann so gebaut sein, daß Ein- und Austrittsöffnung nebeneinander liegen. Ein neuerer Backautomat besteht aus einem ruckweise laufenden Wanderherd, bei welchem die aus Spezialsteinen bestehenden Backplatten in Schaukelgehängen an zwei endlosen Ketten aufgehängt sind und die beiden übereinanderliegenden Backkanäle mit der aufgesetzten Ware durchlaufen. Weit verbreitet ist der Dampfbackofen. Hier erfolgt die Erwärmung durch nahtlos gezogene Stahlrohre, die zu $^2/_5$ mit Glycerin gefüllt und verschweißt sind. Die Röhren ragen mit ihrem tieferliegenden Ende in den Feuerraum, wodurch das Wasser zum Sieden kommt und Drücke bis zu 200 atm entstehen; am entgegengesetzten Ende kondensiert der Dampf teilweise wieder. Dabei werden vorwiegend Auszugöfen verwendet, die eine Beschickung außerhalb des Ofens ermöglichen. Die Herde der Einschießöfen sind geneigt, damit die Wrasen besser festgehalten werden. Bei elektrischer Beheizung werden die Öfen häufig zur Ausnützung von billigem Nachtstrom mit Wasserspeicherung gebaut.

Die Kühlung der Brote dauert 1½—5 Stunden. Die Verpackung erfolgt erst, wenn die Temperatur des Brotes unter 30° liegt. In Großanlagen kann die Kühlung in Tunnels mittels Luft von 22—25° und $\varphi = 85\%$ vorgenommen werden.

In *Großbäckereianlagen* gelangt das Mehl über selbsttätige Waagen in die Mischmaschine und von dort in die Knetmaschine, der eine abgemessene Menge Wasser mit automatisch eingestellter Temperatur zuläuft. Maschinell gekippt entleert sich der Knetteig auf ein Förderband, das den Teig den Wirk- und Teigteilmaschinen zuführt und in den Gärraum weiterleitet. Dieser wird in abgemessener Zeit durchwandert. Der Teig passiert dann den Backautomaten, anschließend den Kühlschrank, um dann maschinell verpackt zu werden.

Wärmeverbrauch beim Backen:

beim Mammut- und Turnusofen	ca. 36	1000 kcal je 100 kg Brot
beim Einschubofen	ca. 66	
beim Auszugofen	ca. 57	

Der aus den Öfen entweichende Dampf kann in Großbetrieben einer Destilliersäule zugeführt werden, wodurch bei der Verarbeitung von 100 kg Mehl 1,5 Liter (75%iger) Alkohol entstehen. Bezüglich Backhilfsmittel wird auf Spezialliteratur verwiesen. Es sei nur angeführt, daß sich die Backeigenschaften von Roggenmehl (kurz, fest) und von kleberstarkem Weizenmehl (zäher Teig) gegenseitig ergänzen und daß es Backhilfsmittel zur Gärbeschleunigung, zur Regulierung des Wasserhaushalts, zur Säuerung des Teiges und zur Verbesserung der Gebäckeigenschaften gibt, wobei Wirkungen übergreifen. Zur Vermeidung der Brotkrankheit „Fadenziehen" dient bei Weißbrot 0,4% Calciumazetat zum Mehl.

Bei den *Spezialbroten* wird die Absicht verfolgt, entweder Kleie aufzuschließen, um das darin enthaltene Aleuroneiweiß für die Ernährung zugänglich oder aber durch Zusätze das Brot wertvoller zu machen. Der Aufschluß erfolgt durch Naßvermahlung der Kleie und Wiederzusatz der getrockneten, in Feinmehl überführten Kleie zum gewöhnlichen Brotmehl (Finkler). Nach SCHLUETER wird die im üblichen Vermahlungsprozeß anfallende Kleie mit Wasser angeteigt, der Teig zur enzymatischen Wirkung sich selbst überlassen, dann mit überhitztem Wasserdampf angedämpft, der Feinvermahlung im Sinne Finklers unterworfen, getrocknet und gemahlen.

Ein anderer Weg besteht darin, die spröden, holzhaltigen Schalen dadurch zu entfernen, daß man die in einer Waschschnecke befeuchteten Körner mittels Schläger gegen eine mit Nasen (etwa mit einem Reibeisen vergleichbar) versehene Trommel schleudert, wodurch die Körner enthülst werden (Steinmetzverfahren).

Beim sogenannten *Simonsbrot* wird das Korn nicht vermahlen, sondern nach 12 Stunden langsamen Quellens bei 50° zwischen Walzen gequetscht. Hierzu muß es besonders sorgfältig von Unkrautsamen gesäubert sein. 60% des Mahlgutes ist Roggen, der 2—4 Stunden bei 50—55° unter Wasserzusatz aufgeschlossen wird. Der weitere Verarbeitungsgang ist hierbei wie folgt: 30 min langes Kneten, nach 10—12 min Ansatz nicht mit Sauerteig, sondern mit Hefe (10 g/l l Wasser). Bei 32—33° ca. 100 min Teigruhe, dann nochmals 8—10 min Kneten. Teigausstoßmaschine in Backformen. Backdauer 7—14 Stunden bei 100°, dabei enzymatischer Verzuckerungsprozeß. Die Brote trocknen 2—3 Tage lang in Gestellen, werden geschnitten, gewogen und in Wachspapier verpackt. Daraufhin kommen sie erneut in Formen und werden 2 Stunden zweckmäßigerweise auch in Horlebeck-Backkammern sterilisiert (85 bis 90° im Brot) und dann sofort heiß in Kartons verpackt. Zur Vermeidung von Schimmelbildung wird bei Schnittbroten Calciumpropianat zugesetzt.

Bei *Pumpernickel* wird reinem Backschrot, welches die gesamten Bestandteile des Roggenkorns enthält, zur Verstärkung der Saftigkeit, des Aromas und der Färbung als Triebmittel 8—15% durch den Wolf gedrehter Schnittabfall zugesetzt, welcher einen Tag vorher in warmem Wasser eingeweicht und dann feinstens vermahlen (Wolf) wurde, worauf die Masse bei 18—20° stehen bleibt. Der Roggenschrot wird in der Knetmaschine mit dem Schnittabfall unter Zusatz des notwendigen Wassers verarbeitet, bleibt dann 3—4 Stunden im Gärraum zur Erzielung eines milden Pumpernickels bei höchstens 28° und wird dann in abgedichteten, emallierten Kästen [1]) in den Ofen gelegt. Die Türen dieses Ofens müssen völlig hermetisch abgedichtet werden (Schwadenbildung), was meist mit Teig geschieht. Die Back-, besser Kochdauer, bei einer Beschickung bei 150° ohne Nachheizung oder nach dem Horlebeckverfahren beträgt 20—24 Stunden, mindestens 16 Stunden. Hierdurch entstehen die eigenartigen Aroma- und Röststoffe, sowie die dunkelbraune Farbe. Der Maltosegehalt kann bis zu 25% erreichen. Nach dem Ausbringen muß das Brot 2—4 Tage bei 15° und 80—85% relativer Feuchtigkeit lagern, um schnittfest zu werden. Die weitere Verarbeitung erfolgt wie oben beschrieben. Man unterscheidet: Pumpernickel mit süßem Geschmack (0,4% Hefe ohne Sauerteig), Pumpernickel mit süß-schwach-säuerlichem Geschmack (0,3% Hefe, 7—10% Saueranteil zum Schrot). süß-säuerlich bzw. sauer-süßlicher Geschmack mit 10—30% Sauerteig zum Schrot [2]).

Literatur.

NEUMANN u. PELSHENKE: Brotgetreide und Brot, Berlin: Parey 1943.

PELSHENKE: Die Backhilfsmittel, Berlin: Parey 1941 und „*Bäckerei Fachkunde*" des Bäckerwissenschaftlichen Institus der Ireks A. G. Kulmbach.

DRÜCKER, H: Moderne Pumpernickelbäckerei, Getreide, Mehl und Brot, 2, 175 (1948).

DOOSE, D.: Pumpernickel, Alfeld: Gilde-Verlag 1948.

11. Mälzerei.

Für Brennereizwecke werden eiweißreiche klein- bis mittelkörnige, 4—6 zeilige Gersten, für Brauzwecke zweizeilige großkörnige Sorten mit möglichst geringem Eiweiß- und hohem Extraktgehalt verwendet. Der Braugerstenbau und die Zucht einer geeigneten, allen Ansprüchen der Brauindustrie gerecht werdenden Gerste ist eine Wissenschaft für sich.

Da Weizen keine Spelzen hat, quillt er schneller, sein Auflösungsvermögen ist kleiner, seine diastatische Kraft sehr hoch. Bei Hafer läßt sich die Spelze leicht ent-

[1]) In USA werden die Backkästen neuerdings mit einem Anstrich aus Siloconen versehen; die Behandlungsdauer beträgt hiermit 4 h bei 220° C.

[2]) SCHULZ, A.: Getreide, Mehl und Brot 3, 185 (1949).

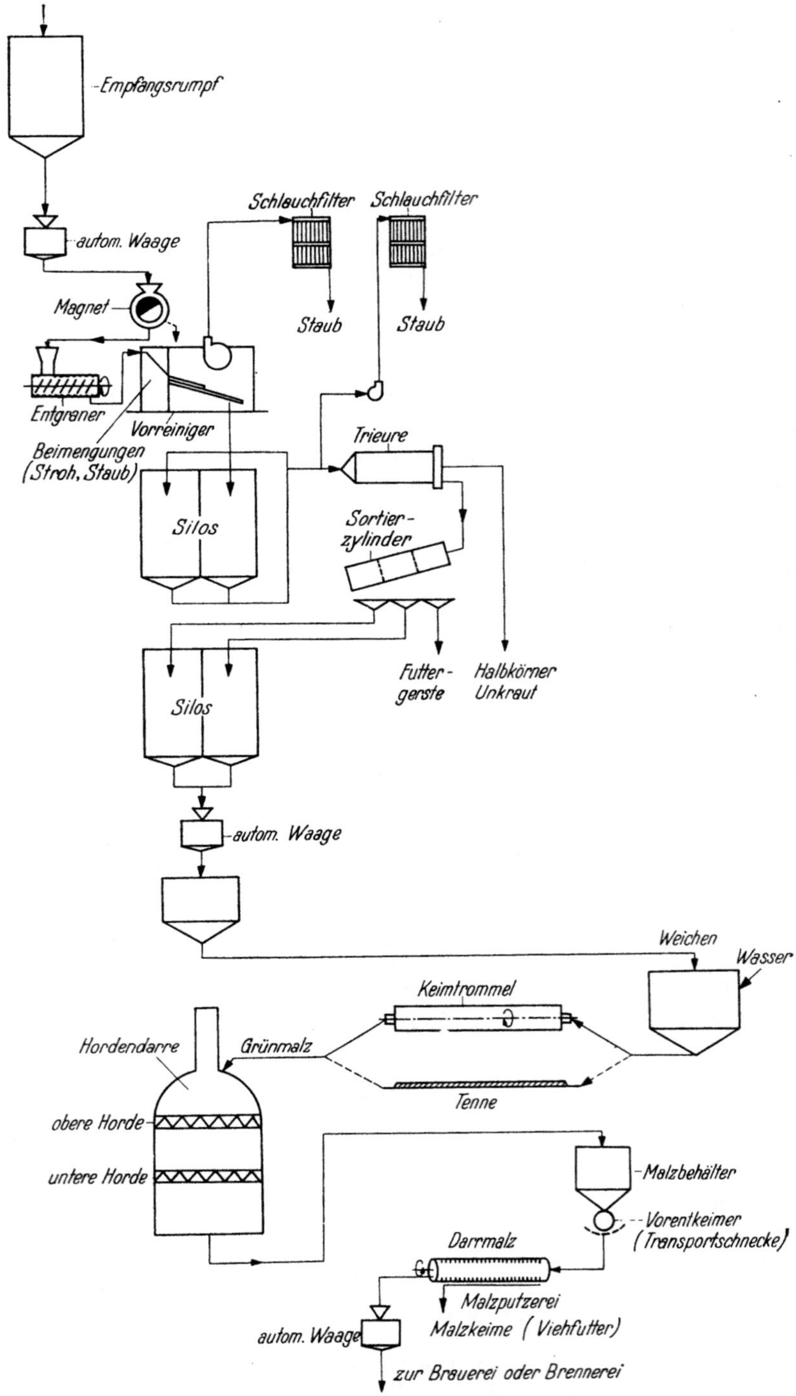

Abb. 216. Malzbereitung.

fernen. Die Auflösung ist hoch, die diastatische Kraft nur 20—33% derjenigen der Gerste. Optimale Keimtemperaturen 25°. Mais muß bei der Keimung erheblich wärmer als Gerste geführt werden (20—30°) und liefert auch nur $^1/_3$ der diastatischen Kraft. Mais kann aber mittels Pilzdiastase (Aspergillus niger) bei 70° in 24 h zu 70% (Gesamtzucker auf Trockensubstanz) verzuckert werden.

Putzerei (Abb. 216). Die reife Gerste wird zunächst mittels eines Magneten von Eisenteilen befreit. Daran schließt sich ein Entgranner an, welcher aus mit Stehbolzen versehenen Wänden besteht, innerhalb welcher Schlagstifte um eine Achse rotieren. Die abgeschlagenen Grannen werden abgesaugt. Die Gerste wird mittels eines Aspirateurs von dem an Bakterienkeimen reichen Staub und anderen Beimengungen, mittels eines Trieurs von fremden Samen etwa gleichen Durchmessers gereinigt und mittels eines Sortierzylinders in die zwei mälzbaren Gerstensorten und eine geringwertige Futtergerste sortiert, da ungleichmäßige Körner verschieden schnell Wasser aufnehmen und auch keimen. Brauereigerste wird nach der Ernte 6—8 Wochen gelagert, wodurch eine Nachreife (Erhöhung der Keimfähigkeit) eintritt.

Weichen (Abb. 217). Da Stärke in Wasser unlöslich ist, muß sie in gärungsfähigen Zustand verwandelt werden. Der Zweck des Weichens ist das Anquellen der Gerste und die Einleitung einer Keimung zwecks Erzielung biologisch wertvoller Abbauprodukte und einer hohen diastatischen Kraft. Die Diastase (Amylase) überführt dann im Maischprozeß die Stärke in leicht vergärbare Maltose und in unvergärbare Dextrine. Die Stärkespaltung wird durch zwei Enzyme, die Saccharogen- oder Beta-Amylase und die Dextrinogen- oder Alfa-Amylase durchgeführt. Die β-Amylase ist bereits in der ungekeimten Gerste vorhanden und erfährt während der Keimung eine wesentliche Aktivitätssteigerung. Die α-Amylase tritt dagegen erst während der Keimung in Erscheinung. Zunächst wird die Gerste meist durch pneumatische Förderanlagen in einen sich nach unten verjüngenden Behälter (Quellstock) gebracht und dort mit Brunnenwasser von 12—15° von unten her versetzt. Nach zwei Stunden wird zur Entfernung des gelösten Schmutzes, von tauben Körnern u. dgl. das Wasser erneuert und darauf 2—4 Tage bei täglich ein- bis zweimaligem Wasserwechsel eingeweicht (normale Weichdauer 70 Stunden für helle Malze und 90—120 Stunden für dunkle, bei zu langem Weichen „ersäuft“ die Gerste bei Sauerstoffmangel), je nach Korngröße, Alter der Gerste kommt ein Zeitraum von 48—100 Stunden in Betracht. Durch Einblasen der Luft wird für eine innige Durchmischung und für den Zutritt des zur normalen Atmung des Gerstenkorns erforderlichen Sauerstoffes gesorgt, wodurch das Keimen der Gerste gleichmäßiger und rascher vor sich geht. Nicht gelüftete Gerste keimt langsamer und ungleichmäßiger. Deshalb ist ordnungsgemäße Belüftung wichtig. Bei zu starker Lüftung geht aber infolge gesteigerter Atmung zuviel Kornsubstanz verloren. Die Temperatur darf 12—15° (18°) nicht übersteigen. Während des Weichens beginnt die Lebenstätigkeit der Körner und die Bildung der Enzyme. Einschaltung von Lüftungspausen ohne Wasserberührung ist insbesondere nach dem ersten Tag zweck-

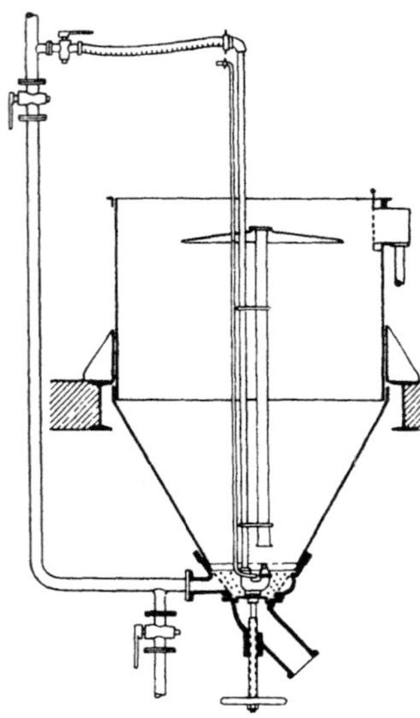

Abb. 217.
Luftwasserweiche (nach Lange).

mäßig. In modernen Umpumpweichen (Bewegung der Gerste) wird während drei Tagen 10—15 mal je 5 min naß und etwa 35 mal trocken gelüftet. Der Wassergehalt der quellreifen Gerste liegt zwischen 44 und 45%, wobei die Keimfähigkeit am besten ist; der Nährstoffverlust durch Auslaugen ist verschwindend, er beschränkt sich auf die Spelze, da die Testa des Gerstenkorns halbdurchlässig ist. Bei einer Luft-Wasserweiche mit Wasch- und Lüftungseinrichtung treibt ein kräftiger Wasserstrom, der unten durch eine Düse in das Quellgut eingeleitet wird und durch ein Nebenrohr angesaugt Luft mitführt, die Körner durch ein weites Mittelrohr nach oben und wirft sie dort über einen Schirm wieder in den Weichraum. 100 kg Gerste verbrauchen bei siebenmaligem Wasserwechsel 0,8 cbm Wasser.

Keimen. Der Zweck des Keimens ist nicht der, möglichst lange Keime zu erzeugen, sondern eine möglichst große diastatische Kraft und eine möglichst hohe Auflösung (Umwandlung des harten Endosperms des Gerstenkorns in eine weiche, zerreibbare Masse) zu erreichen. Die verzuckernde Komponente erhöht bei der Keimung ihre Aktivität etwa auf das Dreifache. Für Brauereizwecke wird das Keimen nach 8 Tagen (helle Malze) bzw. 10 Tagen (dunkle Malze) abgebrochen, da dann zumeist eine genügende diastatische Kraft und nach dem 6. bis 8. Tag auch eine genügende Stärkeverflüssigung (Beginn einer kräftigen Entwicklung der α-Amylase am 3. bis 4. Keimtag) eingetreten ist. Für Brennereizwecke wird 18 Tage gemälzt, die diastatische Kraft ist dann $1\frac{1}{2}$- bis 2mal höher als die des Kurzmalzes. Neben der diastatischen Kraft ist aich die peptische Kraft für die Brennerei, die Preßhefefabrikation und für Backextrakte von Bedeutung. Die proteolytischen Enzyme erreichen während der Keimung eine Verdrei- bis Verfünffachung ihrer Wirksamkeit. Langmalz = Keimling 1,5—2 faches der Kornlänge; Kurzmalz = $\frac{1}{2}$—$^2/_3$ der Kornlänge (helle Malze 75% der Blattkeime $\frac{1}{2}$—$^2/_3$ der Kornlänge, dunkle Malze $^3/_4$ der Kornlänge). Langmalz ist diastasereicher und wird deshalb für die Bierherstellung nicht verwendet (vgl. S. 291), während man für Vergärung auf Sprit lang wachsen läßt. Auch im Stadium heftigsten Wachstums soll eine Temperatur von 17° nicht überschritten werden. Zur Erhaltung der diastatischen Kraft werden Temperaturen von 14—17° angewandt. Helle Malze müssen kalt geführt werden, dunkle Malze verlangen oft wärmere Führung. Die Ausführung kann in der Form erfolgen, daß zur Lüftung und Kühlung die Gerste bewegt wird (Tennenmälzerei) oder daß man Luft durch das Keimgut drückt (pneumatische Mälzerei).

Tennenmälzerei: Gerste, die schon zu spitzen beginnt, wird 25 cm hoch, andere Gerste zunächst 40 cm hoch auf die Tenne (Solnhofer Platten) geschichtet. Temperatur im Malz 15°, Raumfeuchtigkeit 95%. Durch Auseinanderziehen wird die Temperatur reguliert, durch Wenden wird gelüftet, gekühlt und der Haufen ausgeglichen. Es kann auch mechanisch mittels einer pendelnden Welle, die mit Oberstichschaufel und Unterstichschaufel versehen ist, vorgenommen werden. Bei Herstellung Münchner Malze läßt man zur Erreichung eines besonders kräftigen Abbaues in den letzten Tagen. 20—24 Stunden ohne zu wenden liegen. Die „Haufenführung", insbesondere, sobald sich der Keimling gabelt, erfordert viel Erfahrung [1]). Diese Schwierigkeit wird bei der Herstellung von „Filzmalz" vermieden, wobei die Schichthöhe nur 4—5 cm beträgt und eine Nachbehandlung mit dem Reißwolf erforderlich ist. Filzmalz ist Malz geringer Qualität, das gelegentlich für Brennzwecke verwendet wird. Nach 7—8 Tagen zerschneidet man das feucht gehaltene Keimgut in Rechtecke, wendet diese und läßt sie nochmals 7—8 Tage liegen.

---

[1]) Vgl. LEBERLE: Abriß der Bierbrauerei, S. 32, Stuttgart: Enke 1949.

Pneumatische Mälzerei. Da die Tennenmälzerei sehr viel Baukosten (Raumbedarf) und Handarbeit erfordert, Anwendung von *Kästen* (Saladin, Müger, Kropf) mit Böden aus gelochten Blechen, durch welche konditionierte Luft mit geringer Geschwindigkeit gepreßt wird. Schichthöhe etwa 60 cm. Die Gerste wird mittels senkrecht rotierenden Schnecken gewendet. Am Ende des 4. bis 5. Tages kann für 3—5 Tage die Luftzufuhr unter Einsatz von Lüftungspausen von 1—2 Stunden gedrosselt werden (Kohlensäurerastverfahren), wodurch die Atmung und damit der Schwund zurückgeht, aber die Enzymentwicklung fortschreitet (z. B. 18—35% CO_2). Der Haufen wächst nicht zusammen, weshalb sich eine Wendevorrichtung erübrigt. Die *Keimtrommel* ist ein um eine horizontale Achse rotierender Zylinder, in welcher das Malz langsam rotiert (etwa eine Umdrehung je Stunde). Die Luftzufuhr erfolgt von außen nach einem inneren perforierten Zentralrohr (Galland) (Abb. 218), oder von

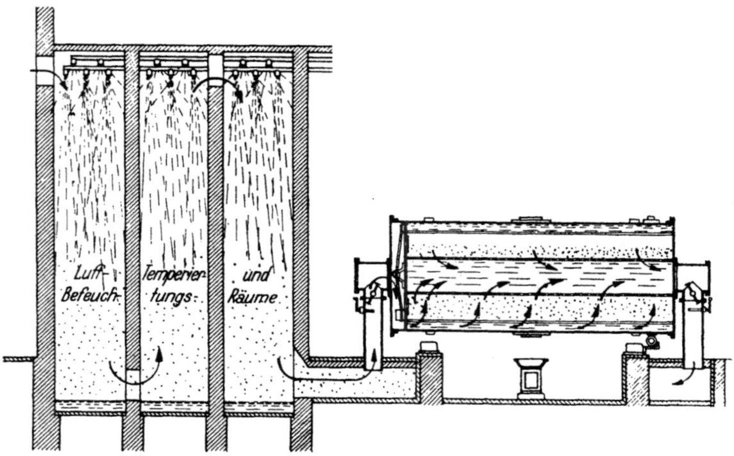

Abb. 218. Galland-Freundsche Trommel mit Kühlturm.

innen durch den Mantel mit konischer Schlitzlochung nach außen (Topf). In der ähnlich gebauten Tildentrommel ist auch noch Darren möglich. Die geschlossenen Trommelsysteme, wie z. B. Galland, Schwager, sind auch für das Kohlensäurerastverfahren geeignet, im allgemeinen wird es aber nur in der Kastenmälzerei angewandt. In der Längsrichtung kann die Trommel in verschiedene Haufen unterteilt sein (Mehrhaufentrommel), wobei durch das Innere des gelochten Zentralrohres so viele Luftrohre verlaufen als Haufen in der Trommel sind. Bei der Gallandtrommel werden die Kanäle, welche sich über den Haufen befinden, durch einen Pendelschieber abgeschlossen. Das Kohlensäurerastverfahren ist bei Trommeln mit gelochtem Mantel nicht möglich, dagegen ist hierbei der Luftbedarf am geringsten von den pneumatischen Verfahren. Ein Mittelding zwischen Kasten- und Trommelmälzerei stellt die Kastenkeimtrommel vor; sie entspricht einem Kasten, in welchem das Wenden des Inhalts durch eine gelegentliche Drehung des geschlossenen Kastens vorgenommen wird. Im Großen besonders bewährt haben sich von den Keimtrommeln nur die Galland- und die Kastenkeimtrommeln.

Günstige Lufttemperatur in allen Fällen 10°, zur Vermeidung von Austrocknung konditioniert.

Trocknen (*Darren*). Der Keimprozeß wird durch Trocknen abgebrochen, um aus dem Grünmalz mit 40—45% Wassergehalt ein haltbares Erzeugnis mit 1,5—3,3%

Wassergehalt zu erzielen. Würde man bei 20° sorgfältig trocknen, so entstünde das „Schwelkmalz", das zwar diastasereich ist, aber kein wohlschmeckendes Bier ergibt. In der Brauerei wird nur Darrmalz, in der Brennerei Darr- und Grünmalz verwendet, welches in Quetschen zerkleinert wird. Um die Diastase und andere Enzyme wenig zu schädigen, trocknet man Malz für Brennzwecke und diastasereiches Malz bei 45—50°. Im übrigen richtet sich die Trocknungstemperatur nach der Zweckbestimmung des Malzes: Malz für Nährextrakt bei 45—60°, für helles Bier bei 35 bis 40°, ansteigend auf 60°, und gegen Ende des Darrens (4—5 Stunden) bei 80 bis 85°, für dunkles Bier in 36 Stunden bei 40°, ansteigend auf 70°, dann Abdarren bei 100—105°, im Malz gemessen. Der wesentliche Unterschied ist, daß bei hellem Malz der Wassergehalt bei niedrigen Temperaturen rasch auf 5—10% gebracht wird, während bei dunklem Malz nur eine langsame Wasserentziehung zwecks weiterer Zuckerbildung bis auf 15—22% stattfindet. Helle Darrmalze, denen das Wasser bei niedriger Belegung der Darre rascher entzogen wird, sind enzymreicher als dunkle Malze.

Der Diastaseverlust beträgt je nach Temperatur $^1/_5$—$^4/_5$ der im Grünmalz vorhandenen Menge. Der Farb- und Aromabildung liegt eine Melanoidinbildung zugrunde (untere Darre).

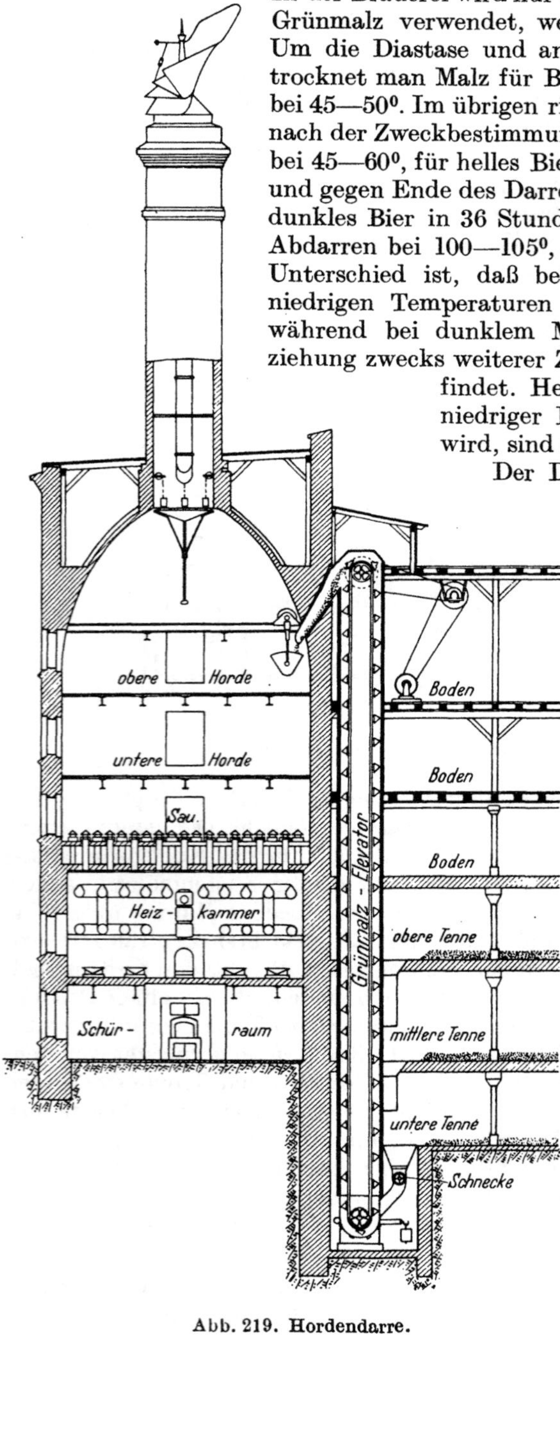

Abb. 219. Hordendarre.

Das Darren erfolgt in Heißluft- oder in Dampfdarren, und zwar in Ein-, Zwei- oder in Mehrhordendarrenausführung (Abb. 219). Vorwiegend wird zum Trocknen von Malz die Zweihordendarre verwendet, die obere Darre dient hierbei zum Schwelken, d. h. zum Abtrocknen auf etwa 10% Wassergehalt, die untere zum Abdarren. Von einer Horde zur anderen fällt das Malz durch Löcher oder durch Kippung der Horden. Die Beheizung erfolgt indirekt (Beheizung der Luft mit Rauchgasen mit Hilfe eines Heizrohrsystems in der Lufterwärmungskammer, sog. „Sau"). Auf den Darren erfolgt das Wenden des Malzes mittels von außen einrückbarer Darrmalzwendern, dies sind um eine Achse langsam rotierende Blechschaufeln, welche drehbar an einer Schiebebühne befestigt sind. Darrdauer 2×12 Stunden für helles Malz, die doppelte Zeit für dunkles Malz. Schichthöhe 12—16 bzw. 20—30 cm, gegen Ende des Darrens geringer Luftzug. Bei der Zweihordendarre ist die Temperatur, Feuchtigkeit und Luftgeschwindigkeit beider Darren eng miteinander gekoppelt; es besteht hierbei die Gefahr, daß das Malz auf der Oberhordendarre zu hohe Temperaturen annimmt. Dieser Nachteil wird durch die Dreihordendarre umgangen, bei welcher die untere Horde von den oberen beiden getrennt behandelt wird oder alle drei Horden ein individuelles Arbeiten gestatten. Man verwendet gelegentlich auch Vertikaldarren mit horizontaler Luftführung, die in mehrere Etagen aufgeteilt sind, sowie Darren mit nachgeschalteten Darrtrommeln (z. B. Tildentrommel), welche den Vorteil einer besseren Regelung der Temperatur, der Luftgeschwindigkeit und der relativen Feuchtigkeit haben (Heizregister außerhalb). Ältere Darren werden mit natürlichem Zug betrieben. Da aber das spezifische Gewicht der Außenluft starken Schwankungen unterworfen ist, ist der Zug unregelmäßig, weshalb man eine mit normalem Zug arbeitende Zweihordendarre bei ungünstiger Witterung mit einem Ventilator betreibt. Die Dunstkamine von Darren sollen möglichst weit und niedrig ausgeführt werden. Sog. Hochleistungsdarren umfassen eine Horde, einen Ventilator unterhalb des Dunstkamins und werden direkt mit Koks befeuert.

Putzen. Abschließend werden in noch warmem Zustand in einem belüfteten Zentrifugalsichter die Keime entfernt, da sie sich beim Anziehen von Feuchtigkeit nicht mehr restlos entfernen lassen, dem Bier bzw. dem Extrakt einen unangenehmen bitteren, rauhen Geschmack geben würden; schließlich wird das Malz in einer Bürstmaschine poliert (Abb. 220). Gegebenenfalls wird noch ein Paddyausleser zum

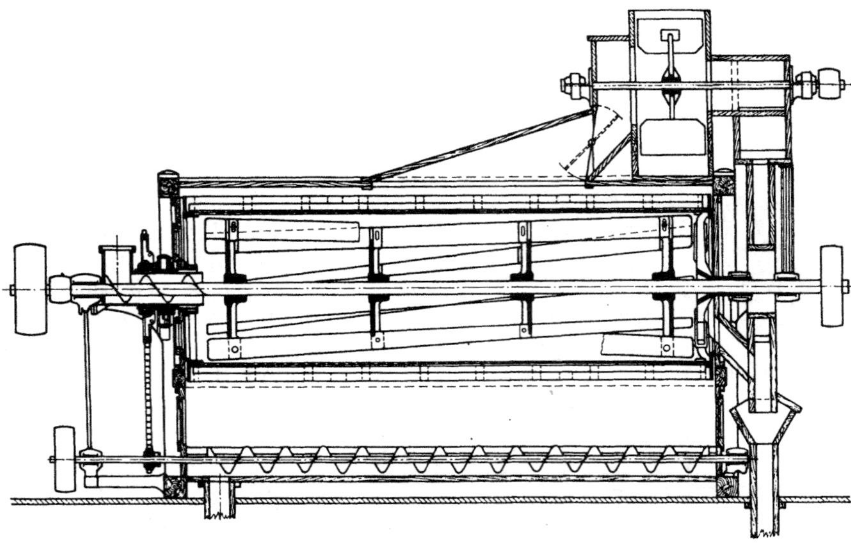

Abb. 220. Malz- Putz- und Entkeimungsmaschine.

Entfernen des nichtgekeimten „Steinmalzes“ nachgeschaltet, was insbesondere für hochdiastatische Extrakte wichtig ist. Vor dem Versieden muß das Malz lagern, da es sich sonst abnormal verarbeiten würde.

Zerkleinerung. Um die Extraktion beim Sudprozeß möglichst rasch und vollkommen durchzuführen, muß das Darrmalz in einer Schrotmühle, welche Schüttelsiebe und drei Walzenpaare mit schwach geriffelten Walzen enthält, zu Feingrieß vermahlen werden (Abb. 221). Mehl ist nur wenig erwünscht, da das Mehl vom Wasser nur schwer benetzt wird, wodurch sich der Angriff der Enzyme verlangsamt. Außerdem wird bei einer zu feinen Zerkleinerung die Trennung von Würze und Trebern zu schwierig. Doch arbeiten Anlagen mit Filterpressen mit einem höheren Mehlgehalt als solche mit Läuterbottich. Kleinere Betriebe können auch mit Vierwalzenmühlen befriedigende Ergebnisse erzielen. Der Walzenmühle wird zweckmäßigerweise zur Schonung der Spelzen, welche eine natürliche Filterschicht beim Abläutern bilden und um im Gegensatz zum Quetschen vorwiegend Grieße zu bilden, ein Malzspaltapparat vorgeschaltet, der aus geriffelten, gleichsinnig mit verschiedener Geschwindigkeit arbeitenden Walzen besteht (Abb. 222).

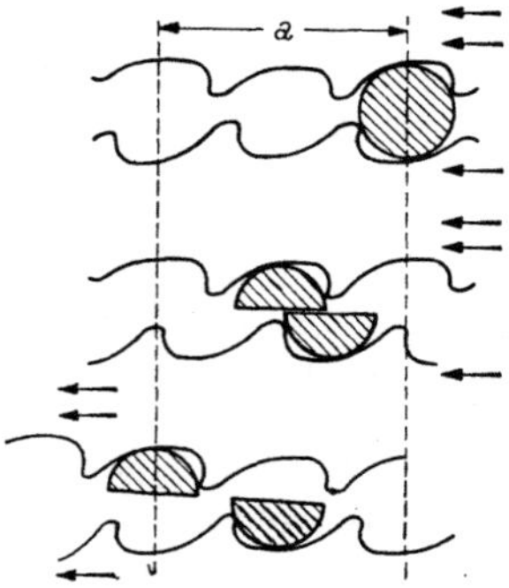

Abb. 221. Arbeitsvorgang im Malzspaltapparat zur Herstellung von Spelzen in sperriger Form. a = Arbeitsbereich der Spaltwalzen

Bei Verarbeitung von Grünmalz für Brennereizwecke erfolgt die Zerkleinerung mittels Malzquetsche (glatte Stahlwalzen) oder mittels des Malzmischapparates (stählerne Mahlscheiben mit oder ohne Zufluß von Wasser) oder in Schneckenmalzquetschen mit gelochten Stahlscheiben (Fleischwolf).

Verluste. Atmungsverluste beim Keimen 5—8% (für Brauereizwecke), beim Kohlensäurerastverfahren etwas geringer, für Brennereizwecke ist der Stärkeverlust 18%. Verluste beim Weichen durch Auslaugung 0,15—2%, durchschnittlich 0,8%. „Mälzungsschwund" 20—25%, davon 10—12% durch Unterschiede im Wassergehalt, so daß „Trockensubstanzschwund" 10 bis 13% (Kohlensäurerast 8%). Getrocknete Wurzelkeime, welche durch die Horden in die Keimkammer durchfallen, und Putzabfälle werden als hochwertiges Viehfutter (Milchvieh) oder für pharmazeutische Präparate z. B. in Mischung mit Hefe oder als Maischmaterial für Preßhefefabriken verwendet. Ausbeute 3,5—4% (Proteingehalt 22%, stickstofffreie Extraktstoffe 45%, Mineralstoffe 7,8%, Fett 2,2%, Rohfaser 12,3%).

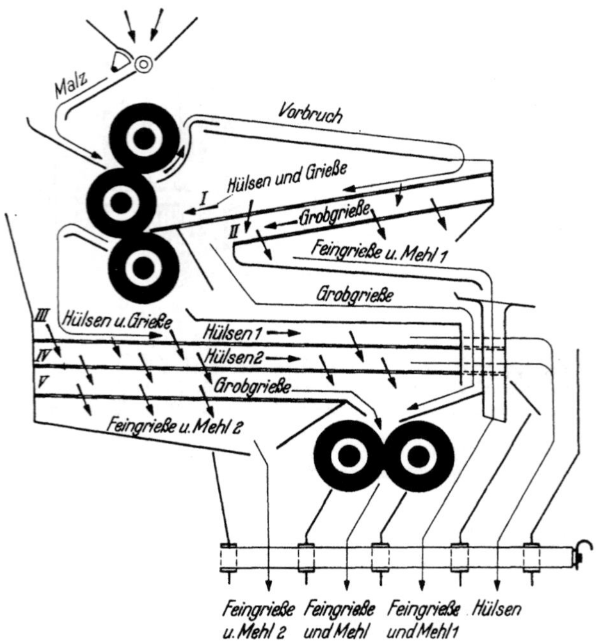

Abb. 222. Walzenschrotmühle (Bavaria).

Kraftbedarf: 4 KWh für 100 kg Darrmalz.

Wärmeverbrauch: 90 000 bis 150 000 kcal/100 kg Malz (Drei-, Zweihorden).

Wasserbedarf: 2—2,2 hl/100 kg Gerste.

Ausbeute: 1 dz Gerste ergibt 1,48 dz geweichte Gerste, 1,24 dz Grünmalz (Kurzmalz von 42% W.G. bzw. 1,14 dz Langmalz) und 0,75—0,78 dz Darrmalz (mit höchstens 5% Wassergehalt.

Malzextrakte. Für die Herstellung von Malzextrakten gilt das bei Bier über das Maischen Angeführte. Die Führung des Maischprozesses hängt davon ab, ob man den Malzextrakt als *Nährmittel* verwendet, wobei möglichst viel Maltose entstehen und der Vitamingehalt nicht beeinträchtigt werden soll oder ob man *Backextrakt* erzeugen will, wobei viel Maltose, wenig Dextrin, viel Stickstoff, viel aktive Diastase und Protease bei guter Extraktausbeute entstehen soll. Im ersten Fall wird man ½ Stunde bei 35° einmaischen, im Verlauf ½ Stunde auf 63° die Temperatur steigern und dabei eine Stunde belassen, denn je niedriger die „Verzuckerungstemperatur" ist, desto mehr Maltose wird gebildet. Im zweiten Fall wendet man das Stufenmaischverfahren an: d. h. Kaltauszug bei 35—47° etwa 30 min, evtl. Temperatur eine Stunde konstant gehalten, dann die Temperatur auf 50° erhöht und wieder eine Stunde gehalten, dann abgeläutert. Dem Rückstand wird Wasser von 62,5° zugemischt und man verzuckert bei dieser Temperatur ansteigend bis 70°, im ganzen 75—100 min, läutert wieder ab, dann erfolgt mehrfaches Anschwänzen und Aufhacken bei 70° und schließlich bei 92°; für stickstoffreiche Backextrakte werden die Treber sogar bei 2½ atm aufgeschlossen. Für Extrakte sind Filterpressen besser als Läuterbottiche geeignet, da hierbei weniger Anschwänzwasser nötig ist und demnach auch weniger Wasser verdampft werden muß. Das Eindampfen erfolgt im Vakuum bei 45°. Hierbei wird die Diastase nur teilweise zerstört. Endkonzentration 40—42° Bé. Bei Backextrakten wird der erste Kaltauszug für sich eingedampft, sodann wird Stammwürze, Nachguß und Anschwänzungen zusammen bis auf 28—30° Bé verdampft, dann maischt man die beiden Extrakte und verdampft fertig.

Bei der Herstellung von Nährmitteln mit einem Gehalt von mehr oder weniger abgebauter Stärke dient diastatischer Malzextrakt zur Verzuckerung der Stärke. Die meisten Kindermehle sind Gemische von eingedickter Milch und dextriniertem bzw. verzuckertem Mehl.

Das Trocknen der Dickextrakte erfolgt vorzugsweise auf Einwalzentrocknern mit Auftragwalzen oder im Zerstäubungsturm, für diastatische Malzextraktpulver ist nur letzterer geeignet.

Dickextrakte enthalten 20—23% Wasser, 20—24% Dextrin, ca. 50% Maltose, 4—5% Eiweiß; Backextrakte sind etwas eiweißreicher und haben eine diastatische Kraft von 3500—5000 E.

Extraktausbeute: Aus 100 kg Malz etwa 85—90 kg Dickextrakt mit 20% Wassergehalt.

Für die Herstellung von Bier wird der Maischprozeß (Maischtemperatur, Darren) absichtlich so geleitet, daß größere Mengen unvergärbarer Dextrine gebildet werden (ca. 60% vergärbare Kohlehydrate), während eine etwa 80%ige Umwandlung der Stärke in Maltose erreichbar ist.

Karamelmalz wird aus Grünmalz durch etwa ¾ (bis 4)-stündiges Erhitzen auf 60—75° hergestellt, worauf sich ein vorsichtiges Trocknen und Rösten anschließt bei 150°, Endwassergehalt nicht über 6—9%. Man kann auch von Darrmalz ausgehen, das man durch Weichen wieder auf einen Wassergehalt von 40—44% bringt. Anwendung: Verbesserung der Schaumhaltigkeit und Vollmundigkeit der Biere.

Die Extraktzunahme beim Verzuckern im ganzen Korn ist erheblich geringer als beim üblichen Maischen; während hierbei die Extraktzunahme je 100 g Trockensubstanz bei 60° etwa 50 g nach ½ Stunde betrug, betrug sie beim Maischen im Korn nur 13,6% nach 4 Stunden; bei 40% Wassergehalt des Malzes ist ja das Verhältnis Wasser: Malztrockensubstanz nur ca. 0,67 : 1 [1]).

Literatur.

LUERS, H.: Die wissenschaftl. Grundl. von Mälzerei und Brauerei.
WEICHHERZ, I.: Die Malzextrakte, Berlin: Springer 1928.
LEBERLE, H.: Die Technologie der Malzbereitung, Stuttgart: Enke 1930.
BLEYER, B. und W. DIEMAIR: Herstellung des Bieres in Handbuch der Lebensmittelchemie, Bd. VII.
LUERS, H.: Chemie und Technologie der Landwirtschaftlichen Gewerbe, Berlin: Parey 1944.
HESSE, A.: Technologie der Enzyme in NORD-WEIDENHAGEN, Handbuch der Enzymologie, Leipzig 1940.
RÜDIGER, M.: Der landwirtschaftliche Brennereibetrieb, Stuttgart 1941.

Anhang.

Malzzucker. Malzzucker wird dadurch hergestellt, daß man geschrotetes Malz in einen beheizten Kessel gibt und bei 50° eine Stunde mit Wasser rührt. Daraufhin wird Mais- oder Weizenmehl zugegeben und die Mischung langsam auf 70° erhitzt. Daraufhin findet eine Erhitzung von 10—30 min Dauer bei einem von 1 auf 2 atm steigenden Druck in einem Henzedämpfer statt. Durch die Entspannung werden verkleisterte Stärkepartikelchen getrennt. Nach einer Abkühlung wird gemahlenes Grünmalz zugegeben und nach einer genügenden Einwirkungszeit auf 70° erhitzt. Bei 85° wird daraufhin filtriert. Die die Filterpresse verlassende Flüssigkeit wird mit Kalkwasser neutralisiert, worauf eine erneute Filtration stattfindet. Nach einer Vakuumeindickung auf 25% Trockensubstanz wird die Lösung durch ein Kohlefilter und anschließend durch ein Zeolithfilter gepreßt, um die Calciumsalze zu entfernen. Unter Zugabe von 1—2% Aktivkohle wird nun in einem einstufigen Verdampfer auf 50—60% Trockensubstanz eingedickt. Der Sirup wird zur Vermeidung von Karamelbildung über einen Vakuumwalzentrockner geleitet. Besser als Trocknen ist Kristallisieren. Der Prozeß kann vereinfacht werden, indem man nach der zweiten Filtration die Flüssigkeit auf annähernd 0° abkühlt, wobei Stärke und Eiweißstoffe ausfallen.

Literatur.

GORDON, W. O.: Food Industr., **15**, 560 (1943).

12. Käserei.

Einteilung der Käse:

A. *Labkäse.*

I. Weichkäse. Keine Pressung, Reifung von außen.

a) Frischkäse, Rahmkäse, z. B. Gervais, Joghurtkäse.

b) Rotbakterienkäse: Bel paese, Butterkäse, Münsterkäse, Frühstückskäse, Delikateßkäse.

c) Weißschimmelige Käse: Camembert, Brie.

d) Blauschimmelkäse: Roquefort, Gorgonzola.

e) Limburger und verwandte Sorten, Stangenkäse, Romadur, Weißlacker.

---

[1]) KOLBACH, P., u. E. SCHILD: Wochenschrift für Brauerei **1934**, 185.

II. Hartkäse. Sie werden mehr oder minder stark gepreßt.

a) Tilsiter und verwandte Sorten, Wilstermarschkäse.

b) Holländer-Käse, Gouda, Edamer, Trappistenkäse.

c) Emmentalerkäse, echter Emmentaler, Schweizerkäse, Allgäuer Rundkäse, Greyerzerkäse.

d) Cheddarsorten und Reibkäse (im Bruch nachgesäuerte Käse), Cheddarkäse, Chester, Parmesan und Granakäse.

B. *Sauermilchkäse.*

a) Quarg und Ziger.

b) Mainzer Handkäse, Olmützer Quargeln.

c) Grüner Kräuterkäse.

d) Gammelost.

C. Koch-, Topf- und Schmelzkäse.

a) Koch- und Topfkäse.

b) Schmelzkäse, Käse ohne Rinde.

D. Molkenkäse, Mysost.

Käse entsteht durch Ausfällen des Käsestoffes aus der Milch. Dieses erfolgt durch Säure, wobei neben Quarg (Kasein) Sauermolke entsteht oder durch Lab, wobei neben dem Käsebruch, d. h. der unlöslichen Komponente (Parakasein) lösliches Molkeneiweiß in der Süßmolke bleibt. Die Molkenalbumose kann unter dem Einfluß des Labs weiter abgebaut werden, zunächst ist sie noch hitzekoagulierbar, während sie späterhin in einfache Bestandteile von peptonartigem Charakter zerfällt. Die Labgerinnung hängt ab von der Anwesenheit löslicher Kalksalze, von der Vorerhitzung, der Acidität und der Labungstemperatur der Milch. Bei Temperaturen über 40° ist eine rasche Abnahme der Labwirkung durch Schwächung des Ferments festzustellen, bei 60° hört die Labwirkung auf. Größere Labmengen und eine vorherige schwache Säuerung führen zu einem festeren Bruch (Hartkäse), was noch durch Erhöhung der Labungstemperatur unterstützt werden kann. Die Schwierigkeit bei der Labkäsebereitung besteht darin, daß auch bei der gleichen Käsesorte die Verschiedenartigkeit der Milch hinsichtlich Acidität, Gehalt an löslichen Kalksalzen, physikalische Beschaffenheit des Käsestoffes, Gehalt und Art der Mikroorganismen eine Anpassung der Technik des Herstellungsverfahrens der betreffenden Käsesorte an diese wechselnden Verhältnisse verlangt. Die Kunst des Käsens besteht darin, Gefahrenmomente zu erkennen, sie vorauszusehen, ihnen vorzubeugen bzw. zu wissen, was man zu tun hat, wenn sie eintreten. Zur Vermeidung von Käsefehlern ist die Anlieferung gesunder Milch von richtig gefütterten Kühen in Verbindung mit reinlicher Gewinnung der Milch Voraussetzung; auch das Laktationsstadium ist von Einfluß. Der Säuregrad der Milch in der Labkäserei soll 8—9 SH betragen, je nach Käseart. Der Säuregrad (p_H-Wert) des jungen Käses kann entscheidend für die Entwicklung der Qualität sein. Die Milch soll dabei im allgemeinen eine gewisse „Reife“ (beginnende Säuerung) haben, d. h., die Milchsäurebakterien der Reinkultur sollen sich gut entwickelt haben. Käse aus ungenügend gereifter Milch werden leicht „nisslig“. Der Zusatz von Reinkultur zu pasteurisierter Käsemilch hat sich bei Weichkäse durchgesetzt, bei manchen Hartkäsen sind die Meinungen hierüber noch geteilt. Wegen des hohen Säuregehalts des Quargs sind Sauermilchkäse gegen Infektionen weniger empfindlich als Labkäse, allerdings bieten sie deshalb auch nur einem kleinen Kreis von Bakterien und Hefen

Entwicklungsmöglichkeiten, und es gibt hierbei auch nicht die Mannigfaltigkeit der Geschmacksvarianten.

Labkäse (Abb. 223). Im einzelnen werden die Eigenschaften des sich ergebenden Labkäses durch folgende Faktoren bestimmt:

Milchqualität. Geringer Milchzuckergehalt kann ungenügende Säuerung, hoher Milchzuckergehalt kann übermäßige Säuerung zur Folge haben. Kalkarmut macht die Milch „labträge“ und bedingt lockeren, zu wenig kernigen Bruch. Das „Reifen“ der Milch ist von entscheidendem Einfluß auf die sich im Käse entwickelnden Mikroflora; dies gilt auch für das verwendete Lab (Lactobazillen in der Hartkäserei). Milch altmelker Kühe kann labträge sein und der Bruch die Molke schlecht abgeben. Der Bruch aus pasteurisierter Milch ist im allgemeinen weicher als jener aus roher Milch.

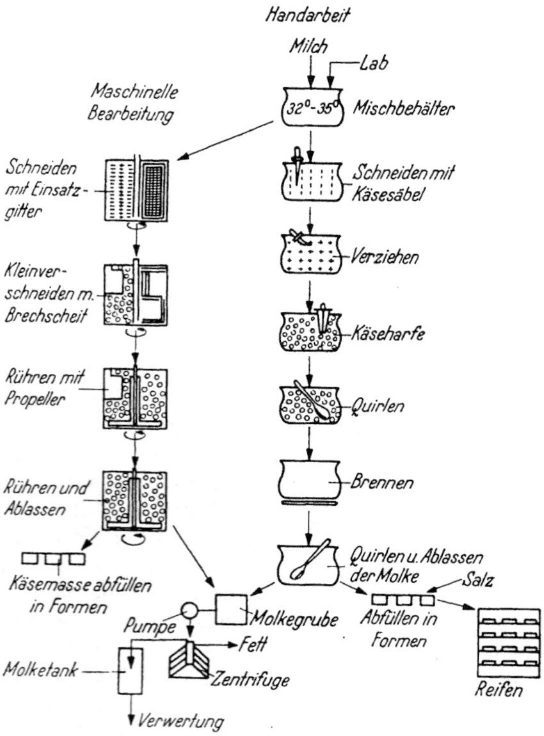

Abb. 223. Herstellung von Labkäse.

Labtemperatur, Labmenge und Labzeit. Die Temperatur wird bei frisch zu genießendem Weichkäse, wie z. B. Gervais, niedrig (18—22°) gewählt, bei reifendem Weichkäse höher, bei Hartkäse, z. B. fettem Schweizerkäse, 31 bis 35°. Auch bei magerem Käse ist sie tiefer. Die Labzeit wird bei Weichkäse länger gewählt, wodurch sich ein Bruch von zarter Beschaffenheit ergibt. Bei Gervais wird so wenig Lab zugesetzt, daß die Gerinnung erst in 20—24 Stunden erfolgt, bei Bel paese ist die Labmenge so groß, daß die Gerinnungszeit nur 12—15 min beträgt.

Bearbeitung des Bruches. Ziel der verschiedenartigen Bearbeitung ist die Regulierung der in der Bruchmasse verbleibenden Molkemenge, die die Säuerung, den Kalkumsatz des Rohkäses und die Reifung bestimmt. Je intensiver die Zerkleinerung, desto fester und molkeärmer wird der Bruch. Bei Weichkäse wird der Bruch lediglich zerschnitten, bei Tilsiter bis auf Bohnen- bis Erbsengröße, bei Emmentaler bis auf Hanfkorngröße zerteilt. Die Bearbeitung des Bruchs muß so vorgenommen werden, daß möglichst wenig von dem eingeschlossenen Fett herausgearbeitet wird, nicht zuviel „Käsestaub“ entsteht. Wichtig hierbei ist, daß den Bruchkörnern Zeit gelassen wird, sich genügend zusammenzuziehen, sich zu schließen, da sonst zuviel Fettkügelchen aus dem weichen Bruch austreten, andererseits darf er nicht zu fest werden, da sonst der Käse zu wenig Molke enthält, die Ware zu trocken wird und schlecht reift.

Nachwärmen oder „Brennen“. Hierdurch ziehen sich die Bruchkörner weiter zusammen, es wird zusätzlich Molke ausgepreßt und je nach der Temperatur die

Bakterienflora geregelt, z. B. werden durch das in der Emmentalerkäserei übliche Nachwärmen auf 54—55° die Hefen und Oidien abgetötet, die Entwicklung von Blähungserregern gehemmt und für die Lactobazillen und Propionsäurebakterien freies Feld geschaffen. Die Anwendung höherer Temperaturen ergibt eine größere Festigkeit des Bruchs.

Die Bruchkörner *innerlich* trocken zu machen, ist der Zweck der Bearbeitung des Bruchs in der Molke.

Pressen. Zweck: Die den Bruchkörnern *äußerlich* anhaftende Molke zu entfernen; Beeinflussung der Konsistenz. Weichkäse werden langsam mit Hilfe verstellbarer Bretter „gespannt", um der Molke Gelegenheit zu geben, abzulaufen. Sie werden nicht gepreßt. Form und Wendetische sollen das Formen und Wenden der Käse erleichtern. Manche Hartkäse werden dagegen mit Drücken bis zu 20 atm gepreßt. Hierdurch fließen nicht nur größere Molkemengen ab, wodurch zugleich übermäßig starker Säuerung vorgebeugt wird, sondern die trockenen Bruchkörner werden auch zum Zusammenkleben gebracht.

Größe. Schnellreifende Käse — insbesondere Käse mit Reifung von außen — werden klein geformt, um ihnen eine große Oberfläche im Vergleich zum Inhalt zu geben; die Pilzfäden können bei Schimmelkäsen wie Camembert rasch ins Innere dringen, um die Säure zum Verschwinden zu bringen, den Käsestoff abzubauen und das Fett zu spalten. Hartkäse werden dagegen groß geformt: Die luftscheue Mikroflora erfordert eine im Vergleich zum Inhalt möglichst kleine Oberfläche (vgl. Kugelform der Holländerkäse).

Reifung. Der Reifungsvorgang wird geregelt durch die Oberflächenbehandlung der Käse sowie durch die Reifungstemperatur. Grundsätzlich unterscheiden sich hierbei die Weichkäse von den Hartkäsen. Bei ersteren ist der „Umfang" der Reifung groß (hoher gelöster Anteil des Gesamtstickstoffs gesteigert durch den oberflächlichen Mikroorganismenbelag), bei letzteren die „Tiefe" der Reifung (Aufspaltung des Eiweißes in seine einfachsten Bausteine) ausgelöst durch proteolytische Enzyme. Proteolytische Enzyme sind auch bei Weichkäse wirksam. Stets wird die Reifung durch Milchsäurebakterien eingeleitet (Vorreifung), und zwar bei Weichkäsen vorwiegend durch Milchsäure-Streptokokken, bei Hartkäsen durch Lactobazillen. Infolge des relativ geringen Molkegehalts der Hartkäse ist in letzteren freie Milchsäure nicht vorhanden, sondern Calciumlaktat, während bei Weichkäse die Säuerung sehr stark ist und die Milchsäure auch nach der Neutralisation des Calciumparakaseinats zu Calciumlaktat im Überschuß verbleibt. Deshalb kann die Reifung hierbei nicht mehr von innen vor sich gehen und muß im Gegensatz zum Hartkäse mit Hilfe von säureneutralisierenden oder säureverzehrenden Organismen verursacht werden (Schimmel- bzw. Rotbakterien), für welche die saure Käsemasse einen geeigneten Nährboden bildet und welche die Proteolyse bewirken. Das Wischen und Schmieren der Käse hat den Sinn, Schimmelbildung auf der Rinde zu vermeiden und bestimmte anaerobe Mikroorganismen mit der Schmiere aufkommen zu lassen.

Beispiel: *Herstellung von Tilsiterkäse.*

Die auf Käsetauglichkeit geprüfte (Gärprobe und Labgärprobe) und auf einen bestimmten Fettgehalt eingestellte Milch, der etwas Käsefarbe zugesetzt wurde, wird in einem doppelwandigen Käsekessel vorsichtig vorgewärmt und die erforderliche Menge Lab zugegeben. Die Einlabtemperatur richtet sich nach dem Fettgehalt des Käses und der Jahreszeit, bei 45%igem Käse liegt sie bei 33—35°, bei 20%igem

Käse bei 28—30°. Der nach 30—35 min erhaltene Bruch, dessen Festigkeit durch Konsistenzprüfung der Masse beurteilt wird, wird mittels Schöpfkelle folgendermaßen bearbeitet:

1. Verschöpfen zum Ausgleich zwischen den oberen fettreichen Schichten der gewonnenen Masse und den unteren fettärmeren Schichten.

2. Zerschneiden mit dem Käsesäbel, Verziehen mit der Kelle, nach und nach weitere Zerkleinerung bis auf etwa Haselnußgröße, Fortsetzung der Zerkleinerung mit dem Rührstock oder mit der Käseharfe bis etwa auf Bohnengröße.

3. Nachwärmen des Bruches auf 42—46°, damit der Bruch noch weitere Festigkeit und Trockenheit erlangt. Durch das Nachwärmen wird der Tilsiterkäse zum Hartkäse. Der Bruch hat nun Erbsengröße erreicht.

4. Absitzen des Bruches, Abschöpfen der Molke, Abfüllen des Bruches in die Formen.

Das Abschöpfen muß rasch vor sich gehen, damit der Bruch gleichmäßig warm bleibt. Tilsiter wird nicht gepreßt, sondern wie vorbeschrieben; in mit Käsetuch ausgelegte, angewärmte Formen gefüllt, die häufig gewendet werden. Am folgenden Tag werden die Käse aus den Formen genommen und im Salzbad gesalzen. Nach dem Salzen läßt man die Käse trocknen und unterzieht sie der eigentlichen Kellerbehandlung (Wenden und Schmieren der Laibe). Bei 11—13° und 92—94% rel. Feuchtigkeit läßt man sie reifen. Auf dem Lager werden die Käse in zunehmenden Zeitabständen gewendet und gewischt.

Die Käseherstellung, insbesondere diejenige von Labkäse, erfordert reichlich schwere Handarbeit. In dem Käsefertiger System ZEILER-STEINECKER [1]) wird diese Handarbeit maschinell verrichtet. Der Käsefertiger besteht aus einem heizbaren Kessel, in welchen verschiedene Werkzeuge: Schneiderahmen zur Zerkleinerung des Bruches, ein Brechscheit, Rührflügel, eingehängt werden können. Durch die einstellbare Drehgeschwindigkeit der Schneiderahmen kann man die notwendige Anpassungsfähigkeit an die Bruchbeschaffenheit erreichen. Sobald die gewünschte Bruchfestigkeit erreicht ist, erfolgt das weitere Rühren mit einem Rührflügel. Es entsteht kaum Käsestaub. Auch das Abschöpfen kann durch Verwendung konischer Trommelsiebe kontinuierlich gestaltet werden. Das Verfahren ist auch für andere Hartkäse und für Weichkäse anwendbar. Es handelt sich aber um keinen Käseautomaten, da die Erfahrung des Praktikers bei der Käsebereitung noch nicht entbehrt werden kann. Wichtig ist, daß damit große Milchmengen in relativ kurzer Zeit verarbeitet werden können (Abb. 223).

Das Salzen der Käse kann in Form des Trockensalzens oder mit Hilfe des Salzbades erfolgen. Tilsiterkäse mit 45—20% Fett i. T. werden viermal trocken gesalzen oder sie bleiben vier Tage im Salzbad. Das Salzen im Salzbad hat sich immer mehr eingeführt. Die Konzentration der Salzlösung ist je nach der Käsesorte verschieden. Backsteinkäse 17—18%, Hartkäse 20—24%. Beim Salzen verringert sich durch Austritt von Molke der Wassergehalt. Das Salz dient auch als Würze. Nicht gesalzene Käse schmecken fade; Kochsalz wirkt auf den Quellungszustand: Das Kasein in der Käsemasse wird geschmeidiger; die Oberfläche wird gebeizt, es entsteht eine feste Rinde. Durch das Salzen wird auch die Entwicklung von Mikroorganismen gehemmt und dadurch die Reifung günstig beeinflußt. Das Salz dringt beim Trockensalzen langsamer ein, dafür ist hierbei die Reifung gleichmäßiger, der Käse bekommt eine

[1]) Vgl. HENKEL-ZEILER: Katechismus der Milchwirtschaft, Stuttgart: Eugen Ulmer 1944.

dünnere und weichere Rinde. In den salzigen Schichten unterbleibt infolge Unterdrückung der Propionsäurebakterien jede Augenbildung.

Die Reifung dient dazu, gewisse Geschmacks- und Geruchsstoffe zu erzeugen, worunter bestimmte Ester eine Rolle spielen. Beim Reifungsprozeß wird der Milchzucker in Milchsäure (Vorreifung) verwandelt, die Milchsäure wird durch Anaerobier weiter abgebaut unter Bildung von Propion-Essigsäure und Kohlensäure (Lochbildung). Weiterhin wird das Kasein bzw. das Parakasein zu wasserlöslichen, einfacheren Verbindungen abgebaut, das Fett und das Glycerin seinerseits gespalten (Albumosen, Peptone, Aminosäuren, Ammoniak); infolge des inzwischen verringerten Wassergehalts und der angestiegenen Salzkonzentration kommt es dabei nicht zur stinkenden Fäulnis. Die Reifungszeit beträgt bei Tilsiter mindestens 6—4 Wochen, sie nimmt mit sinkendem Fettgehalt ab.

In den dunklen Käsekellern herrscht eine Temperatur von 12—22° je nach Sorte und eine relative Feuchtigkeit von 85—95%. Hartkäse benötigen eine höhere Reifungstemperatur als Weichkäse. Während der Reifung werden die Käse mit feinem Salz bestreut, am nächsten Tag eingerieben und laufend gewendet oder aber mit Salzwasser behandelt bzw. geschmiert. Hierdurch wird die Feuchtigkeit gleichmäßig verteilt und durch Verschmieren der Poren die Schimmelpilzbildung unterdrückt.

Bei manchen Käsen pflegt man auch bestimmte Schimmelpilzkolonien (Camembert, Brie), welche die gebildete Milchsäure verzehren und dem Käse den scharfen Geschmack nehmen; auch dürften die von den Schimmelpilzen erzeugten Lipasen geschmacksbildend wirken. Der Eiweißabbau ist hierbei nicht so weitgehend wie bei Hartkäsen. Bei Roquefort und Gorgonzola erfolgt die Infektion des Käseteigs mit Blauschimmel durch auf Brot gezüchtete Reinkulturen; das Brot wird getrocknet und als Pulver dem Bruch beigemischt. Die Reifung dauert je nach Sorte 3 Wochen bis drei Monate, bei Parmesankäse sogar mehrere Jahre. Um den Schimmelpilzen Gelegenheit zur Fruchtbildung zu geben, werden die Käse „punktiert". Die Schmiere wird entfernt. Bei Hartkäsen unterscheidet man Beiz-, Vor-, Gär- und Lagerkeller. Das Abpacken erfolgt von Hand.

Ausbeute. Aus 100 kg Milch (mit 0,9—1% Fettgehalt) entstehen:

11—12 kg Weichkäse
7— 9 kg Hartkäse.

Die Unterschiede sind teils dadurch bedingt, daß durch das Aufwärmen des Bruches und gegebenenfalls durch Pressen, entsprechend dem Wassergehalt auch der Molkeanteil verringert wird, teils dadurch, daß entsprechend der langen Reifungszeit die Stoffverluste größer sind als bei Weichkäse. Berechnet auf Trockenmasse ist der Unterschied aber kaum größer als 3%.

Anhang.

Molke (Labmolke z. B. 6—7% Trockenmasse, dabei 4,5—5% Milchzucker, 0,8—1% Stickstoffsubstanz).

Die beim Käsen entstehende Molke wird in einer Molkengrube aufgefangen und durch die Molkenpumpe zur Abscheidung des Fettes in eine Zentrifuge geleitet und dann in die Molketanks gedrückt. Sie wird größtenteils an die Lieferanten für Fütterungszwecke zurückgegeben oder zu Molkeneiweiß sowie zu Milchzucker, zu Molkenpaste bzw. zu Molkensirup konzentriert oder aber verheft oder zu Molkengetränken sowie auch in der Lebensmittelindustrie (Migetti, Backwaren u. dgl.) [1]) verarbeitet. Labmolke (p_H = 6,4) wird nach einer Voreindickung zu Pulver versprüht, Sauermolke muß vorher auf p_H = 6,6 neutralisiert werden. Da Weichkäse erheblich mehr Molke enthält als Hartkäse und die Molke nicht immer voll verwertbar ist, ist die Herstellung von Weichkäse vom volkswirtschaftlichen Standpunkt aus vorzuziehen. „Milone“ ist ein süßsaures, alkoholarmes Gärungsgetränk aus Pflanzenextrakten und Molke, bei dessen Herstellung das Molkeneiweiß eine Entgerbung der Pflanzenauszüge bewirkt und die Kohlensäure durch Vergärung des Milchzuckers erzeugt wird [2]).

Gereifte Sauermilchkäse. Sauermilchkäse wird hergestellt, indem man Magermilch bei 25° etwa 6—10 Stunden stehen läßt, bei pasteurisierter Milch ist die Zugabe von Säurewecker erforderlich; der Quarg hat dann höchstens 150 S.H. Dem Quarg werden je nach Wassergehalt 3—6% Salz, ein Schnellreifungsmittel, das gleichzeitig zum Abstumpfen überschüssiger Säure dient (Natriumbicarbonat), evtl. etwas Kümmel zugegeben; nach dem Ablassen der Molke wird er in der Quargmühle zuerst grob, dann fein gemahlen und schließlich von Hand oder maschinell geformt. Die geformten Stücke werden entweder nach dem „Luftreifungsverfahren“ oder nach dem „Schwitzverfahren“ vorgereift, d. h. sie überziehen sich mit einer Kahmhaut. Durch die hierdurch erreichte Peptonisierung des Kaseins ist nach dem Bestreichen mit Salzwasser mit Natronzusatz der Nährboden für die Rotschmierebakterien gegeben, welche die Endreifung herbeiführen.

Speisequarg wird dadurch hergestellt, daß die Magermilch nach dem Kurzerhitzen auf 18—22° abgekühlt und angesäuert wird. Auch Temperaturen von 34 bis 30° sind gebräuchlich. Säuregrad 6—7° S.H. Der Säurewecker (1—1½%) soll 30 bis 40° S.H. besitzen und gründlich untermischt werden. Das Gerinnen beginnt nach 4—5 Stunden; nach weiteren 6—8 Stunden das Absetzen der Molke (Synärese). Das Ausschöpfen erfolgt am besten, wenn ein p_H-Wert von 4,5—4,6 erreicht ist. Meist wird zu 1% Säurewecker 0,5—1,5 g Lablösung 1 : 10 000 je 100 Liter Milch zugesetzt. Der Bruch wird zum Ablaufen in Säcke gefüllt und abgepreßt. Die Molke muß möglichst rasch entfernt werden.

Ausbeute. 16—16,5 kg Rohquarg (80% W.G.) aus 100 Liter Milch. Üblicherweise wird bei der Speisequargherstellung nur 50—60% der anfallenden Molke aufgefangen. Man kann die Ausbeute aber verbessern, wenn man die Molke aus dem Käsekessel abpumpt, unter dem Käsetisch ein Auffanggefäß anhängt, das abgepumpt wird. Der Rohquarg wird nachgepreßt, gesalzen und gemahlen (Standquarg). Speisequarg wird auch mit Lab hergestellt. Durch Schlagen unter Milch — oder Sahnezusatz entsteht eine geschmeidige, rahmähnliche Masse.

Kasein. Gewinnung durch Säuerung von Magermilch bis zur Erreichung des isoelektrischen Punktes (p_H = 4,6) oder mittels Lab bei 24—26° im Sommer und 28—34° im Winter. 16 stündiges Reifen und Erwärmen des Bruches auf 62—65°, Verrühren mit Käseschuffe oder Tilsiter Harfe auf Bohnengröße, Molkenabtrennung und warmes (50°) Nachwaschen, Heißpressen, daraufhin Erkaltenlassen, auf Haselnußgröße brechen (evtl. Zerkleinern im Wolf). Bei 43—46° auf Band- oder Hordentrocknern auf 6% W.G. (ca. 24 Stunden) trocknen und auf Stein- bzw. Porphyrwalzen mahlen. Ausbeute: 1 kg Kasein aus 30 kg Magermilch. Verwendung vorzugsweise zur Verleimung und für Kunsthorn (Galalith), aber auch für Nährmittel (Kindernährmittel, Diabetikerkost, Eiscrem).

---

[1]) Vgl. Heiss, R.: Z. VDI., 1945.

[2]) Schulz, M. E., u. K. Fackelmeier: Die Milchwissenschaft, **3**, 165 (1948).

Auch Buttermilch kann zur Herstellung von Kasein verwendet werden, doch wird hierdurch das Kasein grau.

In USA erfolgt kontinuierliche Herstellung in der Weise, daß kontrollierte Mengen von Säure und Magermilch mit 43^0 einem Mischgefäß zufließen, das teilweise koagulierte Gemisch läuft über ein Sieb, durch welches die Molke abläuft, um der Milchsäure- bzw. Milchzuckergewinnung zugeleitet zu werden. Der Quarg durchläuft einen rotierenden Klumpenbrecher und ein Transportband, auf welchem er mit Wasser berieselt wird. Hierauf kommt er in eine Schneckenpresse und gelangt über eine mechanische Auflegevorrichtung zum Hordentrockner. Das getrocknete Kasein passiert eine Mühle sowie eine Siebstation und wird dann abgepackt.

Literatur.

MEZGER, O. und I. UMBRECHT: Käse in Handbuch der Lebensmittelchemie, 3. Band, Berlin: Springer 1936.
WEIGMANN, H.: Käse im Handbuch der Milchwirtschaft, 2. Bd., 2. Teil, Wien: Springer 1931.
SUTERMEISTER and BROWNE: Casein and its industriel application, New York: Reinhold Publ. Co. 1939.

Tabelle 4.

Zusammenhang zwischen Balling-(Brix) Graden, Baumé-Graden und spezifischem Gewicht (15°).

Balling- oder Brix-Grade	Spezifisches Gewicht	Baumé-Grade	Balling- oder Brix-Grade	Spezifisches Gewicht	Baumé-Grade
1	1.0038	0.55	44	1.2003	24.00
2	1.0077	1.10	45	1.2056	24.60
3	1.0117	1.70	46	1.2110	25.00
4	1.0157	2.20	47	1.2164	25.60
5	1.0197	2.80	48	1.2221	26.10
6	1.0237	3.30	49	1.2272	26.70
7	1.0277	3.90	50	1.2327	27.20
8	1.0318	4.40	51	1.2383	27.70
9	1.0359	5.00	52	1.2439	28.20
10	1.0401	5.55	53	1.2495	28.75
11	1.0443	6.10	54	1.2551	29.30
12	1.0485	6.70	55	1.2608	29.80
13	1.0527	7.20	56	1.2665	30.30
14	1.0570	7.80	57	1.2723	30.80
15	1.0613	8.30	58	1.2781	31.30
16	1.0656	8.90	59	1.2840	31.85
17	1.0700	9.40	60	1.2898	32.40
18	1.0744	10.00	61	1.2958	32.90
19	1.0788	10.50	62	1.3017	33.40
20	1.0832	11.10	63	1.3077	33.90
21	1.0877	11.60	64	1.3138	34.40
22	1.0923	12.20	65	1.3198	34.90
23	1.0968	12.70	66	1.3260	35.40
24	1.1014	13.30	67	1.3322	35.90
25	1.1060	13.80	68	1.3384	36.40
26	1.1107	14.35	69	1.3446	36.90
27	1.1154	14.90	70	1.3510	37.40
28	1.1201	15.40	71	1.3572	37.90
29	1.1248	16.00	72	1.3635	38.30
30	1.1296	16.50	73	1.3699	38.80
31	1.1344	17.10	74	1.3764	39.30
32	1.1393	17.60	75	1.3829	39.90
33	1.1442	18.50	76	1.3894	40.40
34	1.1491	18.70	77	1,3959	40.80
35	1.1541	19.20	78	1.4025	41.30
36	1.1591	19.80	79	1.4092	41.80
37	1.1641	20.30	80	1.4159	42.30
38	1.1692	20.80	81	1.4226	42.80
39	1.1743	21.40	82	1.4293	43.20
40	1.1794	21.90	83	1.4361	43.70
41	1.1846	22.40	84	1.4430	44.20
42	1.1898	23.00	85	1.4499	44.70
43	1.1950	23.50	85.6	1.4540	45.00

Sachverzeichnis.

GPSR Compliance

The European Union's (EU) General Product Safety Regulation (GPSR) is a set of rules that requires consumer products to be safe and our obligations to ensure this.

If you have any concerns about our products, you can contact us on ProductSafety@springernature.com

In case Publisher is established outside the EU, the EU authorized representative is:

Springer Nature Customer Service Center GmbH
Europaplatz 3
69115 Heidelberg, Germany

Batch number: 10704711

Printed by Printforce, the Netherlands